中国水土保持学会　组织编写

水土保持行业从业人员培训系列丛书

生产建设项目水土保持措施设计

主编　王治国

中国水利水电出版社
www.waterpub.com.cn
·北京·

内 容 提 要

本书在系统总结和归纳各类水土保持工程设计实施经验的基础上，对生产建设项目水土保持措施设计及其相关标准和规范如何运用进行详细说明，并提供必要的设计案例，同时着力将新理念、新技术、新方法和新标准融会其中，以提高广大技术人员对标准规范的理解水平和应用能力，从而保障和提高设计成果质量。

本书适于从事生产建设项目水土保持勘察、设计、咨询、建设、施工、监理、监测、监督管理等方面的从业人员阅读和参考，也可供高等院校水土保持及相关专业师生参考使用。

图书在版编目（CIP）数据

生产建设项目水土保持措施设计 / 王治国主编 ; 中国水土保持学会组织编写. -- 北京 : 中国水利水电出版社, 2021.1

（水土保持行业从业人员培训系列丛书）

ISBN 978-7-5170-9412-8

Ⅰ. ①生… Ⅱ. ①王… ②中… Ⅲ. ①基本建设项目－水土保持－技术培训－教材 Ⅳ. ①S157

中国版本图书馆CIP数据核字(2021)第026832号

书 名	水土保持行业从业人员培训系列丛书 **生产建设项目水土保持措施设计** SHENGCHAN JIANSHE XIANGMU SHUITU BAOCHI CUOSHI SHEJI
作 者	主编 王治国 中国水土保持学会 组织编写
出版发行	中国水利水电出版社 （北京市海淀区玉渊潭南路1号D座 100038） 网址：www.waterpub.com.cn E-mail：sales@waterpub.com.cn 电话：(010) 68367658（营销中心）
经 售	北京科水图书销售中心（零售） 电话：(010) 88383994、63202643、68545874 全国各地新华书店和相关出版物销售网点
排 版	中国水利水电出版社微机排版中心
印 刷	清淞永业（天津）印刷有限公司
规 格	184mm×260mm 16开本 27印张 657千字
版 次	2021年1月第1版 2021年1月第1次印刷
印 数	0001—3000册
定 价	**89.00**元

《水土保持行业从业人员培训系列丛书》

本书编委会

主　　编　王治国

副主编　闫俊平　丁立建　贺康宁　易仲强　孟繁斌　王春红

编写人员　（以姓氏笔画为序）

马　力　王旭东　王艳梅　方　斌　邢乃春　朱永刚

阳　凤　李俊琴　杨寿荣　应　丰　张习传　张震中

苗红昌　赵晓红　郝连安　贺前进　高晓薇　韩　旭

詹　晓　熊　峰　戴方喜

总　序

水是生命之源，土是生存之本，水土资源是人类赖以生存和发展的基本物质条件，是经济社会可持续发展的基础资源。严重的水土流失是国土安全、河湖安澜的重大隐患，威胁国家粮食安全和生态安全。20世纪初，我国就成为世界上水土流失最为严重的国家之一，最新的普查成果显示，全国水土流失面积依然占全国陆域总面积的近1/3，几乎所有水土流失类型在我国都有分布，许多地区的水土流失还处于发育期、活跃期，造成耕地损毁、江河湖库淤积、区域生态环境破坏、水旱风沙灾害加剧，严重影响国民经济和社会的可持续发展。

我国农耕文明历史悠久而漫长，水土流失与之相伴相随，并且随着人口规模的膨胀而加剧。与之相应，我国劳动人民充分发挥聪明才智，开创了许多预防和治理水土流失、保护耕地的方法与措施，为当今水土保持事业发展奠定了坚实的基础。新中国成立以来，党和国家高度重视水土保持工作，投入了大量人力、物力和财力，推动我国水土保持事业取得了长足发展。改革开放以来，尤其是进入21世纪以来，我国水土保持事业步入了加速发展的快车道，取得了举世瞩目的成就，全国水土流失面积大幅减少，水土流失区生态环境明显好转，群众生产生活条件显著改善，水土保持在整治国土、治理江河、促进区域经济社会可持续发展中发挥着越来越重要的作用。与此同时，水土保持在基础理论、科学研究、技术创新与推广等方面也取得了一大批新成果，行业管理、社会化服务水平大幅提高。为及时、全面、系统总结新理论、新经验、新方法，推动水土保持教育、科研和实践发展，我们邀请了当前国内水土保持及生态领域著名的专家、学者、一线工程技术人员和资深行业管理人员共同编撰了这套丛书，内容涵盖了水土保持基础理论、监督管理、综合治理、规划设计、监测、信息化等多个方面，基本反映了近30年、特别是21世纪以来水土保持领域发展取得的重要成果。该丛书可作为水土保持行业工程技术人员的培训教材，亦可作为大专院校水土保持专业教材，以及水土保持相关理论研究的参考用书。

近年来，党中央做出了建设生态文明社会的重大战略部署，把生态文明建设提到了前所未有的高度，纳入了“五位一体”中国特色社会主义总体布局。水土保持作为生态文明建设的重要组成部分，得到党中央、国务院的高度重视，全国人大修订了《中华人民共和国水土保持法》，国务院批复了《全国水土保持规划》并大幅提高了水土保持投入，水土保持迎来了前所未有的发展机遇，任重道远，前景光明。希望这套丛书的出版，能为推动我国水土保持事业发展、促进生态文明建设、建设美丽中国贡献一份力量。

《水土保持行业从业人员培训系列丛书》编委会

2017年10月

前言

水土资源是人类生存和发展的基本条件，也是社会经济发展的基础。近年来，随着我国经济社会的迅速发展，公路、铁路、水利、电力、矿产资源开发等诸多项目在生产建设过程造成的水土流失问题引起了社会各界的普遍关注。依法编制水土保持方案在生产建设项目实施过程中防治水土流失发挥了极大作用，也取得了明显成效。为有效贯彻实施《中华人民共和国水土保持法》及其相关规定，真正做到生产建设项目水土保持设施与主体工程同时设计、同时施工、同时投产使用，更加有效控制水土流失，进一步强化水土保持方案的后续设计，将“重方案、轻设计”转变为“方案和设计并重”，是当前和今后一段时间生产建设项目水土保持工作的一项重要任务。

经过几十年的努力，目前水土保持设计的理论基础、技术方法和标准规范等体系已基本建立和完善，生产建设项目水土流失防治科学技术和水平也不断进步和成熟。新时代随着绿色发展、生态文明、生态安全等新理念逐渐贯彻渗透到生产建设项目水土保持措施设计中，表土保护与利用、弃渣综合利用与防护、生态护坡、景观绿化等多方面新技术、新方法和新工艺持续创新发展，并在设计中得以应用，对预防和治理生产建设项目水土流失、保护和利用水土资源、恢复和重建生态环境起到了重要作用。

生产建设项目水土保持措施体系范围较广，涵盖政策、工程建设与管理、监测、监理等多方面预防或治理措施，各类措施均在生产建设项目水土流失防治中起到了重要作用。但就设计而言，重点是生产建设项目弃渣场及拦挡工程、斜坡防护工程、截排水（洪）工程、林草工程等的设计。因此，本书在系统总结和归纳各类水土保持工程设计实施经验的基础上，对生产建设项目水土保持措施设计及其相关标准和规范如何运用进行详细说明，并提供必要的设计案例。同时，着力将新理念、新技术、新方法和新标准融会其中，以提高广大技术人员对标准规范的理解水平和应用能力，从而保障和提高设计成果质量。

本书是中国水土保持学会组织编写的“水土保持行业从业人员培训系列丛书”之一，限于篇幅及与其他培训教材的衔接，本书内容包括概述、调查与勘测、工程级别与设计标准，以及表土保护与土地整治工程、弃渣场、拦渣工程、斜坡防护工程、截排水（洪）工程、泥石流防治工程、降水蓄渗工程、林草工程、临时防护措施和防风固沙工程的设计。

本教材在编写过程中得到了有关规范编制人员及设计、科研、教学等专家的热情支持和大力帮助。在《生产建设项目水土保持措施设计》即将出版之际，谨向参与编撰出版工作的领导、专家和所有参与者表示诚挚的感谢，并祈望广大读者在使用过程提出批评和建议，以便今后进一步完善。

编者

2020 年 6 月

目 录

第1章 概述

1.1 设计基本要求

1.1.1 设计原则

《中华人民共和国水土保持法》第三条规定："水土保持工作实行预防为主、保护优先、全面规划、综合治理、因地制宜、突出重点、科学管理、注重效益的方针。"生产建设项目水土保持措施设计须坚决贯彻执行水土保持法律法规的规定，贯彻"以人为本、人与自然和谐相处、可持续发展"的理念，突出"预防为主、重点治理、生物防护优先"，与主体工程设计相衔接和执行"三同时"制度，使各项措施更具有可操作性，其设计原则如下。

1. 责任明确，目标落实

根据《中华人民共和国水土保持法》第三十二条"开办生产建设项目或者从事其他生产建设活动造成水土流失的，应当进行治理"的规定，明确生产建设单位及其水土流失防治的时间和空间范围及目标。水土保持设计的内容应当主要包括水土流失防治责任范围、水土流失预测、防治标准及防治目标、工程级别与设计标准、措施布置与设计、水土保持监测和投资等内容。水土流失预测、防治责任范围界定，以及防治标准的制定等，是落实该原则的具体体现。通过分析项目建设运行期间扰动地表面积、损毁植被面积、新增土壤流失量及产生的水土流失危害等，结合项目征占地及可能产生的影响情况，合理确定项目的水土流失防治责任范围，在此时间空间范围内造成的水土流失防治由生产建设单位负责。同时，《生产建设项目水土流失防治标准》（GB/T 50434）对生产建设项目的水土流失防治提出了明确的防治目标和标准，应按防治目标和标准的要求落实各项防治措施。

2. 预防为主，保护优先

预防为主是水土保持的工作方针之一，也是生产建设项目水土保持设计的基本原则之一。针对项目建设和新增水土流失的特点，按照"预防为主，保护优先"的基本要求，选用先进的施工工艺，优化工程设计和施工组织。它要求结合生产建设项目水土流失的特点，突出水土保持对项目建设的约束作用，按照"预防为主，保护优先"的要求，优化建设项目的选址（线）、布局、规划和设计，努力通过工程设计的优化减少可能产生的水土流失。同时，"预防为主"的原则还要求生产建设项目在建设期必须与施工组织设计紧密结合，注重施工期的临时防护措施。该条原则要求生产建设项目的水土流失防治应由被动治理向事前控制转变，防患于未然。

3. 综合治理，因地制宜

综合治理、因地制宜既是水土保持的工作方针之一，也是生产建设项目水土流失防治的基本原则之一。所谓综合治理，是指布设的各种水土保持措施要紧密结合，并与主体设计中已有措施相互衔接，形成有效的水土流失综合防治体系，确保水土保持工程发挥作用。所谓因地制宜，是要根据建设项目的水土流失特点，结合项目所在地理区位、气候、气象、水文、地形、地貌、土壤、植被等具体情况，开展工程、植物和临时防护措施的布置和设计。由于我国幅员辽阔、气候类型多样，地域自然条件差异显著，景观生态系统呈现明显的地带性分布特点，因此生产建设项目水土保持工程中的植物措施设计必须更加注重“因地制宜”这一原则，提高植物措施的适宜性。

4. 综合利用，经济合理

生产建设项目以扩大生产能力或新增工程效益为主要目的，项目的产出和投入必须符合国家有关技术经济政策的要求。不计成本、盲目投资的生产建设项目是不存在的，也就是说，经济合理是生产建设项目立项乃至开工建设的先决条件。水土流失防治作为生产建设项目必须履行的义务，其所需费用在基本建设投资或生产费用之中计列，因此，经济合理也是生产建设项目水土流失防治所必须遵循的原则之一。比如建立科学合理的水土流失防治措施体系，选择取料方便、易于实施的水土保持工程构筑物，或者当地适生的植物品种。此外，在工程中有选择地保护剥离表层土，留待后期植被恢复时使用，提高主体工程开挖土石方的回填利用率，以减少工程弃渣；工程开挖的土方尽量利用于本工程回填，石方用作石料或人工骨料等，或者被其他项目综合利用充分减少弃渣；临时措施与永久防护措施相结合等，均是对这一原则的运用和拓展。

5. 生态优先，景观协调

随着我国经济社会的发展，广大人民群众物质、精神和文化需求日益提高，生产建设项目的工程设计、建设在满足预期功能或效益要求的同时，也逐步向“工程与人和谐相处”方向发展。水土保持以控制和治理生产建设项目导致的新增水土流失为主要目标，由于植物措施作为水土流失防治的一种重要手段，客观上也具有营造良好景观、恢复和改善生态环境的作用，因此，水土保持要坚持“生态优先、景观协调”的原则，措施配置应与周边的景观相协调。在不影响主体工程安全和运行管理要求的前提下，尽可能采取植物措施，必要时还可对主体工程布局、规划及设计提出水土保持建议或要求。

1.1.2　设计理念

设计理念即设计中所遵循的主导思想，对工程设计而言尤为重要，是设计思想的精髓所在。从更高层次讲，就是通过设计理念的应用和贯彻，赋予工程设计个性化、专业化的独特内涵、风格和效果。水土保持的最终目的是以水土资源的可持续利用支撑经济社会的可持续发展，其设计理念的内涵就是将水土流失防治、水土资源合理利用、农业生产、生态改善与恢复、景观重建与工程设计紧密结合起来，通过抽象和归纳形成水土保持总体思路，指导工程规划、总体布置和设计，使得工程设计遵循水土保持理念，符合水土保持要求。

生产建设项目水土保持设计理念首先应是工程设计理念的组成部分，贯穿并渗透于整个工程设计中，对优化主体工程设计起到积极作用。在不影响主体运行安全的前提下，水土保持设计应充分利用与保护水土资源，加强弃土弃渣综合利用，应用生态学与美学原理，优化主体工程设计，力争工程设计和生态、地貌、水体、植被等景观相协调与融合。

1. 约束和优化主体工程设计

生产建设项目水土保持设计贯穿于工程设计的各阶段，是水土保持“三同时”制度的重要环节，体现水土保持对生产建设项目设计、施工、管理的法律规定和约束性要求。因此，水土保持设计首先应确立“约束与优化主体工程设计”的理念，即以主体工程设计为基础，本着事前控制原则，从水土保持、生态、景观、地貌、植被等多方面全面评价和论证主体工程设计各个环节的缺陷和不合理性，提出主体工程设计的水土保持约束性因素、相应设计条件、优化要求和意见，重点是主体工程选址选线、方案比选、土石方平衡和调配、取料选址和开采、施工工艺的要求和意见。

2. 优先综合利用弃土弃渣

弃土弃渣是生产建设项目建设生产过程中水土流失最主要的问题，也是水土保持设计的核心内容。特定技术经济条件下，弃土弃渣也可以成为具有某种利用价值的资源，因此，除通过工程总体方案比选和优化施工组织设计减少弃渣外，在符合循环经济要求的条件下，强化弃土弃渣的综合利用，能够有效减少新增水土流失，且比被动地采取拦挡防护措施更为经济和环保。如煤炭开采过程中的弃渣——煤矸石、中煤、煤泥等低热值燃料，可以通过技术手段用于发电，也可用于制砖、水泥、陶粒或作为混凝土掺合料；水利水电工程及公路、铁路工程建设中，弃土弃石可在本工程或其他工程建设中回填利用，或加工成砂石料和混凝土骨料，甚至还可以通过工程总体规划、充分利用弃渣就势造景，使弃渣场成为景观建筑的组成部分。因此，水土保持设计中应优先考虑弃土弃渣综合利用，提出相应意见与建议，并在主体工程设计中加以考虑。

3. 节约和利用水土资源

（1）节约和利用土地资源。生产建设项目在建设和生产期间需压占大量土地资源，应树立“节约和利用土地资源”，特别是保护耕地资源的理念，充分协调规划、设计、施工组织、移民等专业，通过优化主体工程布局和建（构）筑物布置及施工组织设计，重点是优化弃渣场布设，并通过弃渣综合利用、取料与弃渣场联合应用等手段，尽可能减少占压土地面积。同时，对工程建设临时占用土地应采取整治措施，恢复土地的生产力。如青藏铁路通过设立固定取弃土场、限制取土深度、料场与弃土场的联合运用等措施，大大减少了弃土场数量和占地面积，有效保护了沿线植被和景观。

（2）保护和利用表土资源。土壤与植被是水土流失及其防治的关键因素。形成 1cm 厚土壤需要 200～400 年，从裸露的岩石地貌到形成具有生物多样性丰富和群落结构稳定的植物群落则需更长的时间，有的甚至需用上万年。因此保护和利用土壤，特别是表土资源，是水土保持设计核心理念之一。在生产建设过程中，根据土壤条件，结合现实需求，将表层土壤剥离、单独堆放并进行防护，为整治恢复扰动和损毁地表提供土源，避免为整治土地而增加建设区外取土量，既可减少土地和植被破坏，控制水土流失，又可节约建设

资金。

(3) 充分利用降水资源。生产建设过程中土石方挖填不仅改变区内的地形和地表物质组成，而且平整、硬化等人工再塑地貌会导致径流损失加大，破坏了局地正常水循环，加大了降水对周边区域的冲刷。因此，通过拦蓄利用或强化入渗等措施，充分利用降水资源，也是一项重要的水土保持设计理念。在水资源紧缺或降雨较少的地区，采取拦集蓄引设施，充分收集汛期的降水，用于补灌林草，既提高成活率和生长量，又节约水资源，降低运行养护成本。在降雨较多的地区，采用强化入渗的水土保持措施，能够改善局地水循环，减少对工程建设本身及周边的影响；有条件的地区，利用引流入池，建立湿地，净化水质，做到工程建设与水源保护、生态环境改善相结合。

4. 优先保护利用与恢复植被

(1) 保护和利用植被。工程设计中，要树立“保护和利用植被”的理念，特别是生态脆弱的高原高寒和干旱风沙地区，植物一旦破坏将难以恢复。应通过选址选线、总体方案比较、优化主体工程布置等措施保护植被。如青藏铁路将剥离后的草皮专门存放并洒水养护，等土方工程完成后再覆盖到裸露面，保护和利用高原草甸；溪洛渡水电站在建设过程中，将淹没区需要砍伐的树木提前移植出来进行假植，为将来建设区植被恢复准备苗木，既保护了林木，又节约了绿化方面的资金；云南省某公路建设根据当地地形地貌条件，增加桥、隧比重，并且隧洞等施工采取“早进洞，晚出洞”方案，大大减少了植被破坏，水土保持效果明显。

(2) 保障安全和植被优先。植物是生态系统的主体，林草措施是防治水土流失的治本措施，林草不仅可以自我繁殖和更新，而且可以美化环境，达到人与自然和谐的目的。传统混凝土挡墙、浆砌石拦渣坝、锚杆挂网喷混凝土护坡等硬防护措施既不美观，也不环保，对重建生态和景观更是无从谈起。因此，生产建设项目设计应在确保稳定与安全的前提下，从传统工程设计逐步向生态景观型工程设计发展。从水土保持角度而言，工程设计应在保证工程安全的前提下，依据生态学理论，确立“优先恢复植被”理念，坚持工程措施和植物措施相结合，着力提高林草植被恢复率和林草覆盖率，改善生态和环境。近年来，我国在边坡处理领域已逐步形成了植物与工程有机结合、安全与生态兼顾、类型多样的技术措施体系。例如，渝湛高速公路采用三维网植草生态防护碟形边沟代替传统砌石边沟，排水沟与周围的自然环境更协调；大隆水利枢纽电站厂房后侧高陡边坡采用植物护坡措施。当前正有更多的水利、水电枢纽工程高陡边坡采用植物护坡措施代替传统的工程护坡措施。

5. 恢复和重塑生态景观

(1) 充分利用植物措施重建生态景观。植物措施设计是生态景观型工程设计的灵魂。对工程区各类裸露地进行复绿，使主体工程与周边生态景观相协调是水土保持设计极为重要的理念。生产建设项目水土保持设计要充分利用植物的生态景观效应，在充分把握主体建（构）筑物的造型、色调、外围景观（含水体、土壤、原生植物）等基础上，统筹考虑植物形态、色彩、季相、意境等因素，合理选择和配置树草种及其结构，辅以园林小品，使得植物景观与主体建筑景观相协调，形成符合项目特点、给予工程文化内涵、与周边环境融合的景观特色或主题。景观设计中还可应用“清、露、封、诱、秀”等景观手法，从

宏观上优化提升整体景观效果。在植物措施配置上，要求乔灌草合理配置、注重乡土植被。植物搭配可营造生物多样且稳定的群落，充分发挥不同植物的水土保持作用，最大限度地防治水土流失，同时也可丰富生态景观。

（2）人与自然和谐相处，实现近自然生态景观恢复。随着经济社会发展，人们对生态文明的要求越来越高。从发展趋势看，应在工程总体规划与设计中，树立人与自然和谐、工程与生态和谐理念，实现近自然生态景观恢复。要利用原植物景观，使工程与周边自然生态景观相协调，最终达到人与自然和谐相处的目的。传统的工程追求整齐、光滑、美观、壮观，突出人造奇迹，如河道整治等工程边坡修得三面光，呈直线形，既不利于地表和地下水交换和动植物繁衍，陡滑的坡面也不利于乔木、灌木生长和人、水、草相近相亲。在确保稳定的前提下，开挖面凸凹不平，便于土壤和水分的保持，有利于植物生长，恢复后的景观自然和谐。排水沟模拟自然植物群落结构的植被恢复方式、生态排水沟代替浆砌石排水沟及坡顶（脚）折线的弧化处理等，更贴近自然。

1.1.3 设计任务与依据

1.1.3.1 设计任务

对于生产建设项目，要分清水土保持方案与水土保持设计的区别。水土保持方案一般在可行性研究阶段进行编制，其主要任务是分析生产建设项目的水土保持制约性，从水土保持角度论证项目建设的可行性，并提出水土流失防治的总体方案，从宏观上控制项目建设的水土流失，它是水土保持行政许可和监督执法的技术文件。水土保持设计并不局限在某个阶段，而是通常贯穿工程设计的各阶段，是主体工程设计文件的组成部分，是水土保持“三同时”制度的重要环节，主要任务是配合主体工程设计，做好工程建设过程中的水土流失防治措施，做好工程弃渣的处理与防护措施，是水土保持方案编制的基础，是落实水土保持方案的技术支撑，是实现水土保持方案目标的根本手段。

具体来讲，水土保持设计的任务是将水土保持设计理念、想法和思路用图纸和少量文字进行表达的过程，通过各设计阶段的逐步深化和细化，最终达到设计目标。在项目的不同设计阶段，水土保持设计的主要任务和侧重点也不相同。一般水土保持设计深度与主体工程设计深度一致，随着设计深度的不断增加，设计精度越来越高，设计成果的文字说明内容比重越来越少且越来越精炼，而设计图纸比重越来越大且越来越细化和丰富。

水土保持措施设计要具备可靠的基础资料，在收集生产建设项目区域地质地貌、气象水文、土壤植被、水土流失、水土保持和社会经济等基本资料的基础上，开展相应的调查、勘测及试验，根据确定的水土保持设计原则，结合主体工程设计，充分利用与保护水土资源，保障安全，注重生态，拟定水土保持措施总体布置，通过分析、计算、绘图等方式分区开展各项水土保持措施设计，使水土保持工程和设施与项目区的生态、地貌、植被、景观相协调。

1.1.3.2 设计依据

水土保持措施设计的依据主要包括最新的技术标准、规范和规程，参考依据主要包括各类设计指南与手册。

（1）水土保持措施设计主要标准、规范和规程：

《水土保持工程项目建设书编制规程》(SL 447)

《水土保持工程可行性研究报告编制规程》(SL 448)

《水土保持工程初步设计报告编制规程》(SL 449)

《水利水电工程水土保持技术规范》(SL 575)

《水土保持工程设计规范》(GB 51018)

《水利水电工程制图标准　水土保持图》(SL 73.6)

《水土保持工程调查与勘测标准》(GB/T 51297)

《生产建设项目水土保持技术标准》(GB 50433)

《生产建设项目水土流失防治标准》(GB/T 50434)

《造林技术规程》(GB/T 15776)

《封山育林技术规程》(GB/T 15163)

《主要造林树种苗木质量分级标准》(GB 6000)

《禾本科草种子质量分级》(GB 6142)

《豆科草种子质量分级》(GB 6141)

(2) 其他与水土保持措施设计有关的规范：

《水利水电工程等级划分及洪水标准》(SL 252)

《防洪标准》(GB 50201)

《水工挡土墙设计规范》(SL 379)

《水利水电工程边坡设计规范》(SL 386)

《小型水利水电工程碾压式土石坝设计导则》(SL 189)

(3) 水土保持措施设计指南与手册：

《生产建设项目水土保持设计指南》(中国水利水电出版社出版，2011)

《水工设计手册·第3卷·征地移民、环境保护与水土保持》(中国水利水电出版社出版，2013)

《水土保持设计手册·专业基础卷》(中国水利水电出版社出版，2018)

《水土保持设计手册·规划与综合治理卷》(中国水利水电出版社出版，2018)

《水土保持设计手册·生产建设项目卷》(中国水利水电出版社出版，2018)

设计依据中的技术标准，有大约15%是强制性标准，实际属于技术法规性质；85%是推荐性或指导性标准。凡经过批准后颁布的标准，并标明是强制性的，无特殊理由，一般不得与之违背；经法规或合同引用的推荐性标准也具有强制性。

除水土保持有关标准、规范和规程外，各行业主体设计各阶段的编制规程、规范是各行业水土保持工程设计的主要依据。

1.1.4　设计内容

1.1.4.1　水土保持措施分类

按《生产建设项目水土保持技术标准》(GB 50433) 的规定，水土保持措施包括表土保护措施、拦渣措施、边坡防护措施、截排水措施、降水蓄渗措施、土地整治措施、植物措施、临时防护措施、防风固沙措施等九大类。本书根据工程设计惯例，结合《水土保持

工程设计规范》(GB 51018) 的规定，将生产建设项目水土保持工程类型调整为表土保护与土地整治工程、拦渣工程、斜坡防护工程、截排水（洪）工程、泥石流防治工程、降水蓄渗工程、林草工程、临时防护措施、防风固沙工程九大类型。与 GB 50433 相比较，除临时防护措施外，将其他类型的“措施”改为“工程”，表土保护与土地整治合并，增加泥石流防治工程。

参照《水土保持工程概（估）算编制规定》中项目划分方法，将水土保持措施分为工程措施、植物措施、监测措施和临时防护措施 4 个体系。其中表土保护与土地整治工程、拦渣工程、截排水（洪）工程、泥石流防治工程、降水蓄渗工程属于工程措施体系；林草工程属于植物措施体系；斜坡防护工程和防风固沙工程则是工程措施体系、植物措施体系均有所涉及；临时防护措施主要包括临时拦挡、排水、覆盖和临时植物防护等施工完毕后即不存在或失去原功能的属于临时防护措施体系。水土保持监测措施指项目建设期间为观测水土流失的发生、发展、危害及水土保持效益，以及弃渣场安全稳定而修建的土建设施、配置的设备仪表，还有建设期间的运行观测等，属于管理措施系列。鉴于监测措施为管理措施，本书内容不包含监测措施设计。

除此之外，生产建设项目在施工期和生产运行期产生的大量弃土、弃石、弃渣、尾矿和其他废弃固体物质，需布置专门的堆放场地，将其分类集中堆放，并修建拦渣工程，这种专门的堆放场地通常称为弃渣场，工矿企业也叫贮灰场、尾矿库、赤泥堆场、排土场（矸石场）等。弃渣场设计内容主要包括场址选择、堆置方案、稳定计算，以及防护措施布局等。由于弃渣场设计也是生产建设项目水土保持设计的重要内容之一，因此将弃渣场设计作为独立的一章也纳入本书。

1.1.4.2 表土保护与土地整治工程

表土保护包括表土的剥离、堆存、临时防护及草皮保护与利用。在生产建设过程中，根据土壤条件，结合现实需求，将表层土壤剥离、单独堆放并进行防护，并在工程后期用于土地复垦或植被恢复。在土壤匮乏地区心土层、底土层也应是保护与利用对象；在青藏高原等地区，高山草甸（天然草皮）的保护与利用也属于表土资源保护与利用的范畴。

土地整治是将扰动和损坏的土地恢复到可利用状态所采取的措施，即对由于采、挖、排、弃等作业形成的扰动土地、弃土弃渣场（排土场、堆渣场、尾矿库等）、取料场、采矿沉陷区等，根据立地条件采取相应的措施，将其改造成为可用于耕种、造林种草（包括园林种植）等状态。土地整治包括扰动占压土地的平整及翻松、表土回覆、田地平整和犁耕、土地改良以及必要的灌溉措施。

1.1.4.3 拦渣工程

生产建设项目在施工期和生产运行期造成大量弃土弃渣（毛石、矸石、尾矿、尾砂和其他废弃固体物质等），必须布置专门的堆放场地，做必要的分类处理，并修建拦渣工程。

拦渣工程根据弃土弃渣堆放的位置，分为挡渣墙、拦渣堤、拦渣坝、围渣堰等多种形式。挡渣墙是弃土弃渣堆置在沟道及斜坡坡面上时，布设在弃土弃渣坡脚部位的拦挡建筑物；拦渣堤是当弃土弃渣堆置于河（沟）滩岸时，按防洪治导线规划布置的拦渣建筑物；拦渣坝是横拦在沟道中，拦挡堆放在沟道的弃土弃渣的建筑物；围渣堰是在平地堆渣场周边布设的拦挡弃土弃渣的建筑物。因此，拦渣工程需根据弃土弃渣所处位置及其岩性、数量、堆高，以及场地及其周边的地形地质、水文、施工条件、建筑材料等选择相应拦渣工程类型和设计断面。对于有排水和防洪要求的，要符合国家有关标准规范的规定。

1.1.4.4　斜坡防护工程

生产建设项目因开挖、回填、弃土（石、渣）形成的人工边坡面，也可能是没有扰动但需要治理的自然边坡。斜坡防护工程需根据地形、地质、水文条件等因素，采取防护措施。对于土（沙）质坡面或风化严重的岩石坡面，需采取坡脚防护工程，保证斜坡的稳定。对于易风化岩石或泥质岩层坡面，在采用削坡开级工程确保整体稳定之后，还应采取喷锚支护工程固定坡面。对于易发生滑坡的坡面，采取削坡反压、排水防渗、抗滑、滑坡体上造林等滑坡整治工程。

斜坡防护工程分为三类，包括工程护坡、植物护坡和综合护坡。从水土保持角度看，斜坡稳定情况下，优先采用植物护坡。工程护坡包括削坡开级、削坡反压、抛石护坡、圬工护坡、锚杆固坡、抗滑桩、抗滑墙、边坡排水截水等工程类措施。植物护坡包括坡面植树种草、设置植生带和植生毯、铺植草皮、喷混植生、客土植生、生态植生袋、开凿植生槽、液力喷播、三维网植被护坡、厚层基材植被护坡等植物类措施。综合护坡为各类工程护坡措施和植物护坡措施的组合，如边坡削坡开级、削坡反压后实施坡面绿化，采用植树种草、三维网喷播等植物措施，喷浆（混凝土）护坡后实施厚层基材植被护坡等植物措施，浆砌石或混凝土框格护坡后坡面实施各类植物措施等。

1.1.4.5　截排水（洪）工程

截排水（洪）工程是生产建设项目在基建施工和生产运行中，当破损的地面、取料场、弃渣场等易遭受洪水和泥石流危害时，需布置的排水、排洪工程措施。根据建设项目实际情况，可采取截排水沟、盲沟、拦洪坝、排洪渠、排水隧洞、涵洞等，必要时还应考虑截排水（洪）工程的跌水、消力和防冲措施。对工程建设破坏原地表水系和改变汇流方式区域，需布设截排水措施以及与下游的顺接措施，将工程区域和周边的地表径流排导至下游沟道区域；当防护区域的上游有小流域沟道洪水集中危害时，布设拦洪坝；一侧或周边有坡面洪水危害时，在坡面及坡脚布设排洪渠，并与各类场地道路以及其他地面排水衔接；当坡面或沟道洪水与防护区域发生交叉且明沟布置困难时，布设涵洞或暗管，进行地下排洪。

1.1.4.6　泥石流防治工程

泥石流防治工程包括防止泥石流产生的防治工程、控制泥石流运动的防治工程（拦挡工程和排导工程）、泥石流安全停淤的防治工程（停淤工程）和其他监测预警措施，其中防止泥石流产生的防治工程主要包括坡面治理、荒坡荒地治理、沟道治理（沟头防护、谷坊、淤地坝、沟底防冲等），可参考水土流失综合治理技术进行设计。本教材主要介绍拦挡工程、排导工程、停淤工程和监测预警。

1.1.4.7　降水蓄渗工程

降水蓄渗工程是针对地表雨水径流和区域下垫面雨水入渗进行调控而采取的工程措施。在水资源贫乏地区，采取适宜的措施将雨水滞留并适当加以利用，在降水丰沛以及易发生内涝区域增加雨水入渗措施，以此促进雨水入渗、地下水资源储备。

降水蓄渗工程主要包括蓄水利用工程和入渗工程两种类型。蓄水利用工程多用于水资

源短缺地区，所收集雨水主要用于植被灌溉、城市杂用和环境景观用水等。水土保持工程中多针对农业补充灌溉用水和建设区域内植被种植养护用水而设置，如果确需雨水回用且有水质要求时，还需要根据城市建设、环境保护等行业相关规定进行水质净化工程的配套设置。入渗工程则主要用于消减区域径流汇聚而产生的雨水内涝，减轻防洪压力。在工程实际中，蓄水利用工程的开发利用较广泛，而入渗工程多根据建设区域的特殊要求而设。

1.1.4.8 林草工程

林草工程是主要针对主体工程开挖回填区、施工营地、施工场地、临时道路、设备及材料堆放场、取料场区、弃渣场区等在施工结束后所采取的绿化美化、植物防护、植被恢复等三类措施。

对于生产建设项目管理区、厂区、居住区、办公区、线性工程沿线管理场站周边及交叉建（构）筑物、涉及城镇或工程移民的重要节点区域，采用绿化美化类型。植物防护类型主要为水土保持防护林或护岸防浪林，对于施工造成的扰动坡面（特别是原有植被受到扰动的坡面），极易发生水土流失的，应根据土地整治后的具体条件，营造水土保持防护林，工程涉水范围，根据实际需要，营造水土保持护岸防浪林；工程管理范围，工程管辖的道路两侧，厂（场）区周边等营造防护林带、防风林带或片林。对于生产建设项目的弃土（石、渣）场、土（块石、砂砾石）料场及各类开挖填筑扰动面，根据土地整治后的具体条件（坡度、水分），实施植树或植草，恢复植被；不具备土地整治条件的区域，如高陡裸露边坡等，可采用边坡工程绿化技术或植被恢复工法采用植被恢复类型。在降水量少难以采取有效措施绿化的，则可以采取自然恢复，或配置相应灌溉设施恢复植被。

1.1.4.9 临时防护措施

临时防护措施主要针对生产建设项目施工中临时堆料、堆土（石、渣，含表土）、临时施工迹地等，为防止降雨、大风等外营力在其临时堆存、裸露期间冲刷、吹蚀，而采取相应的临时性拦挡、排水、覆盖及临时植物防护等措施。

1.1.4.10 防风固沙工程

防风固沙工程主要是对修建在沙地、沙漠、戈壁等风沙区遭受风沙危害的生产建设项目和工业园区、工矿企业、居民点等工程，以及因工程建设产生的料场、弃渣场、施工生产生活场地、施工道路等容易引起土地沙化、荒漠化的工程扰动区域，所采取的以防风固沙为目的的防风固沙措施体系。

防风固沙按照治理方式可分为工程固沙、化学固沙和植物固沙。工程固沙措施通过采取机械沙障、网围栏等措施抑制风沙流的形成，达到防风固沙的目的，工程固沙应用范围较广，在固沙工程中有着的极其重要的地位和作用；化学固沙措施是在流动的沙丘上喷洒化学胶结物质，使沙体表面形成一层具有一定强度的防护壳，达到固定流沙的目的，化学固沙主要用于工程固沙和植物固沙难以奏效的极端困难风沙区，但由于成本高，一般多用于风沙危害易造成重大经济损失的重要工程区，如机场、交通线（公路、铁路等），也可用于机械沙障就地取材困难的偏远地区；植物固沙措施则是通过人工栽植乔灌、种草、封禁治理等手段，提高植被覆盖率，达到防风固沙的目的，植物固沙措施多应用于降水条件相对较好的风沙地区，往往先期开展机械沙障固沙后再进行造林种草。

1.1.5 水土流失防治措施体系

生产建设项目主要包括公路工程、铁路工程、城市轨道交通工程、涉水交通（码头、桥隧）及海堤防工程、机场工程、火电工程、核电工程、风电工程、光伏发电工程、输变电工程、水利水电工程、矿山工程、冶金工程、煤矿工程、煤化工工程、水泥工业、管线工程、城建工程、林纸一体化工程、农林开发项目、移民工程等。各类生产建设项目水土流失防治措施体系详见本书附录。

1.1.6 工程量计算及施工组织设计

1.1.6.1 工程量计算

1. 工程量计算项目划分

水土保持工程各设计阶段的工程量，是设计工作的重要成果和编制水土保持工程投资概（估）算的重要依据。依据水土保持工程的特点和水土保持工程概（估）算编制的要求，水土保持工程量的统计可按工程措施、林草（植物）措施和施工临时措施等分项目统计。水土保持工程量计算简要项目划分见表1.1-1。

表1.1-1 水土保持工程工程量计算简要项目划分表

项目划分	工程量计算主要内容
工程措施	土方工程、石方工程、砌石工程、混凝土工程、砂石备料工程、基础处理工程、机械固沙工程、小型蓄排水工程等
林草（植物）措施	水土保持整地工程、种草工程、造林工程、栽植工程、抚育工程、人工换土工程、假植及树木支撑（绑扎）工程
施工临时措施	临时防护工程、其他临时工程

2. 各设计阶段工程量计算的阶段系数

水土保持工程措施及临时措施的工程量计算应按SL 328执行，林草（植物）措施工程量计算阶段调整系数在项目建议书阶段、可行性研究阶段、初步设计阶段分别按1.10、1.05、1.03计取。水土保持工程各设计阶段工程量计算阶段系数具体见表1.1-2。

表1.1-2 水土保持工程各设计阶段工程量计算阶段系数表

类别	设计阶段	土石方开挖、填筑、砌石工程量/万 m^3				混凝土工程量/万 m^3				钢筋/t	钢材/t	其他
		>500	500～200	200～50	<50	>300	300～100	100～50	<50			
工程措施	项目建议书	1.03～1.05	1.05～1.07	1.07～1.09	1.09～1.11	1.03～1.05	1.05～1.07	1.07～1.09	1.09～1.11	1.08	1.06	
	可行性研究	1.02～1.03	1.03～1.04	1.04～1.06	1.06～1.08	1.02～1.03	1.03～1.04	1.04～1.06	1.06～1.08	1.06	1.05	
	初步设计	1.01～1.02	1.02～1.03	1.03～1.04	1.04～1.05	1.01～1.02	1.02～1.03	1.03～1.04	1.04～1.05	1.03	1.03	

续表

类别	设计阶段	土石方开挖、填筑、砌石工程量/万 m^3				混凝土工程量/万 m^3				钢筋/t	钢材/t	其他
		>500	500～200	200～50	<50	>300	300～100	100～50	<50			
林草（植物）措施	项目建议书											1.10
	可行性研究											1.05
	初步设计											1.03
临时措施	项目建议书	1.05～1.07	1.07～1.10	1.10～1.12	1.12～1.15	1.05～1.07	1.07～1.10	1.10～1.12	1.12～1.15	1.1	1.1	
	可行性研究	1.04～1.06	1.06～1.08	1.08～1.10	1.10～1.13	1.04～1.06	1.06～1.08	1.08～1.10	1.10～1.13	1.08	1.08	
	初步设计	1.02～1.04	1.04～1.06	1.06～1.08	1.08～1.10	1.02～1.04	1.04～1.06	1.06～1.08	1.08～1.10	1.05	1.05	

注 工程量计算应按 SL 328 执行。

3. 工程措施工程量计算

（1）土石方开挖工程量，应按岩土分类级别计算，并将明挖、暗挖分开。明挖宜分一般、坑槽、基础、坡面等；暗挖宜分平洞、斜井等。

（2）土石方填（砌）筑、疏浚工程的工程量计算应符合下列规定：

1）土石方填筑工程量应根据建筑物设计断面中不同部位不同填筑材料的设计要求分别计算，以建筑物实体方计量。

2）砌筑工程量按不同砌筑材料、砌筑方式（干砌、浆砌等）和砌筑部位分别计算，以建筑物砌体方计量。

3）疏浚工程量的计算，宜按设计水下方计量，开挖过程中的超挖及回淤量不应计入。

（3）土工合成材料工程量宜按设计铺设面积或长度计算，不应计入材料搭接及各种形式嵌固的用量。

（4）混凝土工程量计算应以成品实体方计量，并应符合下列规定：

1）项目建议书阶段混凝土工程量宜按工程各建筑物分项、分强度和级配计算。

2）可行性研究和初步设计阶段混凝土工程量应根据设计图纸分部位、分强度、分级配计算。

（5）砂石备料工程中砂石骨料、块石、条石和覆盖层剥离分别计列，覆盖层工程量按土石方开挖计算，砂石骨料、块石、条石按所采成品方计算。

（6）防风固沙工程中的土石压盖措施按实施区域的水平投影面积计算，柴草沙障、黏土埂、草把沙障及防沙格栅其他类型沙障按长度计算或按延米计量。

（7）沉沙池和蓄水池以不同容积分类计算数量。

4. 植物措施工程量计算

（1）水平犁沟整地和全面整地按整地区域的水平投影面积计算。

（2）林草措施所需的树草种（籽）按照所需数量统计工程量，造林所需苗木数量按不同的苗木规格统计所需苗木株数。

（3）林草措施栽种工程的工程量统计应符合下列规定：

1）种草按不同的播种方式统计种草面积，草皮铺种按铺种形式和植草方式统计草皮铺种的面积，喷播植草按喷播不同区域统计植草面积。

2）栽植带土球乔（灌）木按不同的土球直径和坑穴规格统计栽植苗木株数。

3）栽植单（双排）绿篱按不同绿篱高度和挖沟尺寸统计栽植绿篱的长度。

4）花卉栽植按草本、木本、球（块）根类、花坛等不同栽植形式，统计花卉栽植的面积。

5）抚育工程按每年抚育幼林或成林抚育面积计算抚育工程量。

5. 施工临时措施工程量计算

(1) 临时措施工程量计算要求与工程措施和林草措施计算要求相同，其中永久与临时结合的部分应计入永久工程量中，阶段系数按施工临时工程计取。

(2) 施工临时设施及施工机械布置所需土建工程量及临时覆盖、拦挡等措施工程量，按工程措施的要求计算工程量，阶段系数按施工临时工程计取。

1.1.6.2　施工组织设计

通过研究主体设计成果，充分利用主体工程施工条件，结合水土保持分区及措施设计，依据有关标准、规范、规程，编制水土保持施工组织设计，简述水土保持施工总平面布置、主要材料来源和用量、施工程序和施工方法、施工进度计划、工程质量、工程总工期和开完工日期等。生产建设项目水土保持工程是针对因生产建设活动造成水土流失及其危害而进行的建设工程，水土保持工程的实施可根据主体工程建设统筹考虑。

1. 施工条件

应了解并掌握项目区自然条件（地形地貌、地质、水文气象等）、交通条件（对外交通、场内交通）、材料来源等。

2. 施工布置

(1) 与主体工程相协调，在不影响主体工程施工的前提下，尽可能利用主体工程布置的施工场地、仓库及管理用房等临建设施，避免重复建设。

(2) 应控制施工占地范围，避开植被良好区；施工结束后及时清理、平整、复耕或恢复植被。

(3) 需考虑施工期洪水对靠近河道施工设施的影响；规模较大、施工期跨越汛期的项目，其防洪标准宜按5～20年重现期选定。

(4) 砂石料加工系统、混凝土拌和系统可利用主体工程已建系统。若不满足需求时，可采用简易系统。

(5) 需结合环境影响评价结论，避开或远离环境敏感区域，并按规定设置安全距离。

3. 施工工艺和方法

(1) 土石方开挖。

1）表土剥离、堆置宜采用机械作业，面积小于1hm^2或狭长区域可采用机械方式剥离、人工推斗车运输堆置。

2）底宽小于0.5m截排水沟道多采用人工开挖，底宽大于等于0.5m的宜采用机械作业。

3）基础开挖宜采用人工开挖就近堆存；挡渣墙、拦渣坝等基础开挖量较大时可采用

挖掘机配合自卸汽车运输。

4）高边坡开挖应采取自上而下的施工程序，避免二次削坡；对有支护要求的高边坡，每层开挖后应及时支护。

5）土质坡面削坡宜采用挖掘机作业，推土机或自卸汽车排渣；石质坡面宜采用预裂爆破或光面爆破法，坡面应留有齿槽。

（2）土石方回填及弃渣场堆置。

1）建筑物土方回填采用人工配合蛙式打夯机夯实。

2）滞洪式弃渣场、填沟式弃渣场堆置高度不大于10m的，采用自卸汽车前进式堆置；堆置高度大于10m的应分台阶堆置。

3）弃渣场堆置对压实度有要求的，应采取机械碾压措施。

（3）水土保持工程采用常规混凝土施工方法，具体参照DL/T 5169执行。

（4）砌石工程宜采取自卸汽车或胶轮车运石，采用坐浆法分层砌筑并及时养护。

（5）土地整治工程。

1）弃渣场及料场整地，应将剥离表土回填至设计高程后进行土地整治，并预留沉降深度。

2）宽度大于10m施工迹地整治，宜采用机械作业。

（6）苗木栽植及抚育管理。

1）应根据工程区气候条件和苗木特性合理安排施工季节。

2）应根据苗木运输和栽植时间，必要时采取假植、蘸泥浆、生根粉浸泡等措施。

3）栽植时宜熟土回填并压实；四周可利用开挖土围成树盘，树盘埂高0.15m左右。

4）阔叶乔木可根据树木特性在栽植前后进行修剪。

5）带土球苗、灌木球等栽植前，还应视情况进行捆绑支撑。

6）苗木抚育管理参照GB/T 15781执行。

（7）撒播草籽和草皮铺设采用人工作业。铺设面积较大时，可选用草皮卷，采用机械方式施工；种草可根据需求加施底肥后播种。

（8）水土保持边坡植物工程。

1）一般边坡。一般边坡常用的植物措施包括铺草皮、植生带、液压喷播植草、三维植被网、挖沟植草等。

a. 铺草皮。铺草皮一般在春季、夏季、秋季均可施工，适宜施工季节为春、秋两季。其施工工序为：平整坡面→准备草皮→铺草皮→前期养护。

b. 植生带。植生带一般选在春季或秋季施工，应尽量避免暴雨季节施工。其施工工序为：平整坡面→开挖沟槽→铺植生带→覆土、洒水→前期养护。

c. 液压喷播植草。液压喷播植草一般在春季或秋季进行施工，应尽量避免在暴雨季节施工。其施工工序为：平整坡面→排水设施施工→喷播施工→盖无纺布→前期养护。

d. 三维植被网。三维植被网一般应在春季和秋季进行施工，应尽量避免在暴雨季节施工。其施工工序为：平整坡面→铺网→覆土→播种→前期养护。

e. 挖沟植草。挖沟植草一般应在春季和秋季进行施工，应尽量避免在暴雨季节施工。其施工工序为：平整坡面→排水设施施工→楔形沟施工→回填客土→三维植被网施工→喷

播施工→盖无纺布→前期养护。

2）高边坡。高边坡植物护坡通常结合高边坡防护工程措施而设，主要有钢筋混凝土内填土植被护坡、预应力锚索框架地梁植被护坡、预应力锚索地梁植被护坡等。其中植被部分的施工可采用三维植被网和厚层基材喷射植被护坡。厚层基材喷射植被护坡施工主要包括锚杆、防护网和基材混合物等的施工。

a. 锚杆。根据岩石坡面破碎状况，锚杆场地一般为30～60cm，其主要作用是将网固定在坡面上。

b. 防护网。根据边坡类型可选用普通铁丝网、镀锌铁丝网或土工网。

c. 基材混合物。基材混合物由绿化基材、种植土、纤维和植被种子按一定的比例混合而成。其中，绿化基材由有机物、肥料、保水剂、稳定剂、团粒剂、酸度调节剂、消毒剂等按一定比例混合而成。

施工时首先通过混凝土搅拌机或砂浆搅拌机把绿化基材、种植土、纤维及混合植被种子搅拌均匀，形成基材混合物，然后输送到混凝土喷射机的料斗。在压缩空气的作用下，基材混合物由输水管到达喷枪口与来自水泵的水流汇合使基材混合物团粒化，并通过喷枪喷射到坡面，在坡面上形成植被的生长层。

4. 施工进度安排

生产建设项目水土保持施工进度一般按以下原则安排：

（1）与主体工程施工进度相协调的原则。

（2）采用国内平均先进施工水平、合理安排工期的原则。

（3）资源（人力、物资和资金等）均衡分配原则。

（4）在保证工程施工质量和工期的前提下，充分发挥投资效益的原则。

水土保持工程施工进度安排应遵循“三同时”制度，按照主体工程的施工组织设计、建设工期、工艺流程，并按水土保持分区布设水土保持措施；根据水土保持措施施工的季节性、施工顺序分期实施、合理安排，保证水土保持工程施工的组织性、计划性和有序性，对资金、材料和机械设备等资源有效配置，确保工程按期完成。

分期实施是进度安排的一项重要内容，应与主体工程相协调、相一致，根据工程量组织劳动力，使其相互协调，避免窝工浪费。

水土保持工程施工进度安排应与主体工程施工计划相协调，先工程措施再植物措施，并结合水土保持工程特点，弃渣要遵循“先拦后弃”原则，按照工程措施、植物措施和临时防护措施分别确定施工工期和进度安排，绘制水土保持措施施工进度图。

（1）工程措施。工程措施应与主体工程同步实施，应安排在非主汛期，大的土方工程应避开雨季。水下施工的工程措施一般尽量安排在枯水期。

（2）植物措施。植物措施应在主体工程完工后及时实施，并根据不同季节植物生长特性安排施工期，北方宜以春季、秋季为主，南方地区应避开夏季。

（3）临时防护措施。应先于主体工程或与主体工程同时安排临时防护措施的实施。

水土保持措施施工进度安排还应结合工程区自然环境和工程建设特点及水土流失类型，在适宜的季节进行相应的措施布设，风蚀区应避开大风季节，水蚀区应避开暴雨洪水等危害。

水土保持措施施工进度应按尽量缩短扰动后土地裸露时间，尽快发挥保土保水效益的原则安排。具体应根据主体施工进度计划，结合水土保持工程量确定施工工期和进度安排，绘制施工进度双横道图。

1.1.7 水土保持制图基本要求

生产建设项目水土保持措施设计成果除了文字的报告书外，图件是设计成果的重要组成部分，而且通过图件能更明了、更直观地反映措施设计的内容，所以从事水土保持专业的技术人员，应具备正确规范的绘制和阅读工程图的能力，掌握水土保持制图基本要求。

水土保持是一门交叉性很强的综合学科，水土保持措施既有工程措施也有植物措施，所以生产建设项目水土保持制图是在工程制图的基本原理基础上结合园林、林业等制图要求进行的。本章结合《水利水电工程制图标准　水土保持图》（SL 73.6—2015）简要介绍水土保持制图的基本要求。

一张完整的水土保持图包括标题栏、图例、图件等内容，而这些内容都应符合相应规定，才能使图纸格式统一、美观整齐、内容清晰。下面从标题栏、图例、图件等方面介绍生产建设项目水土保持制图的基本规定和要求。

1. 标题栏

标题栏是对图纸名称、设计单位、设计相关人员等信息进行说明的不可缺少的组成部分，标题栏主要信息有工程名称、图纸名称，设计单位名称、资质号，设计、制图、校核、审查、核定、批准等人员姓名。标题栏具体要求如下：

（1）标题栏放在图纸的右下角，并与图框线两边衔接，见图 1.1-1。

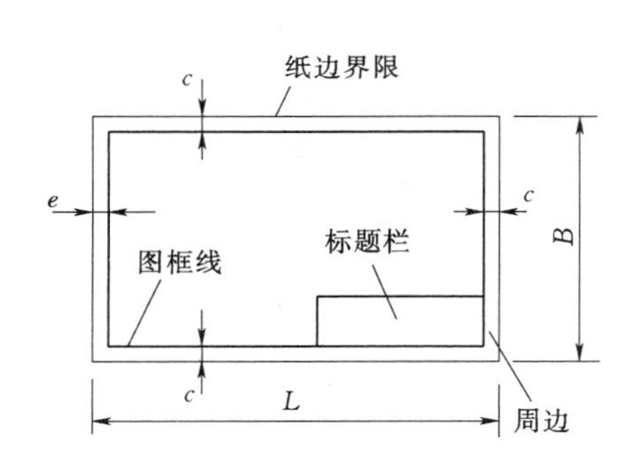

(a) 无装订边图纸的图框格式

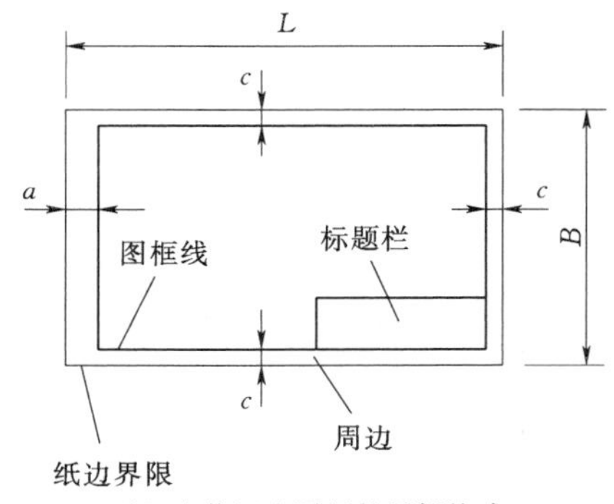

(b) 有装订边图纸的图框格式

图 1.1-1　图框和标题栏

（2）标题栏外框线为粗实线，A0、A1 图幅线宽 1.00mm，A2、A3 图幅线宽 0.70mm，A4 图幅线宽 0.50mm；分格线为细实线，A0、A1 图幅线宽 0.25mm，A2～A4 图幅线宽 0.18mm。

（3）对于 A0、A1 图幅，可按图 1.1-2 所示式样绘制；对于 A2～A4 图幅，可按图 1.1-3 所示式样绘制；涉外水土保持项目规划设计题栏，可按图 1.1-4 所示式样绘制。

（4）需要会签的图纸，可设会签栏，会签栏的位置、内容、格式及尺寸按图 1.1-5 所示式样绘制。

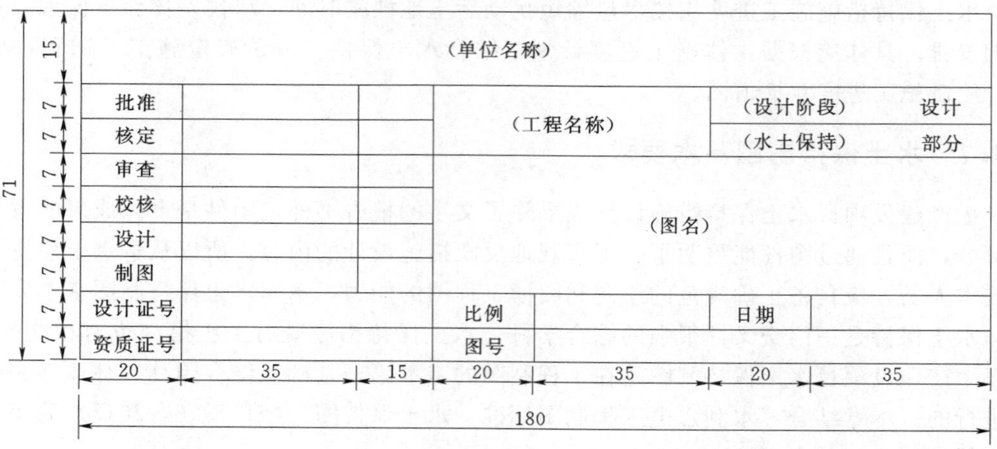

（单位名称）						
批准			（工程名称）		（设计阶段）	设计
核定					（水土保持）	部分
审查			（图名）			
校核						
设计						
制图						
设计证号			比例		日期	
资质证号			图号			

图 1.1-2　标题栏（A0、A1）（单位：mm）

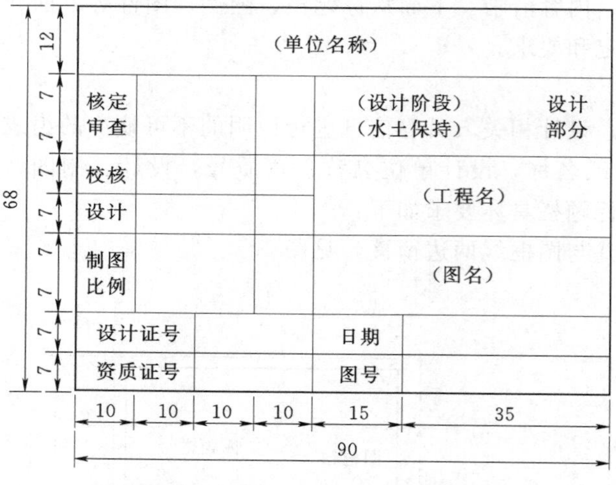

（单位名称）					
核定 审查				（设计阶段） （水土保持）	设计 部分
校核				（工程名）	
设计					
制图 比例				（图名）	
设计证号				日期	
资质证号				图号	

图 1.1-3　标题栏（A2～A4）（单位：mm）

2．图例

图例是示意性地表达某种被绘制对象的图形或图形符号，是重要的构图要素。

水土保持图例分为通用图例、综合图例、工程措施图例、耕作措施图例、植物措施图例、封育措施图例、临时措施图例、监测设施图例八大类，可根据需要选择使用，但在同一工程或同一套图纸中，采用的同类标识应一致。在实际应用中，除《水利水电工程制图标准　水土保持图》（SL 73.6—2015）中的图例符号外，可按标准中附录C的方法派生所需图形和符号，并标注其作用。

3．图件

准确表达设计意图，图面布置紧凑、协调、清晰，突出主题，主次分明，内容按照统一要求的图例、注记、色标表示；在标题栏内注明图名，图例宜布置在右侧，表格、说明、比例尺等附加内容可根据图面的具体情况合理布置。生产建设项目水土保持图件分为综合图件、工程措施图件及植物措施图件。

(1) 综合图件。生产建设项目综合图件包括项目区地理位置图、地貌与水系图、水土流失防治责任范围图、水土流失防治分区及措施总体布局图、水土保持监测点位布局图、弃渣（土、石）场、料场等综合防治措施布置图，综合图件内容表达应符合下列要求：

1) 项目区地理位置图标示项目所在位置、主要的省（市、县）的分界线、主要的公路铁路等，以清晰表达项目与周边行政区域地理位置的相对关系为准。

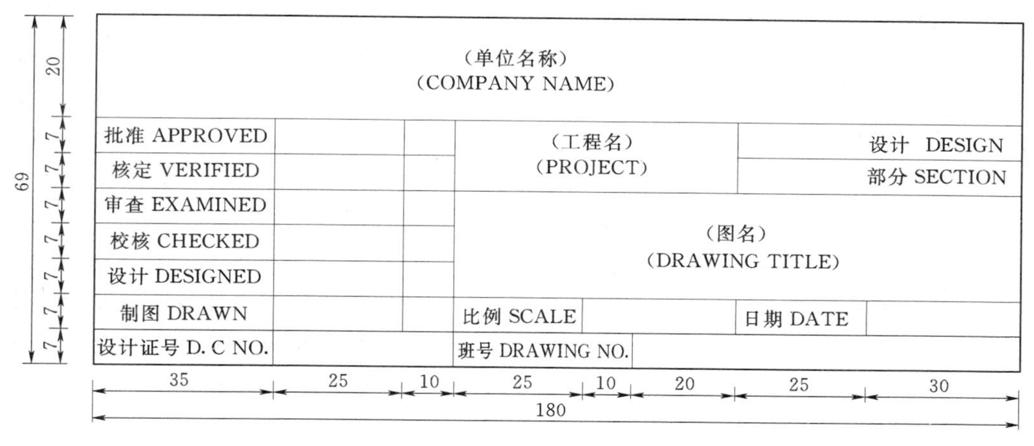

图 1.1-4 涉外项目标题栏（A0、A1）（单位：mm）

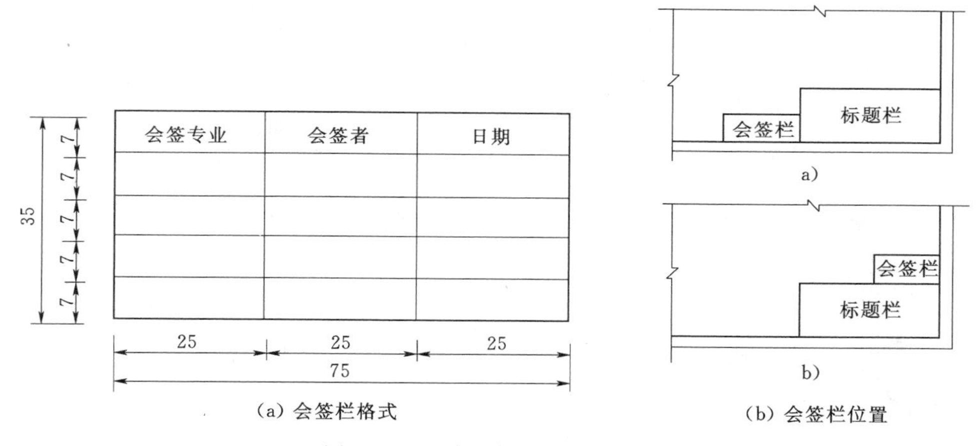

图 1.1-5 会签栏（单位：mm）

2）项目区地貌与水系图，在项目区所属省市、县的地貌、水系图上标出项目所在位置，并用文字注明项目名称，以清晰表达项目周边重要地貌和水系为准。

3）水土流失防治责任范围图的绘制根据比例尺确定。比例尺小于 1∶2000 时，以不同防治区内的典型工程所在位置为代表，示意性标出防治区位置；比例尺不小于 1∶2000 时，应用不同线型或颜色的线条勾画出每个防治区的外部轮廓。图件中需用文字注明各防治区的名称和面积，必要时可用表格形式在图纸说明中加以阐述。

4）水土流失防治分区及措施总体布局图，当比例尺小于 1∶2000 时，水土流失防治分区和措施总体布置宜采用数字、文字、图形、颜色等示意说明；当比例尺不小于 1∶2000 时，以分区或小班为单元反映林草措施、土地整治措施，工程措施以图例符号注记。图件中可附注水土保持措施。

（2）工程措施图件。生产建设项目工程措施图件包括工程措施平面布置图及工程措施设计图。设计图一般包括平面图、正视图、左视图，有些细部构造图也包括断面图及剖面图（含剖视图）等。

水土保持工程措施总平面布置图绘出主要建筑物的中心线和定位线，并标注各建筑物控制点的坐标，以及标注河流的名称，绘制流向、指北针和必要的图例等。图件的其他要素按照《水利水电工程制图标准　水土保持图》（SL 73.6—2015）及《水利水电工程制图标准　水工建筑图》（SL 73.2—2013）相关要求。

（3）植物措施图件。生产建设项目植物措施图件包括植物措施平面设计图、造林种草典型设计图、园林式种植工程图、高陡边坡绿化措施设计图等。

重点介绍以下两种植物措施图件的基本要求。

（1）造林种草典型设计图。造林种草典型设计不同于工程典型设计或标准设计，其格式是根据生产中经常采用的几种格式总结确定的。典型设计是根据不同的立地类型进行植物措施模式设计，典型设计图见图 1.1-6。图件中的树种、草种图例按《水利水电工程制图标准　水土保持图》（SL 73.6—2015）绘制。

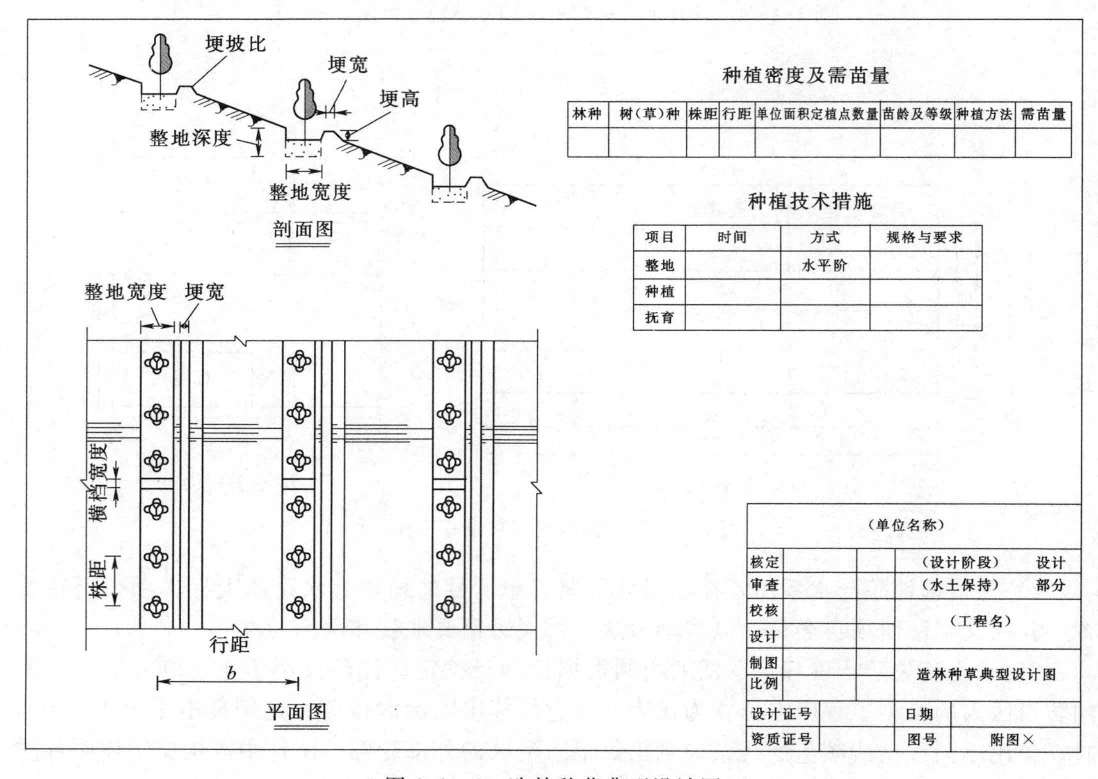

图 1.1-6　造林种草典型设计图

（2）高陡边坡绿化措施设计图。

1）高陡边坡绿化措施设计图以边坡防护工程设计图为底图进行绘制。涉及工程措施时，按照工程措施图件绘制要求绘制。

2）平面图标注必要的控制点高程和坐标，树草种配置按园林制图的相关标准绘制。

3）剖面图中有坡面分级措施布置情况。

4）局部详图涉及基质厚度、组成、基质附着物结构等内容时，予以标明。涉及挂网

的，标明挂件材料、结构及固定形式等。

4. 其他要求

水土保持工程措施图件的图幅、字体、线条粗细、图纸装订及折叠形式、尺寸标注、剖视图、剖面图等的画法和要求，按《水利水电工程制图标准　基础制图》（SL 73.1—2013）相关要求绘制。其他图件的图框、线条、尺寸标注按要求绘制，图幅根据规划设计范围确定，不作严格限制，以可复制和内容完整表达为准。

1.2　生产建设项目各阶段的要求

1.2.1　各行业设计规定和要求

生产建设项目水土保持措施设计是主体工程设计的组成部分，设计的主要依据与主体工程一致，为各行业前期工作设计文件的编制规程。各行业水土保持工程措施设计内容和设计深度差别较大，目前水利水电工程前期工作各阶段水土保持设计内容齐全、设计深度明确，且基本与主体工程设计深度一致，是各行业中水土保持措施设计比较规范的一个行业。

水利水电工程从规划至前期工作各阶段的规范较完善，包括《江河流域综合规划编制规范》(SL 201)、《防洪规划编制规程》(SL 669)、《灌区规划规范》(GB/T 50509)、《水利水电工程项目建议书编制规程》（SL 617)、《水利水电工程可行性研究报告编制规程》(SL 618)、《水利水电工程初步设计报告编制规程》(SL 619)，并且编制规范或编制规程中均规定了水土保持专章的深度和编写内容要求。

《水电工程预可行性研究报告编制规程》(DL/T 5206) 中没有水土保持独立章节，其内容仅在环境保护章的对策措施一节中包括了水土保持对策措施；《水电工程可行性研究报告编制规程》(DL/T 5020) 中水土保持与环境保护设计合为一章，水土保持方案为独立一节。

《煤炭工业矿井工程建设项目可行性研究报告编制标准》(MT/T 1151) 和《煤炭工业矿井工程建设项目设计文件编制标准》(GB/T 50554) 中均为水土保持与环境保护合为一章。

部分行业没有编制规程、规范，如公路工程项目前期工作是以文件形式下发编制办法《关于印发公路建设项目可行性研究报告编制办法的通知》（交规划发〔2010〕178号），办法中提出了编制要求，并附《公路建设项目预可行性研究报告文本格式及内容要求》和《公路建设项目工程可行性研究报告文本格式及内容要求》，但预可行性研究报告编制内容中没有水土保持内容，可行性研究报告编制内容中水土保持措施包含在环境影响评价一章中。其他行业与公路建设项目类似，前期工作规程规范中均没有水土保持独立章节，一般在环境保护内容中包含水土保持措施要求。

除水利水电工程外，其他行业的规划报告中均不包含水土保持规划内容。

本书生产建设项目水土保持措施设计，参考设计规定较完善的水利水电工程进行编写，其他行业根据各自行业设计深度及水土保持有关设计规范编写，也可参照水利行业要求执行。

1.2.2 规划阶段的要求

规划阶段的水土保持要求主要指综合性规划、专项规划（含工程规划）对水土保持的相关要求。

综合性规划指区域综合规划、流域综合规划等，专项规划（含工程规划）是指各行业中的专项规划，如城市防洪、灌区、基础设施建设、矿产资源开发、城镇建设、公共服务设施建设等规划。

规划的编制一般没有具体、明确的深度要求，具体编写深度与规划区范围大小、规划区基础资料情况，以及规划期的长短有关。上级规划是下级规划的依据，区域综合性规划是专项规划的依据。因此，上级规划或综合性规划要比下级规划及专项规划编写深度上要浅。一般规划区的范围越小、基础资料越多越翔实、规划期越短，则规划编制深度越深；反之，规划编写深度越浅。

1.2.2.1 区域综合性规划要求

区域综合性规划是指列入城市总体规划（或县域规划）且有明确管理机构的产业集聚区、开发区、工业园区等各级各类区域规划。其中水土保持的规划内容应当主要进行区域水土保持分析与评价，提出水土流失防治对策措施。

具体内容与编写要求如下。

1. 水土流失概况

其包括水土保持规划范围，水土保持规划范围需与区域规划范围一致。通过收集资料或调查，说明规划区与水土保持有关的自然概况和水土流失、水土保持现状，以及规划区土地利用现状与规划情况等，并说明规划区各级水土保持区划及水土流失重点预防区和重点治理区的划分情况。

2. 水土保持分析与评价

通过预测、预判，评价区域的整体建设规划与任务的水土流失影响；说明规划方案绿化指标与景观规划、控规的关系（绿化指标）；弃渣的去向统筹规划，并说明与控规的关系，分析对水土流失影响。

3. 对策措施

根据整体规划布置，初步进行防治分区；结合规划方案绿化指标和控规，确定防治目标，按分区提出水土流失防治总体布局；提出水土保持监测方案。

4. 保障措施

其提出规划实施中监管机制，制定管理办法。

1.2.2.2 专项规划（含工程规划）要求

专项规划中包括了区域专项规划和工程规划。区域专项规划是指城市防洪规划、城镇建设等以某区域为规划范围的某个要素规划；灌区规划、基础设施建设规划等以某类工程作为主要规划内容的规划为工程规划。区域专项规划与工程规划中水土保持规划内容与要求基本一致。水土保持规划主要是治理规划实施过程中对可能造成水土流失，提出水土流失预防和治理的对策和措施。就规划深度来说，工程规划一般规划范围较小，主体规划工

程布置、施工布置与工程征占地等都有相应规划设计内容，而水土保持规划范围、措施布置等可根据主体规划相应内容进行拟定，某些工程规划还可代替项目建议书，规划深度较区域专项规划略深。专项规划包括主要内容如下。

1. 规划区基本情况

通过收集资料或典型调查，简述规划区与水土保持有关的自然概况和水土流失、水土保持现状，并说明规划区全国水土保持区划及水土流失重点预防区和重点治理区的划分情况。

2. 规划范围及影响分析

根据主体规划的工程及项目布局，初步确定规划实施的水土流失防治范围。根据主体规划中工程及项目分布及特点，分析规划实施对水土流失的发展趋势及影响。

水土流失防治范围需根据专项规划范围、规划的工程总体布置、用地规划以及现状水土流失等情况合理确定。

3. 水土流失分区

根据规划区水土保持区划，结合专项规划和工程总体布局，进行水土流失分区。

4. 总体布局及防治体系

根据规划区水土流失分区，结合水土流失重点预防区和重点治理区的划分情况拟定水土保持措施总体布局；分析预防范围、对象和面积，拟定预防措施体系；分析治理范围、对象和面积，拟定治理措施体系。专项规划中的治理措施布局的重点是主体工程布置可能扰动原地表、损坏植被的区域。

1.2.3　项目建议书阶段的要求

项目建议书阶段的水土保持章节设计深度和设计内容，按主体工程项目建议书编写要求确定。水利水电工程项目建议书编写根据《水利水电工程项目建议书编制规程》（SL 617）的规定，结合《水利水电工程水土保持技术规范》（SL 575）中各阶段的内容要求，项目建议书水土保持篇章设计深度与主要设计内容包括：简要说明项目区水土流失现状及治理状况，明确水土流失重点防治区划分；明确水土流失防治责任范围界定原则，初估防治责任范围；初步分析水土流失影响并进行估测，从水土保持角度对工程总体方案进行评价并提出相关建议；基本明确水土流失防治标准，初拟水土保持布局与措施体系以及初步防治方案；提出水土保持监测初步方案；确定水土保持投资估算原则和依据，初步估算水土保持投资；提出水土保持初步结论以及可行性研究阶段需要解决的问题及处理建议。

1.2.3.1　项目区的水土流失及其防治现状

项目区水土流失及其防治情况的介绍，要重点以项目所在区域为主。线性工程，如灌渠、供水管线工程等可以县、乡、村为单元以表格形式简要说明。

根据国家级、省级水土流失重点预防区和重点治理区划分通知或公告，扼要介绍项目所在县（市、区）的水土流失重点预防区和重点治理区的情况，以及区域防治要求与项目水土流失防治要求的关系。

1.2.3.2　水土流失防治责任范围

1. 防治责任范围拟定原则

项目建议书阶段要基本明确防治责任范围的界定原则。项目建设区包括：施工建设期永久征收地（包括水库工程的淹没区）、临时征用土地，以及工程未征收、征用但工程扰动、占压的区域，及移民集中安置区和专项设施复（改）建区。

2. 初步拟定防治责任范围

根据该阶段建设征地及移民安置专业确定的征收、征用土地范围和移民安置及专项设施复（改）建情况，以及其他工程占压扰动范围，初步确定水土流失防治责任范围。

1.2.3.3　水土流失影响与估测

依据法律法规、有关标准规定，分析工程布局方案、选线、选址等是否存在水土保持制约性因素；说明水土流失预测内容、方法；从水土保持、生态保护角度，综合分析不同方案选线、选址、总体布局、施工组织设计等的合理性；初步预测新增水土流失量，分析施工期的水土流失影响。

1.2.3.4　水土保持初步方案

1. 基本情况

根据项目区涉及国家级、省级水土流失重点预防区和重点治理区的情况，项目区生态功能及防洪工程重要性等，基本确定水土流失防治标准等级。

2. 主体工程初步水土保持评价

根据水土保持影响分析结果，在主体工程安全的前提下，从生态维护角度，对主体工程设计提出水土保持要求。

3. 水土保持措施总体布局

初步拟定水土流失防治分区，初步提出水土保持措施体系和总体布局。按防治分区进行水土保持措施典型分析，并估算工程量。

绘制水土保持措施总体布局图。

4. 弃渣场选址

对于点型工程，要求初步选定每个弃渣场场址，选择典型工程进行水土保持措施布设；对于线型工程弃渣场提出选址原则，初步确定弃渣场数量和类型。

5. 工程量及要求

难以确定水土保持措施时，可根据类比工程提出初步安排，粗估工程量，并提出下阶段解决的要求。

1.2.3.5　投资估算

说明投资估算原则、依据和方法。根据水土保持初步设计方案，按推算的工程量，估算水土保持投资。

对于水库、泵站等点型工程，设计深度相对较深，可根据典型设计初步估算工程量，水土保持投资可根据工程量进行估算。

对于线性工程，鉴于设计深度尚浅，工程量的估算较实际差别较大，投资估算可与同地区类似的工程进行类比，合理估算投资。

1.2.4　可行性研究阶段的要求

可行性研究阶段的水土保持章节设计深度与各行业主体工程可行性研究报告的设计深度一致，水土保持章节的主要内容与该阶段编制的水土保持方案一致。以水利水电工程为例，介绍生产建设项目水土保持工程设计深度和设计内容。根据《水利水电工程可行性研究报告编制规程》（SL 618）的规定，结合《水利水电工程水土保持技术规范》（SL 575）中各阶段的内容要求，可行性研究报告中的水土保持篇章及水土保持方案主要设计内容包括：简要介绍项目区自然条件与水土流失现状，进行水土保持评价并明确评价主要结论，确定水土流失防治责任范围、防治分区及水土流失防治标准和防治目标、水土保持工程级别与设计标准，基本确定弃渣场选址和堆置方案，确定水土保持措施总体布局和措施体系，按防治区进行水土保持工程措施设计、植物措施典型设计，提出水土保持监测设计，进行投资估算。

1.2.4.1　项目区基本概况

简要说明工程所在区域自然概况、水土流失状况和水土保持情况。说明工程建设区涉及国家、省级水土流失防治预防区和重点治理区的情况，以及水土保持区划情况及相关要求。

1.2.4.2　主体工程水土保持评价要求

1. 对主体工程设计进行全面评价

评价内容要包括水土保持制约性因素、主体工程选址、选线及总体布置、料场布置及开采方式、施工组织设计等。重点是水土保持制约性因素，明确工程建设方案是否存在制约性的水土保持问题；从生态保护、最大限度减少水土流失量角度，评价主体工程选址、选线及总体布置的是否符合生态保护的要求；从生态保护、减少水土流失量角度，评价施工生产生活区、交通道路布置、隧洞等施工方法是否合理。

2. 提出处理意见及建议

根据水土保持评价结论，对主体工程设计提出水土保持要求、处理意见与建议。

1.2.4.3　水土流失防治责任范围及分区

1. 明确水土流失防治责任范围确定的原则和方法

水土流失防治责任范围应以主体工程可行性研究报告的工程永久征收、临时征用土地和移民安置及专项设施复建方案，以及工程布置、施工布置为依据，通过调查获取。

水土流失防治责任范围的界定既要包括工程新增征、占地范围、集中安置的移民安置区和专项设施复（改）建区，也要包括工程改扩建、除险加固扰动原有工程已征土地和工程扰动、占压河滩地等不需征用的土地等。

2. 防治责任范围与占地的关系

确定水土流失防治责任范围的面积和分布，说明水土流失防治责任范围与占地的关系。

对于新建项目，根据水库淹没影响范围、永久征收和临时征用土地面积、移民安置及专项设施复建区面积，以及工程租用的其他土地等，据此核实水土流失防治责任范围面积。对于改扩建、除险加固工程还应复核工程扰动原有土地面积，及其他不征用的占地

面积。

对于利用工程管理范围、水库淹没区进行施工布置的区域，不得重复计列防治责任范围面积。

当水土流失防治责任范围与工程新增征占地面积不一致时，说明水土流失防治责任范围与工程征收土地、临时征用土地的关系。

3. 确定水土流失防治分区

水土流失防治分区根据工程建设造成水土流失的类型、强度及采取的措施，结合原地貌类型、施工工区划分，分区的目的是合理布局措施，同时也便于进行分区设计，因此，不能完全按施工工区进行划分，分区不能过细或过粗，以满足分区分类设计要求为宜。大型复杂工程可考虑二级或三级分区。

点型工程以工程建设造成水土流失的类型和强度为主，结合工程布置和施工工区划分，一般按一级体系划分即可。

线型工程先按地形地貌划分一级防治区，再按水土流失类型，结合工程布置和施工布置进一步划分二级防治区。也可按主体工程布局与类型划分，如点型工程与线型工程组成的水库加灌区工程或水库加输水工程等，可将水库工程、灌区工程或输水划分为一级分区，再按工程与施工布置划分二级分区，相对复杂的项目还可划分三级分区。

1.2.4.4　水土流失影响分析与预测

1. 影响分析内容

确定工程建设的扰动土地、损坏植被面积，弃土、弃石和总弃渣量，分析水土流失影响。

(1) 工程建设的扰动土地、损坏植被面积，需根据主体工程可行性研究报告的资料，结合实地调查，确定扰动地表的面积、占压土地面积、林草植被损坏面积。

(2) 工程的弃土（石、渣）量，不应简单用挖方与填方加减计算，应以主体工程的土石方平衡为基础，查阅项目设计文件及技术资料，充分考虑地形地貌、运距、土石料质量、回填利用率、剥采比等进行分析，同时注意实方与松方的换算（松散系数的选取）。

2. 预测内容

确定水土流失预测内容，包括土壤流失量预测和水土流失危害预测。

3. 预测方法、时段和主要参数

基本确定水土流失预测的方法、时段和主要参数，预测工程建设可能造成的水土流失面积及新增土壤流失量，分析可能造成的危害。

(1) 新增土壤流失量的预测方法主要采用类比法和经验公式法。采用类比法时，类比工程须为与该工程自然条件、水土流失条件相近，经过国家或地方验收的、具有监测资料的工程。

(2) 预测单元根据原地貌水土流失状况、工程施工特点和扰动程度、可能产生的水土流失类型进行划分。各区的水土流失背景值，一般根据当地实测或类似地区的科研试验资料（土地利用类型土壤、植被、坡度、坡长等）分析确定，有条件的采用土壤流失预报方程、地方经验方程估算土壤流失背景值。在缺乏资料的地区可通过土壤侵蚀分类分级标准，结合专家估判等方法获得。

（3）预测总时段需要根据工程施工总工期确定，包括施工准备期、施工期和试运行期。而各预测单元的预测时段应根据主体工程施工进度确定，不应全部用同一个预测时段。

（4）扰动后的土壤侵蚀模数，采取经修正的类比工程的实测资料，不得随意采用没有根据的数据。对于通用土壤流失方程式，需详细分析适用性，参数选取的可靠性。

4. 预测结果

（1）土壤流失量预测结果。其包括工程建设期间可能产生的土壤流失总量及由于工程建设扰动土地新增土壤流失量。

（2）水土流失危害的预测。水土流失危害分析要有针对性，需根据土壤流失量预测结果进行分析，重点分析水土流失对当地、周边、下游和对工程本身可能造成的危害形式、程度和范围，以及产生滑坡和泥石流的风险等。

（3）根据土壤流失量预测结果，结合扰动后的土壤侵蚀模数，确定水土流失重点治理与重点监测区域。

1.2.4.5 水土流失防治标准和总体布局

1. 确定水土流失防治标准等级和目标

（1）防治标准。水土流失防治标准根据《生产建设项目水土流失防治标准》（GB/T 50434）的第4.0.1条规定确定。只要涉及各级水土流失重点预防区和重点治理区、自然保护区、水源地保护区等生态、水环境敏感区的都应界定为一级标准，涉及县城、城市的项目也执行一级标准。二级标准、三级标准分别根据《生产建设项目水土流失防治标准》第4.0.1条相关规定确定。

（2）防治指标。根据项目区所涉及的水土保持区划一级区和水土流失防治标准，按《生产建设项目水土流失防治标准》（GB/T 50434）相关规定，确定水土流失治理度、土壤流失控制比、渣土防护率、表土保护率、林草植被恢复率、林草覆盖率等六项防治指标。这六项防治指标既是方案编制的控制指标，同时也是竣工达标验收的指标，制定的防治目标需进行合理性分析。根据其他相关标准规定，对于涉及各级水土流失重点预防区和重点治理区的项目，林草覆盖率指标值还需要提高1%～2%。

《生产建设项目水土流失防治标准》（GB/T 50434）中对北方风沙区的表土保护率不作要求，并不等于不提出防治指标值，而是根据项目区实际情况，经过分析提出相应合理并可实现的指标值。

2. 总体布局和防治体系

确定水土流失防治措施体系和总体布局，根据选定的弃渣场场址、弃渣容量和地形条件，基本确定弃渣场类型、堆置方案、防护措施总体布置，以及其他分区的防治措施。

水土流失防治措施体系既包括了水土保持新增措施，也包括主体设计中的已有措施，注意措施体系的完整性。

1.2.4.6 表土保护与利用设计

1. 表土分布与可利用量分析

表土分布分析就是分析分布于工程区的表土数量。根据地质勘察成果和建设征地对于地类的调查成果，查明工程区耕地、林地、草地及其他地类的分布情况。不同土地类型一般表层腐殖土的厚度、质量有一定差异。因此，可通过地质勘察成果及专门的土壤调查，查明表土分布的范围。

根据各类土地类型的分布数量和表土的厚度，查明各类土地表土可剥离的数量。

2. 表土需求与用量分析

工程区表土需求量包括临时占用土地中复耕所需表土量和绿化、恢复植被区域的覆土量。根据建设征地及移民安置设计中临时占用的耕地面积和复耕需要的表土厚度，分析计算复耕所需的表土数量。

按水土流失防治分区，分析工程区各防治区需要绿化、植被恢复的面积和覆土厚度，分析计算绿化与植被恢复所需要的覆土数量。

当该防治区表土剥离量不够用时，需要分析相邻防治区的剥离量，如大坝枢纽区或距离水库临近的防治区，可考虑从水库淹没区剥离表土作为覆土数量。

将复耕所需表土数量与绿化、植被恢复后需表土数量相加，即为工程表土需求量。

3. 表土剥离和堆存

根据各防治区表土分布面积和厚度，明确表土剥离的方法和各防治区剥离的数量。对于地势相对平坦、面积较大的区域，采用机械剥离。对于地势面积小或地势较陡，机械施工困难的区域，采用机械配合人工剥离。表土剥离后一般就近堆放，部分区域地形、施工布置不满足堆放要求时，在附近选择堆放区，将表土运输至堆放区临时堆存。

分析各防治区表土堆存条件，对于枢纽大坝工程区、弃渣场、料场、施工生产生活区等，可在征占地范围内选择临时区域堆存。输水工程的渠道、管道、暗涵等线性工程两侧可就近堆放表土。而永久、临时道路，由于施工作业面窄，不宜在两侧堆存，可堆放于附近生产生活区的表土堆放区。各工程区也可选择统一表土堆放地点集中堆放。

4. 表土利用与保护

（1）表土利用与临时防护。根据表土需求分析结果，明确该工程各防治区复耕面积、所需要覆土厚度与覆土量以及绿化、植被恢复面积、所需要的覆土厚度与覆土量。剥离表土按设计的堆存地堆放，并采用临时拦挡、苫盖等临时防护措施。

项目区所在地政府对于表土剥离无特殊要求的，一般表土剥离量按工程需要量剥离。项目区所在地政府对于表土剥离有特殊要求的，可按政府要求将表土全部剥离，在满足本工程需求后，将多余表土运输至政府指定地点堆放。

（2）表土的就地保护。分析并明确可不剥离表土而就地保护的区域。工程占地范围内对于表土扰动不大或不破坏表土质量的区域，对不剥离表土采取就地保护措施，明确保护措施。

1.2.4.7　分区防治措施设计

1. 确定水土保持工程的级别及设计标准

弃渣场级别及其防护工程，即拦渣工程、排洪工程、边坡防护工程建筑物级别和设计标准，根据《水土保持工程设计规范》（GB 51018）或《水利水电工程水土保持技术规范》（SL 575）的相关规定确定。

（1）确定弃渣场级别。根据弃渣场设计堆渣量、堆渣最大高度及弃渣场失事对主体工程或周边环境造成的危害程度确定弃渣场级别。当按前面三个条件确定的弃渣场级别不一致时，就高不就低，执行高级别。

（2）确定弃渣场拦渣工程级别与设计标准。拦渣堤、拦渣坝、挡渣墙、排洪工程建筑物级别按弃渣场级别相应确定。

1）拦渣工程包括挡渣墙、拦渣坝、拦渣堤、围渣堰等。按标准 GB 51018 或 SL 575 的相关规定，一般挡渣坝、挡渣堤级别与弃渣场级别一致。1～4 级弃渣场的挡渣墙级别较弃渣场级别低一级，5 级弃渣场的挡渣墙级别与弃渣场级别一致。而围渣堰是挡渣墙的一种简易型式，对于浆砌石、混凝土围渣堰的级别可执行挡渣墙级别。对于堆渣高度较低的平地型弃渣场，围渣堰高度较低，断面简单，可不确定级别，如挡土埂、挡渣板等围渣工程。

拦渣工程级别与设计标准除执行 GB 51018 或 SL 575 的相关规定外，《生产建设项目水土保持技术标准》（GB 50433）中对项目区涉及水土流失重点预防区和重点治理区且无法避让时的拦渣工程级别与设计标准提出要求，设计中可根据弃渣场具体情况选择执行。

2）弃渣场设计标准。除填坑的弃渣场（填渣不高出坑口高程）外，各类弃渣场均应进行稳定计算。坡地型、沟道型弃渣场稳定计算应包括弃渣场的整体稳定计算和边坡稳定计算，并需分正常工况和非正常工况进行计算。

抗滑稳定安全系数的采用不仅与弃渣场级别有关系，还与稳定计算方法有关，设计中不要混淆稳定安全系数。

弃渣场拦挡工程设计标准用抗滑稳定安全系数和抗倾覆安全系数进行表征。拦挡工程的抗滑稳定安全系数和抗倾覆安全系数的采用与弃渣场级别、稳定计算方法及建筑物基础是岩、土质类型均有关系，设计中需分析后采用。

对于浆砌石、混凝土、钢筋混凝土挡渣墙的设计标准中还应当计算挡渣墙的基底应力。

弃渣场拦渣工程的防洪标准是对拦渣工程建筑物的洪水设防标准，其标准取值根据拦渣工程级别确定。防洪标准一般为区间值，设计时应根据弃渣场及其周边情况确定。当弃渣场规模大或下游有保护对象、弃渣场场区条件复杂时取大值，反之取小值。弃渣场拦渣工程的防洪执行标准与排洪工程设计标准一致，执行 GB 51018 或 SL 575 的相关规定。

（3）确定排洪工程的级别与设计标准。弃渣场排洪工程级别一般与弃渣场级别一致。沟道型弃渣场，上游有一定的汇水面积，排洪工程设计标准根据排洪工程级别确定，执行 GB 51018 或 SL 575 相关规定，即按洪水频率计算洪水流量。

弃渣场截排水工程的设计标准也需根据弃渣场场区实际情况确定。截排水一般是排导坡面来水，对于弃渣场永久性截排水措施的排水设计标准采用 3 年一遇～5 年一遇 5～10min 短历时设计暴雨。

临时性拦挡工程防洪标准可取 5 年一遇～10 年一遇防洪标准，具体取值需根据弃渣场规模与场区条件确定。

（4）边坡防护工程的级别与设计标准。边坡防护工程的级别 GB 51018 没有作出规定，弃渣场的边坡防护工程的级别需根据边坡对周边设施安全和正常运用的影响程度、对人身和财产安全的影响程度、边坡失事后的损失大小、社会和环境等因素判决确定，具体可参考 SL 575 或各行业的相关规定确定。

2. 进行分区防治措施设计，提出水土保持措施工程量

（1）弃渣场的勘察设计深度。根据《水土保持工程调查与勘测标准》（GB/T 51297）的规定，生产建设项目水土保持工程各阶段的勘察工作应根据生产建设项目水土保持工程的规模、特点开展勘察工作，深度须与主体工程设计深度相适应；对弃渣场、料场及其防护工程应收集和利用主体工程地质勘察成果，并应进行相应深度的勘察。可行性研究阶段对4级及以上弃渣场进行勘察，5级弃渣场进行地质调查。具体勘察要求执行《水土保持工程调查与勘测标准》（GB/T 51297）的相关规定。

（2）弃渣场稳定计算。根据弃渣场的勘察结果，确定稳定计算参数，进行弃渣场稳定计算。弃渣场稳定计算包括整体稳定计算和边坡稳定计算。有拦挡工程的要进行拦挡工程的稳定计算。

（3）分区防治措施典型设计。可行性研究阶段要确定水土保持措施体系与总体布局，分区进行水土流失防治措施布设。当各类防治分区数量多时，每个防治区均需选择有代表性的分区进行典型设计。

对于弃渣场，基本选定弃渣场场址，明确弃渣容量和地形条件，基本确定弃渣场类型、堆置方案、防护措施总体布置，以及其他分区的防治措施。每个类型弃渣场至少选择一个弃渣场进行典型设计。当某个类型弃渣场个数较多且规模差别较大时，宜对不同规模弃渣场且首先选择大型弃渣场进行设计。对于单项建筑物须明确结构型式，进行单项建筑物设计。

根据典型设计，确定分区防治措施数量。

1.2.4.8　水土保持施工组织设计

提出水土保持工程施工组织设计。汇总工程量，按防治分区、措施类型进行工程量统计和汇总；说明施工条件、布置、施工工艺和方法，提出施工进度安排。

1.2.4.9　水土保持监测

提出水土保持监测方案。确定水土保持监测范围、单元、时段、内容、监测点布置、方法和频次，进行监测设施典型设计，提出监测设施和设备。

1.2.4.10　水土保持管理

提出工程建设期和运行期水土保持管理要求或方案。

1. 工程建设期水土保持管理

主要包括水土保持监理、监测、施工管理、后续设计、检查与验收、资金来源及使用管理。

说明建设期建设单位的水土保持管理机构和人员要求，水土保持工程建设监理的内容以及初步构想方案，水土保持监测管理制度，水土保持工程建设招标投标制度、建设项目合同管理制度，水土保持资金使用管理制度，水土保持设计变更管理要求，水土保持工程建设检查督察制度，水土保持设施专项验收的要求。

2. 运行期水土保持管理

说明水土保持管理机构和管理人员设置方案、运行管理的任务、运行管理设施与设备和管理费用。

提出项目管理单位对永久征地范围内水土保持设施的管理要求；根据水土保持工程规

模和需要，确定水土保持设施保护范围，提出土地利用限制要求及相应的管理办法。

1.2.4.11 投资估算

1. 主要投资指标及所需投资附表

列入可行性研究报告的投资估算表格包括总投资估算表、分项投资估算表和分年度投资估算表。

2. 说明投资估算原则、依据和方法

可行性研究阶段投资按估算编制。主要编制依据为《生产建设项目水土保持工程投资概（估）算编制规定（报批稿）》和《水土保持工程概算定额》《水土保持工程施工机械台时费定额》编制。当水土保持工程定额不能满足投资估算编制要求时可借鉴相关行业定额。

3. 基础单价

根据编制年价格水平，分析计算主要基础单价和工程单价。

1.2.4.12 附图

可行性研究工作阶段附图主要包括：水土流失防治责任范围及措施总体布局图、主要水土保持措施典型设计图。

1.2.5 初步设计阶段的要求

1.2.5.1 设计深度和主要设计内容

水利水电工程根据《水利水电工程初步设计报告编制规程》（SL 619）和《水利水电工程水土保持技术规范》（SL 575）规定，确定水土保持工程的设计深度和设计内容，其他行业初步设计中无水土保持工程编制要求的，可参考水利水电工程的相关规定。初步设计阶段水土保持设计重点内容包括：简述水土保持方案报告书主要内容、结论及批复情况，复核水土流失防治责任范围、损坏水土保持设施面积、弃渣量、防治目标、防治分区和水土保持总体布局，对其中调整内容说明原因。确定水土保持工程设计标准，按防治分区，逐项进行水土保持工程措施设计和植物措施设计；计算水土保持工程量，细化水土保持施工组织设计；开展水土保持监测设计，提出水土保持工程管理内容；编制水土保持投资概算。

初步设计阶段水土保持工程的设计深度应与主体工程设计深度一致。

1.2.5.2 设计要求

1. 水土保持方案报告书审批情况

主要说明水土保持方案的批复情况、主要批复内容及批复要求，以及批复后方案报告书的主要内容。

2. 需复核的内容

（1）复核水土流失防治责任范围、损坏水土保持设施面积、土石方平衡和弃渣量、防治目标。

根据主体工程初步设计，对照已批复水土保持方案报告书的主要内容、结论，复核水土流失防治责任范围，扰动原地表、损坏植被面积，从水土保持角度进一步复核土石方平衡、弃渣量等在初步设计阶段有无重大调整，如有调整，说明原因。同时，复核防治目标的指标值。

（2）复核水土保持总体布局，确定各防治分区水土保持措施总体布置，说明调整情况及其原因。

根据初步设计阶段各防治分区的实际情况，对于批复的水土保持总体布局进行复核，并确定各防治分区水土保持措施总体布置。与可行性研究阶段对比，说明各防治分区水土保持措施布置的调整情况，并且说明变化原因。

3. 水土保持工程级别和设计标准

复核并确定水土保持工程级别和设计标准。随着初步设计阶段弃渣场场址的进一步确定和地形地质条件的进一步勘察，复核并确定弃渣场级别、防护工程的级别及设计标准。

复核并确定植被恢复与建设工程及其他工程的级别与设计标准。

4. 弃渣场设计

（1）对弃渣场及其防护工程应收集和利用主体工程地质勘察成果，并应进行相应深度的勘察。初步设计阶段在对于弃渣场进行勘察的基础上，对弃渣场及防护建（构）筑物布置区进行勘察。进一步查明弃渣场及其建筑物的工程地质和水文地质条件，复核确定各类设计参数和稳定计算参数。

对于点型工程，确定弃渣场场址，逐一进行弃渣场初步设计；对于线型工程，确定1～4级弃渣场选址并逐一进行弃渣场初步设计，5级弃渣场在确定弃渣场选址的基础上，选择至少30％的典型弃渣场进行初步设计。

（2）根据弃渣场的勘察结果，复核稳定计算参数，开展弃渣场稳定计算。稳定计算的要求同可行性研究阶段。

5. 分区水土保持措施设计

按防治分区逐项进行水土保持工程措施设计和植物措施设计，设计要求如下。

（1）拦渣工程：对拦渣坝重点确定防洪标准，洪水计算方法和结果，稳定系数确定和参数测定或选取及其分析方法和结果，较大的拦渣工程要有结构设计与基础设计；对挡渣墙除对稳性分析外，周边有来水时应计算设计洪水流量，同时进行水力计算，对于排洪工程与截排水工程进行设计；拦渣堤的稳定分析应考虑渗透压力，结构和基础设计则需考虑河流治导线、河床形态、河岸稳定性、曲流顶冲、行洪能力等因素；围渣堰则主要进行稳定性分析。

（2）防洪排水工程：进行水文计算，包括防洪标准的确定、洪水计算公式的合理性、水文与水力参数的选取与引用、计算结果的正确性。注意坡面来水量与沟道来水量的计算有区别。

（3）护坡工程：确定护坡工程型式，滑坡、崩塌防护需进行稳定分析；一般护坡工程要考虑植物与工程结合的合理性和设计可操作性，对岸坡防护还要考虑水流冲刷、对岸顶冲及相应的水文与水力计算等。

（4）泥石流工程：确定防治标准，泥石流工程的选型、泥石流容重、流速、组成物质等的论证分析、试验、预测等是否符合规范要求。

（5）土地整治工程：明确覆土工艺、厚度、田间整治、排蓄水措施设计、土地改良措施，与绿化工程的衔接等。

（6）植被恢复与建设工程（含防风固沙林、各类可恢复植被防治区）：明确可恢复植

被的面积（对暂难恢复植被的面积，分析、说明原因）、立地类型划分、树种选择、草种或草皮的选择、种植密度、苗木规格、整地规格、栽种植方法、抚育管护等。对于缺水地区布置灌溉措施并说明灌溉水源，进行灌溉措施设计。园林式绿化工程一般比例尺要达到1：500或更大的比例尺。对暂难恢复植被的面积要分析原因。

植物配置需按植被恢复与建设工程级别进行，1级标准对照园林标准配置；2级标准在满足水土保持要求的同时，兼顾景观要求；3级标准按水土保持公益林草标准配置。

（7）防风固沙工程：主要是沙障选型、沙障材料来源，铺设规格、铺设方法。对荒漠地区采用卵石沙障机械铺设时，要审查其施工工艺。

（8）临时防护措施：明确临时防护工程型式和设计断面。水力侵蚀地区以拦挡为主，对于风蚀为主或水蚀、风蚀交错地区以防风、防起尘措施为主。

6. 水土保持施工组织设计

在可行性研究报告的基础上，细化水土保持施工组织设计。重点提出水土保持施工条件、施工总布置、施工方法等，确定水土保持工程施工进度安排。

7. 水土保持监测设计

在可行性研究阶段水土保持监测方案的基础上，复核水土保持监测内容、监测频次、监测方法和监测点的布置，细化水土保持监测设施设计。

8. 水土保持工程管理

在可行性研究阶段水土保持工程管理工作的基础上，细化工程建设期和工程运行期的水土保持管理设计内容。

9. 水土保持投资概算

初步设计阶段编制水土保持工程投资概算。投资概算编制要求与编制内容基本与可行性研究阶段相同，但措施单价编制方法中不再扩大10%，基本预备费率与可行性研究阶段不同且低于可行性研究阶段。

1.2.5.3 附图

初步设计阶段附图应包括：水土流失防治责任范围及措施总体布局图；分区水土保持措施设计图，包括弃渣场布置图、剖面图、工程措施断面设计图、植物措施配置图、临时工程设计图；水土保持监测点位布置图。

附图要全面，比例尺、设计图要素须符合规定并满足要求，图面信息要能表达设计内容和意图等。

1.2.6 施工图阶段的要求

施工图阶段水土保持设计，是在已批复的初步设计（水土保持专章）基础上，对水土保持措施设计的细化，该阶段设计成果是用来指导水土保持施工的，成果形式以设计图纸为主，同时辅以“水土保持施工图设计说明书”。

1.2.6.1 施工图阶段主要设计内容

1. 施工图设计说明主要内容

说明水土保持方案报告书及批复文件，初步设计报告及批复文件等设计依据；明确水土流失防治标准及防治目标、水土保持工程级别和设计标准；明确工程设计所需相关特征参数或指标。

2. 弃渣场设计

明确弃渣场的类型、总体布置、堆置方案，进行稳定计算；开展建筑物的基础处理，对于拦挡工程、排洪工程、边坡防护工程等逐项设计。

3. 明确施工组织设计

细化施工组织设计内容，说明主要材料来源，细化施工方法和施工进度。

1.2.6.2 地质勘察及工程设计要求

对初步设计确定的各项水土保持工程，分标段并结合防治分区，按拦渣工程、防洪排导工程、斜坡防护工程、降水蓄渗工程、防风固沙工程、植被恢复与建设工程、土地整治工程、临时防护工程等逐项进行设计。

1. 地质勘察

当初步设计阶段的勘察工作不能满足弃渣场设计要求时，补充相应的地质勘察工作。

根据勘测成果复核并完善堆置方案、总体布置。

对于涉及建筑物安全和稳定计算的设计内容，根据勘察成果，复核并明确稳定计算参数、荷载组合、设计方法、计算边界条件、计算软件名称，并对计算成果加以分析，必要时提供有关计算书。

2. 工程设计

施工图设计阶段，对于每项工程措施进行单独设计，并对单一构筑物及某个局部部位进行施工图设计。

根据地质勘察成果，进行基础处理设计；细化拦渣工程、防洪排导工程等工程的结构设计，并明确混凝土配筋等。

表土保护措施，主要明确剥离区域、剥离厚度、剥离数量及堆放位置与拦挡、苫盖等保护措施设计。

土地整治工程须说明土地整治工程的程序，明确覆土来源、厚度，土地平整度等。

植被恢复与建设工程设计，明确立地条件及必要的改良措施，林种、树种（草种），乔灌木树种与草本、藤本植物的配置方案，包括结构、密度、株行距、行带的走向等；确定苗木、插条、种子的规格；明确整地方式与规格、栽植及养护技术要求。有灌溉要求的，明确灌溉方式，细化灌溉设计。

临时防护措施中的排水沟、临时拦挡工程明确结构型式，进行断面设计；对于临时覆盖及其他工程量及布置不固定的临时措施，说明临时措施施工部位和施工条件。

3. 工程量

根据工程设计，计算每项工程的工程量并列表统计。

1.2.6.3 施工组织设计

确定水土保持施工总体布置，包括施工临时生产生活设施、临时道路，以及供水、供电等；对于植被恢复与建设工程，应明确苗木、插条、种子的来源、运输、处置、保管以及种植季节和时间要求。明确水土保持工程施工方法、工艺要求。确定水土保持工程总体进度安排和施工时序。涉及临时度汛的，明确度汛标准并确定必要的临时防护措施。

1.2.6.4 附图

施工图阶段设计图纸主要包括：水土保持工程总体布置图；建筑物分部图纸、单项工程平面布置图、剖面图、结构图、细部构造图、钢筋图等。

对于植被恢复与建设工程，主要须提供植物措施配置平面图、立面图以及整地样式图、植物措施施工图等。

施工总平面图须注明桩号、基点（含标高）、基线。

第2章 调查与勘测

2.1 水土保持工程调查

生产建设项目水土保持工程调查是查明水土保持工程区的相关自然条件、自然资源、社会经济及土地利用情况，以及水土流失特点、水土保持现状和水土保持工程适宜性的一项工作，目的是为水土保持工程布局和建（构）筑物设计提供科学依据与基础资料。

2.1.1 调查范围

生产建设项目水土保持工程调查是根据水土保持工程的规模、特点，开展相应的调查工作，深度与主体工程设计深度相适应。生产建设项目调查范围一般包括区域调查和水土流失防治责任范围调查。

区域调查一般涵盖项目所处区域自然条件、社会经济条件、土地利用现状、水土流失现状、水土保持现状以及水土保持敏感区等。其中自然条件一般包括地形地貌、地质、气象、水文、土壤、植被等。

水土流失防治责任范围调查一般涵盖生产建设项目各防治分区征占地范围及周边一定范围，调查范围应按照各防治分区组成项目的特点，按照周边与该防治区相关的因素分布范围、可能遭受洪水或泥石流危害时的上游流域范围、可能构成的水土流失影响与危害范围等分别予以确定。主体工程区调查范围一般包括主体工程征地范围及周边一定范围；弃渣场区调查范围一般包括弃渣场占用地范围及周边一定范围、上游汇水范围、下游可能影响范围；料场区调查范围一般包括料场占地范围及周边一定范围；施工道路区调查范围一般包括道路占地范围及两侧一定范围；施工生产生活区调查范围一般包括施工生产生活区占地范围及周边一定范围；拆迁安置及专项设施复（改）建区调查范围一般包括拆迁安置及专项设施复（改）建项目建设征占地范围及周边一定范围。

2.1.2 调查内容

生产建设项目水土保持要素调查内容主要是在对工程区域的地质、地貌、水文等相关资料进行收集和分析的基础上，根据《水土保持工程调查与勘测标准》（GB/T 51297）的要求确定。

1. 区域调查

（1）地质。地质调查包括项目区地质构造、地表的地层岩性及其分布情况、物理地质现象、水土保持工程的工程地质条件等。

（2）地形地貌。包括项目区所在区域地形特征、地貌类型，项目占地范围内的地面坡度、高程和地表物质组成等。

（3）气象。包括系列降雨特征值、降水年内分布、年均蒸发量、年均气温、大于等于10℃的年活动积温、极端最高气温、极端最低气温、年均日照时数、无霜期、最大冻土深度、年均风速、瞬时最大风速、主导风向、大风日数等。

（4）水文。包括项目区所属流域（水系）、地表径流量、年径流系数、年内分配情况、含沙量、输沙量、地下水位等状况。沟道型弃渣场还应调查沟道洪水径流系列资料。

（5）土壤。包括项目区地面组成物质、土壤类型及其分布、土壤厚度、土壤养分含量、表土资源分布及可剥离厚度等。

（6）植被。包括项目区主要植被类型，林草覆盖率和主要树（草）种等，特别是乡土（适生种）和引进（适生种）树（草）种。

（7）社会经济。包括项目区行政区划、人口总数、人口密度、人口自然增长率、农业人口、劳动力总数、农村经济总收入、农村能源结构、农作物、经济作物、种植结构、农林牧渔产业结构、农业主导产业、人均耕地、人均基本农田、人均粮食产量、农民人均纯收入等情况、交通条件及水利设施现状等。

（8）土地利用。包括项目区土地利用现状及其存在的主要问题、土地利用规划等。

（9）水土流失。包括项目区水土流失类型、面积、强度、分布、土壤侵蚀模数，以及对当地及下游群众生产生活和生态环境造成的危害等。

（10）水土流失综合治理。包括项目区已实施的水土保持措施类型、分布、面积、保存情况、防治效果、监督管理，水土流失防治主要经验及其存在的问题等。

（11）水土保持敏感区调查。包括项目区是否涉及水土流失重点预防区和重点治理区、饮用水水源保护区、水功能一级区的保护区和保留区、自然保护区、世界文化和自然遗产地、风景名胜区、地质公园、森林公园以及重要湿地等。

2. 水土流失防治责任范围调查

包括主体工程规模、工程布置、施工组织（施工布置、土石料来源、施工用水用电、施工方法及工艺、土石方调配、工程征占地情况、施工进度等）、拆迁安置与专项设施改（迁）建、工程投资，覆土来源、水源及灌溉设施条件和道路分布情况；同类型建设项目水土流失防治经验等。

（1）主体工程区调查内容包括主体工程规模、工程布置、施工布置、施工方法及工艺、土石方调配、工程征占地情况、拆迁安置与专项设施改（迁）建、工程投资、施工工期，占地类型、表土厚度及成分、植被分布情况及周边排水和地下水情况。工作底图一般采用1：5000～1：2000地形图。

（2）弃渣场区调查内容包括弃渣场地形、面积、容量、弃渣组成；弃渣场周边地质灾害、交通运输条件，周边汇水情况及下游影响范围内居民点、工矿企业、重要基础设施等分布情况；占地类型、覆土来源、水源及灌溉设施条件和道路情况；建筑材料情况。工作底图一般采用 1∶5000～1∶2000 地形图。

（3）料场区调查内容包括料场地形、类型、储量、面积、剥采比、无用层厚度及方量，周边汇水和排水情况及周边影响范围内重要基础设施分布情况等；占地类型、覆土来源、水源及灌溉设施条件和道路分布情况。工作底图一般采用 1∶5000～1∶2000 地形图。

（4）交通道路区调查内容包括地形、占地类型、路面结构、长度、位置、形式、宽度，现有道路情况，周边汇水情况及周边影响范围内重要基础设施分布情况等。工作底图一般采用 1∶5000～1∶2000 地形图。

（5）施工生产生活区调查内容包括施工生产生活区布置位置、数量、占地面积，临时堆料场布置数量及位置，周边汇水、排水情况，场地硬化情况等；覆土来源、水源及灌溉设施条件和道路分布情况等。工作底图一般采用 1∶5000～1∶2000 地形图。

（6）拆迁安置及专项设施复（改）建区调查内容包括拆迁安置区布置、位置、地形、面积、人口、人均收入、产业结构，土地利用现状情况。工作底图一般采用 1∶5000～1∶2000 地形图。

2.1.3　调查深度要求

（1）生产建设项目水土保持工程调查一般依据水土保持工程的规模、特点，开展相应的调查工作，调查深度与主体工程设计深度相适应。

（2）当需对水土保持工程进行同等深度方案比较时，对各方案开展同等深度的调查、测量与勘察工作。

2.2　水土保持工程测量

生产建设项目水土保持工程测量是运用各种测量仪器和工具，通过实地测量和计算，把工程一定范围内地面上的地物、地貌按一定的比例尺测绘出工程建设区域的地形图，为工程勘测设计与施工提供各种比例尺的地形图和测绘资料。

2.2.1　测量要求

（1）基本要求。生产建设项目水土保持工程各阶段测量工作以收集和利用已有测量成果为主，包括主体工程和测区已有地形图以及平面、高程控制资料等。根据以往工程经验，主体工程的测量范围等有时并不能涵盖水土保持工程的全部范围，当所收集资料的范围、精度不满足阶段深度要求时，有必要进行相应深度的专门测量。各阶段测量工作采用不小于 1∶10000 地形图作为工作底图，测量的内容包括地形和断面测量，测量的地物和地貌要素需要根据工程的特点和任务要求确定。

（2）坐标与高程系统。在已有平面控制网的地区，可沿用已有的坐标系统，坐标系统与主体工程尽量保持一致，当坐标系统不一致时，需要提供两者之间的换算关系。高程基准采用 1985 国家高程基准，当采用其他高程基准时，需要求得其与 1985 国家高程基准的关系。对远离国家水准点地区、引测困难、尚未建立高程系统的地区，可采用独立高程系统或以气压计测定临时起算高程。

(3) 比例尺。地形图的比例尺根据设计阶段、规模大小和运营管理需要等因素综合选用。对于比较简单的情况，可采用较小的比例尺；对于综合性用图与专业用图，需兼顾多方面的需要，通常提供较大比例尺图；对于分阶段设计的情况，通常初步设计选择较小比例尺，两阶段设计合用一种比例尺的，一般选取一种适中的比例尺或按施工设计的要求选择比例尺。

(4) 测量手段。根据水土保持工程规模和测量精度要求的不同，所采用的测量方法也有所差异，一般常用几种测量方法相结合。简易测量可采用手持 GPS、皮尺、测绳、罗盘、花杆、手持水准仪等，专门测量需采用全站仪、经纬仪、水准仪等手段，对于大面积的专门测量也可采用遥感技术手段。

(5) 工作步骤。测量工作按照“先整体后局部”“先控制后碎部”的原则进行。首先在整个测区范围内均匀选定若干控制点，以控制整个测区。将选定的控制点按照一定方式联结成网形，称为控制网。以较精密的测量方法测定网中各个控制点的平面位置和高程，这项工作称为控制测量。然后分别以这些控制点为依据，测定点位附近地物、地貌的特征点（碎部点），并勾绘成图，这项工作称为碎部测量。在布局上首先考虑整体，再考虑局部；工作步骤是先进行控制测量，再进行碎部测量。由于建立了统一的控制系统，使整个测区各个局部都具有相同的误差分布和精度，尤其对于大面积的分幅测图，不但为各图幅的同步作业提供了便利，同时也有效地保证了各个相邻图幅的拼接和使用。

(6) 控制测量。控制测量的实质就是在测区内选定若干个有控制作用的控制点，按一定的规律和要求布设成几何图形或折线，测定控制点的平面位置和高程。控制测量分为平面控制测量和高程控制测量。测定控制点平面位置的工作，称为平面控制测量；测定控制点高程的工作，称为高程控制测量。平面控制通常采用三角网测量、导线测量和交会测量等常规方法建立。现今，全球定位系统 GPS 也成为建立平面控制网的主要方法。高程控制主要通过水准测量方法建立，而在地形起伏大、直接进行水准测量较困难的地区，可采用三角高程测量方法建立。平面控制点可用水准测量或三角高程测量测定其高程。

(7) 资料整理。资料整理包括开展测量工作前收集测区已有的资料整理，测量过程中原始资料的整理，测量外业工作结束后测量报告编制的资料整理，整个测量工作均须按技术要求进行。

2.2.2 弃渣场及其防护工程测量要求

生产建设项目的弃渣场往往是可能产生水土流失影响及危害最主要的防治区，也是水土保持工程设计的重点。弃渣场及其防护工程测量有如下要求：

(1) 收集主体工程或测区已有的工程地质勘测资料及地形图。如果弃渣场地形图的范围或者精度不满足阶段深度的要求，有必要进行补充测量。

(2) 弃渣场的测量范围包括弃渣场区、拦渣工程区、防洪排导工程区及周边一定范围，并根据安全防护距离适当扩大。

(3) 项目建议书和可行性研究阶段弃渣场布置区地形测量比例尺不小于 1∶10000；典型弃渣场及其防护工程布置区地形测量比例尺为 1∶2000～1∶1000。拦渣工程与防洪排导工程纵断面沿轴线布置，比例尺为 1∶500～1∶200；横断面根据地形起伏情况布置，建筑物两侧外延不小于 5m，比例尺为 1：200～1：100。

（4）项目建议书和可行性研究阶段典型防护建（构）筑物地形测量比例尺不小于 1：2000，初步设计和施工图阶段防护建（构）筑物地形图比例尺采用 1：1000～1：500。

2.2.3 测量成果

（1）测量成果包含测量工作获取的各项成果，包括测量报告、原始观测记录簿、计算资料、各类图件、产品交付单以及与测绘项目实施相关的文件等。

（2）测量报告由技术设计书、技术总结、检查（验收）报告、控制点成果、仪器设备检验资料等文件组成，并包括下列内容：

1）技术设计书主要包括作业区自然地理概况与已有资料情况、引用的标准、规范或其他技术文件、成果主要技术指标和规格、测绘方案及各种规定、成果及其资料内容和要求、质量保证措施和要求、环境和职业健康安全保证措施、进度安排等。

2）技术总结主要包括概述、技术设计执行情况、成果质量说明和评价、上交和归档的成果及其资料清单等部分。

3）检查（验收）报告主要包括检查工作概况（包括仪器设备和人员组成情况）、检查的技术依据、主要质量问题及处理情况、对遗留问题的处理意见、质量统计和检查结论等内容。

4）控制点成果主要包括控制点成果表、点之记、标点竣工图等内容。

5）仪器设备检验资料分两类，一类是国家计量部门检定的证书；另一类是项目实施前后和实施过程中按规范要求进行的有关仪器设备参数的测定资料。

（3）计算资料一般包括计算说明、控制网点观测布置图、平面高程平差计算结果等。

（4）图件一般包括各种比例尺地形图、接合图、纵横断面图等。

（5）测量成果的载体包括纸质文件及电子文件，并分类装订、归档。

2.3 水土保持工程勘察

建设工程勘察是指为满足工程建设的规划、设计、施工、运营及综合治理等的需要，对地形、地质等状况进行测绘、勘探、测试及评价，并提供相应成果和资料的活动。它是研究和查明工程建设场地的地质环境特征，研究各种对工程建设的经济合理性有直接影响的岩土工程地质问题，及其与工程建设相关内容的活动。

水土保持工程勘察是工程勘察活动中的一类，涉及工程地质、勘探（包括钻探、坑探、物探）、测试技术、遥感技术、计算机及信息技术等的应用，其中以工程地质为主，贯穿于整个工程勘察活动中，是为查明水土保持工程建设场地的地形地貌、地质条件，分析评价建设场地的稳定性和适宜性而开展的测量和地质勘察工作。

2.3.1 勘察内容与要求

2.3.1.1 勘察内容

生产建设项目水土保持工程勘察内容主要包括工程区的基本地质条件、主要工程地质

问题评价，以及天然建筑材料的分布、储量、质量等。

基本地质条件主要包括地形地貌、地层岩性、地质构造、水文地质条件和不良地质作用等内容。结合工程区基本地质条件和工程设计方案，分析可能存在的主要工程地质问题，并作出评价以及处理建议。天然建筑材料详查阶段应确定所需天然建筑材料的质量、储量及开采、运输条件等，详查储量不得小于设计需要量的 1.5 倍。

2.3.1.2 勘察要求

根据《水土保持工程调查与勘测标准》（GB/T 51297），生产建设项目水土保持工程的勘察工作应符合下列基本要求：

（1）根据生产建设项目水土保持工程的规模和特点开展勘察工作，深度与主体工程设计深度相适应。

（2）在收集和利用主体工程地质勘察成果的基础上，进行相应深度的勘察。

（3）可行性研究阶段对 4 级及以上弃渣场进行勘察，对 5 级弃渣场进行地质调查；初步设计阶段需对弃渣场及防护建（构）筑物布置区进行勘察；施工图设计阶段要重视防护建（构）筑物布置区的施工地质工作。

（4）生产建设项目水土保持工程勘察涉及滑坡、泥石流的，分别按照《滑坡防治工程勘查规范》（DZ/T 0218）和《泥石流灾害防治工程勘查规范》（DZ/T 0220）的有关规定执行；涉及贮灰场治理工程的按照《火力发电厂贮灰场岩土工程勘测技术规程》（DL/T 5097）的有关规定执行；排泥场、矿山排土场、尾矿库的勘察按照《岩土工程勘察规范》（GB 50021）和《岩土工程勘察技术规范》（YS 5202、J300）执行。

2.3.2 弃渣场及防护工程勘察

2.3.2.1 勘察内容

弃渣场及防护工程的勘察内容主要包括以下几个方面：

（1）查明弃渣场以及弃渣场外围汇水区域地形地貌特征，对弃渣场堆渣后存在泥石流等次生灾害的可能性进行评价，并提出渣场排水与防冲刷的工程措施建议方案。

（2）查明堆渣区滑坡、泥石流等不良地质现象，范围包括可能影响渣场稳定的区域。

（3）查明场地地层岩性，重点查明覆盖层的厚度、层次与软土、粉细砂等不良土层的分布情况。

（4）查明防洪排导工程沿线工程地质条件以及滑坡、泥石流等不良地质现象。

（5）查明场地基岩面的形态、斜坡类型。斜坡类型的划分应符合现行行业标准《中小型水利水电工程地质勘察规范》（SL 55）的有关规定。

（6）查明岩体构造发育特征，重点查明顺坡向且倾角小于或等于自然斜坡坡角的软弱夹层、断层。

（7）提出主要土层的物理力学参数及渗透系数，主要软弱夹层、断层的抗剪强度参数。

（8）评价场地稳定性、适宜性及堆渣后的整体稳定性；弃渣场场地适宜性分为不适宜、适宜性差、较适宜和适宜 4 个等级，具体定性分级标准见表 2.3－1。

（9）根据堆渣来源及组成情况，通过试验或工程类比，提出堆渣体物理力学参数建议值，并提出堆渣高度以及坡比的建议。

表2.3-1 弃渣场场地适宜性定性分级标准

级别	分级要素	
	工程地质与水文地质条件	场地治理难易程度
不适宜	（1）场地不稳定； （2）斜坡地带软土层厚度大或存在大面积岩层倾角小于斜坡坡度的顺向坡，基岩软弱夹层发育，场地存在活断层，工程性质很差； （3）冲沟与地表水系发育，洪水对渣场稳定性影响较大； （4）地下埋藏有待开采的矿藏资源	（1）地质灾害专项处理难度大，费用很高； （2）工程建设将诱发严重次生地质灾害，应采取大规模工程防护措施，且费用很高； （3）排洪设施布置困难，费用很高
适宜性差	（1）场地稳定性差； （2）斜坡地带有连续的软土层分布或存在较大面积岩层倾角小于斜坡坡度的顺向坡，基岩软弱夹层较发育，工程性质差； （3）冲沟与地表水系较发育，洪水对渣场稳定有一定影响	（1）地质灾害专项处理难度较大，费用较高； （2）工程建设诱发次生地质灾害的概率较大，需采取较大规模工程防护措施，费用较高； （3）排洪设施布置较困难，费用较高
较适宜	（1）场地基本稳定； （2）斜坡地带覆盖层厚度不大，存在软土层，但分布不连续，存在小范围岩层倾角小于斜坡坡度的顺向坡，基岩软弱夹层少量发育，工程性质较差； （3）地表排水条件尚可	（1）地质灾害专项处理简单，费用低； （2）工程建设诱发次生地质灾害，采取一般工程防护或排水措施可以解决； （3）排洪设施布置较适宜，费用较低
适宜	（1）场地稳定，地貌简单； （2）岩土种类单一，覆盖层薄，且基本无软土层，基本不存在稳定性差的顺向坡； （3）地表排水条件好	（1）无地质灾害或无需处理，工程费用低廉； （2）工程建设不会诱发次生地质灾害； （3）排洪设施布置适宜，费用低

（10）评价防洪排导工程沿线建（构）筑物地基、排水洞围岩及进出口边坡的稳定性，并提出处理建议。排水洞围岩分类应符合《中小型水利水电工程地质勘察规范》（SL 55）的有关规定。

（11）评价拦渣工程地基抗滑稳定、不均匀沉降、渗透变形等问题，并提出处理建议。

（12）弃渣场拦挡及排导等工程所需的天然建筑材料可从主体工程所定的料场采取，或就近采取满足要求的建筑材料。

2.3.2.2 勘察任务书

各阶段的工程地质勘察工作应根据勘察任务书或勘察合同的要求确定。勘察任务书是工程地质勘察工作的主要依据，水土保持设计单位提出勘察任务书时，需要对设计阶段、规划设计意图、工程规模、类型和布置、天然建筑材料需用量及有关技术指标、勘察任务对勘察工作的要求等进行明确，以便勘察单位结合工程实际需要编制工程地质勘察大纲，从而达到预期的勘察目的。

2.3.2.3 资料收集

为了解工作区研究深度，勘察工作开始前，要尽可能全面收集工作区有关的资料，并进行分类和综合分析，研究其可利用的程度和存在的问题，编制有关图表和说明。资料收集的内容主要包括：

(1) 规划、设计资料，当地已有工程建设资料。

(2) 地形资料。各类比例尺地形图，各类卫片及航片等。

(3) 区域地质、地震地质及地质灾害治理的相关成果，工程区前期勘察成果等。

(4) 工作区水文气象、水文地质资料。

(5) 工作区交通、行政区划、民风民俗等资料。

2.3.2.4 工程地质勘察大纲

工程地质勘察大纲是工程地质勘察工作的指导性文件，也是实施工程地质勘察工作的具体计划和保证工程地质勘察工作质量的重要措施。因此，勘察工作前要结合勘察任务书与工程设计方案，编制工程地质勘察大纲，并在勘察过程中，根据具体情况的变化适时对工程地质勘察大纲进行调整。

工程地质勘察大纲主要包括下列内容：

(1) 工程概况、任务来源、勘察阶段、勘察目的和任务。

(2) 勘察地区的地形地质概况及工作条件。

(3) 已有地质资料、前阶段勘察成果的主要结论及审查、评估的主要意见。

(4) 勘察工作依据的规程、规范及有关规定。

(5) 勘察范围、勘察内容与方法、重点研究的技术问题与主要技术措施。

(6) 勘探工作布置及计划工作量。

(7) 质量、环境与职业健康安全管理措施。

(8) 组织措施、资源配置及勘察进度计划。

(9) 提交成果的内容、形式、数量和日期。

2.3.2.5 勘察方法

弃渣场及防护工程勘察一般综合采用工程地质调查或测绘、勘探以及试验等方法。

1. 工程地质调查或测绘

工程地质调查或测绘是水土保持工程勘察的基础工作。其任务是调查或测绘与水土保持工程有关的各种地质现象，分析其性质和规律，为评价工程建筑物区工程地质条件提供基本资料，并为勘探、试验和专门性勘察等工作提供依据。

(1) 现场踏勘。在进行工程地质测绘前，应进行现场踏勘并编制工程地质测绘计划。踏勘线路可选择在代表工作区地层、地质构造特征以及有疑问的地段。踏勘的主要内容包括：

1) 了解测区基本地质条件，对已有成果进行现场验证，初步了解测区地质条件的复杂程度，初步确定具有代表性的实测剖面位置。

2) 了解现场工作条件，对相关的环境、安全条件进行评估，选择合适的工程地质测绘方法。

3) 根据现场地质情况和工作条件，明确测绘工作中需注意的问题等。

(2) 工程地质测绘计划编制。工程地质测绘工作应根据勘察任务书和规范要求，编制工程地质测绘计划。充分了解设计内容、意图、工程特点和技术要求，以便按要求进行工程地质测绘。工程地质测绘计划一般包括在工程地质勘察大纲内，特殊情况也可单独编制。其内容应包括：

1）任务要求、设计阶段与设计意图。

2）工作区地质概况，可能存在的主要工程地质问题。

3）工作方法、工作量和精度要求。

4）人员组织、装备投入、安全措施及质量保证措施。

5）计划线路、进度及完成日期。

6）工作条件及经费预算。

7）提交的成果。

（3）工程地质测绘方法。

1）生产建设项目水土保持工程地质测绘基本方法采用地质点法。地质点法是通过对地质点的观察、分析，了解各点的地质现象，由不同地质点形成观察线，由不同观察线形成测绘面，根据测绘面的分析形成对地质体的全面认识。地质点法的主要工作是野外地质点的布置、定位和观察。地质点法观察线路可根据需要采用穿越法、追索法、全面查勘法。

2）工程地质测绘地质点定位方法有估测与仪器测量两种。估测指用目测或简单地质罗盘交会定位；仪器测量指采用满足精度要求的测量仪器进行定位。地质点定位方法的选择，与工程地质测绘精度密切相关。生产建设项目水土保持工程地质测绘在主体工程地质测绘基础上进行，控制主要地质界线和地质现象的地质点应采用仪器测量定位。在合适的条件下，仪器测量可以选择满足精度要求的手持GPS进行现场定位。

（4）工程地质测绘精度要求。

1）工程地质测绘使用的地形图，必须是符合精度要求的同等或略大于地质测绘比例尺的地形图。当采用大于地质测绘比例尺的地形图时，须在图上注明实际的地质测绘比例尺。

2）弃渣场平面地质测绘比例尺可选用1∶2000～1∶1000，范围包括弃渣场及周边一定区域，并根据安全防护距离适当扩大。拦渣工程地质测绘比例尺可选用1∶1000～1∶500，范围应包括建（构）筑物边界线外延5m；沿建（构）筑物轴线进行剖面地质测绘，比例尺1∶500～1∶200；对可能发生的滑坡、泥石流等影响建（构）筑物安全的区域，应沿建（构）筑物边界线外延5m进行专门性问题的地质测绘。

3）工程地质测绘中，对相当于测绘比例尺图上宽度大于2mm的地质现象，均应进行测绘并标绘在地质图上。对于评价工程地质条件或水文地质条件有重要意义的地质现象，即使图上宽度不足2mm，也应在图上扩大比例表示，并注明实际数据。

4）为了保证工程地质测绘中对地质现象观察描述的详细程度，通常也采用单位面积上地质点的数量和观察线的长度来控制测绘精度。一般要求图上每$4cm^2$范围内有一个地质点，地质点间距宜为相应比例尺图上2～3cm。地质点的分布不一定是均匀的，工程地质条件复杂的部位应多一些，而简单的地段可相对稀疏一些。

5）为了保证精度，地质图上界线误差不得超过2mm，因此，在工程地质测绘过程中，应注意对地质点及地质现象的精确定位。

（5）工程地质测绘内容。

1）调查地貌形态特征和成因类型，划分地貌单元，分析各地貌单元的发生、发展及其相互关系，分析地貌与地层岩性、地质构造、第四纪地质等的内在联系，并划分各地貌单元的分界线。

2）地层岩性调查内容包括地层年代、成因、分布变化规律、层序与接触关系，以及各地层岩性、岩相、厚度及变化特征。各类岩石的观察内容包括名称、颜色、矿物成分、结构和构造、坚硬程度、成因类型、厚度、标志特征、产状和接触关系等。

3）地质构造调查内容包括构造形迹的分布、形态、规模、结构面的性质、级别和组合方式，以及所属的构造体系，分析构造形迹的形成年代、相互关系和发展过程。各类构造的发育程度、分布规律、结构面的形态特征和构造岩的性质。

4）调查地下水类型、埋藏条件和运动规律；相对隔水层、透水层、含水层的分布及特征；水的物理性质、化学性质及动态变化；以及水文地质条件和水文地质作用对岩土体特性、建筑物和环境的影响。

5）调查可溶岩的分布、岩性、厚度、产状、结构、化学成分；岩溶地貌特征、类型；各种岩溶形态的分布位置、高程、规模；岩溶类型、组成形式、发育程度和发育规律；岩溶水文地质条件；分析岩溶对工程地段的渗漏条件和稳定性的影响。

6）调查滑坡、崩塌、蠕变、泥石流、岩体风化及卸荷、冻土等的分布位置、形态特征、规律、类型和发育程度，分析产生的原因、发展趋势和对工程建筑物可能产生的影响。

（6）工程地质测绘资料整理。

1）检查各种原始资料及其内容是否齐全；整理野外测绘的资料和成果，包括野外原始记录、收集的资料、遥感技术资料、勘探试验成果、标本、照片和摄像资料等；编绘各种综合分析图表，如镶嵌图、汇总表、分析图、素描图等。

2）工程地质测绘成果包括图件和文字说明书。工程地质测绘图件包括实际材料图、综合地层柱状图、各类地质图、工程地质图、工程地质剖面图及其他需要编制的专门图件。工程地质测绘完成后，应根据需要编制工程地质测绘说明书或工程地质测绘报告。

2. 工程地质勘探

（1）勘探手段。

1）弃渣场及防护工程相对主体工程规模小，在工程地质测绘基础上，勘探手段宜根据弃渣场类型、级别、地质条件等选择，以轻型勘探为主，对临河型、库区型与坡地型渣场宜布置钻探。

2）轻型勘探是指除物探外包含工程地质坑探中的探坑、探槽、浅井和工程地质钻探中了解浅部土层的简易钻探。它是生产项目水土保持工程勘察中应优先采用的勘察方法，用来查明土层和浅表岩体风化带、卸荷带、溶蚀带以及断层破碎带等的地质条件。

3）探坑深度小于3m，开挖断面应满足地质勘察及施工的要求，一般呈矩形或圆形。探坑内有原位测试时断面应满足测试要求。开挖方法一般采用人工开挖。

4）探槽深度一般小于3m，开挖断面常呈矩形，施工方法一般采用人工开挖。

5）浅井深度大于3m且小于10m，开挖断面一般呈矩形或圆形，开挖方法一般采用人工开挖。井壁松散、稳定性差的浅井，应进行必要的支护，可采用间隔支护、紧密支护、吊框支护、插板支护等形式。

6）简易钻探包括小口径人力麻花钻钻进、小口径勺形钻钻进、洛阳铲钻进。

7）物探在工程地质勘察中是用来探测地层岩性、地质构造等有关地质问题，且是较经济的轻便勘察方法。但其有些方法只能作为辅助判断，需要钻孔等做更进一步的勘探验证，如覆盖层厚度、分层等；有些方法在钻孔内实施，以便更进一步查明地质条件，如主要结构面、喀斯特洞穴、软弱带的产状、分布、含水层和渗漏带的位置等，在勘察工作中应根据适用条件灵活选择。

（2）勘探布置基本原则。

1）勘探工作常用的布置型式有勘探点、勘探线、勘探网、结合建筑物基础轮廓等几种类型。单一的勘探点控制的勘察范围较小，用于初步了解勘察区的基本地质条件或特殊地质现象。按需要的方向沿线布置勘探点（等间距，或不等间距），用于了解沿线工程地质条件，初步判断地质体线状的变化特征。勘探网点布置在相互交叉的勘探线及其交叉点上，形成网状，以了解工程区平面及立体的工程地质条件。勘探工作按建筑物基础类型、型式、轮廓布置，是在勘探网布置的基础上，为进一步查明选定建筑物地基地质条件的一种布置形式。

2）勘探布置应在工程地质测绘基础上进行，遵循“由面到点”“点面结合”的原则。

3）考虑综合利用和适时调整的原则。无论是勘探的总体布置还是单个勘探点的布置，都要考虑综合利用，既要突出重点，又要兼顾全面，使各勘探点发挥最大的效用。在勘探过程中，与设计密切配合，根据新发现的地质问题，或设计意图的修改与变更，相应地调整勘探布置方案。

4）勘探布置与建筑物类型和规模相适应的原则。不同类型的建筑物，勘探布置应有所区别。线型工程多采用勘探线的形式，主勘探线多沿建筑物轴线布置，且沿线隔一定距离布置一个垂直于它的勘探剖面。

5）勘探布置应与地质条件相适应的原则。一般勘探线应沿着地质条件等变化最大的方向布置。地貌单元及其衔接地段勘探线应垂直地貌单元界线，每个地貌单元应有控制点，两个地貌单元之间过渡地带应有勘探点。勘探点的密度应视工程地质条件的复杂程度而定。

6）勘探布置密度与勘察阶段相适应的原则。不同的勘察阶段，勘探的总体布置、勘探点的密度、勘探手段的选择及要求均有所不同。一般而言，从初期到后期的勘察阶段，勘探总体布置由线状到网状，范围由大到小，勘探点、线距由稀到密；勘探布置的依据，由以工程地质条件为主过渡到以建筑物的轮廓为主。

7）勘探坑、孔的深度满足工程地质评价需要的原则。勘探坑、孔的深度应根据建筑物类型、勘探阶段、特殊工程地质问题、建筑有效附加应力影响范围、与工程建筑物稳定性有关的工程地质问题以及工程设计的特殊要求等综合考虑。对查明覆盖层的钻孔，孔深应穿过覆盖层并深入基岩深度大于最大孤石直径，防止误把孤石当基岩。

8）勘探布置选取合理勘探手段的原则。在勘探线、网中的各勘探点，应视具体条件选择物探、轻型勘探、重型勘探等不同的手段，互相配合，取长补短。一般情况下，优先采用轻型勘探，必要时可选取重型勘探。

9）勘探工作应以尽量减少对环境、安全生产的不利影响为原则。

(3) 勘探工作布置。

1) 弃渣场堆渣区域勘探线宜垂直于斜坡走向布置，勘探线长度应大于规划堆渣范围。勘探线间距宜选用 50～200m，且不应少于 2 条。每条勘探线上勘探点间距不宜大于 200m，且不少于 3 个，当遇到软土、软弱夹层等应增加勘探点。

2) 拦渣工程主勘探线沿轴线布置，勘探点距离宜为 20～30m，地质条件复杂区宜布置辅助勘探线。每条勘探线的勘探点不宜少于 3 个，地质条件复杂时可加密或沿勘探线布置物探对地质情况进行辅助判断。

3) 在堆渣区，钻孔深度应揭穿基岩强风化层或表层强溶蚀风化带，进入较完整岩体 5m。在拦渣工程区，当覆盖层深厚，孔深宜为设计拦渣工程最大高度的 0.5～1.0 倍。

4) 在弃渣场防洪排导工程的丁坝、顺坝、渡槽桩（墩）、排水洞进出口等部位可布置钻探工作。排水洞的勘察应符合《中小型水利水电工程地质勘察规范》（SL 55）的有关规定。

3. 岩土及水文地质试验

试验包括室内试验和现场试验。室内试验主要是岩石和土的物理力学性质试验；现场试验主要是岩体或土的变形试验、强度试验及水文地质试验等。试验的主要内容及要求包括：

(1) 充分利用主体工程的岩土试验成果，无法利用或进行类比取得相关岩土体物理力学参数时，应利用钻孔或探坑取有代表性的原状岩土样，测定物理力学性质指标。

(2) 对主要软弱夹层以及主要结构面进行力学性质试验。

(3) 在拦渣与防洪排导工程区，细粒土及粉土、粉细砂层要结合钻探进行标准贯入试验及静力触探，软土层要进行十字板剪切试验。

(4) 对覆盖层要进行注水试验，并提供相关水文地质参数。

(5) 采取地表水与地下水进行水质分析试验。

2.3.2.6 资料整理与分析

勘察过程中，要对工程地质调查或测绘、勘探、水文地质试验等原始资料及时进行整理与分析。勘察外业结束后要进行地质报告和图件等成果编制和绘制。

对地震动峰值加速度在 0.1g 及以上地区的饱和无黏性土、少黏性土地基的振动液化要进行评价。地震时饱和无黏性土和少黏性土的液化破坏根据土层的天然结构、颗粒组成、松密程度、地震前和地震时的受力状态、边界条件和排水条件以及地震历时等因素，结合现场勘察和室内试验综合分析判定。土的地震液化判定工作分为初判和复判两个阶段，具体判定方法可参考《水利水电工程地质勘察规范》（GB 50487）的有关规定。

建（构）筑物的工程地质问题评价、岩体的物理力学参数优先采用工程地质类比和经验判断方法进行分析、确定。土体的物理力学参数、渗透系数、允许渗透比降在试验成果的基础上，结合工程地质类比方法确定。岩土渗透性分级按表 2.3-2 来确定。

2.3.3 勘察成果

2.3.3.1 勘察成果内容及要求

(1) 勘察成果包括勘察报告正文、图件及附件等。

表 2.3-2　　岩土渗透性分级

渗透性分级		渗透性标准		岩体特征	土类
		渗透系数 k /(cm/s)	透水率 q /Lu		
极微透水		$k<10^{-6}$	$q<0.1$	完整岩石，含等价开度小于 0.025mm 裂隙的岩体	黏土
微透水		$10^{-6}\leqslant k<10^{-5}$	$0.1\leqslant q<1$	含等价开度 0.025～0.05mm 裂隙的岩体	黏土—粉土
弱透水	下带	$10^{-5}\leqslant k<10^{-4}$	$1\leqslant q<3$	含等价开度 0.05～0.01mm 裂隙的岩体	粉土—细粒土质砂
	中带		$3\leqslant q<5$		
	上带		$5\leqslant q<10$		
中等透水		$10^{-4}\leqslant k<10^{-2}$	$10\leqslant q<100$	含等价开度 0.01～0.5mm 裂隙的岩体	砂—砂砾
强透水		$10^{-2}\leqslant k<1$	$q\leqslant 100$	含等价开度 0.5～2.5mm 裂隙的岩体	砂砾—砾石、卵石
极强透水		$k\geqslant 1$		含连通孔洞或等价开度大于 2.5mm 裂隙的岩体	粒径均匀的巨砾

（2）勘察报告正文包括前言、区域地质概况、工程区及建筑物工程地质条件、天然建筑材料、结论与建议等。

（3）弃渣场勘察报告正文包括下列内容：

1）前言包括工程概况和设计主要指标，勘察工作过程、方法、内容，完成的主要工作量等。

2）区域地质构造稳定性包括区域地质概况，区域构造稳定性评价，确定地震动参数。

3）堆渣区的地形地貌、地层岩性、地质构造、物理地质现象、水文地质条件、主要岩土体的物理力学参数建议值。

4）论述堆渣区基本地质条件与主要地质问题，评价场地稳定性和适宜性，评价堆渣后稳定性以及发生泥石流等次生灾害的可能性，并提出防治建议。

5）论述拦渣工程沿线地基工程地质条件与主要工程地质问题，对地基稳定性作出评价，并提出处理建议。

6）论述防洪排导工程沿线工程地质条件与主要工程地质问题。

7）评价防洪排导工程沿线地基稳定性，重点评价丁坝、顺坝、渡槽桩（墩）、排水涵管等工程的地基稳定性，并提出处理建议。

8）分段评价排水洞沿线工程地质条件，进行围岩工程地质分类，对围岩与进出口边坡稳定性作出评价，并提出处理建议。

9）天然建筑材料应包括勘察任务，各料场的基本情况和储量、质量及开采和运输条件等。

10）结论和建议应包括主要工程地质结论、下阶段勘察工作重点的建议等。

（4）水土保持工程的工程地质图宜按现行行业标准《水利水电工程制图标准　勘测图》（SL 73.3）的规定执行，并应图面准确、内容实用、数据可靠、图文相符。

2.3.3.2 勘察成果的应用

水土保持工程勘察成果是设计的主要依据，因此正确地分析和应用勘察成果对水土保持设计人员来说非常重要。首先应当全面熟悉勘察成果的文字和图表内容；关注场地的稳定性和适宜性，对存在高地震烈度区须考虑抗震设防；掌握场地存在的主要工程地质问题，以及是否有滑坡、泥石流等不良地质现象，针对工程地质问题和不良地质现象，结合地质报告提供的建议应采取适当的整治措施；山地区弃渣场设计时需要考虑冲沟的排水行洪要求，设计排水行洪通道，规避可能引发的次生地质灾害；在选取地质参数建议值时，要考虑建议值的取值依据是否充分、合理，可结合当地的实际工程经验适当予以调整。

2.4 案　　例

2.4.1 工程概况

云南省某工程规划布置弃渣场1处，位于工程场址附近一冲沟内，为沟道型弃渣场。弃渣场占地面积约9.82hm^2，容量约287万m^3，最大堆渣高度约130m，级别为2级。为满足工程弃渣场防护初步设计的需要，在主体工程初步设计勘察工作的基础上，专门开展了弃渣场的工程地质勘察，主要进行了工程测量、工程地质测绘、勘探和试验等工作。

2.4.2 勘察工作依据及执行的主要技术标准

该项目勘察主要依据为主体工程规划报告、项目意见书以及可行性研究报告。勘察工作执行的主要技术标准有：

(1)《工程建设标准强制性条文》。

(2)《水利水电工程测量规范》(SL 197)。

(3)《水土保持工程调查与勘测标准》(GB/T 51297)。

(4)《水利水电工程地质勘察规范》(GB 50487)。

(5)《水利水电工程天然建筑材料勘察规程》(SL 251)。

(6)《水利水电工程水文地质勘察规范》(SL 373)。

(7)《水利水电工程地质测绘规程》(SL 299)。

(8)《水利水电工程钻探规程》(SL 291)。

(9)《水利水电工程物探规程》(SL 326)。

(10)《水利水电工程坑探规程》(SL 166)。

(11)《中国地震动参数区划图》(GB 18306)。

(12)《土工试验规程》(SL 237)。

(13)《水利水电工程岩石试验规程》(SL 264)。

(14)《水利水电工程地质勘察资料整编规程》(SL 567)。

(15)《水利水电工程制图标准　勘测图》(SL 73.3)。

2.4.3 工程地质勘察工作简述

(1) 资料收集与工作策划。收集主体工程与弃渣场的相关地质资料，包括区域地质环境与地震资料、主体工程可行性研究与初步设计阶段勘察成果以及弃渣场可行性研究阶段勘察成果。在分析相关地质资料的基础上，结合弃渣场初步设计阶段勘察任务书与工程设计方案，编制工程地质勘察大纲。

（2）工程测量。

1）收集前期测量控制点成果，作为弃渣场勘察设计的基准，并保证本次测量成果与主体工程勘察设计成果的一致性。

2）基础控制测量，平面采用D级GPS网测量方法施测，采用静态模式进行观测，高程采用GPS高程测量方法施测。

3）针对弃渣场开展1：2000地形测量和1：500断面测量，测量范围涵盖弃渣场及其拦渣工程。

4）弃渣场测量采用全站仪加密控制测量，方法采用电磁波测距导线。钻孔放样及终孔测量、地质剖面测量均采用全站仪支导线法。

（3）工程地质测绘。弃渣场区平面地质测绘比例尺采用1：2000，拦挡工程（挡渣坝、拦渣坝）部位等测绘比例尺采用1：1000～1：500，测绘范围按建筑物边界线外延50～200m控制，对可能发生滑坡、泥石流等影响建筑物安全的区域扩大范围进行专门性地质测绘。

（4）勘探。弃渣场布置勘探线2条，主勘探线垂直于渣场斜坡走向或沿长度方向布置，勘探线长度向渣场范围外延伸50m；弃渣场布置钻孔3个，钻孔沿勘探线布置，钻孔间距100m。

钻探严格按照《水利水电工程钻探规程》（SL 291—2003）执行；弃渣场钻孔深度进入弱风化岩体5m。

结合钻探布置适量坑槽，用以查明覆盖层的边界、厚度、地层岩性以及岩层产状等。

（5）试验。试验主要采用动力触探等手段，用以查明弃渣场及拦渣工程岩土体的物理力学参数。

2.4.4　区域地质构造稳定性与地震动参数

弃渣场区位于川滇菱形地块中西部，新构造运动强烈、继承性活动明显，新构造具大面积整体掀斜抬升运动、断裂的继承性活动和新生性、断块间的差异升降运动及活动块体的侧向滑移与旋转运动特征。根据《主体工程地震动参数区划报告》，弃渣场场址50年超越概率10%水平向地震动峰值加速度值为0.20g，地震基本烈度为Ⅷ度。

根据渣场所处的构造部位、地震动峰值加速度及相应的地震基本烈度、新构造运动强度、距活动断层距离等指标，弃渣场区域构造稳定性较差。

2.4.5　弃渣场基本工程地质条件

1. 基本地质条件

（1）地形地貌。该渣场南北向长约900m，东西向宽一般为100～220m，平面呈长条状。渣场所在冲沟长约2.5km，汇水面积2.1km^2，呈弧线状，沟床总体呈V形，走向呈南东向，冲沟两岸山顶高程一般为2700～2900m，两岸斜坡坡角一般为35°～50°，山体内

小型冲沟发育。弃渣场分布高程为1910～2050m，前缘地形较宽缓，为一缓坡台地，东西向宽100～120m，地面高程为1905～1920m；中部及后缘地带地形逐渐变窄，沟底宽仅15～30m，局部50m，渣场堆填范围内总体沟床纵比降160‰，前缘较缓，后缘稍陡。冲沟地表以林地、耕地为主，地表无其他重要建筑或构筑设施分布，渣场前缘紧邻公路，交通条件便利。

（2）地层岩性。场地区大多基岩裸露，沟槽部位大多被第四系洪坡积层（Q^{pl+dl}）覆盖，两侧山体均为寒武系羊坡组第三段（$\in_1y^3$）、第二段（$\in_1y^2$）地层（图2.4-1）。

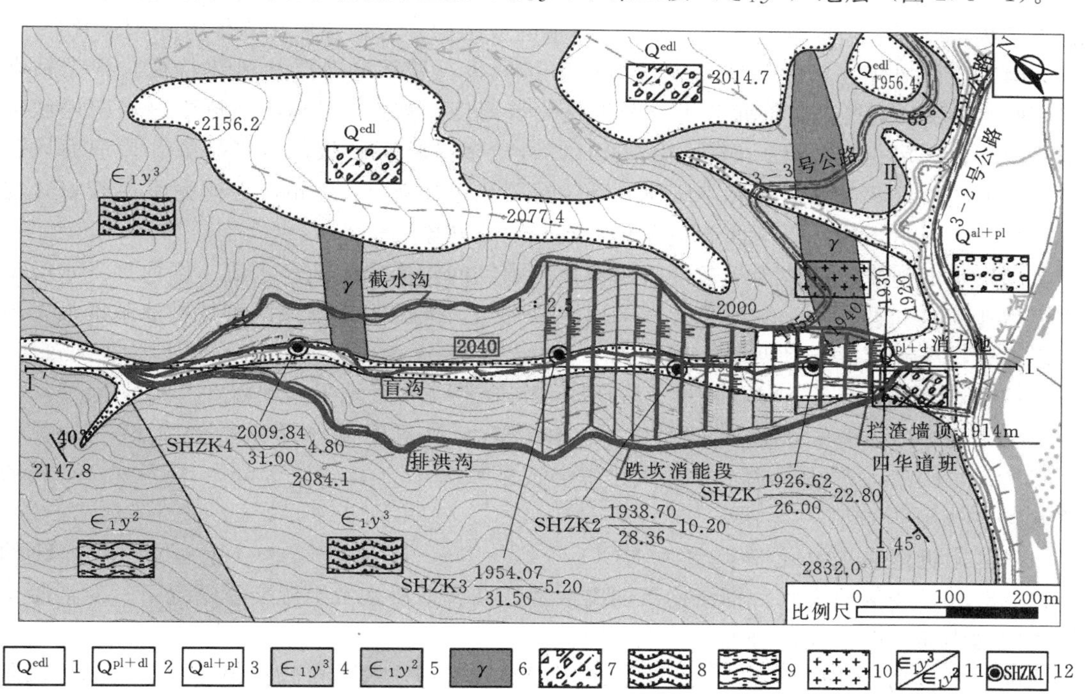

图2.4-1　弃渣场平面布置图

1—残坡积层；2—洪坡积层；3—冲洪积层；4—羊坡组第三段；5—羊坡组第二段；6—侵入岩；7—碎块石土；8—绢云石英片岩；9—斜长二云石英片岩；10—花岗岩；11—地层分界线；12—勘探钻孔及编号

冲沟地表主要为第四系洪坡积（Q^{pl+dl}）碎块石土，局部夹砾石，厚度一般为10～20m。挡渣墙NW侧约60m处，SHZK1钻孔（位于沟底）揭露覆盖层厚22.80m，呈多元结构。上部为黏土、粉土夹碎砾石（含根植土），厚约2.80m，结构松散～稍密状态，碎砾石含量占20%～30%，碎石粒径一般为3～6cm，砾石粒径为0.5～2.0cm，呈棱角状，成分为绢云石英片岩及斜长二云石英片岩；中部为碎块石土，厚约12.60m，结构中密～密实状态，碎石含量占20%～30%，粒径一般为3～8cm，块石含量占15%～40%，粒径一般为20～30cm，碎块石均呈棱角状，成分为绢云石英片岩及斜长二云石英片岩，其余为黏土；下部为砂夹碎块石层，厚约4.90m，结构中密～密实状态，碎块石含量约占15%～30%，碎石粒径为3～10cm，块石粒径为20～25cm，呈棱角状，成分为绢云石英片岩及斜长二云片岩；渣场前缘靠冲江河河床部位主要为第四系冲洪积（Q^{pal}）层，厚

度较大，一般大于 50m，上部为碎块石土，以下主要为砂砾卵石层；两侧斜坡局部分布有少量残坡积（Q^{edl}）碎石土，厚度一般 1～3m。

两侧山体基岩裸露，主要为寒武系羊坡组第三段（$\in_1 y^3$）、第二段（$\in_1 y^2$）浅灰、灰绿色绢云石英片岩、斜长二云石英片岩。渣场范围内主要为羊坡组第三段绢云石英片岩。冲沟前缘及后缘附近东侧出露花岗岩，呈带状分布，呈 NE 向展布，厚为 40～60m。

（3）地质构造。渣场距拖顶-开文断裂 3.5～4.0km，距龙蟠-乔后断裂（F_{10}）约 10.90km，区内未见其他规模较大断裂发育，渣场前缘片理产状 265°～281°∠45°～65°，后缘产状 100°～140°∠30°～40°，斜向坡～横向坡结构。表层强风化岩体裂隙较发育。

（4）岩体风化。场区基岩多表现为均匀状风化、局部呈夹层状风化特征。根据钻孔 SHZK1～SHZK4 揭露及剖面分析，全强风化带厚度一般 5～40m，呈疏松～较疏松状夹较坚硬状；弱风化带厚度一般为 60～80m，岩质多呈较坚硬状，沿张裂隙、片理面风化显著并夹较疏松状碎屑。钻孔 SHZK1 揭露弱风化带厚度 14.20m，岩体完整性较好，岩质较坚硬，锤击声脆，沿裂面有呈风化加剧较明显现象。

（5）水文地质。冲沟为季节性流水沟，勘察期间沟内未见地表水流。区内地下水类型主要为孔隙水和裂隙水，主要受大气降雨入渗补给。下游河道是该区最低排泄基准面，地下水主要接受大气降水和两岸山体地下水及冲沟上游地表来水的补给，地下水埋深较浅，根据钻孔 SHZK1 水文资料，勘察工作期间测得挡渣墙附近地下水埋深 3.0m。

据钻孔 SHZK1～SHZK4 试验成果，碎块石土夹砾石层渗透系数为 1.67×10^{-4}～3.45×10^{-4}cm/s，属中等透水；全风化带渗透系数 2.22×10^{-5}～6.66×10^{-5}cm/s，属弱透水。

场区附近地表水水化学类型为 HCO_3 - Ca · Na、HCO_3 - Ca · Mg · Na 型，pH 约 8.14～8.50，场区地表水对钢结构具弱腐蚀性；在长期浸水及干湿交替情况下，对混凝土结构中的钢筋无腐蚀性；对混凝土无腐蚀性。

（6）不良物理地质现象。区内无滑坡、崩塌、泥石流等不良物理地质现象，环境地质条件较好。

（7）岩土体物理力学性质。勘察期间对挡渣墙轴线部位进行了小孔径钻孔勘探，并在孔内进行了动力触探试验，试验结果表明，碎块石土层结构呈中密～密实状。通过勘探试验成果结合类比主体工程以及渣场附近类似工程岩土体的物理力学参数资料，提出渣场岩土体的物理力学参数建议值，见表 2.4-1 和表 2.4-2。并根据渣场弃渣体主要组成成分，提出相应的物理力学参数建议值，见表 2.4-3。

表 2.4-1　　土的主要物理力学参数建议值表

土体名称	天然重度 γ /(kN/m³)	天然孔隙比 e	压缩模量 E_s /MPa	固结快剪强度		承载力容许值 f_{a0} /kPa	渗透系数 k /(cm/s)	挡渣墙基底摩擦系数
				c /kPa	φ /(°)			
黏土夹碎砾石	19～21	0.7～0.9	12～14	8～10	20～22	110～130	$i\times10^{-5}$～$i\times10^{-4}$	0.40～0.45
碎块石土	20～22		15～20	0～6	25～30	140～160	$i\times10^{-4}$～$i\times10^{-3}$	0.45～0.50

表 2.4-2　　岩石（体）的主要物理力学参数建议值表

岩石名称	风化分带	块体密度 /(kN/m³)	饱和抗压强度 R_b/MPa	岩体抗剪断强度		变形模量 E_0/GPa	泊松比 μ	承载力特征值 f_{a0}/MPa
				f'	c'/MPa			
绢云石英片岩	全							0.2～0.3
	强	25.8	5～10	0.45～0.50	0.2～0.4	1～3	0.31～0.32	0.3～0.4
	弱	26.1	20～35	0.65～0.70	0.4～0.6	3～6	0.28～0.29	0.7～1.0

表 2.4-3　　弃渣场渣体主要组成成分及物理力学参数建议值

渣料主要组成	渣料主要开挖方法	地震峰值加速度	容重 /(kN/m³)	内摩擦角 φ /(°)	黏聚力 c /kPa
灰岩类（为主）、片岩类、砂砾卵石（含黏性土、粉土等）	钻爆法＋明挖法	0.2g	26.0～26.5	26～32	0

2. 主要工程地质问题

（1）弃渣体的稳定与变形问题。弃渣场沿 SE 走向的沟谷堆填，堆填范围内沟谷纵坡降总体为 160‰（图 2.4-2），堆渣高度约 130m，渣场容量 287 万 m³，堆渣方量及堆填高度大。渣场冲沟主要为黏土、粉土夹碎砾石及碎块石土层，厚度一般 10～20m，表层结构松散，黏性土遇水易软化，强度低，渣体沿软弱结构层堆填，叠加地震因素渣体存在沿堆填界面的稳定问题；弃渣体自身堆填不密实，在结构松散情况下，易产生过量沉降和不均匀沉陷变形问题；此外，渣场两侧山体小型冲沟较发育，地表水均汇集于主沟内，汇水面积较大（2.1km²），地表水及地下水汇聚后不易迅速排走，动、静水压力对弃渣体稳定不利。因此必须采取修建拦渣工程、设置系统截排水设施、渣场表层软弱结构层清除、弃渣体本身分层压实等工程措施，并验算叠加暴雨、地震等工况下渣体的整体稳定性。

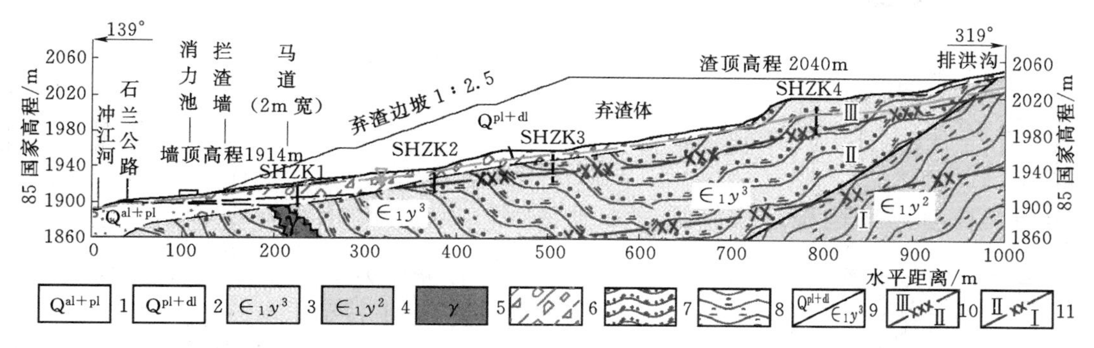

图 2.4-2　弃渣场工程地质纵剖面示意图

1—冲洪积层；2—洪坡积层；3—羊坡组第三段；4—羊坡组第二段；5—侵入岩；6—碎块石土，局部夹砾石；7—绢云石英片岩；8—斜长二云石英片岩；9—第四系与基岩分界线；10—强风化带、弱风化带及分界线；11—弱风化带、微风化带及分界线

（2）挡渣墙的稳定与变形问题。弃渣体坡脚设置挡渣墙（图 2.4-3），墙顶高程 1914m，顶宽 0.8m，最大墙高 2m，轴线长约 41m。挡渣墙地面高程 1914～1916m，挡渣墙部位覆盖层厚度约 22.80m，呈多元结构。上部为黏土、粉土夹碎砾石，厚约 2.80m，

结构松散～稍密状态，碎砾石含量 20%～30%，成分为绢云石英片岩及斜长二云片岩；中部为碎块石土，厚约 12.60m，结构中密～密实状态，碎石含量为 20%～30%，块石含量为 15%～40%，成分为绢云石英片岩及斜长二云片岩，其余为黏土。下部为砂夹碎块石层，厚约 4.90m，结构中密～密实状态，碎块石含量为 15%～30%，成分为绢云石英片岩及斜长二云片岩。上部黏土、粉土夹碎砾石层强度低，黏性土遇水易软化，不宜直接作为挡渣墙基础，下部碎块石土层强度相对较高，建议将基础置于碎块石土层中。因堆渣方量及堆填高度大，在渣体自身荷载作用下可对挡渣墙产生剪切滑动破坏，特别是叠加地震、暴雨等工况时，存在抗滑稳定问题。建议根据渣体、挡渣墙荷载对基础进行稳定性复核，采取合适的基础形式或对地基进行碾压、加固等适宜的工程措施，以满足挡渣墙的稳定与变形要求。

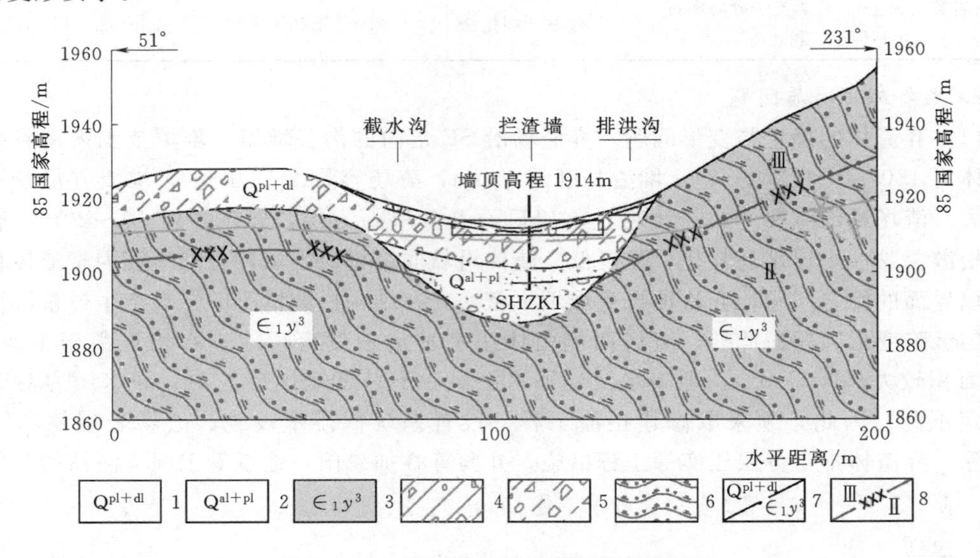

图 2.4-3 弃渣场工程地质横剖面示意图

1—洪坡积层；2—冲洪积层；3—羊坡组第三段；4—土夹碎砾石；5—碎块石土；6—绢云石英片岩；7—强风化带、弱风化带及分界线；8—强风化带、弱风化带及分界线

2.4.6 弃渣场场地稳定性和适宜性综合评价

弃渣场距离龙蟠-乔后断裂带（F_{10}）10.9km，该断裂为全新活动断裂，表现为较强的现今地震活动性，历史上发生多次 5 级以上地震。其中在剑川曾于 1951 年发生两次 6.25 级地震，最大为 1751 年 5 月 25 日剑川 6.75 级地震。上述历史强震对渣场的最大影响烈度为Ⅶ度，低于场地的地震基本烈度Ⅷ度；按区域构造稳定性评价分级四分法划分，渣场场址区域构造稳定性较差，存在高地震烈度区抗震稳定问题，需加强渣场抗震设防。渣场冲沟内主要为第四系洪坡积层碎块石土层，局部夹砾石，厚度一般 10～20m，场区基岩地层岩性主要为羊坡组第三段（$\in_1y^3$）绢云石英片岩，斜向～横向坡结构，渣场周边无不良地质现象分布，自然斜坡整体稳定，场地稳定性较好。

渣场沿沟谷堆填，堆渣体范围内沟谷纵坡降总体为 160‰，前缘较缓，后缘稍陡。渣

场有乡村公路通过，交通较方便。渣场内无重要建筑或构筑设施分布。因沟口无居住区，其威胁对象主要为下游公路和交通桥，且弃渣体规模较大，可能造成中等危害，因此预测地质灾害危险性中等，场地较适宜。

挡渣墙基础主要为洪坡积黏土、粉土夹碎砾石及碎块石土层，上部黏土、粉土夹碎砾石层（含耕植土层）强度低，且黏性土遇水易软化，不宜直接作为挡渣墙基础。下部碎块石土层，结构中密～密实状态，碎石含量为20%～30%，块石含量为15%～40%，成分为绢云石英片岩及斜长二云石英片岩，强度相对较高，建议将基础置于埋深3～6m的碎块石土层上。

渣场堆填范围内冲沟地表主要为黏土、粉土夹碎砾石及碎块石土层，厚度一般为10～20m，表层结构松散，黏性土遇水易软化，强度低，渣体沿软弱结构层堆填，叠加地震因素渣体存在沿堆填界面的稳定问题；弃渣体本身堆填不密实，在结构松散情况下，易产生过量沉降和不均匀沉降变形问题。渣场两侧山体小型冲沟较发育，地表水均汇集于主沟内，汇水面积较大，地表水及地下水汇聚后不易迅速排走，动、静水压力对弃渣体稳定不利；该渣场堆填方量大、高度大，在渣体自身荷载作用下可能产生渣体内部的剪切滑动破坏，建议复核多工况下的渣体稳定性。场区需在做好弃渣体的拦渣工程、截排水工程及边坡治理工程、渣场表层软弱结构层清除、渣体分层压实等，在确保渣体稳定的基础上，场区作为弃渣场较适宜。弃渣体为永久性堆渣，建议堆填完成后进行一段时期的变形监测。

2.4.7 结论与建议

1. 结论

（1）根据《主体工程地震动参数区划报告》，弃渣场场址50年超越概率10%水平向地震动峰值加速度值为0.20g，对应地震基本烈度为Ⅷ度。根据渣场所处的构造部位、地震动峰值加速度及相应的地震基本烈度、新构造运动强度、距活动断层距离等综合指标，可以判定弃渣场区域构造稳定性较差。弃渣场存在高地震烈度区抗震稳定问题，需考虑渣场抗震设防。

（2）渣场区表层一般分布有冲洪积、崩坡积碎块石土，少量砂砾卵石，厚度为5～30m，部分渣床为基岩，沟坡大多基岩裸露，基岩表层多呈全风化、强风化状。全风化带一般厚3～8m，局部达10～30m，强风化带一般厚20～30m，较厚者达40～50m，岩块多风化色变，岩体较破碎。渣场地下水总体不丰，主要以孔隙水、裂隙水的形式赋存。渣场所在的冲沟一般常年流水，但水量不大。

（3）渣场表层多为碎石土层或全强风化岩体，主要存在挡渣墙基础抗滑稳定问题、堆填体沉降变形与稳定问题、排水不畅导致的渗透变形与冲刷问题，部分渣场还存在切坡稳定、消力池的基础沉降变形等问题。

（4）渣场必须采取修建拦渣工程、设置系统截排水设施、渣场表层软弱结构层清除或采取合适的工程措施。建议根据渣场的具体情况将挡渣墙建在基岩上或强度较高的碎石（块石）土层上。堆填前进行必要的清理或换填，并对渣体逐级堆载及分层碾压，并验算叠加暴雨、地震等工况下渣体的整体稳定性，针对基础不均匀沉降采取针对性措施。

（5）渣场应重点考虑冲沟的排水行洪要求。需根据水文资料设计排水行洪通道，同时避免对堆渣体及周边岩土体形成冲刷，规避可能引发的泥石流、滑坡等次生地质灾害，在地表设置截排水沟的基础上增设堆填体纵向排水盲沟。

（6）渣场所在冲沟表层多为残坡积层砾质土及全风化、强风化基岩。两侧排水沟或截水沟开挖边坡自稳能力差，需加强支护。土质边坡建议开挖坡比1∶1.25～1∶1.5，全、强风化带岩质边坡建议开挖坡比1∶1。

（7）渣场多位于比降100‰～300‰的冲沟内，地形条件较好，未见不良地质现象，场地稳定性总体较好，适宜性分级为较适宜。

2. 建议

（1）针对不同冲沟的排水行洪要求，需根据水文资料设计排水行洪通道，避免对堆渣体及周边岩土体形成冲刷，规避可能引发的水土流失。

（2）因弃渣是永久性堆放，建议在弃渣堆填结束后进行一段时期的变形监测。

（3）弃渣场为2级弃渣场，堆渣高度大，超过100m，且部分渣床坡度较陡，建议核验弃渣体自身稳定性并采取合理堆载方式及支挡措施。

第3章 工程级别与设计标准

3.1 工 程 级 别

3.1.1 弃渣场级别

弃渣场是工程建设中对不能利用的开挖土石方、拆除混凝土或其混合物等所选择的处置或堆放场地的总称。《水土保持工程设计规范》(GB 51018) 中按照弃渣场地形条件、与河 (沟) 相对位置关系、洪水处理方式等，将弃渣场分为沟道型、临河型、坡地型、平地型、库区型 5 种类型。各类型弃渣场特征及其适用条件见表 3.1-1。

表 3.1-1 各类型弃渣场特征及其适用条件

弃渣场类型	特 征	适 用 条 件
沟道型	弃渣堆放在沟道内，堆渣体将沟道全部或部分填埋	适用于沟底平缓、肚大口小的沟谷，其拦渣工程为拦渣坝 (堤) 或挡渣墙，视情况配套拦洪 (坝) 及排水 (渠、涵、隧洞等) 措施
临河型	弃渣堆放在河流或沟道两岸较低台地、阶地和滩地上，堆渣体临河 (沟) 侧底部低于河 (沟) 道设防洪水位，渣脚全部或部分受洪水影响	河 (沟) 道流量大，河流或沟道两岸有较宽台地、阶地或河滩地，其拦渣工程为拦渣堤
坡地型	弃渣堆放在缓坡地上、河流或沟道两侧较高台地上，堆渣体底部高程高于河 (沟) 中弃渣场设防洪水位	沿山坡堆放，坡度不大于 25°且坡面稳定的山坡；其拦渣工程为挡渣墙
平地型	弃渣堆放在宽缓平地、河 (沟) 道两岸阶 (平) 地上，堆渣体底部高程低于或高于弃渣场设防洪水位，渣脚全部受洪水影响或不受洪水影响	地形平缓，场地较宽广地区；坡脚受洪水影响时其拦渣工程为围渣堰，不受影响时可设挡渣墙，或不设挡墙，采取斜坡防护措施
库区型	弃渣堆放在主体工程水库库区内河 (沟) 道两岸台地、阶地和河滩地上，水库建成后堆渣体全部或部分被库水位淹没	对山区、丘陵区无合适堆渣场地，同时未建成水库内有适合弃渣的沟道、台地、阶地和滩地，其拦渣工程主要为拦渣堤、斜坡防护工程或挡渣墙

弃渣场级别划分与设计标准应满足 GB 51018 的要求，有行业标准或规定的应遵照执行。

弃渣场级别应根据堆渣量、最大堆渣高度以及弃渣场失事对主体工程或环境造成的危害程度分为 5 级，按表 3.1-2 确定。

表3.1-2　弃渣场级别

弃渣场级别	堆渣量 V/万 m^3	最大堆渣高度 H/m	弃渣场失事对主体工程或环境造成的危害程度
1	$2000 \geqslant V \geqslant 1000$	$200 \geqslant H \geqslant 150$	严重
2	$1000 > V \geqslant 500$	$150 > H \geqslant 100$	较严重
3	$500 > V \geqslant 100$	$100 > H \geqslant 60$	不严重
4	$100 > V \geqslant 50$	$60 > H \geqslant 20$	较轻
5	$V < 50$	$H < 20$	无危害

注　1. 按堆渣量、最大堆渣高度、弃渣场失事对主体工程或环境造成的危害程度确定的弃渣场级别不一致时，就高不就低。
2. 弃渣场失事对主体工程的危害指对主体工程施工和运行的影响程度；弃渣场失事对环境的危害指对城镇、乡村、工矿企业、交通等环境建筑物的影响程度。
3. 危害程度含义如下。
严重：相关建筑物遭到大的破坏或功能受到大的影响，可能造成人员伤亡和重大财产损失的。
较严重：相关建筑物遭到较大破坏或功能受到较大影响，需进行专门修复后才能投入正常使用。
不严重：相关建筑物遭到破坏或功能受到影响，及时修复可投入正常使用。
较轻：相关建筑物受到的影响很小，不影响原有功能，无需修复即可投入正常使用。

例如：某弃渣场堆渣量为45万m^3，最大堆渣高度为40m，弃渣场失事后不会对主体工程造成危害。则查表3.1-2，仅由弃渣场堆渣量45万m^3确定弃渣场级别为5级，仅由最大堆渣高度40m确定弃渣场级别为4级，仅由弃渣场失事后不会对主体工程造成危害确定弃渣场级别为5级，则按照就高不就低原则，最终确定弃渣场级别为4级。

风电场工程弃渣场级别依据《风电场工程水土保持方案编制技术规范》（NB/T 31086）的规定，根据堆渣量、最大堆渣高度以及弃渣场失事后对主体工程或环境的危害程度分为2级，详见表3.1-3。

表3.1-3　风电场工程弃渣场级别

弃渣场级别	堆渣量 V /万 m^3	最大堆渣高度 H /m	弃渣场失事对主体工程或环境造成的危害程度
1	$50 > V \geqslant 10$	$50 > H \geqslant 20$	有影响
2	$V < 10$	$H < 20$	影响较小

注　1. 表中按堆渣量、最大堆渣高度、弃渣场失事对主体工程或环境造成的危害程度确定的弃渣场级别不一致时，就高不就低。
2. 弃渣场失事对主体工程的危害程度指对主体工程施工和运行的影响程度；弃渣场失事对环境的危害程度指对城镇、乡村、工矿企业、交通等建筑物的影响程度。
3. 危害程度含义如下。
有影响：相关建筑物遭到大的破坏或功能受到影响，及时修复可投入正常使用。
影响较小：相关建筑物遭到的影响较小，无需修复即可投入正常使用。
4. 涉及环境敏感区的弃渣场级别为1级。

3.1.2　拦挡工程级别

弃渣场的拦挡工程主要包括挡渣墙、拦渣堤、围渣堰、拦渣坝和拦洪坝等5类，拦挡工程建筑物级别应根据弃渣场级别分为5级，按表3.1-4确定，并应符合以下要求。

（1）拦渣堤（围渣堰）、拦渣坝、挡渣墙建筑物级别应按对应的弃渣场级别确定。

（2）对无法避让水土流失重点预防区和重点治理区的生产建设项目，拦挡工程的建筑物级别应提高1级。

（3）当拦挡工程高度不小于15m，弃渣场等级为1级、2级时，挡渣墙建筑物级别可提高1级。

表3.1-4　　弃渣场拦挡工程建筑物级别

弃渣场级别	拦挡工程		
	拦渣堤（围渣堰）工程	拦渣坝工程	挡渣墙工程
1	1	1	2
2	2	2	3
3	3	3	4
4	4	4	5
5	5	5	5

例如：某项目不位于水土流失重点防治区，其2级弃渣场设计的挡渣墙高度为16m。则查表3.1-4，仅由弃渣场级别为2级确定挡渣墙级别应为3级；项目不位于水土流失重点防治区，无需提高拦渣工程建筑物级别；但由于设计的挡渣墙高度为16m，超过了15m，且弃渣场级别为2级，挡渣墙级别可由3级提高为2级。因此，最终该挡渣墙级别既可定为3级，也可定为2级。

风电场工程弃渣场拦挡工程建筑物级别根据NB/T 31086的规定确定。

3.1.3　排洪工程级别

排洪工程建筑物级别应根据弃渣场级别分为5级，按表3.1-5确定。对无法避让水土流失重点预防区和重点治理区的生产建设项目，排洪工程的建筑物级别应提高1级。

表3.1-5　　弃渣场排洪工程建筑物级别

弃渣场级别	排洪工程建筑物级别	弃渣场级别	排洪工程建筑物级别
1	1	4	4
2	2	5	5
3	3		

例如：某项目位于水土流失重点治理区，弃渣场级别为3级。则查表3.1-5，仅由弃渣场级别为3级确定排洪工程级别应为3级；但由于项目位于水土流失重点治理区，排洪工程建筑物级别应由3级提高为2级。因此，最终确定该排洪工程级别为2级。

风电场工程弃渣场排洪工程建筑物级别根据NB/T 31086的规定确定。

3.1.4　斜坡防护工程级别

斜坡防护是为了稳定斜坡，防止边坡风化、面层流失、边坡滑移、垮塌而采取的坡面防护措施，措施类型包括工程护坡、植物护坡和综合护坡。

弃渣场、料场、临时道路等区的边坡，其斜坡防护工程级别应根据边坡对周边设施安全和正常运用的影响程度、对人身和财产安全的影响程度、边坡失事后的损失大小、社会和环境等因素，按表 3.1-6 确定。

表 3.1-6　　斜坡防护工程级别

边坡破坏危害的对象	边坡破坏造成的危害程度		
	严重	不严重	较轻
	斜坡防护工程级别		
工矿企业、居民点、重要基础设施等	3	4	5
一般基础设施	4	5	5
农业生产设施等	5	5	5

注　1. 该表中所列斜坡防护工程级别 3～5 级，对应《水利水电工程边坡设计规范》(SL 386) 的相应边坡级别。
2. 边坡破坏造成的危害程度如下。
严重：指危害对象、相关设施遭到大的破坏或功能受到大的影响，可能造成人员伤亡和重大财产损失的。
不严重：指相关设施遭到破坏或功能受到影响，经修复仍能使用。
较轻：指相关设施受到很小的影响或间接地受到影响，不影响原有功能的发挥。

3.1.5　防风固沙工程级别

防风固沙工程主要是对修建在沙地、沙漠、戈壁等风沙区遭受风沙危害的建筑物工程及扰动区域，所采取的以防风固沙为目的的水土保持工程措施以及相应的防风固沙体系。防风固沙措施按照治理方式可分为工程固沙措施、化学固沙措施和植物固沙措施，其工程级别应根据风沙危害程度、保护对象、所处位置、工程规模、治理面积等因素分为 3 级，按表 3.1-7 确定。

表 3.1-7　　防风固沙工程级别

工程级别		危害程度		
		严重	中等	轻度
绿洲规模	≥20000hm²	1	2	3
	666～20000hm²	2	3	3
	<666hm²	2	3	3
公路等级	高速及一级	1	2	3
	二级	2	3	3
	三级及等外	3	3	3
铁路等级	国铁Ⅰ级及客运专线	1	1	2
	国铁Ⅱ级	1	2	3
	国铁Ⅲ级及以下	2	3	3
输水工程	≥100m³/s	1	2	3
	5～100m³/s	2	3	3
	<5m³/s	3	3	3

续表

工程级别		危害程度		
		严重	中等	轻度
园区	国家级	1	2	3
	省级	2	3	3
	地方	2	3	3
工矿企业	大型	1	2	3
	中型	2	3	3
	小型	3	3	3
居民点	县（市）	1	2	3
	镇	2	3	3
	乡村	3	3	3

例如：某防风固沙工程保护对象为流量 $20m^3/s$ 的输水渠道，如不实施此防风固沙工程，输水渠道将遭到风沙严重破坏。则查表 3.1－7，根据输水流量和危害程度，确定该防风固沙工程级别为 2 级。

3.1.6 植被恢复与建设工程级别

植被恢复与建设工程分为绿化美化、植物防护、植被恢复等 3 个类型。

生产建设项目的植被恢复与建设工程级别，应根据生产建设项目主体工程所处的自然及人文环境、气候条件、立地条件、征地范围、绿化要求等，按表 3.1－8～表 3.1－14 的规定确定。工程项目区域涉及城镇、饮用水水源保护区和风景名胜区的，应提高 1 级；弃渣取料、施工生产生活、施工交通等临时占地区域执行 3 级标准。

表 3.1－8　水利水电项目植被恢复与建设工程级别

主要建筑物级别	植被恢复与建设工程级别		
	生活管理区	枢纽闸站永久占地区	堤渠永久占地区
1、2	1	1	2
3	1	1	2
4	2	2	3
5	2	3	3

表 3.1－9　电力项目植被恢复与建设工程级别

电力项目	植被恢复与建设工程级别		
	生活管理区	灰坝及附属工程	贮灰场
	1	2	2

注　发电、变电等主体工程区不设植被恢复与建设工程级别，其设计应首先符合主体工程相关技术标准对植被绿化的约束性要求。

表 3.1-10 冶金类项目植被恢复与建设工程级别

冶金类项目	植被恢复与建设工程级别			
	生活管理区	生产设施区，辅助生产、公用工程区	仓储运输设施区	排土场
	1	1	2	2

表 3.1-11 矿山类项目植被恢复与建设工程级别

矿山建设规模	植被恢复与建设工程级别				
	生活管理区	采场区	废石场	尾矿库	排矸（土）场
大型	1	2	2	2	2
中型	1	3	3	3	3
小型	2	3	3	3	3

表 3.1-12 公路项目植被恢复与建设工程级别

公路级别	植被恢复与建设工程级别		
	服务区或管理站	隔离带	路基两侧绿化带
高速公路	1	1	2
一级公路	2	2	3
二级及以下公路	3	—	3

表 3.1-13 铁路项目植被恢复与建设工程级别

铁路级别	植被恢复与建设工程级别		
	铁路车站	路基两侧用地界	铁路桥梁、涵洞、隧道
高速铁路	1	3	3
Ⅰ级铁路	1	3	3
Ⅱ级及以下铁路	2	3	3

表 3.1-14 输气、输油、输变电工程的植被恢复与建设工程级别

输气、输油、输变电工程	植被恢复与建设工程级别			
	生活管理区	集配气站/变电站	原油管道、储运设施、输变电站塔	附属设施
	1	1	2	2

注 管道填埋区绿化设计、储运设施绿化设计、输变电站塔绿化设计应首先满足其主体工程相关技术标准对植被绿化的约束性要求。

3.2 设 计 标 准

3.2.1 防洪标准及设计洪水标准

3.2.1.1 防护工程防洪标准

拦渣堤（围渣堰）、拦渣坝防洪标准应根据其相应建筑物级别，按表 3.2-1 确定，并符合下列要求：

(1) 拦渣堤（围渣堰）、拦渣坝工程不应设校核防洪标准，设计防洪标准按表3.2-1的规定确定，拦渣堤防洪标准还应满足河道管理和防洪要求。

(2) 拦渣堤、拦渣坝、排洪工程等失事可能对周边及下游工矿企业、居民点、交通运输等基础设施等造成重大危害时，2级以下拦渣堤、拦渣坝、排洪工程的设计防洪标准可按表3.2-1的规定提高1级。

(3) 弃渣场临时性拦挡工程防洪标准取3年一遇～5年一遇；当弃渣场级别为3级以上时，可提高到10年一遇防洪标准。

表3.2-1　弃渣场防护工程防洪标准及设计洪水标准

拦渣堤（坝）工程级别	排洪工程级别	防洪标准（重现期）/年			
		山区、丘陵区		平原区、滨海区	
		设计标准	校核标准	设计标准	校核标准
1	1	100	200	50	100
2	2	100～50	200～100	50～30	100～50
3	3	50～30	100～50	30～20	50～30
4	4	30～20	50～30	20～10	30～20
5	5	20～10	30～20	10	20

3.2.1.2 排洪工程设计洪水标准

排洪工程一般为排洪隧洞、排洪沟、排洪渠等，常用于排除弃渣场等项目区上游沟道或周边坡面形成的外来洪水。排洪工程的洪水设计标准应根据其相应建筑物级别，按表3.2-1确定。

根据表3.2-1确定防洪标准时，选取重现期的年限只要位于区间范围内均可。设计标准和校核标准应相匹配，即设计标准取最高限值时，校核标准也宜取最高限值；设计标准取最低限值时，校核标准也宜取最低限值。当弃渣场周边范围内涉及居民点、重要基础设施等敏感对象时，防洪标准重现期宜取上限值。

例如：某位于山区一条常流水沟道内的3级弃渣场，周边无环境敏感对象，为排导上游沟道洪水，在该弃渣场底部设计了一条排水涵洞。根据弃渣场级别为3级，查表3.1-5，确定排水涵洞建筑物级别为3级。再查表3.2-1，该排水涵洞位于山区，则排水涵洞设计洪水标准应采用30年一遇～50年一遇，校核洪水标准应采用50年一遇～100年一遇。同时，考虑到弃渣场周边无环境敏感对象，无其他防洪特殊要求，则排水涵洞的设计洪水标准采用下限值即可，则最终确定该排水涵洞采用30年一遇的设计洪水设计，50年一遇的校核洪水标准。

3.2.2 截排水沟设计标准

截排水沟是指用于项目区内部排除坡面、天然沟道、地面径流的沟渠。截排水沟工程排水设计标准根据其等级和规模选用3年一遇或5年一遇，设计暴雨强度选用5min或10min短历时设计暴雨。

山区、丘陵区弃渣场区地形坡度大，降雨后短时间可形成洪峰，平原区地形平坦，形

成洪峰的时间较长，因此各地根据具体情况选择短历时设计暴雨。

例如：某山区坡地型弃渣场为 5 级弃渣场，堆渣量 5.00 万 m^3，最大堆渣高度 10m，下游及周边无敏感对象，弃渣场上游集雨面积很小，主要为坡面汇水，拟在弃渣场周边设置永久截水沟。在确定截水沟设计标准时，考虑到弃渣场位于山区，且等级低、规模小，采用较低的截排水设计标准即可满足要求，因此，该截水沟确定采用 3 年一遇 10min 短历时设计暴雨进行设计。

风电场工程弃渣场防洪设计标准根据 NB/T 31086 的规定确定。

3.2.3 弃渣场抗滑稳定安全系数

弃渣场抗滑稳定计算应分为正常运用工况和非常运用工况。

正常运用工况：指弃渣场在正常和持久的条件下运用，弃渣场处在最终弃渣状态时，渣体无渗流或稳定渗流。

非常运用工况：弃渣场在正常工况下遭遇Ⅶ度以上（含Ⅶ度）地震或多雨地区的弃渣场遭遇连续强降雨。

弃渣场抗滑稳定计算可采用不计条块间作用力的瑞典圆弧法；对均质渣体，宜采用计及条块间作用力的简化毕肖普法；对有软弱夹层的弃渣场，宜采用满足力和力矩平衡的摩根斯顿-普赖斯法进行抗滑稳定计算；对于存在软基的弃渣场，宜采用改良瑞典圆弧法进行抗滑稳定计算。

（1）当弃渣场抗滑稳定分析采用简化毕肖普法、摩根斯顿-普赖斯法计算时，抗滑稳定安全系数不应小于表 3.2-2 中的数值。

表 3.2-2 弃渣场抗滑稳定安全系数（一）

应用情况	弃渣场级别			
	1	2	3	4、5
正常运用	1.35	1.30	1.25	1.20
非常运用	1.15	1.15	1.10	1.05

（2）当弃渣场抗滑稳定分析采用瑞典圆弧法、改良瑞典圆弧法计算时，抗滑稳定安全系数不应小于表 3.2-3 中的数值。

表 3.2-3 弃渣场抗滑稳定安全系数（二）

应用情况	弃渣场级别			
	1	2	3	4、5
正常运用	1.25	1.20	1.20	1.15
非常运用	1.10	1.10	1.05	1.05

3.2.4 拦挡工程稳定安全系数

弃渣场重力式拦挡工程稳定安全系数验算主要包括基底抗滑稳定安全系数和抗倾覆安全系数验算。

（1）挡渣墙（浆砌石、混凝土、钢筋混凝土）基底抗滑稳定安全系数不应小于表3.2－4规定的允许值。

表 3.2－4　　挡渣墙基底抗滑稳定安全系数允许值

<table>
<tr><td rowspan="3">计算工况</td><td colspan="5">土质地基</td><td colspan="6">岩石地基</td></tr>
<tr><td colspan="5">挡渣墙级别</td><td colspan="5">挡渣墙级别</td><td rowspan="2">按抗剪断公式计算时</td></tr>
<tr><td>1</td><td>2</td><td>3</td><td>4</td><td>5</td><td>1</td><td>2</td><td>3</td><td>4</td><td>5</td></tr>
<tr><td>正常运用</td><td>1.35</td><td>1.30</td><td>1.25</td><td>1.20</td><td>1.20</td><td>1.10</td><td colspan="2">1.08</td><td colspan="2">1.05</td><td>3.00</td></tr>
<tr><td>非常运用</td><td colspan="3">1.10</td><td colspan="2">1.05</td><td colspan="5">1.00</td><td>2.30</td></tr>
</table>

（2）当土质地基上的挡渣墙沿软弱土体整体滑动时，按瑞典圆弧法或折线滑动法计算的抗滑稳定安全系数不应小于表 3.2－2 规定的允许值。

（3）土质地基上挡渣墙抗倾覆安全系数不应小于表 3.2－5 规定的允许值。

表 3.2－5　　土质地基挡渣墙抗倾覆安全系数允许值

计算工况	挡渣墙级别			
	1	2	3	4、5
正常运用	1.60	1.50	1.45	1.40
非常运用	1.50	1.40	1.35	1.30

（4）岩石地基上挡渣墙抗倾覆安全系数不应小于表 3.2－6 中的允许值。

表 3.2－6　　岩石地基挡渣墙抗倾覆安全系数允许值

<table>
<tr><td rowspan="2">荷载条件</td><td colspan="4">挡渣墙级别</td></tr>
<tr><td>1</td><td>2</td><td>3</td><td>4、5</td></tr>
<tr><td>基本荷载组合条件</td><td colspan="2">1.45</td><td colspan="2">1.40</td></tr>
<tr><td>特殊荷载组合条件</td><td colspan="4">1.30</td></tr>
</table>

（5）采用计条块间作用力的计算方法时，拦渣堤（土堤或土石堤）边坡抗滑稳定安全系数不应小于表 3.2－7 规定的允许值。

表 3.2－7　　拦渣堤抗滑稳定安全系数允许值

计算工况	拦渣堤级别				
	1	2	3	4	5
正常运用	1.35	1.3	1.25	1.20	1.20
非常运用	1.15	1.15	1.10	1.05	1.05

（6）采用不计条块间作用力的瑞典圆弧法计算边坡抗滑稳定安全系数时，正常运用条件最小安全系数应比表 3.2－7 规定的允许值减小 8%。

3.2.5　挡渣墙基底应力

挡渣墙（浆砌石、混凝土、钢筋混凝土）基底应力计算应满足下列要求：

(1) 在各种计算工况下，土质地基和软质岩石地基上的挡渣墙平均基底应力不应大于地基允许承载力允许值，最大基底应力不应大于地基允许承载力的 1.2 倍。

(2) 土质地基和软质岩石地基上挡渣墙基底应力的最大值与最小值之比不应大于 2.0，砂土宜取 2.0～3.0。

3.2.6　防风固沙带宽度

防风固沙带宽度应根据防风固沙工程级别、所处风向方位通过表 3.2-8 的规定选用。

表 3.2-8　　防风固沙带宽度

防风固沙工程级别	防风固沙带宽/m	
	主害风上风向	主害风下风向
1	200～300	100～200
2	100～200	50～100
3	50～100	20～50

注　对防风固沙带宽大于 300m 工程项目，应经论证确定其宽度。

3.2.7　植被恢复与建设工程设计标准

根据主体工程所处的自然及人文环境、气候条件、立地条件、征地范围、绿化要求等综合情况，确定植被恢复与建设工程的工程级别和相应设计标准。植被恢复与建设工程的设计标准分为 3 级。

1 级植被恢复与建设工程应根据景观、游憩、环境保护和生态防护等多种功能的要求，执行工程所在地区的园林绿化工程标准。

2 级植被恢复与建设工程应根据生态防护和环境保护要求，按生态公益林标准执行；有景观、游憩等功能要求的，结合工程所在地区的园林绿化标准，在生态公益林标准基础上适度提高。

3 级植被恢复与建设工程应根据生态保护和环境保护要求，按生态公益林绿化标准执行；降水量为 250～400mm 的区域，应以灌草为主；降水量 250mm 以下的区域，应以封育为主并辅以人工抚育。

3.3　案　　例

1. 某弃渣场概述

某弃渣场位于山区沟道内，该区多年平均降水量为 800mm。该弃渣场为沟道型，占地面积为 11.76hm^2，占地类型主要为林地，下游 400m 有高速公路。该弃渣场堆渣容量为 148.00 万 m^3，堆渣量为 135.00 万 m^3，堆渣高程为 2080～2116m，最大堆渣高度为 36.0m，堆渣坡比为 1∶2.5～1∶3.0，每隔 10m 设 1 级马道，马道宽为 3～5m。该弃渣场防护措施主要是对渣场沟口位置进行拦挡，排导沟道和渣场内部汇水，堆渣结束后渣体表面进行植被恢复。

2. 工程级别

（1）弃渣场级别。弃渣场弃渣量为135.00万m^3，最大堆渣高度为36.0m，安全防护距离内无敏感对象，弃渣场失事后不对主体工程造成危害，对下游环境危害不严重，确定弃渣场级别为3级。

（2）防护工程级别。根据弃渣场级别为3级，挡渣墙高为6m（小于15m），确定挡渣墙工程级别为4级；根据弃渣场级别为3级，确定排洪工程级别为3级；该弃渣场边坡破坏后仅对农业灌溉设施造成不严重影响，确定边坡防护工程级别为5级；该弃渣场区无景观、游憩功能要求，仅需满足水土保持和生态保护要求，确定该弃渣场植被恢复与建设工程级别为3级。

3. 设计标准

（1）弃渣场整体稳定计算。弃渣场抗滑稳定分析采用简化毕肖普法计算，抗滑稳定安全系数正常运用工况下不小于1.25，非常运用工况下不小于1.10。弃渣场满足整体稳定要求。

（2）挡渣墙稳定计算。挡渣墙采用重力式M7.5浆砌石挡墙，挡墙地基土层为含碎石砂土和中等密实砂砾石，常态下满足地基持力层强度和变形要求。经计算，正常工况下挡渣墙抗滑稳定安全系数不小于1.20，抗倾覆稳定安全系数不小于1.40；非常工况下挡渣墙抗滑稳定安全系数不小于1.05，抗倾覆稳定安全系数不小于1.30。挡渣墙工程满足稳定要求。

（3）挡渣墙基底应力计算。在各种计算工况下，挡渣墙平均基底应力不大于地基允许承载力允许值，最大基底应力不大于地基允许承载力的1.2倍。挡渣墙基底应力的最大值与最小值之比不大于2.0。

（4）截洪排水沟设计标准。弃渣场排洪工程级别为3级，场界截洪沟设计洪水标准按30年一遇～50年一遇防洪标准设计，考虑该渣场下游有高速公路，确定截洪沟工程设计标准按50年一遇设计洪水、100年一遇校核洪水。渣场内部马道排水沟设计标准采用5年一遇5min短历时设计暴雨。

（5）植被恢复与建设工程设计标准。该弃渣场区无景观、游憩功能要求，仅需满足生态保护和环境保护要求，确定该弃渣场植被恢复与建设工程设计标准为3级。该弃渣场区多年平均降水量不小于400mm，采用乔灌草结合恢复渣场区植被。

第4章 表土保护与土地整治工程设计

4.1 表土保护设计

表土是指最接近地表、有机质和微生物含量最多、对地力快速恢复和植物生长最有利的表层土壤，是一种稀缺的、不可再生的、具有重要生态价值的基础性资源。水土保持所说的表土，不仅仅指耕地的耕作层，还包括园地、林地、草地等适合耕种的表层或腐殖质层。

表土保护包括表土的剥离、堆存和防护。在生产建设过程中，根据土壤条件，结合现实需求，将表层土剥离、单独堆放并进行防护，并在工程后期用于土地复垦或植被恢复，是保护优质耕地和植被资源、减少水土流失的重要措施。保护和利用表土资源，是水土保持设计核心理念之一。在土壤匮乏地区心土层、底土层亦应是保护与利用对象；在青藏高原等地区，草皮的保护与利用也属于表土资源保护与利用的范畴。

实施表土保护，首先在表土剥离前应进行表土分布与可利用量分析、表土需求与用量分析，根据表土的用量和表土的分布情况，明确剥离的范围和堆存方案，绘制出表土分布与剥离图；其次，必须明确表土剥离利用的施工工艺，尽量不破坏原土壤结构和土壤生物网，明确施工的机械、方法和程序；第三，必须明确表土的利用去向，明确扰动但不剥离表土的范围及需要保护的面积和措施。

4.1.1 表土可利用量与需求量分析

4.1.1.1 表土分布与可利用量分析

在进行表土分布与可利用量分析时应收集以下基础资料：工程征占地范围内的土地利用资料、地形图，工程征占地范围内的土壤及分布情况，满足复耕或植被恢复措施所需覆土厚度的资料，其他可能利用表土的情况及相关资料。

在对所收集资料进行分析的基础上，进行土壤调查，调查征占地范围内表土的分布范围、表土厚度、可剥离范围、面积及可剥离量。根据土壤调查中表土分布情况，进行表土分析与评价，主要内容包括表土可剥离面积和厚度、适用性、限制因素和可剥离数量等。依据表土资源的分析结果，开展剥离区和回覆区的表土质量分析与评价。

在表土资源匮乏区域还应调查分析心土层和底土层土壤资源，必要时可将心土层和底土层土壤改良后作为覆土土料来源。

4.1.1.2 表土需求与用量分析

根据项目总体布置、建筑物及道路、移民等占地情况，分析说明土地后期可能利用的方向，明确复耕、植被恢复的范围及面积，按照覆土厚度要求确定表土的需求与用量。同时，为充分利用稀缺的表土资源，避免表土的浪费，在项目可供剥离的表土量较多而外部又有表土需求时，可考虑周边建设项目或异地表土需求量，但异地利用表土运距不宜太长，且运输过程中应采取保护措施，防止沿途散溢。

当项目区表土供给量小于表土需求量时，应将可剥离区域表土全部剥离，不足部分结合项目实际情况，剥离非表层土来补充或从周边客土区调运，若还不能满足需求则可调整土地后期的利用方向，以减少表土的需求量。当项目区表土供给量等于需求量时，将可剥离表土全部剥离用于项目自身需要。当项目区表土供给量大于需要量时，按照自身项目及周边区域需求，确定表土用量和剥离范围。

4.1.2 表土剥离

表土剥离是指将建设用地或露天开采用地（包括临时性或永久性用地）拟占用的耕地、园地、林地、草地等的表层土壤利用工程手段剥离出来，可用于原地或异地土地复垦、土壤改良、植被恢复、造地等用途。对于临时用地范围内扰动深度较浅的表土优先考虑采取原地苫盖保护措施，不对其进行表土剥离，待施工结束后，对压实土壤进行耕翻，恢复原有土地利用类型，切实保护表土资源。

表土剥离设计包括确定剥离区域、剥离厚度、剥离方式、剥离量分析等。

4.1.2.1 剥离区域

表土剥离设计中剥离区域的选择应根据项目区表土调查分析结果，一般遵照“先永后临、先高后低、先厚再薄、先易后难”的原则分析确定。

地表开挖或回填施工区域，施工前应采取表土剥离措施。当土壤层太薄或质地太不均匀，或者表土肥力不高，而附近土源丰富且能满足要求时，可不对表土进行单独剥离；临时占地范围内扰动深度小于20cm的表土可不剥离；对于黄土高原黄土覆盖深厚区域，表土与生土的有机质含量相差不大，可通过快速培肥等措施使生土恢复地力，工程建设中也不需剥离表土。对不剥离表土的扰动区域，宜采取铺垫等保护措施。

“先永后临”是指对于永久占压土地的表土，在现有经济技术水平下，凡是能剥离的尽量要考虑剥离，当其表土量无法满足需求时，再剥离临时用地范围内的表土。因为永久占地对表土的破坏是永久性的、不可恢复的，而临时占地对表土的破坏则是短暂的、大多数是可以恢复的，所以应优先考虑剥离永久占地范围内的表土。对于水库淹没区，一般广泛分布着耕地、林地、草地等生产力较高的土地类型，因此剥离库区的表土，异地利用，用于改良土壤或造地，尤其是在表土资源匮乏紧缺的西北部地区、西南土石山区及高寒地区具有明显的综合效益。

“先高后低”是指从土壤肥力来看，按照表土肥力的高低进行优先级的分配，先剥离肥力高的耕地、园地或腐殖质层厚的林地，后剥离肥力较低的一般荒草地。因为肥力高的土壤能够充分供给植物需要的养分、水分和空气，使植物生长发育良好，所以表土肥力越高的区域就越要优先剥离。一般来说，相同条件下耕地、园地的表土肥力高于林地，林地

的表土肥力又高于草地。

“先厚再薄”是指从土壤厚度来说，先剥离土层厚的区域，后剥离土层薄的区域。

“先易后难”是指从操作难易程度来看，先剥离交通便利、易于运出的区域，后剥离施工不便、难度较大的区域。

4.1.2.2　剥离厚度

根据设计方案和现场实际的土壤腐殖质层厚度，划分表土剥离单元，分别确定每个单元的表土剥离厚度，做到应剥尽剥。一般考虑土壤质量和成本两个因素。当剥离厚度较大涉及不同土层时，应分层剥离。

表土剥离根据工程区地表土壤情况和熟化土厚度，重点选择土层厚度不小于 30cm 的扰动地段。表层土有机质含量随土壤厚度的增加而减少，表土剥离不宜过深，以免造成财力、物力和人力的浪费。根据土壤剖面结构和土壤熟化程度，表土剥离厚度一般为 30～80cm。

设计时应根据剥离区域土壤耕作层厚度、后期复绿、复耕及周边区域表土需求量确定剥离厚度，对土层深厚、肥沃的区域可适当深剥，对土层较薄、肥力不高的区域可适量浅剥，在总量控制的前提下，尽量将剥离区域内最肥沃、腐殖质含量最高的部分土壤剥离出来，以达到表土利用效益的最大化。

一般对自然土壤可采集到灰化层，农业土壤可采集到犁底层。耕地、园地由于长期耕作、种植，表土层相对较厚且均匀，土壤熟化程度较高，临时占用的耕地、园地在施工结束后应恢复原地类，表土剥离时应将表层土全部剥离利用，便于迹地恢复时快速恢复土地生产力，表土剥离厚度一般为 50～80cm；林地、草地表土差异较大，厚度一般在 30cm 以内，表土剥离中应控制剥离厚度，剥离厚度过大不但增加工程投资，给保存带来不便，下部生土如混进表土，致使土地生产力下降，剥离厚度一般为 20～30cm；黄土覆盖深厚地区可不剥离表土；高寒草原草甸地区，应对表层草甸土进行剥离。

各地区表土剥离厚度参考值见表 4.1-1。

表 4.1-1　各地区表土剥离厚度参考值

分　　区	表土剥离厚度/cm	分　　区	表土剥离厚度/cm
西北黄土高原区的土石山地区	30～50	南方红壤丘陵区	30～50
东北黑土区	30～80	西南土石山区	20～30
北方土石山区	30～50		

注　黄土覆盖深厚地区可不剥离表土。表土资源匮乏区域可剥离至心土层，必要时可剥离至底土层。

4.1.2.3　剥离方式

应根据表土厚度及分布均匀程度、土壤肥力、施工条件等因素，确定表土剥离的施工方式。表土剥离过程中应尽量减少对土壤团粒结构的破坏，对于土层较厚且均匀、成片分布的平原及丘陵区应以机械剥离为主、人工剥离为辅；对于土层较薄、分布较破碎的表土层如山地区、高寒草原草甸等地可采用人工剥离为主的方法。

表土剥离工艺主要有条带复垦表土剥离法和梯田模式表土剥离法。

条带复垦表土剥离法是根据施工机械宽度，将工程区划分成不同的条带，每一条带大致为施工机械宽度的倍数，由外向内依次剥离。该工艺易于操作，能有效避免土壤压实，主要适用于地下潜水位较高、需要“挖深垫浅”的工程区。

梯田模式表土剥离法是指在地下潜水位较低的地区，如果潜水位对农作物及植物生长没有影响，可根据田面的宽度（<10m、10～15m、20～30m），分别推荐采用表土逐台下移法、表土中间堆置法和表土逐行置换法进行表土剥离。该工艺剥离方式多样，主要适用于地下潜水位较低、需要修筑梯田的工程区域。

剥离机械可选择推土机、拖式铲运机、挖掘机等。其中推土机操作灵活、运输方便，所需工作面较小，行驶速度较快，易于转移，但运距过长将增加施工成本，在施工过程中容易将上下土层混淆、机器行走过程中容易将土壤压实，适用于剥离面积较大、地面平整的区域；拖式铲运机能够独立完成铲土、运土、卸土等工作，还可以和推土机结合使用，对工程中的可供行驶的道路要求比较低，行驶的速度比较快，人工操控比较灵活，机械运转起来比较方便，剥离效率较高，但存在上下土层易混淆问题，适用于地面平整、剥离幅宽较大的情况；挖掘机适应于较大坡度、较硬的土质，不适于农田大面积作业。

4.1.2.4 剥离量分析

表土剥离量应根据生产建设项目所在区域的地形地貌、覆盖层厚度、土地利用现状，项目区复耕要求、后期绿化、植被恢复措施的面积等因素，结合其他可能利用表土的情况经平衡分析来确定。

针对某个生产建设项目，应做好各个防治区表土剥离与利用平衡分析，该区的表土余量应调配到其他防治区利用，尽量做到工程之内剥离和利用平衡；确有剩余的表土量，应与当地土地等部门协同规划利用；若该工程剥离的表土不能满足复垦需求时，需要采取合法合理的方式获取，并明确相应的水土流失防治责任。

4.1.3 表土堆存

对于不能做到“即剥即用”的表土，应暂时集中堆存，并采取临时保护措施防治水土流失。

表土存放地应综合考虑堆放安全、回填便利与运输成本低等因素。在保证安全和符合规定的基础上，堆放场地选择应遵循“先内后外、先集中后分散”的原则。“先内后外”即在不影响主体工程建设的情况下，堆放场地应优先选择在工程占地范围内同一防治分区的内部预留场地或在建设期间暂不扰动、极少扰动的小块空地，不再另外征地，在工程征地范围内同防治分区无法堆放的情况下再考虑外运异地堆放。“先集中后分散”是指表土应优先选择集中分区、分片堆放，对于场地限制较大、集中堆放难度较大时，可考虑就地分散堆放表土。

为避免土壤因自重而被过分压实，保证土壤具有良好的通气情况，使土壤内的微生物得以存活，表土的堆高一般不超过5m，堆土边坡坡比一般控制在1∶1.5以内。表土剥离后，应将耕作层、犁底层和心土层土壤分层堆放，避免熟土和心层土交叉堆放。

4.1.4　表土临时防护

4.1.4.1　表土临时堆存防护

表土临时堆存受施工组织设计限制，可能少则几个月，多则几年，因此，临时堆放期间，受降雨侵蚀、风沙侵蚀和自然沉降等因素的影响，可能导致松散的堆土产生新的水土流失，因此，应根据堆放时间、地域、降雨等因素确定采取临时拦挡、排水、覆盖及临时植物防护等措施。临时防护措施可参考本书第 12 章进行设计。

4.1.4.2　未剥离表土的保护

当土壤层太薄或质地太不均匀，或者表土肥力不高，而附近土源丰富且能满足要求时，可不对表土进行单独剥离；临时占地范围内扰动深度小于 20cm 的表土可不剥离。对不剥离表土的扰动区域，宜采取铺垫等临时保护措施。

4.1.5　草皮保护与利用

高山草甸作为一种重要的草地生态系统类型，在保持水土、涵养水源和净化空气等方面生态功能显著。因此，在青藏高原等地区开展生产建设项目，应对高山草甸（天然草皮）进行剥离、保护和利用。

草皮剥离前应查明草皮的类别，掌握其生物特性，选取生长旺盛、品质高的草块。剥离的草皮如果不能及时利用，应及时妥善保存，做好假植、养护措施。剥离草皮的临时防护措施见《水土保持设计手册·生产建设项目卷》12.5 节相关内容。

1. 草皮剥离技术要求

（1）放样量测出草皮切割的范围和地块大小，以便保证草皮切割的规则性和完整性。草皮地块规格一般有 0.4m×0.4m、0.4m×1.0m；施工条件好的地块草皮规格可以为 1.2m×(5～10)m，切割成草皮卷。

（2）切割草皮时，应根据根系深入地下的深度，确定所取草皮的厚度，须保证根系的完好性。草皮剥离厚度一般为 20～30cm。

（3）要求将草皮下土壤一并剥离，用于草皮养护、移植及回铺草皮使用。

2. 草皮保护利用要求

（1）草皮回铺利用前，应根据草皮的平均厚度和施工面的平整度，采取打桩放线的方式，平整出基底面，然后在基底面覆一层 20～30cm 厚有机土层，坡面覆土厚度要求不小于 10cm；根据有机土中营养物质的种类、含量及草皮再生需求情况，在有机土里掺入有机肥及化肥，并洒水使有机土层保持湿润。

（2）选取已成活的草皮回铺和利用；草皮铺设时，顶面要求平顺，草皮块厚度不一时，采用底下的有机土层找平；草皮块之间缝隙用有机土填塞，并要求塞实，起到根部保湿和土壤衔连的作用。

（3）在有坡度的地方，严格按从下至上的顺序进行，边铺边用竹签将草皮进行固定。

（4）草皮回铺完工后，应定时进行浇水和施肥养护。初期每天浇水次数不少于 2 次，水温控制在 10～20℃为宜；施肥以商品复合有机肥或化肥为宜。

4.2 土 地 整 治 设 计

生产建设项目中的土地整治主要是指对项目施工建设和运营过程中，因开挖、填筑、取料、弃渣、施工建设等活动破坏的土地，以及工程永久征地内的裸露土地，在植被建设、复耕之前进行平整、改造和修复，使之达到可利用状态的水土保持措施。其主要作用一是控制水土流失，二是充分利用土地资源，三是恢复和改善土地生产力。土地整治内容根据工程扰动占压的具体情况以及土地恢复利用方向确定，主要包括扰动占压土地的平整及翻松、表土回覆、田地平整和犁耕、土地改良以及必要的水利配套设施。

4.2.1 设计要求

在土地整治前应先确定土地的用途，根据土地用途采用适宜的土地整治措施。土地整治设计即为根据土地用途，确定土地整治原则和标准，进行相应的土地整治措施设计。

4.2.1.1 设计原则及要求

（1）土地整治应符合土地利用总体规划。土地利用总体规划一般确定了项目所在区的土地利用方向，土地整治应与土地利用总体规划一致。若在城市规划区内，还应符合城市总体规划。

（2）土地整治应与蓄水保土相结合。土地整治工程应根据施工迹地、坑凹与弃渣场等的地形、土壤、降水等立地条件，按“坡度越小、地块越大”的原则划分土地整治单元。按照立地条件差异，将坑凹地与弃渣场分别整治成地块大小不等的平地、缓坡地、水平梯田、窄条梯田或台田。对土地整治形成的田面应采取覆土、田块平整、打畦围堰等蓄水保土工作，把二者紧密结合起来，达到保持水土、恢复和提高土地生产力的目的。

（3）土地整治与生态环境改善、景观美化相结合。整治后的土地利用应注意生态环境改善，合理划分农林牧用地比例，尽力扩大林草面积。在有条件的地方宜布置农林草各种生态景观点，改善并美化生态环境，使迹地恢复与周边生态环境有机融合。土地整治应明确目的，以林草措施为主、改善和美化生态环境，也可改造成农业用地、生态用地、公共用地、居民生活用地等，并与周边景观相协调。

（4）土地整治应与防洪排导工程相结合。坑凹地回填物和弃渣都是人工开挖、堆置形成的松散堆积体，易产生凹陷，加大产流汇流。必须把土地整治与坑凹地、渣场本身及其周边的防洪排导工程结合起来，才能保障土地的安全。

（5）土地整治应与主体工程设计相协调。主体工程设计中有弃土和剥离表土等，土地整治应首先考虑利用主体工程的弃土和剥离表土。

（6）土地整治与水土污染防治相结合。应按照国家有关排污标准，对项目排放的流体污染物和固体污染物采取净化处理，然后采取土地整治工程，防止有毒有害物质污染土壤、地表水和地下水，影响农作物生长。

4.2.1.2 适用范围

土地整治措施适用的范围为工程征占地范围内需要复耕或恢复植被的扰动及裸露土地。在施工或开采结束后，应对弃土（石、渣）场、取土（石、砂）场、施工生产生活区、施工道路、施工场地、绿化区域及空闲地、矿山采掘迹地等进行土地整治。

(1) 工程建设过程中由于开挖、回填、取料、排放废弃物及清淤等扰动或占压地表形成裸露土地，包括平面和坡面，为恢复植被而进行的土地整治。

(2) 对终止使用的弃土（石、渣）场表面的整治。

(3) 工程建设结束，施工临时征占区如施工作业区、施工道路区、施工生产生活区等需要恢复耕地或植被的土地整治。

(4) 水利水电工程的坝坡、闸（站）等建筑物进出口坡面、堤防（渠道）域面、工程管理区等工程永久占地范围内需恢复植被的裸露土地的整治，以及工程永久占地范围内工程建设未扰动但根据美化环境和水土流失防治要求需要种植林草的土地。

4.2.1.3　利用方向及适用条件

土地整治措施按土地最终利用方向分类，可分为恢复为耕地、恢复为林草地、改造为水面养殖用地或其他用地等三类。

土地恢复利用方向在符合法律法规及区域总体规划的基础上，根据征占地性质、原土地类型、立地条件和使用者要求综合确定，并与区域自然条件、社会经济发展和生态环境建设相协调，宜农则农，宜林则林，宜牧则牧，宜渔则渔，宜建设则建设。

工程永久征地范围内的裸露土地和未扰动土地一般恢复为林草地；工程临时占地范围内原土地类型原为耕地的，一般恢复为耕地，其他一般恢复为林草地，也可根据土地利用总体规划改造为水面养殖用地或其他用地。

4.2.2　土地整治措施设计

4.2.2.1　土地整治标准

(1) 恢复为耕地的土地整治标准。经整治形成的平地或缓坡地（自然坡度一般在 15°以下），土质较好，覆土厚度为 0.5m 以上（自然沉实），覆土 pH 一般为 5.5～8.5，含盐量不大于 0.3%，有一定水利条件的，可整治恢复为耕地。用作水田时，地面坡度一般不超过 2°～3°；地面坡度超过 5°时，按水平梯田整治。

(2) 恢复为林草地的土地整治标准。受占地限制，整治后地面坡度大于 15°或土质较差的，可作为林业和牧业用地。对于恢复为林地的，坡度不宜大于 35°，裸岩面积比例在 30%以下，覆土厚度宜不小于 0.3m，土壤 pH 为 5.5～8.5；对于恢复为草地的，坡度宜不大于 25°，覆土厚度不小于 0.3m，土壤 pH 为 5.0～9.0。

(3) 恢复为水面的整治标准。有适宜水源补给且水质符合要求的坑田地可修成鱼塘、蓄水池等，进行水面利用和蓄水发展灌溉。塘（池）面积一般为 $0.3～0.7hm^2$，深度以 2.5～3m 为宜；有良好的排水设施，防洪标准与当地一致。

(4) 其他利用的整治标准。根据项目区的实际需要，土地经过专门处理后可进行其他利用，如建筑用地、旅游景点等，整治标准应符合相关要求。

4.2.2.2　土地整治内容及要求

土地整治内容包括场地清理、平整和覆土等。应根据工程扰动破坏土地的具体情况，以及土地恢复利用方向确定相应的土地整治内容。主要包括扰动占压土地的平整及翻松、表土回覆、田面平整和犁耕、土壤改良，以及水利配套设施等。不同利用方向的土地整治内容可参考表 4.2－1。

表 4.2－1　　不同利用方向的土地整治内容

分类		整治内容				
		坡度	平整	蓄水保土	改良	灌溉
耕地	平地坡地	不大于 15°	场地清理，翻耕，边坡碾压	改变微地形，修筑田埂，增加地面植物覆盖，增加土壤入渗，提高土壤抗蚀性能，如等高耕作、沟垅种植、套种、深松等	草田轮作、施肥、秸秆还田等	设置坡面小型蓄排工程
	台地梯田	不大于 2‰	场地清理，翻耕，粗平整和细平整	修筑田坎，精细整平		利用机井或渠道灌溉
草地	撒播	一般小于 1∶1	场地清理，翻松地表，粗平整和细平整	深松土壤增加入渗，选择根系发达，萌蘖力、抓地力强的多年生草种	选豆科草种自身改良、施肥、补种	喷灌或人工喷水浇灌
	喷播	一般不小于 1∶1	修整坡面浮渣土，凿毛坡面增加糙率	处理坡面排水、保留坡面残存植物	施肥、施保水剂	人工喷水浇灌或采用滴灌
	草皮	小于 1∶1 时可自然铺种，不小于 1∶1 时坡面需挖凹槽、植沟等特殊处理	翻松地表，将土块打碎，清除砾石、树根等垃圾，整平	深松土壤增加入渗，选择抓地力强的草种	施肥、补植或更新草皮	人工喷水浇灌或采用滴灌
林地	坡面	一般不大于 35°	场地清理、翻松，一般采用块状整地和带状整地	采用块状整地，如采用鱼鳞坑、回字形漏斗坑、反双坡或波浪状等	施肥，与豆科草类混植	设置坡面小型蓄排工程
	平地	—	场地清理、翻松地表，一般采用全面整地和带状整地	深松增加入渗，林带与主风向垂直，减少风蚀；选择根系发达、蒸腾作用小、抗旱的树种		人工浇灌
草灌地		一般不大于 1∶1.5	翻松地表、粗平整和细平整	密植，合理草灌的搭配和混植，增加土壤入渗	选豆科草种自身改良	人工浇灌
鱼塘		水面下 1∶(2.5～1.5) 水面上 1∶(1.0～1.5)	场地清理、修筑防渗塘，塘深一般 2.5～3m，矩形，长宽比以 5∶3 为最佳，在最高蓄水位以上筑 0.5m 高堤埂	定期检查和修补防渗工程	保持鱼塘清洁，定期清塘消毒，防止病原体和病毒、农药、盐渍污染	有适宜的水源补给和排水设施，水质符合标准

1. 扰动占压土地的平整及翻松

扰动后凸凹不平的地面要采用机械削凸填凹进行平整，平整时应采取就近原则，对局部高差较大处由铲运机铲运土方回填，开挖及回填时应保证表土回填前田块有足够的保水层。扰动后地面相对平整或经过粗平整、压实度较高的土地应采用推土机的松土器进行耙松。

(1) 适用条件。平整包括粗平整和细平整，弃土（石、渣）场、取土（石、砂）场粗平整和细平整工作都有，主体工程区、施工生产生活区、工程管理区等一般只有细平整一项工作，这里的平整主要指粗平整。

(2) 设计要点。粗平整包括全面成片平整、局部平整和阶地式平整三种形式，适用范围如下：

1）全面成片平整是对弃土（石、渣）场、取土（石、砂）场等全貌加以整治，多适用于种植大田作物，整平坡度一般小于 1°（个别为 2°～3°）；用于种植林木时，整平坡度一般小于 5°。

2）局部平整主要是小范围削平堆脊，整成许多沟垄相间的平台，宽度一般 8～10m（个别 4m）。

3）阶地式平整一般是形成分层平台，平台面上成倒坡，坡度为 1°～2°。

不同类型土地平整示意见图 4.2-1。

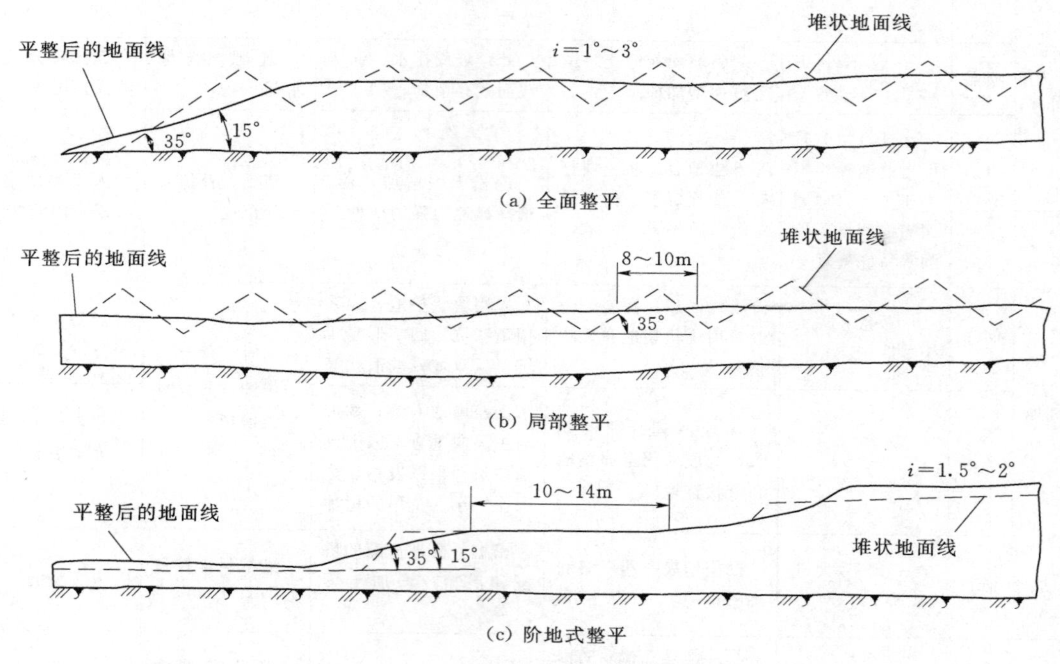

图 4.2-1　不同类型土地平整示意图

2. 表土回覆

土地平整结束之后，开展表土回覆工作，把剥离的表土填铺到需要绿化、复耕的地块表层；覆土厚度依据土地利用方向确定，复耕土地回覆表土厚度 50～80cm，林草地覆土 20～30cm，园林标准的绿化区可根据需要确定覆表土厚度。

覆土要有顺序地倾倒，形成“堆状地面”。若作为农作物用地，必须进一步整平、进行表土层松实度处理；若为林业、牧业用地，可直接采用“堆状地面”种植。

表土回覆应考虑以下因素：

（1）充分利用预先剥离收集的表土回填形成种植层，若表土不足时，在经济运距之内寻求适宜土源，可借土、购土覆盖。

（2）在土料缺乏的地区，可覆盖易风化物，如页岩、泥岩、泥页岩、污泥等；用于造林时，只需在植树的坑内填入土壤或其他含肥物料。

（3）对剥离的心土层、底土层土料以及未达到相应指标的表土，应进行土壤改良，使土料理化指标达到相应利用方向的要求。

（4）表土覆盖厚度可根据当地土质情况、气候条件、种植种类以及土源情况确定。一般地，种植农作物时覆土在50cm以上，耕作层不小于20cm；用于林业种植时，在覆盖厚度1m以上的岩土混合物后，覆土30cm以上，可以是大面积覆土，土源不够时也可只在植树的坑内覆土，种植草类时在覆土厚度为20～50cm。

（5）粗骨质弃渣场顶面覆土前可采用黏土进行防渗防漏处理；临时道路和临时施工营地拆除表面硬化层后，覆土前应进行深翻处理。

各地区覆土厚度参考值见表4.2-2。

表4.2-2　各地区覆土厚度参考值

分　区	覆　土　厚　度/m		
	耕地	林地	草地（不含草坪）
西北黄土高原区的土石山区	0.60～1.00	≥0.60	≥0.30
东北黑土区	0.50～0.80	≥0.50	≥0.30
北方土石山区	0.30～0.50	≥0.40	≥0.30
南方红壤丘陵区	0.30～0.50	≥0.40	≥0.30
西南土石山区	0.20～0.50	0.20～0.40	≥0.10

注　1. 黄土覆盖深厚地区不需覆土。
2. 采用客土造林、栽植带土球乔灌木、营造灌木林可视情况降低覆土厚度或不覆土。
3. 铺覆草坪时覆土厚度不小于0.10m。

3. 田面平整和犁耕

粗平整之后，细部仍不符合耕作要求的要进行细平整，也就是田面平整，包括修坡、作梯地和其他田面工程。恢复林草的，可采取机械或人工辅助机械对田面进行细平整，并视具体种植的林草种采取犁耕。恢复为耕地的，应采取机械或人工辅助机械对田面进行细平整、犁耕。全面整地耕深一般为0.2～0.3m。

（1）田面平整标准。田面平整后既要满足田面灌溉技术要求，又要便于耕作和田间管理。对于恢复为耕地的，平整后的田面要求坡度一致，一般畦灌地面高差在±5cm以内，水平畦灌地面高差在±1.5cm以内，沟灌地面高差在±10cm以内。

（2）设计要点。田面平整包括坡度大于15°的坡面和坡度不大于15°的坡面和平台面的平整，可根据土壤成分和土地利用方向进行平整。

1）坡度大于15°的坡面，一般恢复为林草地。以土壤或土壤发生物质（成土母质或土状物质）为主的坡面，采用水平沟、水平阶地、反坡梯田整地；以碎石为主的地块，采用鱼鳞坑、穴状或块状整地。各种整地规格如下：

a. 水平沟挖深、底宽、蓄水深、边坡尺寸根据土层厚度、土质、降雨量和地形坡度

确定，一般挖深与底宽为0.3～0.5m，挖方边坡坡比为1∶1，填方边坡坡比为1∶1.5，蓄水深为0.7～1.0m，土埂顶宽为0.2～0.3m，水平沟沿等高线开挖，每两行水平沟呈“品”字形排列，每个水平沟长为3～5m。

b. 水平阶地阶长为4～5m，阶宽有0.7m、1.0m、1.5m三种。

c. 反坡梯田田面宽一般为2～3m，长为5～6m。

d. 鱼鳞坑包括大鱼鳞坑和小鱼鳞坑，大鱼鳞坑尺寸为（1.0～1.5）m×（0.6～1.0）m×0.6m（长径×短径×坑深）；小鱼鳞坑尺寸为（0.6～0.8）m×（0.4～0.5）m×0.5m（长径×短径×坑深）。

e. 穴状整地规格一般为30cm×30cm（穴径×坑深）、40cm×40cm、50cm×50cm、60cm×60cm。

f. 块状整地规格多为30cm×30cm×30cm（边长×边长×坑深）、40cm×40cm×40cm、50cm×50cm×50cm、60cm×60cm×60cm。

2）对于坡度不大于15°的坡面和平台面，若恢复为耕地，按耕作要求全面精细平整；若恢复林草地，按林草种植要求进行平整。

a. 恢复为耕地的土地平整。对于坡度小于5°的地块。在粗平整之后要对田面进行细平整，即实施田间整形工程，整形时田块布置与田间辅助工程如渠系、道路、林带等结合，田块形状以便于耕作为宜，最好为长方形、正方形，其次为平行四边形，尽量防止三角形和多边形；田块方向与日照、灌溉、机械作业及防风效果有关，与等高线基本平行，并垂直于径流方向；田块规格与耕作的机械要求和排水有关，拖拉机作业长度为1000～1500m，宽度为200～300m，或更宽些。另外，土壤黏性越大，排水沟间距越小，则田块宽度越小，如黏土一般为80～200m，宜透水覆盖层或底部有砂层则可宽到200～600m，最高可达1000m。田块两头和局部洼地高差不大于0.5m。

对于坡度大于5°的地块。先在临空侧布置挡水土埂，田块沿等高线布设，考虑机耕田块宽度一般为20～40m，长度不小于100m，田块之间修建土埂。土埂高度按最大一次暴雨径流深、年最大冲刷深与多年平均冲刷深之和计算，地埂间距可按水平梯田进行设计。在缺乏资料时，土埂高度取0.4～0.5m，顶宽取0.4m，边坡取1∶1～1∶2。坡度大于5°的地块设计见图4.2-2。

土埂内侧高度计算公式为

$$H_1=h+\Delta h \tag{4.2-1}$$

式中　h——地埂最大拦蓄高度，m；

Δh——地埂安全加高，m，可采用0.5m。

地埂最大拦蓄高度h可根据单位埂长的坡面来洪量Q（包括洪水及泥沙）及最大拦蓄容积V确定。

来洪量计算公式为

$$Q=B(h_1+h_2)+V_0 \tag{4.2-2}$$

式中　B——地埂水平间距，m；

h_1——最大一次暴雨径流深，m；

h_2——最大冲刷深度，m；

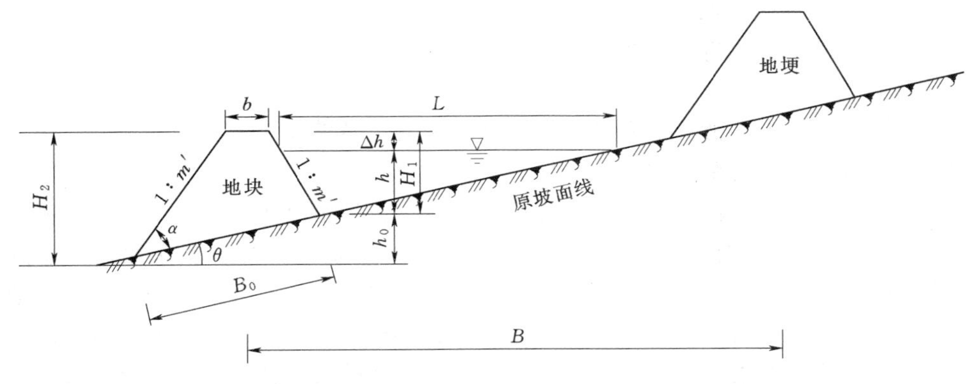

图 4.2-2 坡度大于5°的地块设计图

V_0——3年耕作翻入埂内的土方量，m^3/m。

最大冲刷深度 h_2 可根据年最大冲刷深 $h_大$ 与多年平均冲刷深 $h_平$ 计算：

$$h_2=h_大+2h_平 \tag{4.2-3}$$

年最大冲刷深 $h_大$ 因自然条件（地面坡度、土质、降雨等）之不同，各地有所差别，应通过实验调查确定。

每米埂长最大拦蓄容积计算公式为

$$V=\frac{1}{2}Lh=\frac{1}{2}h^2\left(m+\frac{1}{\tan\theta}\right) \tag{4.2-4}$$

式中 L——最大拦蓄高度时的回水长度，m；

m——地埂内侧坡坡比；

θ——田面坡度，(°)。

地埂最大拦蓄高度 h 可按式（4.2-5）计算，设计时取 $Q=V$，故

$$h=\sqrt{\frac{2V\tan\theta}{1+m\tan\theta}}+\Delta h \tag{4.2-5}$$

所以地埂内侧高度为

$$H_1=\sqrt{\frac{2V\tan\theta}{1+m\tan\theta}}+\Delta h \tag{4.2-6}$$

地埂铺底宽度为

$$B_0=[b+H_1(m'+m)]\frac{\sin(\theta+\alpha)}{\sin\alpha} \tag{4.2-7}$$

式中 m'——地埂外侧坡坡比；

α——地埂与田面的夹角，(°)。

地埂外侧高度为

$$H_2=H_1+h_0=H_1+B_0\sin\theta \tag{4.2-8}$$

b. 恢复为林草地的土地平整。恢复为林草地的土地平整方式主要有全面整地、水平沟整地、鱼鳞坑整地、穴状（圆形）整地、块状（方形）整地等。以土壤或土壤发生物质（成土母质或土状物质）为主的地块，宜依据其覆盖厚度和造林种草的基本要求，采取

全面整地；以碎石为主的地块，且无覆土条件时，采用穴状整地；砂页岩、泥页岩等强风化地块，宜采取提前整地等加速风化措施。

4. 土壤改良

（1）适用条件。土壤改良适用于土壤贫瘠、无覆土条件或表土覆盖层较薄、覆土土料瘠薄但又需要恢复为耕地的临时占地区域。

（2）改良措施。土壤改良措施主要包括增肥改土、种植改土和粗骨土改良三种。

1）增肥改土。增肥改土主要是通过增加有机肥如厩肥、沤肥、土杂肥、人畜粪尿等实现土壤培肥。增施有机肥有助于改良土壤结构及其理化性质，提高土壤保肥保水能力。

2）种植改土。种植改土主要是指种植绿肥牧草和作物以达到改良土地的目的。在最初几年先种植绿肥作物改良土壤、增肥养地，然后再种植大田作物。种植绿肥牧草品种如苜蓿、草木樨、沙打旺、箭舌豌豆、毛叶苕子、胡枝子等，作物如大豆、绿豆等。也可实行轮作、间作、套种等改良土壤。

a. 草田轮作。草田轮作是在一个轮作周期内，先种植一段时间牧草再种植农作物的种植改土措施。轮作制和轮作周期根据具体情况确定，一般先整治 2～3 年牧草后再种植 3～5 年农作物。

b. 草田带状间作。在坡长较长的缓坡地上，为了保持水土，减少冲刷，可进行等高草田带状间作，即在坡地沿等高线方向，一般坡度不大于 10°时以 20～30m、大于 10°时以 10～20m 间距划分为若干等高条带，每隔 1～3 带农作物种植一带牧草，形成带状间作，以拦截、吸收地面径流和拦泥挂淤，改良土壤。

3）粗骨土改良。对覆盖土含有大量粗砂物质和岩石碎屑及风沙土的区域，土壤结构松散、干旱、贫瘠、透水性强、保水保肥能力差，有效养分含量低，要通过掺黏土、淤泥物质和一些特殊的土壤改良剂，如泥炭胶、树胶、木质等，以达到土壤改良的目的。粗骨土改良还要结合施用有机肥，翻耕时注意适宜的深度，避免将下部大粗砂石砾翻入表土；同时利用种植牧草和选择耐干旱、耐贫瘠的作物合理种植，以达到综合改良目的。

（3）设计要点。地表有土型的土壤改良，主要是通过增肥改土和种植植物等种植改土措施，实现土壤培肥。恢复为耕地的，应采用增施有机肥、复合肥或其他肥料的增肥改土措施；恢复林草地的，优先选择具有根瘤菌或其他固氮菌的绿肥植物进行种植改土，必要时，工程管理范围的绿化区应在田面平整后采用增施有机肥、复合肥或其他肥料的增肥改土技术。

地表无土型土壤改良，一般用易风化的泥岩和砂岩混合的碎砾作为土体，调整其比例，在空气中进行物理和化学风化，如添加城市污泥、河泥、湖泥、锯末等改良物质；对于 pH 过低或过高的土地，施加化学物料如黑矾、石膏、石灰等改善土壤；盐渍化土地，应采取蓄淡压盐、灌水洗盐、排水压盐、大穴客土，下部设隔离层和渗管排盐等方式改良土壤。

5. 水利配套设施恢复

土地整治后恢复为水田、水浇地、林草地或绿化区域的，需配置必要的水利及灌溉设施。水利设施可参照各地小型水利工程手册有关技术规定。灌溉设施具体见 4.3 节。

4.2.3 塌陷凹地整治设计

4.2.3.1 总体要求

已形成的塌陷凹地，根据其塌陷深度采取相应整治措施。塌陷深度小于1m的，可推土回填平整恢复为农业用地；深度为1～3m的，可采取挖深垫高措施，挖深区可蓄水养鱼、种藕或进行其他利用，垫高区进行农业开发利用。

采空塌陷区裂缝（漏斗）治理宜采取填充措施，填平后恢复植被或种植农作物。

积水塌陷盆地可有计划地改造为水域，供养殖或其他用途。漏水盆地应因地制宜进行整治，恢复为林地、草地或梯田等。

4.2.3.2 措施设计

1. 预防控制措施

采取以预防为主的方式，通过改革矿井开拓部署、合理选择开采方法、优化布置开采工作面、实行保护性开采、条带开采等措施，减小地表塌陷损毁。采用矸石不出井工艺，利用井下掘进矸石，经过筛选破碎后作为填充材料，直接充填采空区，这样既减少了矸石排到地表占用土地，又达到了控制地表塌陷的目的。从源头控制因开采造成的土地资源损毁，对于矿区土地资源保护和综合利用具有重要意义。目前普遍采用的开采技术主要有以下几种。

（1）留设保护煤柱。由于地下采矿开采范围大、开采层数多而开采深度有限，开采的影响一般都能发展到地表，波及上覆岩层与地表的一些与人类生产和生活有密切关系的对象。因此必须采取措施进行防护，以减少或者完全避免地下开采的有害影响。留设保护煤柱就是其中的措施之一。

保护煤柱是指专门留在井下不予采出的、旨在保护其上方岩层内部与地表的保护对象不受开采影响的那部分有用矿物。留设的原理是在尽可能采出有用矿物的前提下，使其周围开采对保护对象不产生有危险性的移动和变形。

留设保护煤柱需要资料：保护对象的特征及使用要求，矿区的地质条件及矿层埋藏条件；符合精度要求的必要的图纸资料，如井田地质剖面图、煤层底板等高线图、井上下对照图；在矿区地表移动参数以及断层、背向斜等地质构造情况。

（2）充填采空区。充填采空区方法可分为水沙充填、风力充填、水力充填、矸石自留充填等，其中以水沙充填效果较好。用作矿井充填料或是充填组分的材料有四种：脱泥尾矿料、天然砂、矿山废石碎块和类似大小的无黏结力材料、胶结剂。充填采空区可使地表下沉量大大减小，从而使得地表变形也显著减小。

但充填采空区方法生产工艺复杂，需要充填设备、充足的充填材料等，会使开采强度和产量降低，成本提高。因此综合进行经济技术比较来决定是否采用充填法开采。

（3）覆岩离层注浆。离层注浆是在开采过程中，覆岩出现离层之后，钻孔通过高压把粉煤灰等工业废料制成的料浆注入覆岩中，充填离层空间，使分离的岩层胶结起来，使岩层整体结构强度得到加强，从而提高了岩层的力学强度和抗变形能力，达到控制和减少地表沉陷的目的。

（4）协调开采。协调开采指的是在同时开采两个临近煤层或同一个煤层不同工作面

时，通过在推进方向上合理的布置工作面之间的最佳距离或工作面的相互位置及开采顺序，使地表变形值不产生累加，甚至能抵消一部分变形值。协调开采技术一般用于浅水位低的矿区。

2. *表土保护与土地整治措施*

（1）表土剥离。此处表土是指能够进行剥离的、有利于快速恢复地力和植被生长的表层土壤或岩石风化物。不限于耕地的耕作层，园地、林地、草地的腐殖质层。表土剥离的厚度根据原土壤表土层厚度、土地利用方向及土方需要量等确定。

动态充填表土剥离需要根据拖式铲运机宽度，由外到里（塌陷中心）预算出每一拖式铲运机宽度范围内的土方量，然后将土地整理区域划分成不同的条带和取土区，每一条带大致为拖式铲运机宽度的整数倍数，最后由外向里层层剥离。该工艺主要适用于地下潜水位较高，需要“挖深垫浅”的采矿区。在划分造地区、条带、取土区时，需结合塌陷预计结果进行合理划分，按开采时序划分工期进行施工。此时划分的条带数与划分工期数一致，即每一工期进行一条带的施工，地表坡向与沉降方向相反，以满足塌陷后整平。

（2）表土堆存与覆盖。表土堆存与覆盖与一般生产建设项目表土堆存与覆盖要求一致。

（3）裂缝充填。地表受开采沉陷影响后一个明显的损毁特征是地表出现裂缝，严重时还将有塌陷台阶出现，地表裂缝发生的地段主要集中分布在煤柱、采取边界的边缘地带，以及煤层浅部地带。土地平整过程中要对地表裂缝填堵与整治，对沉陷台阶进行土地平整，以恢复原土地功能，防止水土流失。

裂缝治理工程可采用人工治理和机械治理两种方法进行。人工治理方法土方量小，土地类型和土壤理化性质基本不变；机械治理工序复杂，工程量较大，土地整治后，土地类型和土壤理化性质会有改变。无论采取何种治理方式，都需保证不降低原土地生产能力，分期分区治理，特别是在施工过程中要加强临时防护措施。

对于裂缝宽度较小（一般小于10cm）的区域，裂缝一般未贯穿土层，可以采用人工治理的方法，就地填补裂缝，然后采用平整的措施，将裂缝挖开，填土夯实即可。

对于宽度较大的裂缝（一般大于10cm），需按反滤层的原理去填堵裂缝、孔洞。首先用粗矸石或砾石填堵孔隙，其次用次粗砾，最后用砂、土填堵，向裂缝中填倒。当充填高度距剥离后的地表1.0m左右时，开始用木杠第一次捣实，然后每充填0.4m左右捣实一次，直到与剥离后的地表基本平齐为止。对于裂缝分布密度较大的区域，可在整个区域内剥离表土并挖深至一定标高，再用煤矸石或废土石统一充填并铺垫，每填0.3～0.5m夯实一次，夯实土体的干容量达到$1.4g/cm^3$以上。用反滤层填堵后，可防止水土流失，不影响耕种。

根据不同类型强度的裂缝情况其充填土方（矸石）的工程量也不同。设沉陷裂缝宽度为α(m)，则地表沉陷裂缝的可见深度W可按式（4.2-9）计算：

$$W=10\sqrt{\alpha} \qquad (4.2-9)$$

设c为塌陷裂缝的间距（m），每亩的裂缝系数为n，则每公顷面积塌陷裂缝的长度U可按式（4.2-10）计算：

$$U=\frac{10000}{c}n \tag{4.2-10}$$

每亩塌陷地裂缝充填土方量V(m^3/hm^2)可按式(4.2-11)计算：

$$V=\frac{15}{2}aUW \tag{4.2-11}$$

每一图斑塌陷裂缝充填土方量M_{vi}(m^3)可按式(4.2-12)计算：

$$M_{vi}=VF \tag{4.2-12}$$

式中　F——图斑面积，hm^2。

(4)沉陷地充填。沉陷地充填一般是利用土壤和容易得到的矿区固体废弃物，如煤矸石、坑口和电厂的粉煤灰、尾矿渣、垃圾、沙泥、湖泥、水库库泥和江河污泥等来充填采矿沉陷地，恢复到设计地表面高程来综合利用土地。沉陷地充填的应用条件是有足够的充填材料且充填材料无污染或可经济有效地采取污染防治措施。

沉陷地充填是利用土壤或固体废物回填沉陷区至可利用高程，但一般情况下很难得到足够数量的土壤，这既处理了废弃物，又治理了沉陷损毁的土地。按照主要充填物料不同，充填土地技术主要类型有粉煤灰充填、煤矸石充填、河湖淤泥充填与尾矿渣充填等土地综合利用技术等。

充填技术的优点是既解决了沉陷地的整治问题，又进行了煤矿、河湖等固体废弃物的处理，其环境经济效益显著；其缺点是土壤生产力一般不是很高，并可能造成二次污染。

(5)挖深垫浅。挖深垫浅即将沉陷区下沉较大的区域再挖深，形成水塘，用于养鱼、种植莲藕或蓄水灌溉，再用挖出的泥土垫高开采下沉较小的地区，经适当平整后作为耕地或其他用地，从而实现水产养殖和农业种植并举的目的。一般是用于局部或季节性积水的塌陷区，且沉陷较深，有积水的高、中潜水位地区，同时“挖深区”挖出的土方量大于或等于“垫浅区”充填所需土方量，使再利用后的土地达到期望的高程。根据整治设备的不同，可以细分为托式铲运整治技术、挖掘机整治技术等。

拖式铲运机实质为一个无动力的拖斗，在前部用推土机作为牵引设备和匹配设备进行铲运土作业。能将土方从“挖深区”推或拉至“垫浅区”，对“垫浅区”进行回填。拖式铲运机在整治土地时，首先将“挖深区”和“垫浅区”的熟土层剥离堆放；其次将“挖深区”分成若干段，多台机械同时进行挖掘回填；然后待回填到一定标高后，再将熟土回填到整治土地上，使“垫浅区”达到设计标高；最后推平后，再进行松土整理，建立田间水利灌溉系统，培肥后即可种植。

挖掘机整治技术是用挖掘机挖取土方，并与运输机械相结合以便达到整治土地的一种工艺。其技术特点是：把“挖深区”和“垫浅区”划分成若干块段，并对“垫浅区”划分的块段边界设立小土埂以利于充填；将土层划分为两个层次，一是上部的表层土壤，二是下部的心土层；用分层剥离、交错回填的土壤重构方法可以使整治后的土层厚度增大，使整治后的土地明显优于原土地。

3. 土地改良

对于充填煤矸石、粉煤灰、尾矿渣、垃圾等充填物后的塌陷地，可通过掺黏土、淤泥物质和一些特殊的土壤改良剂等进行粗骨土改良，并在最初几年种植绿肥作物改良

土壤、增肥养地。对于充填沙泥、湖泥、水库库泥和江河污泥等充填物后的塌陷地，可通过增加有机肥、掺黏土等实现土壤培肥，并种植能吸附重金属、抗污染性强的植物进行改良。

4.3　灌溉措施设计

生产建设项目区缺水或降雨量不足或种植需水作（植）物规模大，需要采取人工补充水量的工程，应布设灌溉设施，以保证适时适量供水，满足作（植）物不同生长发育阶段需要。灌溉的范围主要为永久征占地范围内的绿化区域及弃渣场区、料场区土地整治后恢复为耕地或林草地的区域。

4.3.1　灌溉措施配置的条件

4.3.1.1　渠道灌溉

渠道灌溉主要应用于附近有水源点或距离灌区较近的工程区。可从水源点（即泉水点、山塘或小型水库）至工程区开挖出输水渠道，或将灌区末级渠道延伸至工程区。渠道应高于受水区，以利于自流灌溉。

4.3.1.2　节水灌溉

目前，国内常用的节水灌溉技术主要有低压管道输水、改进地面灌溉技术、喷灌与微灌等。本书主要介绍喷灌和微灌技术。

喷灌与微灌可根据植物需水状况，适时适量的供水，一般不产生深层渗漏和地面径流，且地面湿润较均匀，灌溉水利用系数可达 0.8 以上，与地面灌溉相比，可节约水量 30%～50%，并具有对地形和土质适应性强、保持水土等特点，主要应用于具有一定水源条件、干旱半干旱的工程区。

综合考虑生产建设项目区水源、气候、土壤、种植、地形和社会经济发展水平等因素，主体工程区、工程管理区的绿化区域及弃渣场区、料场区土地整治后恢复为耕地或草地的区域优先选择喷灌技术，弃渣场区、料场区土地整治后恢复为林地的区域可选择微灌技术。

4.3.2　灌溉渠道设计

灌溉渠道断面的大小，是根据灌溉流量计算确定的，灌溉流量取决于农作物（或林草措施）的灌溉定额和灌溉面积。一般能集中连片的土地面积为 5～300hm^2，相应的灌溉流量为 0.01～0.3m^3/s。由于设计流量小，断面尺寸也不大，为了方便施工，一般采用矩形断面，其断面尺寸由明渠均匀流公式计算。

在设定的条件下，计算出的渠道断面很小，一般渠底宽为 0.3～0.9m，渠道水深为 0.3～1.0m，超高为 0.1m。渠道侧墙可采用 M7.5 浆砌块石，顶宽为 0.4m，底宽为 0.4～0.6m；渠道底板岩基可采用 C15 混凝土，厚为 0.15m，土基可采用 M7.5 浆砌块石，厚为 0.3m。

灌溉（引水）渠一般规格参考值见表 4.3-1。

表 4.3-1　　灌溉（引水）渠一般规格参考值

设计流量 $Q/(m^3/s)$	渠道比降 i	渠底宽度 b/m	渠道高度 h/m
0.02	1∶1000	0.3	0.40
	1∶1500	0.3	0.45
	1∶2000	0.3	0.50
0.05	1∶1000	0.4	0.50
	1∶1500	0.4	0.55
	1∶2000	0.4	0.60
0.10	1∶1000	0.5	0.65
	1∶1500	0.5	0.75
	1∶2000	0.5	0.80
0.15	1∶1000	0.6	0.70
	1∶1500	0.6	0.80
	1∶2000	0.6	0.85
0.20	1∶1000	0.7	0.75
	1∶1500	0.7	0.80
	1∶2000	0.7	0.90
0.25	1∶1000	0.8	0.75
	1∶1500	0.8	0.85
	1∶2000	0.8	0.95
0.30	1∶1000	0.9	0.80
	1∶1500	0.9	0.90
	1∶2000	0.9	1.00

4.3.3　节水灌溉措施设计

4.3.3.1　喷灌工程设计

1. 喷灌系统的组成

喷灌系统一般由水源、动力、水泵、管道系统和喷头组成。水源依据当地水源条件确定，可以是河道、引水渠、水库、蓄水池、井泉。动力机有电动机和柴油机。水泵可为离心泵、专业喷灌泵和潜水泵等。管道系统有铝合金管、薄壁钢管、PVC塑料管等。喷头形式很多，常用旋转式喷头。

2. 喷灌系统的类型

喷灌系统通常分为固定式喷灌系统、半固定式喷灌系统和移动式喷灌系统。

固定式喷灌系统所有组成部分是固定的，不再移动。水泵和动力机安装在泵房，输水管埋设地下，喷洒器安装在竖管上，可以拆卸。适宜安装在主体工程区、工程管理区的绿化区或需要灌溉的经济作物区。

半固定式喷灌系统的特点是泵房及输水干管固定，喷洒支管可以移动。

移动式喷灌系统的特点是动力、加压泵、喷洒管道都可移动，适宜地块不大、水源分散、来水量较小的区域。

3. 喷灌系统设计

(1) 设计灌水定额和灌水周期。最大灌水定额宜按式（4.3-1）和式（4.3-2）确定：

$$m_m = 0.1h(\beta_1 - \beta_2) \tag{4.3-1}$$

$$m_m = 0.1\gamma h(\beta_1' - \beta_2') \tag{4.3-2}$$

式中　m_m——最大灌水定额，mm；

h——计划湿润层深度，cm；

β_1——适宜土壤含水量上限（体积百分比），%；

β_2——适宜土壤含水量下限（体积百分比），%；

γ——土壤容重，g/cm^3；

β_1'——适宜土壤含水量上限（重量百分比），%；

β_2'——适宜土壤含水量下限（重量百分比），%。

设计灌水定额应根据作物（或林草措施）的实际需水要求和试验资料按式（4.3-3）选择：

$$m \leqslant m_m \tag{4.3-3}$$

式中　m——设计灌水定额，mm。

设计灌水周期可按式（4.3-4）计算：

$$T = \frac{m\eta}{ET_a} \tag{4.3-4}$$

式中　T——设计灌水周期，d；

η——灌溉水利用系数；

ET_a——作物灌水临界期日需水量，mm/d；

其他符号意义同前。

(2) 喷头选型与组合。

1) 计算允许的喷头最大喷灌强度。喷头的运行方式包括单喷头喷洒、单行多喷头喷洒和多行多喷头喷洒三种。喷头的喷洒方式有全圆喷洒、扇形喷洒、带状喷洒等，除了在田边路旁或房屋附近使用扇形喷洒外，其余全部采用全圆喷洒。喷头的组合形式有矩形组合和平行四边形组合，一般采用矩形组合。

组合喷灌强度可按式（4.3-5）计算：

$$\rho = K_w C_\rho \eta \rho_{允} \tag{4.3-5}$$

其中

$$C_\rho = \pi \Big/ \left[\pi - \left(\frac{\pi}{90}\right)\arccos\left(\frac{a}{2R}\right) + \left(\frac{a}{R}\right)\sqrt{1 - \left(\frac{a}{2R}\right)^2}\right] \tag{4.3-6}$$

$$a = K_a R \tag{4.3-7}$$

式中　ρ——组合喷灌强度，亦称设计喷灌强度，mm/h；

C_ρ——布置系数，反映喷头组合形式和作业方式对 ρ 的影响；

K_w——风向系数，反映风对 ρ 的影响；

η——喷洒水利用系数，η 为 0.85；

a——喷头组合间距，m；

R——初选喷头射程，m；

$\rho_{允}$——允许喷灌强度，mm/h，各类土壤允许喷灌强度见表 4.3-2，坡地允许喷灌强度降低值见表 4.3-3；

K_a——喷头间距射程比。

表 4.3-2　　各类土壤允许喷灌强度

序号	土　壤　类　别	允许喷灌强度/(mm/h)
1	砂土	20
2	砂壤土	15
3	壤土	12
4	黏壤土	10
5	黏土	8

注　有良好覆盖时，其中数值可提高 20%。

表 4.3-3　　坡地允许喷灌强度降低值

序号	地面坡度/%	允许喷灌强度降低值/%
1	5～8	20
2	9～12	40
3	13～20	60
4	>20	75

2）选择喷头。喷头的选择包括喷头型号、喷嘴直径和喷头工作压力的选择，这些参数取决于作物种类、喷灌区的土壤条件，以及喷头在田间的组合情况和运行方式，要求所选喷头的喷灌强度小于计算的喷灌强度允许值，一般选择中、低压喷头，灌溉季节风比较大的喷灌区应选用低仰角喷头。

3）喷头的组合间距。喷头的组合间距与所选喷头有关，目前常将喷头组合间距的确定和喷头选型工作一起进行，即先根据喷灌区自然条件和拟定的喷头组合形式及作业方式，确定满足喷灌灌水质量要求的参数，然后根据这些参数选择喷头并确定其组合间距，见表 4.3-4。

表 4.3-4　　喷 头 组 合 间 距

序号	设计风速/(m/s)	组　合　间　距	
		垂直风向	水平风向
1	0.3～1.6	(1.1～1)R	1.3R
2	1.6～3.4	(1～0.8)R	(1.3～1.1)R
3	3.4～5.4	(0.8～0.6)R	(1.1～1)R

注　R 为喷头射程。

(3) 进行田间管道系统的布置。根据田块的形状、地面坡度、耕作与种植方向、灌溉

季节的风向与风速、喷头的组合间距等情况进行田间管道系统的布置。

（4）拟定喷灌工作制度。

1）喷头在一个喷点上的喷洒时间。喷头在一个喷点上的喷洒时间按式（4.3-8）计算：

$$t=\frac{abm}{1000q} \tag{4.3-8}$$

式中 t——喷头在一个喷点上的喷洒时间，h；

a——喷点间距，m；

b——支管间距，m；

m——设计灌水定额，mm；

q——喷点设计流量，m^3/h。

2）喷头每日可工作的喷点数。喷头每日可工作的喷点数就是指每日可工作的支管数量，即

$$n=\frac{t_r}{t} \tag{4.3-9}$$

式中 n——喷头每日可工作的喷点数，次/d；

t_r——喷头每日喷灌作业时间，即设计日净喷时间，h；

t——喷头在一个喷点上的喷洒时间，h。

3）每次同时工作的喷头数。喷灌系统每次同时工作的喷头数可按式（4.3-10）计算：

$$n_p=\frac{N}{nT} \tag{4.3-10}$$

式中 n_p——每次同时工作的喷头数，个；

N——喷灌区内总喷点数，个；

n——喷头每日可工作的次数，一般情况下就是指每根支管每日可移动的次数，次/d；

T——设计灌水周期，d。

4）编制轮灌顺序。根据计算出的需要同时工作的喷头数，结合系统平面布置图上喷点分布情况编制轮灌组并确定轮灌顺序。

（5）管道系统设计。管道系统设计包括管材选择、管径确定、管道纵剖面设计、管道系统结构设计及管道系统各控制点压力确定。

1）管材选择。用于喷灌的管道种类很多，应根据喷灌区的地形、地质、气候、运输、供应以及使用环境和工作压力等条件结合管材的特性确定，一般地埋管采用硬聚氯乙烯管（UPVC管），对于地面移动管道，优先选用带有快速接头的薄壁铝合金管。

2）管径确定。

a. 支管管径，按《喷灌工程技术规范》（GB/T 50085）要求，同一条支管上任意两个喷头之间的工作压力差应在设计喷头工作压力的20%以内，则喷灌系统多口出流的支管管径可按式（4.3-11）计算：

$$h'_{f}=\frac{FfLQ^{m}}{d^{b}}\leqslant 0.2h_{p}+\Delta Z \tag{4.3-11}$$

式中 h'_{f}——多喷头支管沿程水头损失，m；

F——多口系数；

f——摩阻系数，塑料硬管取 $f=9.48\times10^{4}$；

L——支管长度，m；

Q——支管流量，m^{3}/h；

d——支管内径，mm；

m——流量指数，塑料硬管取 $m=1.77$；

b——管径指数，塑料硬管取 $b=4.77$；

h_{p}——喷头设计工作压力水头，m；

ΔZ——同一支管上任意两喷头的进水口高程差，m，顺坡铺设支管时 ΔZ 的值为负，逆坡铺设支管时 ΔZ 的值为正。

b. 干管管径，喷灌系统的干管管径按式（4.3-12）计算：

当 $Q<120m^{3}/h$ 时：

$$D=13\sqrt{Q} \tag{4.3-12}$$

当 $Q\geqslant120m^{3}/h$ 时：

$$D=11.5\sqrt{Q} \tag{4.3-13}$$

式中 D——干管内径，mm；

Q——干管流量，m^{3}/h。

3）管道纵剖面设计和管道结构设计。管道纵剖面设计主要是根据各级管道平面布置和计算的管道直径，确定各级管道在立面上的位置及管道附件位置。纵剖面设计应力求平顺、减少折点、避免产生负压。

管道系统结构设计包括镇墩、支墩、阀门井、竖管的高度等。

4）管道系统各控制点压力确定。管道系统各控制点压力包括支管、干管入口和其他特殊点的测管水压力。支管入口压力的计算是系统中其他各控制点压力计算的基础，常采用以下方法近似计算。

当喷头与支管入口的压力差较大时，按支管上工作压力最低的喷头推算：

$$H_{支}=h'_{f}+\Delta Z+0.9h_{p} \tag{4.3-14}$$

式中 $H_{支}$——支管入口的压力水头，m；

h'_{f}——多口系数法计算的支管相应管段的沿程水头损失，m；

ΔZ——支管入口地面高程到工作压力最低的喷头进水口的高程差，顺坡时为负值，m；

h_{p}——喷头设计工作压力水头，m。

当支管沿线地势平坦且支管上喷头数较多（$N>5$）时，按较低 $0.25h_{f首,末}$ 计算：

$$H_{支}=h'_{f}+\Delta Z+0.9h_{p}-0.25h_{f首,末} \tag{4.3-15}$$

式中 $h_{f首,末}$——支管首末两端喷头间管段的沿程水头损失，m；

其他符号意义同前。

支管入口压力求出后，再根据系统在各轮灌组运行时的流量，分别计算各分干管、干管的沿程水头损失和局部水头损失，最后，计算出各控制点在各轮灌组作业时的压力。

（6）水泵选择。

1）喷灌系统设计流量。喷灌系统的设计流量就是设计管线上同时工作的喷头流量之和，再考虑一定数量的损失水量，可按式（4.3-16）计算：

$$Q=\sum_{i=1}^{n}\frac{q_i}{\eta_c} \tag{4.3-16}$$

式中　Q——喷灌系统设计流量，m^3/h；

q_i——设计工作压力下的喷头流量，m^3/h；

n——同时工作的喷头数目；

η_c——设计管线输水利用系数，取 0.95。

2）水泵设计扬程。喷灌系统设计扬程是在设计管线中的支管入口压力水头的基础上，考虑沿设计管线的全部水头损失、水泵吸水管的水头损失以及支管入口与水源水位的地形高差等，可按式（4.3-17）计算：

$$H=Z_d-Z_S+h_S+h_P+\sum h_f+\sum h_j \tag{4.3-17}$$

式中　H——喷灌系统设计水头，m；

Z_d——典型喷点的地面高程，m；

Z_S——水源水面高程，m；

h_S——典型喷点的竖管高度，m；

h_P——典型喷点喷头的工作压力水头，m；

$\sum h_f$——由水泵吸水管至典型喷点之间管道的沿程水头损失，m；

$\sum h_j$——由水泵吸水管至典型喷点之间管道的局部水头损失，m。

3）水泵选型。水泵是喷灌工程的重要设备，其选型应符合以下原则。

a. 其流量和扬程应与喷灌系统设计流量和扬程基本一致，且当工作点变动时，泵始终在高效区范围内工作，既不能产生气蚀，也不能使动力机过载。

b. 在相同流量和扬程的条件下，应尽量选择一台大泵，因其运行效率比若干小泵高，且设备、土建和管理费用均可相应减少，但泵的台数也不能太少，否则难以进行流量调节。当系统流量较小时，可只设一台泵，但应配备足够数量的易损零件，以备随时更换。

c. 如有几种泵型都满足设计流量和扬程要求时，首先应选择其中气蚀性能好、工作效率高、配套功率小，便于操作、维修，并且总投资较小的泵型；其次要推荐采用国优与部优产品。

d. 同一喷灌系统安装的泵，尽可能型号一致，以方便管理和维修。

4.3.3.2　微灌工程设计

1. 微灌系统的组成

微灌系统由水源工程、首部枢纽、输配水管网和灌水器组成，其特点是灌水流量小，一次灌水延续时间较长，灌水周期短，需要的工作压力较低，能够精确地控制灌水量，能把水和养分直接地输送到作物根部的土壤中。

微灌系统的水源依据当地水源条件确定，同喷灌工程。首部枢纽通常由水泵及动力机、控制阀门、水质净化器、施肥装置、测量和保护设备等组成。输配水管网按灌溉控制面积分为干、支、毛管道，一般均埋入地面以下一定深度。灌水器有滴头、微喷头、涌水

器和滴灌带等多种形式。

2. 微灌系统的类型

根据微灌工程中毛管在田间的布置方式、移动与否以及进行灌水的方式不同，微灌系统可以分为地面固定式微灌系统、地下固定式微灌系统、移动式微灌系统和间歇式微灌系统四类。

地面固定式微灌系统是毛管布置在地面，在灌水期间毛管和灌水器不移动的系统称为地面固定式系统。这种系统的优点是安装、拆卸清洗方便，便于检查土壤湿润和测量滴头流量变化情况；缺点是毛管和灌水器易于损坏和老化。

地下固定式微灌系统是将毛管和滴水器全部埋入地下，与地面固定式微灌系统相比，免除了作物种植和收获前后的安装和拆卸工作，延长设备使用寿命；缺点是不能检查土壤湿润和灌水器堵塞的情况。

移动式微灌系统是在灌水期间，毛管和灌水器由一个位置灌水完毕后移向另一个位置进行灌水。

间歇式微灌系统又称脉冲式微灌系统，工作方式是系统每隔一定时间喷水一次，灌水器的流量比普通滴头的流量大4～10倍。

3. 微灌系统规划设计

（1）设计灌水定额和灌水周期。微灌设计灌水定额可按式（4.3－18）或式（4.3－19）计算：

$$m=\gamma z p\,\frac{\theta_{max}-\theta_{min}}{\eta} \tag{4.3-18}$$

$$m=\gamma z p\,\frac{\theta'_{max}-\theta'_{min}}{\eta} \tag{4.3-19}$$

式中　m——设计灌水定额，mm；

γ——土壤容重，g/cm^3；

z——计划湿润土层深度，m；

p——设计土壤湿润比，%；

θ_{max}、θ_{min}——适宜土壤含水率上、下限（占干土重量的百分比）；

θ'_{max}、θ'_{min}——适宜土壤含水率上、下限（占土壤体积的百分比）；

η——灌溉水利用系数，对于滴灌不低于0.90，对于微灌不低于0.85。

设计灌水周期应根据资料确定。在缺乏试验资料的地区，可参照邻近地区的试验资料并结合当地实际情况按式（4.3－20）计算确定：

$$T=(m/E_a)\eta \tag{4.3-20}$$

式中　m——灌水定额，mm；

E_a——耗水强度，mm/d；

T——灌水周期，d。

设计时，灌水器允许流量偏差率应不大于20%。灌水小区内灌水器流量和工作水头偏差率可按式（4.3－21）和式（4.3－22）计算：

$$q_v=\frac{q_{max}-q_{min}}{q_d}\times 100\% \tag{4.3-21}$$

$$h_v=\frac{h_{max}-h_{min}}{h_d}\times100\%\tag{4.3-22}$$

式中　q_v——灌水器流量偏差率，%；

q_{max}——灌水器最大流量，L/h；

q_{min}——灌水器最小流量，L/h；

q_d——灌水器设计流量，L/h；

h_v——灌水器工作水头偏差率，%；

h_{max}——灌水器最大工作水头，m；

h_{min}——灌水器最小工作水头，m；

h_d——灌水器设计工作水头，m。

(2) 设计流量与设计水头。

1) 微灌系统某级管道的设计流量应按式（4.3-23）计算：

$$Q=\sum_{i=1}^{n}q_i\tag{4.3-23}$$

式中　Q——某级管道的设计流量，L/h；

q_i——第 i 号灌水器设计流量，L/h；

n——同时工作的灌水器个数。

2) 微灌系统及某级管道的设计水头，应在最不利条件下可按式（4.3-24）计算：

$$H=Z_p-Z_b+h_0+\sum h_f+\sum h_w\tag{4.3-24}$$

式中　H——系统或某级管道的设计水头，m；

Z_p——典型毛管的进口高程，m；

Z_b——系统水源的设计水位或某级管道的进口高程，m；

h_0——典型毛管进口的设计水头，m；

$\sum h_f$——系统或某级管道进口至典型毛管进口的管道沿程水头损失，m；

$\sum h_w$——系统或某级管道进口至典型毛管进口的管道局部水头损失，m。

3) 水头损失计算。水头损失计算包括管道沿程水头损失和管道局部水头损失两项。

a. 管道沿程水头损失可按式（4.3-25）计算：

$$h_f=f\frac{Q^m}{d^b}L\tag{4.3-25}$$

式中　h_f——沿程水头损失，m；

f——摩阻系数；

Q——流量，L/h；

d——管道内径，mm；

L——管长，m；

m——流量指数；

b——管径指数。

各种管材的 f、m、b 值，按表 4.3-5 选用。

表 4.3-5　　　　管道沿程水头损失计算系数、指数表

管材			f	m	b
硬塑料管			0.464	1.77	4.77
微灌用聚乙烯管	$d>8$mm		0.505	1.75	4.75
	$D\leqslant 8$mm	$Re>2320$	0.595	1.69	4.69
		$Re\leqslant 2320$	1.75	1	4

注　1. Re 为雷诺数。

2. 微灌用聚乙烯管的 f 值相应水温为 10℃，其他温度时应修正。

当微灌系统的支、毛管为等距多孔管时，其沿程水头损失可按式（4.3-26）计算（当 $N\geqslant 3$ 时）：

$$h_f'=\frac{fSq_d^m}{d^b}\left[\frac{(N+0.48)^{m+1}}{m+1}-N^m\left(1-\frac{S_0}{S}\right)\right] \tag{4.3-26}$$

式中　h_f'——等距多孔管沿程水头损失，m；

S——分流孔间距，m；

S_0——多孔管进口至首孔的间距，m；

N——分流孔总数；

q_d——单孔设计流量，L/h；

m——流量指数。

b. 管道局部水头损失计算：

$$h_w=6.376\times 10^{-3}\zeta Q^2/d^4 \tag{4.3-27}$$

式中　h_w——局部水头损失，m；

d——管道内径，mm；

Q——流量，L/h；

ζ——局部水头损失系数。

当缺乏资料时，局部水头损失也可按沿程水头损失的一定比例估算，支管为 0.05～0.10，毛管为 0.1～0.2。

4.4　案　　例

4.4.1　表土保护设计案例

1. 工程概况

鹤岗至大连高速公路靖宇至通化段工程（以下简称“靖通高速”）位于吉林省东南部白山市下辖的靖宇县、江源区、八道江区和通化市下辖的柳河县、通化县境内，起点设在营松高速公路板房子互通（不含互通立交），终点设在通化市（二密镇），与鹤大高速公路通化至新开岭（吉辽界）段的起点顺接，线路呈东北—西南走向。路线全长 107.168km。设特大桥 2712m/2 座，大桥 9062m/30 座，中小桥 1308m/22 座，隧道 15941m/9 处，互通立交 3 处，服务区 2 处，收费站 3 处，管理处 2 处，永久占地面积 759.00hm^2。

项目由路基工程区、桥梁工程区、隧道工程区、立交工程区、附属工程区、取土场区、弃土场区、施工生产生活区及施工便道区组成。

项目于 2014 年 4 月开工建设，于 2016 年 11 月建成通车。

2. 项目区概况

靖通段位于吉林省东南部的长白山区，沿途地貌类型由中山、低山、丘陵、沼泽组成，沿线所经地区沟谷发育，路线多在沟谷中展布。该区属中温带大陆性季风气候区，四季变化明显，春季干燥多风，夏季炎热多雨，每年 6—9 月是雨季，多年平均气温为 2.9～5.2℃，多年平均年降水量为 737.9～863.8mm。

该区地带性土壤为灰棕壤，受地形和母岩等因素的影响，土壤类型多样，山地土壤多为灰棕壤、白浆土、石灰岩土，河谷与沟谷土壤主要有草甸土、泥炭土和水稻土；线路沿线 200m 范围内以灰棕壤为主，其次为白浆土，局部分布沼泽土，零星分布泥炭土。灰棕壤、白浆土是该区两种重要的农耕土壤，土壤肥力较好，土层深厚，土壤厚度多为 10～40cm。

3. 取土场、弃土场表土保护与利用

(1) 表土剥离与保护。该工程布设取土场 9 处，占地面积共计 26.99hm²；全部占用林地。占用的土地面积、表土厚度、挖深、边坡高度及取土数量详见表 4.4-1。

表 4.4-1　　取土场设置情况表

序号	桩号及位置	占地面积/hm²	表土厚度/cm	挖深/m	边坡高度/m	取土数量/万 m³
1	K269+200 左侧 758m	3.25	30	18.00	20.00	40.00
2	K299+000 左侧 800m	3.44	30	16.00	16.00	23.00
3	K302+800 右侧 2.7km	1.94	30	14.00	14.00	18.00
4	K324+400 左侧 1km	3.17	30	18.00	18.00	21.00
5	K331+800 右侧 700m	2.92	30	15.00	15.00	25.00
6	K334+900 左侧 700m	2.55	30	13.00	13.00	17.00
7	K335+200 左侧 1.5km	3.87	30	11.00	11.00	28.00
8	K352+000 右侧 2km	2.97	30	15.00	11.00	22.00
9	K357+350 右侧 1.5km	2.88	30	16.00	10.00	14.00
合计		26.99				208.00

该工程设置弃土场 6 处，占地面积共计 15.74hm²，占地全部为林地。占地面积、表土厚度、平均堆高、弃渣数量、边坡高度、弃土场类型详见表 4.4-2。

表 4.4-2　　弃土场设置情况表

序号	桩号	占地面积/hm²	表土厚度/cm	平均堆高/m	弃渣数量/万 m³	边坡高度/m	弃土场类型
1	K270+720 左侧 400m	4.17	30	12.00	50.00	10.00	洼地
2	K287+000 右侧 3km	4.09	30	11.00	45.00	10.00	坡地

续表

序号	桩号	占地面积/hm^2	表土厚度/cm	平均堆高/m	弃渣数量/万 m^3	边坡高度/m	弃土场类型
3	K293+600 右侧 100m	3.64	30	11.00	40.00	11.00	坡地
4	K300+400 左侧 500m	1.33	30	6.00	8.00	6.00	洼地
5	K330+100 左侧	0.33	30	6.00	2.00	6.00	沟道
6	K343+370 右侧 600m	2.18	30	11.00	24.00	8.00	沟道
合计		15.74			169.00		

1）取土场表土剥离面积、厚度。以 K357＋350 右侧 1.5km 取土场为例，取土场属于坡地取土，土地利用类型为林地，表层熟化土厚度为 30cm，确定表土剥离厚度 30cm，表土剥离采用机械结合人工剥离方式，剥离面积为 2.88hm^2。剥离的表土在取土场内集中堆放，并撒播草籽防治水土流失。

2）弃土场剥离面积、厚度。以 K287＋000 右侧 3km 弃土场为例，弃土场属于坡地弃土，土地利用类型为林地，表层熟化土厚度为 30cm，确定表土剥离厚度 30cm，表土剥离采用机械结合人工剥离方式，剥离面积 4.09hm^2。剥离的表土集中堆放在弃土场内，并撒播草籽防治水土流失。

（2）表土利用。

1）取土场表土回填利用、调配利用。以 K357＋350 右侧 1.5km 取土场为例，剥离的表土集中堆放在取土场一侧，施工结束后回填取土场表面。取土场剥离的表土全部回填，回填面积 26.99hm^2，厚度 30cm。取土场表土利用情况见表 4.4－3。

表 4.4－3　　取土场表土利用情况表

序号	桩号及位置	表土回填面积/hm^2	表土回填厚度/cm	边坡功能恢复情况
1	K269+200 左侧 758m	3.25	30	表土已回填，边坡栽植乔木
2	K299+000 左侧 800m	3.44	30	表土已回填，边坡栽植乔木
3	K302+800 右侧 2.7km	1.94	30	表土已回填，边坡栽植乔木
4	K324+400 左侧 1km	3.17	30	表土已回填，边坡栽植乔木
5	K331+800 右侧 700m	2.92	30	表土已回填，边坡栽植乔木
6	K334+900 左侧 700m	2.55	30	表土已回填，边坡栽植乔木
7	K335+200 左侧 1.5km	3.87	30	表土已回填，边坡栽植乔木
8	K352+000 右侧 2km	2.97	30	表土已回填，边坡栽植乔木
9	K357+350 右侧 1.5km	2.88	30	表土已回填，边坡栽植乔木
合计		26.99		

2）弃土场表土回填利用、调配利用。以 K287＋000 右侧 3km 弃土场为例，剥离的表土堆放在弃土场一侧，弃土结束后，回填弃土场顶部及坡面，平均填土厚度为 30cm，弃土场剥离的表土全部回填，回填面积为 18.68hm^2，厚度为 30cm，见表 4.4－4。

表4.4-4　　弃土场表土利用情况表

序号	桩　　号	占地面积/hm²	表土厚度/cm	边坡功能恢复情况
1	K270+720左侧400m	4.17	30	表土已回填，边坡栽植乔木
2	K287+000右侧3km	4.09	30	表土已回填，边坡栽植乔木
3	K293+600右侧100m	3.64	30	表土已回填，边坡栽植乔木
4	K300+400左侧500m	1.33	30	表土已回填，边坡栽植乔木
5	K330+100左侧	0.33	30	表土已回填，边坡栽植乔木
6	K343+370右侧600m	2.18	30	表土已回填，边坡栽植乔木
合计		15.74		

4. 施工注意事项

(1) 取土场施工注意事项。

1) 表土剥离、存放注意事项。在清表之前，应制定表土资源保护、剥离、存放及利用计划，根据现场情况确定表土剥离厚度。根据取土场占用的土地进行地形测量，进行工程量计算。表土剥离时既要保证剥离的表土具有充足的肥力，还要将剥离的表土性状改变控制在最小范围内，尽量不改变土壤团粒结构，并在被剥离的表土堆放时间内，不发生新的水土流失。在一般的边坡区域，表土剥离厚度一般为20cm；在表土资源丰富的路段如旱地、林地区域，表土剥离厚度可达30cm以上。原则是剥离全部营养丰富的腐殖土、耕作土。将剥离的表土存储在预先确定的临时堆放地点，堆放高度一般不高于5m，为防止水土流失和土壤风化，堆放的表土应压实，坡脚设装土编织袋临时拦挡，土堆上苫盖塑料薄膜或撒播草籽等以防止雨水冲刷。取自旱地的表土和取自山地的表土需要分开存放，按照以后的利用方向进行回覆利用。表土堆放的位置以不影响施工为原则。

2) 表土利用注意事项。为减少表土存放时间，避免水土流失和表土资源浪费，加快植被恢复速度，实行公路主体工程与植被恢复工程同步施工。表土回覆利用前需先对扰动后凸凹不平的取土场进行粗平整，平整形式结合地形进行，平整后立即覆盖上表土，迅速完成植被恢复。

3) 施工管理注意事项。落实"最小的扰动就是最大程度的保护"的建设理念，对表土资源进行合理化利用。建立表土资源管理机构，明确责任，设立奖惩制度，把工作逐级落实到人。建立项目业主单位、监理单位、设计单位、科研单位、施工单位等多方联动机制。实现多方联动参与、各负其责，努力做到动态设计、动态施工、动态监理、动态管理，遇到与建设理念相违背的做法及时反馈、及时纠正。结合该工程项目的特点，开展对管理人员、设计代表、水土保持监理人员和施工人员的现场培训，让表土利用、土地整治工作内容切实得到落实。

(2) 弃土场施工注意事项。

1) 表土剥离、存放方式同取土场。

2) 表土回覆利用。弃土场要求回填表土厚度一般为20～40cm，坡面覆土不超过20cm为宜，以保证降水均匀分布而不积聚，致使多余雨水快速流掉，不至于出现新的水土流失。

弃土场的堆放应和周围地形融为一体，边角弧线化，不宜出现方方正正、棱角明显的人工痕迹浓厚的情况。

5. 实施效果

鹤岗至大连高速公路（靖宇至通化段）取、弃土场表土保护利用效果如图 4.4-1 所示。

(a) K269+200 左侧 758m 取土场表土剥离

(b) K299+000 左侧 800m 取土场表土剥离

(c) 表土临时堆存及防护

(d) 表土临时堆存及防护

(e) K302+800 右侧 2.7km 取土场表土回覆

(f) K352+000 右侧 2km 取土场表土回覆

图 4.4-1 鹤岗至大连高速公路（靖宇至通化段）取、弃土场表土保护利用效果图

4.4.2 土地整治设计案例

4.4.2.1 长洲水利枢纽三线四线船闸工程白沙村弃渣场土地整治

1. 工程概况

长洲水利枢纽位于广西梧州市浔江干流上，是一座以发电为主，兼有航运、灌溉和养

殖等综合利用效益的大型水利枢纽。本期扩建三线四线船闸，按Ⅰ级船闸设计和建设，项目建设施工总占地 438.58hm²。

白沙村弃渣场位于船闸上游 3km 的山坳，占用的土地类型以林地、荒地为主，坳底高程为 15.44～30.00m，四周山顶高程在 80m 以上，弃渣场容量约为 1250 万 m³，实际堆渣量为 740 万 m³，堆渣顶部高程为 75m 和 110m，占地面积 63.06hm²。

2. 项目区概况

项目区地貌为浔江沿岸阶地，场地覆盖土层主要为第四系人工堆积土、冲积土和残积土；项目区属亚热带季风气候，多年平均气温 21.1℃，多年平均年降水量为 1376.2mm、蒸发量 1331.1mm、风速为 1.5m/s；弃渣场区土壤类型主要为水稻土和赤红壤，土壤呈酸性，有机质含量较高，适宜种植。

3. 整地方式

根据项目区地形、气候、水文、土壤质地、土层厚度、地面堆积物等若干因素分析，本着因地制宜，“宜农则农、宜林则林”的原则，并结合当地土地利用规划、临时用地原使用功能及当地农民的意愿，确定白沙村弃渣场恢复方向为耕地和林草地。

恢复为旱地的土地整治标准：覆土厚度不小于 60cm，局部起伏高差控制在±10cm 以内，地面横坡降在 5°以内，覆土层内不含障碍层，耕作层内砾石含量不大于 10%，土壤 pH 为 5.0～8.0，有机质不小于 10g/kg，碱解氮不小于 30g/kg，有效磷不小于 3g/kg，速效钾不小于 30g/kg，无害元素含量满足土壤环境质量Ⅱ级标准要求。

恢复为林草地的土地整治标准：覆土厚度 30cm 以上，边坡在 25°以下可用于一般林木种植、15°～20°坡度可用于果园和其他经济林，对于林草用地以防治水土流失为主。林草地土壤无害元素含量满足土壤环境质量Ⅲ级标准要求。

4. 典型设计

(1) 表土剥离及防护。弃渣场占地中旱地、园地、林地等区域土壤较肥沃，弃渣前对场内表层土进行剥离，剥离厚度为 20～80cm，总剥离土方量为 23.38 万 m³。剥离表土施工期集中堆放到渣场内，并用装土编织袋进行挡护，后期用作表层覆土。

(2) 覆土整治。弃渣场顶面恢复为耕地，坡面恢复为林草地。顶面复耕面积 39.29hm²，弃渣完毕后，复耕区先覆 30cm 厚黏土层（覆黏土总量 11.79 万 m³），然后再覆 60cm 厚表层土（覆表层土 23.57 万 m³）。渣场边坡及马道恢复林草地面积 16.79hm²，为满足植被生长要求，需覆 30cm 表层土（覆表土 5.42 万 m³）。覆土不足部分利用主体工程建设区的剥离表土，黏土主要来源于主体工程建设区开挖土方。

弃渣边坡植草护坡并栽植乔木，树种选择巨尾桉和马尾松。采用块状整地，规格为 40cm×40cm×30cm，覆土为拌入有机肥的表层土。

(3) 土壤改良熟化。由于弃渣场表层覆土土壤肥力相对较低，土地生产力较低，不能满足种植要求，因此，需对覆土进行熟化，熟化期 4 年。在熟化期间，主要通过施有机肥、种植绿肥、施用化肥等来提高土壤肥力。该弃渣场需对复耕区 39.29hm² 进行熟化，对恢复林草区 16.79hm² 进行抚育管理。

复耕区土壤熟化首先施基肥（有机肥），根据当地的肥源情况，主要选用厩肥和饼肥等肥料，按 20t/(hm²·a) 进行施肥；然后是种植绿肥，按 60kg/(hm²·a) 撒播，根据

当地气候特征，主要选紫云英、黄花苜蓿、三叶草、蚕豆、竹豆和豌豆等植物，这些植物具有固氮、耐贫瘠等特点，同时其茎叶也是良好的绿肥源料，每年翻耕时秸秆直接还田，以提高土壤肥力；在生长期施化肥，化肥施肥结构为：氮（N）：磷（P_2O_5）：钾（K_2O）＝12：4：9，按每年施肥2次，每次450kg/hm²；熟化期间4年，每年土地翻耕39.29hm²，施有机肥785.8t，撒播三叶草面积39.29hm²（草籽2357.4kg），施用化肥35361kg。

渣场边坡及马道恢复为林草地，在覆表层土时按20t/hm²拌入有机肥，共需有机肥335.8t。林草栽植完毕后需进行养护，按每年2次、每次450kg/hm²施化肥，需化肥15111kg。

白沙村弃渣场土地整治平面图如图4.4－2所示。

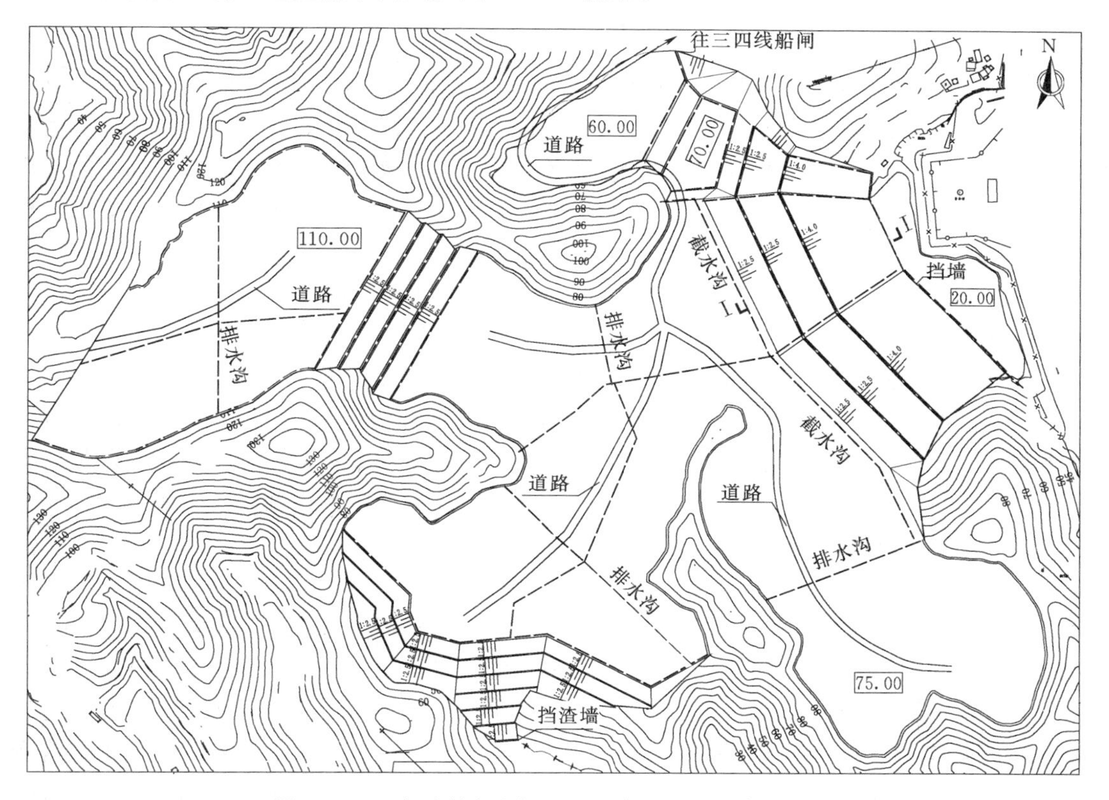

图4.4－2　白沙村弃渣场土地整治平面图（单位：m）

5. 实施效果

通过对白沙村弃渣场实施土地整治措施，有效地保护和利用了原有表层土，改造了弃渣场的立地条件，提高了土地质量，恢复了土地生产力，有利于后续复耕和植被恢复措施的实施。方案实施后，该弃渣场可恢复耕地39.29hm²，恢复林草地16.79hm²，保证了区域耕地的占补平衡，实现了水土保持和土地复垦的生态效益和经济效益。

6. 施工注意事项

弃渣场土地整治工序为表土剥离→弃渣→平整渣面→铺设黏土层（不透水层）→平铺耕植土→表层细平整等。弃渣时，严格按照设计进行分层堆放，每层不高于100cm，底层

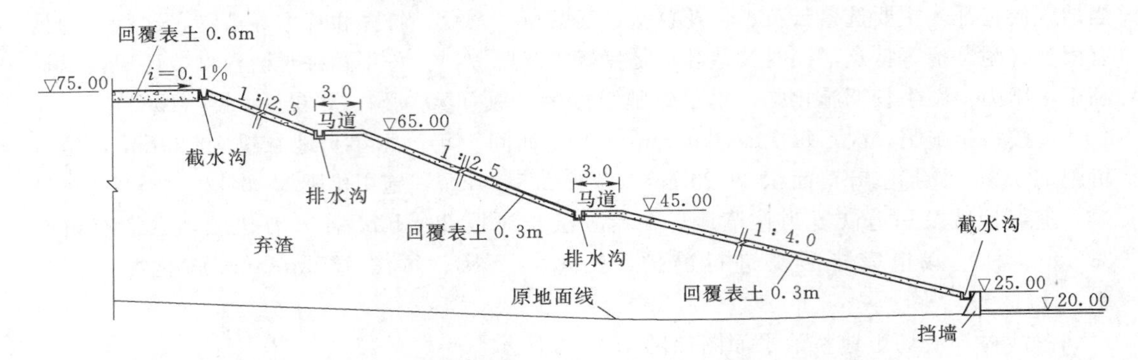

图4.4-3　白沙村弃渣场土地整治Ⅰ—Ⅰ剖面图（单位：m）

压实后，再堆上一层，采用压路机碾压，压实度不小于0.85；同时采用分级放坡，每隔20m设一个台阶，第一级坡比为1∶4，其余为1∶2.5，台阶之间设3m宽马道；弃渣完毕后，渣面铺设的黏土防渗层采用18t振动碾碾压，压实度不小于0.85；表土回覆时采用推土机和铲运机对场地进行粗平整，再用平地机、平地刮板进行细平整，以达到农田耕作或种植要求。

4.4.2.2　山西平朔矿区安家岭露天煤矿排土场土地整治

1. 工程概况

山西平朔是我国目前规模最大、多项指标位居全国领先水平的露井联采的特大型煤炭矿区，是我国主要的动力煤基地和国家确立的晋西北亿吨级煤炭生产基地。经过30多年的建设发展，现已拥有3座年生产能力2000万～3000万t的特大型露天矿，分别是安太堡、安家岭和东露天煤矿。安家岭露天煤矿位于安太堡露天煤矿南面，年产量2500万t。

2. 项目区概况

矿区属典型的温带半干旱大陆性季风气候区，冬春干燥少雨、寒冷、多风，增温较快，夏季降水集中、温凉少风，秋季天高气爽。区内多年平均年降水量为428.2～449.0mm，年最大降水量757.4mm，年最小降水量195.6mm。降水集中分布在7—9月，占全年总降水量的75%。年蒸发量为1786.6～2598.0mm，最大蒸发月为5—7月，超过降水量的4倍。栗钙土是该区地带性土壤，分布在洪积、冲积平原及河流二级阶地或沟台地，其成土母质多为黄土性的冲积物、洪积物、坡积物，也有部分地带性的风积物，多数为花岗岩、片麻岩的风化产物，因而土壤的物理风化强烈，土质偏砂，土体干旱，通气良好，有机质分解快而积累少，含量一般在0.5%～0.8%。该区土壤有机质含量低，腐殖质层薄，土壤肥力差，土地生产力低。

项目区为黄土丘陵地貌，境内自然地理环境复杂多样，地形以山地、丘陵为主，占到总面积的60%以上。地势北高南低，一般标高为1200～1350m，地形受地表水切割剧烈，切割深度一般在30～50m，以V形沟道居多，形成典型的黄土高原地貌景观。

3. 整地方式

基于微地形蓄水原理进行排土场整地，包括以下步骤：①排土场排弃到位后对土地进行局部平整，修筑坡肩挡水墙，通过在平台上布设田间道和生产路将平台划分成大田块；

②利用田埂将大田块分割为若干小田块；③用推土的方法进行地表整形，保证外围小田块地面标高依次高于内部小田块；④修筑道路蓄水沟以及排土场边坡蓄水沟，形成环状连通式进行蓄水。该方法以微地形改造技术减少排土场地表径流的产生并增加水分入渗，避免水流汇集发生水土流失，在确保排土场稳定性的同时，更高效地利用有限的水资源。排土场微地形蓄水示意图见图 4.4-4～图 4.4-7，安家岭内排土场微地形改造典型田块设计图见图 4.4-8。

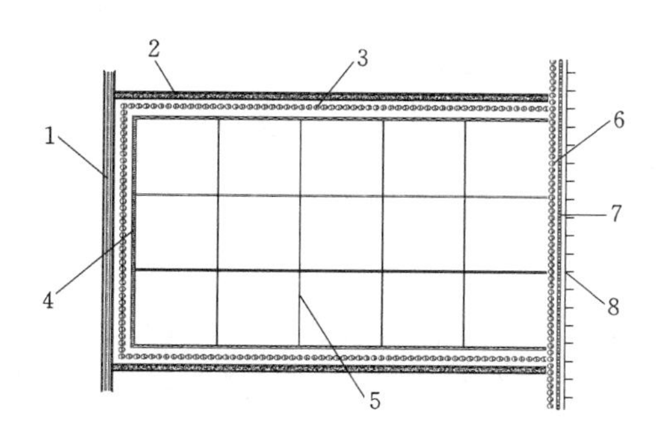

图 4.4-4　排土场顶部平台微地形蓄水单元平面示意图

1—田间道；2—生产路；3—道路防护林；4—道路蓄水沟；5—田埂；6—坡肩防护林；7—挡水墙；8—边坡坡肩线

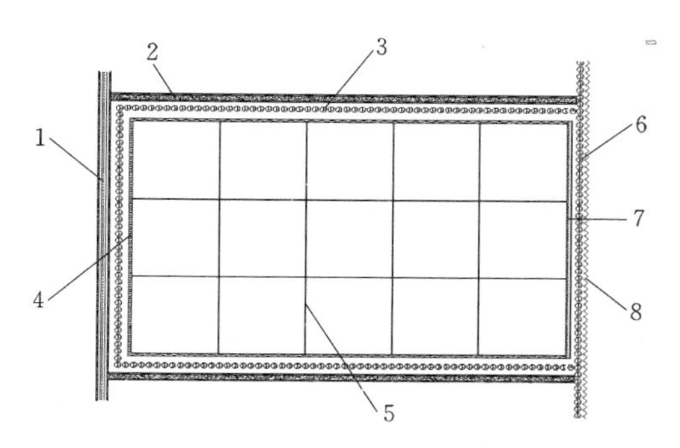

图 4.4-5　排土场坡间平台微地形蓄水单元平面示意图

1—田间道；2—生产路；3—道路防护林；4—道路蓄水沟；5—田埂；6—边坡防护林；7—边坡蓄水沟；8—边坡坡脚线

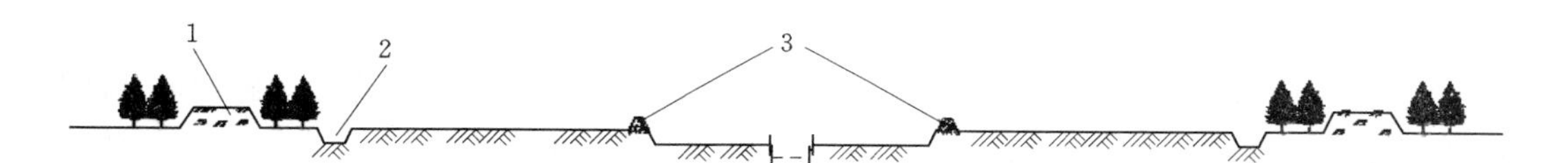

图 4.4-6　排土场顶部平台微地形蓄水单元剖面示意图

1—生产路；2—道路蓄水沟；3—田埂

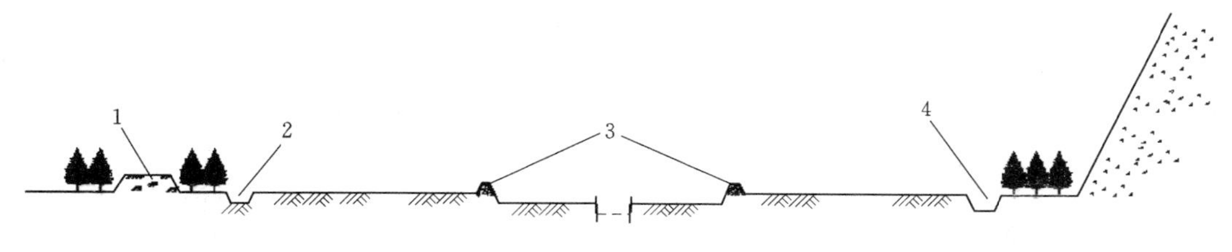

图 4.4-7　排土场坡间平台微地形蓄水单元剖面示意图

1—田间道；2—道路蓄水沟；3—田埂；4—挡水墙

（1）土地平整。根据项目区的地形特点，土地平整工程的平面布局在项目区内部以现有地形布置；为便于机耕，田块的长度设计为 200～300m，田块宽度设计为 100～150m。田块的长度受地形条件和田面的纵向比降的影响，设计田面相对高差为 3～5m。根据项目区的地形条件和生产生活的要求，田块依据现有地形布设，呈带状的长条形。

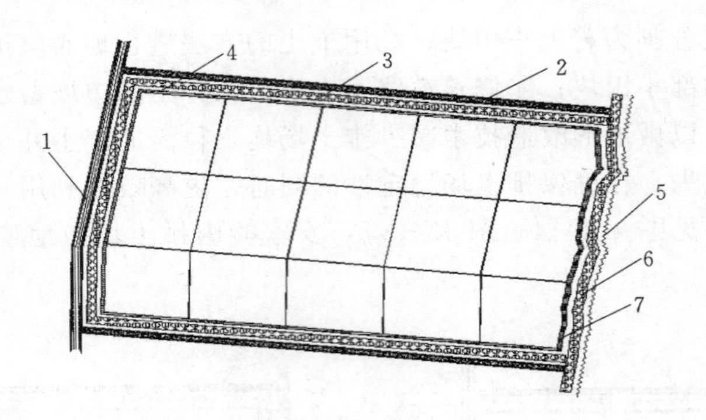

图 4.4-8　安家岭内排土场微地形改造典型田块设计图

1—田间道；2—生产道；3—道路防护林；4—道路蓄水沟；5—边坡防护林；6—边坡蓄水沟；7—边坡坡脚线

根据地面起伏程度划定排土场整治区域的明显挖方区和填方区，考虑填土沉降，整治后平台坡度小于3°。依据设定的土地平整单元对每个平整单元（不含挖方区和填方区）利用散点法初步估算设计标高。

（2）田埂修筑。在田块内部修筑田埂，田埂的长宽设计为30～70m。在田埂修筑过程中，考虑项目区地面坡度、田埂的稳定性、土地利用率以及机械作业等方面的因素，同时为减少土方量，尽量维持原来田块的宽度，所以将田埂宽度设计为30～40m。

（3）土方调配。排土场部分边坡出现冲沟，需要进行整治。另外边坡坡底需恢复为林地，也需要运输土方。

4. 实施效果

该项目实施后，通过对废弃地的土地平整、田间道路规划建设、水利设施配套、防护林网建设，形成田成方、林成网、路相通的耕地，取得了良好的社会、生态和经济效益。排土场土地整治效果见图4.4-9。

安家岭内排土场2011年复垦区域作为排土场微地形改造技术示范样地，排土场在水土保持方面收到良好的效果。通过对比样地改造前后土壤的水蚀程度和透水性，经过微地形改造的排土场平台0～40cm土层土壤平均含水量提高12.5%；水分稳渗率由原来的0.18mm/mm提高到0.25mm/mm，土壤侵蚀模数由3200t/(km^2·a)，降低到1300t/(km^2·a)。与未进行微地形改造区相比，边坡未发现大冲沟，小冲沟的数量明显减少，未发现滑坡塌方的区域。排土场土地整治效果如图4.4-9所示。

5. 施工注意事项

（1）注意排土场整治工程与矿区排土工程相结合。对排土场内土地合理整治及节地利用起到很好的效果，改善了项目区的生态环境。通过整治，不仅可以改善排土场内凌乱堆放的弃土，美化空间，还可保证弃土堆的安全，减少因不合理堆放弃土给生态环境及人民群众生命带来的威胁。另外，可以避免二次倒土，大大节约土地整治成本。

（2）及时进行土壤培肥，加快熟化过程。矿区应通过各种农艺措施，使土壤的耕性不断改善、肥力不断提高。应通过人为措施加速岩石风化和生土熟化的过程，从而使土壤的颗粒、物理、化学、生物等性状逐渐趋于正常化。对于平朔矿区来说，主要通过施有机

图 4.4－9 排土场土地整治效果图

肥、化肥及生物培肥等措施来提高肥力状况。

(3) 加强剥离表土保护措施。在表土剥离时应选择合适的时间、合适的方法剥离一定厚度、面积和类型的表土，剥离过程中尽量减少土壤理化性状的破坏。并且剥离出的表土要适时地运至其他地点，严格按照相关要求进行存贮以备后用。在进行排土场复垦时，要适时合理地将此前剥离并存放的表土回填。

第5章 弃渣场设计

5.1 弃渣场选址

5.1.1 弃渣场选址原则

弃渣场选址应符合满足约束性条件、场址基本条件可行和选址合理的原则。

1. 弃渣场选址须满足约束性条件

(1) 严禁在对公共设施、基础设施、工业企业、居民点等有重大影响的区域设置弃土（石、渣、灰、矸石、尾矿）场。

(2) 弃渣场选址还须满足《中华人民共和国防洪法》《中华人民共和国自然保护区条例》及其他相关法律法规的要求。

2. 弃渣场场址基本条件应可行

(1) 场址地形条件满足堆渣要求。

(2) 场址地质条件满足堆渣要求。

(3) 场址容量条件满足堆渣要求。

(4) 场址选择应能避免与河（沟）道行洪的相互影响。

(5) 场址选择不会对土壤、水、大气等环境要素构成重大影响。

3. 弃渣场选址应具备合理性

(1) 交通运输条件合适，新建交通设施较少，运距合理。

(2) 占用土地合理。

(3) 经济性合理。

(4) 便于后期改造与利用。

(5) 其他条件合理。

5.1.2 弃渣场选址要求

5.1.2.1 建设类项目弃渣场选址

建设类项目弃渣场选址应综合考虑地形、地质和水文条件、周边重要设施、弃渣场容量、占地、运渣条件、后期利用方向等因素进行比较后确定。根据《水土保持工程设计规范》(GB 51018) 等规程规范，建设类项目弃渣场选址主要要求如下。

（1）全面论证、统筹兼顾，确保人民生命财产安全和周边公共设施正常运行。严禁在重要基础设施、对人民群众生命财产安全及行洪安全有重大影响的区域布设弃渣场。弃渣场选址不得影响主体工程使用功能；不得影响周边工矿企业、居民点、交通干线或其他重要基础设施等安全。

（2）充分调研、科学比选，确保工程稳定安全。弃渣场场址应要求布设主要建（构）筑物的基础具有良好的工程地质、水文地质条件，确保工程整体结构稳定安全；避开潜在危害大的泥石流、滑坡等不良地质地段。如确需布置，应采取相应的防治措施，确保弃渣场的稳定安全。

（3）预防为主，弃渣场布置不得影响河道行洪安全。不宜在河道、湖泊管理范围内设置弃渣场，确需设置的，应符合河道管理和防洪的要求，并应采取措施保障行洪安全，减少由此产生的不利影响。

（4）因地制宜、预防为主，最大限度保护环境。对周围环境的影响必须符合现行国家环境保护法规的有关规定，特别对大气、土壤及水环境的污染必须有防治措施，并应满足当地环保要求；对环境有重大影响的敏感区域不布设弃渣场。

（5）超前筹划、兼顾运行，有利于弃渣场防护及后期恢复。避免在汇水面积和流量较大、沟谷纵坡陡、出口不易拦截的沟道布置弃渣场；如无法避免，须经综合分析论证后，采取安全有效的防护措施。在弃渣场布置时须考虑复垦造地的可能性及覆土来源等。

（6）科学布局、减少占地，力求经济合理。弃渣考虑就近堆放与集中堆放相结合，尽量靠近出渣部位布置弃渣场，以缩短运距，减少投资。尽可能减少弃渣场占地，本着节约耕地的原则，不占或少占耕地。在山区、丘陵区应尽量选择工程地质和水文条件相对简单，地形相对平缓的沟谷、凹地、坡台地、滩地等布置渣场；在平原区优先选择洼地、取土（采砂）坑，以及裸地、空闲地、平缓滩地等布置渣场；在风沙区布置渣场避开风口和易产生风蚀的地方。

5.1.2.2 生产类弃渣场选址

生产类弃渣场主要包括贮灰场、尾矿库、赤泥堆场、排土场、排矸场等。生产类弃渣场选址除应满足建设类弃渣场选址要求外还应满足各行业要求，各类型生产类弃渣场根据行业要求的选址原则及要求如下。

1. 贮灰场

（1）贮灰场选址本着节约耕地和保护自然生态环境的原则，不占、少占或缓占耕地、果园和树林，避免迁移居民；选址应符合当地城乡建设总体规划要求，应位于工业区和居民集中区主导风向下风向，且厂界应距居民区 500m 以外。

（2）贮灰场不得设在自然保护区、风景名胜区、江河、湖泊、水库最高水位线以下的滩地和洪泛区以及其他需要特别保护的区域；贮灰场主要建（构）筑物地段应具有良好的地质条件，坝址应满足承载力要求并应避开断层、断层破碎带、溶洞区、天然滑坡或泥石流影响区、地下水主要补给区和饮用水源含水层，库区具有良好的水文地质条件。

（3）贮灰场一般设在山谷、洼地、荒地、河（海）滩地、塌陷区、废矿井、大型工矿企业和城镇的下游，并位于工业区和居民集中区常年主导风向的下方、容积大、滞洪量少、坝体工程量小、便于布置排水建（构）筑物的区域。贮灰场库区或附近应贮有足够的筑坝材料，并能够提供植被恢复需要的土源。

(4) 贮灰场对周围环境影响必须符合现行国家环境保护法规的有关规定。特别对大气环境、地表水、地下水的污染必须有相应的防治措施，并应满足当地环保要求。

2. 尾矿库及赤泥堆场

(1) 尾矿库选址不得设在风景名胜区、自然保护区、饮用水源保护区以及国家法律禁止的矿产开采区域；并考虑到对大型工矿企业、大型水源地、重要铁路和公路、水产基地和大型居民区的不利影响；库址一般不得位于居民集中区主导风向的上风向，同时，应不占或少占农田，并应不迁或少迁居民；库址避开位于有开采价值的矿床上面；在满足库容要求的同时汇水面积应小。

(2) 尾矿库选址过程中还应根据工程总体布置及地形情况，力争达到“筑坝工程量小、生产管理方便、尾矿输送距离短、输送能耗低”的目标，并综合地质、气象、工矿企业、重要设施和拆迁等多方面因素考虑，库址应经多个方案比选确定。

(3) 干法赤泥堆场根据堆存工艺的不同可分为滤饼干法赤泥堆场和浆体干法赤泥堆场，滤饼干法赤泥堆场选址同尾矿库选址要求；浆体干法赤泥堆场的选址除应满足滤饼干法赤泥堆场选址要求外，还应满足其堆场使用期间的堆存面积能满足赤泥浆体的摊晒需要以及满足气象条件有利于赤泥浆的干燥固结、降雨量较小、蒸发量较大的要求。

3. 排土场

(1) 排土场一般规定。

1)《有色金属矿山排土场设计规范》(GB 50421—2018) 中的相关规定。

a. 排土场场址的选择必须与采矿设计同步进行。选址时应考虑采掘和剥离物的分布，采掘顺序，剥离量大小，场址宜靠近采矿场。

b. 排土场的容量应能容纳矿山服务年限内所排弃的全部岩土，排土场可为一个或多个。当占地面积大时，宜一次规划，分期征用或租用。

c. 堆存有回收利用价值的岩土和耕植土的排土场应按要求分排、分堆，并应为其回收利用创造有利条件。

2)《冶金矿山排土场设计规范》(GB 51119—2015) 中的相关规定。

a. 排土场场址应满足与采矿场、工业场地（厂区）、居民点、铁路、公路、输电及通信干线、水域、隧洞等设施的安全防护距离的要求。

b. 排土场不宜设在工程地质和水文地质不良地带。

c. 排土场不得选在水源保护区、江河、湖泊、水库上，不得侵占名胜古迹保护区和自然保护区。

d. 排土场宜充分利用山坡、沟谷的荒地。

e. 排土场场址不宜设于居民区和工业场区常年主导风向的上风向和生活水源的上游。

f. 排土场的容量应大于矿山服务期内所排弃的全部岩土量。

g. 排土场应一次规划，分期实施。

h. 有回收利用价值的岩土和表土应单独堆存。

3)《煤炭工业露天矿设计规范》(GB 50197—2015) 中的相关规定。

a. 应不占或少占耕地、经济山林、草地和村庄。

b. 排土场地基应稳定。

c. 应根据地形条件合理确定排土场地高度，并缩短运输距离。

d. 剥离的表土、次生表土应分运、分排堆放。

e. 当排土场地面顺向坡度大于10%或地基有弱层活动时，应采取防止滑坡措施。

f. 露天煤矿排土场应首先选择内部排土场，当选择外部排土场时不得设置在自然保护区、风景名胜区和其他需要特别保护的区域。

g. 一般应设置在无可采煤层及其他可采矿产资源的区域，尽量避免压覆矿产资源或重复剥离。

h. 应符合环境保护要求。

（2）外排土场的选址。

1）外排土场场址的选择应根据剥离物的运输方式，在保证开拓运输便捷通畅的前提下，因地制宜利用地形，适当提高堆置高度，并应合理确定各排土场平台设计标高。

2）外排土场应充分利用沟谷、洼地、荒坡、劣地、不占良田，少占耕地；应避开城镇生活区。

3）严禁将水源保护区、江河、湖泊作为排土场；严禁侵占名胜古迹、自然保护区。

4）外排土场场址宜选在水文地质条件相对简单，原地形坡度相对平缓的沟谷；不宜设在工程地质和水文地质不良地带；不宜设在汇水面积大、沟谷纵坡陡、出口又不易拦截的山沟中，也不宜设在主要工业厂房、居住区及交通干线临近处。当无法避让时，必须采取有效防护措施。

5）外排土场不应设在居民区或工业场地的主导风向的上风向和生活水源的上游，并不应设在废弃物扬散、流失的场所以及饮用水源的近旁。对有可能造成水土流失或泥石流的排土场，必须采取有效的拦截措施，防止水土流失，预防灾害的发生。

6）宜利用山冈、山丘、竹木林地等有利地形作为外排土场的卫生防护带，无地形利用时，在外排土场与居住区之间按卫生、安全、防灾、环境保护等要求建设防护绿地。

7）建于沟谷的外排土场，应考虑防洪设施，避免因排土场的设置而影响山洪的排泄及农田灌溉。

（3）内排土场的选址。

1）有采空区或塌陷区的矿山，在条件允许时，应将其采空区或塌陷区开辟为内部排土场。

2）采用充填法开采的矿山，宜将剥离物用作充填料。

3）一个采场内有两个不同标高底平面的矿山，应考虑采用内部排土场。

4）露天矿群和分段开采的矿山，应合理安排采掘顺序，选择易采矿体先行强化的开采，腾出采空区用作内部排土场。

5）分期开采的矿山，可在远期开采境界内设置临时的内部排土场，但应与外部排土场进行技术经济比较后确定。

4. 排矸场

（1）矸石应优化进行综合利用，不得设置永久性排矸场，原则上煤矿宜设置一个排矸场，配套建设的矿井、选煤厂应共用矸石场地，矿区内相邻的矿井有条件时可联合设置排矸场。其用地应能满足总容量不大于其生产期三年的排矸量（包括矿井掘进矸石和选煤厂洗选矸石）的需要，且应符合《煤炭工程项目建设用地指标》。

（2）排矸场不得设置在自然保护区、风景名胜区和其他需要特别保护的区域。尽量避免在水源地上游设置排矸场。不得占用和影响农田水利设施（水井、灌渠等）。与居民区的距离不宜小于500m，且布置在对其污染最小的地点。与标准轨距铁路、公路的距离不宜小于40m。与进风井口的距离不得小于80m。同时应符合《一般工业固体废物贮存、处置场污染控制标准》（GB 18599）。

（3）排矸场应选在满足承载力要求的地基上，应避开断层破碎带、溶洞区及天然滑坡或泥石流影响区。不应选在江河、湖泊、水库最高水位线以下的滩地和洪泛区。不得设置在地表土10m以内有煤层的地面上。不得设置在有漏风的采空区上方的沉陷范围内。

（4）排矸场应选择在便于运输、堆存和今后进行综合利用的地点。

5.1.3　弃渣场安全距离

5.1.3.1　建设类项目弃渣场

安全防护距离是指弃渣场堆渣坡脚线至保护对象之间的最小安全间距。弃渣场周边存在工矿企业、居民点、交通干线或其他重要基础设施等保护对象的，应充分考虑弃渣场周边环境条件，综合各项因素确定安全防护距离，确保周边设施安全。

根据《水土保持工程设计规范》（GB 51018）的规定，弃渣场与重要基础设施之间应留有安全防护距离，安全防护距离应满足相关行业要求。安全防护距离计算，以弃渣场坡脚线为起始界线；涉及铁路、公路等建（构）筑物，由其边缘算起；航道由设计水位线岸边算起；工矿企业由其边缘或围墙算起。涉及规模较大、人口0.5万人以上的居住区和建制城镇的，安全防护距离应适当加大。

目前，建设类项目除水利工程以外，其他行业暂无弃渣场安全防护距离的明确规定，参照《水利水电工程水土保持技术规范》（SL 575）给出的弃渣场堆渣坡脚线与保护对象之间的安全防护距离，详见表5.1-1，其他行业可参考确定。

表5.1-1　　弃渣场堆渣坡脚线与保护对象之间的安全防护距离参考值

保护对象	安全防护距离
国家及省级铁（公）路干线、航道、高压输变电工程（变电站、线路、铁塔）等重要设施	$(1.0\sim1.5)H$
居住区、城镇、工矿企业、水利水电枢纽生活管理区等	$\geqslant2.0H$
水库大坝、水利工程取用水建筑物、泄水建筑物、灌（排）干渠（沟）等	$\geqslant1.0H$

注　1. 表中 H 值为弃渣场堆置总高度。
2. 安全防护距离：铁路、公路、输电线路等建构筑物由其边缘算起，航道由设计水位线岸边算起，工矿企业由其边缘或围墙算起。
3. 规模较大（人口0.5万人以上）的居住区、工矿企业和有建制的城镇应按表中的数据适当加大。

5.1.3.2　生产类项目弃渣场

1. *贮灰场*

贮灰场选址安全防护距离目前尚无明确的参考值，选址应选在工业区和居民集中区主导风向下风向，厂界距居民区500m以外。

2. 排土场

(1)《有色金属矿山排土场设计规范》(GB 50421)中的相关规定。

1)排土场最终坡底线与其相邻的铁路、道路、工业场地、村镇等之间应有安全防护距离，并应根据下列因素确定。

a. 剥离物的颗粒组成及其性质，运输排土方式，堆置台阶高度及其边坡坡度。

b. 排土场地基的稳定性和相邻建筑物及设施的性质。

c. 安全防护地带的原地面坡度，植被情况和工程地质。

d. 安全防护对象的地面与排土场最终堆置高度的相对高差。

e. 气象条件。

2)剥离物堆置整体稳定、排水良好、原地面坡度不大于24°的排土场，其设计最终底线与主要建(构)筑物等的安全防护距离按下列要求确定。

a. 当采取防护工程措施时，应根据所采取的工程措施的不同由设计确定。

b. 当未采取防护工程措施时，应按表5.1-2执行。

表5.1-2　有色金属矿山排土场设计安全距离

序号	保护对象名称	安全防护距离
1	国家铁(公)路干线、航道、高压输电线路铁塔等重要设施	(1.0～1.5) H
2	矿山铁(公)路干线(不包括露天采矿场内部生产线路)	不宜小于0.75H
3	露天采矿场开采终了境界线	根据边坡稳定状况及坡底线外地面坡度确定，但应不小于30m
4	矿山居住区、村镇、工业场地等	≥2.0H

注 1. 安全防护距离：航道由设计水位岸边线算起；铁路、公路、道路由其设施边缘算起；建(构)筑物由其边缘算起；工业场地由其边缘或围墙算起。

2. 表中H值为排土场设计最终堆置高度。

3. 规模较大的(0.7万人以上)矿山居住区、有建制的镇，应按表列数值适当加大。

4. 排土场采取分层堆置，各层间留有宽20～30m安全平台时，序号1、序号2可取表列距离的75%；零星建筑物及分散的个别农舍，可取表列序号4距离的75%；20～30m安全平台系指各台阶最终平台的宽度。

5. 序号1排土场坡度底线外地面坡度不大于24°时取下限值；大于24°时应根据需要设置防滚石危害的措施，并在滚石区加设醒目的安全警示标志。

3)剥离物的堆置整体稳定性较差，排水不良且具有形成泥石流条件的排土场，严禁布置在有可能危及工业场地、村镇、居民区及交通干线的上游。

4)具有第3)条情况的排土场，有特殊要求需要在其下方布置一般性建(构)筑区而又无法满足安全距离要求时，必须采取可靠的安全防护工程措施，并征得有关部门同意后方可布置。

(2)《冶金矿山排土场设计规范》(GB 51119—2015)中的相关规定。

1)不具有形成泥石流条件，基底工程地质或水文地质条件良好的排土场，设计最终坡底线与主要设施、场地、居住区等的安全距离应满足下列规定。

a. 当不设置防护工程时，排土场设计安全防护距离应按表5.1-3确定。

b. 当设置防护工程时，应按采取的工程措施要求确定。

表 5.1-3　　冶金矿山排土场设计安全距离

保护对象名称	排土场等级			
	一	二	三	四
国家铁（公）路干线、航道、高压输电线路铁塔等重要设施	≥1.5H	≥1.5H	≥1.25H	≥1.0H
矿山铁（道）路干线（不包括露天采矿场内部生产线）	≥1.0H	≥1.0H	≥0.75H	≥0.75H
露天采矿场开采终了境界线	应根据边坡稳定性及坡底线外地面坡度情况确定。当地面坡度逆坡时，应小于 30m；当面坡度顺坡时，不应小于 1.0H			
矿山居住区、村镇、工业场地等	≥2.0H	≥2.0H	≥2.0H	≥2.0H

注　1. 表中 H 值作为排土场设计最终堆置高度。
　　2. 安全防护距离：航道由设计水位的水位岸坡线算起；铁路、公路由其设施边缘算起；建（构）筑物由其边缘算起；工业场地由其边缘或围墙算起。

2）复杂及不良场地条件的排土场，其设计最终坡底线与主要设施、场地、居住区等的安全距离应根据所采取的安全措施论证确定，一般场地排土场设计安全防护距离应满足表 5.1-3 的要求。

5.2　弃渣场堆置方案

5.2.1　弃渣场容量及堆渣量

5.2.1.1　定义

所谓弃渣场容量，是指在已确定的弃渣场占地范围内，满足稳定条件下，按照特定的堆置方式、堆渣坡比和堆渣高度所能容纳的弃渣量。弃渣场容量随堆置方式不同在一定范围内变化。堆渣量通常指根据工程布置经过土石方平衡及调运后，最终堆置于某一弃渣场的弃渣量。

5.2.1.2　弃渣场容量计算

按弃渣组成、堆渣工艺、沉降因素进行修正，弃渣场的堆渣量不应大于弃渣场容量。弃渣场顶面无特殊用途时，可按式（5.2-1）计算。弃渣场顶面有特殊用途时，应进行相应的碾压、夯实等处理，使弃渣体密度、承载力达到要求后利用。

$$V=\frac{V_0 V_S}{K_c} \tag{5.2-1}$$

式中　V——弃渣松方量，m^3；
　　V_0——弃渣自然方量，m^3；
　　K_S——岩土初始松散系数；
　　K_c——渣体沉降系数。

根据《水土保持工程设计规范》（GB 51018—2014）有关规定，当无试验资料时岩土初始松散系数 K_S 参考值可按表 5.2-1 选取，渣体沉降系数 K_c 参考值可按表 5.2-2 选取，也可按表 5.2-3 估算，此时认为土（石、渣）松散系数是 K_S 和 K_c 的比值。

表 5.2-1　　岩土初始松散系数的参考值表

种类	砂	砂质黏土	黏土	带夹石的黏土	最大边长度小于 30cm 岩石	最大边长度大于 30cm 岩石
岩土类别	Ⅰ	Ⅱ	Ⅲ	Ⅳ	Ⅴ	Ⅵ
初始松散系数 K_S	1.1～1.2	1.2～1.3	1.24～1.3	1.35～1.45	1.4～1.6	1.45～1.75

表 5.2-2　　渣体沉降系数参考值表

岩土类别	沉降系数 K_c	岩土类别	沉降系数 K_c
砂质岩土	1.07～1.09	砂黏土	1.24～1.28
砂质黏土	1.11～1.15	泥夹石	1.21～1.25
黏土	1.13～1.19	亚黏土	1.18～1.21
黏土夹石	1.16～1.19	砂和砾石	1.09～1.13
小块度岩石	1.17～1.18	软岩	1.10～1.12
大块度岩石	1.10～1.12	硬岩	1.05～1.07

表 5.2-3　　土（石、渣）松散系数

种类	砂	砂质黏土	黏土	带夹石的黏土	最大边长度小于 30cm 岩石	最大边长度大于 30cm 岩石
松散系数	1.05～1.15	1.15～1.20	1.15～1.20	1.2～1.30	1.25～1.40	1.35～1.60

5.2.2　台阶高度与堆置总高度

5.2.2.1　定义

台阶高度为弃渣按照一定高度分台阶进行堆置后，台阶坡顶线至坡底线间的垂直距离；堆置总高度为弃渣堆置的最大高度，分台阶堆放时，等于各台阶高度之和。

5.2.2.2　堆渣总高度及要求

1. 堆渣总高度

堆置总高度与台阶高度应根据弃渣物理力学性质、施工机械设备类型、地形、工程地质、气象及水文等条件确定。采用多台阶堆渣时，原则上第一台阶高度不应超过 20m，当地基为倾斜的砂质土时，第一台阶高度不应大于 10m。

影响渣场堆置高度的因素较多，其中场地原地表坡度和地基承载力为主要因素。渣场基础为土质，弃渣初期基底压实到最大的承载能力时，弃渣的堆置总高度需要控制，堆置总高度可按式（5.2-2）估算。

$$H=\pi C\cot\varphi\left[\gamma\left(\cot\varphi+\frac{\pi\varphi}{180}-\frac{\pi}{2}\right)\right]^{-1} \tag{5.2-2}$$

式中　H——弃渣场的堆置总高度，m；

C——弃渣场基底岩土的黏聚力，kPa；

φ——弃渣场基底岩土的内摩擦角，(°)；

γ——弃渣场弃土（石、渣）的容重，kN/m³。

2. 堆置要求

为增强堆渣体稳定性，堆渣高度较大的弃渣场应分台阶堆放，堆渣坡度需经稳定计算后确定。

弃渣场宜采取自下而上的方式堆置；堆渣总高度小于 10m 的，在采取安全挡护措施前提下可采取自上而下的方式堆置。

5.2.3　弃渣场边坡分级

5.2.3.1　台阶高度

台阶高度需根据弃渣体物理力学性质、地形及地质条件、气象及水文、施工机械类型等条件综合确定。弃渣堆渣高度参照表 5.2-4 分台阶堆置；采用多台阶堆渣时，原则上第一台阶高度不应超过 20m，当地基为倾斜的砂质土时第一台阶高度不应大于 10m；4 级、5 级弃渣场，当缺乏工程地质资料时，堆置台阶高度参照表 5.2-4 确定。

表 5.2-4　　弃渣堆置台阶高度

弃渣类别	堆置台阶高度/m	弃渣类别	堆置台阶高度/m
坚硬岩石	30～40 (20～30)	松散软质黏土	10～15 (8～12)
混合土石	20～30 (15～20)	砂土、人工土	5～10
松软岩石	10～20 (8～15)		

注　1. 括号内数值系工程地质不良及气象条件不利时的参考值。
2. 弃渣场地基（原地面）坡度平缓，弃渣为坚硬岩石或利用狭窄山沟、谷地、坑塘堆置的弃渣场，可不受此表限制。

5.2.3.2　平台宽度

弃渣堆置平台宽度根据弃渣物理力学性质、地形及工程地质条件、气象及水文等条件确定。按自然安息角堆放的渣体，平台宽度可参考表 5.2-5 选取。

表 5.2-5　　各类弃渣不同台阶高度对应的最小平台宽度参考值

弃渣类别	台阶宽度/m				
	台阶高度条件				
	10m	15m	20m	30m	40m
硬质岩石渣	1.0	1.0～1.5	1.5～2.0	2.0～2.5	2.5～3.5
软质岩石渣	1.5	1.5～2.0	2.0～2.5	2.5～3.5	3.5～4.0
土石混合渣	2.0	2.0～2.5	2.0～3.0	3.0～4.0	4.0～5.0
黏土	2.0～3.0	3.0～5.0	5.0～7.0	8.0～9.0	9.0～10.0
砂土、人工土	3.0	3.5～4.0	5.0～6.0	7.0～8.0	8.0～10.0

按稳定计算结论，需进行整（削）坡的渣体，可采取调整台阶高度和宽度进行试算的方式，确定维持弃渣体稳定所需的最大台阶高度和最小台阶宽度，然后结合其他堆置要素选择合适的台阶高度和台阶宽度。一般情况下土质边坡台阶高度宜取 5～10m，平台宽度应不小于 3m，且每隔 30～40m 设置一道宽 5m 以上的宽平台；混合的碎（砾）石土台阶高度宜取 8～12m，平台宽度应不小于 2m，且每隔 40～50m 设置一道宽 5m 以上的宽平台。

5.2.3.3 堆渣坡度

弃渣场渣体堆置坡度（综合坡度）应由弃渣场稳定计算确定。

对于采用多台阶堆渣的弃渣场，综合坡度一般应在 22°～25°，并经过整体稳定性验算确定。对 4 级、5 级弃渣场，当缺乏工程地质资料时，稳定堆渣坡度应小于或等于弃渣自然安息角除以渣体正常工况时安全系数。无试验资料时，弃渣自然安息角根据弃渣岩石组成，可由表 5.2－6 选定。

表 5.2－6　　弃渣堆置自然安息角表

弃渣类别			自然安息角/(°)	自然安息角对应边坡
岩石	硬质岩石	花岗岩	35～40	1∶1.43～1∶1.19
		玄武岩	35～40	1∶1.43～1∶1.19
		致密石灰岩	32～36	1∶1.60～1∶1.38
	软质岩石	页岩（片岩）	29～43	1∶1.81～1∶1.07
		砂岩（块石、碎石、角砾）	26～40	1∶2.05～1∶1.19
		砂岩（砾石、碎石）	27～39	1∶1.96～1∶1.24
土	碎石土	砂质片岩（角砾、碎石）与砂黏土	25～42	1∶2.15～1∶1.11
		片岩（角砾、碎石）与砂黏土	36～43	1∶1.38～1∶1.07
		片岩（角砾、碎石）与砂黏土	36～43	1∶1.38～1∶1.07
		砾石土	27～37	1∶1.96～1∶1.33
	黏土	松散的、软的黏土及砂质黏土	20～40	1∶2.75～1∶1.19
		中等紧密的黏土及砂质黏土	25～40	1∶2.15～1∶1.19
		紧密的黏土及砂质黏土	25～45	1∶2.15～1∶1.00
		特别紧密的黏土	25～45	1∶2.15～1∶1.00
		亚黏土	25～50	1∶2.15～1∶0.84
		肥黏土	15～50	1∶3.73～1∶0.84
	砂土	细砂加泥	20～40	1∶2.75～1∶1.19
		松散细砂	22～37	1∶2.48～1∶1.33
		紧密细砂	25～45	1∶2.15～1∶1.00
		松散中砂	25～37	1∶2.15～1∶1.33
		紧密中砂	27～45	1∶1.96～1∶1.00
	人工土	种植土	25～40	1∶2.15～1∶1.19
		密实的种植土	30～45	1∶1.73～1∶1.00

5.3 弃渣场稳定计算

弃渣场稳定分析指堆渣体及其基础的整体抗滑稳定分析。抗滑稳定应根据渣场等级、地形地质条件，结合弃渣堆置形式、堆渣高度、弃渣组成及物理力学参数等，选择有代表性的断面进行计算。

5.3.1 基本要求

5.3.1.1 需注意的问题

(1) 渣脚拦渣工程阻滑作用对弃渣场稳定有利，一般情况下，稳定计算荷载组合不考虑拦渣工程的阻滑力。

(2) 堆渣场地受限，须采取拦渣坝增加容量时，其荷载组合应考虑拦渣坝的阻滑力。

5.3.1.2 计算工况

渣体抗滑稳定分析计算可分为正常运用工况和非常运用工况两种。

(1) 正常运用工况：指弃渣场在正常和持久的条件下运用。弃渣场处在最终弃渣状态时，需考虑渗流影响。

(2) 非常运用工况：指弃渣场在非常或短暂的条件下运用，即渣场在正常工况下遭遇Ⅶ度（含）以上地震。

5.3.2 地基及渣体物理力学参数

抗滑稳定计算时，渣场基础及弃渣体的抗剪强度指标——黏聚力、内摩擦角和容重等物理力学参数，应根据弃渣组成和渣场基础地质资料确定，弃渣体的抗剪强度指标可根据弃渣来源、弃渣体组成经土工试验确定。

渣场基础的抗剪强度指标应开展适当的地质工作，并通过土工试验获得。在没有试验资料情况下，一般岩土体 c、φ 可参考表 5.3-1 选取。

表 5.3-1 不同岩土类型物理力学参数建议值

岩土类型	黏聚力 c/kPa	内摩擦角 φ/(°)
粉土	3～7	23～30
一般黏性土	10～50	15～22
云贵红黏土	30～80	5～10
淤泥或淤泥质土	5～15	4～10

5.3.3 稳定计算方法及安全系数

5.3.3.1 计算方法

抗滑稳定针对不同的情况采用不同的计算方法。弃渣场抗滑稳定计算可采用不计条块间作用力的瑞典圆弧法。对均质渣体，宜采用计及条块间作用力的简化毕肖普法；对有软弱夹层的渣场，宜采用满足力和力矩平衡的摩根斯顿-普赖斯法进行抗滑稳定计算。具体计算方法见《水土保持设计手册·专业基础卷》14.3.3 节内容。

5.3.3.2 抗滑稳定安全系数

抗滑稳定安全系数根据弃渣场级别和计算方法，按照运用工况采用不同的稳定安全系数。

(1) 采用简化毕肖普法、摩根斯顿-普赖斯法计算时，抗滑稳定安全系数不应小于表5.3-2中规定数值。

表 5.3-2 弃渣场抗滑稳定安全系数

应用情况	弃渣场级别			
	1	2	3	4、5
正常运用	1.35	1.30	1.25	1.20
非常运用	1.15	1.15	1.10	1.05

(2) 采用瑞典圆弧法、改良圆弧法计算时，抗滑稳定安全系数不应小于表 5.3-3 中规定数值。

表 5.3-3 弃渣场抗滑稳定安全系数

应用情况	弃渣场级别			
	1	2	3	4、5
正常运用	1.25	1.20	1.20	1.15
非常运用	1.10	1.10	1.05	1.05

5.3.4 弃渣场荷载组合

作用在弃渣体上的荷载有渣体自重、渗透力、水压力、扬压力、地震力、其他荷载，详见表 5.3-4。

表 5.3-4 弃渣场稳定计算荷载组合表

荷载组合	计算情况	荷载				
		自重	水压力	扬压力	地震力	其他荷载
基本组合	正常运用	√	√	√	—	√
特殊组合	地震情况	√	√	√	√	√

5.3.4.1 土体自重

渣体稳定性计算中，弃渣无稳定渗流期，渣体自重为湿容重。稳定渗流期，稳定计算采用有效应力法计算，渣体自重在水文浸润线以上采取湿重，浸润线和外水位之间采取渣体饱和容重，外水位线以下采取渣体浮容重。弃渣体如有受水位降落影响渣体段，用有效应力法计算时，应按降落后的水位，稳定性计算抗滑力计算公式时外水位以上土体自重按湿容重考虑，外水位以下土体自重按浮重考虑；下滑力计算时，渣体自重在水文浸润线以上采取湿重，浸润线和外水位之间采取渣体饱和容重，外水位线以下采取渣体浮容重。

5.3.4.2 渗透力

水在土中流动的过程中将受到土阻力的作用，使水土逐渐损失。同时，水的渗透将对土骨架产生拖曳力，导致土体中的应力与变形发生变化。这种渗透水流作用对土骨架产生的拖曳力称为渗透力。具体计算方法参见《水土保持设计手册·专业基础卷》10.2 节土（岩）力学式（10.2-6）。渣体稳定性分析中，如有动水的作用时，需要考虑渗透力作用。

5.3.4.3 静水压力

垂直作用于其渣体表面某点的静水压力，按式（5.3-1）计算：

$$p_w = r_w H \tag{5.3-1}$$

式中　p_w——计算点处的静水压力，kN/m^2；

H——计算点处的作用水头，m，即计算水位与计算点之间的高差；

r_w——水的容重，kN/m^3。

5.3.4.4　地震力

地震力分水平地震惯性力和垂直地震惯性力。

水平地震惯性力采用拟静力法计算地震作用效应时，沿建筑物高度作用于质点 i 的水平向地震惯性力代表值按式（5.3-2）计算：

$$F_i = \alpha_h \xi G_{Ei} \alpha_i / g \tag{5.3-2}$$

式中　F_i——作用在质点 i 的水平向地震惯性力代表值，kN；

α_h——水平向设计地震加速度代表值；

ξ——地震作用的效应折减系数，除另有规定外，取0.25；

G_{Ei}——集中在质点 i 的重力作用标准值（可参考建筑抗震设计规范选取），kN；

α_i——质点 i 的动态分布系数（可参考建筑抗震设计规范选取）；

g——重力加速度，m/s^2。

垂直地震惯性力，一般取水平向设计地震加速度代表值的2/3。

总的地震作用效应也可将竖向地震作用效应乘以0.5耦合系数后与水平地震作用效应直接相加。

5.3.4.5　特殊规定

（1）渣脚拦渣工程阻滑作用对弃渣场稳定有利，一般情况下，稳定计算时荷载组合不考虑拦渣工程的阻滑力。

（2）堆渣场地受限，须采取拦渣坝增加容量时，其荷载组合应考虑拦渣坝的阻滑力。

（3）沟道型弃渣场和库区型弃渣场在正常工况下，外力作用一般主要有渗透力、静水压力和弃渣场表面其他堆载压力。

（4）临河型弃渣场在正常工况下，外力作用一般主要有静水压力和弃渣场表面其他堆载压力。

（5）坡地型弃渣场和平地型弃渣场在正常工况下，外力作用一般主要为弃渣场外部堆载压力。

5.4　弃渣场措施布局

5.4.1　防护措施类型及适用条件

5.4.1.1　防护措施分类

1. 按类型分类

按防护措施类型分为拦渣工程、边坡防护工程、防洪排导工程、降雨蓄渗工程、土地整治工程、防风固沙工程和植被恢复与建设工程。

2. 按性质分类

按防护措施性质分为永久措施和临时措施。

3. 按体系分类

按防护措施体系分为工程措施、植物措施和临时防护措施。

4. 按防护部位分类

弃渣场防护措施按防护部位分，主要为渣脚挡护、坡面防护、渣顶林草绿化及防洪排导措施。

5.4.1.2 防护措施适用条件

根据对大量各类型弃渣场防护措施的调研并查阅相关规范及研究成果，按照防护措施部位对弃渣场各防护措施的适用条件分述如下。

1. 拦渣工程

拦渣工程适用于弃渣场渣脚挡护，主要为挡渣墙/拦渣堤（不受洪水影响/受洪水影响）/拦渣坝，常采用重力式结构形式。

按建筑材料分类，主要为浆砌石、混凝土、石笼（铅丝、格宾）等。

拦渣工程布置与设计详见本教材第6章。

2. 斜坡防护工程

弃渣场斜坡防护工程适用于边坡防护。边坡防护的对象是人工开挖或堆填土石方形成的不稳定边坡。边坡防护是为了稳定边坡，防止边坡风化、面层流失、边坡滑移、垮塌而采取的坡面防护措施，弃渣场边坡按照组成物质可分为土质边坡、土石混合边坡。边坡防护措施主要包括工程护坡、植物护坡和综合护坡。

工程护坡主要有：砌石护坡、混凝土护坡、石笼护坡等。

植物护坡主要有：撒播灌草籽绿化、三维植被网护坡、生态袋护坡等。

综合护坡主要有：框格骨架植草护坡、格宾护垫护坡、连锁式护坡、铰接式护坡等。

斜坡防护工程布置与设计详见本教材第7章。

3. 防洪排导工程

弃渣场防洪排导工程适用于上游有沟道洪水或坡面汇水影响的弃渣场，或渣场内部有集水汇流，需要截洪排洪或截水排水的情况。按照弃渣场防护的相关要求，在工程施工和生产运行中，原地表损坏，取料、弃土、弃石和弃渣，易遭受洪水危害时，必须布设防洪排导措施。防洪排导措施涉及范围很广，泥石流治理亦属于防洪排导工程。结合弃渣场实际情况，防洪排导主要包括：沟道型弃渣场的上游防洪排导措施［主要包括：拦洪坝、排洪隧洞、排洪渠（沟）、涵洞］、弃渣场内部防洪排导措施（截排水）及消能、沉沙措施等。

（1）上游防洪排导措施。

1）措施的类型及特征。

a. 拦洪坝。拦洪坝常布置在沟道型弃渣场的上游，用来拦截上游的径流，避免洪水进入弃渣场造成冲刷等而导致发生水土流失事件。坝型主要根据洪水规模、地质条件、当地材料等综合确定，可采用土石坝、砌石坝和混凝土坝等形式。

b. 排洪隧洞。排洪隧洞主要用于设有拦洪坝的弃渣场上游，用于排泄渣场上游洪水

和径流，由洞身、进口和出口建筑物组成。进口建筑物由进口翼墙、护底和进口前铺砌构成。洞身位于山体内，是排洪隧洞过水的主要部位。排洪隧洞口建筑物由出口翼墙、护底和出口防冲铺砌或消能设施构成。

c. 排洪渠（沟）。排洪渠常布置在沟道型弃渣场渣顶高程以上一侧或两侧，亦有布置在弃渣场渣顶面中部，主要用来排泄弃渣场上游沟道洪水及周边坡面洪水至渣场下游。当用于坡地型和临河型弃渣场时，常布置在堆渣体与汇水坡面交界处，以排泄坡面和渣顶面洪水。

d. 涵洞。涵洞按流态可分为无压、半有压和有压三种类型，常用无压涵洞；按洞身结构型式可分为盖板涵、管涵、拱涵和箱涵四种类型；按材料可分为钢筋混凝土、混凝土和浆砌石三种类型。

涵洞常布置在堆渣体底部或与道路等建筑物交叉位置处。沟道型弃渣场一般布置在沟道底部，配合拦渣坝、截水墙等将洪水排至渣场下游，此时涵洞断面较大，过水能力较强，常在出口布置消能设施；坡地型或临河型弃渣场，宜布置于有小冲沟且能排除上游坡面径流并和下游地形连接顺畅的位置。涵洞由进口、洞身和出口建筑物三部分组成。进口建筑物由进口翼墙、护底和涵前防冲铺砌构成。洞身位于渣体下面，是涵洞过水的主要部分。出口建筑物由出口翼墙、护底、出口防冲铺砌或消能设施构成。

2）适用条件。上游防洪排导措施主要包括拦洪坝、排洪隧洞、排洪渠（沟）、涵洞。拦洪坝布置在弃渣场上游，主要用于拦截和排泄上游来水。被拦截来水通过排水洞等设施排至渣场下游或相邻沟谷，因此、拦洪坝适用于上游有沟道洪水危害的渣场，一般采用低坝（坝高低于 30m）。

排洪隧洞常与拦洪坝配合使用，主要用于排泄截洪式弃渣场等上游来水，适用于地质、地形条件适宜布置隧洞的沟道型弃渣场。根据水力条件，排洪隧洞包括有压和无压隧洞，一般采用无压隧洞。

排洪渠适用于上游沟道或周边坡面有洪水危害，且沟道洪水较小，渣场一侧或两侧有布置排洪渠条件的沟道型渣场。

涵洞适用于渣体下面有排洪排水要求的沟道型渣场。

（2）弃渣场内部防洪排导措施。降雨、融雪的渗透是产生渣体稳定破坏甚至滑坡的最主要的外因。降雨、融雪形成的地表水下渗到渣体的空隙和岩石的裂隙中，会增加岩土的容重、加大滑坡体的重量、降低渣体的抗剪强度，需在弃渣场内部布设截（排）水措施。

1）措施类型及特征。渣场的截（排）水措施主要有渣顶截（排）水沟、坡面截水沟、渣脚截（排）水沟急流槽、跌水等，其基本断面形式主要为梯形断面和矩形断面。

a. 渣顶截（排）水沟。设置在边坡上方，坡顶以外的适当位置，用以截引坡面外部（上游）流向坡面的地表径流，防止冲刷和侵蚀边坡，并实现对坡面径流的分级排导。对于坡体整体性好、稳定性强，只实施坡面绿化的裸露岩面，可不设截（排）水沟。

对一些上游来水较小的坡面，坡顶可以设置截水埂、拦水带，拦截、疏导汇水进入周边的排水沟渠。

b. 坡面截水沟。用来汇集、引出、排除坡面汇集和流经的坡面径流的人工沟渠。

c. 渣脚截（排）水沟急流槽。跌水和急流槽常布置在坡度陡峻的地段。跌水是阶梯

形的建筑物，水流以瀑布形式通过，有单级和多级的。它的作用主要是降低流速和消减水的能量。急流槽是具有较陡坡度的水槽，它的作用主要是在很短的距离内、水面落差很大的情况下进行排水，多用于涵洞的进出水口或截水沟流向排水沟的地段。

其基本断面形式主要为梯形断面和矩形断面。

2）适用条件。弃渣场通常截、排水沟结合应用，其材料多采用浆砌石砌筑或混凝土浇筑，断面形式常采用矩形、梯形等。坡面（马道）/渣顶截（排）水沟具有就地取材、施工简便、造价低廉等特点，坡面（马道）截（排）水沟适用于渣体坡面汇流面积较大，且设置有马道的渣体坡面；渣顶截（排）水沟适用于渣体顶部及两侧坡面降雨汇流。

防洪排导工程布置与设计详见本教材第 8 章。

4. 降水蓄渗工程

降雨蓄渗工程根据弃渣场所在区域特点，强化降水利用与蓄渗工程的布置。

在资源性和工程性缺水地区建设工程，对有条件的弃渣场，应加强雨水蓄存利用工程的设计和建设，利用天然降水或者收集蓄存后作为可用水源，或者采取入渗措施补充地下水，在减少地表径流控制水土流失的同时，可有效利用雨水为植物生长等提供一定的水源补给。

在水质性缺水地区建设工程，应加强弃渣场区雨水入渗、水质净化等配套工程的设计和建设。注重场区初期径流污染控制、净化水质，以及限制雨水流失、增加雨水下渗缓解内涝等措施。

降水蓄渗工程包括蓄水工程和入渗工程两部分内容，具体详见本教材第 10 章。

5. 土地整治工程

弃渣场在植被建设或者复耕之前均应采取土地整治工程。其主要作用一是控制水土流失，二是充分利用土地资源，三是恢复和改善土地生产力。

弃渣场土地整治的覆土厚度应参照弃渣类别、弃渣场类型、占地类型等因素，并结合土地利用方向确定。

具体覆土厚度与土地整治方式参照本教材第 4 章。

6. 防风固沙工程

对布置在沙地、沙漠、戈壁等风沙区遭受风沙危害的弃渣场，容易引起土地沙化、荒漠化等，需要采取以防风固沙为目的的水土保持工程措施以及相应的防风固沙体系。

弃渣场的防风固沙工程按照治理方式可分为工程固沙措施、化学固沙措施和植物固沙措施。工程固沙措施通过采取沙障、网围栏等抑制风沙流的形成，达到防风固沙的目的；化学固沙措施是在流动的沙丘上喷洒化学胶结物质，使沙体表面形成一层具有一定强度的防护壳，达到固定流沙的目的；植物固沙措施则通过人工栽植乔木、灌木、草本植物和封禁治理等手段，提高植被覆盖率，达到防风固沙的目的。

具体的防风固沙工程详见本教材第 13 章。

7. 植被恢复与建设工程

对于弃渣场边坡的植被恢复与建设工程，详见本教材第 11 章。

对于渣顶的植被恢复与建设，通常分为以下两种情况：①有复耕造地要求的渣顶，参照土地整治措施相关设计规范进行设计；②无复耕造地要求的渣顶，防护措施主要为渣顶栽植乔灌木造林恢复植被、坡面撒播（灌）草籽进行植物护坡。植物护坡详见斜坡防护措施，本节只涉及渣顶的栽植乔灌木造林措施。

对于不需要复耕造地的渣顶，由于其场地较平整，通常按照“因地制宜、适地适树”进行乔灌木搭配造林，以增强生态绿化效果。渣顶造林按照当地的气候条件、立地条件及要达到的生态绿化效果，并结合造林树种的生理、生态特性考虑，使造林树种的生物学、生态学特性与造林地的立地条件相适应，并以选择乡土、易于成活和养护的树种为主。

渣顶绿化措施中的乔灌木造林适用于生态绿化要求较高、除库区型渣场中库中型、库底型渣场外的所有类型渣场的渣顶绿化。

具体的林草工程设计详见本教材第 11 章。

5.4.2　措施布局要求

5.4.2.1　一般要求

弃渣场水土保持措施布局应注意如下事项：

(1) 结合“先拦后弃”的原则，首先布置拦渣措施，对涉及防洪或存在泥石流隐患的弃渣场，应布置防洪排导工程或泥石流排导措施。

(2) 工程措施与植物措施相结合，工程措施控制高强度、大范围的水土流失，并为植物措施的实施创造条件。

(3) 从弃渣坡脚到渣顶，既在垂直方向上层层设防，又在水平方向上防护到边界，形成立体、完整的防护措施体系。

(4) 对受洪水影响的渣脚和边坡，应结合与渣场防洪标准对应的洪水水位、流速等布置防淘、防冲刷等工程防护措施。

(5) 结合“生态优先”的原则，对不受洪水影响的渣坡及渣顶，优先布置植被生态恢复措施。

(6) 为防止降雨汇流对弃渣的冲刷，渣场周边需要布置截排水措施，并顺接至下游自然沟道。

5.4.2.2　不同类型弃渣场措施布局要求

为防止弃渣场产生水土流失，从渣脚、坡面到渣顶布设全方位的水土保持措施，主要包括渣脚防护、坡面防护、渣顶绿化及截排水措施等，结合弃渣场类型进行弃渣场的措施布局。

1. 临河型弃渣场

临河型弃渣场的弃渣堆积在河床或沟道的两岸，其特点是渣脚高程低于河（沟）道中渣场防护标准的设防洪水位，根据水土保持规程规范要求，渣脚须采取拦渣堤等拦渣工程。

为防止弃渣进入河道和渣体坡面的水土流失，按照“先拦后弃”的原则，沿河道堆渣侧渣体坡脚线修筑拦渣堤，并根据防洪标准要求，对堤基临水侧冲刷深度以下 0.5～1.0m 的范围设置齿墙防淘或采取可靠的防淘措施，同时对临河侧且低于设计洪水位的渣体坡面采取工程护坡措施或综合措施护坡，设计洪水位以上范围根据堆渣坡度采用不同形式的护坡措施；堆渣坡比一般要求缓于 1∶1.8～1∶2.5，并对高差较大的渣体边坡，每隔 15～20m 设置一道 1.5～2.0m 宽的马道；渣顶内侧需设置截排水沟将渣顶上坡面汇水排走。对不受洪水影响的坡面及渣顶面（复耕部分除外，下同）采取植物措施恢复植被或结合周边环境采取景观绿化、美化措施。

2. 坡地型弃渣场

弃渣堆放于缓坡地上，堆渣位置至少有一侧靠近山体，山体的另一侧为沟道或平地，渣体底部高程高于河（沟）中防护渣体相应洪水标准的设防洪水位，其挡渣建筑物称为挡渣墙。

为防止渣场的水土流失，沿渣脚线设置挡渣墙；形成的坡面根据堆渣坡度采用不同型式的护坡措施，并采用以植物护坡优先的原则，根据堆渣类别、堆渣高度和渣体稳定的要求设置马道和确定坡比；为了防止渣顶上坡面汇水对渣体的冲刷，需在渣顶内侧设置截排水沟、马道内侧设置横向截水沟，根据坡面长度确定是否设置纵向排水沟，并将截排水沟、横向排水沟、纵向排水沟连通汇至下游沟道；根据立地条件、生态功能要求养护条件并结合周边环境，对渣体坡面及渣顶面采取植物措施恢复植被或采取景观绿化、美化措施。

3. 沟道型弃渣场

用拦洪坝及排洪渠/泄洪隧（涵）洞等（通常称为沟水处理工程）将沟道洪水截断，并排至渣场下游，利用沟道容量（库容）来堆渣，弃渣直接堆放在拦洪坝下游沟道内，其挡渣建筑物为挡渣墙或拦渣坝（堤）。根据洪水处置及堆渣方式，沟道型渣场可分为截洪式、滞洪式、填沟式三种类型。

沟道型渣场在防护措施体系上最大的特点是：为避免洪水对渣场的冲刷，渣场上游的洪水一般通过沟水处理工程排泄到临近沟道或渣场下游。

为了防止渣场的水土流失，视堆渣沟道所属的上一级河道（干流或主流）与渣场防护标准相对应的设计洪水水位与渣脚高程的关系，需沿渣脚线设置挡渣墙、拦渣堤（坝）；对拦渣堤（坝），为保证其基础稳定，在临水侧需要采取防洪水冲刷的措施；为了保证渣体边坡的稳定，堆渣坡比要求缓于 1：1.8～1：2.5，并对高差较大的渣体边坡，每隔 15～20m 设置一道 1.5～2.0m 宽的马道。对拦渣堤（坝）顶以上至设计洪水位加安全超高范围内的渣体坡面，为防止洪水冲刷造成水土流失，需采取防止洪水冲刷的工程护坡措施；对挡渣墙顶以上或是工程护坡以上的渣体坡面及渣顶，由于不受洪水冲刷的影响，为了使单调、易被降雨冲刷的松散渣体坡面与周围环境相协调，根据立地条件、生态功能要求及养护条件，需要采取迹地恢复措施或是景观绿化、美化措施；同时，为了排除渣顶上坡面汇水对渣体的冲刷，需要在渣顶内侧设置截排水沟将雨水排走。

4. 库区型弃渣场

弃渣堆放在未建成水库库区内河（沟）道、台地、阶地和滩地上，水库建成蓄水后渣体将全部或部分淹没。按渣顶高程与水库正常蓄水位、死水位的相对位置关系，可将库区型渣场分为库面型、库中型和库底型三种。渣场顶部高于正常蓄水位的为库面型渣场；渣场顶部低于正常蓄水位，底部高于或低于冲沙水位的为库中型渣场；渣场顶部低于死水位的为库底型渣场。

为了防止渣场的水土流失，贯彻“先拦后弃”的原则，在防护措施上，水库蓄水前，各渣场须在渣脚线位置修筑拦渣堤。在一定标准的设计洪水下，拦渣堤临河侧堤基和渣体坡面易受洪水冲刷，为了抵抗设防标准的洪水，堤基临水侧计算冲刷深度以下 0.5～1.0m 的范

围需要设置齿墙防冲刷或采取可靠的防冲刷措施；受洪水影响的渣体坡面需采取工程护坡措施；不受洪水影响的渣体坡面及渣顶，视裸露时间长短及渣顶与正常蓄水位相对关系等具体情况，可采取植物措施恢复植被；为了防止渣顶上坡面汇水对渣体的冲刷，库面型渣场或施工期较长的库中型和库底型渣场，需在渣顶内侧设置截排水沟将坡面洪水排走。

5．平地型弃渣场

弃渣堆放在平地上，渣脚可能受洪水影响。这类渣场的特点是地形平缓，渣脚周边均需拦挡；渣脚受洪水影响时，其防护措施布局同临河型渣场，否则同坡地型渣场。

各类型弃渣场的防护措施布局要求见表5.4-1。

表5.4-1　各类型弃渣场的防护措施布局要求表

<table>
<tr><th colspan="2">弃渣场类型</th><th>弃渣堆放位置</th><th>渣脚是否受设计洪水及水库水位影响</th><th>渣脚防护措施</th><th>坡面防护措施</th><th>渣顶绿化措施</th><th>截排水措施</th><th>备注</th></tr>
<tr><td colspan="2">临河型</td><td>弃渣堆积在河床或沟道的两岸</td><td>受洪水影响</td><td>拦渣堤+防淘措施</td><td>工程护坡+植被恢复措施或景观绿化、美化措施</td><td>林草植被恢复措施或景观绿化、美化措施</td><td>渣顶内侧截排水沟</td><td></td></tr>
<tr><td colspan="2">坡地型</td><td>弃渣堆积在河（沟）道两侧较高的台地、缓坡地上</td><td>不受洪水影响</td><td>挡渣墙</td><td>植被恢复措施或景观绿化、美化措施</td><td>林草植被恢复措施或景观绿化、美化措施</td><td>渣顶内侧截排水沟</td><td></td></tr>
<tr><td colspan="2" rowspan="2">沟道型</td><td rowspan="2">用拦洪坝及排洪渠/排洪隧（涵）洞等将沟道洪水截断，并排至渣场下游，弃渣直接堆放在拦洪坝下游沟道内</td><td>受洪水影响</td><td>拦渣堤+防淘措施</td><td>工程护坡+植被恢复措施或景观绿化、美化措施</td><td>林草植被恢复措施或景观绿化、美化措施</td><td>渣顶内侧截排水沟</td><td rowspan="2">分为截洪式、滞洪式、填沟式三种类型</td></tr>
<tr><td>不受洪水影响</td><td>挡渣墙</td><td>植被恢复措施或景观绿化、美化措施</td><td>林草植被恢复措施或景观绿化、美化措施</td><td>渣顶内侧截排水沟</td></tr>
<tr><td rowspan="3">库区型</td><td>库面型</td><td rowspan="3">弃渣堆放在未建成水库库区内河（沟）道、台地、阶地和滩地上，水库建成蓄水后渣体将全部或部分淹没</td><td rowspan="3">受水库水位影响</td><td rowspan="3">拦渣堤+防淘措施</td><td rowspan="3">工程护坡+植被恢复措施或景观绿化、美化措施</td><td rowspan="3">林草植被恢复措施或景观绿化、美化措施</td><td rowspan="3">渣顶内侧截排水沟</td><td rowspan="3"></td></tr>
<tr><td>库中型</td></tr>
<tr><td>库底型</td></tr>
<tr><td colspan="2" rowspan="2">平地型</td><td rowspan="2">弃渣堆放在平地上</td><td>受洪水影响</td><td>拦渣堤+防淘措施</td><td>工程护坡+植被恢复措施或景观绿化、美化措施</td><td>林草植被恢复措施或景观绿化、美化措施</td><td>渣顶内侧截排水沟</td><td></td></tr>
<tr><td>不受洪水影响</td><td>挡渣墙</td><td>植被恢复措施或景观绿化、美化措施</td><td>林草植被恢复措施或景观绿化、美化措施</td><td>渣顶内侧截排水沟</td><td></td></tr>
</table>

5.4.3　措施布局及措施体系

不同类型弃渣场，依据其所处的地理位置和水文条件不同，需采取不同的防护措施，弃渣场主要工程防护措施体系详见表5.4－2。

表5.4－2　　弃渣场主要工程防护措施体系表

弃渣场类型	主要工程防护措施体系			迹地恢复措施	备　注
	拦挡工程类型	斜坡防护工程类型	防洪排导工程类型		
沟道型	挡渣墙、拦渣堤、拦渣坝	框格护坡、浆砌石护坡、干砌石护坡、综合护坡等	拦洪坝、排洪渠、泄洪隧（涵）洞、截排水沟	土地整治，渣顶复垦或植被恢复；渣坡面植被恢复或复垦	
坡地型	挡渣墙	框格护坡、干砌石护坡、综合护坡等	截排水沟	土地整治，渣顶复垦或植被恢复；渣坡面植被恢复或复垦	
临河型	拦渣堤	浆砌石护坡、干砌石护坡、综合护坡	截排水沟	土地整治、渣顶复垦或植被恢复；洪水线以上渣坡面植被恢复或复垦	视弃渣场坡脚受洪水影响情况
平地型	挡渣墙或围渣堰	植物护坡或综合护坡	排水沟	土地整治、渣顶复垦或植被恢复；渣坡面植被恢复或复垦	
库区型	拦渣堤、挡渣墙	干砌石护坡等	截排水沟	库区型弃渣场渣顶淹没于水下时，不采取措施，在水面以上部分可采用土地整治、恢复植被或复垦	

5.4.3.1　沟道型弃渣场

根据洪水处置方式及堆渣方式，沟道型弃渣场可分为截洪式、滞洪式、填沟式三种类型。

1. *截洪式弃渣场*

截洪式弃渣场的上游洪水可通过隧洞排泄到邻近沟道中，或通过埋涵方式排至场地下游。其防护措施布局应符合以下要求：

（1）渣场上游来（洪）水采取防洪排导措施，包括沟道拦洪坝、岸坡或渣体上的排洪渠（沟）、沟道底部的排水（拱、箱）涵（洞、管）、上游的排洪隧洞等。

（2）渣体下游视具体情况修建拦渣坝、挡渣墙、拦渣堤等。弃渣场边坡应根据洪水影响、立地条件和气候因素，采取混凝土、砌石、植物或综合护坡等措施。

（3）渣场顶面需采取复耕或植物措施。渣场顶面的措施根据占地类型及占地性质确定。当占地类型为林草地时，采取植物措施；当占地类型为耕地时采取复耕措施。当弃渣场难以恢复耕地且进行永久征收后，采取植物措施。

2. 滞洪式弃渣场

滞洪式弃渣场下游布设拦渣坝，具有一定库容可调蓄上游来水。其防护措施布局应综合堆渣量、上游来水来沙量、地形、地质、施工条件等因素确定，并符合以下要求：

（1）拦渣坝应配套溢洪、消能设施等。

（2）重力式拦渣坝宜在坝顶设溢流堰，堰型视具体情况采用曲线型实用堰或宽顶堰，堰顶高程和溢流坝段长度应兼顾来沙量、淹没等因素，根据调洪计算确定。

（3）采取土石坝拦渣时，筑坝材料宜利用弃渣。

（4）弃渣场设计洪水位以上宜采取植物措施。

3. 填沟式弃渣场

填沟式弃渣场上游无汇水或者汇水量很小，其防护措施布局应符合以下要求：

（1）渣场下游末端宜修建挡渣墙等构筑物。

（2）降水量大于800mm的地区应布置截排水沟以排泄周边坡面径流，结合地形条件布置必要的消能、沉沙设施；降雨量小于800mm的地区可适当布设排水措施。

（3）挡渣墙应设置排水孔。

（4）堆渣顶部需采取复耕或植物措施，边坡宜采取植物措施。

5.4.3.2　坡地型弃渣场

坡地型弃渣场防护措施布局应符合以下要求：

（1）堆渣坡脚宜设置挡渣墙或护脚护坡措施。

（2）渣体周边有汇水的，需布设截水沟、排水沟。

（3）弃渣场顶部宜采取复耕或植物措施；坡面优先采取植物措施，坡比大于1∶1的宜采取综合护坡措施。

5.4.3.3　临河型弃渣场

临河型弃渣场防护措施布局应符合以下要求：

（1）宜在迎水侧坡脚布设拦渣堤，或设置浆砌石、干砌石、抛石、柴枕等护脚措施。

（2）设计洪水位以下的迎水坡面应采取工程防护措施；设计洪水位以上坡面应优先采取植物措施，坡比大于1∶1.5的宜采取综合护坡措施。

（3）渣顶和坡面需布设必要的截排水措施。

（4）渣顶宜采取复耕或植物措施。

5.4.3.4　平地型弃渣场

平地型弃渣场防护措施布局应符合以下要求：

（1）堆渣坡脚一般设置围渣堰；不需设置围渣堰时，可直接采取斜坡防护措施，坡脚适当处理；坡面、坡脚应布设截排水措施。

（2）弃渣场顶部采取复耕或植物措施；坡面优先采取植物措施，坡比大于1∶1的坡面宜采取综合护坡措施或复垦。

（3）填凹型弃渣优先考虑填平复耕或种植物措施；若超出原地面线时，应符合前两款要求。

5.4.3.5　库区型弃渣场

库区型弃渣场应根据渣场所处地形地貌、蓄水淹没可能对永久工程建筑物的影响，按相关规定采取相应工程及临时防护措施。弃渣场顶面、坡面在被淹没的条件下，不采取植被恢复措施。当弃渣堆放于水库岸坡顶部高于正常蓄水位时，渣体边坡应采取植物措施或综合护坡措施防护。

对于西北干旱半干旱地区，上述各类型弃渣场顶面、坡面可根据多年平均降水量采取措施，在无法采取植物措施时，采取砾石压盖等工程措施。

5.5 案　　例

5.5.1 沟道型弃渣场

5.5.1.1 弃渣场概况及基本条件

1. 工程及弃渣场概况

四川某水电站位于雅砻江干流上，其1号弃渣场位于电站厂址左岸上游一沟道内。该弃渣场为沟道型弃渣场，占地面积10.71hm²，土地类型主要为林地；渣场设计容渣量约为500万m³，弃渣量约为443.32万m³，弃渣主要来自工程引水系统东段、厂区枢纽、施工临时设施及施工支洞等。

2. 工程地质条件

工程区在大地构造部位上处于松潘-甘孜地槽褶皱带的东南部，处于鲜水河断裂、安宁河断裂、则木河断裂、小江断裂和金沙江断裂、红河断裂所围的“川滇菱形断块”之内，其断块属于整体抬升为主的相对稳定地区。区内褶皱及断裂构造发育。

弃渣场区域广泛发育加里东期至燕山期的各类侵入岩和喷出岩，印支—燕山期（中生代）主要发育酸性和碱性侵入岩，分布范围较广泛。工程区的地震基本烈度为Ⅶ度，50年超越概率10%的地震动峰值加速度为0.125g。

挡水坝区域地基沟底区域覆盖层相对较厚，底部为砂岩、板岩分布地段，两侧区域基岩露头好，植被稀疏，覆盖层浅薄。1号弃渣场岩石（体）物理力学参数见表5.5-1。

表5.5-1　　1号弃渣场岩石（体）物理力学参数

代号	岩层名称（潜在分层）	容重/(kN/m³)		抗剪强度	
		干	湿	内摩擦角 φ/(°)	黏聚力 c/MPa
①	Qs人工堆渣（钻爆法开挖料，上部）	18～18.5	19.5～20	29～31	0
②	Qs人工堆渣（钻爆法开挖料，下部）	19～19.5	20.5～21	33～35	0
③	Qs人工堆渣（TBM开挖料，上部）	17.8～18.3	18.5～19	28～30	0
④	Qs人工堆渣（TBM开挖料，下部）	18.5～19	19.5～20	30～33	0
⑤	Q_4^{al+pl} 卵石	20～21	21～21.5	27～29	0
⑥	弱风化玄武岩	26.5～26.7	27.5～27.7	33～35*	0.55～0.60*

* 岩石的抗剪断强度。

3. 气象水文

工程区属川西高原气候区，年平均气温为18.4℃，多年平均年降水量为1002.4mm，

多年平均年蒸发量为1438.4mm。区域干湿季分明，每年11月至次年4月为干季，降水很少，只占全年的5%～10%，干季日照多，湿度小，日温差大；5—10月为雨季，气候湿润，降雨集中，雨量约占全年降雨量的90%～95%，雨季日照少，湿度较大，日温差小。1号弃渣场所在沟道位于大水沟厂址上游左岸约6km，沟道集水面积66.5km²，沟长14.3km，平均坡降13.87%。根据水文计算，沟道50年一遇洪峰流量为192m³/s，100年一遇洪峰流量为219m³/s。根据《四川省中小流域暴雨洪水计算手册》，推算出1号弃渣场区域20年一遇和50年一遇的1h、6h和24h降水量，结果见表5.5-2。

表5.5-2　　项目区1h、6h和24h降水量表　　单位：mm

项目	降水量（P=5%）			降水量（P=2%）		
	1h	6h	24h	1h	6h	24h
项目区	49.7	83.5	104.0	58.3	96.1	121.1

4. 堆置方案

根据场地地形地质条件、弃渣物质组成等因素，结合稳定分析，1号弃渣场堆渣底高程为1394m，堆渣顶高程为1522m，主要堆渣坡比为1∶2.0～1∶3.0；每隔10～20m设一级马道，马道宽度为3～5m。

5.5.1.2　选址分析

1号弃渣场场址及周边未涉及公共设施、基础设施、工业企业、居民点等敏感因素。弃渣场有施工道路相连，综合运距3.5km，交通便利，运距适中。渣场土地利用类型主要为林地，堆渣结束后，可采取植被恢复措施使生态得以恢复。弃渣场地质条件稳定，根据地质资料判断，目前渣场范围内不存在滑坡及泥石流等地质灾害问题，主要问题为沟道洪水的影响，排水工程量较大，需要加强防护和沟道排水工程。

5.5.1.3　工程级别及洪水标准

根据《水土保持工程设计规范》（GB 51018）等水土保持工程级别划分与洪水标准的规定，渣场规模443.32万m³，堆渣高度为128m，渣场级别确定为2级，渣场坡脚挡渣墙工程级别为3级，防洪设计标准为50年一遇，校核标准为100年一遇。上游挡水坝建筑物等级为2级，防洪设计标准为50年一遇，校核标准为100年一遇。排水洞建筑物等级为2级，防洪设计标准为50年一遇，校核标准为100年一遇。

5.5.1.4　渣体稳定性分析

根据《水电水利工程边坡设计规范》（DL/T 5353）对水电水利工程边坡级别的划分，1号弃渣场规模大，划分为Ⅰ级B类边坡，相应地设计采用该边坡最小抗滑稳定安全系数分基本组合（正常运用）、特殊组合Ⅰ（非常运用）、特殊组合Ⅱ（非常运用），安全系数分别为1.25～1.15、1.25～1.15和1.05。

根据《水电水利工程边坡设计规范》（DL/T 5353），边坡稳定性分析基本方法是平面极限平衡下限解法，宜采用下限解法做稳定分析，采用简化毕肖普法求解最危险滑面和相应安全系数。由于堆渣体边坡坡比为1∶2.0～1∶3.0，坡面表层采用浆砌石或混凝土框格植草护坡，一般不会发生通过渣体表层的剪切破坏而导致堆渣体边坡失稳，即便发生表层滑坡也是小范围的滑动，不影响边坡整体稳定。而潜在的最不利的破坏是堆渣体沿渣场

底部的接触面发生整体滑动。

根据弃渣场渣体物质组成、堆渣高度、堆放坡度，同时依据地质参数，选定渣体黏聚力 c、内摩擦角 φ 值，计算出渣场相应的最小抗滑稳定安全系数。

按《水电水利工程边坡工程设计规范》（DL/T 5353）规定，边坡工程应按持久设计状况、短暂设计状况和偶然设计状况等三种设计工况进行计算。

1号弃渣场边坡安全稳定计算结果见表5.5-3。

表5.5-3　　1号弃渣场边坡安全稳定计算结果表

工况		安全稳定系数 F		
		简化毕肖普法	简化詹布法	规范要求
持久设计状况	正常工况	1.928	1.887	1.25～1.15
短暂设计状况	暴雨工况	1.928	1.887	1.25～1.15
偶然设计状况	地震工况	1.835	1.794	1.05

计算结果表明，在各种工况条件下，1号弃渣场堆渣边坡稳定性满足相关规范要求。

5.5.1.5　水土保持措施设计

1. 防洪排导工程

弃渣场上游进行沟水处理，采用挡水坝及排水洞。挡水坝位于沟道内，距沟口约1.4km，采用浆砌块石重力坝。最大坝高为20m，坝顶长约为40m，顶宽为3m，上游坝坡为1：0.25，下游坝坡为1：0.4。坝体上游面设C15钢筋混凝土防渗面板，厚度为1m，单层双向配筋。基础设C15混凝土垫层。排水洞布置在沟道右岸山体内，主要由进水口、洞身段、出口段及下游泄槽组成。排水洞进水口布置在挡水坝上游约20m处，出口及泄槽位于沟口上游约1.3km处雅砻江左岸，排水隧洞呈折线布置，排水隧洞进口底板高程为1495m，出口底板高程为1450m，排水隧洞中心线长为973m，设计底坡为6.07%，城门洞形断面，尺寸为8m×6.5m（$b\times h$）。

弃渣场内部排水采用在渣场周边设置截水沟，渣场顶部平台、缓坡区域及马道内侧设置排水沟进行排导。

2. 拦渣工程

弃渣场坡脚设置挡渣墙进行拦挡，挡渣墙采用混凝土结构，高5.5m。

3. 斜坡防护工程

弃渣场按1：2～1：3的堆渣坡比进行堆渣，坡面采用浆砌石或混凝土框格植草护坡，框格内回填耕植土20cm，混播马桑、胡枝子、狗牙根、紫花苜蓿、黑麦草等灌草籽，混播比例为1：1：2：2：2，撒播密度为80kg/hm^2。

4. 植被恢复与建设工程

1522m平台区域覆土25cm，缓坡区域（上游迎水面）覆土40cm，栽植乔木，穴植，穴径为50cm，穴深为75cm，采用混交、植麻椰树和小叶榕，株行距为3m×3m。林下撒播灌草籽，撒播物种及方式同堆渣坡面区域。

1号弃渣场水土保持防护措施平面布置详见图5.5-1，典型剖面详见图5.5-2，细部设计详见图5.5-3。

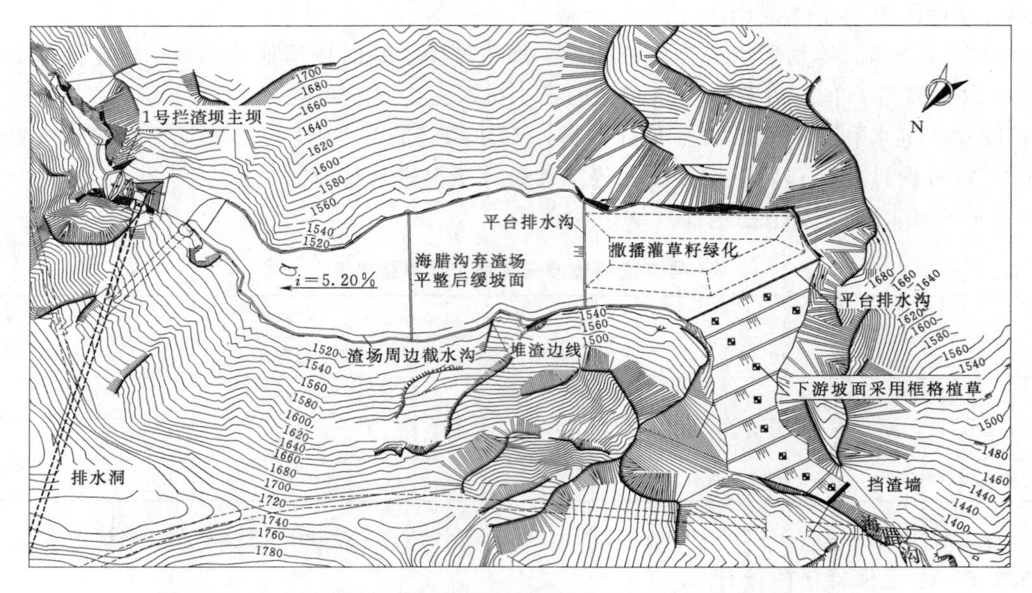

图 5.5-1　1 号弃渣场水土保持防治措施平面布置图（高程单位：m）

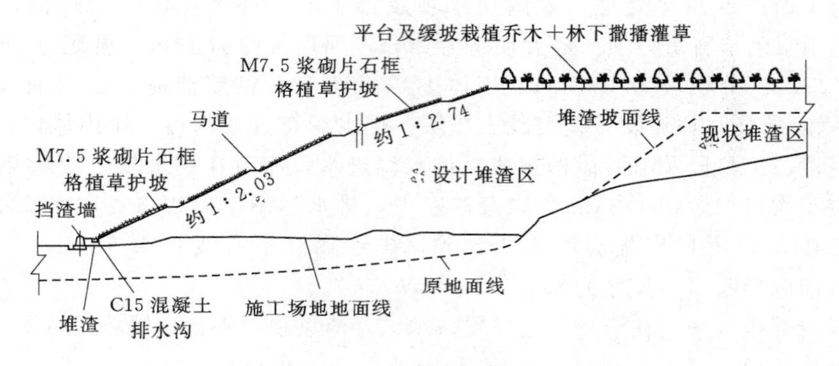

图 5.5-2　1 号弃渣场典型剖面图

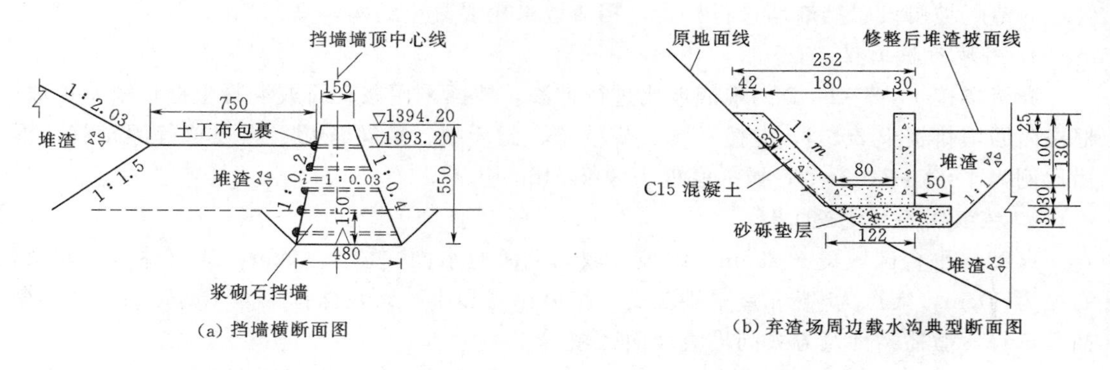

图 5.5-3（一）　1 号弃渣场水土保持措施细部设计图

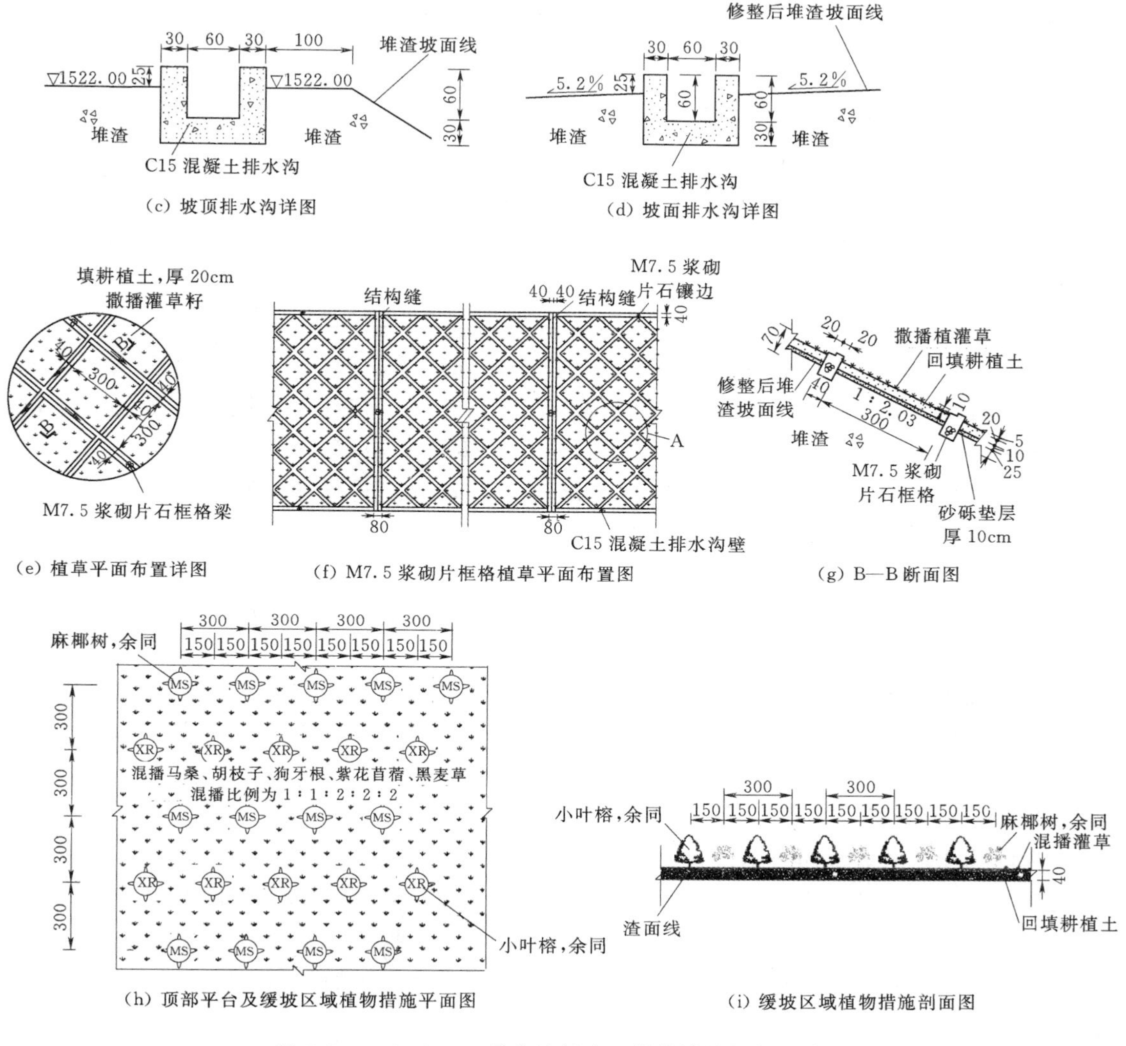

图 5.5-3(二) 1 号弃渣场水土保持措施细部设计图

5.5.2 坡地型弃渣场

5.5.2.1 弃渣场概况及基本条件

(1) 工程及弃渣场概况。小平原弃渣场位于南水北调中线总干渠右岸，紧邻总干渠，沿总干渠永久征地边界线成三角形布置，该处渠道为挖方渠段。该弃渣场征地面积 $9.87hm^2$，占地类型主要为梯田、旱地，地势由南向北倾斜，南侧为一局部高地，高程约为 90m，北侧最低，高程约为 75m，平均地面标高约为 79m。

(2) 工程地质。该弃渣场属太行山山前倾斜平原，地表被第四系地层覆盖，地层岩性为 $dl+plQ_3^2$ 黄土状壤土，厚度小于 30m。该区域地下水埋深大于 30m。工程区地震基本烈度Ⅵ度，属于稳定区，场区稳定条件较好。

弃渣场地基和渣料物理力学参数如表 5.5-4。

表 5.5-4　　弃渣场地基和渣料物理力学参数值

项　目	弃渣场地基（黄土状壤土）	渣　料
天然容重/(kN/m³)	16.00	15.53
浮容重/(kN/m³)	10.35	9.76
内摩擦角/(°)	20	16
黏聚力/(kN/m²)	16	12
地基承载力/MPa	0.30	

（3）气象水文。工程区域为暖温带大陆性季风气候区，四季分明。多年平均气温为12.5℃，极端最低气温为－26.7℃，极端最高气温为43℃。多年平均风速为2.4m/s，最大风速为28m/s。多年平均日照时数为2619h、无霜期为196d，最大冻土深度为80cm。多年平均年降水量为512mm，年最大降水量为880.4mm，年降水量的80％集中在6—9月；10年一遇最大1h、6h、24h暴雨量分别为70mm、150mm、197mm。多年平均年蒸发量（20cm蒸发皿）为1832mm，年平均相对湿度为62％。

该弃渣场地表径流被南水北调中线总干渠和南部高地阻断，基本不存在洪水威胁，因此弃渣场集雨面积即弃渣场占地面积9.87hm²。

（4）堆置方案。根据场地地形地质条件、弃渣物质组成等因素，结合稳定分析，该弃渣场平均堆高为5.0m，最大堆渣高度为7.0m，弃渣顶面高程约为84m，堆渣边坡为1∶2.5，未分台阶堆放。

5.5.2.2　选址分析

弃渣场场地及邻近周边无公共设施、居民房屋等重要设施，不影响周边公共设施、居民房屋等的安全。从运距分析，弃渣场有施工道路相连，弃渣运输相对便利。该工程占地以耕地为主，堆渣结束后，对占用的耕地进行复耕。根据地质勘察和调查资料分析，渣场区地质条件较好，不存在滑坡、泥石流等不良地质现象。通过加强水土保持措施防护，可以有效保障渣场稳定安全，控制水土流失。

5.5.2.3　工程级别及洪水标准

根据《水利水电工程水土保持技术规范》（SL 575）中规定，该渣场堆渣量小于50万m³，堆渣高度小于20m，弃渣场失事对主体工程或环境无危害，确定弃渣场级别为5级，相应的弃渣场拦渣工程等级为Ⅴ级；斜坡防护工程级别为5级；排水标准为10年一遇。

5.5.2.4　渣体稳定性分析

该弃渣场渣体以弃土为主。渣体整体稳定分析采用瑞典圆弧法，按渣场满堆方式，堆渣边坡1∶2.5计算典型断面渣场边坡稳定安全系数。计算工况为正常运用工况，因渣场位于地震基本烈度Ⅵ度区，因此不考虑非常（地震）工况。

5级渣场抗滑稳定安全系数，正常工况下为1.15。经计算，堆渣边坡1∶2.5情况下，抗滑稳定安全系数为1.46，满足渣体抗滑稳定要求。

5.5.2.5　水土保持措施设计

根据该弃渣场地理位置、弃渣组成和占地地类，其水土保持措施总体布局为：在弃渣

前先剥离表层土；在东侧、西侧布置挡渣墙，挡渣墙顶高程以上弃渣边坡进行综合护坡；弃渣顶面四周设置挡水土埂；弃渣结束时，回铺表土、土地平整后对弃渣场顶部进行复耕，弃渣场防护措施设计图见图 5.5-4。

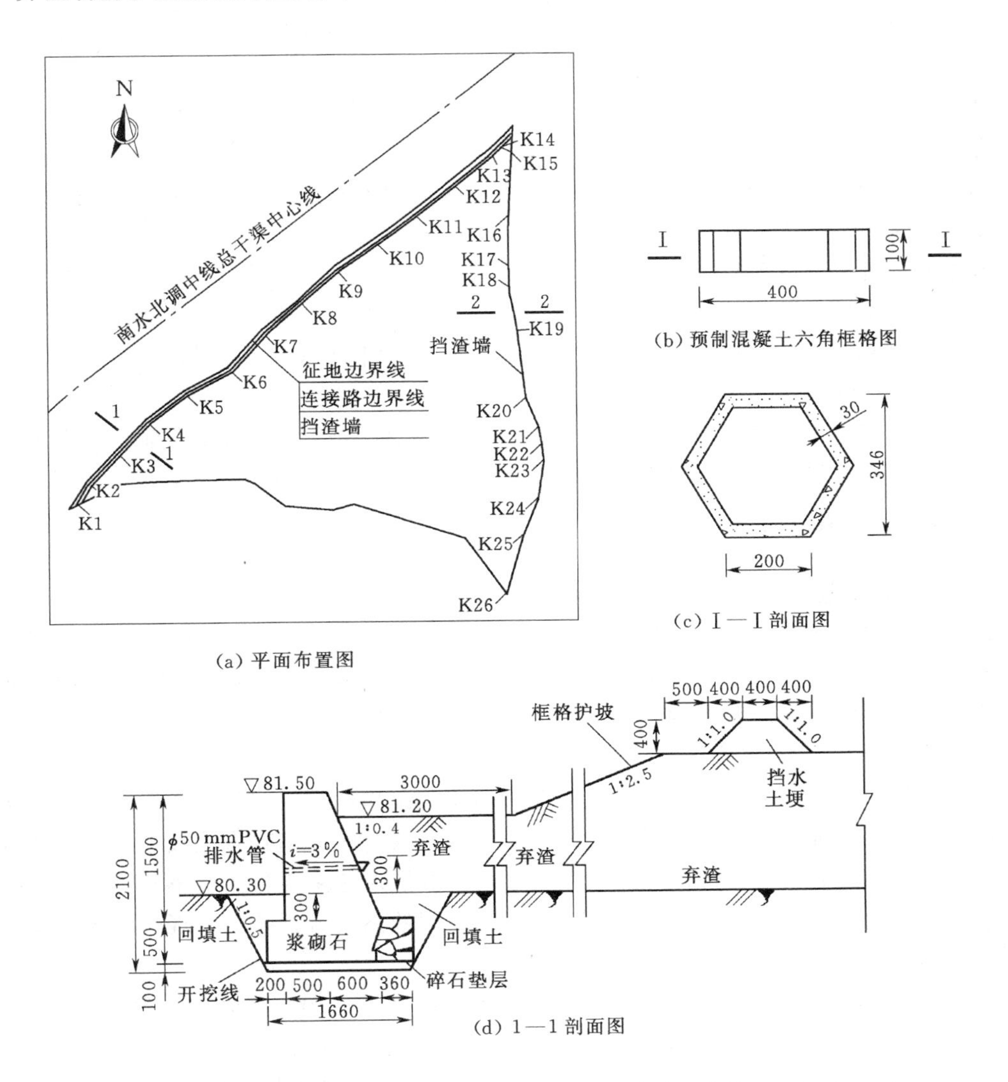

图 5.5-4　小平原弃渣场水土保持措施设计图（单位：高程 m，尺寸 mm）

1. 表土剥离

弃渣场使用前，先剥离表层土，剥离厚度为 50cm，堆放于弃渣场一角，弃土弃渣结束时回铺表土。

2. 拦渣工程

挡渣墙采用重力式浆砌石挡渣墙结构，浆砌石采用 M7.5 水泥砂浆砌筑，M10 水泥砂浆勾缝。

挡渣墙顶宽为 0.5m，墙背边坡为 1：0.4，墙面为直墙，基础埋深在地面以下 0.8m。

挡渣墙总长度为 1060m，其中东侧长为 580m，墙高为 1.5m，西侧长为 480m，墙高为 1.2m。挡渣墙墙后设置 3.0m 宽落淤平台，平台顶高程低于挡渣墙顶高程 30cm，起拦渣和落淤作用。3.0m 外开始起坡堆渣，不再分阶堆放，设计坡比为 1∶2.5，边坡防护与南水北调中线总干渠一级马道以上渠坡防护型式一样，为预制混凝土六角框格，框格内植草恢复植被。

挡渣墙底部设 10cm 碎石垫层。挡渣墙水平向设沉降缝，缝宽 2.0cm，采用聚乙烯低发闭孔泡沫板填充。

通过在挡渣墙上布设排水孔降低渣体存水对墙体的水平作用力。排水孔设一排，孔距 3.0m。排水孔采用 PVC 管材，管材 DN10cm，内孔口用两层 $400g/m^2$ 土工布反滤层包裹，排水管向外呈 3%坡度倾斜。

弃渣场顶面西北两侧边缘设置挡水土埂，防止渣面地表水冲刷坡面，挡水土埂为梯形断面，顶宽为 0.4m，高为 0.4m，设计坡比为 1∶1.0，挡水土埂采取植草护坡。

3. 土地整治与复耕

弃渣堆填时水土保持要求“下渣上土”，即将粒径较大的弃渣堆在底部，弃土堆放在上层；堆渣结束后进行土地整平，覆回表土，弃渣顶面设计复耕。

5.5.3　临河型弃渣场

5.5.3.1　弃渣场概况及基本条件

1. 工程及弃渣场概况

某工程 5 号弃渣场位于库区右岸距坝址 9.96km 处，紧临 S211 下游侧。渣场占地面积 $3.76hm^2$，以灌木林地和草地为主。设计最大堆渣高度 28.59m，堆渣量 14.5 万 m^3。

2. 工程地质

工程区位于川滇南北向构造带北端与北东向龙门山构造带、北西向构造带和金汤弧形构造带的交接复合部位。工程区所在的大渡河河谷谷底及两岸基岩岩性较单一，以厚层白云质灰岩、变质灰岩为主。无区域性断裂通过，其构造形迹主要为次级小断层、层间挤压破碎带及节理裂隙等。渣场工程区出露地层为崩坡积的孤块石、碎石，现代河床冲积的漂卵石、卵石及砂。

（1）块碎石土。分布于渣场表层，成分为灰白色中风化的花岗岩、板岩和变质灰岩，粒径为 0.5～10.0mm 不等，块石为 0.2～0.5m，夹粉土和粉质黏土。

（2）砂层（Q_4^{al}）（粉细砂、细中砂）。分布不连续，呈透镜状，颜色多为黄灰色和灰色，松散，成分以长石、石英为主，含少量云母片，粒径一般在 0.25～2mm；分布于渣场地表部和夹于砂卵石层中。

（3）砂卵石层（Q_4^{al}）。渣场主要的分布层，成分主要为花岗岩、闪长岩、辉绿岩等，磨圆度较好，呈次圆～圆状，漂石直径为 2～20cm，含砂量为 5%～10%。

弃渣场基础及渣料物理力学参数见表 5.5-5 和表 5.5-6。

根据《工程场地地震安全性评价报告》有关地震危险性分析的结果，工程区 50 年超越概率 10%基岩场地水平峰值加速度为 141gal，对应的地震基本烈度为Ⅶ度。该工程抗震设计标准为Ⅶ度，区域构造稳定性相对较差。

表 5.5-5　　弃渣场基础物理力学参数建议值表

岩土名称	天然密度 $P/(g/cm^3)$	压缩模量 E_S/MPa	抗剪指标		承载力特征值 F_{ak}/kPa	抗渗比降 J_a
			黏聚力 c/MPa	摩擦角 $\varphi/(°)$		
块碎石土①	1.95～2.05	20～25	0.005	25～28	250～300	0.11～0.14
砂层②	1.75～1.85	8～12	0	15～18	120～150	0.5
砂卵石层③	2.25～2.27	22～30	0	25～35	220～300	0.12～014

表 5.5-6　　渣料物理力学参数值

项　目	单位	覆盖层开挖料	石方明挖、洞挖料
天然密度	t/m^3	2	2.1～2.4
饱和密度	t/m^3	2.15	2.2～2.5
内摩擦角	(°)	25～27	30～36
黏聚力	MPa	0.005	0

3. 气象水文

工程区多年平均气温为 14.3℃，极端最高气温为 39.0℃，极端最低气温为－10.6℃；多年平均年蒸发量为 2553mm（20cm 蒸发皿）、相对湿度为 52%；多年平均风速为 3.5m/s，多年平均年降水量为 593.8mm，5 年一遇最大 24h 降水量为 41.7mm，10 年一遇最大 24h 降水量为 47.7mm，20 年一遇最大 24h 降水量为 53.2mm。据 1956—1959 年、1983—2005 年资料，实测最大 1h、6h、24h 降水量为 48.2mm、48.4mm、51.9mm。

根据实测径流资料统计，渣场临近河流多年平均流量为 $773m^3/s$，年径流深为 462.8mm，年径流模数为 $14.7L/(s \cdot km^2)$。径流变化与降水变化相一致，年内变化大，而年际变化小。径流集中在丰水期 5—10 月，约占全年径流的 81%，枯水期为 11 月至次年 4 月占年径流的 19%左右，最枯期 1—3 月占年径流的 6.5%左右。最丰、最枯年平均流量分别为 $1060m^3/s$ 和 $541m^3/s$，两者之比为 1.96，分别为多年平均流量的 1.37 倍和 0.70 倍。

流域主汛期为 6—9 月，年最大流量多出现在 6 月、7 月，以 7 月出现的机会最多，占 50%左右，8 月出现年最大流量的机会较少，占 10%左右，9 月又相对较多，占 20%左右。

工程坝址洪水成果详见表 5.5-7 和表 5.5-8。

表 5.5-7　　渣场下游坝址洪水成果表

名称	集雨面积 $/km^2$	$Q_p/(m^3/s)$						
		0.50%	1%	2%	3.33%	5%	10%	20%
坝址	54189	6510	6060	5590	5240	4950	4450	3920

4. 堆置方案

根据场地地形地质条件、弃渣物质组成等因素，结合稳定分析，渣场布置渣脚高程为 1734.01～1734.89m，渣顶高程为 1760.81～1762.60m。弃渣体分 2 台堆放，在 1750.00m 处设置一宽为 2m 台阶，堆渣边坡比为 1∶1.6。

表 5.5-8　围堰挡水前弃渣场河段 50 年一遇洪水（$Q=5590m^3/s$）水位成果表

断面	位置	距离坝址长度/km	50 年一遇洪水（$5590m^3/s$）		
			天然水位/m	堆渣后水位/m	水位差/m
5-1	5 号弃渣场	10.303	1749.14	1749.58	0.44
H11		10.283	1749.11	1749.56	0.45
5-2		10.117	1748.39	1748.71	0.32
5-3		9.96	1747.37	1747.57	0.2

注　断面编号为水文计算断面编号。

表 5.5-9　围堰挡水后弃渣场河段 50 年一遇洪水（$Q=5590m^3/s$）水位成果表

断面	位置	距离坝址长度/km	天然水位/m	围堰挡水水位/m		水位差/m
				堆渣前	堆渣后	
5-1	5 号弃渣场	10.303	1749.14	1749.14	1749.58	0.44
H11		10.283	1749.11	1749.11	1749.56	0.45
5-2		10.117	1748.39	1748.39	1748.71	0.32
5-3		9.96	1747.37	1747.37	1747.57	0.2

注　断面编号为水文计算断面编号。

5.5.3.2　选址分析

从运距分析，弃渣场有施工道路相连，综合运距 4km，弃渣运输相对便利，运距适中。弃渣场场址及邻近周边未涉及公共设施、基础设施、工业企业、居民点等敏感因素。该工程主要占地以灌木林地和草地为主，可采取植被恢复措施使生态得以恢复。根据地质资料判断，目前渣场范围内不存在滑坡及泥石流等地质灾害问题，主要问题为堆渣坡脚及坡面受 50 年一遇洪水位影响，需加强渣脚拦挡和坡面防护工程加以防护。

5.5.3.3　工程级别及洪水标准

根据《水利水电工程水土保持技术规范》（SL 575），该弃渣场堆渣量为 14.5 万 m^3，堆渣高度为 28.59m，弃渣场周边无特别敏感威胁对象，弃渣场失事对主体工程或环境造成的危害程度不严重，确定该弃渣场级别为 3 级，相应的弃渣场拦渣堤防护工程级别为 3 级；斜坡防护工程级别为 4 级；对应的拦渣堤防洪设计标准为 30 年一遇～50 年一遇，该弃渣场选取设计洪水标准为 50 年一遇。

5.5.3.4　渣体稳定性分析

渣体稳定性分析采取不计条块间作用力的瑞典圆弧法，按照正常运用工况和非常运用工况，分别对弃渣场进行稳定性分析计算。

正常工况为弃渣场在正常运行条件下，考虑渣顶面加载和渣体渗流影响工况。

非常工况为弃渣场在正常工况下，遭遇Ⅶ度地震工况，计算结果见表 5.5-10。

5.5.3.5　水土保持措施布局及设计

根据防洪标准要求，对弃渣场底部采取了浆砌石拦渣堤，并用大块石护脚防淘，防淘深度为 3.11m。拦渣堤为衡重式，墙身总高为 7m，墙顶宽为 0.5m，台宽为 1.24m，面坡为 1∶0.1，上背墙斜坡 1∶0.25，下背墙斜坡－1∶0.25，墙趾宽为 0.3m，墙趾高为

表 5.5-10　　弃渣场边坡稳定安全系数表

渣场名称	堆渣边坡	正常工况		非常工况	
		计算值	允许值	计算值	允许值
弃渣场	1∶1.6	1.25	1.2	1.18	1.05

1m。拦渣堤墙身采用浆砌石砌筑，基础采用片石混凝土砌筑。

在50年一遇洪水位1748.70m加1.3m的安全超高范围内（至平台马道高度），采取浆砌块石护坡，护坡厚为50cm；马道平台高度以上采取1∶1.6的自然放坡。堆渣完成后，对弃渣场顶面和坡面植草恢复植被。

弃渣场顶部临近交通道路，渣顶截排水措施与道路工程已有截排水措施共用，可以满足弃渣场排水要求。

5号弃渣场工程防护措施见平面布置图5.5-5和典型断面图5.5-6。

5.5.4 库区型弃渣场

5.5.4.1 弃渣场概况基本条件

1. 工程及弃渣场概况

某水电站位于河流中游，水电站正常蓄水位为3447m。其1号弃渣场位于河流左岸坝址上游约3.5km沿江缓坡地，海拔为3400～3525m，地形坡度为13°～28°；渣场上方为省道。渣场占地为18.45hm²，渣场容量为272.7万m³，堆渣量为225.71万m³。

2. 工程地质

项目区位于某河流中游河段，区域内新构造运动强烈，表现为大面积整体性、间歇性的急剧抬升，断裂和断块的继承性或新生性活动。

1号弃渣场主要由冲洪积、崩坡积、冰水堆积体等组成。冲洪积层主要分布于河床及两岸河漫滩，河漫滩局部分布细砂，厚为3～10m；崩坡积层主要为混合土碎石，主要分布于左、右岸岸坡，厚为3～10m；冰水堆积体层主要由块碎石组成，局部夹厚度为2～6m不等的含碎石砂层，骨架间充填中～细砂可见斜层理，块碎石呈弱风化状为主，局部为全～强风化状，胶结紧密，主要分布于坝址区左岸高程3600m以上斜坡，厚为41.3～92.0m。

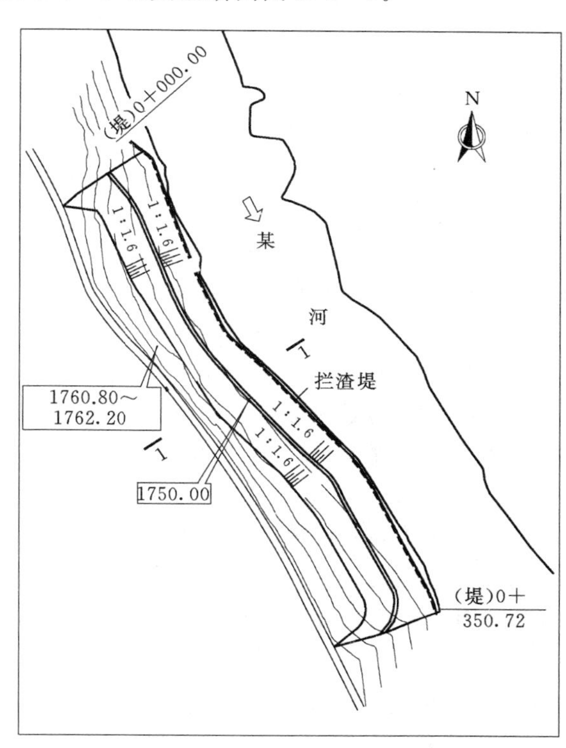

图5.5-5　5号弃渣场工程防护措施平面布置图

渣场堆渣体主要以碎块石及石方明挖料组成。渣场堆渣体物理力学参数详见表5.5-11。

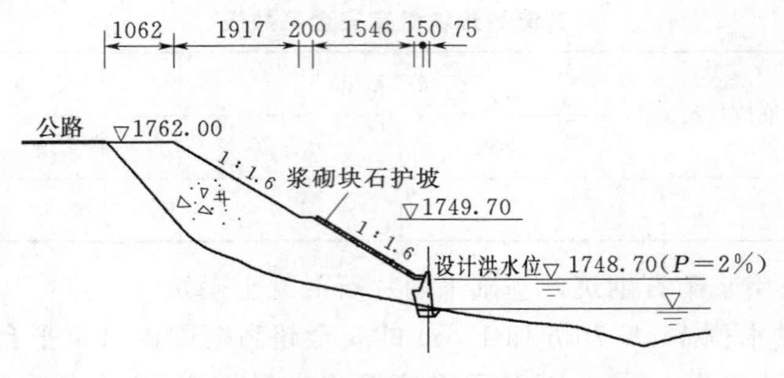

图 5.5-6　5号弃渣场工程防护措施典型剖面图

表 5.5-11　　渣场堆渣体物理力学参数表

层号	层位	容重/(kN/m³)	压缩模量 E_s/MPa	孔隙比	渗透系数/(10⁻²cm/s)	抗剪强度			
						天然状态		饱水状态	
						c/kPa	φ/(°)	c/kPa	φ/(°)
①	中细砂	16.0～17.0	20～22	0.7～0.8	1～2	0	27	0	25
②	漂卵石	22.4～22.6	22～26	0.6～0.7	2～5	0	32	0	30
③	碎块石	22.0～23.0	28～30	0.6～0.7	10～20	0	35	0	32
④	混合土块石	22.3～22.5	20～24	0.7～0.8	5～8	31	33	28	31

挡渣墙位于雅鲁藏布江岸边缓坡（台）地，沿河漫滩布设，由于多年冲刷，地基主要为碎块石及大块石等，条件相对好；其地基物理力学参数可参照表 5.5-11 中堆渣体③层，地基承载力为 400～420kPa。

场址区无活动断裂分布，50 年超越概率 10%的基岩水平地震动峰值加速度为 179gal，地震基本烈度为Ⅷ度。

3. 气象水文

工程区属于高原温带季风半湿润气候，多年平均气温为 9.3℃、相对湿度为 51%；多年平均年降水量为 527.4mm，历年最大日降水量为 51.3mm，降水年内不均，每年 11 月至次年 4 月为旱季，降水少且多风；5—10 月受西南孟加拉湾暖湿气流影响，为雨季，降水量占全年的 70%以上。年日照时数为 2770h，无霜期为 125～153d，多年平均风速为 1.6m/s，历年最大风速为 13.8m/s。历年最大冻土深度为 19.0cm。

4. 堆置方案

根据场地地形地质条件、弃渣物质组成等因素，结合稳定分析，该渣场从沿江高程 3410m 开始起堆，渣顶高程 3490m。每 20m 设一级马道，马道宽 3m，堆渣坡比 1∶1.8。

5.5.4.2　选址分析

该工程位于青藏高原，为高山峡谷地貌，受地形地貌、运输条件等因素影响，工程上下 10km 范围内无合适缓坡地、沟道进行弃渣。综合工程布置、施工布置、环境影响等各方面因素后，在工程库区布置该处弃渣场。弃渣场有施工道路相连，综合运距 3km，弃渣运输相对便利，运距适中。弃渣场位于水库库区，占用水库库容，且渣顶高程高于水库

正常蓄水位，运行期间受水库水位涨落影响较大，需合理布置弃渣堆置方案，确保弃渣场安全稳定，同时加强拦渣工程、斜坡防护工程防护。

5.5.4.3 工程级别及洪水标准

根据《水土保持工程设计规范》(GB 51018) 等水土保持工程级别划分与洪水标准的规定，渣场堆渣量为225.71万m^3，堆渣高度为80m，考虑渣场规模以及渣场失事可能对主体工程的影响等因素，渣场级别确定为2级，挡渣墙工程级别为3级，防洪标准为50年一遇，校核标准为100年一遇。

5.5.4.4 渣体稳定性分析

1. 弃渣场边坡级别及安全标准

1号弃渣场为永久弃渣场，参考《水电水利工程边坡设计规范》(DL/T 5353)，弃渣场边坡按B类Ⅱ级边坡考虑，边坡稳定安全系数允许值见表5.5-12。计算方法采用通用条分法（简化毕肖普法）。

表5.5-12　　1号弃渣场堆渣边坡稳定安全系数允许值表

工况序号	组合情况	状　态	稳定安全系数允许值
1	持久状况	天然河床水位	1.15～1.05
2		正常蓄水位	
3	短暂状况	天然河床水位+暴雨	1.10～1.05
4		正常蓄水位+暴雨	
5		水位骤降	
6	偶然状况	天然河床水位+地震	1.05～1.00
7		正常蓄水位+地震	

2. 计算假定

弃渣场堆渣体按无黏性土考虑，不计渣体黏聚力；渣体材料单一均匀；渣体材料松散，渗透性较好，不计孔隙水对渣体稳定的影响；考虑清除地表腐殖土及弃渣场前沿中细砂层，抗剪强度参数采用堆渣体参数代替。

3. 计算结果

1号弃渣场堆渣稳定性计算成果详见表5.5-13。

表5.5-13　　1号弃渣场稳定性计算成果汇总表

序　号	运行状况	计算工况	整体稳定系数
1	持久状况	天然河床水位	1.411
2		正常蓄水位	1.321
3	短暂状况	天然河床水位+暴雨	1.175
4		正常蓄水位+暴雨	1.165
5		水位骤降	1.152
6	偶然状况	天然河床水位+地震	1.162
7		正常蓄水位+地震	1.151

计算结果表明，在各种工况条件下，1号弃渣场堆渣边坡稳定性满足规范要求。

5.5.4.5　水土保持措施

弃渣场主要防护措施包括拦挡、排水、渣面防护、堆渣边坡及平台整治、后期覆土绿化等。

弃渣场坡脚设置衡重式挡墙，C15埋石混凝土结构，挡墙高度为4～8m；弃渣场坡顶及两侧设置截水沟，采用M7.5浆砌石砌筑，底宽及深度均为0.6m，两侧坡比1∶0.5，截水沟陡坡段设置跌水坎；弃渣场底部设置盲沟。水电站正常蓄水位为3447m，堆渣边坡在高程3410～3430m采用钢筋石笼护坡，在高程3430～3450m堆渣边坡采用干砌石护坡，在高程3450～3490m坡面采用覆土后撒播灌草籽绿化。渣场顶面采用穴植乔木、林下撒播灌草籽的方式进行绿化。乔木选择藏白杨、深山柏，林下撒播灌草籽可选择沙生槐、紫穗槐、云南沙棘、固沙草、嵩草、紫花苜蓿等。

1号弃渣场水土保持措施平面布置详见图5.5-7，典型剖面详见图5.5-8，细部设计详见图5.5-9。

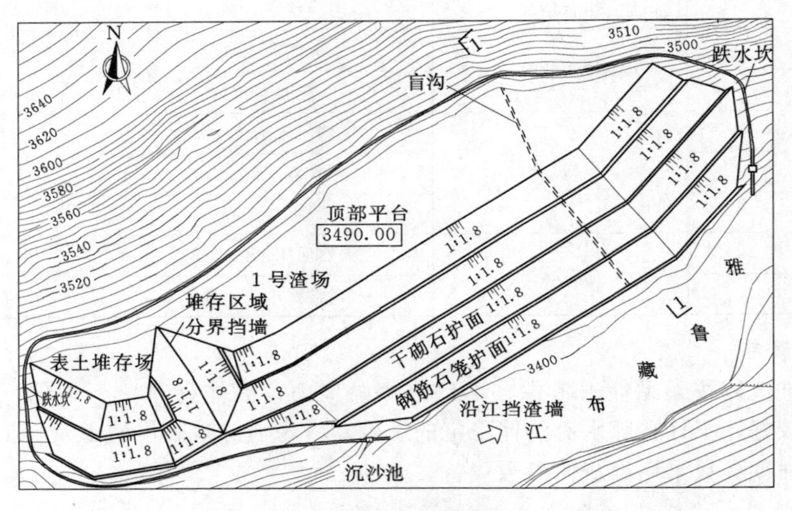

图5.5-7　1号弃渣场水土保持措施平面布置图（高程单位：m）

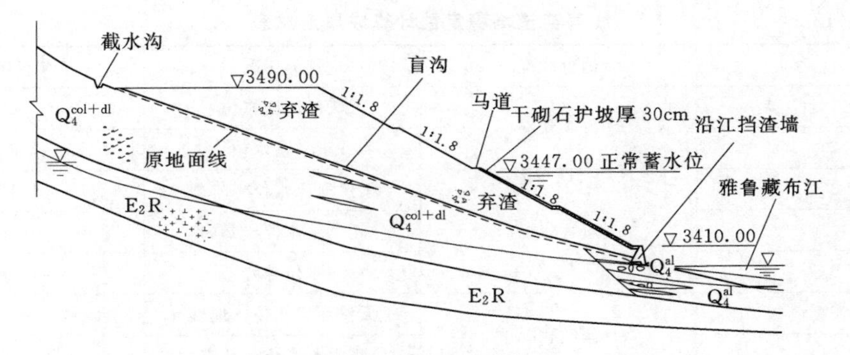

图5.5-8　1号弃渣场典型剖面图（剖面Ⅰ—Ⅰ）

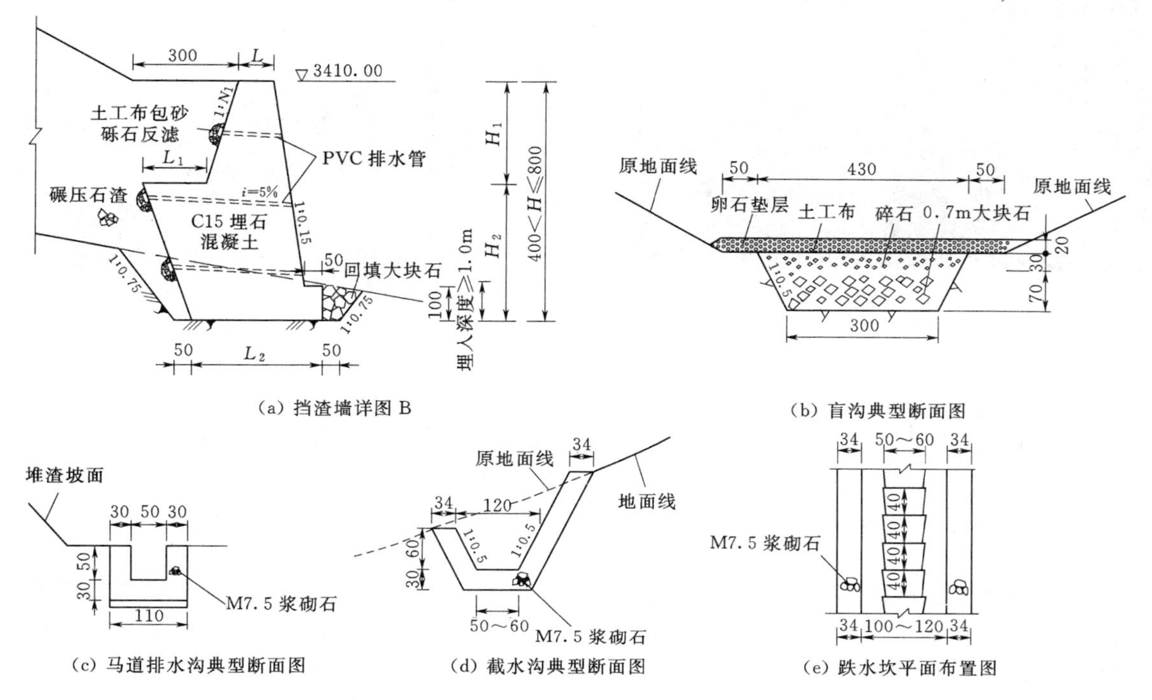

图 5.5-9 1号弃渣场水土保持措施细部设计图（单位：高程 m；尺寸 cm）

第6章 拦渣工程设计

6.1 拦渣工程类型、适用条件与常用建筑材料

6.1.1 拦渣工程类型及适用条件

弃渣堆置于弃渣场内，易发生滚落、失稳滑塌等。为防止弃渣流失，在渣体坡脚修建的以拦挡弃渣为目的的建筑物称为拦渣工程。拦渣工程主要分为挡渣墙、拦渣堤、拦渣坝、围渣堰四种类型。各类型拦渣工程适用条件如下：

(1) 挡渣墙是指支撑和防护堆置于坡地上的弃渣，防止其失稳滑塌的构筑物。适用于生产建设项目坡地型渣场和不受洪水影响的平地型渣场的渣体坡脚防护。

(2) 拦渣堤是指支撑和防护堆置于河岸边或沟道旁的弃渣，防止堆体变形失稳或被水流、降雨等冲入河流（或沟道）造成弃渣流失的构筑物。适用于生产建设项目涉水弃渣场的挡护，如临河型渣场、库区型渣场和受洪水影响的平地型渣场的渣体坡脚挡护。

(3) 拦渣坝是指支撑和防护堆置于沟道内的弃渣，防止渣体受沟道洪水冲刷而发生变形失稳，造成弃渣流失的构筑物。受技术、经济和工期的影响，水土保持工程中常用拦渣坝一般采用低坝，截洪式拦渣坝坝高不超过15m，滞洪式拦渣坝坝高不大于30m。

沟道型弃渣场受沟道洪水影响，为满足防洪、拦渣等要求，需设置拦渣坝。工程实践中常用拦渣坝有两种类型：一种是滞洪式拦渣坝，另一种是截洪式拦渣坝。滞洪式拦渣坝一般布置于弃渣场所在沟道的下游侧渣脚，既有拦渣作用，又有滞蓄上游洪水的作用；截洪式拦渣坝一般布置于弃渣场所在沟道的上游侧渣脚，起拦渣、拦洪作用，即水土保持技术规范或标准中的拦洪坝。通常情况下，拦洪坝须配合排洪工程使用，其上游洪水由排洪隧洞、涵洞、渠道等排洪建筑物排出。

(4) 围渣堰是指支撑和防护堆置于宽缓平地上的弃渣，防止渣体滚落出界，造成弃渣流失的构筑物。围渣堰适用于平地型弃渣场的渣脚防护。围渣堰不挡水时设计同挡渣墙，挡水时设计同拦渣堤。

6.1.2 拦渣工程常用建筑材料

6.1.2.1 浆砌石挡渣墙/拦渣堤（坝）

采用水泥砂浆作为胶凝材料的砌石挡渣墙/拦渣堤（坝），称为浆砌石挡渣墙/拦渣

堤（坝）。

浆砌石挡渣墙具有就地取材、施工简单、抗冲、抗磨、耐用、投资较省等优点，适用于各种类型渣场的渣脚防护，具体为坡地型渣场及渣脚受洪水影响，但淹没深度小于5m，水流流速小于5m/s的临河型、沟道型、库区型及平地型渣场的渣脚防护。

6.1.2.2 混凝土挡渣墙/拦渣堤（坝）

以混凝土作为建筑材料的挡渣墙/拦渣堤（坝）称为混凝土挡渣墙/拦渣堤（坝）。

混凝土挡墙具有强度高、稳定性好、施工方便、抗冲、抗磨、耐用等优点，适用于各种类型渣场的渣脚防护，具体为坡地型渣场及渣脚受洪水影响、淹没深度大于3m，水流流速为5～8m/s的临河型、沟道型、库区型及平地型渣场。

6.1.2.3 格宾石笼

格宾指由镀锌或5% Al－Zn稀土合金（高尔凡）的低碳钢丝经机器编制而成的六边形双绞合金属网面构成的箱型构件。使用时在箱内填充满尺寸适当的毛石，并封口形成的防护结构称为格宾石笼。

格宾石笼所需的格宾网可在工厂进行规模化生产，箱内填充石料可就地取材，来源丰富。格宾石笼具有耐久性好，透水、排水性好，能有效减少静水压力和渗透压力，同时抵抗地基及坡面不均匀沉降的能力强，能灵活适应旱地、水下施工，施工工艺简单，操作容易，适用于坡地型渣场及渣脚受洪水影响，流速小于8.0m/s的临河型、沟道型、库区型及平地型渣场，特别适用于受现场施工工期、水流条件等限制，需水下施工的渣脚挡护。

6.1.2.4 钢筋石笼

钢筋石笼是以较粗钢筋（ϕ12mm）作为基本骨架，以稍细钢筋（ϕ8mm）护面，经焊接、填石、封口而形成的一种规则箱型防护构筑物。因钢筋石笼暴露大气环境中，钢筋易锈蚀，进而破坏失去拦挡效果，因此钢筋石笼挡墙一般作为渣脚临时拦挡措施使用。

钢筋石笼具有材料来源丰富、施工简单、抗冲、抗磨、造价低廉等特点，因铅丝及钢筋石笼暴露于大气环境中，易锈蚀、断裂，失去对填石的约束作用进而遭受冲毁破坏，适用于坡地型渣场的临时拦挡及渣脚受洪水影响，流速小于4m/s的库中型及库底型渣场。

6.2 挡渣墙设计

6.2.1 挡渣墙型式及选择

按断面的几何形状及其受力特点，挡渣墙型式分为重力式、半重力式、衡重式、悬臂式、扶壁式等。水土保持工程中常用挡渣墙型式有重力式、半重力式、衡重式等。因建筑材料可就地取材、施工方便、工程量相对较小等原因，水土保持工程的挡渣墙多采用重力式，其高度一般不宜超过6m。

按建筑材料，挡渣墙可分为浆砌石、混凝土或钢筋混凝土、石笼等。

重力式挡渣墙常用浆砌石、石笼等建筑材料；半重力式、衡重式挡渣墙建筑材料多采用混凝土；悬臂式、扶壁式挡渣墙常用钢筋混凝土。

工程实践中，可根据弃渣堆置形式，地形、地质、降水与汇水条件，建筑材料来源等选择经济实用的挡渣墙形式。

6.2.2　断面设计

在选择挡渣墙形式后，挡渣墙断面设计一般先根据挡渣总体要求及地基条件等，参考已有工程经验，初步拟定断面轮廓尺寸及各部分结构尺寸，经验算满足抗滑、抗倾和地基承载力要求，且经济合理的墙体断面即为设计断面。挡渣墙抗滑稳定验算是为保证挡渣墙不产生滑动破坏；抗倾稳定验算是为保证挡渣墙不产生绕前趾倾覆而破坏；地基应力验算一般包括：①地基应力不超过地基容许承载力，以保证地基不出现过大沉陷；②控制地基应力大小比或基底合力偏心距，以保证挡渣墙不产生前倾变位。挡渣墙断面结构型式及尺寸可按《水工挡土墙设计规范》（SL 379）规定执行。

一般情况下，挡渣墙的基础宽度与墙高之比为0.3～0.8（墙基为软基时例外），当墙背填土面为水平时，取小值；当墙背填土（渣）坡角接近或等于土的内摩擦角时，取大值。初拟断面尺寸时，对于浆砌石挡渣墙，墙顶宽度一般不小于0.5m，对于混凝土挡墙，为便于混凝土的浇筑，一般不小于0.3m。

6.2.3　埋置深度

挡渣墙基底的埋置深度应根据地形、地质、冻结深度，以及结构稳定和地基整体稳定要求等确定。

（1）对于土质地基，挡渣墙底板顶面不应高于墙前地面高程；对于无底板的挡渣墙，其墙趾埋深应为墙前地面以下0.5～1.0m。

（2）当冻结深度小于1m时，基底应在冻结线以下，且不小于0.25m，并应符合基底最小埋置深度不小于1.0m的要求；当冻结深度大于1.0m时，基底最小埋置深度不小于1.25m，还应将基底到冻结线以下0.25m范围的地基土换填为弱冻胀材料。

（3）在风化层不厚的硬质岩石地基上，基底宜置于基岩表面风化层以下；在软质岩石地基上，基底最小埋置深度不小于1.0m。

6.2.4　分缝与排水

6.2.4.1　分缝

为避免地基不均匀沉陷和温度变化引起墙体裂缝，一般根据地基地质条件的变化、墙体材料、气候条件、墙高及断面尺寸变化等，沿墙轴线方向每隔10～15m设置一道缝宽2～3cm的伸缩缝和沉降缝，缝内填塞沥青麻絮、沥青木板、聚氨酯、胶泥或其他止水材料。

6.2.4.2　排水

为排除挡渣墙后渣体中的地下水及由降水形成的渗透水流，有效降低挡渣墙后渗流浸润面，减小墙身水压力，增加墙体稳定性，应设置排水孔等排水设施。排水孔径一般为5cm、10cm，间距为2～3m，排水孔纵坡不小于5%，排水孔出口应高于墙前水位。

在渗透水向排水设施逸出地带，为了防止排水带走细小颗粒而发生管涌等渗透破坏，在水流入口管端包裹土工布的方式起反滤作用。排水孔设计参照《水工挡土墙设计规

范》（SL 379）确定。

6.2.5　常用挡渣墙设计

6.2.5.1　重力式挡渣墙

（1）根据墙背的坡度分为仰斜、垂直、俯斜三种型式，多采用垂直和俯斜型式；当墙高小于3m时，宜采用垂直型式；墙高大于3m时，宜采用俯斜型式。

（2）重力式挡渣墙宜做成梯形截面，高度不宜超过6m；当采用混凝土时，一般不配筋或只在局部范围内配置少量钢筋。

（3）垂直型式挡渣墙面坡一般采用1∶0.3～1∶0.5；俯斜型式挡渣墙面坡一般采用1∶0.1～1∶0.2，背坡采用1∶0.3～1∶0.5；具体取值应根据稳定计算确定。

（4）当墙身高度或地基承载力超过一定限度时，为了增加墙体稳定性和满足地基承载力要求，可在墙底设墙趾、墙踵台阶和齿墙。

（5）建筑材料一般采用砌石或混凝土，但Ⅷ度及Ⅷ度以上地震区不宜采用砌石结构。挡渣墙砌筑石料要求新鲜、完整、质地坚硬，抗压强度应不小于30MPa。胶结材料应采用水泥砂浆和一、二级配混凝土。

常用的水泥砂浆强度等级为M7.5、M10、M12.5三种，墙高低于6m时，砂浆强度等级一般采用M7.5，墙高高于6m或寒冷地区及耐久性要求较高时，砂浆强度等级宜采用M10以上。常用的混凝土标号一般不低于C15，寒冷地区还应满足抗冻要求。

6.2.5.2　半重力式挡渣墙

半重力式挡渣墙是将重力式挡渣墙的墙身断面减小，墙基础放大，以减小地基应力，适应软弱地基的要求。半重力式挡渣墙一般均采用强度等级不低于C15的混凝土结构，不用钢筋或仅在局部拉应力较大部位配置少量钢筋，见图6.2-1。

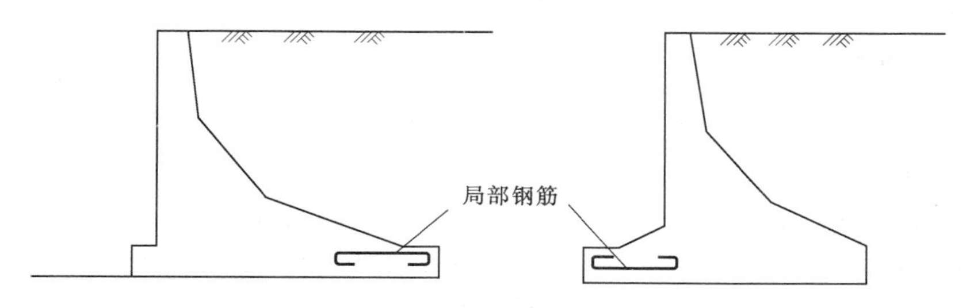

图6.2-1　半重力式挡渣墙的局部配筋

半重力式挡渣墙主要由立板与底板组成，其稳定性主要依靠底板上的填渣重量来保证，常将立板做成折线形截面。

半重力式挡渣墙设计关键是确定墙背转折点的位置。墙高小于6m，立板与底板之间可设一个转折点；若墙高大于6m，可设1～2个转折点。立板的第1个转折点，一般放在距墙顶3～3.5m处。第1个转折点以下1.5～2m处设第2个转折点。第2个转折点以下，一般属于底板范围，底板也可设1～2个转折点。

外底板的宽度宜控制在1.5m以内，否则将使混凝土的用量增加，或需配置较多的钢筋。立板顶部和底板边缘的厚度宜不小于0.4m，转折点处的截面厚度，经计算确定。距墙顶3.5m以内的立板厚度和墙踵3m以内的底板厚度一般不大于1.0m。

6.2.5.3　衡重式挡渣墙

衡重式挡渣墙由直墙、减重台（或称卸荷台）与底脚三部分组成。其主要特点是利用减重台上的填土重量增加挡渣墙的稳定性，并使地基应力分布比较均匀，体积比重力式挡渣墙减少10%～20%。

在减重台以上，直墙可做得比较单薄，以下则宜厚重，或是将减重台做成台板而在下面再做成直墙。前一种形式施工比较方便，在减重台以下的体积可以利用填渣斜坡直接浇混凝土，体积虽大但节省了模板费用；后一种形式则相反。

减重台面距墙底一般为墙高的0.5～0.6倍，但其具体位置应经计算确定。一般减重台距墙顶不宜大于4m。墙顶厚度常不小于0.3m。

6.3　拦渣堤设计

6.3.1　拦渣堤形式及选择

拦渣堤形式主要有墙式拦渣堤和非墙式拦渣堤；按建筑材料分有土石堤、砌石堤、混凝土堤、石笼堤等。

水土保持工程采用的拦渣堤形式多为墙式拦渣堤，断面形式有重力式、半重力式、衡重式等；非墙式拦渣堤可参照《堤防工程设计规范》（GB 50286）进行设计，此处不予赘述。

对于墙式拦渣堤，堤型选择应综合考虑筑堤材料及开采运输条件、地形地质条件、施工条件、基础处理、抗震要求等因素，经技术经济比较后确定。

6.3.2　堤线布置

拦渣堤堤线布置应考虑如下要求：

（1）满足河流治导规划或行洪安全要求。

（2）堤基宜布置于相对较高的基础面上，以便降低堤身高度。

（3）堤轴线应顺等高线布置，尽量避免截断天然沟谷和水流，否则应考虑沟谷排洪设施；平面走向应顺直，转折处应采用平滑曲线连接。

（4）堤基选择新鲜不易风化的岩石或密实土层基础，并考虑基础土层含水量和密度的均一性，以满足地基承载力要求。

6.3.3　断面设计

6.3.3.1　设计内容与方法

拦渣堤断面设计内容主要包括堤顶高程、堤顶宽度、堤高、堤面及堤背坡比等。一般在确定拦渣堤堤型后，根据堤基地形地质、水文条件、筑堤材料、堆渣量及施工条件等，参考已有工程经验初拟拦渣堤断面主要尺寸，经试算满足抗滑、抗倾和地基承载力要求且经济合理的断面即为设计断面。

6.3.3.2 堤顶高程及安全超高

拦渣堤堤顶高程应满足挡渣要求和防洪要求，因此，堤顶高程应按满足防洪要求和安全拦渣要求二者中的高值确定。按防洪要求确定的堤顶高程应为设计洪水位（或设计潮水位）加安全超高，安全超高按式（6.3-1）计算：

$$Y=R+e+A \tag{6.3-1}$$

式中 Y——堤顶超高，m；

R——设计波浪爬高，m，可按《堤防工程设计规范》（GB 50286）附录C计算确定；

e——设计风壅增水高度，m，可按《堤防工程设计规范》（GB 50286）附录C计算确定，对于海堤当设计高潮位中包括风壅增水高度时不另计；

A——安全加高，m，按表6.3-1确定。

表6.3-1　　拦渣堤工程安全加高值

拦渣堤工程级别	1	2	3	4	5
拦渣堤安全加高值/m	1.0	0.8	0.7	0.6	0.5

6.3.3.3 堤顶宽度

堤顶宽度需根据防洪、管理、施工、构造及其他要求确定。

6.3.3.4 堤高

堤高是指堤顶高程与堤基础顶板高程之差值。

当设计堤身高度较大时，可根据具体情况降低堤身高度，采用拦渣堤和边坡防护相结合的复合型式。边坡防护措施材料可视具体情况采用干砌石、浆砌石、石笼或混凝土等，边坡防护措施设计见本教材第7章。

6.3.3.5 堤面及堤背坡比

堤面及堤背坡比需根据拦渣堤级别、堤身结构、堤基、筑堤材料、护坡形式、堤高、施工及运用条件，经稳定计算确定。堤高超过6m时，堤背宜设置戗台，戗台的宽度不宜小于1.5m。

6.3.4 埋置深度与堤基处理

6.3.4.1 埋置深度

拦渣堤基础埋置深度需结合不同类型拦渣堤结构特性和要求，考虑地形地质、水流冲刷条件、冻结深度，以及结构稳定和地基整体稳定要求等因素综合确定。

1. 冲刷深度及防冲（淘）措施

（1）冲刷深度。拦渣堤冲刷深度根据《堤防工程设计规范》（GB 50286）计算，并类比相似河段淘刷深度，考虑一定的安全裕度确定。

对于水流平行于岸坡情况，局部冲刷深度按式（6.3-2）计算：

$$h_s=h_0\times\left[\left(\frac{U_{cp}}{U_c}\right)^n-1\right] \tag{6.3-2}$$

式中 h_s——局部冲刷深度，m；

h_0——冲刷处的水深，m；

U_{cp}——近岸垂线平均流速 m/s；

U_c——泥沙起动流速，m/s；

n——与防护岸坡在平面上的形状有关的系数，n 为 1/4～1/6，一般取 $n=1/4$。

（2）防冲（淘）措施。拦渣堤工程须考虑洪水对堤脚的淘刷，对堤脚采取相应防冲（淘）措施。为了保证堤基稳定，基础底面应设置在设计洪水冲刷线以下一定的深度。

常用的防冲（淘）措施有：抛石护脚；堤趾下伸形成齿墙，以满足抗冲刷埋置深度要求，并在拦渣堤外侧开挖槽内回填大块石等抗冲物；拦渣堤外侧铺设钢筋（格宾）石笼等。

2. 冻结深度

在冰冻地区，除岩石、砾石、粗砂等非冻胀地基外，其余基础的堤底需埋置在冻结线以下，并不小于 0.25m。

3. 其他要求

在无冲刷无冻结情况下，拦渣堤基础底面一般应设在天然地面或河床面以下 0.5～1.0m，以保证堤基稳定性。

6.3.4.2　堤基处理

堤基处理需根据拦渣堤工程级别、堤高、堤基条件和渗流控制要求，选择经济合理的方案。常见的主要有软弱堤基处理、透水堤基处理等，按照《堤防工程设计规范》（GB 50286）设计。

6.3.5　分缝与排水

6.3.5.1　分缝

拦渣堤分缝原理同挡渣墙，沿堤轴线方向每隔一定距离设置一道缝宽 2～3cm 的变形缝，变形缝应设止水。混凝土及浆砌石拦渣堤缝距宜为 10～15m，钢筋混凝土拦渣堤宜为 15～20m。地基土质、堤高、外部荷载、堤体断面结构变化处，应增设变形缝。

6.3.5.2　排水

为排出堤后积水，需在堤身布置排水孔，孔进口需设置反滤层。排水孔及反滤层布设同挡渣墙。

6.4　拦渣坝设计

6.4.1　坝址选择

拦渣坝坝址选择应综合考虑以下几方面因素确定。

（1）坝址处沟谷狭窄，坝轴线较短，且上游沟谷平缓、开阔，拦渣库容较大。

（2）沟道两岸岩体完整、岸坡稳定，坝基工程地质条件良好。

（3）具有布置排水洞、溢洪道或排洪渠等排水设施的地形地质条件。

（4）筑坝所需土、石、砂等建筑材料充足，且取料方便。

（5）设置拦渣坝堆渣后，不影响沟道行洪和下游防洪，也不会增加下游沟（河）道的淤积。

6.4.2 总库容确定

滞洪式拦渣坝总库容由拦渣库容、拦泥库容、滞洪库容三部分组成。坝顶高程应按总库容在水位—库容曲线上对应水位，加上安全超高确定。截洪式拦渣坝不考虑滞洪库容。

6.4.3 拦渣坝类型

水土保持工程拦渣坝类型按坝型分主要为重力坝和碾压堆石坝等，按建筑材料可分为混凝土坝、浆砌石坝和碾压堆石坝等。一般采用低坝，以 6～15m 为宜，在渣场渣量较大、防护要求较高等特殊情况下坝高可超过 15m，但一般不宜超过 30m。根据上游洪水处理方式，拦渣坝可分为截洪式和滞洪式两类。

由于拦渣坝造价较高，实际工程中运用较少，需要用到时可参照相应规范进行设计。对于这类渣场常采取放缓堆渣边坡、坡脚修建挡渣墙或拦渣堤的方案。

6.4.4 坝体断面及结构设计

6.4.4.1 截洪式拦渣坝

截洪式拦渣坝坝体只拦挡坝后弃渣以及少量渣体渗水，渣体上游的沟道洪水常通过拦洪坝、排水洞等措施进行排导，坝体不承担拦洪作用。按照建筑材料可分为混凝土坝、砌石坝、堆石坝等类型。本节仅对混凝土拦渣坝、浆砌石拦渣坝、碾压堆石拦渣坝设计予以详述。

1. 混凝土拦渣坝

（1）特点。混凝土拦渣坝通常为实体重力坝，宜修建在岩基上，适用于堆渣量大、基础为岩石的截洪式弃渣场，具有排水设施布设方便、便于机械化施工、运行维护简单等特点，但筑坝造价相对较高。

（2）适用条件。

1）地形条件。混凝土拦渣坝对地形适应性较好，坝址宜选择在上游库容条件好、坝段沟谷狭窄、便于布设施工场地的位置。

2）地质条件。混凝土拦渣坝对地质条件的要求相对较高，一般要求坐落于岩基上，要求坝址处沟道两岸岩体完整、岸坡稳定。对于岩基可能出现的节理、裂隙、夹层、断层或显著的片理等地质缺陷，需采取相应处理措施；对于非岩石基础，需经过专门处理，以满足设计要求。

3）施工条件。混凝土拦渣坝筑坝所需水泥等原材料一般需外购，需有施工道路；同时为了满足弃渣场“先拦后弃”的水土保持要求，拦渣坝需在较短的时间内完成，施工强度大，对机械化施工能力要求较高。

（3）坝址选择。坝址选择一般应考虑下列因素：

1）沟谷地形平缓，沟床狭窄，坝轴线短，筑坝工程量小。

2）坝址应选择在岔沟、弯道的下游或跌水的上方，坝肩不宜有集流洼地或冲沟。

3）坝基宜为新鲜、弱风化岩石或覆盖层较薄，无断层破碎带、软弱夹层等不良地质，无地下水出露，两岸岸坡不宜有疏松的坡积物、陷穴和泉眼等隐患，坝基处理措施简单有效；如无地形、地质等条件限制，坝轴线宜采用直线式布置，且与拦渣坝上游堆渣坡顶线平行。

4）坝址附近地形条件适合布置施工场地，内外交通便利，水、电来源条件能满足施工要求。

5）筑坝后不应影响周边公共设施、重要基础设施及村镇、居民点等的安全。

（4）坝体断面。

1）坝坡。坝体上、下游坝坡根据稳定和应力等要求确定，坝坡稳定和坝基应力等计算见“6.5 拦渣工程稳定计算”。一般情况下，上游坝坡坡比可采用 1：0.4～1：1.0，下游坝面可为铅直面、斜面或折面。下游坝面采用折面时，折坡点高程应结合坝体稳定和应力以及上下游坝坡选定；当采用斜面时，坝坡坡比可采用 1：0.05～1：0.2。

2）坝顶宽度及高程。坝顶宽度主要根据其用途并结合稳定计算等确定，坝顶最小宽度一般不小于 2.0m。

由于截洪式拦渣坝不考虑坝前蓄水，坝顶高程为拦渣高程加超高，其中拦渣高程根据拦渣库容及堆渣形态确定；坝顶超高主要考虑坝前堆渣表面滑塌的缓冲拦挡以及后期上游堆渣面防护和绿化等因素确定，一般不小于 1.0m。

3）坝体分缝。坝体分缝根据地质、地形条件及坝高变化设置，将坝体分为若干个独立的坝段。横缝沿坝轴线间距一般为 10～15m，缝宽为 2～3cm，缝内填塞胶泥、沥青麻絮、沥青木板、聚氨酯或其他止水材料。在渗水量大、坝前堆渣易于流失或冻害严重的地区，宜采用具有弹性的材料填塞，填塞深度一般不小于 15cm。

由于混凝土拦渣坝一般采用低坝，混凝土浇筑规模较小，在混凝土浇筑能力和温度控制等满足要求的情况下，坝体内一般不宜设置纵缝。

4）坝前排水。为减小坝前水压力，提高坝体稳定性，应设置排水沟（孔、管及洞）等排水设施。

当坝前渗水量小，可在坝身设置排水孔，排水孔径为 5～10cm，间距为 2～3m，干旱地区间距可稍为增大，多雨地区则应减小。当坝前填料不利于排水时，宜结合堆渣要求在坝前设置排水体。

当坝前渗水量较大或在多雨地区，为了快速排除坝前渗水，坝身可结合堆渣体底部盲沟布设方形或城门洞形排水洞，并应采用钢筋混凝土对洞口进行加固。排水洞进口侧采用格栅拦挡，后侧填筑一定厚度的卵石、碎石等反滤材料。考虑到排水洞出口水流对坝趾基础产生的不利影响，坝趾处一般采用干砌石、浆砌石等护面措施，或布设排水沟、集水井。

为尽可能降低坝前水位，坝前填渣面以及弃渣场周边可根据要求设置截留和排除地表水的设施，如截水沟、排水明沟或暗沟等。对于渣体内渗水，可设置盲沟排导。

5）坝体混凝土。设计时，拦渣坝混凝土除应满足结构强度和抗裂（或限裂）要求外，还应根据工作条件、地区气候等环境情况，分别满足抗冻和抗侵蚀等要求。

坝体混凝土强度根据《水工混凝土结构设计规范》（SL 191）采用，亦可参考表 6.4-1。

表 6.4－1 混凝土强度标准值

拦渣坝混凝土	强度等级					
	C7.5	C10	C15	C20	C25	C30
轴心抗压 f_{ck}/MPa	7.6	9.8	14.3	18.5	22.4	26.2

坝体混凝土应根据气候分区、冻融循环次数、表面局部小气候条件、水分饱和程度、结构构件重要性和检修难易程度等综合因素选定抗冻等级，并满足《水工建筑物抗冰冻设计规范》(SL 211) 的要求。

当环境水具有侵蚀性时，应选用适宜的水泥及骨料。

坝体混凝土强度等级主要根据坝体应力、混凝土龄期和强度安全系数确定，坝体内不容许出现较大的拉应力。坝体混凝土宜采用同一强度等级，若使用不同强度等级混凝土，不同等级之间要有良好的接触带，施工中须混合平仓加强振捣，或采用齿形缝结合，同时相邻混凝土强度等级的级差不宜大于两级，分区厚度尺寸最小为 2m。

6）坝前堆渣设计。坝前堆渣宜将渣料分区堆放，按照稳定坡比分级堆置，并设置马道或堆渣平台，保证堆渣体自身处于稳定状态。

注意渣体内排水。坝前堆渣体应保证有良好的透水性，一般应在坝前 15～50m 范围内堆置透水性良好的石渣料，作为排水体。

2. 浆砌石拦渣坝

（1）特点。

1）坝型为重力坝，坝体断面较小、结构简单，石料和胶结材料等主要建筑材料可就地取材或取自弃渣。

2）雨季对施工影响不大，全年有效施工期较长。

3）施工技术较简单，对施工机械设备要求比较灵活。

4）工程维护较简单。

5）坝顶可作为交通道路。

（2）适用条件。浆砌石拦渣坝适用于石料丰富，便于就地取材和施工场地布置的地区。坝基一般要求为岩石地基。

（3）坝址选择。坝址选择原则和要求基本与混凝土坝相同，但需考虑筑坝石料来源。

（4）筑坝材料。浆砌石拦渣坝的筑坝材料主要包括石料和胶凝材料。

石料要求新鲜、完整、质地坚硬，如花岗岩、砂岩、石灰岩等，拦渣坝砌石料优先从弃渣中选取。

浆砌石坝的胶结材料应采用水泥砂浆和一、二级配混凝土。水泥砂浆常用的强度等级为 M7.5、M10、M12.5 三种。

（5）坝体断面。坝体断面结合水土保持工程的布置全面考虑，根据坝址区的地形、地质、水文等条件进行全面技术经济比较后确定。

为了满足拦渣功能，浆砌石重力坝的平面布置可以是直线式，也可以是曲线式，或直线与曲线组合式。

为防止渣体内排水不畅，影响坝体安全稳定，坝前堆渣体应保持良好的透水性，应在

坝前15～50m范围内堆置透水性良好的石料或渣料。

1）坝顶宽度。坝高为6～10m，坝顶宽度宜为2～4m；坝高为10～20m，坝顶宽度宜为4～6m；坝高为20～30m，坝顶宽度宜为6～8m。

2）坝顶高程。坝顶高程确定原则同混凝土拦渣坝。

3）坝坡。浆砌石拦渣坝一般上游面坡度为1∶0.2～1∶0.8，下游面坡度为1∶0.5～1∶1.0，个别地基条件较差的工程，为了坝体稳定或便于施工，边坡可适当放缓。

4）坝体构造。浆砌石拦渣坝应设置横缝，一般不设置纵缝。横缝的间距根据坝体布置、施工条件以及地形、地质条件综合确定。

为了排放坝前渣体内渗水，在坝身设置排水管或在底部设置排水孔洞排水，布设原则与方法可参考混凝土拦渣坝。

3. 碾压堆石拦渣坝

碾压堆石拦渣坝是用碾压机具将沙、砂砾和石料等建筑材料或经筛选后的弃石渣分层碾压后建成的一种用于渣体拦挡的建（构）筑物。碾压堆石拦渣坝类似于透水堆石坝，不同之处在于其采用坝体拦挡弃土（石、渣），同时利用坝体的透水功能把坝前渣体内水通过坝体排出，以降低坝前水位。

（1）特点。碾压堆石拦渣坝具有以下特点：

1）建筑材料来源丰富。

2）基础处理工程量较小。

3）有效提高渣场容量。

4）配套排水设施投入低。

5）工程适用范围广，后期维护便利。

6）施工简便，投资低。

7）工程安全性高。

（2）适用条件。

1）地形条件。碾压堆石拦渣坝对地形适应性较强，一般修建在地形相对宽阔的沟道型弃渣场下游端。因其坝体断面较大，主要适用于坝轴线较短、库容大，有条件且便于施工场地布设的沟道型弃渣场。

2）地质条件。该坝型对工程地质条件的适应性较好，对大多数地质条件，经处理后均可适用。但对厚的淤泥、软土、流沙等地基需经过论证后才能适用。

碾压堆石拦渣坝高度相对其他拦渣坝而言较高，宜修建在岩石地基上，但密实的、强度高的冲积层，不存在引起沉陷、管涌和滑动危险的夹层时，也可以修建碾压堆石拦渣坝。对于岩基，地质上的节理、裂隙、夹层、断层或显著的片理等可能造成重大缺陷的，需采取相应处理措施。

3）筑坝材料来源。筑坝材料优先考虑从弃石渣中选取；也可就近开采砂、石料、砾石料等。

4）施工条件。由于该坝型工程量较大，为满足弃渣场“先拦后弃”的水土保持要求，坝体需要在较短的时间内填筑到一定高度，施工强度较大，对机械化施工能力要求较高。

（3）坝址选择。坝址选择一般考虑如下因素：

1）坝轴线较短，筑坝工程量小。

2）坝址附近场地地形开阔，布设施工场地容易。

3）地质条件较好，无不宜建坝的不良地质条件，优先选择基岩出露或覆盖层较浅处，坝基处理容易，费用较低。

4）筑坝材料丰富，运距短，交通方便。

（4）筑坝材料。筑坝材料应优先考虑就近利用主体工程弃石料，以表层弱风化岩层或溢洪道、隧洞、坝肩等开挖的石料为主。

1）坝体堆石材料的质量要求。

a. 基本要求：①筑坝石料有足够的抗剪强度和抗压强度，具有抵抗物理风化和化学风化的作用，也要具有坚固性；②石料要求以粗粒为主、无凝聚性、能自由排水、级配良好；③石料多选用新鲜、完整、坚实的较大石料，且填筑后材料具有低压缩性（变形较小）和一定的抗剪强度。

b. 石料质量。石料的抗压强度一般不宜低于20MPa，石料的硬度一般不宜低于莫氏硬度表的第3级，石料容重一般不宜低于20kN/m^3，细料多的石渣饱和度以达到90%为佳。当拦渣要求和标准较低时，可根据实际情况适当降低石料质量要求。

2）坝体堆石材料的级配要求。

a. 基本要求：①石料尺寸应使堆石坝的沉陷尽可能小；②使堆石体具有较大的内摩擦角，以维持坝坡的稳定；③使坝体堆石具有一定的渗透能力。

b. 石料级配。石料粒径应多数大于10mm，最大粒径不超过压实分层厚度（一般为60～80cm），小于5.0mm的颗粒含量不超过20%，小于0.075mm的颗粒含量不超过5%；松散堆置时内摩擦角一般不小于30°。

当拦渣要求和标准较低时可适当降低标准。

3）坝上游反滤料。上游坝坡需设置反滤层，一般由砂砾石垫层（反滤料）和土工布组成。

反滤料一般采用无凝聚性、清洁而透水的砂砾石，也可采用碎石和石渣，要求质地坚硬、密实、耐风化、不含水溶岩；抗压强度不低于堆石料强度；清洁、级配良好、无凝聚性、透水性大并有较好的抗冻性，渗透系数大于堆渣渗透系数，且压实后渗透系数为$1\times10^{-3}\sim10^{-2}$cm/s；反滤料粒径$D$与坝前堆渣防流失粒径$d$的关系为$D<(4\sim8)d$，且最大粒径不超过10cm，粒径小于0.075mm的颗粒含量不超过5%，小于5mm的颗粒含量为30%～40%。

当反滤料和堆石体之间的颗粒粒径差别相当大时，在堆石体和反滤层之间还需设置过渡区，过渡区石料要求可参照反滤料的规定。

4）坝体断面。

a. 坝轴线布置。轴线布置应根据地形地质条件，按便于弃渣、易于施工的原则，经技术经济比较后确定，坝轴线宜布置成直线。

b. 坝顶宽度。坝顶宽度主要根据后期管理运行需要、坝顶设施布置和施工要求等综合确定，一般为3～8m，但坝顶有交通需要时可适当加宽。

c. 坝顶高程。坝顶高程为拦渣高程加安全超高。拦渣高程根据堆渣量、拦渣库容、堆渣形态确定；安全超高主要考虑坝前堆渣表面滑塌的缓冲阻挡作用、坝基沉降以及后期上游堆渣面防护和绿化等因素分析确定，一般不小于 1.0m。

d. 坝坡防护。坝上游坡设置反滤层或过渡层，下游坡为防止渗水影响坡面稳定，可采用干砌石护坡、钢筋石笼护坡或抛石护脚等。

e. 坝面坡比。坝坡应根据填筑材料通过稳定计算确定，坝坡稳定计算见“6.5 拦渣工程稳定计算”。一般应缓于填筑材料的自然休止角对应坡比，且不宜陡于 1：1.5。

f. 反滤层和过渡层。为阻止坝前堆渣随渗水向坝体和下游流失而影响坝体透水性和稳定性，需在上游坝坡设置反滤层。

反滤层一般由砂砾垫层（反滤料）和土工布组成，厚度一般不小于 0.5m，机械施工时不小于 1.0m，随着坝高而加厚，一般设一层，两侧为砂砾石层，中间为土工布。当堆渣与碾压堆石粒径差别较大时，需设粗、细两种颗粒级配的反滤层。

当反滤料和堆石体之间的颗粒粒径差别相当大时，在堆石体和反滤层之间还需设置过渡层，过渡层设置要求可参照反滤层的规定。

g. 坝体填筑。坝体填筑应在基础和岸坡处理结束后进行。堆石填筑前，需对填筑材料进行检验，必要时可配合做材料试验，以确保填筑材料满足设计要求。

坝体填筑时需配合加水碾压，碾压设备以中小型机械为主。堆石料分层填筑、分层碾压。

h. 坝前堆渣设计。坝前堆渣设计要求同混凝土拦渣坝。

6.4.4.2　滞洪式拦渣坝

滞洪式拦渣坝是指坝体既拦渣又挡上游来水的拦挡建筑物，其设计原理和一般水工挡水建筑物相同。按坝型可分为重力坝和土石坝。重力坝一般不设溢洪道，采用坝顶溢流泄洪；土石坝一般采用均质土坝或砌石坝或堆石坝，土石坝设专门的溢洪道或其他如竖井等排泄洪水，如从坝顶溢流泄洪，应考虑防冲措施。此处仅详述浆砌石坝，其他坝型参考相应规范设计。

1. 特点

（1）常用滞洪式拦渣坝一般采用低坝，规模小、坝体结构简单，主要建筑材料可以就地取材或来源于弃渣，造价相对低。

（2）施工技术简单，对施工机械设备要求比较灵活，但机械化程度一般较低，以人工为主；建成后的维修及处理工作较简单。

（3）与传统水利工程浆砌石重力坝相比，主要区别在于滞洪式拦渣坝上游不是逐年淤积的水库泥沙，而是以短期内堆填工程弃土弃渣为主。

（4）对渗漏要求不高，在不发生渗透性破坏，不影响稳定的前提下，渗漏有助于排除渣体内积水，进而减轻上游水压力。

2. 适用条件

（1）地形条件。库容条件较好，坝轴线较短，筑坝工程量小；坝址附近有地形开阔的场地，便于布设施工场地和施工道路。

（2）地质条件。一般要求坐落于基岩地基上，坝址处应地质条件良好，基岩出露或覆盖层较浅，无软弱夹层；坝肩处岸坡稳定，无滑坡等不良地质条件；坝基和两岸的节理、裂隙等处理容易。

（3）筑坝材料来源。坝址附近有适用于筑坝的石料，弃渣石料质量满足要求条件下应

尽量从弃渣中筛选利用；其他材料可在当地购买。

（4）筑坝后不直接威胁下游村镇等重要设施安全。

（5）弃渣所在沟道流域面积不宜过大，在库容满足要求前提条件下坝址控制流域面积越小越好。

3. 筑坝材料

浆砌石拦渣坝的筑坝材料主要包括石料和胶凝材料，筑坝材料要求可参考截洪式浆砌石拦渣坝。

4. 设计要点

（1）稳定计算、应力计算方法同截洪式浆砌石拦渣坝，但需重点考虑坝上游水压力影响。

（2）设计洪水标准，可参考水利工程技术规范和防洪标准确定，拦渣库容为弃渣量和坝址以上流域内的来沙量之和。

（3）坝顶高程考虑拦渣高度、滞洪水深及安全超高后确定。

（4）设计洪水：一般情况下，拦渣坝坝控流域面积比较小，应采用当地小流域洪水计算方法进行计算。

6.4.5　坝基处理设计

拦渣坝基础应具有足够的强度，以承受坝体的压力；具有足够的整体稳定性和均匀性，以满足坝基抗滑稳定和减少不均匀沉降；具有足够的抗渗性，以满足渗透稳定，控制渗流量；具有足够的耐久性，以防止岩体在水的长期作用下发生恶化。

拦渣坝的地基处理设计应根据地质条件、地基与其上部结构之间的相互关系、拦渣坝布置、筑坝材料和施工方法等因素综合研究后进行。建基面应根据坝体稳定、地基应力、岩体的物理力学性质、基础变形和稳定性、上部结构对基础的要求、基础加固处理效果、工期和费用等技术经济比较确定。

设计时根据不同的拦渣坝坝型，参照相应设计规范进行坝基处理设计，对不能满足要求的基础，应按照相应设计规范要求采取相应的基础处理措施，以达到坝基要求。上述三种坝型堤基处理设计如下。

6.4.5.1　混凝土拦渣坝坝基处理

混凝土拦渣坝宜建在岩基上，对于存在风化、节理、裂隙等缺陷或涉及断层、破碎带和软弱夹层等时，必须采取有针对性的工程处理措施。坝基处理的目的：提高地基的承载力、提高地基的稳定性，减小或消除地基的有害沉降，防止地基渗透变形。基础处理后的坝基应满足承载力、稳定及变形的要求。常用的地基处理措施主要有基础开挖与清理、固结灌浆、回填混凝土、设置深齿墙等。

6.4.5.2　浆砌石拦渣坝坝基处理

地基处理的目的是满足承载力、稳定和变形的要求。

经处理后坝基应具有足够的强度，以承受坝体的压力；具有足够的整体性和均匀性，以满足坝体抗滑稳定的要求和减小不均匀沉陷；具有足够的抗渗性，以满足渗透稳定的要求；具有足够的耐久性。

浆砌石拦渣坝的建基面根据坝体稳定、地基应力、岩体的物理力学性质、岩体类别、基础变形和稳定性、上部结构对基础的要求，综合考虑基础加固处理效果及施工工艺、工期和费用等，经技术经济比较确定。水土保持工程的浆砌石坝高度一般小于30m，基础宜建在弱风化中部至上部基岩上。对于较大的软弱破碎带，可采用挖除、混凝土置换、混凝土深齿墙、混凝土塞、防渗墙、水泥灌浆等方法处理。

6.4.5.3　碾压堆石拦渣坝坝基处理

碾压堆石拦渣坝对基础处理的要求较低，砂砾层地基甚至土基经处理后均可筑坝，同时由于碾压堆石拦渣坝坝体按透水设计，对基础不均匀沉降方面的要求较低，小范围的坝体变形不会对坝体整体安全造成影响。

碾压堆石拦渣坝坝基处理主要包括地基处理和两岸岸坡处理。

1. 地基处理

对于一般的岩土地基，建基面须有足够的强度，并避开活动性断层、夹泥层发育的区段、浮渣、深厚强风化层和软弱夹层整体滑动等基础。坝壳底部基础处理要求不高，对于强度和密实度与堆石料相当的覆盖层一般可以不挖除；反滤层和过渡层的基础开挖处理要求较高，尽可能挖到基岩。当覆盖层较浅（一般不超过3m）时，应全部挖除达到基岩或密实的冲积层。

2. 两岸岸坡处理

对于坝肩与岸坡连接处，一般岩质边坡坡度控制缓于1：0.5，土质边坡缓于1：1.5，并力求连接处坡面平顺，不出现台阶式或悬坡，坡度最大不陡于70°。如果岸坡为砂砾或土质，一般应在连接面设置反滤层，如砂砾层、土工布等形式。如果岸坡有整体稳定问题，可采用削坡、抗滑桩、预应力锚索等工程措施处理，并加强排水和植被措施。如果有局部稳定问题，可采用削坡处理、浆砌块石拦挡、锚杆加固等形式加固。

6.5　拦渣工程稳定计算

稳定计算需要确定设计标准（指稳定安全系数）、计算方法、工况等，设计标准与拦渣工程级别相关。下面针对常用的挡渣墙、拦渣堤、挡渣坝等拦渣工程稳定计算进行介绍。

6.5.1　稳定安全系数

1. 挡渣墙

挡渣墙抗滑稳定安全系数、抗倾稳定安全系数按本教材3.2.4节规定确定，基底应力标准按本教材3.2.5节规定确定。

2. 拦渣堤

拦渣堤抗滑稳定安全系数、抗倾稳定安全系数按本教材3.2.4节规定确定，基底应力标准同挡渣墙基底应力。

3. 拦渣坝

混凝土拦渣坝、浆砌石拦渣坝和碾压堆石拦渣坝的抗滑、抗倾稳定及坝基应力计算设

计标准需根据坝型参照相应坝设计规范确定。

6.5.2　挡渣墙稳定计算

挡渣墙设计时需进行抗滑、抗倾、地基承载力、地基整体稳定等稳定计算分析。下面介绍挡渣墙稳定计算分析。

6.5.2.1　计算工况

计算工况包括正常运用工况和非常运用工况。作用在挡渣墙上的荷载可分为基本荷载和特殊荷载两类。设计挡渣墙时，应将可能同时出现的各种荷载进行组合。荷载组合可分为基本荷载组合和特殊荷载组合。正常运用工况下的荷载组合称基本荷载组合；非常运用工况下的荷载组合称特殊荷载组合。

1. 基本荷载组合

挡渣墙结构及其底板以上填料和永久设备的自重、墙后填土破裂体范围内的车辆、人群等附加荷载、相应于正常挡渣高程的土压力、墙后正常地下水位下的水重、静水压力和扬压力、土的冻胀力、其他出现机会较多的荷载。

2. 特殊荷载组合

多雨期墙后土压力、水重、静水压力和扬压力、地震作用、其他出现机会很少的荷载。墙前有水位降落时，还应按特殊荷载组合计算此种不利工况。

6.5.2.2　抗滑稳定计算

抗滑稳定计算公式为

$$K_s=\frac{f\sum W}{\sum P}\geqslant[K_s] \tag{6.5-1}$$

式中　K_s——抗滑稳定安全系数；

f——挡渣墙基底面与地基之间的摩擦系数，宜由试验确定，无试验资料时，根据类似地基的工程经验确定，可参照表 6.5-1 取值；

$\sum W$——作用于挡渣墙上的全部荷载的垂直分力之和，包括墙身自重、土重等垂直荷载以及基底面上扬压力的总和，kN；

$\sum P$——作用于挡渣墙上全部荷载水平分力之和，包括土压力、水压力等荷载水平分力之和，kN；

$[K_s]$——抗滑稳定安全系数容许值。

挡渣墙抗滑稳定安全系数容许值应根据挡渣墙级别，按相关标准确定。

表 6.5-1　挡渣墙基底面与地基之间的摩擦系数参考值表

土的类别		摩擦系数	土的类别	摩擦系数
黏性土	可塑	0.25～0.30	中砂、粗砂、砾砂	0.4～0.5
	硬塑	0.30～0.35	碎石土	0.4～0.5
	坚硬	0.35～0.45	软质岩石	0.4～0.55
粉土	$Sr\leqslant0.5$	0.30～0.40	表面粗糙的硬质岩石	0.65～0.75

注　表中 Sr 是与基础形状有关的形状系数，$Sr=(1\sim0.4)B/L$；B 为基础宽度，m；L 为基础长度，m。

6.5.2.3 抗倾覆稳定计算

抗倾覆稳定计算公式为

$$K_t=\frac{\sum M_y}{\sum M_o}\geqslant[K_t] \tag{6.5-2}$$

式中 K_t——抗倾覆稳定安全系数；

$\sum M_y$——作用于墙身各力对墙前趾的稳定力矩，kN·m；

$\sum M_o$——作用于墙身各力对墙前趾的倾覆力矩，kN·m；

$[K_t]$——抗倾覆稳定安全系数容许值。

挡渣墙抗倾覆稳定安全系数容许值应根据挡渣墙级别，按设计标准确定。

6.5.2.4 地基应力验算

1. 地基应力计算公式

地基应力计算公式为

$$\sigma_{\min}^{\max}=\frac{\sum G}{A}\pm\frac{\sum M}{W} \tag{6.5-3}$$

式中 $\sigma_{\max}$——基底最大应力，kPa；

$\sigma_{\min}$——基底最小应力，kPa；

$\sum M$——各力对挡渣墙基底中心力矩之和，kN·m；

$\sum G$——所有作用于挡渣墙基底的竖向荷载总和，kN；

W——挡渣墙基底面对于基底面平行前墙墙面方向形心轴的截面矩，m^3；

A——挡渣墙基底面的面积，m^2。

2. 地基应力验算条件

对于建在土基上的挡渣墙，地基应力验算应满足以下三个条件。

(1) 基底平均应力小于或等于地基容许承载力：

$$\sigma_{cp}\leqslant[R] \tag{6.5-4}$$

式中 σ_{cp}——平均应力，kPa；

$[R]$——地基容许承载力，kPa。

(2) 基底最大应力：

$$\sigma_{\max}\leqslant\partial[R] \tag{6.5-5}$$

式中 ∂——加大系数，一般为1.2～1.5，规范规定$\partial=1.2$。

(3) 地基应力不均匀系数小于或等于容许值：

$$\eta=\frac{\sigma_{\max}}{\sigma_{\min}}\leqslant[\eta] \tag{6.5-6}$$

式中 η——地基应力不均匀系数；

$[\eta]$——地基应力不均匀系数容许值，对于松软地基，宜取$[\eta]=1.5\sim2.0$；对于中等坚硬、密实的地基，宜取$[\eta]=2.0\sim3.0$。

6.5.3 拦渣堤稳定计算

拦渣堤稳定计算包括抗滑、抗倾覆稳定和地基承载力验算。稳定安全系数可根据拦渣

工程建筑物级别和所遭遇的工况，按相应规范取值。

6.5.3.1 计算工况与荷载组合

1. 计算工况

计算工况包括正常运用工况和非常运用工况。正常运用工况下的荷载组合称基本荷载组合；非常运用工况下的荷载组合称特殊荷载组合。

2. 荷载分类

作用在拦渣堤上的荷载有自重、土压力、水压力、扬压力、浪压力、冰压力、地震力、其他荷载（如汽车人群等荷载）。

3. 荷载组合

荷载组合分为基本荷载组合和特殊荷载组合，具体见表6.5-2。

表6.5-2　　荷载组合表

荷载组合	计算情况	荷载							
		自重	土压力	水压力	扬压力	浪压力	冰压力	地震力	其他荷载
基本组合	正常运用	√	√	√	√	√	√	—	√
特殊组合	地震情况	√	√	√	√	√	√	√	√

6.5.3.2 稳定计算

拦渣堤的稳定计算原理同挡渣墙，但在实践中应注意以下几点：

（1）岩基内有软弱结构面时，还要核算沿地基软弱面的深层抗滑稳定。

（2）抗滑稳定安全系数容许值 $[K_s]$、抗倾稳定安全系数容许值 $[K_t]$ 和挡渣墙取值不同，应按照拦渣堤设计标准确定。

（3）基底面与地基之间或软弱结构面之间的摩擦系数，宜采用试验数据。当无试验资料时，可参考表6.5-5取值。需要注意，拦渣堤应考虑到水对摩擦系数的影响，偏于安全选取。

6.5.4 混凝土拦渣坝稳定计算

混凝土拦渣坝由于布设坝前排水设施，一般坝前地下水位控制在较低水平，可不进行坝基抗渗稳定性验算，必要时采取坝基防渗排水措施即可。混凝土拦渣坝基础要求坐落在基岩上，条件较好的岩石地基一般不涉及地基整体稳定问题，当地基条件较差时，需对地基进行专门处理后方可建坝。本节主要介绍混凝土拦渣坝的抗滑稳定和应力计算。

6.5.4.1 荷载组合及荷载计算

1. 荷载组合

混凝土拦渣坝承受的荷载主要有：坝体自重、静水压力、扬压力、坝前土压力、地震作用以及其他荷载等。作用在坝体上的荷载可分为基本组合与特殊组合。基本组合属正常运用情况，由同时出现的基本荷载组成；特殊组合属校核工况或非常工况，由同时出现的基本荷载和一种或几种特殊荷载组成。

（1）基本荷载。

1）坝体及其上固定设施的自重。

2）稳定渗流情况下坝前静水压力。

3）稳定渗流情况下的坝基扬压力。

4）坝前土压力。

5）其他出现机会较多的荷载。

（2）特殊荷载。

1）地震作用。

2）其他出现机会很少的荷载。

混凝土拦渣坝荷载组合见表6.5-3。

表6.5-3　混凝土拦渣坝荷载组合

荷载组合	主要考虑情况		荷载						备注
			自重	静水压力	扬压力	土压力	地震作用	其他荷载	
基本组合	正常运用		√	√	√	√		√	其他荷载为出现机会较多的荷载
特殊组合	Ⅰ	施工情况	√			√		√	其他荷载为出现机会很少的荷载
	Ⅱ	地震情况	√	√	√	√	√	√	

注　1. 应根据各种荷载同时作用的实际可能性，选择计算中最不利的荷载组合。

2. 施工期应根据实际情况选择最不利荷载组合，并应考虑临时荷载进行必要的核算，作为特殊组合Ⅰ。

3. 当混凝土拦渣坝坝前有排水设施时，坝前地下水位较低，荷载组合可不考虑扬压力计算。

2. 荷载计算

（1）坝体自重。坝体自重按式（6.5-7）进行计算：

$$G=\gamma_0 V \tag{6.5-7}$$

式中　G——坝体自重，作用于坝体的重心处，kN；

γ_0——坝体混凝土容重，kN/m³；

V——坝体体积，m³。

（2）坝前静水压力。坝前静水压力按式（6.5-8）进行计算：

$$p=\gamma_1 H_1 \tag{6.5-8}$$

式中　p——静水压力强度，kN/m²；

γ_1——水的容重，kN/m³；

H_1——水头，m。

（3）坝基扬压力。坝基扬压力一般由浮托力和渗透压力两部分组成。拦渣坝设计中，当下游无水位时（或认为水位与坝基齐平），扬压力主要为渗透压力。

当坝基未设防渗帷幕和排水孔时，对下游无水的情况，坝趾处的扬压力为0，坝踵处的扬压力为H_1，其间以直线连接，见图6.5-1。

（4）坝前土压力。弃渣场弃渣一般按非黏性土考虑。当坝前填土面倾斜时，坝前土压力按库伦理论的主动土压力计算（图6.5-2）；当坝前填土面水平时，坝前土压力按朗肯理论的主动土压力计算（图6.5-3）；坝体下游面若有弃渣压坡，土压力按照被动土压力计算。当拦渣坝在坝前土压力等荷载作用下产生的位移和变形都很小，不足以产生主动土压力时，应按照静止土压力计算。此处仅考虑坝前主动土压力的计算。

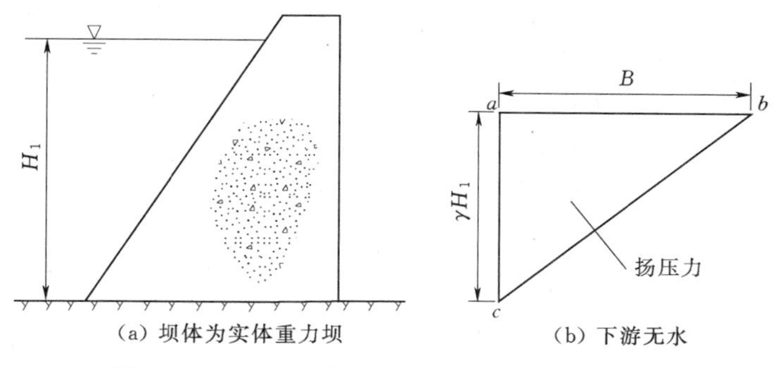

(a) 坝体为实体重力坝　　(b) 下游无水

图 6.5-1　混凝土拦渣坝坝基面上的扬压力分布

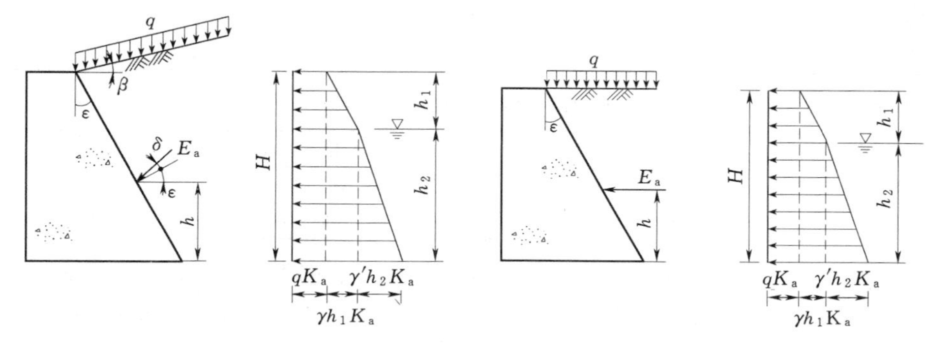

图 6.5-2　坝前库伦主动土压力图（坝前填土面倾斜）

图 6.5-3　坝前朗肯主动土压力图（坝前填土面水平）

作用于坝前的主动土压力按式（6.5-9）～式(6.5-11）计算：

$$E_a = qHK_a + \frac{1}{2}\gamma h_1^2 K_a + \gamma h_1 h_2 K_a + \frac{1}{2}\gamma' h_2^2 K_a \tag{6.5-9}$$

当坝前填土倾斜时：

$$K_a = \frac{\cos^2(\varphi - \varepsilon)}{\cos^2\varepsilon\cos(\varepsilon + \delta)\left[1 + \sqrt{\frac{\sin(\varphi + \delta)\sin(\varphi - \beta)}{\cos(\varepsilon + \delta)\cos(\varepsilon - \beta)}}\right]^2} \tag{6.5-10}$$

当坝前填土水平时：

$$K_a = \tan^2(45° - \varphi/2) \tag{6.5-11}$$

式中　E_a——作用在坝体上的主动土压力，kN/m；

q——作用在坝前填土面上的均布荷载，如护坡、框格等的压力，kN/m^2；

H——土压力计算高度，m；

K_a——主动土压力系数；

β——坝前填土表面坡度，(°)；

ε——坝背面与铅直面的夹角，(°)；

φ——坝前回填土的内摩擦角，可参照表 6.5-4 根据实际回填土特性选取，(°)；

δ——坝前填土对坝背面的摩擦角，可参照表 6.5-5 根据实际情况采用，(°)；

γ——坝前填土容重，一般应根据试验结果确定，无条件时根据回填土组成和特性等综合分析选取；

γ'——坝前地下水位以下填土浮容重，kN/m^3；

h_1——坝前地下水位以上土压力的计算高度，m；

h_2——坝前地下水位至基底面土压力的计算高度，m。

表 6.5-4　　岩土内摩擦角（H. A. 费道洛夫）

岩石种类	内摩擦角 φ/(°)	岩石种类	内摩擦角 φ/(°)
绢云母、炭质	43	裂隙粉砂岩	30
薄层页岩	42	破碎粉砂岩	30
粉碎砂岩	30	第四系黄土物质	25
粉碎页岩	28	绿色黏土	50
破碎砂岩	28	泥灰质黏土	27

表 6.5-5　　坝前填土对坝背面的摩擦角

坝背面排水状况	δ	坝背面排水状况	δ
坝背光滑，排水不良	$(0.00\sim0.33)\varphi$	坝背很粗糙，排水良好	$(0.50\sim0.67)\varphi$
坝背粗糙，排水良好	$(0.33\sim0.50)\varphi$	坝背与填土之间不可能滑动	$(0.67\sim1.00)\varphi$

（5）地震作用。地震作用一般包括坝体自重产生的地震惯性力和地震引起的动土压力。当坝前渣体内水位较高时还需考虑地震引起的动水压力。当工程区地震设计烈度高于Ⅶ度时，应按抗震规范的规定进行地震作用计算。对于设计烈度高于Ⅷ度的大型混凝土拦渣坝应进行专门研究。

常规的混凝土拦渣坝地震作用效应采用拟静力法，一般只考虑顺河流方向的水平向地震作用。

1）根据《水工建筑物抗震设计规范》（SL 203），沿坝体高度作用于质点 i 的水平向地震惯性力代表值计算公式为

$$F_i=\alpha_h\xi G_{Ei}\alpha_i/g \tag{6.5-12}$$

式中　F_i——作用于质点 i 的水平向地震惯性力代表值；

α_h——水平向设计地震加速度代表值，当地震设计烈度为Ⅶ度时取 $0.1g$、地震设计烈度为Ⅷ度时取 $0.2g$、地震设计烈度为Ⅸ度时取 $0.4g$；

ξ——地震作用的效应折减系数，除另有规定外，取 0.25；

G_{Ei}——集中在质点 i 的重力作用标准值；

α_i——质点 i 的动态分布系数，按式（6.5-13）进行计算；

g——重力加速度，m/s^2。

$$a_i=1.4\frac{1+4(h_i/H)^4}{1+4\sum_{i=1}^{n}\frac{G_{Ej}}{G_E}(h_j/H)^4} \tag{6.5-13}$$

式中　n——坝体计算质点总数；

H——坝高，m；

h_i、h_j——分别为质点 i、j 的高度，m；

G_E——产生地震惯性力的建筑物总重力作用的标准值。

2）根据《水工建筑物抗震设计规范》（SL 203），水平向地震作用下的主动动土压力代表值按式（6.5-14）进行计算，其中 C_e 应取式中按“+”“-”号计算结果中的大值。

$$F_E=\left[q_0\frac{\cos\phi_1}{\cos(\phi_1-\phi_2)}H+\frac{1}{2}\gamma H^2\right](1-\zeta a_v/g)C_e \tag{6.5-14}$$

$$C_e=\frac{\cos^2(\varphi-\theta_e-\phi_1)}{\cos\theta_e\cos^2\phi_1\cos(\delta+\phi_1+\theta_e)(1\pm\sqrt{Z})^2} \tag{6.5-15}$$

$$Z=\frac{\sin(\delta+\varphi)\sin(\varphi-\theta_e-\phi_2)}{\cos(\delta+\phi_1+\theta_e)\cos(\phi_2-\phi_1)} \tag{6.5-16}$$

$$\theta_e=\tan^{-1}\frac{\zeta a_h}{g-\zeta a_v} \tag{6.5-17}$$

式中 F_E——地震主动动土压力代表值；

q_0——土表面单位长度的荷重，kN/m²；

ϕ_1——坝坡与垂直面夹角，(°)；

ϕ_2——土表面和水平面夹角，(°)；

H——土的高度，m；

γ——土的容重的标准值，kN/m³；

φ——土的内摩擦角，(°)；

θ_e——地震系数角，(°)；

δ——坝体坡面与土之间的摩擦角，(°)；

ζ——计算系数，拟静力法计算地震作用效应时一般取 0.25。

6.5.4.2 抗滑稳定计算

（1）计算方法。坝体抗滑稳定计算主要核算坝基面滑动条件，根据《混凝土重力坝设计规范》（SL 319）按抗剪断强度公式或抗剪强度公式计算坝基面的抗滑稳定安全系数。

1）抗剪断强度的计算公式：

$$K'=\frac{f'\sum W+C'A}{\sum P} \tag{6.5-18}$$

式中 K'——按抗剪断强度计算的抗滑稳定安全系数；

f'——坝体混凝土与坝基接触面的抗剪断摩擦系数；

C'——坝体混凝土与坝基接触面的抗剪断黏聚力，kPa；

A——坝基基础面截面积，m²；

$\sum W$——作用于坝体上全部荷载（包括扬压力）对滑动平面的法向分值，kN；

$\sum P$——作用于坝体上全部荷载对滑动平面的切向分值，kN。

2）抗剪强度的计算公式：

$$K=\frac{f\sum W}{\sum P} \tag{6.5-19}$$

式中 K——按抗剪强度计算的抗滑稳定安全系数；

f——坝体混凝土与坝基接触面的抗剪摩擦系数；

其他符号同式（6.5-18）。

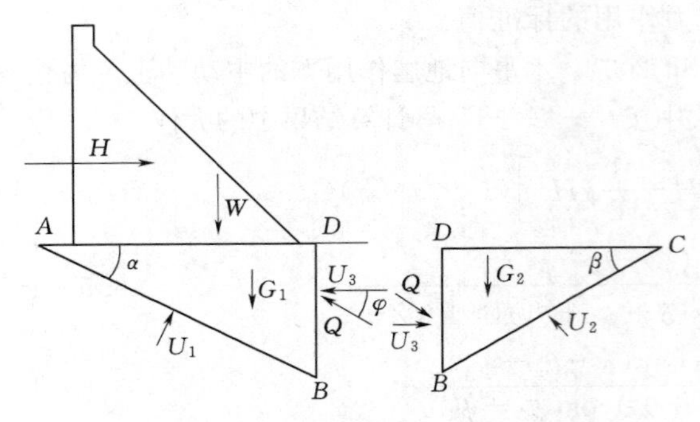

图 6.5-4 双滑动面计算示意图

当坝基内存在缓倾角结构面时，尚应核算坝体带动部分坝基的抗滑稳定性，根据地质资料可概括为单滑动面、双滑动面和多滑动面，进行抗滑稳定分析。双滑动面为最常见情况，见图 6.5-4，其抗滑稳定计算采用等安全系数法，按抗剪断强度公式或抗剪强度公式进行计算。

采用抗剪断强度公式计算。考虑 ABD 块的稳定，则有

$$K_1'=\frac{f_1'[(W+G_1)\cos\alpha-H\sin\alpha-Q\sin(\varphi-\alpha)-U_1+U_3\sin\alpha]+c_1'A_1}{(W+G_1)\sin\alpha+H\cos\alpha-U_3\cos\alpha-Q\cos(\varphi-\alpha)} \tag{6.5-20}$$

考虑 BCD 块的稳定，则有

$$K_2'=\frac{f_2'[G_2\cos\beta+Q\sin(\varphi+\beta)-U_2+U_3\sin\beta]+c_2'A_2}{Q\cos(\varphi+\beta)-G_2\sin\beta+U_3\cos\beta} \tag{6.5-21}$$

式中 K_1'、K_2'——按抗剪断强度计算的抗滑稳定安全系数；

W——作用于坝体上全部荷载（不包括扬压力）的垂直分值，kN；

H——作用于坝体上全部荷载的水平分值，kN；

G_1、G_2——岩体 ABD、BCD 重量的垂直作用力，kN；

f_1'、f_2'——AB、BC 滑动面的抗剪断摩擦系数；

c_1'、c_2'——AB、BC 滑动面的抗剪断凝聚力，kPa；

A_1、A_2——AB、BC 面的面积，m^2；

α、β——AB、BC 面与水平面的夹角，(°)；

U_1、U_2、U_3——AB、BC、BD 面上的扬压力，kN；

Q——BD 面上的作用力，kN；

φ——BD 面上的作用力 Q 与水平面的夹角，(°)，夹角 φ 值需经论证后选用，从偏于安全考虑 φ 可取 0°。

通过两公式及 $K_1'=K_2'=K'$，求解 Q、K'值。

当采用抗剪断强度公式计算仍无法满足抗滑稳定安全系数要求的坝段，可采用抗剪强度公式计算抗滑稳定安全系数。

考虑 ABD 块的稳定，则有

$$K_1=\frac{f_1[(W+G_1)\cos\alpha-H\sin\alpha-Q\sin(\varphi-\alpha)-U_1+U_3\sin\alpha]}{(W+G_1)\sin\alpha+H\cos\alpha-U_3\cos\alpha-Q\cos(\varphi-\alpha)} \tag{6.5-22}$$

考虑 BCD 块的稳定，则有

$$K_2=\frac{f_2[G_2\cos\beta+Q\sin(\varphi+\beta)-U_2+U_3\sin\beta]}{Q\cos(\varphi+\beta)-G_2\sin\beta+U_3\cos\beta} \tag{6.5-23}$$

式中 K_1、K_2——按抗剪强度计算的抗滑稳定安全系数；

f_1、f_2——AB、BC 滑动面的抗剪摩擦系数。

通过式（6.5－22）和式（6.5－23）及 $K_1=K_2=K$，求解 Q、K 值。

对于单滑动面和多滑动面情况及坝基有软弱夹层的稳定计算可参照相关规范。

（2）岩基上的抗剪、抗剪断摩擦系数 f、f'和相应的黏聚力 c'值。根据试验资料及工程类比，由地质、试验和设计人员共同研究决定。若无条件进行野外试验时，宜进行室内试验。岩基上的抗剪、抗剪断摩擦系数和抗剪断黏聚力可参照表 6.5－6 所列数值选用。

表 6.5－6　　岩基上的抗剪、抗剪断参数

岩石地基类别		抗剪断参数		抗剪参数
		f'	c'/MPa	f
硬质岩石	坚硬	1.5～1.3	1.5～1.3	0.65～0.70
	较坚硬	1.3～1.1	1.3～1.1	0.60～0.65
软质岩石	较软	1.1～0.9	1.1～0.7	0.55～0.60
	软	0.9～0.7	0.7～0.3	0.45～0.55
	极软	0.7～0.4	0.3～0.05	0.40～0.45

注　如岩石地基内存在结构面、软弱层（带）或断层的情况，抗剪、抗剪断参数应按现行的国家标准 GB 50487 的规定选用。

（3）抗滑稳定安全系数。按抗剪强度计算公式和抗剪断强度计算公式计算的抗滑稳定安全系数应不小于表 6.5－7 中的最小允许抗滑稳定安全系数。坝基岩体内部深层抗滑稳定按抗剪强度公式计算的抗滑稳定安全系数指标可经论证后确定。

表 6.5－7　　抗滑稳定安全系数

荷载组合		抗滑稳定安全系数			
		1级	2级	3级	4、5级
抗剪强度	基本组合	1.10	1.05～1.08	1.05～1.08	1.05
	特殊组合Ⅰ	1.05	1.00～1.03	1.00～1.03	1.00
	特殊组合Ⅱ	1.00	1.00	1.00	1.00
抗剪断强度	基本组合	3.00	3.00	3.00	3.00
	特殊组合Ⅰ	2.50	2.50	2.50	2.50
	特殊组合Ⅱ	2.30	2.30	2.30	2.30

注　抗滑稳定安全系数主要参考《混凝土重力坝设计规范》（SL 319—2005）。

（4）提高坝体抗滑稳定性的工程措施。

1）开挖出有利于稳定的坝基轮廓线。坝基开挖时，宜尽量使坝基面倾向上游。基岩坚固时，可以开挖成锯齿状，形成局部倾向上游的斜面，但尖角不要过于突出，以免应力集中。

2）坝踵或坝趾处设置齿墙。

3）采用固结灌浆等地基加固措施。

4）坝前增设阻滑板或锚杆。

5）坝前宜填抗剪强度高、排水性能好的粗粒料。

6.5.4.3　应力计算

（1）坝基截面的垂直应力计算。拦渣坝坝基截面的垂直应力计算采用式（6.5-24）。

$$\sigma_y=\frac{\sum W}{A}\pm\frac{\sum Mx}{J} \tag{6.5-24}$$

式中　σ_y——坝踵、坝趾垂直应力，kPa；

$\sum W$——作用于坝段上或1m坝长上全部荷载在坝基截面上法向力的总和，kN；

$\sum M$——作用于坝段上或1m坝长上全部荷载对坝基截面形心轴的力矩总和，kN·m；

A——坝段或1m坝长的坝基截面积，m^2；

x——坝基截面上计算点到形心轴的距离，m；

J——坝段或者1m坝长的坝基截面对形心轴的惯性矩，m^4。

（2）坝体上下游面垂直正应力计算。坝体上下游面垂直正应力计算采用式（6.5-25）：

$$\sigma_y^{u,d}=\frac{\sum W}{T}\pm\frac{6\sum M}{T^2} \tag{6.5-25}$$

式中　$\sigma_y^{u,d}$——坝体上下游面垂直正应力，上游面式中取“+”，下游面式中取“-”，kPa；

T——坝体计算截面上、下游方向的宽度，m；

$\sum W$——计算截面上全部垂直力之和，以向下为正，计算时切取单位长度坝体，kN；

$\sum M$——计算截面上全部垂直力及水平力对于计算截面形心的力矩之和，以使上游面产生压应力者为正，kN·m。

（3）坝体上下游面主应力计算。坝体上、下游面主应力计算采用式（6.5-26）～式（6.5-29）。

上游面主应力：

$$\sigma_1^u=(1+m_1^2)\sigma_y^u-m_1^2(P-P_u^u) \tag{6.5-26}$$

$$\sigma_2^u=P-P_u^u \tag{6.5-27}$$

下游面主应力：

$$\sigma_1^d=(1+m_2^2)\sigma_y^d-m_2^2(P'-P_u^d) \tag{6.5-28}$$

$$\sigma_2^d=P'-P_u^d \tag{6.5-29}$$

式中　m_1、m_2——上游、下游坝坡；

P、P'——计算截面在上游、下游坝面所承受的土压力和水压力强度，kPa；

P_u^u、P_u^d——计算截面在上游、下游坝面处的扬压力强度，kPa。

坝体上、下游面主应力计算公式适用于计及扬压力的情况，如需计算不计截面上扬压力的作用时，则计算公式中将P_u^u、P_u^d取值为0。

（4）应力控制标准。

1）坝踵、坝趾的垂直应力。运行期，在各种荷载组合下（地震作用除外），坝踵垂直应力不应出现拉应力，坝趾垂直应力应小于坝基容许压应力；在地震作用下，坝踵、坝趾的垂直应力应符合SL 203的要求。

施工期，硬质岩石地基情况坝基拉应力不应大于100kPa。

2）坝体应力。运行期，坝体上游面的垂直应力不出现拉应力（计扬压力），坝体最大主压应力不应大于混凝土的允许压应力值；在地震作用下，坝体应力控制标准应符合 SL 203 的要求。

施工期，坝体任何截面上的主压应力不应大于混凝土的允许压应力值，坝体下游面主拉应力不应大于 200kPa。

3）混凝土强度安全系数。混凝土的允许应力应按混凝土的极限强度除以相应的安全系数确定。

坝体混凝土抗压安全系数：基本组合不应小于 4.0；特殊组合（不含地震情况）不应小于 3.5；当局部混凝土有抗拉要求时，抗拉安全系数不应小于 4.0；地震情况下，坝体的结构安全应符合 SL 203 的要求。

6.5.5 浆砌石拦渣坝稳定计算

浆砌石拦渣坝的稳定计算方法、应力计算方法与混凝土拦渣坝坝体基本相同，荷载及其组合等亦可参考混凝土拦渣坝。

6.5.5.1 抗滑稳定计算

浆砌石拦渣坝坝体抗滑稳定计算，应考虑下列三种情况：沿垫层混凝土与基岩接触面滑动；沿砌石体与垫层混凝土接触面滑动；砌石体之间的滑动。

抗剪强度指标的选取由下述两种滑动面控制：胶结材料与基岩间的接触面、砌石块与胶结材料间的接触面，取其中指标小的参数作为设计依据。前一种接触面视基岩地质地形条件，其剪切破坏面可能全部通过接触面，也可能部分通过接触面，部分通过基岩或者可能全部通过基岩。后一种情况由于砌体砌筑不可能十分密实、胶结材料的干缩等原因，石料或胶结材料本身的抗剪强度一般均大于接触面的抗剪强度，其剪切破坏面往往通过接触面；应进行沿坝身砌体水平通缝的抗滑稳定校核，此时滑动面的抗剪强度应根据剪切面上下都是砌体的试验成果确定。

6.5.5.2 应力计算

浆砌石拦渣坝坝体应力计算应以材料力学法为基本分析方法，计算坝基面和折坡处截面的上、下游应力，对于中、低坝，可只计算坝面应力。浆砌石拦渣坝砌体抗压强度安全系数在基本荷载组合时，应不小于 3.5；在特殊荷载组合时，应不小于 3.0。用材料力学法计算坝体应力时，在各种荷载（地震作用除外）组合下，坝基面垂直正应力应小于砌石体容许压应力和地基的容许承载力；坝基面最小垂直正应力应为压应力，坝体内一般不得出现拉应力。实体重力坝应计算施工期坝体应力，其下游坝基面的垂直拉应力不大于 100kPa。

6.5.6 碾压堆石拦渣坝稳定计算

6.5.6.1 坝坡稳定计算

碾压堆石拦渣坝可能受坝前堆渣体的整体滑动影响而失稳，此时的抗滑稳定验算需将拦渣坝和堆渣体看作一个整体进行验算。

对于坝坡抗滑稳定分析，由于坝上游坡被填渣覆盖，不存在滑动危险，只要保证坝体施工期间不滑塌即可，因此可不予进行稳定分析。此章内容主要针对坝下游坡（临空面）

的抗滑稳定进行分析计算说明。

1. 安全系数

坝坡稳定分析计算应采用极限平衡法，当假定滑动面为圆弧面时，可采用计及条块间作用力的简化毕肖普法和不计及条块间作用力的瑞典圆弧法；当假定滑动面为任意形状时，可采用郎畏勒法、詹布法、摩根斯顿-普赖斯法、滑楔法。

坝坡抗滑稳定安全系数详见表 6.5-8。

表 6.5-8　坝坡抗滑稳定安全系数表

计算方法	荷载组合	坝的级别			
		1	2	3	4、5
计及条块间作用力的方法	基本组合	1.50	1.35	1.30	1.25
	特殊组合	1.20	1.15	1.15	1.10
不计及条块间作用力的方法	基本组合	1.30	1.24	1.20	1.15
	特殊组合	1.10	1.06	1.06	1.01

注　表中基本组合指不考虑地震作用，特殊组合指考虑地震作用。

2. 稳定计算方法

圆弧滑动（图 6.5-5）稳定可按下列公式计算。

（1）简化毕肖普法计算公式：

$$K=\frac{\sum[(W\sec\alpha-ub\sec\alpha)\tan\varphi+cb\sec\alpha][1/(1+\tan\alpha\tan\varphi/K)]}{\sum(W\sin\alpha+M_c/R)} \tag{6.5-30}$$

（2）瑞典圆弧法计算公式：

$$K=\frac{\sum[(W\cos\alpha-ub\sec\alpha-Q\sin\alpha)\tan\varphi+cb\sec\alpha]}{\sum(W\sin\alpha+M_c/R)} \tag{6.5-31}$$

式中　K——安全系数；

W——土条重量，kN；

Q——水平地震惯性力；

u——作用于土条底面的孔隙压力，kN；

α——条块重力线与通过此条块底面中点的半径之间的夹角，(°)；

b——土条宽度，m；

c——土条的黏聚力；

φ——土条的内摩擦角，(°)；

M_c——水平地震惯性力对圆心的力矩，kN·m；

R——圆弧半径，m。

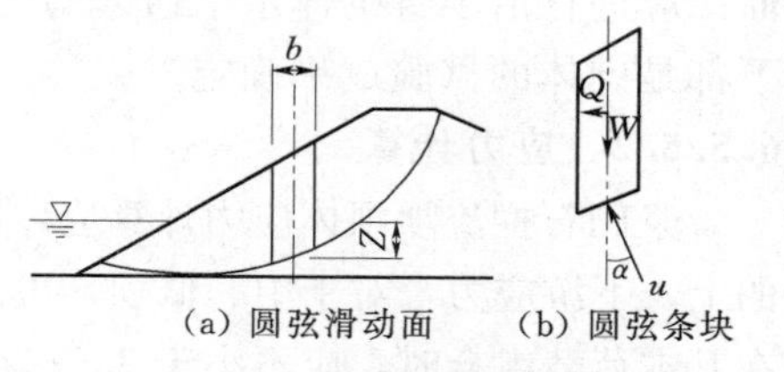

图 6.5-5　圆弧滑动条分法示意图

3. 应用说明

（1）坝坡抗滑稳定分析采用有效应力法计算。

（2）计算时，孔隙压力 u 应用 $u-\gamma_w Z$ 代替，u 为稳定渗流时的孔隙压力（采用流网法确定，具体参考《碾压式土石坝设计规范》(SL 274) 附录 C，γ_w 为水的容重，Z 为条块底部中点至坡外水位的距离。

（3）条块重 $W=W_1+W_2$，W_1 为外水位以上条块实重，浸润线以上为湿重，浸润线和外水位之间为饱和重；W_2 为外水位以下条块浮重。

6.5.6.2 坝的沉降、应力和变形计算

1. 坝的沉降

坝的沉降是指在自重应力及其他外荷载作用下，坝体和坝基沿垂直方向发生的位移。对碾压堆石拦渣坝而言，其沉降主要包括由于堆石料的压缩变形而产生的坝体沉降量以及基础在坝体重力作用下的坝基沉降量，影响沉降的因素有：

（1）材料的物理力学性质及粒径级配。当堆石料质地坚硬、软化系数小，能承受较大的由堆石体自重所产生的压应力，不仅可以减少堆石体在施工期内的沉降，同时也可以减少运行期间堆石体材料的蠕变软化所产生的变形，堆石料粒径级配良好与否，对碾压密实度的影响很大，从而对变形的影响也很大，使用粒径级配良好的石料，碾压后密实度和变形模量较大，可相应减小施工期和运行期的位移。

（2）碾压密实度。对堆石料所采取的碾压方法不同，坝体密实度差异较大。用振动碾压的堆石体密实度明显提高，变形也小得多。

（3）坝体高度。堆石体高度愈大，坝前主动土压力和自重力愈大，引起的堆石体变形也愈大。

（4）地基土性质。坝基础为岩基或密实的冲积层且承载力满足要求时，变形较小，否则容易沉降变形。

因此，要求在拦渣坝设计时，对石料质量、级配、碾压要求和基础处理严格按照规范设计；施工中加强施工监理和管理，确保基础处理和坝体施工严格按照设计要求进行；对于竣工后的验收合格的碾压堆石拦渣坝，应加强观测，当坝顶沉降量与坝高的比值大于1%时，应论证是否需要采取工程防护措施。

2. 应力和变形

对于碾压堆石拦渣坝而言，由于其规模和高度与水工碾压土石坝相比均较小，坝体失事产生的危害也相对较小，因此对于一般的碾压堆石拦渣坝而言，不需进行应力和变形验算；对于特殊要求的高坝或涉及软弱地基时，可参考水工建筑物碾压土石坝方法进行验算。

在坝体设计时，对石料质量、级配和碾压要求严格按照规范设计；施工中加强施工监理和管理，确保坝体施工严格按照设计要求进行；对于竣工后的验收合格的碾压堆石拦渣坝，应加强变形观测，一旦坝体发生变形破坏，须立即论证是否需要采取工程防护措施。

6.5.6.3 坝的渗透计算

碾压堆石拦渣坝类似于水工建筑物渗透堆石坝，本章的计算方法、公式和相关参数参考《混凝土面板堆石坝设计规范》（DL/T 5016）和《堆石坝设计》（电力工业部东北勘测设计院，浙江省水利厅，1982）中的渗透堆石坝。

1. 堆石中渗流速度

堆石中的渗流并不服从达西定律，其渗透流速与水力坡降之间并不成直线关系，不同粒径的渗透流速计算公式如下。

（1）大粒径石料（$D>30$mm）。对于粒径大于 30mm 的碎石，其过水断面平均渗透流速计算公式为

$$\nu=CP(DJ)^{1/2} \tag{6.5-32}$$

式中　C——谢才系数，计算公式为$C=20-14/D$（当$0.1<J<1.0$时）；

P——堆石孔隙率；

D——石块化成球体的直径，cm；

J——水力坡降。

式（6.5-32）针对磨圆的石块而言，对于有棱角的石块，可将式（6.5-32）写为

$$\nu=APJ^{1/2} \tag{6.5-33}$$

式中　A——系数，由试验确定，计算公式可写为$A=C_{\circ}D^{1/2}$；

其他符号同前。

（2）小粒径石料（$D<30$mm）。对于粒径不大的碎石，渗透流速公式为

$$\nu=APJ^{1/m} \tag{6.5-34}$$

当$J<0.1$时

$$m=\frac{1.7-0.25}{D_m^{3/2}} \tag{6.5-35}$$

当$0.1<J<0.8$时

$$m=\frac{2-0.30}{D_m^{3/2}} \tag{6.5-36}$$

式中　D_m——堆石平均粒径，cm；

m——值介于1～2，可按照式（6.5-35）、式（6.6-36）计算；

其他符号同前。

（3）简化公式。若令前述公式中$AP=k$，则

$$\nu=kJ^{1/2} \tag{6.5-37}$$

式中　k——渗透系数，是决定坝体渗透特性的重要指标，可查表6.5-13获得；

其他符号同前。

表6.5-9　　堆石渗透系数k值

石块特性	按形状	圆形的	圆形与棱角之间的	棱角的
	按组成	冲积的	冲积与开采之间的	开采的
孔隙率		0.40	0.46	0.50
球状石块的平均直径d/cm			渗透系数/(m/s)	
5		0.15	0.17	0.19
10		0.23	0.26	0.29
15		0.30	0.33	0.37
20		0.35	0.39	0.43
25		0.39	0.44	0.49
30		0.43	0.48	0.53
35		0.46	0.52	0.58
40		0.50	0.56	0.62
45		0.53	0.60	0.66
50		0.56	0.63	0.70

2. 坝的渗流方程式及渗透流量

（1）渗流基本方程（浸润线方程式）。参考《堆石坝设计》中的渗透堆石坝，碾压堆石拦渣坝渗透计算典型断面见图 6.5－6。

当河谷为不同形状时，碾压堆石拦渣坝渗透水流不等速流运动的基本方程式为（式中有关符号的意义参考图 6.5－6）：

$$\frac{i_k}{h_k}(x-x_0)=\frac{1}{y_0+1}\left[\left(\frac{h}{h_k}\right)^{y_0+1}-\left(\frac{h_1}{h_k}\right)^{y_0+1}\right] \quad (6.5-38)$$

对于矩形河谷断面［图 6.5－6（b）］：

$$h_k=\sqrt[3]{\frac{\alpha Q^2}{gP^3\varepsilon^2B^2}} \quad (6.5-39)$$

对于三角形河谷断面［图 6.5－6（c）］：

$$h_k=\sqrt[5]{\frac{2\alpha Q^2}{gP^2\varepsilon^2B^2}} \quad (6.5-40)$$

对于抛物线形河谷断面［图 6.5－6（d）］：

$$h_k=\sqrt[4]{\frac{3\alpha Q^2}{2gP^2\varepsilon^2A^2}} \quad (6.5-41)$$

$$A=2\frac{\sqrt{2a_1}+\sqrt{2a_2}}{3} \quad (6.5-42)$$

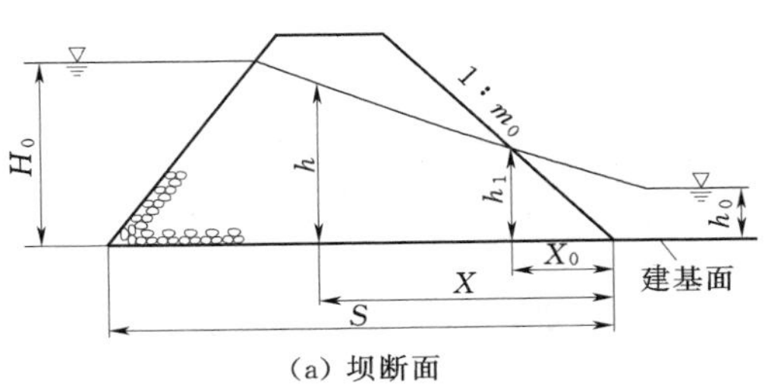

（a）坝断面

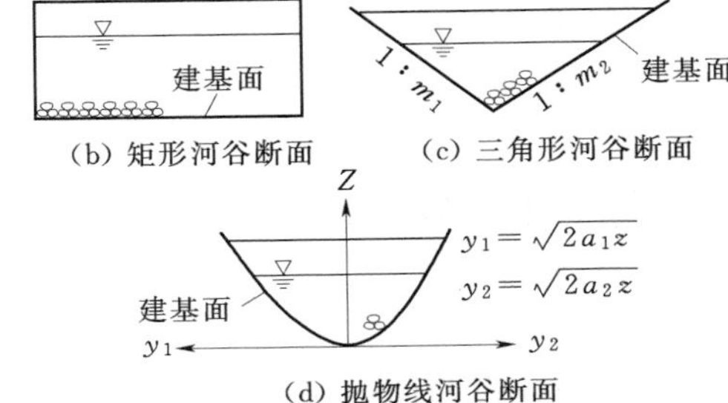

（b）矩形河谷断面　（c）三角形河谷断面

（d）抛物线河谷断面

图 6.5－6　碾压堆石拦渣坝渗透计算典型断面图

式中　i_k——临界坡降；

h_k——临界水深按式（6.5－39）、式（6.5－40）、式（6.5－41）计算；

y_0——河槽水力指数，矩形河槽取 2，抛物线形取 3，三角形取 4；

P——堆石孔隙率；

B——河谷顶宽，m；

ε——考虑到堆石孔隙中有一部分停滞水的系数，$\varepsilon=0.915\approx0.90$；

A——抛物线形河谷的一个形状系数，按式（6.5－42）计算；

a_1、a_2——河谷两岸抛物线的常数，在图 6.5－6（d）中：$\begin{cases}y_1=\sqrt{2a_1z}\\y_2=\sqrt{2a_2z}\end{cases}$；

m——三角形河谷的边坡平均坡比［图 6.5－6（c）］，$m=(m_1+m_2)/2$；

α——水流动能系数，取 1.0～1.1；

g——重力加速度，m/s^2；

Q——渗流量，m^3/s。

（2）简化公式。对于一般的河槽的纵向底坡 i_0，通常小于 0.01，当 $0\leqslant i_0\leqslant0.01$ 时，浸润线方程式和渗透流量计算公式可简化如下。

1）浸润线方程式。

a. 对于矩形断面的河谷：

$$x-x_0=\frac{h^3-h_1^3}{3Q^2}B^2k^2 \tag{6.5-43}$$

b. 对于抛物线形断面的河谷：

$$x-x_0=\frac{h^4-h_1^4}{4Q^2}B^2A^2k^2 \tag{6.5-44}$$

c. 对于三角形断面的河谷：

$$x-x_0=\frac{h^5-h_1^5}{5Q^2}B^2k^2m^2 \tag{6.5-45}$$

式中　k——堆石的平均渗透系数。

2）渗透流量。

a. 对于矩形断面的河谷：

$$Q=kB\sqrt{\frac{H^3}{3S}} \tag{6.5-46}$$

b. 对于抛物线形断面的河谷：

$$Q=\frac{1}{3}kB\sqrt{\frac{H^3}{S}} \tag{6.5-47}$$

c. 对于三角形断面的河谷：

$$Q=kB\sqrt{\frac{H^3}{20S}} \tag{6.5-48}$$

式中　H——水头，即上下游水位差，m；

　　S——坝底宽度，m。

如果坝基为土层时，应验算其渗透稳定性，各类土的允许水力坡降见表6.5-10。

表6.5-10　　容许水力坡降表

序号	坝基土种类	容许的水力坡降 i 值
1	大块石	1/3～1/4
2	粗砂砾、砾石，黏土	1/4～1/5
3	砂黏土	1/5～1/10
4	砂	1/10～1/12

3. 坝的渗流稳定性

碾压堆石拦渣坝按透水坝设计，透水要求为：既要保证坝体渗流透水，又要使坝体不发生渗透破坏。

为了防止堆石坝渗流失稳，要求通过堆石的渗透流量应小于坝的临界流量，即

$$q_d=0.8q_k \tag{6.5-49}$$

式中　q_d——渗透流量，m^3/s；

　　q_k——临界流量，临界流量与下游水深、下游坡度和石块大小有关，m^3/s。

为了提高堆石坝的渗流稳定，对下游坡面采取干砌石护坡、大块石码砌护坡、钢筋石笼护坡和抛石护脚等防护。

因此，要求在坝体设计时，对石料质量、级配和碾压要求严格按照规范设计；施工中加强施工监理和管理，确保坝体施工严格按照设计要求进行；对竣工后验收合格的碾压堆石拦渣坝，应加强渗透破坏观测，坝体一旦发生渗透破坏现象，应立即论证是否需要采取工程防护措施。

6.6 案　　例

6.6.1 挡渣墙案例

6.6.1.1 工程概况

重庆市某水库工程1号弃渣场位于坝址上游左岸一冲沟内，为沟道型弃渣场，占地面积为4.9hm²，占地类型为耕地和林地，规划容量为25万m³，堆渣高程为685.00～715.00m，堆渣边坡坡比为1∶2，每10m高差设一级宽2m马道。

6.6.1.2 地形地质条件

工程1号弃渣场地势西高东低，地形平缓，坡度5°～15°。工程区出露地层由老至新为：三叠系中统关岭组第三段（T_2g^3），总厚度为252.4m；三叠系上统二桥组（T_3e），总厚度为298.1m；第四系残坡积（Q^{edl}）黏土夹碎块石，厚度为3.0～5.0m；第四系冲积（Q^{al}）砂卵砾石层，厚度为4～6m。渣场场地基础为土质地基，地震基本烈度为Ⅵ度。

6.6.1.3 工程级别及标准

渣场规模小于50万m³，最大堆渣高度为30m，渣场失事对主体工程或环境造成的危害程度较轻，渣场级别确定为4级，挡渣墙工程级别为5级。

6.6.1.4 挡渣墙设计

1. 规划与布置

挡渣墙墙址选择在沟道出口狭窄处，沿墙脚布置，挡渣墙轴线为直线，长度21m。

2. 墙型选择

考虑渣场所处地形地质条件、施工条件、石料充足等因素，经技术经济比较后选择重力式浆砌石挡渣墙。

3. 断面设计

根据重力式浆砌石挡渣墙初拟断面尺寸：顶宽为1.2m，背坡垂直，面坡坡比为1∶0.4；最大墙高为7m，墙趾宽为100cm。1号弃渣场挡渣墙典型断面见图6.6-1。

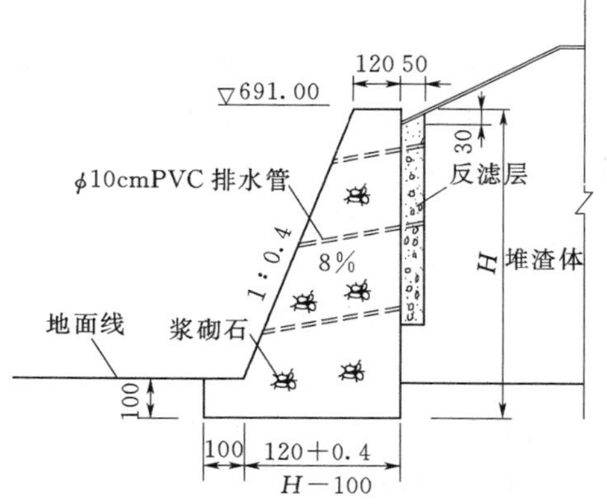

图6.6-1　1号弃渣场挡渣墙典型断面图
（单位：高程m；尺寸cm）

4. 基础埋置深度

渣场位于西南地区，不考虑冻土深度。考虑渣场地基为土质地基，挡渣墙基础埋置深度设置在天然地面以下1.0m。

5. 稳定性计算

（1）计算工况。工程区地震基本烈度为Ⅵ

度，故计算时不考虑地震工况。

(2) 计算参数。挡渣墙材料为M7.5浆砌石，容重为23.0kN/m³；堆渣体容重为19.0kN/m³，基底面与地基之间的摩擦系数为0.4～0.5，渣体内摩擦角为28°，不考虑黏聚力。

(3) 稳定性安全系数与地基承载力容许值。挡渣墙工程级别为5级，抗滑稳定安全系数为1.20，抗倾覆稳定安全系数为1.40，地基承载力容许值为450kPa。

(4) 计算结果。抗滑稳定安全系数 $K_s=1.37$，K_s 大于1.20；抗倾覆稳定安全系数 $K_t=2.22$，K_t 大于1.40；地基最大压应力为310.77kPa，小于1.2×450kPa；最小压应力235.43kPa；平均压应力为273.10kPa，小于450kPa；最大应力与最小应力的比值为1.32，小于2.0。经过对挡渣墙抗滑稳定、抗倾覆稳定和地基承载力的分析计算。结果表明，挡渣墙设计断面满足稳定要求。

6. 分缝与排水

(1) 分缝与止水设计。挡渣墙的变形缝延轴线方向每隔10m设置一道，缝宽为2～3cm，缝内堵塞沥青麻絮。

(2) 排水设计。渣场堆渣为土石渣料，考虑在挡渣墙内部设置排水孔，排水孔行距、排距为2m，呈梅花形布置，排水孔纵坡坡降8%，孔内预埋 ϕ10cm PVC管材，同时在挡渣墙后部考虑设置50cm厚的块石或碎石作为反滤料以利于渣体排水。

6.6.2　拦渣堤案例

6.6.2.1　工程概况

某工程弃渣场位于工程西侧3km外一沟道两侧，场区有乡村道路相连。该渣场占地面积约1.09hm²，堆渣量合计约8万m³，最大堆渣高度8m。

6.6.2.2　地质条件

渣场所在沟道沟底有常年性水流。地貌上位于偏关侵蚀黄土丘陵区。沟底宽度为15～65m，两岸为厚层黄土覆盖，属于梁峁地貌，地面高差一般在10～25m；渣场组成物质主要为灰绿、浅红色砂岩和紫红色泥岩、页岩碎石块、碎石土等隧洞开挖的石渣，结构疏松。

右岸渣场地基为第四系上更新统风积堆积（Q_3^{eol}），岩性为淡黄色低液限粉土夹低液限黏土，土质均匀、疏松，垂直节理发育，属于中等～高压缩性土，中密～稍密，渗透系数为 $2.18\times10^{-4}\sim9.66\times10^{-4}$cm/s，平均值为 5.01×10^{-4}cm/s，属于中等透水性。左岸渣场地基为全新统洪冲积（Q_4^{pal}），岩性主要为卵砾石混合土；存在的主要地质问题是地基黄土具湿陷性。

6.6.2.3　工程级别及标准

根据渣场级别确定拦渣堤的级别，该弃渣场堆渣量小于20万m³，堆渣高度小于10m，弃渣场级别确定为5级，拦渣堤的工程等级确定为5级，防洪标准采用10年一遇设计。

6.6.2.4　工程设计

1. 工程布置

该渣场紧邻河道，对临河段设浆砌石拦渣堤。为尽量少占河道，采用M7.5浆砌石仰

斜式。根据渣场地形条件、挡渣要求，初拟浆砌石拦渣堤断面尺寸：顶宽为0.5m，堤高为3.2m，背坡垂直，面坡坡比1∶0.4，见图6.6-2。

2. 水文计算

上游流域面积为26.38km²，河道长度为8.45km，比降为47.22‰。采用山西省地方水文计算公式进行计算，确定该渣场位置的10年一遇设计流量为113m³/s。

3. 水力计算

(1) 沟道水深计算。沟道水深计算按照明渠均匀流公式计算，计算参数和计算结果见表6.6-1。

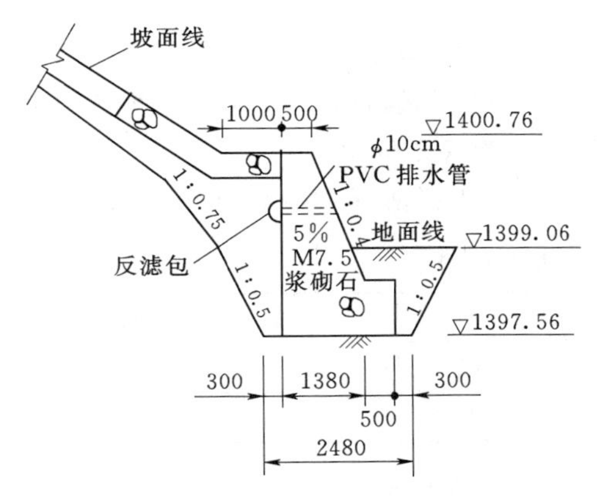

图6.6-2 拦渣堤断面设计图
(单位：高程m；尺寸mm)

表6.6-1 沟道水深计算表

洪峰流量/(m³/s)	底宽/m	糙率	纵坡坡降	边坡系数	计算流速/(m/s)	计算水深/m
113	12	0.04	0.013	0.3	4.04	2.21

(2) 沟道冲刷计算。水流平行于岸坡产生的冲刷深度按6.3.4.1节中式(6.3-2)，并结合《水土保持设计手册·生产建设项目卷》中式(4.3-2)~式(4.3-3)计算，计算结果见表6.6-2。

表6.6-2 冲刷深度计算结果表

h_s /m	U_{cp} /(m/s)	U_c /(m/s)	U /(m/s)	H_0 /m	d_{50} /m	γ /(kN/m³)	γ_s /(kN/m³)	n	η
0.93	5.39	1.32	4.04	2.21	0.06	9.8	15.68	0.25	2

经计算，水流平行于岸坡产生的冲刷深度，从河床面起算为0.93m，根据SL 379有关规定，结合渣场建筑物工程等级以及当地冻土深度，确定拦渣堤基础埋深为1.5m。

4. 分缝与排水

(1) 分缝设计。拦渣堤的变形缝沿轴线方向每隔10m设一道，缝宽2cm，缝内填塞沥青油毡。

(2) 排水设计。在拦渣堤内部设置排水孔，设置1排，距离地面线为0.5m，行距为3m，排水孔纵坡坡降5%，孔内预埋ϕ10cm PVC管材，同时在排水口进口处设50cm反滤包以利于渣体排水。

6.6.2.5 稳定计算

对拦渣堤进行抗滑稳定、抗倾覆稳定及基底应力计算，断面参数见表6.6-3。

表6.6-3 拦渣堤断面参数

工程等级	断面形式	基础	墙高/m	顶宽/m	背坡坡比	面坡坡比	基础埋深/m	墙后填土水平段长度/m	墙后渣坡高度/m	渣坡边坡坡比
5级	仰斜式	砂砾石	3.2	0.5	1∶0.4	1∶0	1.5	1	4.26	1∶1.5

1. 计算工况

根据实际运行情况，拦渣堤计算工况主要有正常工况及地震工况。

2. 荷载分析

作用于拦渣堤的荷载可分为基本荷载和特殊荷载两类，计算荷载组合见表6.6-4。

表6.6-4　计算荷载组合

计算工况	自重	静水压力和扬压力	土压力	水重	地震作用
正常工况	√	√	√	√	
地震工况	√	√	√	√	√

3. 计算结果

稳定计算结果见表6.6-5，K_s大于1.05，K_t大于1.5，平均压应力小于地基承载力150kPa，断面抗滑、抗倾覆及基底应力均满足相关规范要求。

表6.6-5　稳定计算结果表

正常工况					地震工况				
抗滑安全系数K_s	抗倾覆安全系数K_t	基底应力/kPa			抗滑安全系数K_s	抗倾覆安全系数K_t	基底应力/kPa		
		σ_{max}	σ_{min}	σ			σ_{max}	σ_{min}	σ
1.63	5.19	64.24	32.23	48.24	1.15	4.05	56.30	42.46	49.38

6.6.3　拦渣坝案例

6.6.3.1　工程概况

某工程3号弃渣场位于工程场址附近一处冲沟下游，弃渣量为15.3万m^3，坝址以上流域面积为13.8km^2，流域长度为7.3km，流域平均宽为1.89km，流域平均坡降为38.9‰。

坝址位于沟道的中下游，3号弃渣场下游约50m处，右岸为黄土台地，左岸为黄土梁，沟道横断面为U形，谷底平坦，宽为12m左右，高程为1279.00m左右，与两岸相对高差大于50m。

沿坝址左岸坝肩处，出露地层为Q_3^{apl}，下伏地层为Q_3^{eol}的风积黄土，Q_3^{apl}的粉土承载力[R]为0.1MPa；坝基为沟道沟底，探井深7m未见基岩，揭露地层为第四系全新统洪积物，存在渗透变形、产生管涌破坏等问题，承载力[R]为0.2MPa。开挖基坑为临时边坡坡度为1∶0.75～1∶1；右坝肩分布地层为第四系上更新统（Q_1）风积黄土，属中压缩中湿陷性黄土，承载力[R]为0.1MPa。

6.6.3.2　规划与布置

根据工程地质条件，考虑到弃渣以石渣为主，且附近能购买到石料，故该拦渣坝宜修建碾压土石坝；坝体用石渣分层填筑、碾压，要求干容重不低于18.62kN/m^3。为防止渗透变形，利用坝内弃土（黏性土）在坝上游20m河床范围内覆1m黏性土形成覆盖。

6.6.3.3　工程级别与设计标准

根据GB 51018，拦渣坝工程级别为5级，设计洪水标准取20年一遇。

6.6.3.4 拦渣坝工程设计

1. 设计洪水

采用当地水文计算公式确定该渣场20年一遇设计洪峰流量为150m³/s，洪量为126万m³。

2. 拦渣坝设计

(1) 工程布置。根据地形及堆渣情况，拟定拦渣坝总长为45m，坝顶宽为4m，坝顶高程为1289.00m，坝底高程为1278.00m，最大坝高为11m，设计洪水位为1287.76m。

坝体分为三段，0＋000～0＋007为非溢流坝段，0＋007～0＋039为溢流坝段，0＋039～0＋045为非溢流坝段，溢流堰顶高程为1285.00m。坝上游边坡坡比为1∶2.5，下游边坡坡比为1∶3.0，从上游坝坡1283.40m高程开始至坝下游消力坎全部采用铅丝石笼防护，铅丝石笼厚1.0m，铅丝石笼下设反虑。消力坎采用浆砌石砌筑，顶宽为0.5m，底宽为1.5m，高为3.0m，消力坎之后设长5m、厚1.0m铅丝石笼防冲海漫。铅丝网用ϕ8mm铅丝，网格大小为8cm×8cm。石料选用质地坚硬、表面无风华的新鲜岩石，粒径不小于10cm。

(2) 坝体设计。该拦渣坝为碾压土石坝。溢流坝段坝顶高程为1285.00m，坝基开挖1m，下游消力坎高程为1277.70m，坝体为碾压石渣，其干容重不小于18.62kN/m³，坝体表层铺设厚1m的塑料格栅石笼，溢流堰顶宽28m，上游坝坡坡比1∶2.5，下游坝坡坡比1∶3.0。在坝顶及下游坡塑料格栅石笼下铺设厚70cm的反滤层。拦渣坝坝顶高程为1289.00m，顶宽为4.0m，坝体构造和溢流段相同。渣场典型设计图见图6.6-3。

6.6.3.5 施工组织设计

1. 施工条件

该弃渣场场内场外均有施工便道，可用于施工。所需石料均为就近购买，砂、水泥等

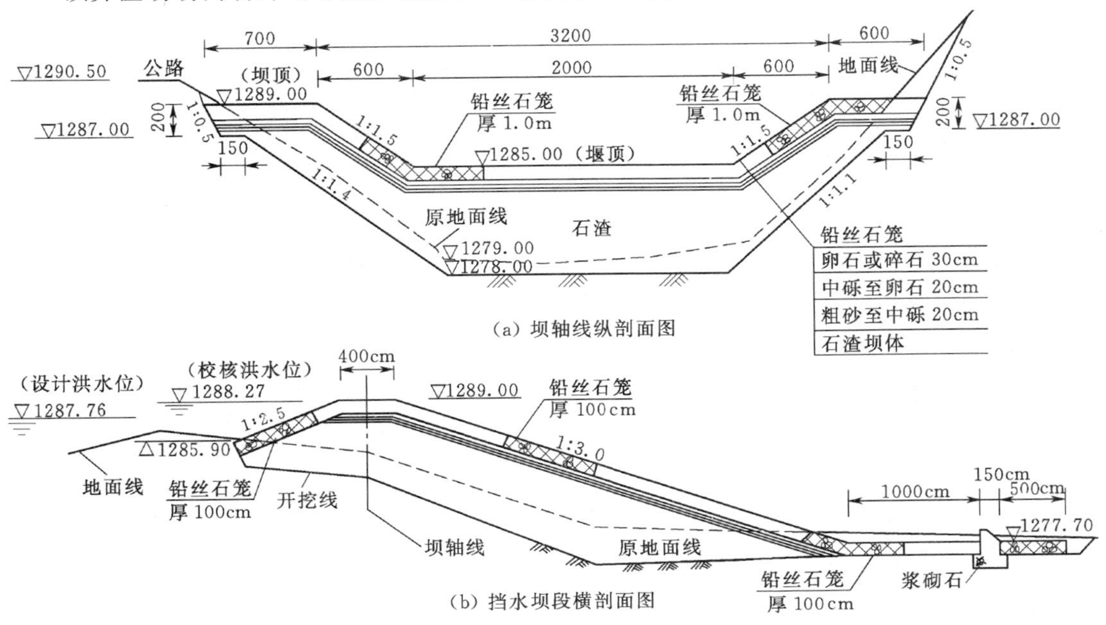

图6.6-3（一） 渣场典型设计图（单位：高程m；尺寸cm）

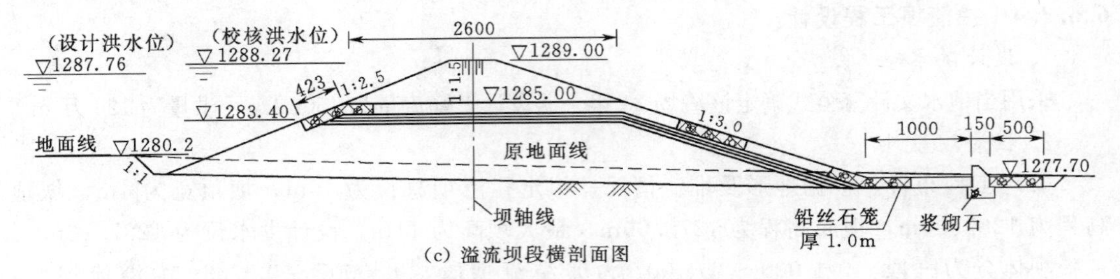

(c) 溢流坝段横剖面图

图6.6-3（二）　渣场典型设计图（单位：高程m；尺寸cm）

材料可于附近县城购买。工程施工用电及用水可就近解决。

2. 施工方法

土方、石渣开挖采用挖掘机、推土机配合，土方、石渣回填采用推土机推平、碾压，打夯机夯实。排水沟砂砾开挖、回填均采用人工。筑坝石渣现场开采，采用自卸汽车运输，振动碾分层碾压。渣场施工时地基若有渗水，须做集水井，用水泵抽排。

3. 施工布置

根据周边实际情况，在地势较平坦开阔、交通方便处布置成品料场、水泥仓库、材料仓库、混凝土拌和系统等生产系统；施工人员施工期住房全部租用附近民房。施工用水从附近村庄取水并分别设置储水箱。施工用电由附近变压器接线至用电点。

第 7 章 斜坡防护工程设计

7.1 基 本 要 求

7.1.1 设计原则

斜坡系指地壳表部一切具有侧向临空面的地质体，它包括自然斜坡和人工边坡两种。前者是在一定地质环境中，在各种地质营力作用下形成和演化的自然历史过程的产物。后者则是由于人类活动因素引起的，往往在自然斜坡基础上形成，其特点是具有较规则的几何形态。斜坡防护是为了稳定斜坡，防止斜坡风化、面层流失、斜坡滑移、垮塌而采取的坡面防护措施，措施类型包括工程护坡、植物护坡和综合护坡。

斜坡防护的对象是人工开挖或堆填土石方形成的不稳定边坡，也可为不稳定的自然斜坡；可按照组成物质、形成过程、固结稳定状况进行分类。按照组成物质可分为土质斜坡、石质斜坡、土石混合斜坡三类；按照形成过程可分为堆垫边坡、挖损边坡、构筑边坡、滑动体边坡、塌陷边坡和自然斜坡等六类；按照固结稳定状况可分为松散非固结不稳定斜坡、坚硬固结较稳定斜坡和固结非稳定斜坡三类。斜坡防护需遵循以下原则：

(1) 生产建设项目因开挖、回填、弃土（石、沙、渣）形成的坡面以及受工程影响的自然斜坡，需根据地形、地质、水文条件等因素，进行斜坡稳定安全的分析计算。斜坡容许坡度和安全系数参照《水利水电工程边坡设计规范》(SL 386) 执行。在斜坡稳定性分析的基础上，结合行业防护要求、技术经济分析等，确定坡面防护措施类型、材料和标准。

(2) 对于土（沙）质坡面或风化严重的岩石坡面，应采取坡脚防护工程，保证斜坡的稳定。对于易风化岩石或泥质岩层坡面，在采用削坡开级工程确保整体稳定之后，还应采取喷锚支护工程固定坡面。对于易发生滑坡的坡面，采取削坡反压、排水防渗、抗滑、滑坡体上造林等滑坡整治工程。

(3) 大型护坡工程应进行必要的勘探和试验，并采取多方案防护论证，以确定合理的护坡工程形式、结构、断面尺寸、基础处理等。

(4) 斜坡防护的首要目的是固坡，对扰动后边坡或不稳定自然斜坡具有防护和稳固作用，同时兼具边坡表层治理、美化坡面等功能。有关护坡植物工程设计详见林草工程设计章节有关内容。

7.1.2　分类及适用条件

斜坡防护工程分为三类，包括工程护坡、植物护坡和综合护坡。

工程护坡包括削坡开级、削坡反压、抛石护坡、圬工护坡、锚杆固坡、抗滑桩、抗滑墙、边坡排水截水等工程类措施。

植物护坡包括坡面植树种草、设置植生带和植生毯、铺植草皮、喷混植生、客土植生、生态植生袋、开凿植生槽、液力喷播、三维网植被护坡、厚层基材植被护坡等植物类措施。

综合护坡为各类工程护坡措施和植物护坡措施的组合。如边坡削坡开级、削坡反压后实施坡面绿化，如采用植树种草、三维网喷播等植物措施，喷浆（混凝土）护坡后实施厚层基材植被护坡等植物措施，浆砌石或混凝土框格护坡后坡面实施各类植物措施等。

7.1.2.1　工程护坡

1. 削坡开级

削坡开级是一种减载治理不稳定边坡的常用方法，主要通过削坡开级改变边坡几何形态，改善边坡岩土体力学强度，维持边坡稳定。削坡是削掉边坡非稳定部分，减缓坡度，削减滑动力；开级是通过开挖坡体成阶梯或平台，截短坡长，达到改变坡型，降低荷载重心，提高抗滑力的目的。土质边坡、岩质边坡削坡开级形式有所区别，同类边坡也会因边坡高度、土体的物理力学性质不同而形式各异。

（1）土质边坡削坡开级分类与适用范围。土质边坡削坡开级分为直线形、折线形、阶梯形和大平台形4种型式，主要适用条件如下。

1）直线形：从上至下削成同一坡度，削坡后坡比变缓至该类土质边坡的稳定边坡。直线形适用于高度小于10m、结构紧密的均质土坡，或高度小于12m的非均质土坡。

2）折线形：重点是削缓上部边坡，削坡后变坡点上部相对较缓、下部相对较陡。坡高和坡比应根据土质结构确定。折线形适用于高度在12～20m、结构比较松散的土坡，特别适用于上部结构松散，下部结构紧密的土坡。

3）阶梯形：将边坡削坡开级形成多级“边坡＋马道”。每一级边坡的高度、马道宽度等，均需根据土质结构、密度及当地暴雨径流情况确定。阶梯形适用于高度大于12m结构较松散，或高度大于20m结构较紧密的均质土坡。

4）大平台形：将高土质边坡的中部开挖或堆垫成大平台，平台宽度4m以上。平台具体位置与宽度，需根据土质结构、密度及边坡高度等情况确定。大平台形适用于高度大于30m，或在Ⅷ度以上高烈度地震区的土坡。

（2）岩质边坡的削坡开级分类与适用范围。岩质边坡削坡开级可分为直线形、折线形和阶梯形3种形式。岩质边坡削坡开级适用于坡度陡直、坡型呈凸型或存在软弱交互岩层，且岩层倾向与坡面倾向相同的非稳定边坡治理。

2. 削坡反压

削坡反压是一种岩质边坡治理和加固措施之一，通过对不稳定坡体上部岩（土）体进行局部开挖，减轻荷载，减少下滑力，同时在不稳定坡体下部坡脚前部抗滑地段堆土，加载阻滑，增大抗滑力，保证边坡的整体安全稳定。

削坡反压适用于推移式不稳定滑坡体，特别是滑动面上陡下缓、接近圆弧形或滑坡体前缘较厚的边坡治理。

3. 抛石护坡

抛石护坡是在沟岸、河岸以及雨季易遭受洪水淘刷的地段，采用抛石的方式对坡面和坡脚进行防护，防止水流冲刷。主要采用将块石抛填至河床一定高程，使其在河床达到一定的覆盖厚度，发挥稳固河床、防止岸坡受冲等作用。

抛石护坡主要分为散抛块石和石笼抛石两种类型。散抛块石护坡一般适用于在沟（河）水流流速小于3m/s的岸坡段采用，石笼抛石护坡适用范围广，一般岸坡都可以采用石笼抛石护坡，尤其适用于沟（河）水流流速大于3m/s的岸坡段。

4. 圬工护坡

圬工护坡主要包括干砌石、浆砌石、混凝土等材料的全面护坡和浆砌石、混凝土等材料的框格或骨架护坡。其中全面护坡包括干砌片石护坡、浆砌片石护坡、水泥混凝土预制块护坡、护面墙、喷混（浆）护坡、锚杆挂网喷混（浆）护坡等，采用全坡面、整体式的圬工护坡措施；框格或骨架护坡主要采用浆砌石框格护坡、水泥混凝土框格护坡、多边形水泥混凝土空心块护坡，锚杆混凝土框格护坡等，框格或骨架材料可现浇、可预制。

（1）干砌石护坡适用于坡比缓于1：1.25的土（石）质路堑边坡。

（2）浆砌片石护坡适用于坡比缓于1：1的易风化岩石和土质路堑边坡。

（3）水泥混凝土预制块护坡适用于石料缺乏地区的边坡防护。预制块的混凝土强度不应低于C15，在严寒地区不应低于C20。

（4）护面墙适用于防护易风化或风化严重的软质岩石或较破碎岩石的挖方边坡以及坡面易受侵蚀的土质边坡，边坡不宜陡于1：0.5。

（5）喷混（浆）护坡适用于坡比缓于1：0.5，易风化但未遭强风化的岩石边坡。

（6）锚杆挂网喷混（浆）护坡适用于坡面为破碎结构的硬质岩石或层状结构的不连续地层以及坡面岩石与基岩分开并有可能下滑的挖方边坡。

（7）浆砌石框格护坡或水泥混凝土框格护坡适用于坡比缓于1：0.75的土质和全风化岩石边坡。当坡面受雨水冲刷严重或潮湿时，坡比应缓于1：1。

（8）多边形水泥混凝土空心块护坡，适用于坡比缓于1：0.75的土质边坡和全风化、强风化的岩石路堑边坡。

（9）锚杆混凝土框格护坡适用于土质边坡和坡体无不良结构面、风化破碎的岩石路堑边坡。

5. 锚杆固坡

锚杆固坡是通过在边坡岩土体内植入受拉杆件，提高边坡自身强度和自稳能力的一种边坡加固技术。锚杆按是否进行预应力张拉可分为预应力锚杆和非预应力锚杆两大类。

预应力锚杆由锚固段、张拉段、外锚结构组成，通过锚杆张拉锁定对边坡岩土体进行加固，锚固段应位于稳定的岩土层中。预应力锚杆适合加固高边坡、陡坡、危岩、滑坡体等。非预应力锚杆不分锚固段、张拉段，一般由普通螺纹钢筋制成，孔内灌满水泥浆凝固后不进行张拉直接用螺母锁定。非预应力锚杆单独使用时适合加固不陡于稳定坡比的边坡，也可和混凝土面板、框架梁等结合使用，用以加固土质、破碎岩质边坡。

锚杆可以作为单独一种支护措施加固边坡，工程实践中也经常与其他结构型式结合使用，以提高边坡加固效果。边坡加固工程中常见的锚杆组合支护型式分类包括：喷锚支护、喷锚加筋支护、锚杆框架梁护坡、土钉墙、锚杆挡墙、锚杆桩等。

喷锚支护适应于具有较好自稳能力的岩土体边坡，比如可塑～硬塑黏性土层、全～弱风化的基岩，流塑的黏性土、砂类土不适合采用喷锚支护。

喷锚加筋支护适用于具有一定自稳能力的岩土体边坡，且边坡坡比应缓于稳定边坡坡比，特别适合岩体破碎、易掉块的岩质边坡的加固防护。

非预应力锚杆框架梁护坡适用于土质路堑边坡和无不良结构面但岩性破碎或软弱夹层的岩石路堑边坡。

预应力锚杆（锚索）框架梁护坡适用于为避免山体滑坡或降低边坡和挡墙高度，而采用陡于岩土稳定坡比开挖的土质及软岩深路堑，坡面支护措施采用锚索框架梁。

土钉墙是由边坡土体及打入边坡土体内的土钉、喷射混凝土面层等共同组成的支护结构。

锚杆挡墙是利用锚杆、混凝土面板及肋柱共同作用形成的一种挡土结构物。锚杆一端与工程面板连接，另一端锚固在稳定的地层中，边坡土压力由面板传递给锚杆，从而利用锚杆与地层间的锚固力来维持结构物的稳定。

锚索桩是由锚索和桩共同作用抵抗边坡土压力的结构，锚索一般布置于桩体上部，可设一排或多排。锚索桩通过锚索张拉主动施加预应力使边坡滑面处压力增大、摩阻力增大从而提高边坡稳定性。

6. 抗滑桩

抗滑桩是防治滑坡的一种工程结构物，设置于滑坡的适当部位，一般完全埋置在地面下，有时也可露出地面。抗滑桩类型较多：按施工方法分打入桩、钻孔桩和挖孔桩；按材料分木桩、钢桩和钢筋混凝土桩；按截面形状分圆桩、管桩和矩形桩；按桩与土的相对刚度分刚性桩和弹性桩；按结构型式分排式单桩、承台式桩和排架桩等。抗滑桩除了用于滑坡防治外，也可用于山体加固、特殊路基支挡等，实践证明抗滑桩作为支挡加固工程效果良好。

7. 抗滑墙

抗滑墙是指支承斜坡面填土或山坡岩土体，防止岩土体垮塌或变形失稳的构筑物。抗滑墙可分为以下类型：从结构型式上分，有重力式抗滑墙、锚杆式抗滑墙、加筋土抗滑墙、竖向预应力锚杆式抗滑墙等型式；从材料上分，有浆砌石抗滑墙、混凝土抗滑墙、钢筋混凝土抗滑墙、加筋土抗滑墙等。

采用抗滑墙整治滑坡，对于小型滑坡，可直接在滑坡下部或前缘修建抗滑墙；对于中、大型滑坡，抗滑墙常与排水工程、削坡减载工程等整治措施联合适用。

7.1.2.2　植物护坡

植物护坡详见本教材 11.6 节。

7.1.2.3　综合护坡

综合护坡主要为各类工程护坡与植物护坡的组合。其组合形式及适用范围详见表 7.1-1。

表 7.1-1 综合护坡措施的各类组合型式及适用范围

序号	防护形式	适用范围		
		边坡条件	坡比	每级坡高
1	削坡开级或削坡反压+植树种草	经处理后稳定的土质、软质岩和全风化硬质岩边坡、土石混合边坡	<1:1.0	<20m
2	削坡开级或削坡反压+植生带或植生毯	经削坡开级或削坡反压处理后的稳定土质边坡、土石混合边坡	<1:1.5	不限
3	削坡开级或削坡反压+喷混植生	经削坡开级或削坡反压处理后的稳定土石混合边坡或岩质边坡	<1:0.5	不限
4	削坡开级或削坡反压+客土植生	经处理后的保证稳定的漂石土、块石土、卵石土、碎石土、粗粒土和强风化的软质岩及强风化、全风化、土壤较少的硬质岩石路堑边坡，或由弃土（石、渣）填筑的路堤边坡	<1:1.0	不限
5	削坡开级或削坡反压+厚层基材喷播	经处理后的保证稳定的边坡，一般适用于无植物生长所需的土壤环境，也无法供给植物生长所需的水分和养分的坡面	<1:0.5	<10m
6	削坡开级或削坡反压+液力喷播	一般土质路堤边坡、处理后的土石混合路堤边坡、土质路堑边坡等稳定边坡	<1:1.5	<10m
7	削坡开级或削坡反压+三维网喷播	经处理后稳定的各类土质边坡、强风化岩石边坡和土石边坡	<1:1.25	<10m
8	喷浆（混凝土）护坡+厚层基材喷播	经处理后的保证稳定的边坡，一般适用于无植物生长所需的土壤环境，也无法供给植物生长所需的水分和养分的坡面	<1:0.5	<10m
9	喷浆（混凝土）护坡+三维网喷播	经处理后稳定的各类土质边坡、强风化岩石边坡和土石边坡	<1:1.25	<10m
10	浆砌石（混凝土）框格或现浇、预制构件骨架+植灌草	泥岩、灰岩、砂岩等岩质路堑边坡，以及土质或沙土质道路边坡、堤坡、坝坡等稳定边坡	<1:1.0	<10m
11	浆砌石（混凝土）框格或现浇、预制构件骨架+铺草皮	土质和强风化、全风化岩石边坡、沙土质道路边坡、堤坡、坝坡等稳定边坡	<1:1.0	<10m
12	浆砌石（混凝土）框格或现浇、预制构件骨架+生态袋技术	土质边坡和风化岩石、沙质边坡，特别适宜于不均匀沉降、冻融、膨胀土地区和刚性结构等难以开展边坡绿化的区域	<1:0.75	不限
13	浆砌石（混凝土）框格或现浇、预制构件骨架+液压喷播	一般土质路堤边坡、处理后的土石混合路堤边坡、土质路堑边坡等稳定边坡	<1:1.5	<10m
14	浆砌石（混凝土）框格或现浇、预制构件骨架+三维网喷播	经处理后稳定的各类土质边坡、强风化岩石边坡和土石边坡	<1:1.25	<10m
15	浆砌石（混凝土）框格或现浇、预制构件骨架+客土植生	经处理后的保证稳定的漂石土、块石土、卵石土、碎石土、粗粒土和强风化的软质岩及强风化、全风化、土壤较少的硬质岩石路堑边坡，或由弃土（石、渣）填筑的路堤边坡	<1:1.0	不限
16	直接挂网+水力喷播植草	石壁	<1:1.2	<10m

续表

序号	防护形式	适用范围		
		边坡条件	坡比	每级坡高
17	挂高强度钢网＋水力喷播植草	石壁	1：1.2～1：0.35	＜10m
18	钢筋混凝土框架＋厚层基材喷射植被护坡	浅层稳定性差且难以绿化的高陡岩坡和贫瘠土坡	＜1：0.5	不限
19	预应力锚索框架地梁＋厚层基材喷射植被护坡	稳定性很差的高陡岩石边坡，且无法用锚杆将钢筋混凝土框架地梁固定于坡面的情况	＜1：0.5	不限
20	预应力锚索＋厚层基材喷射植被护坡	浅层稳定性好，但深层易失稳的高陡岩土边坡	＜1：0.5	不限

7.2　边坡稳定分析

7.2.1　影响边坡稳定的因素

边坡在自身重量及外力作用下，坡体内将产生切向应力，当切应力大于土的抗剪强度时，就会产生剪切破坏。生产建设项目基建工程中经常遇到斜坡稳定问题，如果处理不当，斜坡失稳产生滑动，不仅影响工程进展，而且可能导致工程事故甚至危及生命安全，应当引起足够重视。

影响斜坡稳定的因素很多，包括斜坡的边界条件、岩（土）质条件和外界条件等，具体因素如下：

（1）边坡坡角。坡角越小就越安全，但不经济；坡角太大，则经济而不安全。

（2）坡高。试验研究表明，其他条件相同的土坡，坡高越小，土坡越稳定。

（3）岩（土）的性质。岩（土）的物理力学性质越好，斜坡越稳定。

（4）地下水的渗透力。当土坡中存在与滑动方向一致的渗透力时，对斜坡稳定不利。

（5）震动作用。强烈地震、工程爆破和车辆震动等，都有可能引起边坡应力的瞬时变化，会使岩（土）的强度降低，对斜坡稳定性产生不利影响。

（6）施工不合理。对坡脚的不合理开挖或超挖，将使坡体的抗滑力减小。

（7）人类活动和生态环境的影响。

7.2.2　边坡稳定分析

边坡防护工程的稳定性校核包括边坡表层滑动稳定性分析和边坡深层滑动稳定性分析，常见的边坡稳定计算方法有瑞典圆弧法、条分法、毕肖普法、泰勒图表法等，各方法的具体应用请参照相关资料和规范。目前，斜坡防护工程的稳定性校核已经有了较为成熟的计算软件，可直接利用软件进行计算，以提高设计质量。具体计算方法参见《水土保持设计手册·专业基础卷》10.2节。

7.3 边坡防护工程设计

7.3.1 削坡开级

削坡开级工程设计除削坡开级本身外，一般配套排水和防渗、坡面防护、边坡锚固和坡脚支挡等工程对边坡进行综合防护。对于含有膨胀性岩、土的边坡治理，可根据地质情况采取预留开挖保护层、盖压、砌护封闭、保湿和置换等措施。

削坡开级工程设计内容主要包括削坡范围、削坡开级类型、削坡坡比、开级高度、马道宽度等。当堆积体或土质边坡高度超过10m、岩质边坡高度超过20m时，应设马道。

1. 确定削坡范围

凡是经稳定性判别可能失稳的边坡体均为削坡范围，需进行削坡开级处理。

2. 削坡开级类型与削坡坡比选择

根据边坡岩土体类别、边坡高度、土体物理力学性质确定削坡开级类型和削坡坡比。坡比要求：除岩质坚硬、不易风化的坡面外，一般要求削坡后的坡比应缓于1：1，5～10m开一级马道；采取人工植被护坡的，削坡坡比宜结合植物措施的型式分析确定，不应陡于1：0.75。

3. 马道与台阶宽度、高度确定

根据边坡岩土体性质、地质构造特征，并考虑边坡稳定、坡面排水、防护、维修及安全监测等需要综合确定马道宽度与高度。

（1）马道与台阶宽度。马道与台阶的最小宽度：土质边坡不宜小于2m，岩质边坡宜不小于1.5m。采取植物措施的边坡，开级台阶的宽度还应结合植物配置要求确定。

（2）马道与台阶高度。在边坡平均坡度满足抗滑稳定要求的前提下，黄土边坡宜开挖成“陡坡宽马道”形式。削坡开级马道与台阶高度：黄土边坡不应高于6m，石质边坡不应高于8m，其他土质和强风化岩质边坡不应高于5m。

7.3.2 削坡反压

削坡反压工程设计内容主要包括削坡与反压范围确定、削坡马道、削坡坡比、反压堆土体形设计等。

1. 削坡、反压范围

当条件允许时，边坡开挖、减载和压坡措施宜配合使用。采用削坡减载方法治理边坡，应根据潜在滑动面的形状、位置、范围确定减载方式，避免因减载开挖引起新的边坡失稳。减载可采用坡顶开挖、削坡开级等方式。

削坡、反压范围需根据稳定分析计算和边坡安全系数确定。经稳定性判别可能失稳的边坡体上部岩土体均为削坡范围，不稳定坡体下部坡脚前部平缓地段均可为堆土反压范围。减载范围应尽量控制在主滑段，压坡体应尽量控制在阻滑段。

2. 削坡马道与坡比

削坡马道与坡比应根据稳定分析计算确定，详见本教材7.3.1节削坡开级中相关内容。

3. 反压堆土体型设计

反压堆土可筑成抗滑土堤。土堤的高度、长度和坡比等需经压坡体局部稳定和边坡整体稳定计算确定。压坡材料宜与边坡坡体材料的变形性能相协调。回填土堤的土需分层夯实，外露边坡应进行干砌片石或植草皮护坡。土堤内侧需修建渗沟，土堤和老土间需修隔渗层，填土时不能堵塞原来的地下水出口，应先做好地下水引排工程。

7.3.3　抛石护坡

7.3.3.1　散抛块石

1. 抛护范围

散抛块石护坡的范围应根据实际水下地形情况具体确定，应能满足在水流淘刷下，保证整个护坡工程具有足够的稳定性。根据实际工程经验，抛石护岸底部范围为：深泓离岸较近河段，抛石至河道中泓线；深泓离岸较远河段，抛石至河岸坡缓于1∶4～1∶5范围。准确的水下测量是确定抛石范围的关键依据。

抛石护岸工程的顶部平台，一般应高于枯水位0.5～1.0m。根据河床的可能冲刷深度、岸床土质等情况，在抛石外缘加抛防冲和稳定加固的储备石方。

2. 抛石粒径

考虑抗冲、动水落距、级配等因素，抛石粒径按《堤防工程设计规范》(GB 50286)的抗冲粒径公式计算。为了使抛石堆有一定的密度，抛石的粒径应为不小于计算尺寸的大小不同的石块掺杂抛投。

3. 抛石厚度

为避免抛石空档及分布不均匀，适应河床冲刷变化，保证块石下的河床砂粒不被水流淘刷。根据工程实践经验，一般抛石厚度不小于抛石粒径的2倍；在水深流急的部位，抛石厚度一般采用抛石粒径的3～4倍。抛石厚度按与水下抛石厚度相衔接考虑，一般厚度取0.8～1.2m。

4. 抛石坡度控制

根据工程实践经验，抛石护坡的坡比应控制在1∶1.5以内，对于岸坡陡于1∶1.5的边坡按1∶1.5～1∶1.8的坡比抛石护坡。当水较深、水流较大时，不宜陡于1∶2。

7.3.3.2　石笼抛石

石笼抛石护坡柔性好，承担变形能力强，与河床面接合紧密，利于防冲，且施工简单，易于绑扎。石笼护坡设计详见本教材7.3.4.4节。

7.3.4　圬工护坡

7.3.4.1　干砌石护坡

1. 石料质量要求

用于干砌石护坡的石料有块石、毛石等。块石要求质地坚硬、无风化，尺寸应满足：上下两面平行，且大致平整，无尖角、薄边，块厚大于20cm，单块质量不小于25kg。毛石质地坚硬，无风化，尺寸重量应满足：单块质量大于20kg，中部厚度大于15cm。

2. 护坡表层石块直径估算

在水流作用下，干砌石护坡保持稳定的抗冲粒径计算公式为

$$d=\frac{v^2}{2gC^2\frac{\gamma_s-\gamma}{\gamma}} \tag{7.3-1}$$

式中 d——石块折算直径（按球形折算），m；

v——水流流速，m/s；

C——石块运动的稳定系数，水平底坡 $C=0.9$，倾斜底坡 $C=1.2$；

γ_s——石块的容重，kN/m³；

γ——水的容重，kN/m³。

3. 其他设计要求

干砌石护坡厚度一般为0.4～0.6m。坡面有涌水现象时，应在护坡层下铺设10cm及以上厚度的碎石、粗砂或砾石作为反滤层，封顶用平整块石砌护。

4. 护坡稳定安全计算

护坡稳定安全计算可参照《堤防工程设计规范》（GB 50286—2013）附录D的相关内容。

7.3.4.2 浆砌石护坡

1. 石料质量要求

用于浆砌石护坡的石料有块石、毛石、粗料石等。所用石料必须质地坚硬、新鲜、完整。

块石质量及尺寸应满足：上下两面平行，大致平整，无尖角、薄边，中部厚大于20cm，面石要求质地坚硬，无风化，单块质量不小于25kg，最小边长不小于20cm。毛石质量及尺寸应满足：块重大于25kg，中厚大于15cm，质地坚硬，无风化。粗料石质量及尺寸应满足：棱角分明，六面大致平整，同一面最大高差宜为石料长度的1%～3%，石料长度宜大于50cm，块高宜大于25cm，长厚比不宜大于3。

2. 胶结材料

浆砌石的胶结材料为水泥砂浆，主要有M7.5水泥砂浆、M10水泥砂浆。

胶结材料的配合比必须满足砌体设计强度等级的要求，工程实践常根据实际所用材料的试拌试验进行调整。

3. 分缝

根据地形条件、气候条件、弃渣材料等，设置伸缩缝和沉降缝，防止因边坡不均匀沉陷和温度变化引起护坡裂缝。设计和施工时，一般将二者合并设置，每隔10～15m设置一道缝宽2～3cm的伸缩沉降缝，缝内填塞沥青麻絮、沥青木板、聚氨酯、胶泥或其他止水材料。

4. 排水

当斜坡体内水位较高时，应将斜坡体中出露的地下水以及由降水形成的渗透水流及时排除，以有效降低斜坡体内水位，减少渗透水压力，增加护坡稳定性。排水设施通常采用排水孔，一般排水孔径5～10cm，纵横向间距2～3m，底坡5%，梅花形交错布置。为了防止排水带走细小颗粒而发生管涌等渗透破坏，在水流入口管端包裹土工布的方式起反滤作用。

5. 护坡稳定安全计算

浆砌石护坡稳定安全计算可参照《堤防工程设计规范》（GB 50286—2013）附录D的相关内容。

7.3.4.3　混凝土护坡

1. 预制混凝土和现浇混凝土护坡

预制混凝土或现浇混凝土护坡是为防止边坡受水流冲刷，在坡面上铺砌预制混凝土砌块结构或直接在坡面现浇混凝土进行防护，确保边坡稳定安全。主要适用于因水流、雨水等冲刷，可能出现沟蚀、溜坍、剥落等现象的坡面。适用于临水的稳定土坡或土石混合堆积体边坡，一般坡面坡度缓于1∶1。

预制混凝土护坡采用C15及以上标号混凝土，严寒地区不应低于C20，厚度不小于0.1m。铺砌层下应设置砂砾或碎石垫层，厚度不应小于0.1m。封顶用平整混凝土预制块砌护。预制混凝土砌块必须满足设计强度、抗冻、抗渗等要求。

现浇混凝土护坡，设计要求采用C15及以上标号混凝土，严寒地区不应低于C20，厚度不小于0.1m。护底底面应设置反滤层。顶部设置0.5m宽压顶，外接1.0m宽平台。沿坡面纵向（水流方向）每5m设置一道伸缩缝，缝宽为2～3cm。

2. 喷混护坡

喷混凝土按施工工艺的不同，可分为干法喷混凝土、湿法喷混凝土和水泥裹砂喷混凝土。按照掺加料和性能的不同，还可细分为钢纤维喷混凝土、硅灰喷混凝土，以及其他特种喷混凝土等。在岩土工程中，喷混凝土不仅能单独作为一种加固手段，而且能和锚杆支护紧密结合，已成为岩土锚固工程的核心技术。锚杆支护设计内容详见7.3.5锚杆固坡。

（1）喷混凝土的设计强度等级。喷混凝土的设计强度等级不应低于C15；对于立井及重要隧洞和斜井工程，喷混凝土的设计强度等级不应低于C20；喷混凝土1d龄期的抗压强度不应低于5MPa。钢纤维喷混凝土的设计强度等级不应低于C20，其抗拉强度不应低于2MPa，抗弯强度不应低于6MPa。

喷混凝土的设计强度应按表7.3-1采用。

表 7.3-1　喷混凝土的设计强度值　　单位：MPa

喷混凝土强度等级		C15	C20	C25	C30
强度种类	轴心抗压	7.5	10	12.5	15
	弯曲抗压	8.5	11	13.5	16.5
	抗拉	0.9	1.1	1.3	1.5

（2）喷混凝土的体积密度及弹性模量。喷混凝土的体积密度可取2200kg/m^3，弹性模量按表7.3-2采用。

表 7.3-2　喷混凝土的弹性模量　　单位：万 MPa

喷混凝土强度等级	C15	C20	C25	C30
弹性模量	1.8	2.1	2.3	2.5

(3) 喷混凝土与岩体的黏结强度。喷混凝土与坡面岩体的黏结强度：Ⅰ级、Ⅱ级岩体不应低于0.8MPa，Ⅲ级岩体不应低0.5MPa。

(4) 喷混凝土支护的厚度。喷混凝土支护的厚度，最小不低于50mm，最大不应超过200mm。含水岩层中的喷混凝土支护厚度，最小不低于80mm，喷混凝土的抗渗强度不应低于0.8MPa。

(5) 喷浆及材料等要求。喷浆厚度不小于5cm，砂浆强度不小于M10，喷浆、喷射混凝土分2～3次喷射，喷浆和喷混凝土防护坡面应设置泄水孔和伸缩缝。

材料及配合比要求如下：

水泥：不低于P·O 42.5普通硅酸盐水泥。

石灰：新出窑烧透块灰。

砂子：重力喷浆采用纯净的细砂，粒径为0.10～0.25mm；机械喷浆和喷射混凝土采用纯净的中粗砂，粒径为0.25～0.50mm，含土量不大于5%，含水率以4%～6%为宜。

混凝土粗骨料：采用纯净的卵石或碎石，最大粒径不大于25mm，最大粒径大于15mm的颗粒含量控制在20%以下，片状及针状颗粒含量按重量计不大于15%。砂浆、混凝土材料用量见表7.3-3。

表7.3-3　砂浆、混凝土材料用量表（每平方米）

材料种类	厚度/cm	材料用量						备注
		水泥/kg	生石灰/kg	石子/m^3	砂/m^3	速凝剂/kg	水/kg	
水泥砂浆	5	20.0			0.05	0.6		用水量不包括冲洗边坡及石灰膏中的水
水泥石灰砂浆	5	10.5	10.5		0.045		20.25	
混凝土	8	39.2		0.048	0.048	1.41	77.6	

注　水泥砂浆和水泥石灰砂浆材料用量为计算用量，不包括材料消耗。

(6) 力学指标要求如下：经由不同类型力学试验所获得的岩石力学指标，不能为边坡稳定性计算直接采用，要考虑影响岩体力学性质的诸因素（如岩性、结构面、地下水、爆破震动和时间效应等），与类型相近的岩石或岩石试验指标进行类比，并据具体条件综合分析，加上经验判断综合确定。对于经滑坡体反分析或自然边坡调查分析求得的岩体强度指标，一般可直接采用，或对比使用。

3. 模袋混凝土护坡

(1) 模袋设计。模袋的单位重量宜大于250g/m^2，国内常用的模袋单位重量250～550g/m^2。模袋的抗拉强度计算公式为

$$T=\beta\gamma_m h_1 h_2 \tag{7.3-2}$$

式中　T——模袋允许抗拉强度，kN/m；

β——混凝土或砂浆的侧压力系数，取值0.6～0.8；

γ_m——混凝土或砂浆的容重，kN/m^3；

h_1——护坡的最大厚度，m，取平均厚度的1.5～1.6倍；

h_2——1h内护坡充填高度，m，一般取值4～5m。

模袋的渗透系数应满足 K 为 $1\times10^{-2}\sim1\times10^{-3}$ cm/s。等效孔径 $O_{95}<d_{85}$，d_{85} 为砂粒粒径。灌填后模袋延伸率应小于30%。

(2) 混凝土（砂浆）设计。模袋混凝土平均厚度一般情况根据波浪要素确定，在寒冷地区还应考虑初冬冰推力作用计算后取大值。根据波浪要素计算平均厚度公式为

$$\overline{h}=0.07CH_{O}\sqrt[3]{\frac{L}{B}}\times\frac{\gamma}{\gamma_{m}-\gamma}\times\frac{\sqrt{1+m^{2}}}{m} \tag{7.3-3}$$

式中 $\overline{h}$——模袋混凝土平均厚度，m；

C——面板系数，对整体大块混凝土板护面 $C=1$，有排水点的护面 $C=1.5$；

H_{O}——波浪高度，m；

L——波长，m；

B——垂直于水面线的护面板边长，m；

m——护坡的边坡系数；

γ_{m}——混凝土或砂浆容重，kN/m³；

γ——水的容量，kN/m³。

根据初冬冰推力计算平均厚度其公式为

$$\overline{h}=\frac{\frac{pt}{\sqrt{1+m^{2}}}(km-f_{1})-H_{1}C_{1}\sqrt{1+m^{2}}}{\gamma_{m}H_{1}(1+mf_{1})} \tag{7.3-4}$$

验证剪切破坏公式为

$$\overline{h}>\frac{\frac{pt}{\sqrt{1+m^{2}}}\sqrt{1+m^{2}}\,t[\sigma]}{2[\sigma]-\gamma_{m}(1+\sqrt{1+m^{2}}\,t)} \tag{7.3-5}$$

式中 $\overline{h}$——模袋混凝土平均厚度，m；

p——设计水平冰推力，kN；

t——计算冰盖厚度，m；

m——护坡的边坡系数；

k——护坡抗滑安全系数，取值1.2～1.3；

f_{1}——水上护面与基土之间的摩擦系数；

H_{1}——冰盖下界面以上护坡高度，m；

γ_{m}——混凝土或砂浆容重，kN/m³；

C_{1}——反滤层水上部分和土壤之间的凝聚系数，kN/m²；

$[\sigma]$——地基许可耐压力，kN/m²。

在边坡自身稳定的条件下，模袋混凝土与土坡之间的抗滑稳定计算公式详见式（7.3-6）和式（7.3-7）：

$$F_{s}=\frac{L_{3}+L_{2}\cos\alpha}{L_{2}\sin\alpha}f_{cs} \tag{7.3-6}$$

$$L_{2}=\sqrt{1+m^{2}}\,H \tag{7.3-7}$$

式中 F_{s}——抗滑稳定安全系数；

L_2——坡面模袋长度，m；

L_3——坡脚以外模袋长度，m；

α——斜坡倾角；

f_{cs}——模袋与土壤的摩阻系数，一般取 0.5；

m——边坡系数；

H——护面高度，m。

模袋混凝土排渗能力计算公式详见式（7.3-8）、式（7.3-9）：

$$q_g \geqslant F_s q \tag{7.3-8}$$

$$q_g = naK_g i \tag{7.3-9}$$

式中 q_g——每延米宽度模袋排水点的单宽排水量，m^3/s；

F_s——安全系数，一般取 $F_s \geqslant 1.2$；

q——每延米坡长的单宽出流量，m^3/s；

n——每延米有效排水的排水点个数；

a——排水点的面积，m^2；

K_g——排水点的渗透系数，m/s；

i——排水点处的作用平均水力比降。

（3）混凝土（砂浆）配合比设计。为满足混凝土设计强度、耐久性、抗渗性等要求与施工需要，应进行混凝土（砂浆）配合比优选试验，经综合分析比较后选定。模袋混凝土平均厚度小于 15cm 时一般充灌砂浆；模袋混凝土平均厚度大于 15cm 时一般充灌细砾混凝土，常用细砾混凝土配合比。

（4）配筋设计。一般每列模袋混凝土中配置一根钢筋，钢筋规格可选用 Φ12～Φ22。

（5）护坡边界处理设计。为了防止模袋混凝土护坡因侧翼、顶部、坡址等边界侵蚀破坏，须进行边界处理。上、下游侧部边界（包括临时边界）开挖锚固槽，把部分模袋混凝土埋入槽中，上游侧槽深 15～45cm，下游侧槽深 60～75cm。护坡顶部处理采取平封或锚固形式，平封形式延伸长度一般取 0.5～1.0m，锚固形式深度应大于 45cm，上部用混凝土板压盖。护坡基部处理采取平铺或锚固形式，平铺形式从坡脚向外延伸距离一般不小于 3.0m，锚固形式深度应大于冲刷深度以下 50cm。护坡边界处理示意见图 7.3-1。

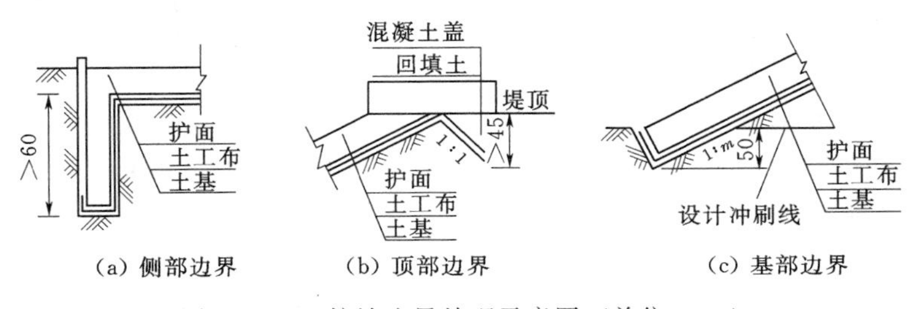

图 7.3-1 护坡边界处理示意图（单位：cm）

7.3.4.4 石笼护坡

1. 设计参数

（1）网片。铅丝网片网孔为双绞合六边形，孔径尺寸多为 6cm×8cm、8cm×10cm、

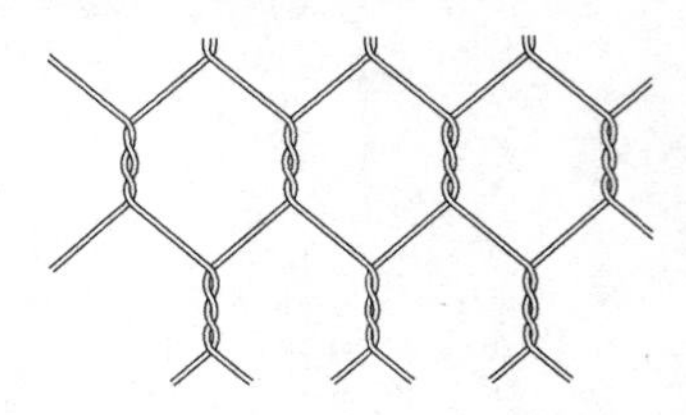
图 7.3-2　双绞合六边形金属网络

8cm×12cm、9cm×9cm、10cm×12cm、12cm×15mm，详见图 7.3-2。网络容许公差-4%～16%，孔径偏差应控制在 20mm 以内。

钢筋网片网孔多为正方形、长方形、等边直角三角形，钢筋纵横间距以 10cm 为基数，按 5cm 整倍数递增，一般顶部钢筋间距稍密，底部钢筋间距稍大一些，侧面堵头间距最大。常见的顶部网片钢筋纵横间距 30cm，底部及堵头网片钢筋纵横间距 50cm。

竹石笼编制孔格尺寸一般为 10～12cm，竹筋搭接长度应大于 3 个孔格。对受力较大部分的竹笼，顶盖宜用双筋，延伸长度大于 2.0m。

（2）箱笼。铅丝石笼规格视工程具体情况进行定做，挡墙及固基石笼常用尺寸为 2m×1m×1m、3m×1m×1m、4m×1m×1m、2m×1m×0.5m、4m×1m×0.5m，石笼笼体长度、宽度、高度允许偏差±100mm；护坡及护底石笼常用尺寸为 4m×2m×0.17m、5m×2m×0.17m、6m×2m×0.17m、4m×2m×0.23m、5m×2m×0.23m、6m×2m×0.23m、4m×2m×0.30m、5m×2m×0.30m、6m×2m×0.30m，内部每隔 1m 采用隔板隔成独立的单元，长度、宽度公差±3%，高度公差±2.5%。护坡及护底石笼（格宾护垫或雷诺护垫）示意图详见图 7.3-3。

钢筋石笼规格视工程具体情况，尺寸多以 1m×1m×0.5m 为基数，长、高、宽按 500mm 整倍数递增，工程上以 3m×3m×1m、2m×2m×0.5m 为常用规格。

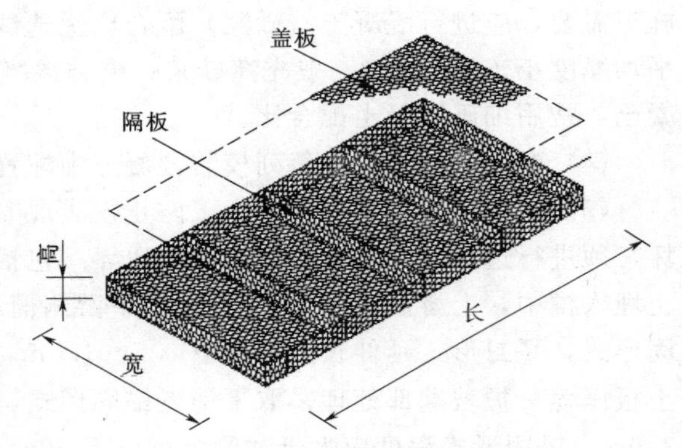

图 7.3-3　护坡及护底石笼（格宾护垫或雷诺护垫）示意图

（3）填料。不同地域使用材料类别不同，常见有鹅卵石、片石、碎石砂、砂砾（土）石等，一般按网孔大小的倍数 1∶1 或 1∶2 选择，片石可分层人工填充，添加 20%碎石或砂砾（土）进行密实填充，严禁使用锈石、风化石。石料粒径为 7～15cm，d_{50} 为 12cm，不放置在石笼表面的前提下，大小可以有 5%变化，超大的石块尺寸必须不妨碍用不同大小的石块在石笼内至少填充两层的要求。在特殊地区使用黄土或砂砾土时，需用透水土工布包裹，不得添入淤泥、垃圾和影响固结性的土壤。

2. 材质要求

（1）网片。

1）铅丝笼网片：采用钢丝编制，按钢丝性能分一般钢丝和高强钢丝，一般钢丝选用高抗腐蚀、高强度、具有延展性的优质低碳钢丝，钢丝直径为 2.0～4.0mm，钢丝抗拉强度及延伸率必须符合 EN 10223-3 要求，抗拉强度为 350～500N/mm²，延伸率不低于 10%；高强钢丝多为锌-5%（10%）铝-混合稀土合金镀层钢丝，也叫高尔凡钢丝，是一

种近年来国际新兴的材料，耐腐蚀性是传统纯镀锌材料的 3 倍以上，钢丝直径可达 1.0～3.0mm，钢丝抗拉强度不小于 1380MPa。

2）钢筋石笼网片：按结构分为框架部分和网片部分。框架一般采用 50mm 钢管，网片一般采用 HPB300 钢筋，钢筋直径因工程部位及网片部位不同而不同，防护工程顶部及迎水立面端头钢筋直径稍大，侧面堵头及底部钢筋直径稍小，常见的顶部及迎水立面端头钢筋直径为 12mm，堵头及底部钢筋直径为 8mm。

3）竹石笼网片：采用竹筋（即处理后的竹条）编制，竹筋宽度一般为 2～3cm，厚度以 3mm 为宜，使用期超过 1～2 年或受力较大时，须经防腐处理。制作竹筋的竹材从外形看，以长而挺直、竹竿粗细均匀、皮色青而带黄、表皮附白色蜡质、质地坚硬、肉厚、敲其声音清晰、无开裂损伤、无腐烂、无虫蛀等缺陷者为佳；从竹龄来看，以 4～6 年生毛竹为好，以 6 年生冬竹最佳；从采伐时间看，冬季采伐为好，不易虫蛀，农历白露至次年谷雨为最佳采伐期。

（2）防腐材料。石笼网铅丝防腐应根据环境情况，按规范要求采取不同的防腐等级，按现状生产水平，铅丝防腐分为涂层防腐和包覆 PVC 防护层两类。

无强酸、碱等腐蚀物质的一般环境，钢丝表面主要采用镀锌、涂聚氯乙烯等方式进行防腐处理；在有强酸、碱等高腐蚀物质的环境，石笼网铅丝多采用镀高尔凡进行防腐处理；钢丝表面镀锌、镀高尔凡处理后，还可包覆 PVC 保护层做进一步处理，以保障防腐效果。

钢丝的镀锌或高尔凡镀层重量按照国际标准 EN 10224－2 的最低上镀层重量选用，常用规格见表 7.3－4，同时保证钢丝环绕 4 倍于钢丝直径的圆棒 6 周后，镀锌层不得剥落、断裂；钢丝的外覆 PVC 保护层抗拉强度不小于 2016MPa，伸长率不小于 200%。防腐处理后钢丝在编织石笼网过程中，其双线绞合长度不小于 50mm，绞合部分的金属镀层和 PVC 包层不得破坏。

表 7.3－4　　最低上镀层重量

类　型	钢丝直径/mm	公差/mm	最低镀层重量/(g/m^2)
绞边钢丝	2.20	0.06	215
网格钢丝	2.00	0.05	215
边端钢丝	2.70	0.06	245

（3）填料。石笼填料严禁使用锈石、风化石，在特殊地区可选用黄土或砂砾土，用透水土工布包裹，不得添入淤泥、垃圾和影响固结性的土壤。填料必须按试验标准、设计要求及工程类别确定，在填充时应尽量不损坏石笼上的镀层。填料石材应坚实，无锈蚀、风化剥落层或裂纹，且优先选用卵石，石料密度应大于 25kN/m^3，抗压强度应大于 60MPa，粒径按大于石笼网网孔 1 倍以上选择。

3. 石笼体厚度

石笼体厚度的确定需要通过抗滑稳定和抗悬浮稳定计算确定。

（1）抗滑所需要的厚度，按式（7.3－10）计算：

$$t_1=\frac{H}{2.8(1-P)\nabla\cot\alpha} \tag{7.3-10}$$

式中　t_1——抗滑所需要的石笼填石厚度，m；

H——该处最大的波高，m；

P——块石孔隙率，要求孔隙率不大于20%；

∇——块石在水中的容重，天然容重减去水容重；

α——石笼护底与水平面交角，(°)。

(2) 抗悬浮所需要的厚度，按式（7.3-11）计算：

$$t_2=\frac{H}{7(1-P)\nabla(\cot\alpha)^{1/3}} \tag{7.3-11}$$

式中　t_2——抗滑所需要的石笼填石厚度，m；

H——该处最大的波高，m；

P——块石孔隙率，要求孔隙率不大于20%；

∇——块石在水中的容重；

α——石笼护底与水平面交角，(°)。

单个石笼体的厚度，必须大于抗滑、抗悬浮厚度。

4. 护坡厚度

采用石笼作为护坡（格宾护垫）结构，其厚度应根据工程部位的水流冲刷和波浪高度及岸坡倾角影响等水力特性，通过计算，并考虑一定的安全裕度，取大值确定，一般为0.15～0.30m。

(1) 考虑水流冲刷影响时，格宾护垫厚度，按式（7.3-12）计算：

$$\Delta D=0.035\frac{\Phi K_T K_h V_c^2}{C_0 K_s 2g} \tag{7.3-12}$$

式中　Δ——格宾护垫的相对密度，$\Delta\approx1.0$；

D——格宾护垫的厚度，m；

Φ——稳定参数，对于格宾护垫取0.75；

V_c——平均流速，m/s；

C_0——临界防护参数，对于格宾护垫取$C_0=0.07$；

g——重力加速度，$g=9.81\text{m/s}^2$；

K_T——紊流系数，取$K_T=1.0$；

K_h——深度系数，取$K_h=1.0$；

K_s——坡度参数，$K_s=\sqrt{1-(\sin\theta/\sin\varphi)^2}$；

θ——岸坡角度，$\sin\theta=\frac{1}{\sqrt{1+m^2}}$，$m$为岸坡坡比；

φ——格宾护垫内填石的内摩擦角。

(2) 考虑波浪高度及岸坡倾角影响时，格宾护垫厚度的计算公式为式（7.3-13）、式（7.3-14）：

$$\tan\alpha\geqslant\frac{1}{3}\text{时}\quad t_m\geqslant\frac{H_s\cos\alpha}{2} \tag{7.3-13}$$

$$\tan\alpha<\frac{1}{3}\text{时}\quad t_m\geqslant\frac{H_s(\tan\alpha)^{\frac{1}{3}}}{4} \tag{7.3-14}$$

式中 t_m——格宾护垫的厚度，m；

H_s——波浪设计高度，m；

α——岸坡倾角，(°)，$\tan\alpha=1/m$；

m——岸坡坡比。

风浪要素计算可根据《堤防工程设计规范》（GB 50286—2013）附录C，波浪的平均波高和平均波周期采用莆田试验站公式计算。

（3）护坡厚度确定。采用上述两种方法计算结果中的大值，同时，还应考虑一定的安全裕度，并应依照笼箱体的规格选用石笼护坡厚度。

5. 水平铺设长度

格宾护垫在坡脚处水平铺设长度主要与坡脚处的最大冲刷深度（图7.3-4）和护坡沿坡面的抗滑稳定性两个因素有关，即水平段的铺设长度应大于或等于坡脚处最大冲刷深度的1.5～2.0倍，并满足格宾护垫沿坡面的抗滑稳定系数不小于1.5的要求，以上两个数值中取大者作为水平段的铺设长度。

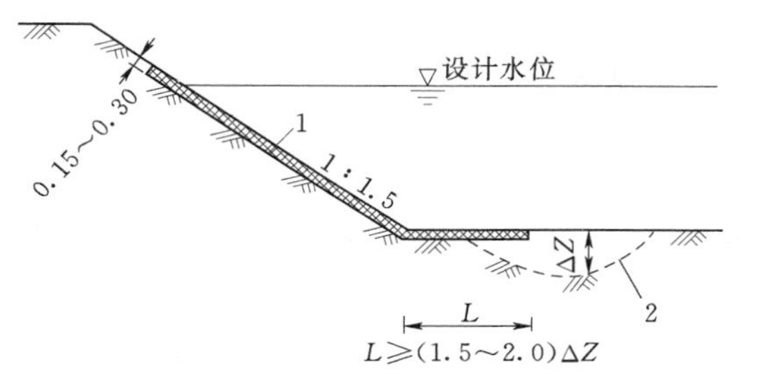

图7.3-4 格宾护垫水平铺设长度示意图

1—格宾护垫护坡；2—最大冲刷深度

在水流流速不大的情况下，石笼水平段平铺长度由其抗滑稳定性决定，且水平段平铺长度相对较大，相对于采用固脚（箱形或梯形结构）抗滑显得不经济，因此当由稳定控制计算结果较大时，可考虑采用格宾网箱，格宾网箱内填石块做固脚替代平铺段格宾石笼方案。

6. 护底石笼重量

根据《堤坝防浪护坡设计》中介绍，对于护底块石所需最小重量，采用伊士巴许公式进行计算，即式（7.3-15）执行：

$$W=\frac{\pi}{6}\frac{V^6\gamma_M\gamma^3}{K^6(2g)^3(\gamma_M-\gamma)^3(\cos\alpha-\sin\alpha)^3} \tag{7.3-15}$$

式中 W——块石稳定所需最小重量，kg；

V——作用在块石上的水流速度，m/s；

γ_M——块石容重，2.6t/m^3；

γ——水容重，1t/m^3；

α——石笼护底与水平面交角，(°)；

g——重力加速度，9.8m/s^2；

K——伊士巴许常数，对于嵌固块石 $K=1.2$，对于非嵌固块石 $K=0.86$。

单个石笼体所形成的重量，大于此值，即满足要求。

7.3.4.5　框格护坡

锚固型框格梁护坡的设计与力学计算应包含以下几个方面：

（1）边坡稳定性分析和荷载计算。边坡的稳定计算需考虑的荷载应包括边坡体自重、静水压力、渗透压力、孔隙水压力、地震力等。

（2）选择框格护坡型式及加固方案。

（3）拟定框格的尺寸、确定锚杆/锚管/预应力锚索的锚固荷载。用锚杆加固不稳定边坡时，锚杆材料、直径、数量的选择应按照《锚杆喷射混凝土支护技术规范》（GB 50086），锚管加固可参照锚杆设计。用预应力锚索加固不稳定边坡时，锚固力的确定、预应力锚索的布置、结构设计参考《水工设计手册（第二版）》第10卷。

（4）锚杆/锚管/预应力锚索的设计计算。

（5）框格内力计算及结构设计。

（6）加固后边坡的稳定性验算。加固后边坡的稳定性验算需考虑的荷载包括边坡体自重、静水压力、渗透压力、孔隙水压力、地震力、锚固力。

预制水泥混凝土空心块护坡：正方形框格骨架的方格大小一般为600mm×600mm～800mm×800mm，六边形框格的内切圆直径一般为500～650mm，框格高度视回填覆土厚度而定，框格梁宽一般取50～100mm。框格钢筋应采用ϕ8以上直径的Ⅱ级螺纹钢筋，框格混凝土强度等级不应低于C20，框格间用U型钉固定在坡面上。

混凝土框格护坡：采用的断面一般取300mm×200mm（高×宽）～300mm×300mm（高×宽）；框格高度视回填覆土厚度而定，框格梁宽取300～500mm，每隔10～25m宽度设置伸缩缝，缝宽2～3cm，填塞沥青麻筋或沥青木板。

浆砌石框格护坡：采用的断面一般取300mm×200mm（高×宽）～300mm×300mm（高×宽）；框格高度视回填覆土厚度而定，框格梁宽取350～1000mm，宽度设计与梁内截排水设计有关，为了保证框格的稳定性，可根据岩土体结构和强度在框格节点设置锚杆，长度一般为3～5m，全黏结灌浆。当岩土体较为破碎和易溜滑时，可采用锚管加固，全黏结灌浆，注浆压力一般为0.5～1.0MPa。浆砌石框格护坡每隔10～25m宽度设置伸缩缝，缝宽2～3cm，填塞沥青麻筋或沥青木板。

钢筋混凝土框格护坡：采用的断面一般取300mm×250mm（高×宽）～500mm×400mm（高×宽）；框格高度视回填覆土厚度而定，框格梁宽取300～500mm。框格纵向钢筋应采用ϕ14以上直径的Ⅱ级螺纹钢筋，箍筋应采用ϕ6以上直径的钢筋。框格混凝土强度等级不应低于C25。为了保证框格护坡的稳定性，根据岩土体结构和强度在框格节点设置锚杆。锚杆应采用ϕ25～ϕ40mm直径的Ⅱ级螺纹钢加工，长度一般为4m以上，全黏结灌浆，并与框格钢筋笼点焊连接。若岩土体较为破碎和易溜滑时，可采用锚管加固，锚管用ϕ50mm架管加工，全黏结灌浆，注浆压力一般为0.5～1.0MPa，同样应与框格钢筋笼点焊连接。ϕ50mm架管设计拉拔力可取为100～140kN。锚杆（管）均应穿过潜在滑动面。如果是整体稳定性差或下滑力较大的滑坡时，应采用预应力锚索加固。钢筋混凝土框格护坡每隔10～25m宽度设置伸缩缝，缝宽2～3cm，填塞沥青麻筋或沥青木板。

当边坡高于10m时，应设置马道，马道宽1.5～3.0m，后采取框格护坡设计。

框格内植物措施设计通常为局部块状整地，覆土后植乔灌草或局部块状整地，覆土后

植草皮护坡。具体植物措施设计详见林草工程设计。

7.3.5 锚杆固坡

7.3.5.1 锚杆规格

1. 锚杆类别和技术指标

按锚固机理可分为摩擦型锚杆、黏结型锚杆、端头锚固型锚杆和混合锚杆；按力的传递方式可分为压力型锚杆、拉力型锚杆、剪力型锚杆；按是否预先施加应力可分为预应力锚杆和非预应力锚杆；按锚固段构造形态可分为圆柱形锚杆、端部扩大头型锚杆、连续球体型锚杆；按材质可分为木锚杆、金属锚杆（钢筋、钢管、钢绞线）；按锚固剂材料可分为水泥砂浆锚杆、水泥药包锚固、树脂锚杆等类型。目前国内边坡加固工程中常用的锚杆根据其材料、施工工艺等不同，主要类别有：水泥砂浆锚杆、自钻式中空注浆锚杆、树脂锚杆、水泥药卷锚杆、打入式锚杆、锚索等。

（1）水泥砂浆锚杆。水泥砂浆锚杆由钢筋杆体、垫板和螺母组成，锚固剂为水泥砂浆，杆体多采用圆钢或螺纹钢筋。通过锚固砂浆与锚杆的黏结力和砂浆与岩层间的黏结作用提供锚固力来加固边坡，单孔锚固力可达 30～100kN。

杆体采用钢筋直径 16～28mm，可由 1～2 根钢筋制作，锚杆长度一般 1.5～12m。锚孔直径 42～110mm。锚孔注浆利用注浆管孔底返浆法，注浆压力为 0.2～0.5MPa。水泥砂浆标号一般为 M30、M35，水灰比 1∶0.4～1∶0.5，灰砂比 1∶1.5～1∶2。

水泥砂浆锚杆安装简便，成本较低廉，施工方便，适合在允许适当变形量的边坡支护中使用。

（2）自钻式中空注浆锚杆。自钻式锚杆是将钻孔、锚杆安装、注浆、锚固合而为一的锚杆，特制的中空钻杆打入地层后不再收回，钻杆即为锚杆体，注浆通过钻杆中孔进行。自钻式中空注浆锚杆由钻头、中空杆体、垫板和螺母组成。杆体外径为 25～51mm，锚孔直径为 42～110mm。

自钻式中空注浆锚杆特别适用于风化岩、碎石层、回填层、砂砾层和圆卵石层等难以成孔的地层，单孔锚固力可达 30～100kN。由于锚杆体按需要可切割成任意的长度并可使用连接器接长，所以可用于场地狭窄的施工环境。但自钻式锚杆成本较水泥砂浆锚杆稍高。

（3）树脂锚杆。树脂锚杆由不饱和树脂卷锚固剂、钢筋杆体、垫板、螺母组成。树脂锚杆的头部黏结在锚杆内，其锚固力达 30～150kN，金属锚杆的头部加工成反螺旋麻花形或其他形状。树脂锚杆具有承载快、锚固力大、安全可靠、施工操作简便、适用范围广等优点，且控制围岩位移和抗震性能好，可对围岩施加预压应力。树脂锚固剂可以工业化生产，但其储存期有限，一般 3 个月左右。

（4）水泥药卷锚杆。水泥药卷锚杆由水泥药卷、钢筋杆体、垫板、螺母组成。水泥药卷锚杆一般以早强型水泥为原料，用特制的袋子灌装成圆筒状，水中浸泡后放入锚孔内代替水泥砂浆，后插入钢筋，水泥药卷膨胀凝固后提供锚固力，其锚固力达 30～100kN。

水泥药卷锚杆制作简便，材料来源广泛，成本低且便于机械化操作，安装速度快，无粉尘危害，适合各类边坡、基坑支护。

（5）打入式锚杆。打入式锚杆一般采用等径钢管制作，利用机械打入土体内的钢管与土体间摩擦力提供锚固力来加固坡体，也可在钢管上预留透浆孔，打入钢管后通过钢管注浆来提高锚固力。打入式锚杆单孔锚固力较低，一般30～100kN。打入式锚杆具有施工速度快、锚固及时的特点，特别适用于卵石层、砂砾石层、杂填土等难以成孔的地层。

（6）锚索。锚索是将锚索体外端固定于坡面，另一端锚固在滑动面以内的稳定岩体中，通过张拉锚索体施加预应力锁定使潜在滑面处于压紧状态，通过提高滑面处的压力来增大抗滑摩阻力，能有效地控制潜在滑体位移，提高边坡稳定性。通常用于顺层滑坡、危石以及高大边坡的加固。

锚索结构一般由内锚头、锚索体和外锚头三部分组成。内锚头又称锚固段或锚根，是锚索锚固在岩体内提供预应力的根基，按其结构形式分为机械式和胶结式两大类，胶结式又分为砂浆胶结和树脂胶结两类。外锚头又称外锚固段，是锚索借以提供张拉吨位和锁定的部位，其种类有锚塞式、螺纹式、钢筋混凝土圆柱体锚墩式、墩头锚式和钢构架式等。锚索体，是连接内外锚头的构件，也是张拉力的承受者，通过对锚索体的张拉来提供预应力，锚索体由高强度钢筋、钢绞线或螺纹钢筋构成。锚索在钻孔的同时于现场进行编制，内锚固段采用波纹形状，张拉段采用直线形状。

2. 锚杆材料

锚杆材料通常由杆体材料、锚固材料、外锚结构等组成。

（1）杆体材料。圆钢及螺纹钢是制作各种普通锚杆杆体的主要材料，锚杆常用圆钢、螺纹钢特性可参考《水土保持设计手册·生产建设项目卷》5.7.3节。

（2）锚固材料。

1）水泥砂浆：水泥制作锚固剂时，一般采用不低于P·O 32.5号的普通硅酸盐水泥制作成M30或M35标号的水泥砂浆，搅拌均匀后灌注入锚杆孔内。为了改善水泥浆体在施工中和硬化后的性能，通常在水泥浆中加入一定比例的外加剂，如早强剂、缓凝剂、减水剂等。锚杆注浆采用泵送，注浆压力一般为0.2～0.5MPa。一般采用孔底返浆法，确保锚孔注满。

2）树脂类锚固剂：树脂锚杆的锚固剂是树脂药包，其采用高强度锚固剂专用不饱和聚酯树脂与大理石粉、促进剂和辅料按一定比例配制而成的胶泥状黏接材料，用专用聚酯薄膜将胶泥与固化剂分割呈双组分包装药卷状。使用时，先将药卷植入锚孔底部，反麻花锚杆插入时将双层药卷搅破、混合，发生化学反应后5min左右即固化，产生锚固作用。树脂锚固剂具有常温固化快，黏接强度高，锚固力可靠和耐久力好等优良性能。树脂药卷直径应比锚孔孔径稍小，以便于安装，常用直径有：21mm、23mm、28mm、32mm、35mm、42mm、70mm等，药卷长度有：300mm、330mm、350mm、450mm、500mm、600mm、660mm、750mm、880mm等多种规格，还可根据需求定做。树脂锚固剂根据其凝固固化时间，分超快、快速、中速和慢速四种。

3）水泥药卷：水泥药卷，一般用早强型水泥为原料，用特制的袋子灌装成圆筒状，直径与钻孔相仿（要保证能顺利塞入，比锚孔直径小2～4mm为宜），因其形状与普通炸药的药卷相似，而主要材料为水泥，故名“水泥药卷”。在安装前，先将“药卷”在水中浸泡2～2.5min，保证吸足水泥水化作用的水分。但不能过久，保证在水泥初凝前使用完

毕。施工时，可配合使用专用的工具，用锚杆的杆体将“药卷”匀速地顶入锚杆安装孔，边顶边转动杆体（配合使用专用工具时会自动转动），使“药卷”水泥在杆体周围均布密实，但不可过搅。施工过程中，顶入和转动杆体时，应注意“匀速”。安装好后，可用“钢筋头”或其他楔块，在孔口将杆体固定。需要安装后立即起作用的，还可在水泥中加速凝剂等。另外，还可以在水泥中加水泥微膨胀剂等。必须注意的是：钢筋混凝土中不可使用的添加剂，在药卷中同样不能添加。

（3）外锚结构。

1）锚杆螺母与垫板：螺母是固定垫板、锚杆等支护材料的一个重要构件，它是锚杆支护结构中形成支护力，控制边坡变形破坏的一个重要组成部分。特别是对于端锚式锚杆，没有螺母就构不成锚杆支护。因此正确地选择和使用锚杆螺母，可以有效地实现锚杆的支护功能。在锚杆支护中一般使用标准件粗制六角螺母，要求螺母满足锚杆抗拉拔力的作用，因此，螺母应满足强度及长期耐久性的要求。目前也逐渐出现了球形螺母和塑料阻尼螺母等多种专用锚杆螺母。

钢板、铸铁板均可做锚杆垫板。永久性锚杆一般采用钢垫板，钢垫板有圆形和正方形，直径（或边长）一般为100～150mm，厚为6～12mm，中间预留比锚杆直径稍大的圆孔（比锚杆外径大2mm）。

2）锚具：在预应力锚杆锚固中，锚具张拉后将随杆体固定在预应力锚固工作单元中，被永久使用，根据形式可分为群锚夹片式、螺杆式、锥锚式和镦头式4种。群锚夹片式锚具由锚环、夹片组成，性能优良、适应性强、操作简单方便，目前应用最广。

锚具、夹具和连接器所承载能力不应低于锚杆杆体极限承载能力的95%，且能满足锚杆张拉、补偿张拉和松弛等使用要求。

3）锚墩与承压板：当坡面为强度高且较完整的岩质边坡时，预应力锚杆可设锚墩或承压板锚固。锚墩和承压板的作用是将锚头的锚固力传递到坡面上，还可以保护锚头结构，均采用C30钢筋混凝土制作。承压板一般采用正方形，边长为1.0～1.5m，厚为0.2～0.3m。

4）框架梁。当边坡为土质、极软岩或破碎岩体时，也可采用钢筋混凝土框架梁传递锚固力，并增强边坡锚固的整体性。框架梁截面采用矩形，混凝土标号不低于C30。框架梁尺寸与配筋应结合结构检算确定，锚杆框架截面边长一般为300～400mm，锚索框架梁截面边长一般为400～600mm。框架梁应全部埋入坡面，也可外露10～15cm用以在框架梁内客土植草或基材植生绿化。

7.3.5.2 断面设计

锚杆固坡工程设计时，应进行垂直于坡面走向的横断面设计，并在横断面图上明确以下内容：边坡的坡比形式，锚杆长度、材料、间距、倾角，锚孔直径、深度、锚固材料。锚杆与其他结构物共同作用时，还应明确其他结构物的材料性能、尺寸及二者作用关系。下面就几种常见的锚杆固坡工程类型分别加以说明。

1. 喷锚支护

喷锚支护按作用时效可分为永久喷锚支护和临时喷锚支护两类。

（1）永久性喷锚支护。永久性喷锚支护主要用于坡比不陡于稳定坡比的土质、软岩、破碎岩质边坡的加固。

锚杆一般采用直径16～22mm的螺纹钢筋制作，锚杆长度为1.5～4.0m，间距一般为1.0～2.0m，对Ⅰ、Ⅱ类岩体边坡最大间距不得大于3m，对Ⅲ类岩体边坡最大间距不得大于2m；岩体破碎地段可适当加密、加长。

锚孔倾角宜为10°～20°，锚孔直径为40～70mm，孔内灌注M30水泥砂浆。

喷射混凝土标号不宜低于C20，厚度不小于10cm。永久性喷锚支护单级边坡高度不宜超过8.0m，边坡坡比应缓于稳定坡比。锚杆头可采用钢筋连接以提高边坡整体锚固效果。喷射混凝土的物理力学参数见表7.3-5。

表7.3-5　　喷射混凝土的物理力学参数

物理力学参数	C20	C25	C30
轴心抗压强度设计值/MPa	10	12.5	15
弯曲抗压强度设计值/MPa	11	13.5	16.5
轴心抗拉强度设计值/MPa	1.1	1.3	1.5
抗压强度设计值/MPa	2.1×10^4	2.3×10^4	2.5×10^4
容重/(kN/m³)	22		

（2）临时喷锚支护。施工过程中的基础开挖会形成临时边坡，为了增加其稳定性，常采用临时喷锚支护。它是在临时边坡形成后及时通过锚杆和坡面喷射混凝土层共同作用，提高边坡的强度，延缓边坡变形的发展速率，保证永久加固工程完工前临时边坡具有一定的自稳能力。因为临时边坡一般较稳定陡，所以临时喷锚一定要及时实施。

临时喷锚支护的土质、极软岩边坡高度不宜超过6m、坡比不宜陡于1∶0.5，锚杆长度按坡高的0.5～0.8倍为宜，间距为0.5～1.5m，锚杆倾角宜为10°～20°；软岩、强风化硬质岩临时边坡高度不宜超过8m，坡比不宜陡于1∶0.3，锚杆长度按坡高的0.3～0.6倍为宜，间距为1～2m。喷射混凝土层厚度一般为6～10cm。

临时喷锚支护锚杆一般采用螺纹钢筋，直径为12～22mm。

2. 挂网喷锚支护

挂网喷锚支护主要用于坡比不陡于稳定坡比的土质、软岩、破碎岩质边坡的加固。混凝土层内加筋材料一般采用镀锌铁丝网或土工格栅，喷射混凝土层较厚时可设双层网。

镀锌铁丝网铁丝直径为0.9～1.6mm，网眼直径为10～20cm，钢筋网片网格直径为15～25cm。土工格栅要求抗拉强度不小于25kN/m，网格尺寸小于15cm。锚杆一般采用直径为16～22mm的螺纹钢筋制作，锚杆长度为1.5～4.0m，间距一般为1.0～2.0m，岩体破碎地段可适当加密、加长。锚杆倾角宜为10°～20°。喷射混凝土标号不宜低于C20，厚度一般为10～20cm。永久性喷锚支护单级边坡高度不宜超过8.0m，边坡坡比应缓于稳定坡比。

挂网喷锚支护适应于具有一定自稳能力的岩土体边坡，且边坡坡比应缓于稳定边坡坡比，特别适合岩体破碎、易掉块的岩质边坡的加固防护。

3. 锚杆框架梁护坡

锚杆框架梁护坡边坡坡比不陡于岩土稳定坡比，且不陡于1∶0.75。

锚杆与水平面的夹角为15°～20°，一般采用ϕ22～32mm螺纹钢筋制作，必要时可采用两根钢筋并联制作，也可采用自钻式中空注浆锚杆；锚杆间距通常为3.0m或4.0m，长度一般为8～12.0m。锚孔直径一般为110mm，孔内灌注M30水泥砂浆。

框架梁一般采用C30钢筋混凝土现浇，构造配筋，其尺寸大小由地层情况及边坡高度按构造要求确定，其厚度、宽度均一般为0.3m或0.4m。

4. 锚索框架梁护坡

锚索框架梁护坡边坡坡比应根据边坡工程地质条件、边坡荷载、外部环境因素进行稳定性验算确定。

锚索一般采用ϕ12.7mm或ϕ15.2mm的高强度预应力钢绞线制成，锚索间距、长度及钢绞线根数应根据边坡稳定性计算要求确定，锚固段必须位于稳定岩土层内。锚索总长度由锚固段长度、自由段长度及张拉段长度组成，见图7.3-5。锚索自由段长度受稳定地层界面控制，在设计中应考虑自由段伸入滑动面或潜在滑动面的长度不应小于1.5m，自由段长度不应小于5m。张拉段长度应根据张拉机具决定，锚索外露部分长度宜为1.5m左右。

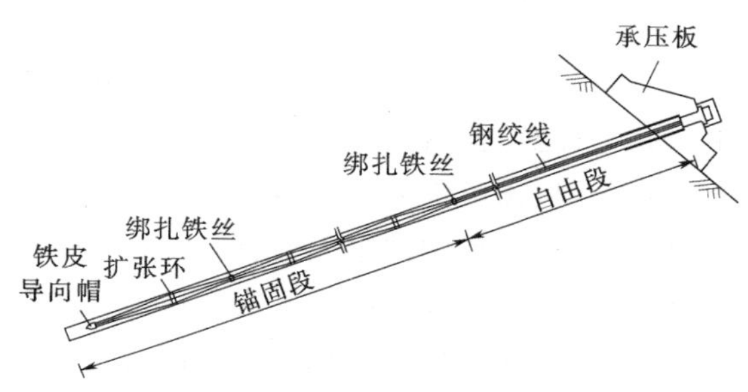

图7.3-5 锚索桩结构示意图

锚索水平、竖直向间距一般采用3.0m、4.0m，锚索与水平面的夹角为15°～20°。

锚固体的直径应根据设计锚固力、地基性状、锚固类型、张拉材料根数、造孔能力等因素确定，宜采用110mm、130mm、150mm等。

锚索孔注浆材料宜采用M35水泥砂浆。

框架梁一般采用C30钢筋混凝土，构造配筋，其尺寸大小由地层情况、边坡高度、单孔锚索荷载、间距等因素计算确定，横梁厚度、宽度均不宜小于0.4m，纵梁厚度、宽度一般均不小于0.5m。

5. 土钉墙

（1）土钉墙支护的选型应根据边坡高度、地层性质、周边环境条件等因素确定，土钉墙构造设计应符合下列要求：

1）土钉墙墙面坡比宜为1：0.2～1：0.4。

2）土钉必须和面层有效连接，应设置承压板或加强钢筋等构造措施，承压板或加强钢筋应与土钉螺栓连接或钢筋焊接连接。

3）土钉的长度宜为边坡高度的0.5～1.2倍，间距宜为1～2m，与水平面夹角宜为10°～20°向下的方向；对于密实的砾石层，土钉长度不宜小于3.0m；如支护基坑，坑深中部及上部的土钉长度宜大一些，底部土钉长度可小些，但不宜小于0.5倍坑深。

4）土钉钢筋宜采用HRB400钢筋，钢筋直径宜为16～25mm，钻孔直径宜为70～120mm。

5）注浆材料宜采用水泥浆或水泥砂浆，其强度等级不宜低于M10。

6）喷射混凝土面层宜配置钢筋网，钢筋直径宜为6～10mm，间距宜为150～300mm；喷射混凝土强度等级不宜低于C20，面层厚度不宜小于80mm。

7）坡面上下段钢筋网搭接长度应大于300mm。

8）当地下水位高于基坑底面时，应采取降水或截水措施；土钉墙墙顶应采用砂浆或混凝土护面，坡顶和坡脚应设排水措施，坡面上可根据具体情况设置泄水孔。

9）对流塑状态的黏性土、松砂等难以成孔的软弱松散地层，宜采用打入式钢管，钢管管壁应设置注浆孔，打入后再行注浆。

（2）对基底以下有软土的土钉墙及复合土钉墙支护，应按式（7.3-16）进行坑底土层的承载力验算：

$$K\left(q+\sum_{1}^{n}\gamma_i\Delta h_i\right)\geqslant f_{uk} \tag{7.3-16}$$

式中　q——地面荷载；

n——坑深范围内土层数；

Δh_i——坑深范围内第i土层厚度，m；

γ_i——坑深范围内第i土层容重；

f_{uk}——坑底土层极限承载力标准值；

K——抗隆起安全系数，取1.6。

（3）整体稳定性验算时应根据各个不同施工阶段的工况，特别是应按开挖至某一深度而相应深度的土钉或锚杆尚未实施或尚未发挥作用的工况。土钉及其与预应力锚杆复合支护的整体稳定验算考虑土钉和锚杆的受拉作用，整体稳定计算按《复合土钉墙基坑支护技术规范》（GB 50739）计算。

（4）喷射混凝土面层强度等级不小于C20，3d龄期强度应不小于12MPa；混凝土面层厚度不应小于80mm，面层内置钢筋网直径宜为6～10mm，网眼尺寸宜为150～300mm。当面层厚度大于120mm时，宜设2层钢筋网，土钉头应采用直径14～20mm加强钢筋连接。

6. 锚杆挡墙（桩）

（1）锚杆挡墙（桩）结构的设计应进行结构内力计算、边坡整体稳定性验算、抗倾覆计算。开挖工况的结构内力计算，应包括挡墙（桩）内力、锚杆拉力等，挡墙（桩）锚结构内力及变形计算宜采用弹性抗力法；边坡水平变形情况也应进行计算。

（2）锚杆水平刚度系数k_T可由锚杆基本试验确定，当无试验资料时，可按式（7.3-17）和式（7.3-18）计算：

$$k_T=\frac{EA}{L_{ft}} \tag{7.3-17}$$

$$k_H=\frac{EA}{L_{ft}}\times\frac{1}{s}\cos^2\theta \tag{7.3-18}$$

式中　k_T——锚杆的刚度系数，kN/m；

k_H——非锚固段长度支护结构水平支点刚度系数，kN/(m·m)；

E——锚固体组合弹性模量，kN/m²；

A——杆体截面面积，m^2；

L_{ft}——锚杆的自由段长度，对于拉力型锚杆取其自由段与1/3锚固段长度之和，对于荷载分散型锚杆取最前端的单元锚杆杆体的非黏结长度；

s——锚杆间距，m；

θ——锚杆倾角，(°)。

（3）挡墙（桩）截面、配筋、钢材型号或强度等级，以及锚杆的锚固长度、杆体材料及截面等设计应按锚拉挡墙（桩）结构施工及使用过程中的最不利内力考虑。

（4）支护结构设计应符合现行国家标准《混凝土结构设计规范》（GB 50010）及《钢结构设计规范》（GB 50017）的有关规定，结构设计计算应采用荷载基本组合，结构的内力设计值按支护结构内力标准值的1.25倍计算。

（5）锚杆拉力标准值应根据支护结构水平支点力，并按式（7.3－19）计算：

$$N_k=\frac{F_k}{\cos\theta}s \tag{7.3-19}$$

式中 N_k——锚杆拉力标准值，kN；

F_k——挡土结构支点力标准值，kN/m；

s——锚杆水平间距，m；

θ——锚杆的倾角，(°)。

（6）锚杆拉力设计值，锚杆锚固段长度、直径及杆体截面计算参阅前述锚杆设计部分内容进行。

（7）锚杆的自由段长度应超过潜在滑裂面1.5m，且不宜小于5m，滑裂面位置应根据整体稳定计算确定，并可按式（7.3－20）计算（图7.3－6）：

$$L_f=\frac{b}{\cos\theta}+\frac{(s_1-b\tan\theta+s_2)\sin(45°-\varphi/2)}{\cos(45°-\varphi/2-\theta)}+1.5 \tag{7.3-20}$$

式中 L_f——锚杆的自由段长度，m；

b——排桩或地下连续墙总厚度，m；

θ——锚杆的倾角，(°)；

s_1——锚杆的锚头中点至坡脚的距离，m；

s_2——坡脚至排桩或地下连续墙嵌固段土压力为零点O的距离，若没有土压力零点时，取三分之一嵌固深度，m；

φ——O点以上各土层按土层厚度加权的内摩擦角平均值，(°)。

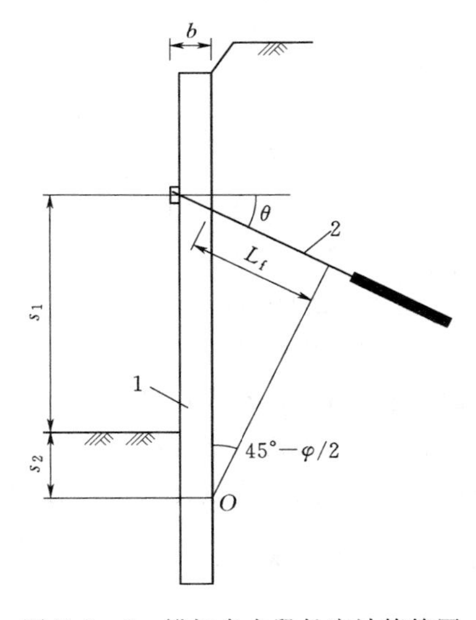

图7.3－6 锚杆自由段长度计算简图
1—排桩或地下连续墙；2—锚杆

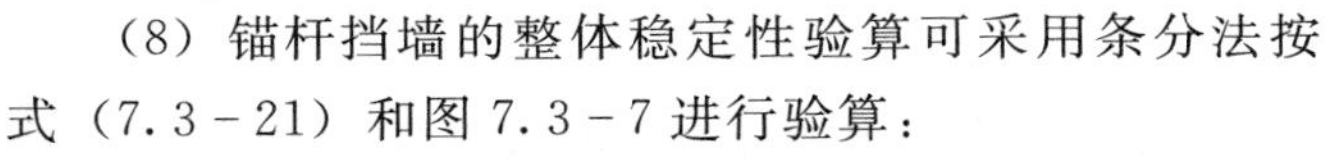

（8）锚杆挡墙的整体稳定性验算可采用条分法按式（7.3－21）和图7.3－7进行验算：

$$K=\frac{\sum(q_ib_i+\Delta G_i)\cos\theta_i\tan\varphi_i+\sum c_il_i+\sum T_{d,j}\sin(\theta_i+\alpha_j)\tan\varphi_i/s_j}{\sum(q_ib_i+\Delta G_i)\sin\alpha_j-\sum T_{d,j}\cos(\theta_i+\alpha_j)/s_j} \tag{7.3-21}$$

式中　K——整体滑动稳定安全系数，根据边坡等级取1.2～1.3；

c_i——第i土条滑弧面上土层的黏聚力，kPa；

φ_i——第i土条滑弧面上土层的内摩擦角，(°)；

l_i——第i土条滑弧面上的弧长，m；

q_i——作用在第i土条上的附加分布荷载值，kN；

b_i——第i土条的宽度，m；

ΔG_i——第i土条的天然容重，地下水位以下采用浮容重，kN/m³；

θ_i——第i个支点的锚杆与水平面的夹角，(°)；

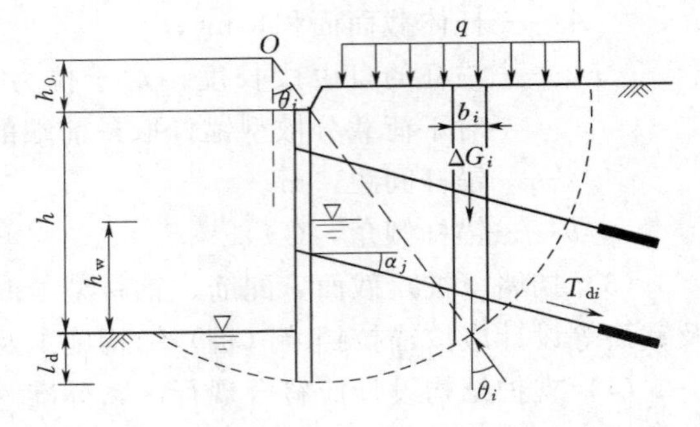

图7.3-7　锚杆挡墙整体稳定性验算

h—桩顶平面至基坑底的垂直距离，m；h_0—滑弧圆心点至桩顶平面的垂直距离，m；h_w—基坑底以上水头高度，m；l_d—锚拉桩（墙）埋深，m

$T_{d,j}$——第j个支点的锚杆受拉承载力设计值；

α_j——第j个锚杆与水平面间夹角，(°)；

s_j——第j个支点的锚杆的水平间距，当支点（锚杆位置）两侧的水平间距不同时，取$s=(s_1+s_2)/2$，此处s_1与s_2分别为该支点与相邻两支点的间距。

(9) 锚杆挡墙支护中锚杆的布置应符合的规定有：①锚杆的水平间距不宜小于1.5m；②多排锚杆竖向间距不宜小于2.0m；③锚杆的倾角宜取15°～45°；④锚杆锚固段置于稳定土层中。

(10) 锚杆锁定拉力应根据锚固地层及支护结构变形控制要求确定，一般可取设计轴向拉力值的0.7～0.85倍。

(11) 锚索桩悬臂端长度不宜大于16m，桩上锚索竖向间距不宜小于2.0m。锚固段应置于稳定岩土层内。桩截面、长度、间距及锚索间距、长度等参数应经计算后确定。

7.3.5.3　边坡稳定性分析及锚固结构设计

锚固结构的破坏分为外部稳定破坏和内部稳定破坏。外部破坏发生在锚固体之外，是锚杆固坡结构整体失稳破坏。内部破坏发生在锚杆固坡结构之内，多表现为锚杆的拔出、拉断等破坏形式。锚固结构设计应确保边坡的整体稳定和锚杆等结构物的稳定。边坡稳定性分析及锚固结构设计验算可参考《水土保持设计手册·生产建设项目卷》5.6.4节。

7.3.6　抗滑桩

7.3.6.1　抗滑桩的平面布置

据滑坡体地表特征、滑坡推力大小，设计抗滑桩的平面布置（图7.3-8）有以下几种情况：

(1) 单排群桩滑坡推力很小时可选用小桩，滑坡推力较大时可选用大桩。

(2) 双排群桩当单排群桩平衡不了滑坡推力时，可设计双排群桩。

(3) 多排群桩可用于较大滑坡推力的滑坡防治。

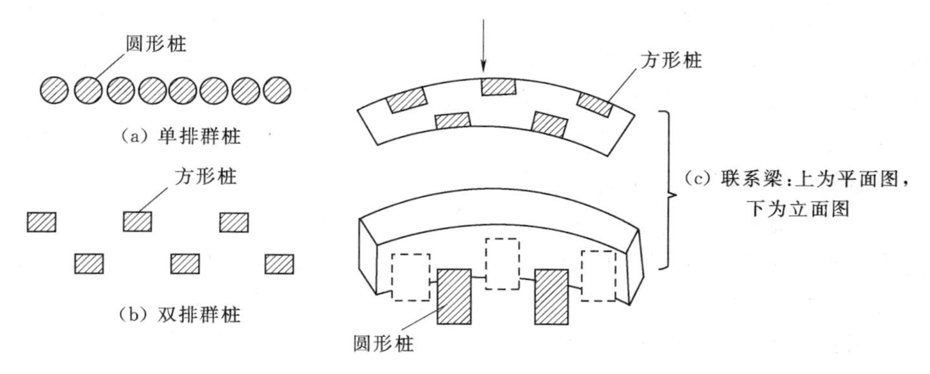

图 7.3-8 抗滑桩平面布置示意图

(4) 抗滑桩桩间距和排距的经验数据根据多年的实际工作经验，考虑施工方便，抗滑桩桩间距最小距离不得小于 1.5m；排间距应在 2.0m 以上。据研究，两桩之间的土，在一定范围内存在土拱效应。桩间距大于这个范围，土拱效应就不成立，两桩之间的土就要产生滑移。经数值分析并结合实际经验，软塑状态的黏性碎石土，桩间距一般取 2～3m；硬塑状态的黏性碎石土，桩间距一般取 4～5m；干硬状态的黏性碎石土桩间距一般取 6～7m。排距可分别取 3m、4～5m、6～7m。

抗滑桩群灌注完成后，顶端最好用盖梁（联系梁）连接［图 7.3-8 (c)］，这样可使抗滑桩群成一个整体，增强抗滑能力。

7.3.6.2 设计荷载及反力

抗滑桩的设计荷载主要包括滑坡推力、土压力、结构自重、地震地区的地震力；反力主要包括桩前滑体抗力（抗滑段）、锚固地层的抗力、侧摩阻力以及桩底反力。一般情况下桩侧摩阻力、结构重力和桩底反力可不计算，但对于悬臂长、截面大的悬臂桩，桩身自重不应忽略。抗滑桩设计载荷和反力计算见《水土保持设计手册·生产建设项目卷》的 5.8。

7.3.6.3 内力及变形

滑动面以上的桩身内力，应根据滑坡推力和桩前滑体抗力计算。滑动面以下的桩身变位和内力，应根据滑动面处的弯矩和剪力，和地基的弹性抗力进行计算。内力及变形计算可根据锚固地层条件按“m”法或“K”法进行计算确定。

7.3.6.4 地基强度校核和桩身变位控制

1. 地基强度校核

(1) 对于较完整的岩质岩层及半岩质岩层的地基，桩的最大横向压应力 σ_{max} 应小于或等于地基的横向容许承载力。桩身作用于围岩的侧向压应力，一般不应大于容许强度。桩周围岩的侧向允许抗压强度，必要时可直接在现场试验取得，一般按岩石的完整程度、层理或片理产状、层间的胶结物与胶结程度、节理裂隙的密度和充填物、各种构造裂隙面的性质和产状及其贯通等情况，分别采用垂直允许抗压强度的 0.5～1.0 倍。当围岩为密实土或砂层时其值为 0.5 倍；较完整的半岩质岩层为 0.60～0.75 倍；块状或厚层少裂隙的岩层为 0.75～1.0 倍。

（2）对于一般土层或风化成土、砂砾状的岩层地基。抗滑桩在侧向荷载作用下发生转动变位时，桩前的土体产生被动土压力，而在桩后的土体产生主动土压力。桩身对地基土体的侧向压应力一般不应大于被动土压力与主动土压力之差。

（3）围岩在不同部位的极限抗压强度，一般都尽可能取代表样品做试验，其垂直允许值常用极限值的 1/4～1/10，对软弱或破碎岩层一般采用较大的系数，对坚硬岩层则取小些。如桩身作用于地基地层的侧向压应力大于围岩的允许强度，则需调整桩的埋深或截面尺寸和间距，重新设计；但随深度增加，围岩强度也逐渐增大时，可允许在滑面以下 1.5m 以内产生塑性变形现象，而在塑性变形深度内围岩抗力采用其侧向允许值，故对于一般土层或风化成土、砂砾状的岩层地基，通常需检查$\pm\sigma_y$为最大处的侧向压应力，根据《铁路路基支挡结构设计规范》（TB 10025—2006）和《铁路桥涵地基和基础设计规范》（TB 10002.5—2017）也可只检算滑动面以下深度为$h_2/3$和h_2（滑动面以下桩长）处的横向压应力是否小于或等于相应地基的容许压应力。地基强度若不满足要求，则应调整桩的埋深或桩的截面尺寸，重新设计。

2. 抗滑桩锚固深度

计算中除了满足强度校核外，地面处桩的水平位移不宜大于 10mm。当桩的变位需要控制时，应考虑最大变位不超过容许值。根据多年的工程经验，抗滑桩的锚固深度一般为总桩长的 1/2～1/3，对于完整的基岩，一般为总桩长的 1/4。

7.3.6.5　结构设计

抗滑桩为钢筋混凝土结构时，应按现行国家标准《混凝土结构设计规范》（GB 50010）进行承载能力极限状态设计。抗滑桩一般允许有较大的变形，桩身裂缝超过允许值后，钢筋的局部锈蚀对桩的强度不会有很大的影响，因此，当无特殊要求时，可不做“正常使用极限状态验算”。

7.3.7　抗滑墙

7.3.7.1　抗滑挡墙设置位置的选择

（1）对于中、小型滑坡，一般将抗滑墙布设在滑坡前缘。

（2）对于多级滑坡或滑坡推力较大时，可分级布设抗滑墙。

（3）对于滑坡有稳定岩层锁口时，可将抗滑墙布设在锁口处，锁口处以下部分滑体另作处理，或另设抗滑墙等整治工程。

（4）当滑动面出口在构筑物（如公路、桥梁、房屋建筑）附近，且滑坡前缘距建筑物有一定距离时，应尽可能将抗滑墙靠近建筑物布置。

（5）对于道路工程，当滑面出口在路堑边坡时，可按滑床地质情况决定布设抗滑墙的位置。

（6）对于滑坡的前缘面向溪流或河岸时，抗滑墙可设置于稳定的岸滩地，或将抗滑墙设置在坡脚。

（7）对于地下水丰富的滑坡地段，在布设抗滑墙前，应先进行辅助排水工程，并在抗滑墙上设置好排水设施。

（8）对于水库沿岸，由于水库蓄水水位的上升和下降，除在浸水斜坡可能崩塌处布设抗滑墙外，在高水位附近还应设抗滑桩或二级抗滑墙。

(9) 在修建抗滑墙时，应尽量避免或减少对滑坡体前缘的开挖。

7.3.7.2 抗滑墙断面的拟定

根据不同滑坡的特点及地质情况，确定滑坡的平面设置位置后，根据滑坡下滑力的大小、地质情况等拟定挡墙的断面。

1. 滑坡推力的计算

作用在抗滑挡墙上的土体侧压力称为滑坡推力，它主要表现在滑坡推力的大小、方向、分布和合力作用点等。

计算滑坡推力时，作如下假定：

(1) 滑坡体是不可压缩的介质，不考虑滑坡体的局部挤压变形。

(2) 块间只传递推力不传递拉力。

(3) 块间作用力（即推力）以集中力表示，其方向平行于前一块滑动面。

(4) 垂直于主滑方向取 1m 宽的土条作为计算单元，忽略土条两侧的摩阻力。

(5) 滑坡体的每一计算块体的滑动面为平面，并沿滑动面整体滑动。

在计算滑坡推力的同时，还需考虑附加力的影响。附加力主要有：①滑坡体上的外荷载加在相应的滑块自重之中；②对于水库岸坡等地带的滑坡，应考虑动水压力和浮力；③在地震烈度大于等于Ⅶ度的地区，应考虑地震力的作用。

滑坡下滑力的计算是在已知滑动面形状、位置和滑动面（带）上土的抗剪强度指标的基础上进行的，计算方法一般采用传递系数法计算剩余下滑力，详见《水土保持设计手册·生产建设项目卷》5.8 节。

下滑力分布和作用点与滑坡的类型、部位、地层性质等有关。一般来说，当滑坡体黏聚力较大，内摩擦角较小时，下滑力呈矩形分布；当滑坡体黏聚力较小，内摩擦角较大时，推力呈三角形分布，当滑坡体黏聚力和内摩擦角介于上述之间的，推力呈梯形分布。

2. 抗滑挡墙墙后设计推力的确定

当滑坡推力小于主动土压力时，应把主动土压力作为设计推力，但当滑坡推力合力作用点位置较主动压力的作用点高时，挡土墙的抗倾覆稳定性取其力矩大者进行计算。

3. 抗滑墙断面的拟定

抗滑挡墙承受的是滑坡推力，不同于普通的重力式挡土墙（一般情况下，滑坡下滑力远大于作用于普通挡墙上按库伦理论或郎金理论计算的土压力）。由于滑坡下滑力普遍比墙后的土压力大，因此抗滑的断面设计具有墙面坡度缓、外形矮胖等特点。这样才有利于挡墙自身的稳定。抗滑挡墙墙面坡度常采用 1：0.3～1：0.5，有条件时可缓至 1：0.75～1：1.0. 基底常做成反坡或锯齿形。而为了增加抗滑墙的抗倾覆稳定性和减少墙体圬工材料用量，有时可在墙后设置 1～2m 宽的衡重台或卸荷平台。

常见的抗滑挡墙断面详见图 7.3-9。

4. 抗滑墙的稳定性及强度验算

抗滑墙的抗滑稳定、抗倾覆、墙身截面强度、基地应力等验算详见 6.5.2 挡渣墙稳定计算。

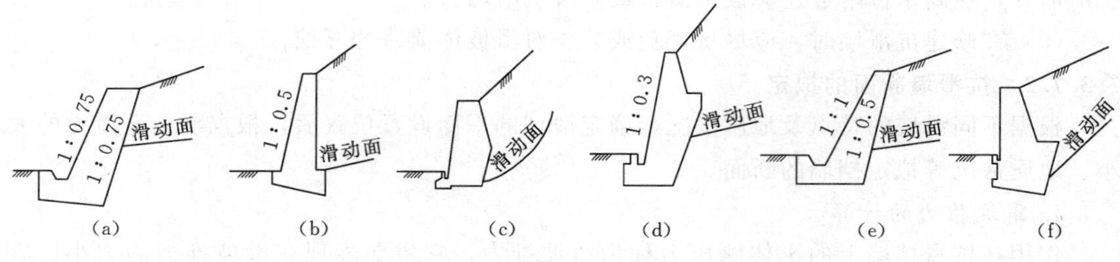

图7.3-9　常见抗滑挡墙断面

7.3.7.3　基础的埋深

基础的埋置深度应通过计算予以确定。一般情况下，无论何种型式的抗滑墙，其基础必须埋入到滑动面以下的完整稳定的岩（土）层中，并且设计埋深时应考虑潜在滑动面（由于设置了抗滑挡墙后，导致滑坡产生新的滑动面）的位置。

7.4　案　　例

7.4.1　福建某抽水蓄能电站上库坝后弃渣场

福建厦门某抽水蓄能电站位于福建省厦门市，其上库坝后弃渣场位于上库主坝坝后，属于坡地型渣场，渣场堆渣体占地面积17.92hm²，占地类型主要为林地、耕地和园地，堆渣高程为770.00～866.00m，弃渣场渣顶高程为866.00m，最大堆渣高度为96m，渣场容量为380.40万m³，拟堆渣量为373.84万m³。

1. 工程级别及洪水标准

根据《水土保持工程设计规范》（GB 51018—2014）和《水利水电工程水土保持技术规范》（SL 575—2012），渣场堆渣量为373.84万m³，堆渣高度为96m，以及渣场失事可能造成的影响较严重，渣场级别确定为2级，斜坡防护工程级别为4级，挡渣坝工程等拦挡建筑物级别为2级，防洪标准为50年一遇，校核标准为100年一遇。

2. 工程地质

工程所在区在大地构造单元中处于华南加里东褶皱带东部的闽东断陷带。上库坝后弃渣场场地自然边坡稳定性较好，无崩塌、滑坡、泥石流等不良地质现象，不存在影响渣场稳定性的软弱土层，两岸山体雄厚，堆渣不超过山脊高程，渣场两侧不存在临空面、滑移面；在弃渣场下游沟谷处地形变得狭窄，左岸下游侧为一连续性好的横向厚实的山脊阻挡，堆渣低于该山脊高程，山脊形成天然的防护挡脚，对弃渣场的稳定性有利。

弃渣场基岩岩性为晶屑熔结凝灰岩，岩石致密坚硬，两岸山坡覆盖层较薄，为残坡积含碎石粉质黏土，厚度一般为1～3m，局部有4～5m，沟底零星堆积冲洪积漂卵石，厚为0.5～1m。场地地质构造不发育，仅发育2条小断层，宽度在0.5m内，中陡倾角，带内为碎裂岩、碎粉岩，未发现大的不利构造或软弱夹层，节理较发育，以闭合为主，对场地稳定影响都较小。

拦渣坝位置沟底弱风化基岩出露，地形呈"V"字形，两岸覆盖层薄，风化浅，未发

现不利结构面或软弱夹层，地质条件较好。

根据《中国地震动参数区划图》(GB 18306—2015) 等资料，工程场地的地震基本烈度为Ⅶ度，工程区的地震动峰值加速度为0.15g，该研究区域属区域构造稳定性较差区，近场区构造稳定性较差，但工程场址构造稳定。

3. 渣体边坡稳定性分析

根据《水利水电工程水土保持技术规范》(SL 575—2012)，弃渣场边坡稳定性分析计算工况为：正常运用工况、非常运用工况Ⅰ（连续降雨）、非常运用工况Ⅱ（正常工况＋地震参数），分别采用瑞典圆弧法和简化毕肖普法进行计算。

根据稳定性计算分析，对靠近堆渣坡面水平距离100m范围内的弃渣分层铺设土工格栅并摊铺碾压，提高该部分堆渣体物理力学性质（使综合内摩擦角 φ 提高至26°以上），以使最不利滑移面后移，提高堆渣体稳定性，施工参数需根据现场生产性试验确定。

计算过程中假定堆料单一均匀，根据地质勘查报告，自然堆放条件下堆渣体黏聚力取15kPa，内摩擦角取21°；分层铺设土工格栅并摊铺碾压处理条件下堆渣体黏聚力取25kPa，内摩擦角取26°。在对堆渣体采取碾压处理条件下计算出各个渣场最小安全系数。

根据计算，各渣场堆渣体稳定安全系数均满足《水利水电工程水土保持技术规范》(SL 575—2012) 的要求，堆渣体在拟定堆放坡度及采取分层铺设土工格栅并碾压处理条件下能满足稳定要求。

弃渣场边坡稳定计算成果见表7.4-1。

表7.4-1　弃渣场边坡稳定性计算成果表

弃渣场名称	基本工况	平均堆渣坡度	渣（土）体容重/(kN/m³)	渣（土）体黏聚力 c/kPa	渣（土）体内摩擦角 φ/(°)	瑞典圆弧法		简化毕肖普法	
						安全系数	规范要求	安全系数	规范要求
上库坝后弃渣场	正常运用工况	1∶3	天然状态18；饱水状态20	25	26	1.316	≥1.20	1.361	≥1.30
	非常运用工况Ⅰ					1.178	≥1.10	1.213	≥1.15
	非常运用工况Ⅱ					1.161	≥1.10	1.195	≥1.15

注　表中安全系数为对堆渣体采取分层铺设土工格栅并碾压处理的条件下计算得出。

4. 水土保持措施设计

弃渣场主要措施包括堆渣前需先清除渣场范围内的植被、剥离表土并堆存防护，建设坡脚1号和2号拦渣坝，底部排水箱涵、盲沟，渣场周边截水沟以及末端沉沙池，确保做到“先挡（排）后弃”，每级马道形成后建设马道排水沟，并与两侧截水沟衔接，确保渣体坡面来水能较快地引流至截水沟内，堆渣完成后修建渣场顶部后缘截水沟，同时进行渣场场地平整。

上库坝后弃渣场应自下而上分层堆渣，同时对靠近堆渣坡面水平距离100m范围内的弃渣分层铺设土工格栅并摊铺碾压，各渣场前缘（拦渣设施后至少50m范围内）要求堆填粒径较大的块石、洞渣料，禁止堆放土方或土石混合料。

弃渣场堆渣坡比1∶3.0，在高程775.00m、790.00m、805.00m、820.00m、835.00m、850.00m分别设置一级马道，马道宽3m。坡面坡采用浆砌石或混凝土框格植草护坡，框格内回填耕植土20cm，混播马桑、胡枝子、狗牙根、紫花苜蓿、黑麦草等灌

草籽，混播比例 1∶1∶2∶2∶2，撒播密度为 80kg/hm²。

弃渣场顶部场地平整后，进行覆土，之后进行栽植水土保持林（乔灌草结合）或全面整地后复耕，造林后实施抚育管理与封禁治理。

7.4.2　龙滩水电站左岸倾倒蠕变岩体边坡治理工程

以龙滩水电站左岸倾倒蠕变岩体边坡治理工程为例，介绍减载与压脚设计。

1. 工程概况

龙滩水电站位于珠江流域红水河干流河段上游，坝址位于广西壮族自治区天峨县境内，水库淹没区涉及贵州、广西两省（自治区）10 个县。工程分两期实施，一期工程正常蓄水位为 375m，规划装机为 4200MW，年均发电量为 156.70 亿 kW·h，总库容为 162 亿 m³；二期工程正常蓄水位为 400m，规划装机为 5400MW，年均发电量为 187 亿 kW·h，总库容为 273 亿 m³。工程枢纽建筑物主要由挡水建筑物、泄水建筑物、引水发电系统和通航建筑物等组成，挡水建筑物为碾压混凝土重力坝，最大坝高为 192.00m。工程总投资 243.0 亿元，工程于 2001 年 7 月开工建设，2007 年 5 月第一台机组发电，2008 年 12 月 7 台机组全部投入试运行。

2. 地形与地质条件

龙滩水电站倾倒蠕变岩体分布于大坝上游左岸，其倾倒蠕变岩体平面分区见图 7.4-1。岩层走向与河谷岸坡近于平行，倾向山里，正常岩层倾角为 60°，岸坡高程 400m 以上坡度为 40°～45°，高程 400m 以下较缓，一般为 28°～37°，呈圈椅状地貌。蠕

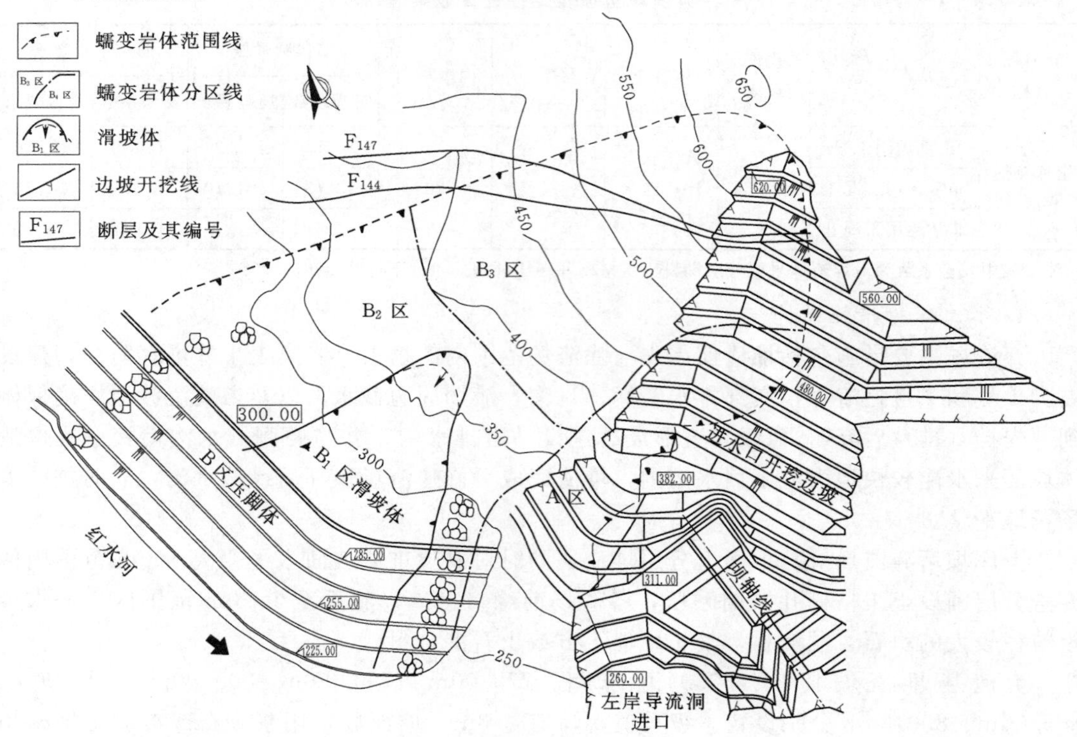

图 7.4-1　倾倒蠕变岩体平面分区图（高程单位：m）

变岩体边坡中上部地层为板纳组 T_2b^{1-41} 层砂岩、粉砂岩及泥板岩、层凝灰岩，下部为罗楼组 T_1t^{1-9} 层薄至中厚层泥板岩夹少量粉砂岩。

根据变形程度，倾倒蠕变体平面上可分为 A 区和 B 区。A 区边坡主要由板纳组地层构成，岩体倾倒蠕变后，岩层倾角由表及里逐步过渡到正常倾角，岩体中一般不存在连续的贯穿性弯曲折断面。A 区中部受断层、节理切割，岩体严重风化，完整性差，岩体严重倾倒变形；坡脚分布深 20～30m 的坍塌堆积体；上部为蠕变岩体与正常岩体接触边缘过渡带，岩体蠕变轻微。

蠕变岩体 B 区边坡坡脚由极易风化的罗楼组地层组成，岩体蠕变严重。在 F_{147} 断层南侧，蠕变岩体与正常岩体呈突变接触，已形成贯穿的锯齿状顺坡向折断错滑面和折断面。平面上，蠕变岩体 B 区可细分为三个亚区：B_1 区为强烈蠕变形体的浅层滑坡体；B_2 区以连续的倾倒折断错滑面为其主要特征，沿折断错滑面顺坡向有明显的错位；B_3 区以倾倒、刚性折断及挠曲变形为主要特征，其倾斜折断面与 B_2 区折断错滑面有明显差异，沿折断面及其破碎带内岩体有明显的架空现象，虽少量夹泥，但相互间多呈刚性接触，上、下岩层不连续。剖面上分为 3 个带（图 7.4－1）：Ⅰ带为倾倒松动带，岩层以倾倒变形为主，重力折断、张裂架空、错位明显，岩体呈全、强风化，节理裂隙充填次生泥；Ⅱ带为弯曲折断带，砂岩中仍有张裂、架空和重力错位，泥板岩中可见重力挤压现象，岩体呈强～弱风化，节理裂隙发育，充填次生泥；Ⅲ带为过渡带，无明显的张裂面，为连续轻微的挠曲变形，岩体呈弱～微风化状。

3. 稳定性分析

勘测设计阶段的监测资料表明，蠕变岩体边坡处于缓慢的蠕动变形阶段，工程地质分析其潜在的破坏模式（B 区）为：顺折断错滑面构成的复合潜在滑体整体滑出，或 B_2 区沿折断错滑面单独滑出，或 B_1 区浅层滑坡体沿滑动面滑出。蠕变岩体 B 区，虽不直接涉及枢纽建筑物布置，但其稳定与否将直接威胁大坝与建筑物的安全。为此，对 B 区边坡稳定性采用三维块体极限平衡法、二维（SARMA 法、不平衡推力法）极限平衡法、非线性有限元法和离散元动、静法分析。

经综合分析表明，影响 B 区边坡稳定性的主要因素是地下水和折断面、折断错滑面及滑动面的力学参数。而边坡的整体稳定性主要取决于坡脚 B_1 滑体的稳定性。边坡的破坏将首先从坡脚开始，即 B_1 区或坡脚（B_1+B_2）失稳后，诱发 B_3 区不同规模的局部失稳或形成牵引式滑动。边坡治理措施上，采取削坡减载，其效果不明显；而排水和压脚对提高边坡安全度的作用较大。

倾倒蠕变岩体 A 区边坡，倾倒变形体Ⅰ、Ⅱ、Ⅲ带无明显界限，亦不存在连续的折断面，与 B 区不同，但存在顺坡向的 F_{98}、F_{98-1} 断层，其上盘变形岩体构成潜在滑动体，见图 7.4－2。极限平衡法分析表明，在蓄水过程中，可能失稳；有限元法分析表明，将高程 382m 以上潜在不稳定蠕变体挖除后，对进水口边坡和导流洞边坡具有明显减载效应，特殊荷载下 A 区边坡材料强度贮备安全系数可提高至 1.2。

4. 压脚与减载设计

B 区自然边坡上陡下缓，坡脚河床有足够宽的漫滩，为压脚布置提供了有利的地形空间。压脚体从高程 220m 至 300m，迎水面坡比 1∶1.73（坡角 30°），每隔 15m 高差设宽 2m

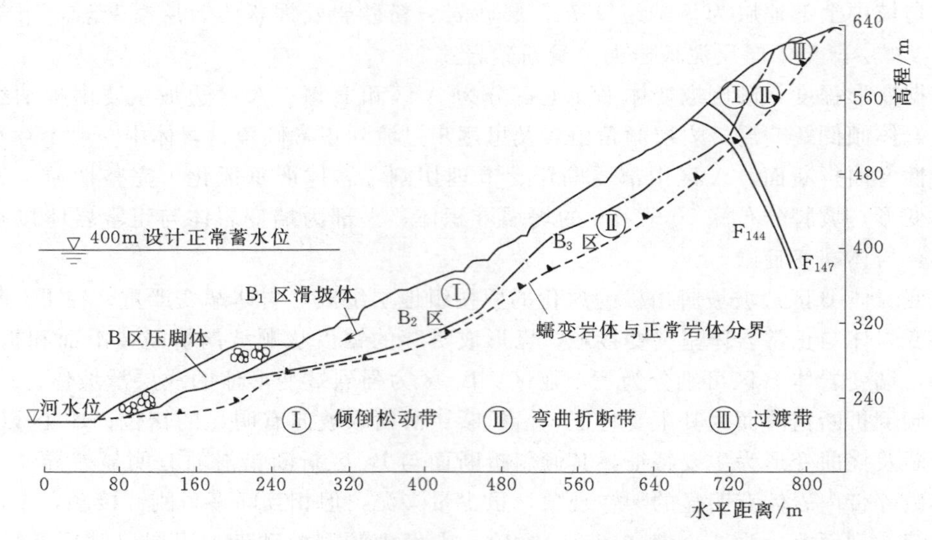

图 7.4-2　倾倒蠕变岩体B区剖面分带及压脚图

平台，压脚体总方量300万m^3。迎水面高程272.9m（导流期最高水位）以下设钢筋石笼护坡，以上干砌石护坡，压脚体与坡面接触处，清基形成台阶状，以保证石笼稳定性。

压脚体透水性实际是压脚材料问题，考虑B区边坡距坝址处350～650m，选用进水口高边坡开挖的弱风化及以下弃渣料，其堆积容重可达16kN/m^3，夹泥层少，具较强的透水性。压脚体与坡面接触面作横、竖盲沟排水网，按设计30m×30m的间距人工开挖暗沟，沟内预埋直径300mm的透水软管，外铺人工碎石保护，盲沟顶面预压脚体与边坡面齐平，将施工期盲沟网收集的坡面渗水及时排入河床。

倾倒蠕变岩体A区边坡的减载，结合缆机平台修建和电站进水口边坡、导流洞边坡的开挖需要，将高程382m以上A区潜在滑体全部清除，开挖坡比1∶1.2～1∶1.4，与天然边坡角相似（图7.4-3）。

龙滩水电站倾倒蠕变岩体治理后效果见图7.4-4。运行5年来的监测资料表明，压脚及减载设计是成功的。

7.4.3　兰渝线童家溪滑坡体治理

7.4.3.1　工程概况

兰渝线童家溪滑坡工点位于重庆市北碚区同心镇境内，属构造剥蚀低山-丘陵地貌，地形起伏较大，总体上呈西高东低，相对高差296m。自然坡度呈上陡下缓之势，上部一般坡度为20°～35°，局部接近直立，植被发育，多为松林；下部一般为5°～18°，植被较发育，多被当地居民开垦为耕地。

该段上覆第四系全新统滑坡堆积层（Q_4^{del}）粉质黏土，松散～稍密，含10%～20%砂、泥岩碎石角砾等，主要分布于滑坡体表层较平缓地带；块石土，密实，稍湿～潮湿，石质成分主要为泥岩、页岩、灰岩等，含量约为80%，粒径为200～800mm，余为粉黏粒充填，主要分布于滑坡体内。下伏基岩为侏罗系中统新田沟组（J_2x）泥岩夹砂岩，泥

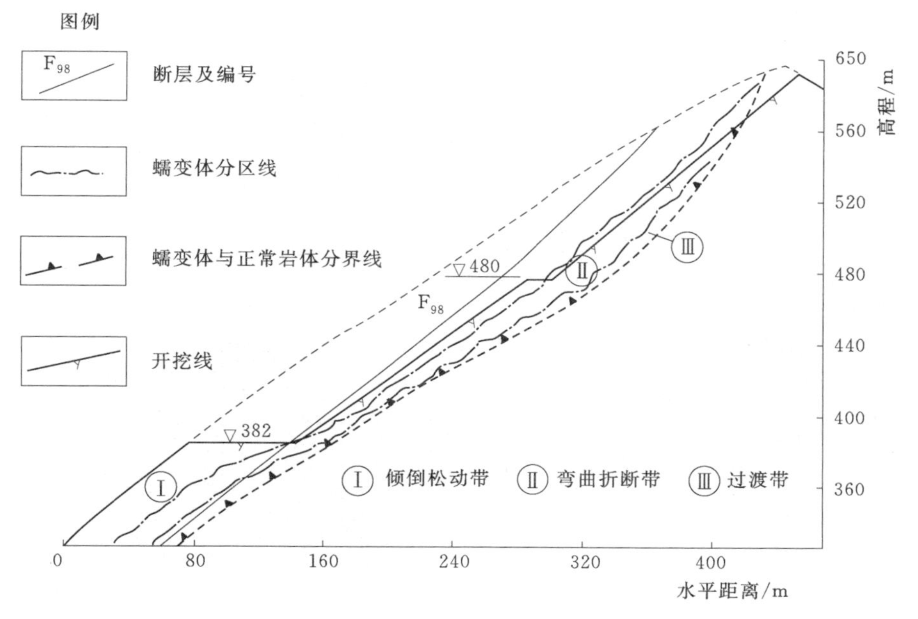

图 7.4-3 A区减载开挖处理图

图 7.4-4 龙滩水电站倾倒蠕变岩体治理后效果图

岩，泥质胶结，薄～中厚层状，砂岩多呈中厚层状，钙、泥质胶结。兰渝线童家溪滑坡平面详见图 7.4-5 所示。

7.4.3.2 滑坡特征

1. 滑坡概况

滑坡位于常年性溪沟右岸单面斜坡下部，由一巨型古滑坡（1号滑坡）及古滑体表层

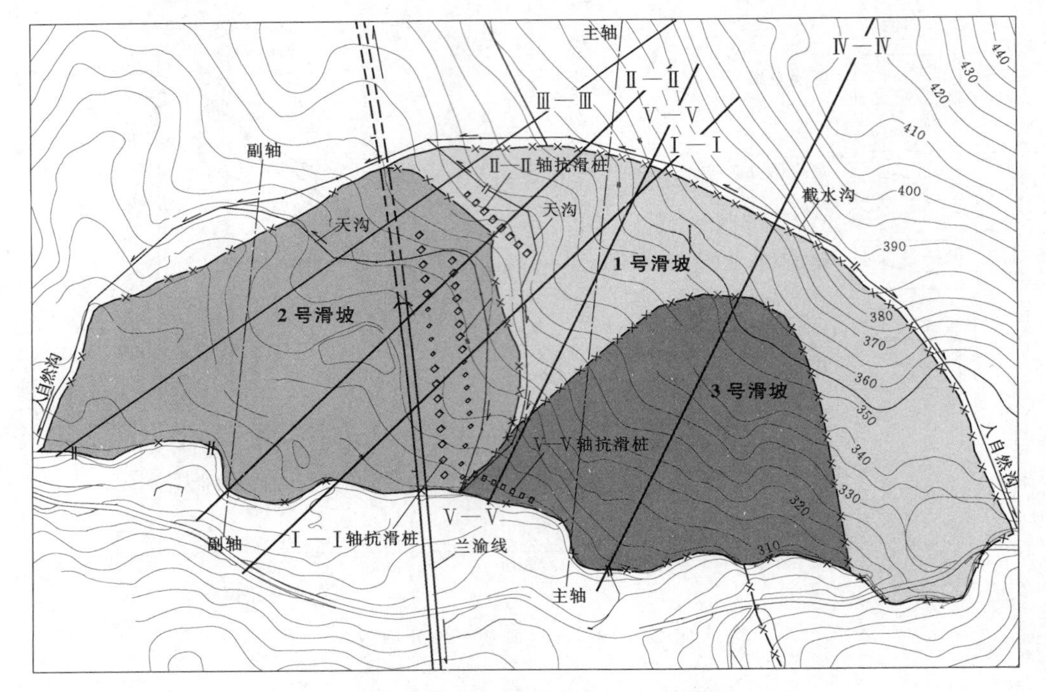

图7.4-5　兰渝线童家溪滑坡平面图

两个次一级浅层滑坡（2号、3号滑坡）组成。DK937+490～DK937+671段线路穿过童家溪滑坡1号滑坡体及其表层次一级浅层2号滑坡，童家溪滑坡面积约为9.3万m^2，方量约为195.3万m^3，为巨型基岩滑坡。DK937+490～DK937+600为路基开挖段，最大中心挖深为12.8m；DK937+600为童家溪二号隧道洞口里程；DK937+600～DK937+671.07为隧道洞身段。

1号滑坡前缘直抵溪沟，主滑方向为N54°E，纵向长为170m～230m，前缘横向宽约为550m，钻孔揭露滑体厚为7.45～29.10m（平均厚约21m），为巨型基岩滑坡。滑体主要由泥岩块（块石土）组成。从该次地质钻探钻孔中见有粗糙擦痕。滑坡体上部较陡，多为灌木林，下部较缓，多为当地居民旱地和果园，现状稳定。

2号滑坡位于1号滑坡右侧，平面上地形扭曲较严重，陡缓相间，平台、陡坎、沟槽等微地貌发育。主滑方向为N85°E，纵向上长约为145m，横向上宽约为200m，钻孔揭露滑体厚为2～9.4m，平均厚约为5m，为中型堆积层滑坡。滑体主要为粉质黏土和块石土组成，滑带为粉质黏土。滑坡体上为居民集居地、旱地和果园，局部为水田、池塘，现状稳定。

3号滑坡位于1号滑坡左侧，主滑方向为N46°E，纵向上长约为160m，横向上宽约为170m（滑坡中部），钻孔揭露滑体厚为4～6.5m，平均厚约为5m，为中型堆积层浅层滑坡。平面上呈古钟形，断面上呈舟形，滑体主要由粉质黏土和块石土组成，滑带为粉质黏土。滑坡坡面上部以旱地和灌木林为主，下部以水田为主，目前仍然处于变形破坏中，可见明显的滑动变形迹象（前缘鼓丘、倾斜的树木、电线杆及部分滑体推移至溪沟对面，形成隆起土丘等）。

2. 滑坡形成机制

滑坡位于无名溪沟右侧斜坡下部，总体上呈西高东低之势，自然坡度上陡下缓，形成高差约为110m的滑体，为滑坡的形成提供了有利空间。

基岩为侏罗系中下统自流井群和下统珍珠冲组地层组成，岩性以泥质岩类为主。因泥岩的矿物成分以水云母为主，含量一般为50%～80%，其他矿物含量甚微，且水云母具有较强的亲水性，其遇水易膨胀、软化（据取样分析，区内珍珠冲地层泥岩具膨胀性，自流井群地层局部泥质岩具膨胀性），导致岩体强度大大降低。加之，测区紧邻中梁山背斜轴部，地质构造较复杂，在深部岩体多发育节理裂隙密集带、挤压带和剪切带，有利于地下水活动，并在水的作用下，发生膨胀、软化等现象，形成泥化夹层（主要形成在泥岩与砂岩、灰岩的结合面上），在滑移～弯曲变形演化过程中形成滑移面。

7.4.3.3 滑坡稳定性分析

1. 天然状态滑坡稳定性

对于1号、2号、3号滑坡，分别选取代表性断面按滑面$\varphi_{综合}=16°$计算各自天然状态的稳定性，计算结果如表7.4-2所示，滑坡代表性轴断面详见图7.4-6所示。

表7.4-2　　1号、2号、3号滑坡体天然状态稳定性计算结果

滑坡	检算轴断面	滑面$\varphi_{综合}$/(°)	稳定系数F_s
1号	Ⅰ—Ⅰ	16	1.098
	Ⅱ—Ⅱ	16	1.298
2号	Ⅰ—Ⅰ	16	1.274
	Ⅱ—Ⅱ	16	1.530
3号	Ⅳ—Ⅳ	16	1.074

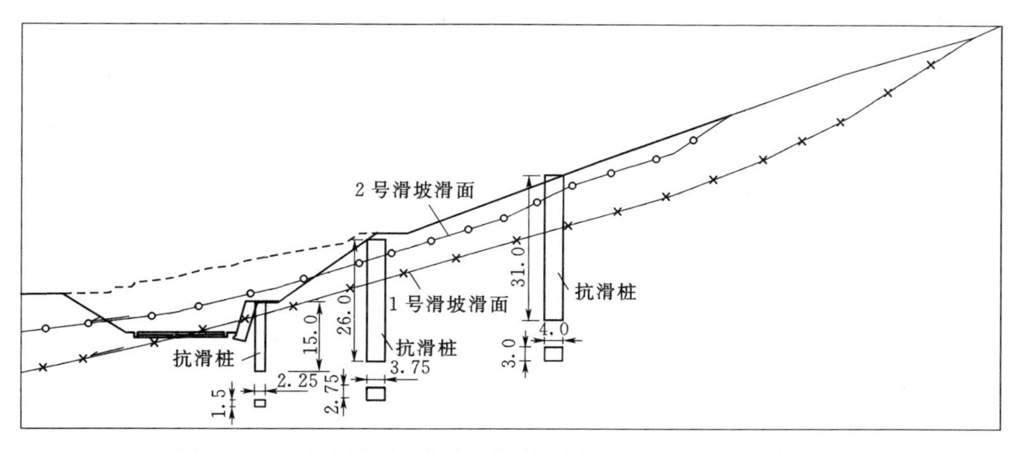

图7.4-6　童家溪滑坡代表性轴断面图（Ⅱ—Ⅱ轴）（单位：m）

由表7.4-2计算结果可知，天然状态下滑坡处于基本稳定～稳定状态，与实际情况相符。

2. 边坡开挖后滑坡稳定性

（1）稳定系数。DK937＋490～DK937＋600段路基以路堑形式穿过1号滑坡体及其表层次一级浅层2号滑坡体，路堑开挖将造成1号、2号滑坡体前缘减载，并在坡脚形成临空面，不利于滑坡体稳定。经计算，路基边坡开挖后1号、2号、3号滑坡体稳定性计算结果见表7.4-3。

表7.4-3　边坡开挖后1号、2号、3号滑坡体稳定性计算结果

滑坡	检算轴断面	滑面 $\varphi_{综合}$/(°)	稳定系数 F_s
1号	Ⅰ—Ⅰ	16	1.101
	Ⅱ—Ⅱ	16	0.808
2号	Ⅰ—Ⅰ	16	0.806
	Ⅱ—Ⅱ	16	0.895
3号	Ⅴ—Ⅴ轴上滑面	16	0.910
	Ⅴ—Ⅴ轴下滑面	16	0.960

路基边坡开挖后1号滑坡稳定系数为0.808～1.101，2号滑坡稳定系数为0.806～0.895，3号滑坡稳定系数0.910～0.960。1号、2号、3号滑坡均处于不稳定状态，需进行加固处理，其中3号滑坡体仅对靠近兰渝正线部分进行局部加固处理。

（2）滑坡推力。对于1号滑坡体，取滑面 $\varphi_{综合}=16°$，安全系数 $K=1.10\sim1.15$ 计算下滑推力；2号滑坡体，取滑面 $\varphi_{综合}=16°$，安全系数 $K=1.15$ 计算下滑推力；3号滑坡体及其范围内的部分1号滑坡体，按照1号滑坡体天然状态下稳定系数为1.05反算 $\varphi_{综合}$，安全系数 $K=1.10$ 计算下滑推力。得到的滑坡推力计算结果见表7.4-4。

表7.4-4　边坡开挖后1号、2号、3号滑坡体下滑推力计算结果

滑坡	检算轴断面	滑面综合 φ/(°)	安全系数 K	滑坡推力/kN
1号	Ⅰ—Ⅰ	16	1.15	1100
	Ⅱ—Ⅱ	16	1.10	3620
2号	Ⅰ—Ⅰ	16	1.15	630
	Ⅱ—Ⅱ	16	1.15	700
3号（含其范围1号滑坡体）	Ⅴ—Ⅴ	17.4	1.10	1003

根据计算结果，滑坡Ⅱ—Ⅱ轴断面最大下滑推力达到了3620kN，抗滑桩悬臂长度达到了14.5m。整治设计时设置2排抗滑桩，根据工程经验及数值模拟，考虑前排桩承担40%的推力。

7.4.3.4　工程措施

1. 抗滑桩工程

（1）DK937＋496.07～DK937＋594.69线路右侧设置抗滑桩。抗滑桩Ⅰ—Ⅰ轴断面方向桩间距为7.0m，桩截面采用1.5m×2.25m、2.5m×3.5m、2.75m×3.75m矩形截面，桩长为15.0～33.5m，共设置12根抗滑桩。

(2) DK937+494.10～DK937+621.67 线路右侧堑顶及一级路堑平台处设置抗滑桩。抗滑桩Ⅰ—Ⅰ轴断面方向桩间距为 6.0m，桩截面采用 1.5m×2.25m、1.5m×2.5m、2.75m×3.75m 矩形截面，桩长为 10.0～33.0m，共设置 14 根抗滑桩。

(3) DK937+603.90～DK937+638.99 线路右侧设置抗滑桩。抗滑桩Ⅰ—Ⅰ轴断面方向桩间距为 7.0m，桩截面采用 2.5m×3.5m、2.75m×3.75m 矩形截面，桩长为 29.0～32.0m，共设置 5 根抗滑桩。

(4) DK937+620.53～DK937+658.77 线路右侧设置抗滑桩，抗滑桩Ⅱ—Ⅱ轴断面方向桩间距为 7.0m，桩截面采用 2.0m×3.0m、2.5m×3.75m、3.0m×4.0m 矩形截面，桩长为 19.0～31.0m，共设置 8 根抗滑桩。

(5) DK937+510～DK937+515 线路右侧约为 50～70m，设置抗滑桩。抗滑桩分布方向与Ⅴ—Ⅴ轴断面方向垂直，桩间距为 5.5m，桩截面采用 2.0m×3.0m～2.25m×3.0m 矩形截面，桩长为 25.0～27.0m，共设置 7 根抗滑桩。童家溪滑坡整治路基代表性断面图详见 7.4－7。

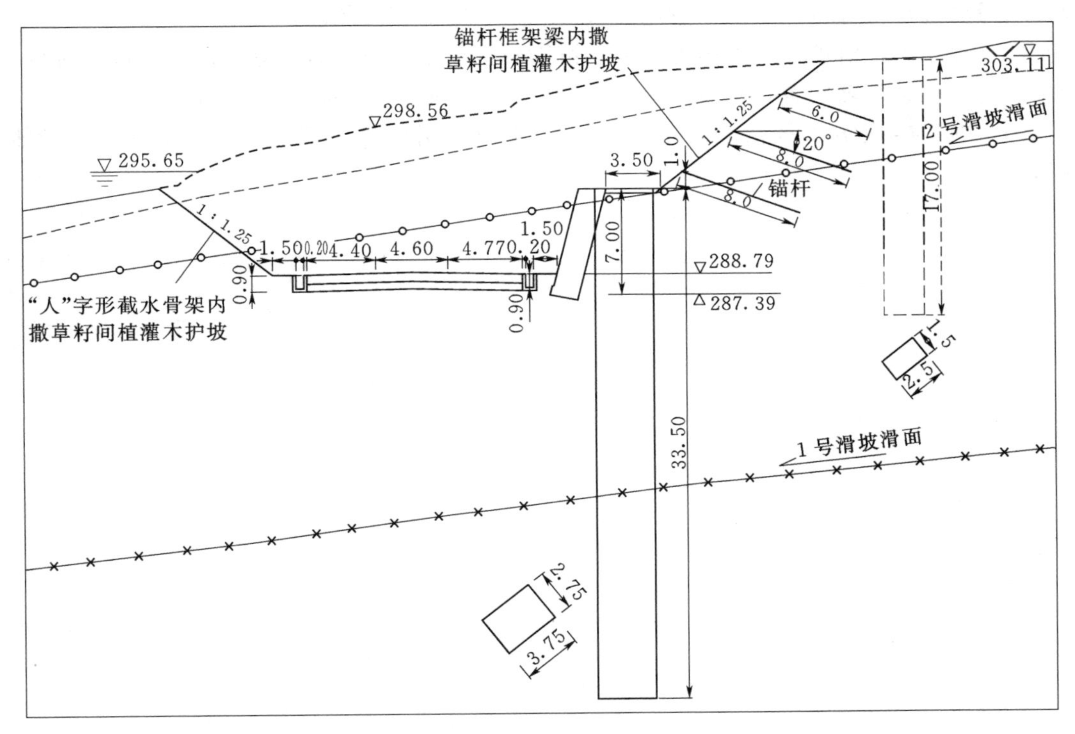

图 7.4－7 童家溪滑坡整治路基代表性断面图（单位：m）

2. 桩间挡土墙工程

DK937+490～DK937+595 线路右侧设置桩间重力式路堑挡土墙，挡土墙最大墙高为 8.0m，最小墙高为 3.0m。

3. 边坡工程

墙顶边坡设置锚杆框架梁、“人”字形截水骨架护坡进行防护。

4. 排水工程

1号、2号滑坡外缘设置M7.5浆砌片石截水沟，采用梯形截面，截水沟底全断面铺设0.1m中粗砂夹一层复合土工膜。截水沟水排至既有自然沟渠。

7.4.3.5　工程整治效果及体会

该滑坡工点地质情况较为复杂，采取了以两排抗滑桩为主的加固措施。整治工程于2011年施工完成，竣工后经受了3个雨季的考验。从监测情况来看，加固后的滑坡体及开挖后的路堑边坡未出现异常，整体处于稳定状态，效果良好。通过该工程案例有如下体会：

（1）应预先做好地质调查工作，尽早发现严重不良地质体，为铁路线路方案的比选提供依据；大型滑坡应尽量绕避，当线路绕避困难、必须通过时，线路选择仍应以不恶化滑坡并增强其稳定性为原则。该工程案例中，童家溪巨型滑坡由于发现较晚，且地质前期工作对滑坡规模大小、危害性认识不足，线路选择于巨型滑坡体前缘以挖方通过，对滑坡前缘进行了减载，并形成临空面，导致滑坡体稳定性不满足要求。线路选择上的不成功，导致后期滑坡整治设计方案复杂，费用巨大，且有一定的安全风险。

（2）由于大型滑坡体下滑推力较大、滑面较深，整治设计时，宜采取两排或多排桩的措施，并注意合理确定各排桩所承担的滑坡推力，选取合适的桩型及合理布置桩位。

（3）施工中应对工程活动可能诱发的次生滑坡引起高度重视，并采取必要的预防措施。

第8章 截排水（洪）工程设计

截排水（洪）工程是指对工程场区内的坡面和地表水、弃土（石、渣）场或工程场区以及场区内建筑设施有交叉的沟道、坡面水进行拦截、疏排的治理措施。截排水（洪）工程是水土流失防治措施体系中非常重要的工程措施，也是工程防洪排涝体系的重要组成部分。在生产建设项目中，截排水（洪）工程主要针对工程区和弃土（石、渣）场区域外围沟道、坡面的径流截排及工程场地区的汇水排导等进行设置。

8.1 水 文 计 算

截排水（洪）设计通常根据生产建设项目所属行业的规定和要求，兼具考虑防护对象重要性等因素，确定截排水（洪）标准，确定降雨历时，计算降雨强度，然后根据工程需要，核算工程上游来水汇水面积，计算设计径流量和设计洪水，并核算截排水（洪）设施过流能力是否满足设计要求，从而确定设计截排水（洪）设施断面结构型式。鉴于截排水（洪）设施均涉及水文计算的内容，本节统一进行叙述，截排水（洪）设施过流能力以及断面结构等方面的计算则在相应的工程措施设计内容中叙述。

8.1.1 设计洪水

根据截排洪工程所在位置为山丘区或平原区选择不同的设计洪水计算方法。汇水面积小于300km^{2}的山丘区，采用推理公式计算；平原区截排洪工程采用排水公式计算。推理公式适用于山丘区沟道弃渣场，平原区沟道弃渣场应按平原区河道设计洪水计算方法计算。

生产建设项目水土保持工程设计所依据的各种标准的设计洪水应包括洪峰流量、洪水总量、洪水过程线等，可根据工程设计要求计算其全部或部分内容。

（1）推理公式的一般表达式为

$$Q_m=0.278\left(\frac{S_p}{\tau^n}-\mu\right)F \quad （全面汇流，t_c \geqslant \tau） \tag{8.1-1}$$

$$Q_m=0.278\left(\frac{S_p t_c^{1-n}-\mu t_c}{\tau}\right)F \quad （部分汇流，t_c < \tau） \tag{8.1-2}$$

$$\tau=\frac{0.278L}{mJ^{1/3}Q_m^{1/4}} \tag{8.1-3}$$

$$t_c=\left[(1-n)\frac{S_p}{\mu}\right]^{1/n} \tag{8.1-4}$$

式中　Q_m——设计洪峰流量，m^3/s；

F——汇水面积，km^2；

S_p——设计雨力，即重现期（频率）为 p 的最大 1h 降雨强度，mm/h；

τ——流域汇流历时，h；

t_c——净雨历时，或称产流历时，h；

μ——损失参数，即平均稳定入渗率，mm/h；

n——暴雨衰减指数，反映暴雨在时程分配上的集中（或分散）程度指标；

m——汇流参数，在一定概化条件下，通过对该地区实测暴雨洪水资料综合分析得出；

L——河长，即沿主河道从出口断面至分水岭的最长距离，km；

J——沿河长（流程）L 的平均比降（以小数计）。

（2）推理公式中的参数 m、n、μ 等一般通过实测暴雨洪水资料经分析综合得出，或查最新出版的《中国暴雨统计参数图集》和各省（自治区、直辖市）最新出版的《暴雨统计参数图集》得到。对于无条件进行地区综合的流域，汇流参数 m 可参考表 8.1-1 选用。

表 8.1-1　　汇流参数 m 查用表

类别	雨洪特性、河道特性、土壤植被条件	推理公式洪水汇流参数 m 值（$\theta=L/J^{1/3}$）			
		$\theta=1\sim10$	$\theta=10\sim30$	$\theta=30\sim90$	$\theta=90\sim400$
Ⅰ	北方半干旱地区，植被条件较差，以荒坡、梯田或少量的稀疏林为主的土石山区，旱作物较多，河道呈宽浅型，间隙性水流，洪水陡涨陡落	1.00～1.30	1.30～1.60	1.60～1.80	1.80～2.20
Ⅱ	南北方地理景观过渡区，植被条件一般，以稀疏、针叶林、幼林为主的土石山区或流域内耕地较多	0.60～0.70	0.70～0.80	0.80～0.90	0.90～1.30
Ⅲ	南方、东北湿润山丘区，植被条件良好，以灌木林、竹林为主的石山区，或森林覆盖度达 40%～50%，或流域内多为水稻田、卵石，两岸滩地杂草丛生，大洪水多为尖瘦型，中小洪水多为矮胖型	0.30～0.40	0.40～0.50	0.50～0.60	0.60～0.90
Ⅳ1、Ⅳ2	雨量丰沛的湿润山区，植被条件优良，森林覆盖度可高达 70%以上，多为深山原始森林区，枯枝落叶层厚，壤中流较丰富，河床呈山区型，大卵石、大砾石河槽，有跌水，洪水多为陡涨缓落	0.20～0.30	0.30～0.35	0.35～0.40	0.40～0.80

8.1.2　排水水文计算

1. 永久截排水设计排水流量计算

$$Q_m=16.67\varphi qF \tag{8.1-5}$$

式中　q——设计重现期和降雨历时内的平均降雨强度，mm/min；

φ——径流系数。

径流系数按照表 8.1-2 的要求确定。若汇水面积内有两种或两种以上不同地表种类

时，应按不同地表种类面积加权求得平均径流系数。

表 8.1-2　　径流系数 φ 参考值

地表种类	径流系数 φ	地表种类	径流系数 φ
沥青混凝土路面	0.95	起伏的山地	0.60～0.80
水泥混凝土路面	0.90	细粒土坡面	0.40～0.65
粒料路面	0.60～0.80	平原草地	0.40～0.65
粗粒土坡面和路肩	0.10～0.30	一般耕地	0.40～0.60
陡峻的山地	0.75～0.90	落叶林地	0.35～0.60
硬质岩石坡面	0.70～0.85	针叶林地	0.25～0.50
软质岩石坡面	0.50～0.50	粗砂土坡地	0.10～0.30
水稻田、水塘	0.70～0.80	卵石、块石坡地	0.08～0.15

2. 降雨强度计算

(1) 查阅“我国若干城市暴雨强度公式列表”或项目区收集暴雨强度经验公式，输入降雨重现期和降雨历时，即可求得所需频率的降雨强度。

(2) 当工程场址及其邻近地区有 10 年以上自记雨量计资料时，应利用实测资料整理分析得到设计重现期的降雨强度。

(3) 当缺乏自记雨量计资料时，可利用标准降雨强度等值线图和有关转换系数，按式 (8.1-6) 计算降雨强度：

$$q=C_pC_tq_{5,10} \tag{8.1-6}$$

式中　$q_{5,10}$——5 年重现期和 10min 降雨历时的标准降雨强度，mm/min，可按工程所在地区，查中国 5 年一遇 10min 降雨强度 ($q_{5,10}$) 等值线图；

C_p——重现期转换系数，为设计重现期降雨强度 q_p 同标准重现期降雨强度比值 (q_p/q_5)，按工程所在地区，由表 8.1-3 确定；

C_t——降雨历时转换系数，为设计重现期降雨历时 t 的降雨强度 q_t 同 10min 降雨历时的降雨强度 q_{10} 的比值 (q_t/q_{10})，按工程所在地区的 60min 转换系数 (C_{60})，由表 8.1-4 查取，C_{60} 可查中国 60min 降雨强度转换系数 (C_{60}) 等值线图。

表 8.1-3　　重现期转换系数 C_p 表

地　　区	重现期 P/a			
	3	5	10	15
海南、广东、广西、云南、贵州、四川（东）、湖南、湖北、福建、江西、安徽、江苏、浙江、上海、台湾	0.86	1.00	1.17	1.27
黑龙江、吉林、辽宁、北京、天津、河北、山西、河南，山东、四川（西）、西藏	0.83	1.00	1.22	1.36
内蒙古、陕西、甘肃、宁夏、青海、新疆（非干旱区）	0.76	1.00	1.34	1.54
内蒙古、陕西、甘肃、宁夏、青海、新疆（干旱区，约相当于 5 年一遇 10mm 降雨强度小于 0.5mm/min 的地区）	0.71	1.00	1.44	1.72

表 8.1-4　降雨历时转换系数 C_t 表

C_{60}	降雨历时 t/min										
	3	5	10	15	20	30	40	50	60	90	120
0.30	1.40	1.25	1.00	0.77	0.64	0.50	0.40	0.34	0.30	0.22	0.18
0.35	1.40	1.25	1.00	0.8	0.68	0.55	0.45	0.39	0.35	0.26	0.21
0.40	1.40	1.25	1.00	0.82	0.72	0.59	0.50	0.44	0.40	0.30	0.25
0.45	1.40	1.25	1.00	0.84	0.76	0.63	0.55	0.50	0.45	0.34	0.29
0.50	1.40	1.25	1.00	0.87	0.8	0.68	0.60	0.55	0.50	0.39	0.33

（4）降雨历时一般取设计控制点的汇流时间，其值为汇水区最远点到排水设施处的坡面汇流历时 t_1 与在沟（管）内的沟（管）汇流历时 t_2 之和。在考虑路面表面排水时，可不计沟（管）内的汇流历时 t_2。t_1 按式（8.1-7）计算：

$$t_1=1.445\left(\frac{m_1 L_s}{\sqrt{i_s}}\right)^{0.467} \tag{8.1-7}$$

式中　t_1——坡面汇流历时，min；

L_s——坡面流的长度，m；

i_s——坡面流的坡降，以小数计；

m_1——地面粗度系数，可按地表情况查表 8.1-5 确定。

表 8.1-5　地面粗度系数 m_1 参考值

地表状况	地面粗度系数 m_1	地表状况	地面粗度系数 m_1
光滑的不透水地面	0.02	牧草地、草地	0.40
光滑的压实地面	0.10	落叶树林	0.60
稀疏草地、耕地	0.20	针叶树林	0.80

（5）计算沟（管）内汇流历时 t_2 时，先在断面尺寸、坡度变化点或者有支沟（支管）汇入处分段，分别计算各段的汇流历时后再叠加而得，即

$$t_2=\sum_{i=1}^{n}\left(\frac{l_i}{60v_i}\right) \tag{8.1-8}$$

式中　t_2——沟（管）内汇流历时，min；

n、i——分段数和分段序号；

l_i——第 i 段的长度，m；

v_i——第 i 段的平均流速，m/s。

沟（管）的平均流速 v 可按式（8.1-9）计算，也可采用公式 $v=20i_g^{3/5}$ 近似估算沟（管）的平均流速，其中，i_g 为该段排水沟（管）的平均坡度。

$$v=\frac{1}{n}R^{2/3}I^{1/2} \tag{8.1-9}$$

$$R=A/X$$

式中　n——沟（管）壁的粗糙系数，按表 8.1-6 确定；

R——水力半径，m；

A——过水断面面积，m^2；

X——过水断面湿周，m；

I——水力坡度，可取沟（管）的底坡，以小数计。

表 8.1-6　　排水沟（管）壁的粗糙系数 n 值

排水沟（管）类别	粗糙系数 n	排水沟（管）类别	粗糙系数 n
塑料管（聚氯乙烯）	0.010	植草皮明沟（v=1.8m/s）	0.050～0.090
石棉水泥管	0.012	浆砌石明沟	0.025
铸铁管	0.015	浆砌片石明沟	0.032
波纹管	0.027	水泥混凝土明沟（抹面）	0.015
岩石质明沟	0.035	水泥混凝土明沟（预制）	0.012
植草皮明沟（v=0.6m/s）	0.035～0.050		

8.2 截排水工程设计

生产建设项目涉及的截排水工程主要包括截水沟、排水沟及顺接的沉沙池，另外针对生产建设项目涉及的弃渣场，考虑在弃渣场底部设计盲沟，排导弃渣渗水，降低地下水位。截水沟是指在坡面上修筑的拦截、疏导坡面径流，具有一定比降的沟槽工程；排水沟是指用于排除地面、沟道或地下多余水量的沟。

8.2.1 设计原则及基本要求

8.2.1.1 设计原则

（1）对工程建设破坏原地表水系和改变汇流方式区域，应布设截排水措施以及与下游的顺接措施，将工程区域和周边的地表径流排导致下游沟道区域。

（2）截排水沟在坡面上的比降，根据其排水去向的位置而定，当排水出口的位置在坡脚时，排水沟大致与坡面等高线正交布设；当排水去处的位置在坡面时，排水沟可基本沿等高线或与等高线斜交布设。各种布设都必须做好防冲措施。

（3）坡面截排水措施应与工程范围内以及周边区域的沟渠、道路体系相结合，并考虑是否有蓄水要求进行布设。布置时应将截水沟、排水沟、沉沙池以及蓄水相关设施统一考虑，形成完整的防洪排水（利用）体系。

（4）应根据治理区的地形条件，按高水高排、低水低排、就近排泄、自流原则选择线路。

（5）坡面截排水工程布设应避开滑坡体、危岩等不利地质条件。

8.2.1.2 基本要求

（1）工程区、弃土（石、渣）厂区外围径流截排水汇水区应采用 1：10000～1：5000 的地形图，并应收集汇水区的下垫面情况。

（2）宜收集工程附近雨量站和水文站长系列实测资料，当无实测资料时，可用当地水

文手册中等值线图推求。

（3）渠线布置宜采用不小于 1∶2000 的地形图，工程布置和设计宜采用 1∶500～1∶200 的地形图。

8.2.2　截排水工程类型及适用条件

截排水工程主要包括截水沟和排水沟。截水沟是指在坡面上修筑的拦截、疏导坡面径流，具有一定比降的沟槽工程；排水沟是指用于排除地面、沟渠或地下多余水量的沟。

按其断面形式一般可采用梯形、矩形、U 形和复式断面。梯形断面适用广泛，其优点是施工简单，边坡稳定，便于应用混凝土薄板衬砌。矩形断面适用于坚固岩石中开凿的石渠、傍山或塬边渠道以及宽度受限的渠道等。U 形断面适用于混凝土衬砌的排水沟，其优点是具有水力条件较好、占地少，但施工比较复杂。复式断面适用于深挖方渠段，渠岸以上部分可将坡度变陡，每隔一定高度留一平台，以节省开挖量。

按蓄水排水要求，可分为多蓄少排型、少蓄多排型和全排型。北方少雨地区，应采用多蓄少排型；南方多雨地区，应采用少蓄多排型；东北黑土区如无蓄水要求，应采用全排型。

按建筑材料分，截排水沟可分为土质、衬砌类和三合土截排水沟三类。土质截排水沟，结构简单、取材方便、节省投资，适用于比降和流速较小的沟段，多用于临时排水；用浆砌石或混凝土将截排水沟底部和边坡加以衬砌，适用于比降和流速较大的沟段；三合土截排水沟，适用范围为介于前两者之间的沟段。

8.2.3　截排水沟设计

8.2.3.1　工程级别及标准

截排水沟工程级别及设计洪水标准根据防护对象等级确定。依据第 3 章工程级别与设计标准确定。

8.2.3.2　截排水沟设计

1. 截排水沟断面尺寸确定

截排水沟设计一般先根据地形、地质条件、设计经验等初步确定其断面结构型式、尺寸等，然后按照明渠均匀流流量公式［式（8.2-1）］计算截排水沟的过流能力，根据试算结果确定过流能力满足设计要求，同时截排水沟排水流速应大于不淤流速、小于不冲允许流速，且断面符合安全超高要求，即为合理尺寸。

$$Q=\frac{\omega R^{\frac{2}{3}} i^{\frac{1}{2}}}{n} \tag{8.2-1}$$

式中　Q——需要截排水的最大流量，m^3/s；

R——断面水力半径，m；

i——沟道纵坡；

ω——过水断面面积，m^2；

n——糙率，见表 8.1-6。

2. 主要技术要求

（1）断面形式。土质坡面截排水沟断面宜采用梯形，岩质坡面截排水沟断面可采用矩形。

（2）断面设计。断面设计应考虑渠床稳定或冲淤平衡、有足够的排洪能力、渗漏损失小、施工管理及维护方便、工程造价较小等因素。矩形、梯形截排水沟断面的底宽和深度不宜小于 0.40m。梯形土质截排水沟，其内坡按土质类别宜采用 1∶1.0～1∶1.5，用砖石或混凝土铺砌的截排水沟内坡可采用 1∶0.75～1∶1。排水沟比降取决于沿线地形和土质条件，设计时宜与沟沿线的地面坡度相似，以减小开挖量。排水沟比降不宜小于 0.5%，土质排水沟的最小比降不应小于 0.25%，衬砌排水沟最小比降不应小于 0.12%。

（3）流速。截排水沟的最小允许流速为 0.4m/s。截排水沟水深 0.4～1.0m 时，其最大允许流速按表 8.2-1 选用，在此水深范围外查表 8.2-2 进行修正。在陡坡或深沟地段的截排水沟，宜设置跌水构筑物或急流槽，急流槽可采用矩形断面形式，槽深不应小于 0.2m，槽底宽度不应小于 0.25m；采用浆砌片石时，矩形断面槽底厚度不应小于 0.2m，槽壁厚度不应小于 0.3m。

表 8.2-1　截排水沟的最大允许流速

土壤类别	最大允许流速/(m/s)	截排水沟类别	最大允许流速/(m/s)
亚砂土	0.8	浆砌块石、混凝土	3.0～5.0
亚黏土	1.0	黏土	1.2
干砌卵石	2.5～4.0	草皮护坡	1.6

表 8.2-2　最大允许流速的水深修正系数

水深 h/m	$h<0.40$	$0.40<h\leqslant1.00$	$1.00<h<2.00$	$h\geqslant2.00$
修正系数	0.85	1.00	1.25	1.40

（4）安全超高。截水沟安全超高可根据建筑物级别参考表 8.2-3 确定，在弯曲段凹岸应考虑水位壅高的影响。

表 8.2-3　截水沟建筑物安全超高

截水沟建筑物级别	1	2	3	4	5
安全加高/m	1.0	0.8	0.7	0.6	0.5

当应用于弃渣场场内或坡面排水时，工程级别及设计标准应根据 GB 51018 确定。截排水工程分为 1～3 级，安全超高为 0.2～0.3m。

（5）弯曲半径。截排水沟弯曲段弯曲半径不应小于最小允许半径及渠底宽度的 5 倍。最小允许半径可按式（8.2-2）计算：

$$R_{\min}=1.1v^2\sqrt{A}+12 \tag{8.2-2}$$

式中　$R_{\min}$——最小允许半径，m；

v——渠道中水流流速，m/s；

A——渠道过水断面面积，m^2。

（6）防冲要求。截排水沟的出口衔接处，应铺草皮、抛石或作石料衬砌防冲。

8.2.4　盲沟设计

盲沟是在弃渣场底部设置的充填碎、砾石等粗粒材料并辅以倒滤层（有的其中埋设透水管）的排水、截水暗沟。盲沟又叫暗沟，是一种地下排水渠道，用以排出地下水，降低地下水位。

1. 设计流量计算

盲沟泄水能力 Q_c 应按式（8.2-3）计算：

$$Q_c = \omega k_m \sqrt{i_z} \tag{8.2-3}$$

式中　ω——渗透面积，m^2；

k_m——紊流状态时的渗流系数，m/s；

i_z——基层纵坡。

当已知填料粒径 d(cm) 和孔隙率 n(%) 时，k_m 按式（8.2-4）计算：也可参考表 8.2-4 确定：

$$k_m = \left(20 - \frac{14}{d}\right) n \sqrt{d} \tag{8.2-4}$$

设每颗填料均为球体（体积$=\frac{1}{6}\pi d^3$），则 N 颗填料的平均粒径 d(cm) 可按式（8.2-5）计算：

$$d = \sqrt[3]{\frac{6G}{\pi N \gamma_s}} \tag{8.2-5}$$

式中　γ_s——填料固体粒径的容重，kN/m^3；

G——N 颗填料的重力，kN。

表 8.2-4　排水层填料渗透系数

换算成球形的颗粒直径 d/cm	排水层填料孔隙率/%		
	0.40	0.45	0.50
	k_m 渗透系数/(m/s)		
5	0.15	0.17	0.19
10	0.23	0.26	0.29
15	0.30	0.33	0.37
20	0.35	0.39	0.43
25	0.39	0.44	0.49
30	0.43	0.48	0.53

2. 构造要求

盲沟适用于地下排水流量不大、渗流不长的地段，纵坡坡降一般采用 5%，最小纵坡坡降不宜小于 1%，出水口底面高程应高出沟外最高水位 0.2m。

盲沟通常为矩形或梯形，在渗沟的底部和中间用较大碎石或卵石（粒径 3～5cm）填

筑，在碎石或卵石的两侧和上部，按照一定比例分层（层厚约15cm），填较细颗粒的粒料（中砂、粗砂、砾石）作为反滤层。逐层的粒径比例，由下至上大致按4∶1递减，砂石料颗粒小于0.15mm的含量不应大于5%。

8.2.5 沉沙池设计

沉沙池是用以沉淀挟沙水流中颗粒大于设计沉降粒径的泥沙、降低水流中泥沙含量、控制土壤流失的设施。生产建设项目水土保持截排水措施主要用于截排坡面雨水，鉴于截排雨水含沙量较大，通常于截排水沟末端设置沉沙池。通过调节泥沙颗粒移动速度，将水力侵蚀产生的泥沙停积、落淤到指定地点，实现拦截泥沙、减少水土流失。

8.2.5.1 沉沙池分类

生产建设项目水土保持中的沉沙池，主要适用于沉淀处理排水沟、截水沟、引水渠、基坑及径流小区等地表径流中的泥沙。按使用时段或服务期限将沉沙池分为永久沉沙池和临时沉沙池；按池箱砌筑材料分为混凝土（钢筋混凝土）、浆砌石、砖砌结构。

8.2.5.2 工程设计

1. 设计标准

（1）洪水标准。沉沙池的洪水标准与其所连接的沟渠（或设施）的防洪、排水标准相同。

（2）设计沉降粒径。设计沉降粒径指的是在沉沙池内设计沉淀的最小粒径。根据有关研究成果，考虑设计沉沙效果和技术经济因素，设计沉降粒径一般不小于0.1mm。

2. 工程布置

生产建设项目所设置的沉沙池，布置于水土流失区下游排水设施出口处或集水设施进口前端。具体布置时应根据项目区地形、施工布置、集水排水措施布局和施工条件等具体情况确定。例如，截排水沟出口、路边沟或场地排水沟末端、径流小区下游出口处、蓄水池或水窖前端、电厂除灰口附近、基坑降水集流出口处等。

根据项目区实际需要和沉沙效果要求，可以设置多级沉沙池，实现拦沙控制指标。

3. 沉沙池设计

（1）基本资料。

1）项目区水文泥沙资料：包括降雨量、汇水面积、土壤侵蚀强度及泥沙颗粒组成等。

2）与沉沙池衔接的沟渠（或设施）设计资料：包括设计防洪标准或排水标准、设计流量、沟渠设计断面参数、设计水位等。

3）其他资料：包括项目区地形图、主体工程平面布置图、施工布置图、土壤质地资料、地质勘察资料等。

（2）基本要求。

1）工程设计上一般按泥沙颗粒匀速沉降考虑。

2）人工沉沙池采用箱体，池箱横断面宜取矩形或梯形，矩形沉沙池的池箱平面形状为长方形，长宽比一般为2.0～3.5。当利用天然低洼地作为沉沙池时，因形状不规则，计算时可概化为箱形尺寸进行校核。

3）沉沙池进口段应设置扩散段，以利于水流扩散，提高泥沙沉淀效率。进口扩散段单侧扩散角不宜大于12°，进口段长可取15～30m；出口段应设置收缩段，单侧收缩角不宜大于20°，出口段长可取10～20m。

（3）沉沙池箱体计算。

1）进入沉沙池的泥沙量W_s：

$$W_s=\lambda M_s F/\gamma \tag{8.2-6}$$

式中　W_s——进入沉沙池的泥沙量，m^3；

M_s——上游汇水区土壤侵蚀模数，$t/(km^2 \cdot a)$，取水土流失预测中的施工期土壤侵蚀模数；

F——沉沙池控制的汇水面积，km^2；

λ——输移侵蚀比，根据经验，大型场平工程因难以布设拦挡、苫盖措施，λ可取0.45，其他工程λ可取0.2；

γ——淤积泥沙的容重，t/m^3。

当施工工期不足一年时，在使用式（8.2-6）时应考虑时间修正。

2）沉沙池有效沉沙容积。

$$V_s=\psi W_s/n \tag{8.2-7}$$

式中　V_s——沉沙池有效沉沙容积，m^3；

ψ——设计沉沙率；

n——每年清淤次数。

3）沉沙池池体结构尺寸确定。以矩形沉沙池为例，池体结构尺寸按下列方法确定。

a. 沉沙池池长：

$$L=10^3\xi v H_P/\omega \tag{8.2-8}$$

式中　L——沉沙池池长，m；

ξ——安全系数，可取1.2～1.5；

H_P——工作水深，即池中有效沉降静水深，m，$H_P=H_2+0.3$，H_2为下游连接段水深；

v——池中水流平均流速，m/s，可根据沉沙池内设计沉降粒径查表8.2-5；

ω——泥沙沉降速度，mm/s。泥沙沉降速度与设计沉降粒径、水温关系可查表8.2-6。

表8.2-5　　沉沙池池中水流平均流速表

泥沙粒径/mm	≤0.1	0.1～0.25	0.25～0.40	0.40～0.70	>0.70
平均流速/(m/s)	≤0.15	0.15～0.2	0.2～0.5	0.5～0.75	>0.75

表8.2-6　　泥沙沉降速度　　单位：mm/s

泥沙粒径/mm	水温/℃			
	0	10	20	30
0.050	0.946	1.290	1.670	2.080
0.060	1.360	1.850	2.400	3.170

续表

泥沙粒径/mm	水温/℃			
	0	10	20	30
0.070	1.850	2.520	3.500	4.050
0.080	2.420	3.410	4.410	5.130
0.090	3.060	4.190	5.550	6.180
0.100	3.700	4.970	6.120	7.350
0.150	7.690	9.900	11.800	13.700
0.200	12.300	15.300	17.900	20.500
0.250	17.200	21.000	24.400	27.500
0.300	22.300	26.700	30.800	34.400
0.350	27.400	32.800	37.100	41.400
0.400	32.900	38.700	43.400	48.000
0.500	43.300	50.800	56.700	61.900
0.600	54.300	52.800	69.200	75.000
0.700	65.200	74.200	81.200	83.500
0.800	75.000	85.500	93.700	102.000
0.900	85.500	96.000	106.000	114.000
1.000	96.200	107.000	117.000	125.000
1.500	143.000	160.000	172.000	177.000
2.000	190.000	206.000	206.000	205.000
2.500	229.000	229.000	229.000	229.000
3.000	251.000	251.000	251.000	251.000
3.500	271.000	271.000	271.000	271.000
4.000	290.000	290.000	290.000	290.000
5.000	324.000	324.000	324.000	324.000

b. 沉沙池池宽：

$$B=Q_p/(H_P v) \tag{8.2-9}$$

式中 B——沉沙池池宽，m；

Q_p——进入沉沙池的流量，m^3/s，等于上游排（截）水沟设计流量。

c. 沉沙池池深：

$$H=H_s+H_P+H_0 \tag{8.2-10}$$

式中 H——沉沙池深度，m；

H_s——池中泥沙淤积厚度，m，可由 $H_s=V_s/(LB)$ 求得；

H_0——沉沙池设计水位以上超高，m，一般取 0.3m。

（4）设计步骤。沉沙池设计步骤为

1）根据汇水面积、土壤侵蚀强度和输移侵蚀比由式（8.2-6）确定可能进入沉沙池

泥沙总量 W_s。

2）根据年清淤次数、设计沉沙率，由式（8.2-7）确定沉沙池有效沉沙容积 V_s。

3）先确定设计沉降粒径，考虑经济因素，确定的设计沉降粒径不宜小于0.1mm。再根据设计沉降粒径和水温，由表8.2-5、表8.2-6查得池中平均流速 v 和泥沙沉降速度 ω；将 H_P、v、ω 代入式（8.2-8）确定沉沙池池长 L。

4）由式（8.2-9）确定沉沙池池宽 B。

5）根据沉沙池有效沉沙容积 V_s 和 L、B，求得池中泥沙淤积厚度 H_s；由式（8.2-10）得沉沙池深度 H。

8.3 截排洪工程设计

生产建设项目施工及生产运行中，应在受暴雨和洪水危害的区域兴建截排洪工程。截排洪工程主要包括拦洪坝和排洪工程。拦洪坝用于拦蓄沟道上游来水，导入下游隧洞、涵洞、明渠等排洪工程，并考虑相应的消能防冲措施。

8.3.1 设计原则及基本要求

8.3.1.1 设计原则

（1）项目区上游有小流域沟道洪水集中危害时，应在沟中修建拦洪坝。

（2）项目区一侧或周边坡面有洪水危害时，应在坡面与坡脚修建排洪渠，并对坡面进行综合治理。项目区内各类场地道路及其他地面排水，应与排洪渠衔接顺畅，形成有效的洪水排泄系统。

（3）当坡面与沟道洪水与项目区的道路、建筑物、堆渣场等发生交叉时应采取涵洞或暗管进行地下排洪。

8.3.1.2 设计要求

（1）拦洪坝可采用土坝，堆石坝、浆砌石坝和混凝土土坝等形式。沟道中的拦洪坝防洪标准可参考水土保持治沟骨干工程防洪标准进行确定。

（2）建设排洪渠体系将项目区周边山坡来洪安全排泄，并与项目区排水系统相结合。当山坡或沟道洪水及项目区本身需排泄的地表径流与道路、建筑物交叉时，应采取涵洞或暗管排洪。

8.3.2 截排洪措施类型及适用条件

1. 拦洪坝

拦洪坝是布置在沟道或河道，用以拦沙蓄水，防洪减灾，保障项目区生产建设安全的挡水建筑物，被拦截的来水通过隧洞、明渠、暗涵等设施排至项目区下游或相邻沟谷。拦洪坝按结构分，主要坝型有重力坝、拱坝等；按建筑材料分，有砌石坝（以浆砌石坝为主）、混合坝（土石混合坝和土木混合坝）、混凝土坝等。选择坝型时需综合考虑山洪的规模、地质条件及当地材料等因素。常用的坝型主要为土石坝、重力坝和格栅坝。

2. 排洪措施

排洪措施主要分为排洪渠、排洪涵洞和排洪隧洞三大类。

(1) 排洪渠。排洪渠多布置在渣场等项目区一侧或两侧，将上游沟道或周边坡面洪水排往项目区下游。

根据排洪渠埋置形式，排洪渠多为排水明渠和排水暗渠，以排水明渠为主，多采用梯形、矩形断面；按建筑材料分，排洪渠可以分为土质排洪渠、衬砌排洪渠等。

(2) 排洪涵洞。排洪涵洞分为无压或有压两种类型，水土保持工程中常用无压涵洞；按建筑材料分，有钢筋混凝土涵洞、混凝土涵洞和浆砌石涵洞三类；按洞身结构型式分，有盖板涵、管涵、拱涵和箱涵四种类型。

(3) 排洪隧洞。排洪隧洞是指为排泄上游来水而修建的封闭式输水道。按水力学特点可分为有压隧洞和无压隧洞。

8.3.3 拦洪坝设计

8.3.3.1 规划原则

(1) 拦洪坝主要适用于流域面积大、弃渣不允许被浸泡的沟道型弃渣场。

(2) 拦洪坝设计应调查沟道来水、来沙情况及其对下游的危害和影响，重点收集山洪灾害现状和治理现状资料，主要包括洪水量、洪峰流量、洪水线、洪水中的泥沙土石组成和来源、沟道堆积物状况以及两岸坡面植被情况。在西南土石山区应根据需要调查石漠化情况。

(3) 拦洪坝布置应因害设防，充分结合地形条件。

(4) 拦洪坝应与排水洞（管或涵）等相互配合，联合运用。

8.3.3.2 坝址选择

拦洪坝坝址应根据筑坝条件、功能需求、拦洪效益等多种因素综合分析确定。

1. 基本条件

(1) 地质条件。坝址处地质构造稳定，两岸无疏松的塌土、滑坡体，断面完整，岸坡不大于60°。坝基应有较好的均匀性，其压缩性不宜过大。岩石要避免断层和较大裂隙，尤其要避免可能造成坝基滑动的软弱层。坝址应避开沟岔、弯道、泉眼，遇到跌水应选在跌水上游。

(2) 地形条件。坝址选择应遵循坝轴线短、库容大、便于布设排洪、泄洪设施的原则。坝址处沟谷狭窄，坝上游沟谷开阔，沟床纵坡较缓，建坝后能形成较大的拦洪库容。

(3) 建筑材料。坝址附近有充足或比较充足的石料、砂等当地建筑材料。

(4) 施工条件。离公路较近，从公路到坝址的施工便道易修筑，附近有布置施工场地的地形，有水源等。

2. 布局及设计条件

根据基本条件，初步选定坝址后，拦洪坝的具体位置还需按下列原则布置。

(1) 与防治工程总体布置协调。与泄洪建筑物以及下游拦渣坝、挡渣墙合理衔接。

(2) 满足拦洪坝本身要求。坝轴线宜采用直线，当采用折线形布置时，转折处应设曲线段。泄洪建筑物应以竖井、卧管结合涵洞（管和涵）为主。

3. 坝型选择

（1）拦洪坝坝型应根据洪水规模、地质条件、当地材料等确定，并进行方案比较。

（2）重力坝主要适用于以下条件：

1）石质山区以重力坝型为主。其中石料丰富、采运条件方便的地方，以浆砌石重力坝为主；石料较少的区域以混凝土重力坝为主。

2）沟道较陡、山洪冲击较大的沟道以重力坝为主。

3）不便布设溢洪设施、坝址及其周边土料不适宜作筑坝材料时可选择重力坝。

（3）土石坝主要适用于以下条件：

1）沟道较缓、沟道山洪冲击力较弱的沟道可选择土石坝。

2）坝址附近土料丰富而石料不足时，可选用土石混合坝。

3）小型山洪沟道可采用干砌石坝。

（4）其他坝型的选择包括：

1）盛产木材的地区，可采用木石混合坝。

2）小型荒溪可采用铁丝石笼坝。

3）需要有选择性地拦截块石、卵石的沟道可采用格栅坝、钢索坝。

8.3.3.3　规模确定

1. 总库容

拦洪坝总库容包括死库容和调蓄库容两部分。死库容根据坝址以上来沙量和淤积年限综合确定，一般按上游1～3年来沙量计算。调蓄库容根据设计洪水、校核洪水与泄水建筑物泄洪能力经调洪验算确定。在工程实践中，常受地形、地质等条件的影响，可不考虑死库容。

2. 洪峰流量

生产建设项目涉及拦洪坝主要应用于弃渣场，相应的洪峰流量参照8.1水文计算。

3. 坝高

拦洪坝最大坝高按式（8.3-1）计算

$$H = H_L + H_Z = \nabla H \tag{8.3-1}$$

式中　H——拦洪坝最大坝高，m；

H_L——拦泥坝高，m；

H_Z——滞洪坝高，m；

∇H——安全超高，m；

8.3.3.4　工程设计

1. 工程级别与设计标准

拦洪坝的防洪标准应与其下游渣场的排洪标准相适应，按照GB 51018的规定确定。

拦洪坝抗滑稳定安全系数的确定分别见表8.3-1和表8.3-2。

2. 坝体设计

坝体设计主要根据坝体材料，经稳定分析试算和经济比较确定。设计步骤通常有坝高确定、初拟断面、稳定与应力计算等过程。

（1）坝高确定。根据8.3.3.3节内容确定拦洪坝坝高。

（2）初拟断面。坝高确定后，根据不同的坝体材料，先拟定断面尺寸，试算后再调

整。坝顶宽度还应满足交通需求。常见均值土坝断面尺寸见表 8.3－3，常见浆砌石重力坝断面尺寸见表 8.3－4。

表 8.3－1　土石坝坝坡的抗滑稳定安全系数

<table>
<tr><td colspan="2" rowspan="2">荷载组合或运用状况</td><td colspan="3">拦洪坝建筑物的级别</td></tr>
<tr><td>1</td><td>2</td><td>3</td></tr>
<tr><td colspan="2">基本组合（正常运用）</td><td>1.25</td><td>1.20</td><td>1.15</td></tr>
<tr><td rowspan="2">特殊组合
（非常运用）</td><td>非常运用条件Ⅰ
（施工期及洪水）</td><td>1.15</td><td>1.10</td><td>1.05</td></tr>
<tr><td>非常运用条件Ⅱ
（正常运用＋地震）</td><td>1.05</td><td>1.05</td><td>1.05</td></tr>
</table>

注　1. 荷载计算及其组合应满足现行行业标准 SL 274 的有关规定。
2. 特殊组合Ⅰ的安全系数适用于特殊组合Ⅱ以外的其他非常运用荷载组合。

表 8.3－2　重力坝抗滑稳定安全系数

<table>
<tr><td>安全系数</td><td>采用公式</td><td colspan="2">荷载组合</td><td>1～3 级坝抗滑稳定安全系数</td><td>备注</td></tr>
<tr><td rowspan="3">K'</td><td rowspan="3">抗剪断公式</td><td colspan="2">基本</td><td>3.00</td><td rowspan="3"></td></tr>
<tr><td rowspan="2">特殊</td><td>非常洪水状况</td><td>2.50</td></tr>
<tr><td>设计地震状况</td><td>2.30</td></tr>
<tr><td rowspan="6">K</td><td rowspan="6">抗剪公式</td><td colspan="2">基本</td><td>1.20</td><td rowspan="3">软基</td></tr>
<tr><td rowspan="2">特殊</td><td>非常洪水状况</td><td>1.05</td></tr>
<tr><td>设计地震状况</td><td>1.00</td></tr>
<tr><td colspan="2">基本</td><td>1.05</td><td rowspan="3">岩基</td></tr>
<tr><td rowspan="2">特殊</td><td>非常洪水状况</td><td>1.00</td></tr>
<tr><td>设计地震状况</td><td>1.00</td></tr>
</table>

表 8.3－3　均值土坝断面尺寸

<table>
<tr><td rowspan="2">坝高/m</td><td rowspan="2">坝顶宽度/m</td><td rowspan="2">坝底宽度/m</td><td colspan="2">坝坡坡比</td></tr>
<tr><td>上游</td><td>下游</td></tr>
<tr><td>3</td><td>2.0</td><td>11.00</td><td>1：1.50</td><td>1：1.50</td></tr>
<tr><td>5</td><td>3.5</td><td>19.75</td><td>1：1.75</td><td>1：1.50</td></tr>
<tr><td>8</td><td>3.5</td><td>33.50</td><td>1：2.00</td><td>1：1.75</td></tr>
<tr><td>10</td><td>4.0</td><td>46.50</td><td>1：2.25</td><td>1：2.00</td></tr>
<tr><td>15</td><td>4.0</td><td>67.75</td><td>1：2.25</td><td>1：2.00</td></tr>
</table>

表 8.3－4　常见浆砌石重力坝断面尺寸

坝高/m	坝顶宽度/m	上游边坡坡比	下游边坡坡比（土基）	下游边坡坡比（岩基）	坝底宽度（土基）/m	坝底宽度（岩基）/m
3.0	1.0	1：0	1：0.45	1：0.25	2.35	1.75
5.0	1.2	1：0	1：0.60	1：0.40	4.20	3.20

续表

坝高/m	坝顶宽度/m	上游边坡坡比	下游边坡坡比（土基）	下游边坡坡比（岩基）	坝底宽度（土基）/m	坝底宽度（岩基）/m
8.0	2.0	1∶0.03	1∶0.60	1∶0.40	7.04	5.44
10.0	2.8	1∶0.05	1∶0.50	1∶0.35	8.30	6.80
15.0	3.5	1∶0.05	1∶0.50	1∶0.35	11.75	9.50

（3）稳定与应力计算。重力坝主要进行抗滑、抗倾稳定分析计算；土石坝需进行坝坡稳定、渗透稳定、应力和变形分析计算。

1）坝的荷载。作用在坝体上的荷载，按其性质分为基本荷载和特殊荷载两种。

a. 基本荷载。

坝体自重按式（8.3-2）计算：

$$G=S\gamma_d b \tag{8.3-2}$$

式中　G——坝体自重，kN；

S——坝体横断面积，m^2；

γ_d——坝体容重，kN/m^2；

b——单位宽度，$b=1m$。

淤积物重力按式（8.3-3）计算。作用在上游面上的淤积物重力，等于淤积物体积乘以淤积物容重：

$$W=V_1\gamma_1 \tag{8.3-3}$$

式中　W——坝上游淤积物重力，kN；

V_1——淤积物体积，m^3；

γ_1——淤积物容重，kN/m^3；

静水压力按式（8.3-4）计算：

$$P=\frac{1}{2}\gamma h^2 b \tag{8.3-4}$$

式中　P——静水压力，kN；

γ——水的容重，kN/m^3；

h——坝前水深，m；

b——单位宽度，$b=1m$。

相应于设计洪水位时的扬压力，主要为渗透压力，即由于水在坝基上渗透所产生的压力。当坝体为实体坝，而下游无水的条件下，下游边缘的渗透压力为0，上游边缘的渗透压力按式（8.3-5）计算：

$$W_\phi=\frac{1}{2}\gamma HBa_1 b \tag{8.3-5}$$

式中　W_ϕ——渗透压力，kN；

γ——水的容重，kN/m^3；

H——坝前水深，m；

B——坝体宽度，m；

a_1——基础接触面积系数；

b——单位宽度，$b=1\text{m}$。

下游有水条件下按式（8.3-6）计算：

$$W_{\phi}=\frac{1}{2}\gamma(H+H_{下})Ba_1b \quad (8.3-6)$$

式中 $H_{下}$——下游水深，m。

泥沙压力。坝前泥沙压力（主动土压力）可按散体土压力公式计算，即

$$P_{泥沙}=\frac{1}{2}\gamma_c H^2\tan^2(45°-\varphi/2)b \quad (8.3-7)$$

式中 $P_{泥沙}$——坝前泥沙压力，kN；

γ_c——泥沙容重，kN/m³；

H——前淤积物的高度，m；

φ——淤积物的内摩擦角，与堆积容重有关；

b——单位宽度，$b=1\text{m}$。

作用在下游坝基上的泥沙压力（被动土压力）可用下列公式计算，即

$$E=\frac{1}{2}\gamma_c H_1^2\tan^2(45°+\varphi/2)b \quad (8.3-8)$$

式中 E——被动土压力，kN。

b. 特殊荷载。包括校核洪水位时的静水压力、相应于校核洪水位时的扬压力和地震荷载。

荷载组合分为基本组合和特殊组合。基本组合属设计情况或正常情况，由同时出现的基本荷载组成，特殊荷载属校核情况或非常情况，由同时出现的基本荷载和一种或几种特殊荷载组成。拦洪坝的荷载组合见表 8.3-5。

表 8.3-5　拦洪坝的荷载组合

荷载组合	主要考虑情况	荷载						
		自重	淤积物重力	静水压力	扬压力	泥沙压力	冲击力	地震荷载
基本组合	设计洪水情况	√	√	√	√	√	√	—
特殊组合	校核洪水情况	√	√	√	√	√	—	—
	地震情况	√	√	√	√	√	—	√

2）重力坝坝体稳定计算。坝体稳定计算参见拦渣工程设计。

3）土石坝坝坡稳定计算。坝坡抗滑稳定计算应采用刚体极限平衡法。对于非均质坝体，宜采用不计条块间作用力的圆弧滑动法；对于均质坝体宜采用计及条块间作用力的简化毕肖普（Bishop）法；当坝基存在软弱夹层时，土坝的稳定分析通常采用改良圆弧法。当滑动面呈非圆弧形时，采用摩根斯顿-普赖斯法（滑动面呈非圆弧形）计算。

3. 排水建筑物设计

（1）当拦洪坝内有安全需求时，拦洪坝内可设排水建筑物。拦洪坝设置排水建筑物的目的主要是利于拦洪坝内泥沙固结，以降低安全风险。排水设施通常分为卧管排水、竖井

排水、涵管简易排水等形式。

（2）小型拦洪坝排水可参照山塘放水管经验设计。较大拦洪坝排水标准可参照淤地坝排水标准，3～5d排完溢洪道坎顶以下1.5m深的蓄水量。

（3）下游无重要设施的浆砌石（混凝土）拦洪坝，可直接采用坝身设排水孔排水；低矮的拦洪坝（通常指小于4m）可通过埋设排水涵管排水。

8.3.4 排洪工程设计

8.3.4.1 排洪渠

1. 排洪渠布置

排洪渠布置在渣场等项目区一侧或两侧，将上游沟道洪水及周边坡面汇水排往项目区下游。项目区内其他地面排水，应与排洪渠衔接顺畅，以形成有效地表洪水排泄系统。排洪渠线路布置应综合考虑地形、地质、施工条件和挖填平衡及便于管理围护等因素。

排洪渠在总体布局上，应保证安全排走项目区周边或上游来洪，并尽可能能兼顾项目区内的排水。排洪渠渠线布置，宜走原有山洪沟道或河道。若天然沟道不顺直或因开发项目区规划要求，必须新辟渠线，宜选择地形平缓、地址稳定、拆迁少的地带。

排洪渠渠线长度应尽量短，减少弯道，最好将洪水引导至项目区下游。当地形坡度较大时，排洪渠应布置在地势较低的地方，当地形平坦时宜布置在汇水面的中间。

2. 工程设计

（1）断面形式。常用的横断面形式有梯形、矩形、U形和复合断面等。

梯形断面适用广泛，其优点是施工简单、边坡稳定，便于应用混凝土薄板衬砌。

矩形断面适用于坚固岩石中开凿的石渠、傍山或塬边渠道及宽度受限的渠道等，可以采用浆砌石矩形断面或钢筋混凝土矩形断面。

U形断面适用于混凝土衬砌的中小排洪渠，其优点是具有水力条件较好、占地少，但施工比较复杂。

复合断面适用于深挖方渠段，渠岸以上部分可将坡度改陡，每隔一段留一平台，以节省开挖量。

（2）断面设计。排洪渠断面设计应考虑渠床稳定或冲淤平衡、有足够的排洪能力、渗漏损失小、施工管理及维护方便、工程造价较小等因素。排洪渠宜采用挖方渠道，一般采用梯形断面。梯形填方渠道断面，渠堤顶宽1.5～2.5m，内坡坡比1：1.5～1：1.75，外坡坡比1：1～1：1.5。

1）断面尺寸计算。根据地形、地质条件、设计经验等初步确定其断面结构型式、尺寸等，参照8.2.3节明渠均匀流公式［式（8.2-1）］计算过流能力是否满足设计要求，确定相应的断面尺寸是否为合理尺寸。

2）防冲措施。当排洪渠水流流速大于土壤最大允许流速时，应采用防冲措施防止冲刷。防冲形式和防冲材料应根据过水断面材料性质和水流流速确定。排洪渠排水流速应控制在容许冲刷流速之内，见表8.2-1，最大允许流速的水深修正系数见表8.2-2。排洪渠的最小流速应不小于0.4m/s；排洪渠坡度较大，只是流速超过表中数据时，应在适当位置设置跌水及消力槽，但不能设于转弯处。

3）纵坡及纵断面设计。排洪渠设计纵坡应根据渠线、地形、地质遗迹山洪沟连接要求等因素确定。当自然纵坡大于1∶20或局部高差较大时，应设置陡坡式跌水。排水渠的纵断面设计应将地面线、渠底线、水面线、渠顶线绘制在纵断面设计图中。

排洪渠断面变化时，应采用渐变段衔接，其长度取水面宽度变化之差的5～20倍。

4）排洪渠进出口平面布置。宜采用喇叭口或“八”字形导流翼墙。导流翼墙长度可取设计水深的3～4倍。出口底部应设置防冲、消能等设置。

5）安全超高。排洪渠的安全超高可参考表8.3-6确定，在弯曲段凹岸应考虑水位壅高的影响。

表8.3-6　排洪渠建筑物安全超高

排洪渠建筑物级别	1	2	3	4	5
安全加高/m	1.0	0.9	0.7	0.6	0.5

6）排洪渠弯曲段弯曲半径。排洪渠弯曲段弯曲半径不应小于最小允许半径及渠底宽度的5倍。最小允许半径参照式（8.2-2）计算。

（3）衬砌材料。排洪渠衬砌及护面的主要作用是减少渠道糙率，加大流速，增加排洪能力，防止渠道冲刷破坏。常用的衬砌及护面材料有混凝土、浆砌石、砖及灰土、水泥砂浆等。

1）混凝土衬砌。广泛采用板形结构，其边坡截面有矩形、楔形、肋形、中间加厚形等。矩形板适用于无冻胀地区的渠道；楔形板、肋形板适用于有冻胀地区的渠道。混凝土衬砌厚度与施工方法、气候因素、渠道断面大小及混凝土强度等级有关。混凝土强度等级一般为C10、C20。现浇混凝土接缝少，适用于挖方渠道；预制混凝土衬砌适用于填方渠道。现浇混凝土比预制混凝土衬砌厚度稍大，有冻胀破坏地区的渠道衬砌厚度比无冻胀破坏地区的要厚一些，阴坡的比阳坡的约厚一些。现浇混凝土衬砌厚度一般为3～15cm；当水流含推移质泥沙较多且颗粒大时，应考虑增加磨损厚度。预制混凝土板一般厚度为5～10cm；在无冻胀破坏地区可采用4～8cm。预制混凝土板的大小，按安砌容易搬动、施工方便考虑确定，最小为50cm×50cm，最大为100cm×100cm。为适应温度变化、冻胀基础不均匀沉陷等原因引起的变形，需要留伸缩缝。纵向缝一般设在边坡与渠道连接处。横向缝间距：衬砌厚度5～7cm时，为250～350cm；衬砌厚度8～9cm时，为350～400cm；衬砌厚度大于10cm时，为400～500cm。

2）浆砌石衬砌。浆砌石衬砌具有就地取材、施工简单、抗冲、抗磨、耐用等优点。石料有卵石、块石、条石、石板。

浆砌石衬砌及护面的防渗、防冲效果均较好。单层厚度一般为25～30cm，用M5、M10水泥砂浆砌筑。伸缩缝间距为20～50m；缝宽为3cm左右，以沥青砂浆灌注。

糙率n值一般为0.0225～0.0275；单层衬砌允许流速为2.5～4.0m/s，双层衬砌允许流速为3.5～5.0m/s。最大抗冲能力为6～8m/s。

勾缝一般采用比砌筑砂浆高一级强度等级的砂浆。

3）砖衬砌。

a. 普通黏土砖衬砌。普通黏土砖只适用于不结冰的地区，水泥砂浆强度等级不低于 M10。

b. 特制砖衬砌。目前特制砖有陶砖和釉砖两种。上了釉面的陶砖（又称缸砖）烧结及机械性能好（抗压强度一般低于 $400kg/cm^2$），抗冻性能好，耐久性高，吸水率低，糙率小（n 值一般为 0.013～0.015）。

c. 浸沥青砖衬砌。将烧成的砖刷除表面的尘垢后立即放入 200 号沥青锅内挂面，并除去气泡；挂面厚 2mm，出锅后放在沙堆中滚翻，使表面均匀粘一层沙；施工时用沥青砂浆作胶结材料，并用于勾缝。

8.3.4.2　排水隧洞

排水隧洞一般用于沟道水处理工程，常与拦洪坝配合使用。在水土保持工程中，排水隧洞主要用于排泄截洪式弃渣场的上游来水，适用于地质、地形条件适宜布置隧洞的沟道型弃渣场。

1. 规划与布置

排水隧洞由洞身、进口和出口建筑物三部分组成。进口建筑物由进口翼墙（或护锥）、护底和进口前铺砌构成。洞身位于山体内，是排洪隧洞过水的主要部分。排洪隧洞出口建筑物由出口翼墙（或锥体）、护底和出口防冲铺砌或消能设施构成。通常无压缓坡排洪隧洞出口流速不大，故出口常做一段防冲铺砌。有压、半有压或无压陡坡排洪隧洞出口流速较大，常需设消能设施。

排洪隧洞平面布置首先考虑尽可能布置成短而直的洞线，且隧洞进、出口位置合理、岩体边坡稳定。排水洞轴线位置，应根据进、出口水位、水力条件、地形地质条件、洞线及其横断面尺寸等，进行技术经济比较后确定。

2. 工程设计

（1）工程级别及标准。排水隧洞工程级别根据所在的弃渣场等级，确定相应的排洪工程级别，并确定相应的排洪工程防洪标准。具体按《水土保持工程设计规范》（GB 51018）执行。

（2）断面形式。常用的断面形式有圆形、方圆形（城门洞形）、马蹄形和高壁拱形、方形等。

（3）水力计算。根据《水力计算手册》公式判别，当进口水深与洞高之比 $H/a<1.2$ 时，隧洞内出现无压流，按明渠均匀流公式计算：

$$Q=\omega C\sqrt{Ri} \tag{8.3-9}$$

式中　ω——洞内过流断面面积，m^2；

C——谢才系数；

R——水力半径；

i——隧洞底坡坡降。

当隧洞内为有压流，按隧洞有压流公式计算：

$$Q=\mu\omega\sqrt{2g(H_0-a)} \tag{8.3-10}$$

$$\mu=\frac{1}{\sqrt{1+\sum\xi_i\left(\frac{\omega}{\omega_i}\right)^2+\sum\frac{2gl_i}{c_i^2R_i}\left(\frac{\omega}{\omega_i'}\right)^2}} \tag{8.3-11}$$

式中　μ——流量系数；

ω——出口断面面积，m^2；

H_0——上游水位与出口底板之差，m；

a——洞高，m；

ξ_i——隧洞第 i 段的局部能量损失系数，与之相应的流速所在的断面面积为 ω_i；

l_i——隧洞第 i 段的长度，与之相应的断面面积、水力半径和谢才系数分别为 ω_i'、R_i、C_i。

(4) 断面设计。选择隧洞的横断面形式和尺寸时，主要根据地质、施工和运用条件经技术经济比较后确定。为了施工掘进及进人的需要，方形断面隧洞一般至少宽 1.5m，高 1.8m；圆形断面的隧洞，内径不小于 1.8m 为宜。隧洞的高度 H 通常采用 1～1.5 倍隧洞的宽度。隧洞的断面形状对过水能力有一定的影响，但是在选择断面形状时并不主要决定于过水能力，而常依据地质和施工条件来确定。具体设计详见《水工设计手册》水电站建筑物中的隧洞设计。

初步拟定横断面尺寸时可用式 (8.3-12)～式 (8.3-14) 估算。

1) 无压隧洞：

$$D=\left(\frac{nQ}{0.284\sqrt{i}}\right)^{3/8} \quad 或 \quad B=\left(\frac{nQ}{0.336\sqrt{i}}\right)^{3/8} \tag{8.3-12}$$

2) 一般泄水隧洞：

$$D=0.2834\sqrt[6]{\lambda}\cdot\sqrt{Q}\approx(1.0\sim1.5)\sqrt{Q} \tag{8.3-13}$$

3) 有压隧洞：

$$D=\sqrt[7]{\frac{5.2Q_{max}^3}{H}} \tag{8.3-14}$$

式中　D——圆形断面直径，m；

B——矩形断面宽度，m；

Q——流量，m^3/s；

H——作用水头，m；

i——底坡坡比；

n——洞壁糙率，普通混凝土衬砌的 $n=0.013\sim0.017$，喷锚衬砌的 $n=0.019\sim0.027$，其他材料衬砌，查有关资料；

λ——摩阻系数，$\lambda=\frac{8g}{C^2}$，$g=9.81m/s^2$，C 为谢才系数。

(5) 衬砌型式。衬砌的作用是承受岩石压力、内水压力，防止漏水，减小洞壁糙率，防止高速水流对岩石冲蚀等。所以，只要施工和运行期间围岩稳定、不坍塌、不漏水，并且允许有较大的水头损失，则隧洞可以不做衬砌，但应沿洞线隔一定距离在洞底设一集石坑，定期检修时将积在坑内的石块清除，以免影响过水能力。

需要衬砌的隧洞，可以沿隧洞长度选择一种或数种不同型式的衬砌。常用的衬砌型式主要有：护面衬砌或平整衬砌、混凝土衬砌和砖石衬砌、钢筋混凝土衬砌、组合式衬砌、装配式衬砌、喷锚衬砌。

8.3.4.3 涵洞

1. 洪水标准

生产建设项目水土保持工程涵洞洪水标准应按行业标准执行，本行业无标准时参照《水利水电工程水土保持技术规范》（SL 575）等确定。

2. 设计流量确定

涵洞设计流量计算方法与8.3.4.1节排洪渠相关计算方法相同。

3. 断面设计

（1）断面尺寸计算。水土保持设计中，涵洞多采用无压流态，无压流态涵洞中水流流态按明渠均匀流计算。由于边墙垂直、下部为矩形渠槽，其过水断面按式（8.3-15）、式（8.3-16）计算：

$$A=bh \tag{8.3-15}$$

$$A=Q/v \tag{8.3-16}$$

式中 A——过水断面，m^2；

Q——最大排洪流量，m^3/s；

v——水流流速，m/s；

b——涵洞底宽，m；

h——最大水深，m。

最大流速 v 可采用式（8.3-17）或式（8.3-18）进行计算。

$$v=C(Ri)^{1/2} \tag{8.3-17}$$

$$v=R^{2/3}i^{1/2}/n \tag{8.3-18}$$

式中 R——水力半径，m；

v——最大流速，m/s；

i——涵洞纵坡比降；

n——涵洞糙率；

C——流速系数，$C=R^{1/6}/n$，$m^{1/2}/s$。

由式（8.3-15）求得最大水深后，应加净空超高，即为涵洞净高。无压涵洞洞内设计水面以上的净空面积宜取涵内横断面面积的10%～30%，且涵洞内顶点至最高水面之间的净空高度应符合表8.3-7的规定，并应不小于0.4m。

表8.3-7 无压涵洞的净空高度

进口净高/m	涵洞类型		
	圆涵	拱涵	矩形涵洞
	净空高度/m		
≤3	≥$D/4$	≥$D/4$	≥$D/6$
＞3	≥0.75	≥0.75	≥0.5

注 D 为涵洞内侧高度或者圆涵内径，m。

（2）纵坡比降确定。排水涵洞应有较大的比降，以利于淤积物的下泄。沟道入口衔接段在涵洞进口前需有15～20倍渠宽的直线引流段，与涵洞进口平滑衔接。

(3) 涵洞结构组成。涵洞由进口、洞身和出口建筑物三部分组成。进口建筑物由进口翼墙（或护锥）、护底和涵前铺砌构成。洞身位于填土（或渣体）下面，是涵洞过水的主要部分。涵洞出口建筑物由出口翼墙（或锥体）、护底和出口防冲铺砌或消能设施构成。通常无压缓坡涵洞出口流速不大，故出口常做一段防冲铺砌。涵洞出口流速较大，需设消能设施。

8.3.5 跌水与消力措施设计

8.3.5.1 跌水

跌水是设置于排水沟（渠）沿线高差较大而距离较短或坡度陡峻的地段的阶梯形构筑物，主要用于降低沟（渠）中水的流速和消减水的能量。跌水是明渠中常见的落差建筑物，根据落差大小，跌水可做成单级或多级。在落差较小的情况下，一般 3～5m 的落差时，采用单级跌水；落差在 5m 以上时，一般采用多级跌水。跌水主要用砖、石或混凝土等材料建筑，必要时，某些部位的混凝土可配置少量钢筋或使用钢筋混凝土结构。

8.3.5.2 消力措施

排洪措施中，涵洞以及有压、半有压或无压陡坡排洪隧洞出口的流速较大，通常需要设消能设施。

1. 判断是否需要设消力池

判断涵洞或明渠出口是否需要设消力池，当跃后水深大于下游水深时，必须采用消力措施。跃后水深 h_2 公式为

$$h_2=\frac{h_1}{2}\left(\sqrt{1+\frac{8aq^2}{gh_1^3}}-1\right) \tag{8.3-19}$$

式中 h_2——消力池的跃后水深，m；

h_1——排水沟末端水深，m；

a——流速不均匀系数，$a=1.1$；

g——重力加速度，$g=9.81\text{m/s}^2$；

q——单宽流量，$\text{m}^3/(\text{s}\cdot\text{m})$。

2. 池深计算

$$d=\delta h_2-h \tag{8.3-20}$$

式中 δ——淹没安全系数，$\delta=1.1$；

d——消力池深度，m；

h_2——消力池跃后水深，1.0m；

h——下游水深。

3. 池长计算

池长计算的公式为

$$L=(3\sim5)h_2 \tag{8.3-21}$$

式中 L——消力长度，m；

h_2——消力池的跃后水深，m。

4. 池宽计算

池宽计算的公式为

$$b_0 = b + 0.5 \tag{8.3-22}$$

式中　b_0——消力池宽，m；

b——渐变段末端底宽，m。

8.3.6　防冲措施设计

为保证排洪渠、排洪隧洞、涵洞基础的安全，必须在排洪措施进出口以外一定范围内作防冲铺砌，当出口流速较大时，需采取消能防冲措施。

1. 进口河槽的防冲加固

进口河槽，应根据进口的坡度、土质并结合洞口形式进行加固。当河槽坡度平缓时，一般进口冲刷力不大，仅需在进口翼墙或锥形坡间及其以外一定范围内做防冲铺砌。翼墙以外的铺砌长度一般铺至坡脚线外0.4m。因河槽坡度较大等原因，需对进口河槽略做开挖时，对开挖部分需进行铺砌，其铺砌类型应根据开挖后的地质和水流条件而定。当涵洞前开挖坡度较陡时，除岩石以外，沟底、沟槽边坡及渠或路堤坡脚边沟均需采用人工铺砌加固。

2. 出口河槽的防冲加固设计

涵洞出口流速往往大于出口河槽土的允许不冲流速，因此与涵洞出口相连的一段河槽就有被冲刷的危险，当冲刷严重时将危及涵洞安全。当涵洞出口流速不大于6m/s，采用加固的办法比采用消能设施经济。出口河槽防冲加固设计主要有以下内容。

（1）铺砌种类。出口流速1.0～2.0m/s，采用干砌石铺砌；流速2.0～5.0m/s，采用浆砌石铺砌；流速大于5.0m/s，采用混凝土铺砌。

（2）铺砌厚度。干砌片石或浆砌片石厚度为0.35～0.5m，下设0.1m碎石垫层；对流速较小者，砌石厚度可酌情减薄，但不得小于0.25m。

（3）铺砌长度。拱涵、箱涵出口的铺砌长度应铺至渠（路）堤坡脚线以外2.0m；圆涵出口应铺至渠（路）堤坡脚线以外1.0m。

8.4　案　　例

8.4.1　截排水工程设计案例

8.4.1.1　河南某水库弃渣场截排水沟工程

1. 项目概况

河南省某水库工程在大坝下游1km处公路东侧左岸山地的冲沟中设置一处沟道型弃渣场，等级为4级，主要堆存施工期大坝左岸、溢洪道及泄洪洞施工建筑物的开挖石渣。弃渣场占地面积约3.34hm^2，堆渣高程为210～260m，区域土地以灌木林为主，有少量耕地，渣场上游集水面积约1.12km^2，弃渣场共堆存弃渣60万m^3。弃渣堆放结束后对边坡进行削坡整治，渣场设计边坡为1∶2，设2级马道，渣顶面恢复绿化，栽植果树并撒

播草籽。

弃渣场所在区域属于暖温带大陆性季风气候区，多年平均气温为14.3℃，多年平均降水量为646.4mm。10年一遇24h最大降水量为138.9mm，20年一遇24h最大降水量为156.3mm。

2. 截排水沟布置

弃渣场位于冲沟内，为避免弃渣场上方的坡面来水对弃渣造成冲刷威胁弃渣场安全，拟设计在弃渣场弃渣平台与冲沟原地面结合部位设计一道截洪沟（下称截水沟1）。为防止雨水在渣场平台及弃渣场坡面汇集造成冲刷，拟设计在弃渣场平台边缘设计一道排水沟（下称排水沟2），在各级边坡的坡脚处设置排水沟（下称排水沟3）。共设置截水沟2条，2种断面尺寸，为使场内排水顺利排出，在弃渣场最南端设计1条截水沟，各级边坡坡脚处的排水沟与截水沟连接，出口与下游道路过水涵洞连接将水导出，平面布置见图8.4-1。

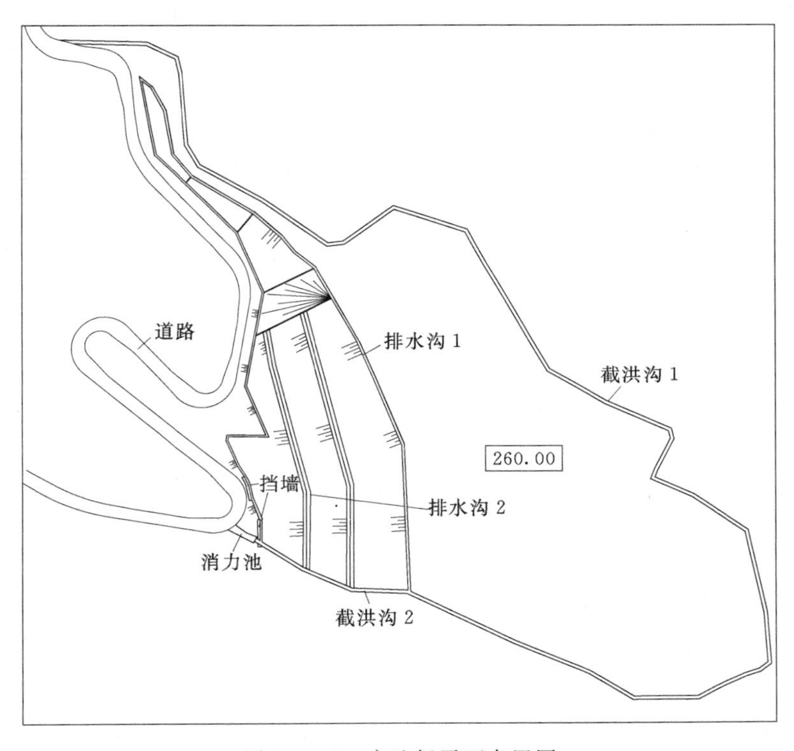

图8.4-1　弃渣场平面布置图

3. 设计标准

根据《水利水电工程水土保持技术规范》(SL 575) 的规定，确定场界截洪沟设计洪水标准为20年一遇，场内排水沟设计洪水标准为5年一遇。

4. 坡面截水沟设计

(1) 截水沟设计。截水沟1主要排出的是渣场上游沟道来水。渣场上游沟道为山地，植被以灌木为主。

1）洪峰流量计算。洪峰流量计算采用中国水利水电科学研究院水文研究所的推理公式进行计算，计算得20年一遇设计洪峰流量为16.58m^3/s。

2）截水沟断面确定。截水沟断面应根据地形、地质条件、设计经验等初步确定其断面结构型式、尺寸，该截水沟选取矩形断面，M7.5砂浆砌30号块石衬砌，断面尺寸2.8m×1.6m，按设计标准取0.2m超高，因此，最终排水沟尺寸为2.8m×1.8m，按明渠均匀流流量公式进行过流能力验算，满足过流要求，并满足截水沟不冲不淤流速要求。计算成果见表8.4-1。

表8.4-1　　过流能力验算表

底宽 B /m	水深 H /m	过流面积 A/m^2	湿周 χ /m	水力半径 R/m	糙率 n	纵向坡降 i	谢才系数 C	流量 Q /(m^3/s)	流速 /(m/s)
2.8	1.8	5.04	6.4	0.79	0.025	0.01	38.44	17.19	3.41

截水沟1总长232m，采用M7.5砂浆砌30号块石衬砌，用量为4.92m^3/m，断面形式见图8.4-2。截水沟每隔10～15m设置一道2cm宽伸缩缝，缝内用沥青麻絮或其他防水材料填充。

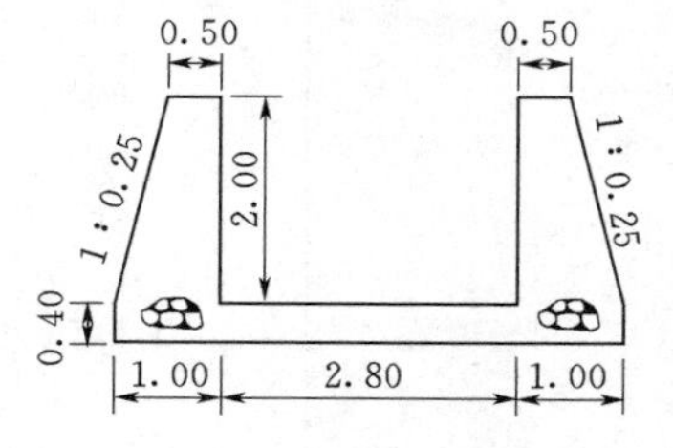

图8.4-2　截水沟1断面图（单位：m）

（2）截水沟2设计。截水沟2主要排除渣顶坡面汇水。按5年一遇10min短历时暴雨设计，计算坡面汇流历时t_1=19.60min即为降雨历时。经查中国5年一遇10min降雨强度$q_{5,10}$等值线图得$q_{5,10}$=2.0mm/min，查SL 575表5.3.1-2和表5.3.1-3得C_p=1.0，C_t=0.75，经计算得：q=1.50mm/min，Q_{m2}=0.30m^3/s。

该截水沟选取矩形断面，M7.5砂浆砌30号块石衬砌，断面尺寸0.5m×0.5m，按明渠均匀流流量公式进行过流能力验算。计算成果见表8.4-2。

表8.4-2　　过流能力验算表

底宽 B /m	水深 H /m	过流面积 A/m^2	湿周 χ /m	水力半径 R/m	糙率 n	纵向坡降 i	谢才系数 C	流量 Q /(m^3/s)	流速 /(m/s)
0.5	0.5	0.25	1.5	0.167	0.025	0.01	29.67	0.30	1.21

按设计标准取0.2m超高，因此，最终排水沟尺寸为0.5m×0.7m，满足过流要求，并满足截水沟不冲不淤流速要求。

截水沟2总长102m，采用M7.5砂浆砌30号块石衬砌，用量为0.95m^3/m，断面形式见图8.4-3。

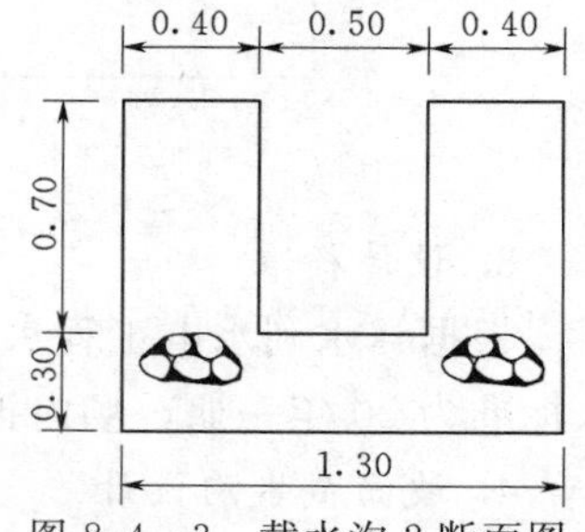

图8.4-3　截水沟2断面图（单位：m）

（3）截水沟3设计。截水沟3主要排出弃渣边坡汇水，弃渣边坡分3级，截水沟设置于各级边坡坡脚处。

设计方法同上，该截水沟选取矩形断面，M7.5砂浆砌30号块石衬砌，由于设计过流量较小，断面尺寸选取最小施工断面0.5m×0.5m，按明渠均匀流流量公式进行过流能力验算。计算成果见表8.4-3。

表 8.4-3　　过流能力验算表

底宽 B /m	水深 H /m	过流面积 A/m^2	湿周 χ /m	水力半径 R/m	糙率 n	纵向坡降 i	谢才系数 C	流量 Q /(m^3/s)	流速 /(m/s)
0.5	0.5	0.25	1.5	0.167	0.025	0.01	29.67	0.30	1.21

截水沟尺寸为 0.5m×0.5m，过流能力已超出设计流量较多，不再考虑安全超高，满足截水沟不冲不淤流速要求。

截水沟 3 总长 366m，采用 M7.5 砂浆砌 30 号块石衬砌，用量为 0.63m^3/m，断面形式见图 8.4-4。

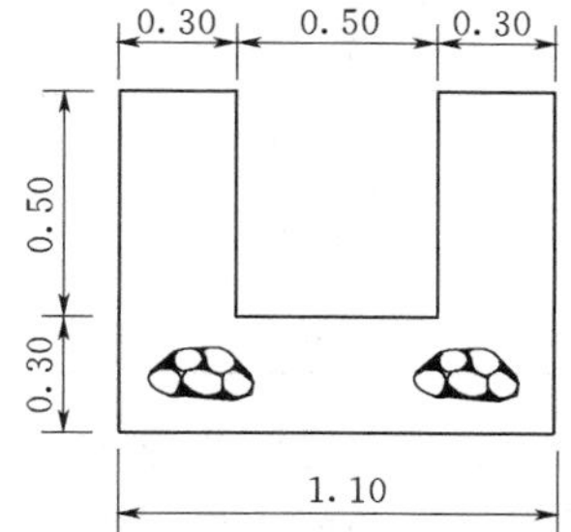

图 8.4-4　截水沟 3 断面图（单位：m）

（4）排水沟 1 设计。渣场最南端设置排水沟与各截水沟平顺连接，断面尺寸通过计算过流能力进行确定，方法同截水沟过流能力验算。

1）设计流量计算。弃渣场南侧坡面汇水面积约为 0.016km^2，径流系数取 $\varphi=0.40$。计算坡面汇流历时 $t_1=6.58$min，计算截水沟内汇流历时 $t_2=1.11$min，即降雨历时 $t=7.69$min。经查中国 5 年一遇 10min 降雨强度 $q_{5,10}$ 等值线图得 $q_{5,10}=2.0$mm/min，查表得 $C_p=1.0$，$C_t=1.12$，经计算，$q=3.12$mm/min，$Q_{m4}=0.42m^3/s$，并汇入截水沟 1、截水沟 2 流量，汇入 $Q_{m5}=Q_{m1}+Q_{m2}+Q_{m4}=17.3m^3/s$。

2）排水沟断面确定。排水沟 1 设在坡面上，坡比为 1∶2，断面采用截水沟 1 形式即可满足过流要求，坡面排水沟由于流速较大，故应在排水沟内增设台阶进行消能。排水沟 1 总长 71m。

（5）排水沟 2 设计。排水沟 2 在排水沟 1 流量基础上汇入截水沟 3 流量和南侧坡面汇流，$Q_{m6}=Q_{m5}+Q_{m3}+Q_{m4}=17.74m^3/s$。

经验算，排水沟 1 断面即可满足该过流要求，因此，排水沟 2 断面与排水沟 1 相同。排水沟 1 和排水沟 2 为坡面排水沟，坡比为 1∶2，由于流速较大，故应在排水沟内增设台阶进行消能。

8.4.1.2　土溪口水库堰塘坝弃渣场截水工程

1. 工程概况

土溪口水库工程位于四川省达州市宣汉县境内前河干流中上游距渡口乡约 1km 处的百里峡景区峡谷口，坝址下游距樊哙镇约 7.7km，距宣汉县城约 100km，距达州市 135km。土溪口水库工程开发任务主要为防洪，并兼顾发电。水库正常蓄水位 562.0m，防洪高水位 562.5m，校核洪水位 562.8m，死水位 526.0m，汛期限制水位 526.0m；总库容 1.60 亿 m^3，防洪库容 1.05 亿 m^3，兴利库容 1.03 亿 m^3，装机容量 57MW。工程等别为Ⅱ等工程。

土溪口水库工程初步设计阶段布置 1 个弃渣场，即堰塘坝渣场，渣场类型为坡地型。工程永久弃渣量 459.15 万 m^3（松方），规划渣场占地 20.16hm^2。

2. 洪峰流量

渣场所在的堰塘坝为一溶蚀洼地，四周封闭。渣场周边共有耳厂包沟、罗家瓦房沟、李家梁沟共 3 条支沟洪水汇入渣场。渣场洪水计算结果见表 8.4－4。

3. 截水沟断面计算

为了保证渣场上方坡面洪水及沟道洪水的排出，避免水流冲刷造成水土流失并危及渣场安全，弃渣前，需在场地周边布设截水沟。

表 8.4－4　　土溪口水库堰塘坝渣场洪水成果表

断　面	集雨面积/km^2	各频率洪峰流量/(m^3/s)	
		1.0%	2.0%
罗家瓦房沟	1.88	39.2	34.5
耳厂包沟	0.31	8.10	7.20
李家梁沟	0.50	11.9	10.5
堰塘坝渣场	2.69	59.5	52.4

根据沟道汇水方向及所处位置共设置三条截水沟，一条排水洞、一座集水池及一座调蓄池。三条截水沟最终汇流到集水池，经由排洪洞排至天然冲沟。

通过计算，耳厂包截水沟和李家梁截水沟设计流速分别为 3.56m^3/s、5.27m^3/s、3.91m^3/s，均小于修正后的混凝土渠道最大允许流速（表 8.4－5）。

表 8.4－5　　土溪口水库堰塘坝渣场截水沟水力计算表

项　目	符号	单位	耳厂包截水沟	罗家瓦房截水沟	李家梁截水沟
设计流量	Q	m^3/s	7.20	34.50	10.50
糙率	n		0.013	0.013	0.013
边坡系数（左岸）	m_1		0.5	0.5	0.5
边坡系数（右岸）	m_2		0.5	0.5	0.5
排水沟纵坡	i		0.005	0.005	0.005
底宽	b	m	1.50	3.00	1.50
水深	h	m	1.01	1.70	1.26
过水断面面积	ω	m^2	2.03	6.55	2.68
湿周	χ	m	3.76	6.80	4.32
水力半径	R	m	0.54	0.96	0.62
流速	v	m/s	3.56	5.27	3.91
校核	Q'	m^3/s	7.29	34.70	10.63

4. 截水沟断面设计

该工程截水沟级别为 2 级，安全超高取为 0.8m，考虑安全超高后各截洪沟设计断面参数见表 8.4－6。

表 8.4-6 土溪口水库堰塘坝渣场截水沟结构参数表

项　目	符号	单位	耳厂包截水沟	罗家瓦房截水沟	李家梁截水沟
底宽	b'	m	1.50	3.00	1.50
边坡系数（左岸）	m_1		0.5	0.5	0.5
边坡系数（右岸）	m_2		0.5	0.5	0.5
排水沟纵坡	i		0.005	0.005	0.005
排洪沟深	h	m	1.90	2.50	2.10

(1) 耳厂包截水沟。耳厂包截水沟位于渣场西北侧，用于引导耳厂包沟上游来水，使其经耳厂包排水洞至自然沟道。

耳厂包截水沟长 431.25m，断面形式为梯形，底宽 1.5m，深度 1.9～3.66m，边坡坡比 1：0.5，纵坡比降 i 采用 0.005，采用 C15 混凝土衬砌，衬砌厚度为 0.30m，接入集水池。

耳厂包截水沟设计详见图 8.4-5。

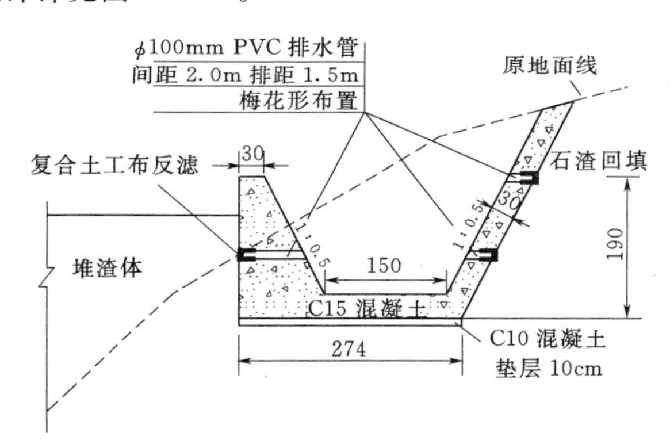

图 8.4-5 耳厂包截水沟设计图（单位：cm）

(2) 罗家瓦房截水沟。罗家瓦房截水沟位于渣场东南侧，用于拦截罗家瓦房沟来水，并直接接入大垭口排水洞排至自然沟道。

罗家瓦房截水沟长 808.92m，其中罗沟 0+000.00～0+733.00 为明渠，其后为多级跌坎。明渠断面为梯形，断面尺寸为 3.0m×2.5m（底宽×净深），边坡坡比 1：0.5，纵坡比降 i 采用 0.005，采用 C15 混凝土衬砌，衬砌厚度为0.30m。

罗家瓦房截水沟设计详见图 8.4-6。

(3) 李家梁截水沟。李家梁截水沟位于渣场东北侧，用于拦截坡面来水，并顺接到自然沟道。

李家梁截水沟长 248.77m，断面为梯形，断面尺寸为 1.50m×2.10m（底宽×净深），边坡坡比 1：0.5，纵坡比降 i 采用 0.005，采用 C15 混凝土衬砌，衬砌厚度为 0.30m。

李家梁截水沟设计详见图 8.4-7。

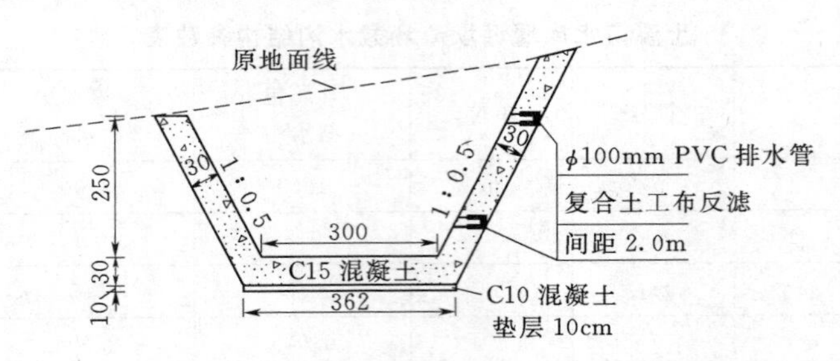

图 8.4－6　罗家瓦房截水沟设计图（单位：cm）

8.4.2　排洪工程设计案例

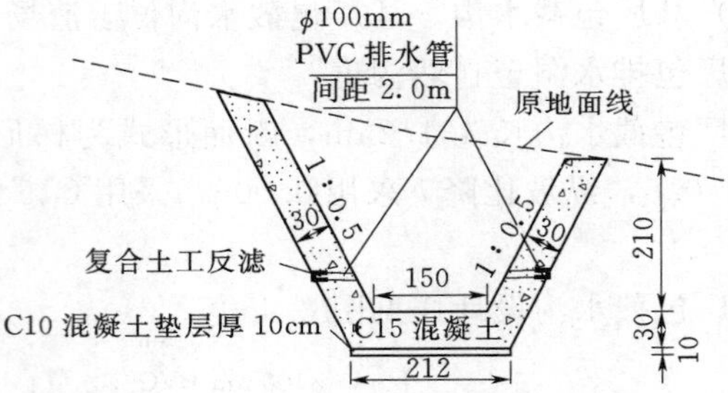

8.4.2.1　拦洪坝案例

1. 工程概况

某水电站工程移民安置点右侧设置了一个沟道型弃渣场，堆渣容量 5 万 m^3，堆渣高度 10m。渣场上游需设置一道拦洪坝，渣场右侧设置排水沟，将上游汇水截引至渣场下游冲沟内。

图 8.4－7　李家梁截水沟设计图（单位：cm）

2. 坝址选择

根据弃渣场的堆渣范围，上游拦洪坝选择在距离弃渣场上游堆渣线外约 10m 处，坝轴线垂直冲沟流向布置。坝基的河床冲积层厚度约 0.5～1.0m，基岩埋深较浅。

3. 坝型选择

根据地形、地质条件，拟选择 M7.5 浆砌石重力坝作为拦洪坝。

4. 工程级别及设计标准

根据《水土保持工程设计规范》（GB 51018—2014），该弃渣场级别为 5 级，拦洪坝建筑物级别为 5 级，相应的防洪设计标准为 10 年一遇～20 年一遇洪水，因位于安置点附近，设计洪水标准取上限 20 年一遇，即 $P=5\%$。

5. 工程设计

（1）水文计算。采用洪峰流量公式 $Q_B=0.278kiF$，查询当地暴雨径流查算图表，最大洪峰流量计算结果见表 8.4－7。

表 8.4－7　　最大洪峰流量计算结果表

项　目	径流系数 K	20 年一遇最大 1h 暴雨强度 I/(mm/h)	汇水面积 F/km^2	最大洪峰流量 $Q/(m^3/s)$
弃渣场拦洪坝	0.5	65.9	0.50	4.58

经计算，本弃渣场拦洪坝防洪设计标准 $P=5\%$时，最大洪峰流量 $Q=4.58m^3/s$。

（2）拦洪坝坝顶高程。初拟渣场的浆砌石排水沟位于拦洪坝右侧，由谢才公式 $Q=AC\sqrt{Ri}$ 计算后，确定排水沟过流断面尺寸为 1.2m×1.2m（宽×高），梯形断面，边墙坡

比 1∶0.5。排水沟进口底板高程为 1520.00m。由宽顶堰流量公式 $Q=Q_s\sigma_c mnb\sqrt{2g}H_0^{3/2}$ 计算坝前水深为 $h=1.94$m，相应的坝前水位为 $H_0=1520.00+1.94=1521.94$(m)，考虑安全超高、波浪高度、波浪爬高等因素，确定坝顶高程为 $H=1521.94+0.5+1.06=1523.50$(m)。

(3) 坝体结构及断面设计。根据地形地质情况，参考类似工程经验，坝基开挖至基岩高程为 1518.50m，坝顶高程为 1523.50m，坝高 5m，坝顶宽 1m，坝体迎水面坡比为 1∶0.1，背水面坡比为 1∶0.6。拦洪坝采用 M7.5 浆砌石砌筑，坝顶及迎水面采用 M10 砂浆抹面，厚 3cm。拦洪坝每隔 10～15m 或地质条件变化处设置沉降缝，缝宽 2cm，沥青麻絮填缝。两岸坝肩开挖至基岩，坝肩开挖坡比为 1∶1。

(4) 坝体结构稳定分析。拦洪坝结构稳定分析采用理正软件进行分析计算，坝体按抗剪强度计算抗滑稳定安全系数见表 8.4-8。

表 8.4-8　拦洪坝抗滑稳定安全计算成果表

名　称	安　全　系　数		
	正常运行工况	暴雨工况	地震工况
计算值	1.85	1.52	1.35
标准值	1.05	1.00	1.00

由表 8.4-8 计算结果可知，拦洪坝抗滑稳定安全系数满足相关规范要求，并有一定的安全裕度，坝体结构安全稳定。

拦洪坝典型设计断面见图 8.4-8～图 8.4-9。

8.4.2.2　拦洪隧洞案例

1. 渣场基本情况

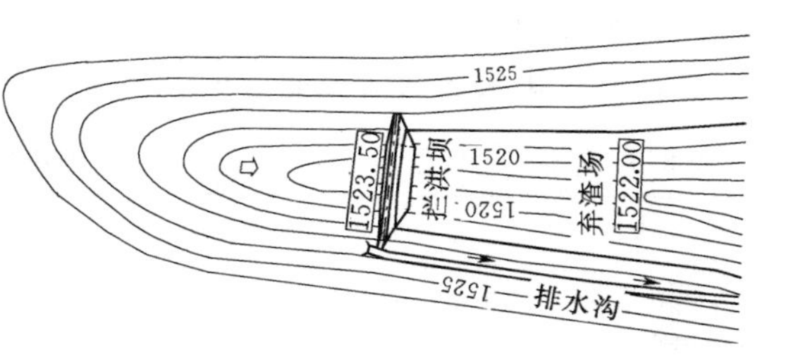

图 8.4-8　拦洪坝平面布置图

四川某水电站位于雅砻江干流上，其主力渣场位于雅砻江干流一侧沟道内，该沟道位于厂址下游右岸约 6km，集水面积 76.0km²，沟长 16km，平均坡降 115.9‰，在 2127.00～2170.00m 高程附近有泉眼出露，沟水长年不断，遇暴雨易形成洪水。根据水文计算，50 年一遇洪峰流量为 241m³/s，100 年一遇洪峰流量为 276m³/s。

该弃渣场占地面积 24hm²，占地类型主要为林地。渣场设计容渣量约为 1100 万 m³，弃渣主要来自引水系统东段、场内道路、施工临时设施及施工支洞等。

2. 排水洞设计

(1) 排水洞布置。弃渣场排水隧洞布置在冲沟右岸山体内，主要由进水口、洞身段及出口段组成。排水洞断面按式 (8.3-9) ～式 (8.3-11) 进行初拟，再进行水力计算调试复核，并最终确定相应的断面。

隧洞进水口布置在挡水坝上游 50m，出口位于雅砻江右岸，排水隧洞洞线按 N41.7°W 布置，隧洞全长约 1225.7m，纵坡为 0.12%，断面为 5.4m×5.5m (宽×高) 城门洞型。

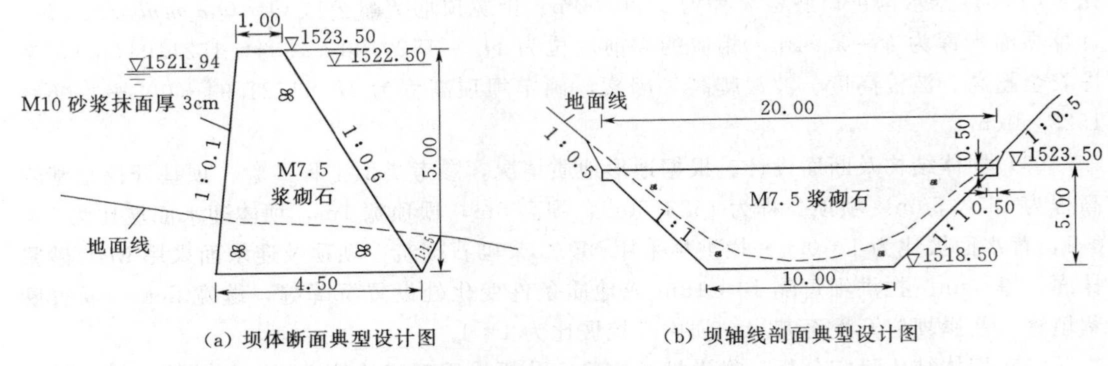

图 8.4-9　拦洪坝断面结构图（单位：m）

进水口部位基岩裸露，为一岩体完整的近直立基岩陡壁，节理不发育，仅见有平行层面节理较为发育，未见卸荷现象。进水口底板高程为 1604.00m，为防止大块滚石进入洞内，进口设一道粗格拦污栅，上设拦污栅检修平台，平台高程为 1614.00m。进水口设 7m 长的渐变段过渡，保证进流平顺。

隧洞出口底板高程为 1602.50m，出口接泄水槽，泄水槽顺山坡布置，底宽 5m，深 3m，汛期洪水通过泄水槽流入雅砻江。

（2）水力计算。排水隧洞按有压洞设计，经计算，50 年一遇设计洪峰流量为 241m^3/s，100 年一遇校核洪峰流量 276m^3/s。

根据该沟道洪水过程，排水洞泄流能力按隧洞无压流、有压流及半有压流公式计算。

排水隧洞洞长 1255.7m，底坡坡降为 0.12%，为缓坡长洞。

因排水隧洞为缓坡长洞，半有压流亦可用上面有压流公式计算。

经计算，排水隧洞泄流能力见表 8.4-9。

表 8.4-9　　排水隧洞水力计算成果

上游水位/m	1605.20	1606.60	1608.00	1608.70	1609.10	1610.00	1613.50
流量/(m^3/s)	10	30	50	62	82	121.9	160.6
上游水位/m	1617.50	1619.50	1613.75	1626.00	1629.60	1634.50	1640.00
流量/(m^3/s)	195.7	211.1	240.6	254.8	276.0	302.5	329.7

（3）结构及支护设计。排水隧洞最大埋深大于 500m，沿线无区域性断层和其他较大规模的断裂构造发育，其围岩岩性大多为白山组中厚层状中、细晶大理岩，岩体完整性好，围岩类别以Ⅱ类为主，局部为Ⅲ类。

排水洞洞身断面尺寸 5.4m×5.5m，开挖尺寸 5.4m×5.75m，在开挖中对局部断层破碎带和不利结构面采用喷混凝土或随机锚杆作临时支护。洞内顶拱永久支护采用喷混凝土，喷层厚 10cm，局部系统锚杆加挂网喷混凝土，系统锚杆：Φ22@1.5m×1.5m，L=3m，挂网：Φ6.5@15cm×15cm。排水隧洞进出口各 30m 范围内采用 40cm 厚钢筋混凝土衬砌；洞身段为保护围岩不受高速水流的冲刷破坏及平整洞段，两侧洞壁根据围岩地质情

况采取局部喷混凝土，喷层厚 5cm，底板采用 15cm 厚 C25 素混凝土抹底。衬砌段顶拱进行固结灌浆，灌浆压力 0.3MPa。

排水隧洞进出口洞脸边坡均采用喷混凝土支护，喷层厚 10cm，洞脸周围锚杆支护，以便顺利进洞和边坡稳定，锚杆参数：Φ 22@1.5m×1.5m，L=4.5m；进水口前明渠底板采用混凝土抹底，厚 20cm；出口底板采用 10cm 厚素混凝土抹底。

某弃渣场排水洞平面布置图详见图 8.4-10，剖面布置及典型断面详见图 8.4-11。

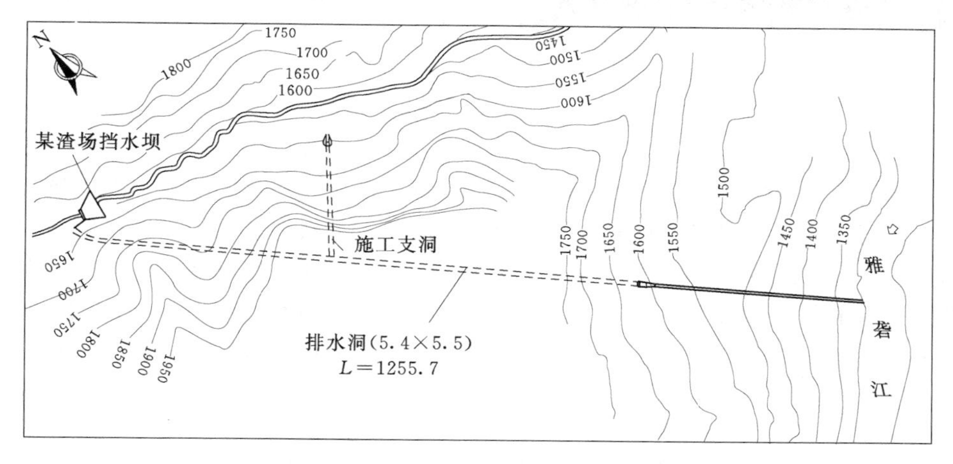

图 8.4-10 某弃渣场排水洞平面布置图

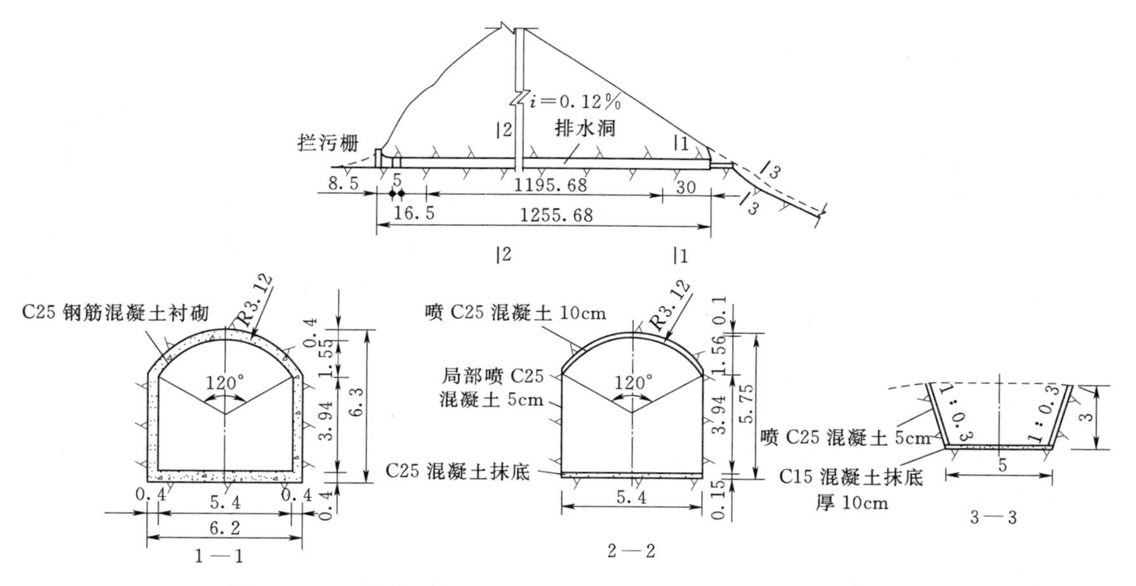

图 8.4-11 某弃渣场排水洞剖面布置及典型断面图（单位：m）

第9章 泥石流防治工程设计

泥石流侵蚀是发生在山区沟谷、坡地上的含有大量泥沙石块的超饱和固体径流，是由于降水（暴雨、融雪、冰川等）形成的一种特殊洪流，是水力和重力混合作用的结果，因此也称为混合侵蚀或复合侵蚀。严格地说它是“介于水流和滑坡之间的一系列过程，是包括有重力作用下的松散物质、水体和空气的块体运动”。泥石流具有明显的阵发性、浪头（龙头）特征、直进性和高搬运能力，历时短，来势凶猛，破坏力极大，是水土流失危害最严重的形式。

9.1 泥石流防治工程体系与设计要求

9.1.1 泥石流形成条件

泥石流形成应具备三个条件：①连续降雨、暴雨，尤其是特大暴雨；②陡峻的地形，特别是瓢型沟谷，具有汇流量大、汇流历时短的特点；③沟道有大量的松散堆积物。典型的泥石流沟谷，从上游到下游可分为三个区，即形成区、流通区和堆积区（图9.1-1）。

泥石流形成区位于泥石流流域的上游，是泥石流主要水源、土源或砂石供给和起始源地，地形起伏比较大，具有比较充分的水源条件；岩土破碎或堆积有大量松散沉积物，具有比较充分的碎屑物质条件；植被稀少，水土流失严重。泥石流流通区位于泥石流流域的中下游，是泥石流形成后向下游集中流经的地区，流通区沟道狭窄、纵降大。泥石流堆积区是泥石流碎屑物质大量淤积的地区，位于泥石流下游或中下游。

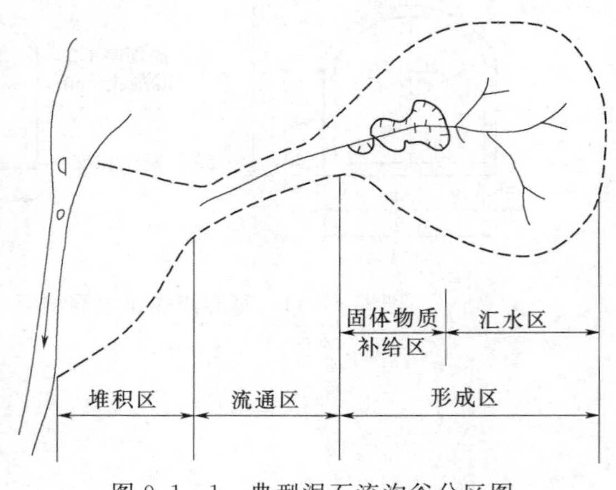

图9.1-1 典型泥石流沟谷分区图

9.1.2 泥石流防治工程体系

泥石流综合治理体系包括制定灾害预防体系、灾害防治体系。预防体系主要包括报警设施、行政管理措施等。生产建设项目处于泥石流多发地区，易受泥石流危

害的，多采取泥石流防治工程进行治理，主要工程体系包括：

（1）泥石流形成区（包括地表径流形成区），主要采取小流域水土保持综合治理措施，包括坡面治理措施和沟道治理措施。易滑塌、崩塌沟段采取谷坊、淤地坝和各类固沟工程，可减少地表径流，减缓流速，减轻沟蚀，控制崩塌、滑塌，稳定沟坡，巩固沟床，削减形成泥石流的水力条件和物质来源。

（2）泥石流流通区，在土沟道的中、下游地段，应修建各种类型的格栅坝和桩林等工程，拦截水流中的石砾等固体物质，尽量将泥石流改变为一般洪水。

（3）泥石流堆积区，主要在沟道下游和沟口，应修建停淤工程与排导工程，控制泥石流对沟口和下游河床、农田、道路等的危害。

9.1.3 泥石流防治工程设计原则

1. 预防为主、尽量避让原则

开发建设项目泥石流防治应以预防为主，通过主体工程总体规划，合理布置泥石流防护工程。主体工程弃渣场、取土（石、料）场等均应避开泥石流易发区。

2. 突出重点、工程为主的原则

开发建设项目泥石流防治是为了保护主体工程设施的安全，以拦渣工程、防洪工程、排导工程、停淤工程等为主。

3. 统筹兼顾、综合治理的原则

泥石流防治必须坡沟兼治，上下游、左右岸综合治理，但作为工程建设项目不可能代替水土流失综合治理。因此，应统筹兼顾，把开发建设项目泥石流防治与地方小流域综合治理结合起来。

9.1.4 泥石流防治工程设计基本要求

对生产建设项目而言，有两种情况：一是泥石流对工程建设产生危害；二是生产建设活动可能诱发泥石流灾害。无论何种情况应首先是进行调查评估，确定泥石流可能危害的范围、程度，以及与工程规划、布置的关系，而水土保持专业最为重要的是弃渣场选址，应尽可能采取避让措施，不能避让时必须考虑布设相应防治工程。生产建设项目防治工程设计应与主体工程同步进行，开展相应阶段同等深度的勘测与设计；建设过程中出现泥石流危害的紧急情况时，可按应急治理工程设计直接开展现场查勘和施工图设计。

1. 可行性研究阶段

（1）对项目区泥石流分布与危害进行调查，分析泥石流易发区，评价泥石流的危险性。

（2）根据调查评价结果从水土保持角度，对主体工程设计提出必要泥石流防治意见与建议。

（3）对于影响弃渣场安全泥石流沟谷，应首提出避让方案，无法避让的，应根据调查评价结论，提出初步确定影响弃渣场安全泥石流区域，并提出泥石流防治方案，包括初步拟定的防治工程形式、规模、布局及建设条件，计算工程量和投资。

2. 初步设计阶段

(1) 进一步勘测、复核泥石流防治方案，确定防治任务、规模。

(2) 确定泥石流防治工程形式、位置、结构、断面和基础设计等。

3. 施工图设计阶段

(1) 对设计图进行扩充，使之满足实施的要求。

(2) 对监测方案应给出准确的布点位置及要求，以利于定位实施。

(3) 编制工程预算及设计说明书。

9.2 泥石流调查与危险性评估

9.2.1 泥石流调查

生产建设项目泥石流调查的主要目的为泥石流灾害性评价，为主体工程及水土保持设计提供基础。应根据工程规划确定调查范围，收集调查区的气象水文、地形地貌、地层岩性、地质构造、地震活动、泥石流发生的历史记录、前人调查研究成果、已有勘查资料和泥石流防治工程文件、与泥石流有关的人类工程活动等资料，所此开展现场调查，包括以下内容。

1. 自然地理调查

(1) 地质。包括地质构造与地震：流域内断层的展布与性质、断层破碎带的性质与宽度、褶曲的分布及岩层产状，统计各种结构面的方位与频度，新构造运动特性与地震情况（可由《1∶400万中国地震烈度区划图》查知地震基本烈度)；地层岩性：流域内分布的地层及其岩性，尤其是易形成松散固体物质的第四系地层和软质岩层的分布与性质，不良地质体与松散固体物源的位置、储量和补给形式等；水文地质：调查地下水尤其是第四系潜水及其出露情况，岩溶区地形及消水能力。

(2) 地形地貌。包括区域地貌情况，流域形状、流域面积、主沟长度、沟床比降、流域高差、谷（山）坡坡度、沟谷纵横断面形状、水系结构和沟谷密度等地形要素（工程区地形图比例尺1∶1000～1∶10000；工程点地形图比例尺1∶500～1∶1000)。

(3) 气象与水文。主要收集或观测降水资料。降水资料主要包括多年平均降水量、降水年际变率、年内降水量分配、年降水日数、降水地区变异系数和最大降水强度，尤其是与暴发泥石流密切相关的暴雨日数及其出现频率、典型时段（24h、60min、10min）的最大降水量及多年平均小时降雨量。收集或推算各种流量、径流特性、主河及下游高一级大河水文特性等数据。

(4) 植被与土壤。调查流域植被类型与覆盖程度，植被破坏情况；调查土地利用类型、土壤特性和侵蚀程度等。

2. 人为活动调查

包括泥石流活动范围内人类生产、生活设施状况，特别是沟口、泥石流扇上居民点及工农业相关基础设施、泥石流沟槽挤占情况；植被破坏、毁林开荒、陡坡垦殖、过度放牧等造成的水土流失状况；现有工程分布情况，特别病险水库的安全性、发生原因、条件、危害

性等，工程建设情况，特别弃土（石、渣）场位置、占地类型、环境状况及其挡护措施。

3. 泥石流活动性、险情、灾情调查

调查工程建设范围及周边泥石流危害区域的泥石流沟道（可能少量的坡面）的活动性、险情、灾情。重点是调查访问已发生过泥石流的时间、规模、原因及危害情况等，特别应重视流通区的泥痕、新老堆积扇的分布、形态、规模，泥石流危害的对象及淤埋情况、人员伤亡、财产损失等。

9.2.2 泥石流危险性评估

1. 泥石流活动危险区域划定

泥石流活动危险区域，可根据泥石流发生的历史泥位、两岸崩塌滑坡情况、危害范围等划分，一般分为四级，具体可参考表9.2-1。

表9.2-1 泥石流活动危险区域划分表

危险分区	判 别 特 征
极危险区	（1）泥石流、洪水能直接到达的地区，历史最高泥位或水位线及泛滥线以下地区。 （2）河沟两岸已知的及预测可能发生崩坍、滑坡的地区，包括有变形迹象的崩坍、滑坡区域内和滑坡前缘可能到达的区域内。 （3）堆积扇挤压大河或大河被堵塞后诱发的大河上、下游的可能受灾地区
危险区	（1）最高泥位或水位线以上加堵塞后的壅高水位以下的淹没区，溃坝后泥石流可能到达的地区。 （2）河沟两岸崩坍、滑坡后缘裂隙以上50～100m范围内，或按实地地形确定。 （3）大河因泥石流堵江后在极危险区以外的周边仍可能发生灾害的区域
影响区	高于危险区与危险区相邻的地区，它不会直接与泥石流遭遇，但却有可能间接受到泥石流危害的牵连而发生某些级别灾害的地区
安全区	极危险区、危险区、影响区以外的地区为安全区

2. 泥石流危险性评估

根据服务对象，可分为区域性泥石流活动性评判、单沟泥石流活动性判别、泥石流危险性评估及防治评估决策等进行调查评判。

区域性泥石流活动性评判，主要是根据对暴雨资料的统计分析，按24小时雨量等值线图分区，并结合泥石流形成的相关地质环境条件进行区域性泥石流活动综合评判量化，以确定泥石流活动性分区，一般分为极易活动区、易活动区、轻微活动区和不易活动区。

单沟泥石流活动性判别，是以泥石流发育的小流域周界为调查单元，主要根据诱发泥石流的外动力，包括暴雨、地震、冰雪融化及堤坝溃决等；沟槽输移特性，包括河沟纵坡、产沙区和流通区沟槽横断面、沟谷堵塞程度、两岸残留泥痕等；地质环境和松散物源，包括地质构造、岩性、崩坍、滑坡、水土流失（自然的、人为的）等的发育程度，不稳定松散堆积体的处数、体积、所在位置、产状、静储量、动储量、平均厚度，弃土（石、渣）类型及堆放形式等；泥石流活动史，包括发生年代、受灾对象、灾害形式、灾害损失、相应雨情、沟口堆积扇活动程度及挤压大河程度等，分析泥石流发育情况和泥石流活动强度。此类方法是生产建设项目最常用的一类方法。

泥石流危险性评估及防治评估决策是在泥石流活动性调查的基础上进行，分析确定泥

石流活动的危险程度或灾害发生的概率，提出避让、治理相应对策措施。

有关泥石流评估的具体技术方法可参见《水土保持手册 生产建设卷》（中国水土保持学会水土保持规划专业委员会、水利部水利水电规划设计总院主编，2018 年 12 月中国水利水电出版社出版）。

9.3　工 程 设 计

泥石流形成区的防治工程按照水土流失综合治理有关技术规范和手册进行设计。本教材泥石流防治工程设计主要介绍拦挡工程、排导工程和停淤工程。

9.3.1　设计标准及工程等级

规模大的泥石流，具有大的破坏作用，但是由于受灾对象不同，造成的危害不一定大；而规模小的泥石流，由于受灾对象重要，也可能酿成大灾。所以，根据泥石流规模与受灾对象重要性的不同，泥石流防治的标准也有所差异。泥石流防治工程等级及设计标准可参考表 9.3-1 及表 9.3-2 确定。

表 9.3-1　　泥石流防治工程安全等级标准

泥石流灾害	防治工程安全等级			
	一级	二级	三级	四级
受灾对象	省会级城市	地、市级城市	县级城市	乡、镇及重要居民点
	铁道、国道、航道主干线及大型桥梁隧道	铁道、国道、航道及中型桥梁、隧道	铁道、省道及小型桥梁、隧道	乡、镇间的道路桥梁
	大型的能源、水利、通信、邮电、矿山、国防工程等专项设施	中型的能源、水利、通信、邮电、矿山、国防工程等专项设施	小型的能源、水利、通信、邮电、矿山、国防工程等专项设施	乡、镇级的能源、水利、通信、邮电、矿山等专项设施
	甲级建筑物	乙级建筑物	丙级建筑物	普通建筑物
死亡人数	>1000	1000～100	100～10	<10
直接经济损失/万元	>1000	1000～500	500～100	<100
期望经济损失/(万元/a)	>1000	1000～500	500～100	<100
防治工程投资/万元	>1000	1000～500	500～100	<100

注　表中的甲、乙、丙级建筑物是指《建筑地基基础设计规范》(GB 50007) 规范中甲、乙、丙级建筑物。

表 9.3-2　　泥石流防治主体工程设计标准

防治工程安全等级	降雨强度	拦挡坝抗滑安全系数		拦挡坝抗倾覆安全系数	
		基本荷载组合	特殊荷载组合	基本荷载组合	特殊荷载组合
一级	100 年一遇	1.25	1.08	1.60	1.15
二级	50 年一遇	1.20	1.07	1.50	1.14
三级	30 年一遇	1.15	1.06	1.40	1.12
四级	10 年一遇	1.10	1.05	1.30	1.10

9.3.2 工程设计基本参数

泥石流防治工程设计基本参数有：岩体或土体的承载力、沟床质与地基的摩擦系数（f）、流体的密度（ρ_c）、流速（V）和流量（Q）等。岩体或土体的承载力反映岩体或土体承载构筑物的物理力学性质，一般采用载荷试验、理论公式计算和原位试验方法综合确定，也可按有关建筑地基基础设计规范查表确定，但均应结合当地同类岩土体的建筑经验；若按规范查表得到的地基承载力值与当地经验差异较大时，仍应由载荷试验、理论公式计算等综合确定；摩擦系数可通过沟床质实验求得中值或根据沟床质性质查表求得 φ 值，再计算 f 值。

泥石流的密度、流速、流量和冲击力（冲压力）计算可参阅《泥石流灾害防治工程设计规范》（DZ/T 0239—2004）、《泥石流灾害防治工程勘查规范》（DZ/T 0220—2006）和《泥石流防治指南》推荐的有关公式求得，现简述如下。

1. 泥石流体容重 γ_c

采用称重法或体积比法测定。在无实验条件的情况下，可根据泥石流易发程度综合评分（N），查 N 与 γ_c、$1+\varphi$ 对照表获得，见表 9.3-3 及表 9.3-4。

2. 泥石流流量 Q_c 计算

（1）现场形态调查法。

$$Q_c = V_c F_c \tag{9.3-1}$$

式中 F_c——泥石流过流断面面积，m²；

V_c——泥石流流速，m/s。

（2）雨洪计算法。

$$Q_c = K_Q Q_B D \tag{9.3-2}$$

$$K_Q = 1 + \frac{\gamma_c - 1}{\gamma_H - \gamma_c} = 1 + \varphi$$

式中 Q_B——清水洪峰流量，m³/s 按所在地区省水利厅印发的水文手册中计算公式计算；

K_Q——泥石流流量修正系数；

D——堵塞系数，可查表 9.3-5 得。

9.3.3 拦沙坝

9.3.3.1 拦沙坝设计

1. 拦沙坝的坝址布置

（1）拦沙坝最好布置在泥石流形成区的下部，或置于泥石流形成区至流通区的衔接部位。

（2）从地形上讲，拦沙坝应设置于沟床的颈部（峡谷入口处）。坝址处两岸坡体稳定，无危岩、崩滑坡体存在，沟床及岸坡基岩出露、坚固完整，具有很强的承载能力。在基岩窄口或跌坎处建坝，可节省工程投资，对排泄和消能都十分有利。

（3）拦沙坝应设置在能较好控制主、支沟泥石流活动的沟谷地段。

表 9.3-3　泥石流严重程度判别因素分析表

序号	影响因素	权重	量级划分							
			严重（A）	得分	中等（B）	得分	较微（C）	得分	一般（D）	得分
1	崩塌、滑坡及水土流失（自然和人为活动的）严重程度	0.159	崩坍、滑坡等重力侵蚀严重，多层滑坡和大型崩坍，表土疏松、冲沟十分发育	21	崩坍、滑坡发育，多层滑坡和中小型崩献坍，有零星植被覆盖冲沟发育	16	有零星崩坍、滑坡和冲沟存在	12	无崩坍、滑坡、冲沟或发育轻微	1
2	泥沙沿程补给长度比/%	0.118	>60	16	60～30	12	30～10	8	<10	1
3	沟口泥石流堆积活动程度	0.108	河形弯曲或堵塞，大河主流受挤压偏移	14	河流无较大变化，仅大河主流受迫偏移	11	河形无变化，大河主流在高水偏，低水不偏	7	无河形变化，主流不偏	1
4	河沟纵坡	0.090	>12°（213‰）	12	12°～6°（213‰～105‰）	9	6°～3°（105‰～52‰）	6	<3°（32‰）	1
5	区域构造影响程度	0.075	强抬升区，6级以上地震区，断层破碎带	9	抬升区，4～6级地震区，有中小支断层或无断层	7	相对稳定区，4级以下地震区有小断层	5	沉降区，构造影响小或无影响	1
6	流域植被覆盖率/%	0.067	<10	9	10～30	7	30～60	5	>60	1
7	河沟近期一次变幅/m	0.062	2	8	2～1	6	1～0.2	4	0.2	1
8	岩性影响	0.054	软岩、黄土	6	软硬相间	5	风化强烈和节理发育的硬岩	4	硬岩	1
9	沿沟松散物储量/（万m^3/km^2）	0.054	>10	6	10～5	5	5～1	4	<1	1
10	沟岸山坡坡度	0.045	>32°（625‰）	6	32°～25°（625‰～466‰）	5	25°～15°（466‰～286‰）	4	<15°（268‰）	1
11	产沙区沟槽横断面	0.036	V形、U形谷、谷中谷	5	宽U形谷	4	复式断面	3	平坦型	1
12	产沙区松散物平均厚度/m	0.036	>10	5	10～5	4	5～1	3	<1	1
13	流域面积/km^2	0.036	0.2～5	5	5～10	4	0.2以下，10～100	3	>100	1
14	流域相对高差/m	0.030	>500	4	500～300	3	300～100	2	<100	1
15	河沟堵塞程度	0.030	严	4	中	3	轻	2	无	1

表 9.3-4　　数量化评分 N 与容重 γ_c、$1+\varphi$ 关系对照表

评分 N	容重 γ_c /(t/m³)	$1+\varphi$ ($\gamma_h=2.65$)	评分 N	容重 γ_c /(t/m³)	$1+\varphi$ ($\gamma_h=2.65$)	评分 N	容重 γ_c /(t/m³)	$1+\varphi$ ($\gamma_h=2.65$)
44	1.300	1.223	73	1.502	1.459	102	1.703	1.765
45	1.307	1.231	74	1.509	1.467	103	1.710	1.778
46	1.314	1.239	75	1.516	1.475	104	1.717	1.791
47	1.321	1.247	76	1.523	1.483	105	1.724	1.804
48	1.328	1.256	77	1.530	1.492	106	1.731	1.817
49	1.335	1.264	78	1.537	1.500	107	1.738	1.830
50	1.342	1.272	79	1.544	1.508	108	1.745	1.842
51	1.349	1.280	80	1.551	1.516	109	1.752	1.855
52	1.356	1.288	81	1.558	1.524	110	1.759	1.868
53	1.363	1.296	82	1.565	1.532	111	1.766	1.881
54	1.370	1.304	83	1.572	1.540	112	1.772	1.894
55	1.377	1.313	84	1.579	1.549	113	1.779	1.907
56	1.384	1.321	85	1.586	1.557	114	1.786	1.919
57	1.391	1.329	86	1.593	1.565	115	1.793	1.932
58	1.398	1.337	87	1.600	1.577	116	1.800	1.945
59	1.405	1.345	88	1.607	1.586	117	1.843	2.208
60	1.412	1.353	89	1.614	1.599	118	1.886	2.471
61	1.419	1.361	90	1.621	1.611	119	1.929	2.735
62	1.426	1.370	91	1.628	1.624	120	1.971	2.998
63	1.433	1.378	92	1.634	1.637	121	2.014	3.216
64	1.440	1.386	93	1.641	1.650	122	2.057	3.524
65	1.447	1.394	94	1.648	1.663	123	2.100	3.788
66	1.453	1.402	95	1.655	1.676	124	2.143	4.051
67	1.460	1.410	96	1.662	1.688	125	2.186	4.314
68	1.467	1.418	97	1.669	1.701	126	2.229	4.577
69	1.474	1.426	98	1.676	1.714	127	2.271	4.840
70	1.481	1.435	99	1.683	1.727	128	2.314	5.104
71	1.488	1.443	100	1.690	1.740	129	2.357	5.367
72	1.495	1.451	101	1.697	1.753	130	2.400	5.630

注　评分 $N\leqslant43$ 可界定为一般不界定为泥石流沟；φ 为泥石流泥沙修正系数。

表 9.3-5　　泥石流堵塞系数 D 表

堵塞程度	严重堵塞	中等严重堵塞	轻微堵塞
D 值	>2.5	2.5～1.5	<1.5

注　无堵塞 D 取 1.0。

（4）拦沙坝应设置在靠近沟岸崩塌、滑坡活动的下游地段，应能使拦沙坝在崩滑体坡脚的回淤厚度满足稳定崩塌滑坡的要求。

（5）从沟床冲刷下切段下游开始，逐级向上游设置拦沙坝，使坝上游沟床被淤积抬高及展宽，从而达到防止沟床继续被冲刷，进而阻止沟岸崩滑活动的发展。

（6）拦沙坝应设置在有大量漂砾分布及活动的沟谷下游，拦沙坝高度应满足回淤后长度能覆盖所有漂砾，使漂砾能稳定在拦沙坝库内。

（7）拦沙坝在平面布置上，坝轴线尽可能按直线布置，并与流体主流线方向垂直。溢流口应居于沟道中间位置，溢流宽度和下游沟槽宽度保持一致，非溢部分应对称。坝下游设置消能措施，可采用潜槛或消力池构成的软基消能工。

（8）若拦沙坝本身不过流时，应在坝的一侧设置排导槽（溢洪道）工程。

2. 拦沙坝高与间距

拦沙坝的高度除受控于坝址段的地形、地质条件外，还与拦沙效益、施工期限、坝下消能等多种因素有关。一般说来，坝体越高，拦沙库容就越大，固床护坡的效果也就越明显。但工程量及投资则随之急增，因此，应选择合理坝高。

（1）按工程使用期多年累计淤积库容确定坝高，计算公式为

$$V_s=\sum_{i=1}^{n}V_{si}=nV_{sy} \tag{9.3-3}$$

式中　V_s——多年泥沙累计淤积量，m^3；

n——有效使用年数；i 为年序；

V_{si}——i 年时的淤积量，m^3；

V_{sy}——多年平均来沙量，m^3。

（2）按预防一次或多次典型泥石流的泥沙来量确定坝高，计算公式为

$$V_s=\sum_{i=1}^{n}V_{si} \tag{9.3-4}$$

式中　n——次数；

其他符号同前。

（3）根据坝高与库容关系曲线拐点法确定。该方法与确定水库坝高类似，不同点是水库水面基本是水平的，而拦沙库表面则是与泥石流性质有关的斜线或折线。因此计算得到的总库容大于同等坝高的水库库容。

（4）对于以稳定沟岸崩滑坡体为主的拦沙坝坝高，可按回淤长度或回淤纵坡及需压埋崩滑体坡脚的泥沙厚度确定。即淤积厚度下的泥沙所具有的抗滑力，应大于或等于崩滑体的下滑力。计算泥沙淤积厚度（H_p）的公式为

$$H_p^2\geqslant\frac{2Wf}{\gamma_s\tan^2(45°+\varphi/2)} \tag{9.3-5}$$

式中　W——高出崩滑动面延长线的淤积物单宽重量；

f——淤积物内摩擦系数；

γ_s——淤积物的容重；

φ——淤积物内摩擦角。

拦沙坝的高度（H）可按下式计算：

$$H=H_p+H_l+L(i\sim i_0) \quad (9.3-6)$$

式中 H_l——崩滑坡体临空面距沟底的平均高度；

L——回淤长度；

i——原沟床纵坡；

i_0——淤积后的沟床纵坡；

H_p——泥沙淤积厚度。

（5）根据坝址及库区的地形地质条件，按实际所需的拦淤大小确定坝高。

（6）当单个坝库不能满足防治泥石流的要求时，可采用拦沙梯级坝。在布置中，各单个坝体之间应相互协调配合，使梯级坝能构成有机的整体。梯级坝的总高度及拦淤量应为各单个坝的有效高度及拦淤量之和。

泥石流拦沙坝的坝下消能防冲及坝面抗磨损等技术问题，一直未能得到很好解决。故从维护坝体安全及工程失效后可能引发的不良后果考虑，在泥石流沟内松散层上修建单个拦沙坝的坝高最好小于 30m，对于梯级坝的单个溢流坝，应低于 10m。对于强地震区及具备潜在危险（如冰湖溃决、大型滑坡）的泥石流沟，更应限制坝的高度。

拦沙坝的间距，由坝高及回淤坡度确定。在布置时，可先根据地形、地质条件确定坝的位置，然后计算坝的高度。

拦沙坝建成后，沟床泥沙的回淤坡度（i_0）与泥石流活动的强度有关。可采用比拟法，对已建拦沙坝的实际淤积坡度与原沟床坡度 i 进行比较确定。

3. 拦沙坝的结构

（1）拦沙坝的断面形式。对于重力拦沙坝，从抗滑、抗倾覆稳定及结构应力等比较有利的合理断面是三角形或梯形。在实际工程中，坝的横断面的基本形式见图 9.3-1，下游面近乎垂直。

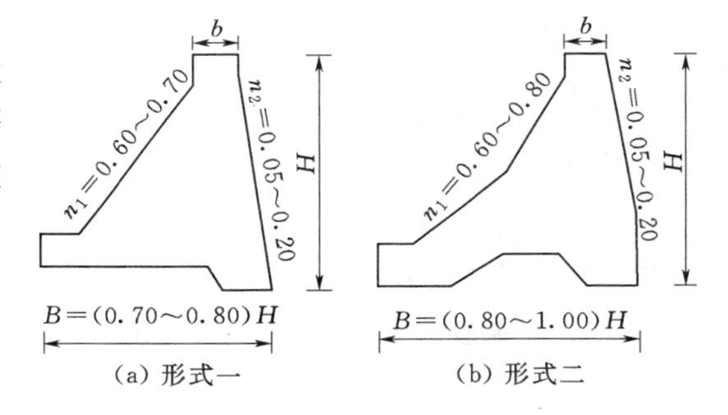

图 9.3-1 重力拦沙坝横断面示意图

B—坝体底部宽度；H—坝体总高度；b—坝顶宽度；n_1—上游面边坡；n_2—下游面边坡

1）当坝高 $H<10$m 时，则

底宽 $B=0.7H$；

上游面边坡 $n_1=0.50\sim0.60$；

下游面边坡 $n_2=0.05\sim0.20$。

2）当坝高 $10\text{m}<H<30$m 时，则

底宽 $B=(0.70\sim0.80)H$；

上游面边坡 $n_1=0.60\sim0.70$；

下游面边坡 $n_2=0.05\sim0.20$。

3）当坝高 $H>30$m 时，则

底宽 $B=(0.80\sim1.00)H$；

上游面边坡 $n_1=0.60\sim0.80$；

下游面边坡 $n_2=0.05\sim0.20$。

为了增加坝体的稳定，坝基底板可适当增长，底板的厚度 $\delta=(0.05\sim0.1)H$，坝顶

上、下游面均以直面相连接。

（2）坝体其他尺寸控制。

1）非溢流坝坝顶高度（H）等于溢流坝高（H_d）与设计过流泥深（H_c）及相应标准的安全超高（H_{tc}）之和。

2）坝顶宽度 b 应根据运行管理、交通、防灾抢险及坝体再次加高的需要综合确定。对于低坝，b 的最小值应在 1.2～1.5m，高坝的 b 值则应在 3.0～4.5m。

3）坝身排水孔：对于一般的单个排水孔的尺寸，可用 0.5m×0.5m。孔洞的横向间距，一般为 4～5 倍的孔径；纵向上的间距则可为 3～4 倍的孔径，上下层之间可按“品”字形分布。起调节流量作用的大排水孔，孔径应大于 1.5～2.0 倍的最大漂砾直径。

4）坝顶溢流口宽度可按相应的设计流量计算。为了减少过坝泥石流对坝下游的冲刷及对坝面的严重磨损，应尽量扩大溢流宽度，使过坝的单宽流量减小。

5）坝下齿墙：坝下齿墙起增大抗滑、截止渗流及防止坝下冲刷等作用。齿墙深视地基条件而定，最大可达 3～5m。齿墙为下窄上宽的梯形断面，下齿宽度多为 0.10～0.15 倍的坝底宽度。上齿宽度可采用下齿宽度的 2.0～3.0 倍。

9.3.3.2　拦沙坝荷载及结构计算

1. 拦沙坝承受的基本荷载

作用在拦沙坝上的基本荷载，包括坝体自重、泥石流体压力及冲击力、堆积物的土压力、水压力及扬压力等。

（1）单宽坝体自重（W_d）。

$$W_d = V_b \gamma_b \tag{9.3-7}$$

式中　W_d——单宽坝体自重；

V_b——单宽坝体体积；

γ_b——坝体材料的容重，对于浆砌块石 $\gamma_b = 2.4\text{t/m}^3$。

（2）土体重（W_s）及泥石流体重（W_f）。

W_s 为溢流面以下堆积物垂直作用于上游坝面及伸延基础面上的重力，对于不同容重的堆积土层，则应分层计算，并求其和。

$$W_s = \sum V_{si} \gamma_{si} \tag{9.3-8}$$

W_f 为泥石流体作用在坝体上的重力，为流体的体积与其对应的容重相乘积。

$$W_f = V_f \gamma_f \tag{9.3-9}$$

（3）流体侧压力 F_d。流体侧压力就是流体作用于坝体迎水面上的水平压力。

对于稀性泥石流体的侧压力（F_{dl}）：

$$F_{dl} = \frac{1}{2} \gamma_{ys} h_s^2 \tan^2\left(45° - \frac{\varphi_{ys}}{2}\right) \tag{9.3-10}$$

$$\gamma_{ys} = \gamma_{ds} - (1-n)\gamma_w$$

式中　γ_{ds}——干沙容重；

γ_w——水体容重；

n——孔隙率；

h_s——稀性泥石流堆积厚度；

φ_{ys}——浮沙内摩擦角。

对于黏性泥石流体的侧压力（F_{vl}），按土力学原理计算：

$$F_{vl}=\frac{1}{2}\gamma_c H_c^2 \tan^2\left(45°-\frac{\varphi_u}{2}\right) \tag{9.3-11}$$

式中　γ_c——黏性泥石流容重；

H_c——流体深度；

φ_u——泥石流体的内摩擦角，一般为 4°～10°。

对于水流而言，侧压力 F_{wl} 按水力学计算：即：

$$F_{wl}=\frac{1}{2}\gamma_w H_w^2$$

式中　γ_w、H_w——水体的容重及水深。

（4）扬压力 F_y。坝下扬压力取决于库内水深 H_w，迎水面坝踵处的扬压力，可近似按溢流口高度乘以 0～0.7 的折减系数而得。

（5）泥石流冲击力 F_c。泥石流的冲击力包括泥石流体的动压力荷载及流体中大石块的冲击力荷载两种。

1）对于泥石流体动压力荷载 F_{c1}：

$$F_{c1}=\frac{k\gamma_c}{g}V_c^2 \tag{9.3-12}$$

式中　γ_c——泥石流体的容重；

V_c——泥石流体的流速；

k——泥石流不均匀系数，其值为 2.5～4.0，亦有专家建议用泥深代替 k 值。

2）对于泥石流体中大石块的冲击力 F_{c2} 的计算公式，按以下公式计算：

$$F_{c1}=F_{c2}=\frac{WV_a}{gT} \tag{9.3-13}$$

式中　W——大石块的重量；

T——大石块与坝体的撞击历时；

V_a——大石块的运动速度。

按简支梁或悬臂梁的情况计算

$$F_{c2}=\sqrt{\frac{48EJV_c^2W}{gl^3}}\quad（简支梁） \tag{9.3-14}$$

或

$$F_{c2}=\sqrt{\frac{3EJV_c^2W}{gl^3}}\quad（悬臂梁） \tag{9.3-15}$$

式中　E——构件的弹性模量；

J——惯性力矩；

l——构件长度；

W——石块重量；

V_c——泥石流或大石块的流动速度。

作用在拦沙坝上的其他特殊荷载，包括地震力、温度应力、冰冻胀压力等的计算，可参阅《水工建筑物荷载设计规范》（SL 744—2016）、《水工设计手册》等有关专门规范或手册。

2. 荷载组合

根据不同的泥石流类型、过流方式及库内淤积情况，荷载组合见图9.3-2。

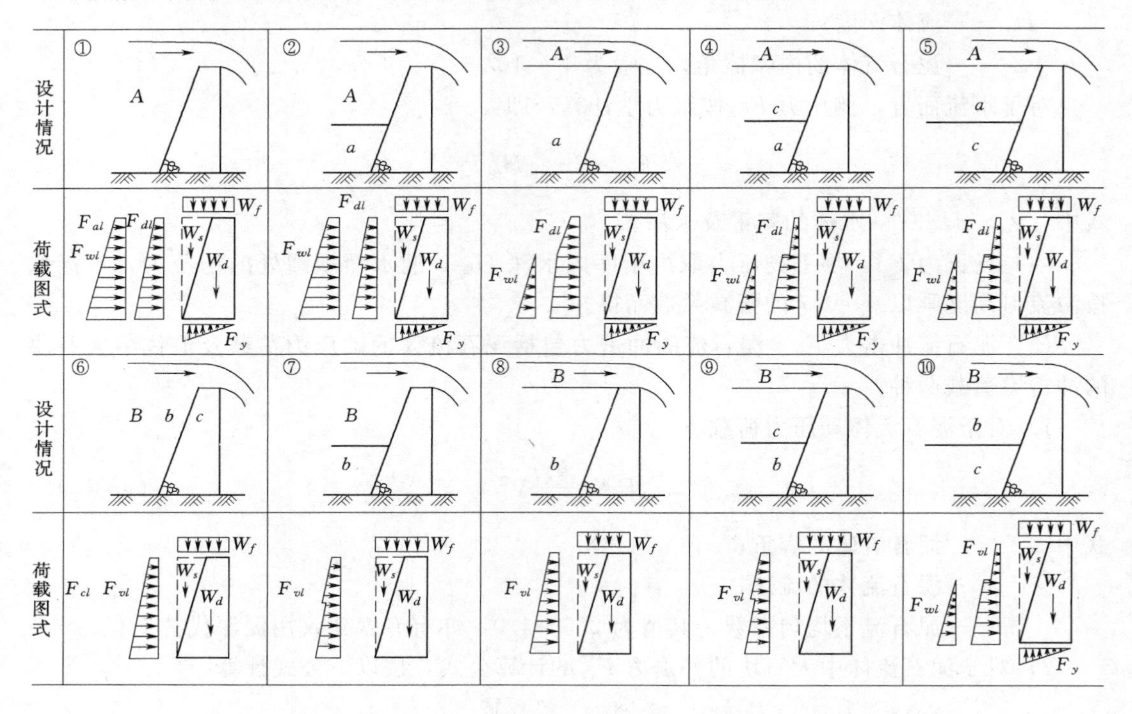

图9.3-2　泥石流拦沙坝的10种荷载组合

A—稀性泥石流；*a*—稀性泥石流堆积物；*B*—黏性泥石流；*b*—黏性泥石流堆积物；*c*—非泥石流堆积物；①、⑥—空库；②、⑦—未满库；③、④、⑤、⑧、⑨、⑩—满库

对于稀性或黏性泥石流荷载组合，均可分为空库过流、未满库过流及满库过流三种情况，共计10种组合类型。当坝高、断面尺寸、坝体排水布设、基础形状大小均相同时，经对比计算分析，可以得出以下几点结论：

（1）对于任何一种泥石流来说，空库过流时的荷载组合，对坝体安全威胁最大。特别是对稀性泥石流过坝，危险性更大。相反，满库过流，则偏于安全。对于未淤满库过流，则介于空库与满库之间。

（2）当过流方式相同时，稀性泥石流比黏性泥石流对坝体安全的威胁更大。

（3）当不同容重的堆积物呈层分布时，若下层为黏性泥石流堆积，则对坝体安全有利。若整个堆积物均为黏性泥石流堆积物，坝体就会更安全。

3. 稳定性验算

拦沙坝类型不同，其稳定性验算计算方法也不同。本节仅介绍重力坝的稳定性验算。重力式拦沙坝的稳定性验算，主要包括抗滑、抗倾覆稳定计算、地基承载力计算及坝身强

度计算。

(1) 抗滑稳定性计算。抗滑稳定计算，对拟定坝的横断面形式及尺寸起着决定性的作用。坝体沿坝基面滑动的计算公式为

$$k_c=\frac{f\sum W}{\sum F}\geqslant[K_c] \tag{9.3-16}$$

式中 $\sum W$——作用于单宽坝体计算断面上各垂直力的总和（如坝体重、水重、泥石流体重、游积物重、基底浮托力及渗透压力等）；

$\sum F$——作用于计算断面上各水平力之和（含水压力、流体压力、冲击力、淤积物侧压力等）；

f——砌体同坝基之间的摩擦系数（可查表或现场实验确定）；

K_c——抗滑稳定安全系数，可按防治工程安全等级和荷载组合取值。

当坝体沿切开坝踵和齿墙的水平断面滑动，或坝基为基岩时，应计入坝基摩擦力与黏结力，则

$$k_c=\frac{f\sum W+CA}{\sum F} \tag{9.3-17}$$

式中 C——单位面积上的黏结力

A——剪切断面面积；

其他符号同前。

(2) 抗倾覆稳定验算：

$$k_y=\frac{\sum M_y}{\sum M_0}\geqslant[K_y] \tag{9.3-18}$$

式中 $\sum M_y$——坝体的抗倾覆力矩，是各垂直作用荷载对坝脚下游端的力矩之和；

$\sum M_0$——使坝体倾覆的力矩，是各水平作用力对坝脚下游端的力矩之和；

K_y——抗倾覆安全系数，可按防治工程安全等级和荷载组合取值。

(3) 坝体的强度计算。由于拦沙坝的高度一般都不很高，故多采用简便的材料力学方法计算。垂直应力 σ 的计算公式为

$$\sigma=\frac{\sum W}{A}+\frac{\sum M\cdot X}{f} \tag{9.3-19}$$

或

$$\sigma=\frac{\sum W}{b}\left(1\pm\frac{6e}{b}\right) \tag{9.3-20}$$

式中 $\sum M$——截面上所有荷载对截面重心的合力矩；

X——各荷载作用点至断面重心的距离；

b——断面宽度；

e——合力作用点与断面重心的距离；

W——各荷载的垂直分量。

为了满足合力作用点应在截面的 1/3 内（$e\leqslant\frac{b}{6}$），满库时在上游面坝脚或空库时在下

游面坝脚的最小压应力 σ 最小不变为负值，则需满足：

$$\sigma_{\min}=\frac{\sum W}{b}\left(1-\frac{6e}{b}\right)\geqslant 0 \tag{9.3-21}$$

坝体内或地基的最大压应力 $\sigma_{\max}$ 不得超过相应的允许值，即

$$\sigma_{\max}=\frac{\sum W}{b}\left(1+\frac{6e}{b}\right)\leqslant[\sigma] \tag{9.3-22}$$

1）边缘主应力计算。

坝体上游面的一对主应力：

$$\sigma_{a1}=\frac{\sigma-\gamma_c\cdot y\cdot\cos^2\theta_{a1}}{\sin^2\theta_{a1}}$$

$$\sigma_{a2}=\gamma_c\cdot y \tag{9.3-23}$$

坝体下游面的一对主应力：

$$\sigma_{b1}=\frac{\sigma''}{\sin^2\theta_{a2}}$$

$$\sigma b_2=0 \tag{9.3-24}$$

式中　σ''、σ——同一水平截面的上、下游边缘正应力；

θ_{a1}、θ_{a2}——上、下游坝面与计算水平截面的夹角；

y——计算断面以上的泥深；

γ_c——泥石流容重。

2）边缘剪应力 τ 的计算包括。

坝体上游面的边缘剪应力：

$$\tau_a=\frac{\gamma_c y-\sigma'}{\tan\theta_{a1}} \tag{9.3-25}$$

坝体下游面的边缘剪应力：

$$\tau_b=\frac{\sigma''}{\tan\theta_{a2}} \tag{9.3-26}$$

式中　τ_a、τ_b——应低于筑坝材料的允许应力值；

其他符号同前。

9.3.4　格栅坝（含耙式格栅坝）

9.3.4.1　梁式格栅坝

在圬工重力式实体坝的溢流段或泄流孔洞或以支墩为支承的梁式格栅，形成横向宽缝梁式坝，或竖向深槽耙式坝。格栅梁用预应力钢筋混凝土或型钢（重型钢轨、H 型钢、槽型钢或组合钢梁等）制作，是目前泥石流防治中应用较多的主要坝型之一，见图 9.3-3～图 9.3-5。这类坝的优点是梁的间隔可根据拦渣效率大小进行调整，既能将大颗粒砾石等拦蓄起来，又使小于某一粒径的泥沙石块排入下游，使下游段沟床不至于大幅度降低。堆积泥沙后，如将梁卸下来，中小水流能将库内泥沙自然带入下游，或可用机械清淤。

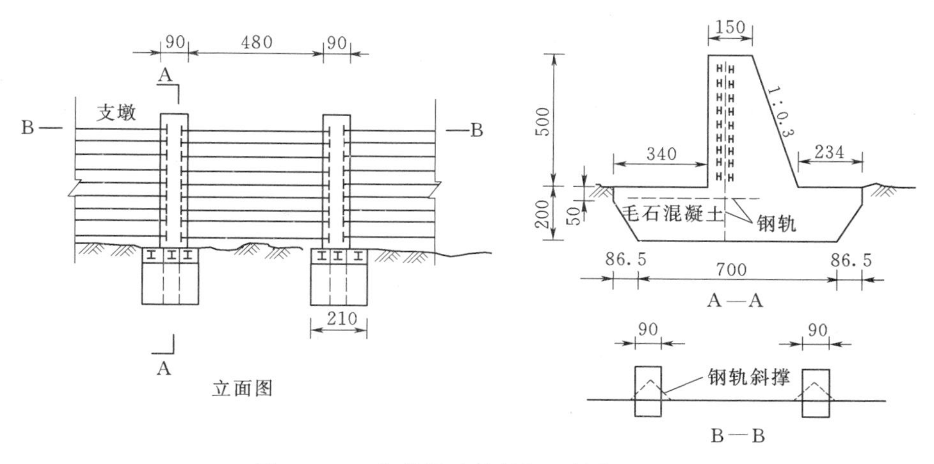

图 9.3-3 钢轨梁式格栅坝（单位：cm）

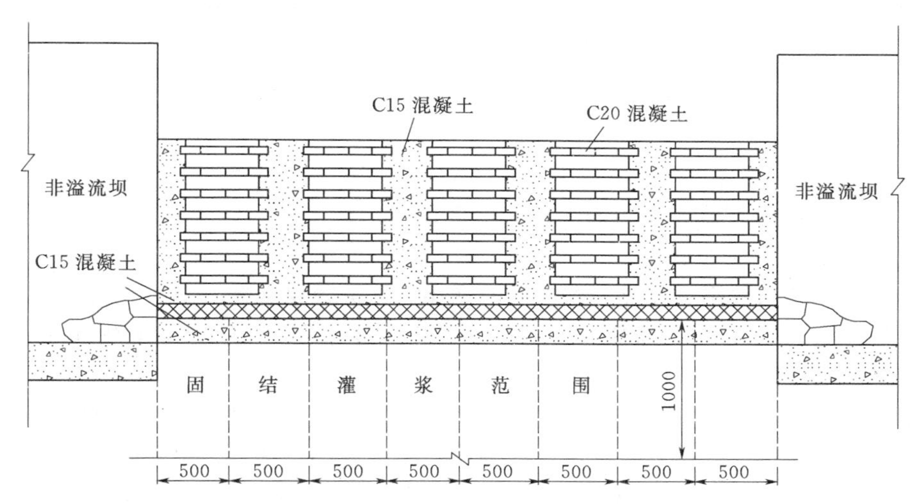

图 9.3-4 盐井沟钢筋混凝土梁式格栅坝（单位：cm）

图 9.3-5 九寨诺日朗沟梁式格栅坝

1. 梁的形式和布置

(1) 梁的断面形式。对于钢筋混凝土梁，断面形式为矩形。型钢梁则多为“工”字钢、H 型及槽型钢，用型钢组成的桁架梁等。

当格梁为矩形断面时，可采用：

$$\frac{h}{b}=1.5\sim2.0 \tag{9.3-27}$$

式中　h——梁的高度，m；

b——梁的宽度，m。

(2) 梁的间隔。对于颗粒较小的泥石流，梁的间隔不宜过大，可用梁间的空隙净高 h_1 与梁高的关系控制，即

$$h_1=(1.0\sim1.5)h \tag{9.3-28}$$

对于颗粒较大（大块石、漂砾等）的泥石流，将会因大块石的阻塞，使本可流走的小颗粒也被淤积在库内，从而加速了库内的游积。根据已建工程统计，建议采用下式计算：

$$h_1=(1.5\sim2.0)D_m \tag{9.3-29}$$

式中　D_m——泥石流体及堆积物中所含固体颗粒的最大粒径。

(3) 筛分效率 e。

$$e=U_1/U_2 \tag{9.3-30}$$

式中　U_1——一次泥石流在库内的泥沙滞留量；

U_2——过坝下泄泥沙量。

筛分效率和堵塞效率成反比，梁的间隔愈小，筛分效果愈差。对梁式格栅坝而言，当流失颗粒粒径为 $0.5D_m$ 时，滞流库内的泥沙百分比最好为 20%。当间隔相同时，水平梁格栅比竖梁的筛分效果高 30%。

水平横梁应伸入两侧支墩内 10～20cm，一般都不固定死，梁之间用压块支承、定位。靠近坝顶的横梁用压块（梁）及地脚螺栓固定。考虑到受力条件，梁的净跨最好不要大于 4m。布设时，梁的高度应与流体方向一致，梁的宽度及长度则与流体方向垂直。

2. 受力分析

(1) 格栅梁承受的主要荷载。格栅梁承受的水平荷载主要为泥石流体的冲击力及静压力（含堆积物的压力），泥石流体中大石块对横梁的撞击力等。垂直荷载包括梁的自重及作用在梁上的泥石流体重量（含堆积物重量）。

在各荷载作用下，根据横梁实际布设情况，可按简支梁或两端固定梁及悬臂梁（竖向耙式坝）计算内力，然后按钢筋混凝土结构构件或钢结构构件的有关计算方法进行，详见《水工混凝土结构设计规范》(SL 191)、《水工钢结构设计规范》(EM 1110)。

(2) 梁端支墩承受的主要荷载。泥石流作用在支墩上的水平荷载包括泥石流体的动压力及静压力，大石块的冲撞力。垂直作用力则包括支墩的重力、基础重力、泥石流体与堆积物压在支墩及基础面上的重力等。

横梁作用在支墩上的荷载包括横梁承受荷载后传递到两端支墩上的所有水平力、弯矩及垂直力等。

支墩受力条件确定后，就可按重力式结构（或水闸墩）的计算方法，对支墩进行抗

滑、抗倾覆稳定校核计算，以及对相应的结构应力进行校核计算，应达到安全、稳定要求。此外，还应验算支承端抗剪强度和局部应力，是否在材料的允许范围内。

在设计中，应采取措施增大横梁的抗磨蚀能力，及抵抗大石块对横梁的冲撞能力。当横梁的跨度较大时，还应验算横梁承载泥石流及堆积物垂直重力的能力。必要时，可在梁的中间加支撑墩，使梁的跨度减小。对于梁式坝下游冲刷的防治，可参考重力实体拦沙坝。

9.3.4.2 切口坝

切口坝是在实体重力坝的过流顶部开条形的切口（图9.3-6），当一般流体过坝时，流体中的泥沙能自由地由切口通过；而在山洪泥石流暴发期间，大量泥沙石块则被拦蓄在库区内。

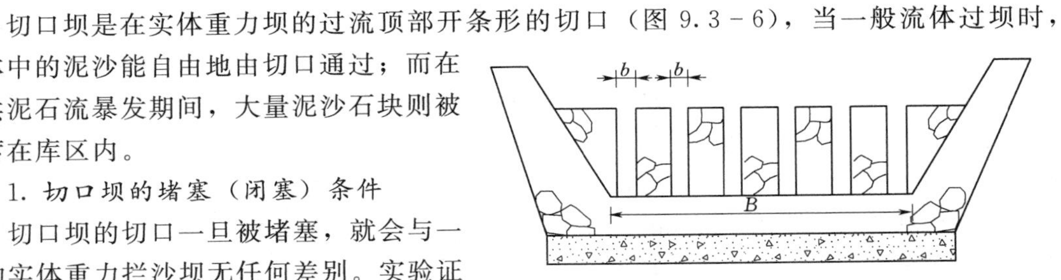

图9.3-6 泥石流切口坝剖面图
b—切口宽度；B—墩体宽度

1. 切口坝的堵塞（闭塞）条件

切口坝的切口一旦被堵塞，就会与一般的实体重力拦沙坝无任何差别。实验证明：堵塞条件与粒径的分布无关，但与最大粒径 D_m 和切口宽度 b 的比值有关。发生堵塞的条件为

$$\frac{b}{D_m}\leqslant 1.5 \tag{9.3-31}$$

当$\frac{b}{D_m}>2.0$时，则切口部位不会发生堵塞。对于不同性质和规模泥石流而言，当$2<\frac{b}{D_{m1}}<3$，$\frac{b}{D_{m2}}\leqslant 1.5$时，切口坝可以充分发挥拦沙、节流和调整坝库淤积库容的效果。其中 D_{m1} 为中小洪水可挟带的最大颗粒粒径，m；D_{m2} 为大洪水可挟带的最大颗粒粒径，m。

2. 切口深度的确定

切口深度与切口的宽度有密切关系，若 b 值愈大，h 值就愈小，坝库上游停淤区可输沙距离就愈近，反之则愈远。切口深度通常取值如下：

$$h=(1\sim 2)b \tag{9.3-32}$$

式中 h——切口深度，m；

b——切口宽度，m。

3. 切口密度的选取

切口密度大小，对切口坝调节泥沙效果影响很大。当$\sum b/B=0.4$时，切口坝的泥沙调节量是非切口坝的1.2倍；当$\sum b/B>0.7$或$\sum b/B<0.2$时，则切口坝与非切口坝的调节效果是一样的。因此，切口密度应按下式选择：

$$\sum b/B=0.4\sim 0.6 \tag{9.3-33}$$

式中 $\sum b/B$——切口密度；

B——墩体宽度，也称总宽度，m；

b——单个切口宽度，m。

坝体上开切口或留缝隙，应不得影响坝体的整体稳定性，因此切口不宜过宽、太深，缝隙亦不能太大，通常采用下式

切口坝　　$L \geqslant 1.5b$

缝隙坝　　$B \geqslant 1.5b$

式中　L——坝体沿流向的长度；

B——墩体宽度，也称总宽度，m；

b——切口或缝隙宽度。

4. 切口坝设计计算内容

(1) 切口坝应按重力坝的要求进行稳定计算和应力计算。

(2) 切口坝的基本荷载中，水压力、泥沙压力可由切口底部开始计算，对经常清淤的区间，可用1.4倍水压力计算。应计入大石块对齿槛等的冲击力。

(3) 按悬臂梁验算切口齿槛的抗冲击强度和稳定性，验算齿槛与基础交接断面的剪应力，若不满足要求，应加大断面尺寸或增加局部配筋量。

(4) 对迎水面及过流面应加强防冲击、抗磨损处理。

9.3.5　桩林

9.3.5.1　坝段（址）选择

(1) 用于流域中上游，泥石流形成至流通段沟道狭窄、顺直且沟床纵坡较陡，一旦发生泥石流就直泄而下的稀遇泥石流沟。

(2) 坝位选在堆积扇上部，流通段下部，泥石流扩散散流的关键部位，即突然变宽的宽槽处或渐扩的喇叭段出口处。这是减速抗冲击及停积泥石流固体物质的最佳位置。

(3) 对历经多次构造抬升，有高低两段形成区的老泥石流沟，坝位宜选在低位老泥石流堆积扇（由现代泥石流二次搬运造成的形成区内）。利用宽槽段修建桩林抗冲并停淤。

(4) 利用堆积扇中上部扇面低地、扇间凹地或岔流沟槽修建桩林。

(5) 宜远离"人为活动频繁的堆积扇危险区"，至少与上述社会灾害区之间应保持足够安全距离，或在桩林之下游再采取相应的防范措施，确保万无一失。

9.3.5.2　桩数与布置

(1) 用单桩承载的桩林，成横排纵列布置，排数多为2～3排，应不小于2排。对流速较高，含有较多碎屑与细颗粒的泥石流可采用多排布置。

(2) 桩位布置横向成行，纵向交错成列，按正三角形-菱形或梅花形（多角形）排列。

(3) 横排桩林的轴线与主流线垂直，沿沟中轴成两侧对称布置，全排均匀布置或两侧稀、洪流中槽密集布置。

(4) 从扇颈以下，按安全扩散角（与流速和该段沟槽及扇面纵坡有关）控制桩林谷坊坝的坝肩和轴线长度，即坝肩泛滥区宽度。

(5) 按设计停淤最大颗粒 D_m 和桩的排、行距控制桩林布置密度及桩数：

$$b/D_m = 1.5 \sim 2.0 \qquad (9.3-34)$$

式中　D_m——设计停淤最大颗粒，m。

地面外露部分桩高为

$$h=(2\sim4)b \tag{9.3-35}$$

式中 h——外露桩高，m；

b——桩间距，m。

（6）根据工程重要性，包括泥石流性质、类型及防灾要求等确定桩的排数 n，进而可确定桩林谷坊的总需桩数量 N。

（7）特殊条件下，桩林谷坊的轴线和平面布置可按下凸折线形或弧形布置。

9.3.5.3 拦淤量计算

（1）规划及可研阶段采用1：2000～1：1000实测地形图或用1：10000航测图复印放大后计算泛滥区范围及停淤量。

（2）初步设计及施工图阶段采用1：1000～1：500实测地形图或实测横断面等高线法或断面法计算停淤量。

（3）作出沿沟床和滩面、扇面的地面纵坡线，应取3～5个沿流向纵断面作为计算断面。

（4）根据现场实地调查及同类地区泥石流堆积扇统计、类比，确定泥石流回淤纵坡。

（5）用等高线法分层累加，或用纵横断面法分段叠加，可算出桩林谷坊的停淤量。

上述几种方法的计算结果，其精度均可满足设计要求。

9.3.5.4 泛滥区界定

（1）桩林谷坊泛滥区一般可按泥石流堆积扇模式界定泛滥区两侧周界，即按扇形或三角形定出底边线，确定泛滥区主要部分的图形。

（2）两侧泛滥线夹角 θ 按安全扩散角控制，可根据现场实地调查或同类地区泥石流堆积扇统计、类比，确定 θ 取值。

（3）对沟道和扇面都极不规则的特殊地形，或利用宽槽、扇间凹地修建桩林谷坊坝的，其泛滥线可进行实地调查并勾绘。

9.3.5.5 受力分析

（1）桩林谷坊的单个构件为钢管悬臂桩或人字架悬臂桩，后者比前者顺流向抗剪断面和抗弯断面惯性矩要大得多，属于加强型桩林谷坊，用于坝高和冲击力更大的桩林工程。

（2）上述钢管悬臂桩和人字架悬臂桩均以固定端形式嵌入钢筋混凝土基础内。钢筋混凝土基础以扩大的方形、矩形或条形墩（柱）体埋入地基深部，起固定端支承作用。

（3）通常情况下泥石流顺流向（与人字架纵轴一致）垂直作用于单个构件，有些情况下应考虑流向与纵轴夹角为 α 时，构件承受侧向冲击荷载的强度和稳定性。

（4）计算单个构件承受泥石流最大颗粒冲击力时，沿钢筋混凝土基础底面的稳定性，沿固定端或构件薄弱断面的抗剪、抗弯强度是否满足要求。

（5）验算结构构件与连接件的最大局部应力是否在材料允许应力范围内，冲击点的局部应力应考虑动荷作用，乘以相应的系数。

9.3.5.6 桩位横断面及桩长设计

（1）桩位平面布置应满足使用密度要求，桩基应埋入冲刷线以下且地下埋置深度不应小于总桩长的1/3。

(2) 地面外露部分桩高除满足拦淤量之外，一般限定在 3～8m 范围内。

(3) 桩身横断面采用钢轨、圆形钢管或工字钢、槽钢组合断面，依照泥石流性质、类型及工程重要性与使用要求来选用。还可在大直径圆形钢管内灌注混凝土，以增加结构的自重与强度。

(4) 注入混凝土的钢管，可依照复合断面计算法，按折算断面法计算相应的单一材料横断面面积，及相应的抗剪强度和抗弯刚度与应力。

9.3.5.7　锚固端与桩间联结设计

(1) 桩林单个构件均按悬臂梁设计。因此，钢管、钢构件应伸入混凝土基础内 1/2～2/3 基础厚度且等于或大于钢管直径或构件最小边长。有特殊要求的应加设扩大头嵌入锚固端，或加法兰嵌入锚固端，或增加拉锚钢筋。

(2) 实际工程中常把单个构件的根部和头部，用横向联结构件联成一整体，以增加其侧向稳定性，使桩林谷坊成为一个整体空间结构。

(3) 多数钢构件系由工厂按图加工，现场连接或组装，必要时部分构件可拆卸或更换维修；基础部分则以钻孔、挖孔方法施工，现场浇筑钢筋混凝土成形。

9.3.6　排导槽

9.3.6.1　结构型式与布置

1. 平面布置

根据防护区范围与利用沟河有利地貌，在选好进出口衔接段的基础上，总体走线应顺直、纵坡陡、长度短、安全可靠，能通畅地入流和下泄；兼顾节约土地，降低造价，便利施工和建成后运行管理。

走线以沿最陡坡、走扇脊的方案最优。沿扇间洼地或沿宽谷河漫滩方案基本可行，经多方案综合比较后，选择最佳走线方案。此外，走线还应符合危险区防灾总体规划，妥善处理与现有建筑物的关系。

(1) 进口段分为有控制入流和自由入流两种方式：①控制入流，通过控流设施，将泥石流由渐变进口段引入排导槽。重要防灾工程中采用拦挡坝、溢流堰、闸、低槛等圬工结构，是控制入流的永久性设施；铅丝笼、堆石围堰、土石混合堰堤属临时设施。②自由入流利用泥石流运动的直进性，通过峡口、凹岸产生泥位超高有利引流。据此将引流口布置在稳定的河湾、崖岸、峡口处凹岸一侧，并在沟底修横潜槛护底防冲，开挖引道。

(2) 急流段为排导槽主体部分，多按等宽直线形布置，折线段槽体应以大钝角转折，并用较大弯道半径连接。排导槽与道路、水渠、堤防立交或槽底纵坡变化处应采用渐变段连接，无论扩散或收缩角均应严格限制为小锐角。

(3) 出口段有自由出流和非自由出流两种方式。对输移力较强的泥石流沟应适当抬升槽尾高度，为出口堆积多留储备，保证在各种设计频率下实现自由出流；对输移力较弱的泥石流沟宜降低槽尾高度，加大纵坡，并使出流轴线与主河呈锐角斜交。

尽量使排导槽总体上成轴对称布置，在轮廓变化处应实行渐变过渡。

2. 纵断面

沟道纵坡为泥石流运动提供底床和能量条件。若纵断面提供的输移力与流动阻力相

等，泥石流进入排导槽后将维持定常流动，此沟道纵坡是维持泥石流运动的主要条件。在松散堆积床面上，泥石流均衡输移时体积浓度为

$$C=\frac{\gamma\tan\beta}{(\sigma-\gamma)(\tan\alpha-\tan\beta)} \tag{9.3-36}$$

式中 σ、γ——固体颗粒、液相介质的密度；

α——固体的内摩擦角；

β——床面纵坡坡度。

沟床纵坡是影响泥石流输移力的主要因素。

泥石流堆积扇危险区地势虽有起伏，但相对高度变化不大。由于流通段末端相对稳定，工程使用期内，沟河汇口侵蚀基准变化不大；受主河累积上涨影响将迫使出口高度上抬，导致出口段纵坡变缓。

排导槽设计有按合理纵坡选线和按最大地面纵坡选线两种方法。

（1）按合理纵坡选线。对各种不同排导纵坡的组合方案进行比较，其中最利于泥石流输送且造价节省、施工方便的纵坡，即为排导槽合理纵坡。泥石流排导槽合理纵坡，可参照表9.3-6。

表9.3-6　泥石流排导槽合理纵坡

泥石流性质	稀性						黏性		
密度/(t/m³)	1.3～1.5		1.5～1.6		1.6～1.8		1.8～2.0		2.0～2.2
泥石流类型	泥流	泥石流	泥流	泥石流	泥流	泥石流	水石流	泥石流	泥石流
纵坡/‰	30	30～50	30～50	50～70	50～70	70～100	50～150	80～120	100～180

（2）按最大地面纵坡选线。排导槽具有规则外形和平整的接触面。就形状阻力和摩擦阻力而言，排导槽都比天然沟道小，同等情况下当排导槽纵坡减小10%～15%时，流动输移力不减。因此，当选用最佳水力横断面时，多数泥石流堆积扇具有修建排导槽的地貌条件。

按最大地面纵坡选线时，短槽可以设计成一坡到底形式；长槽则必须考虑实际地貌、地物和施工条件进行分段，最大地面纵坡为各分段相应的地面最大坡度。

无论用哪种方法选线，排导槽纵坡均应大于泥石流输移的临界纵坡（流动最小纵坡）。当这一条件不能满足时，说明不能单纯依靠排导槽，而应采用拦挡、停淤与排导相结合的综合工程措施来防治泥石流。若灾害十分严重，防护对象要求很高，需要对流域实施综合治理，以确保下游排导槽使用的可靠性。

3. 横断面

用于下游危险区防护的排导槽，由于受纵坡限制，常为淤积问题所困扰。如何减小阻力、提高输沙效率是横断面设计的关键。不同形状的过流横断面具有不同的阻力特性，当纵坡及糙率不变时，在各种人工槽横断面中梯形断面、矩形断面、带三角形或弧形底部的复式断面具有较大的水力半径，输移力较大，应优先采用。

流通段历经多年各种泥石流作用，其横断面规整，纵坡稳定，可看作泥石流冲淤平衡段。若把排导槽当作流通段的延伸考虑，按照流动连续性原理，可将流通段和排导槽两者

的边界条件和运动要素进行类比，根据公式：

$$B_f=\frac{I_f}{I_b}B_b \tag{9.3-37}$$

可以确定排导槽过流断面和尺寸的范围。在此范围内按通过最大流量，控制允许流速，计算过流段面积，并留够安全超高加以设计；还要验算黏性泥石流残留层、稀性泥石流或水石流可能造成的局部淤积，能否被交替出现的洪水或常流水清淤。其累积性淤积不得危害槽体安全过流，且淤积数量应在人工清理允许的范围内。

此外排导槽的底宽、槽深不宜过小，对转弯部位亦作了如下限制：

最小底宽　　$B_{\min}\geqslant 4$，且 $B_{\min}\geqslant(2.5\sim2.0)D_m$

槽深　　$H\geqslant 1.2D_m+\Delta$

进出弯道的过渡段长　　$l=(0.5\sim1.0)/l_b$

弯道凹岸处槽深　　$H=H_c+h_s+h_\Delta$

式中　$B_{\min}$——最小槽底宽；

D_m——泥石流中含有的最大石块直径；

Δ——安全超高；

l_b——弯道长度（在中泓线上量算），由平面布置确定；

H_c——平均淤积厚度；

h_s——泥石流深度；

h_Δ——由离心作用产生的弯道泥位超高。

4. 其他特殊问题

（1）主河输移力与衔接。主河输移力不足，则需采取必要的辅助措施予以弥补；即使主河的输移力较强，由于主河洪峰与支沟泥石流输沙过程不同时相遇，泥石流暴发后一段时间内，汇口处泥沙暂时堆积往往是无法避免的。主河的输移力越强，泥沙堆积的数量和延续时间越短。当主河输移力不足而支沟输移力相对较强，为避免槽尾堆积、回淤顶托而影响出流，应当使排导槽末端高于主河床，并预留一定高度，保证出现局部堆积时仍可自由出流。

堆积预留高度可据主河输移力大小，按一次泥石流过程所冲出的碎屑物总量的20%～50%考虑；或槽底预留高度按保证率 $P=5\%\sim10\%$ 洪水位仍能自由出流设计。

（2）黏性泥石流残留层。对黏性泥石流沟或偶尔发生黏性泥石流的沟，在设计排导槽深度时应留有余地。

根据黏性泥石流起动条件，即

$$g\gamma_c hJ>\tau_0$$

残留层厚度

$$h=\tau_0/g\gamma_c J \tag{9.3-38}$$

式中　τ_0——泥石流屈服强度；

γ_c——密度；

J——流面纵坡；

g——重力加速度。

由于黏性泥石流的发生频率较低，残留层常被后续洪水冲刷难以累加，可根据黏性泥

石流的实际发生频率来预留残留层的累计高度，通常将上述计算值扩大1～2倍使用。

5. 结构型式

排导槽多为规则的棱柱形槽体，可按平面问题处理，主要结构形式如下。

（1）整体式框架结构。由侧墙和护底构成整体式框架。间隔一定距离加扶壁支撑，多用钢筋混凝土构成空间整体结构，用于填方段或基础土层较软弱的半挖半填段。

（2）分离式挡土墙-护底组合结构，分离式挡土墙-肋槛组合结构。侧墙与护底分离，侧墙为重力式挡土墙，用圬工制作。护底为混凝土或浆砌石全铺砌，或沿天然沟床设等间距肋槛，用于坚硬密实的冲洪积或泥石流堆积层地基，护底及肋槛应砌筑在挖方段上。

（3）分离式护坡-肋槛组合结构，全断面护砌轻型结构。以浆砌石、混凝土或钢筋混凝土制作，用于坚硬密实地基及城镇工矿区排导槽工程。

（4）带侧向刺槛（单侧或双侧）的防护结构。刺槛成正挑或斜挑布置，压缩沟宽，约束流路。槛后以间断护堤或连续护堤拱护，防止泥石流流向改变或抄后路。刺槛以浆砌块石或毛石混凝土制作构成独立结构。它用于排导沟或堆积扇宽阔沟道。受冲段或凹岸作单侧布置，顺直段按双侧成对称布置。

（5）不同型式排导槽的使用条件。

1）矩形槽适用于一切类型和规模的山洪泥石流排泄。

2）梯形槽适用于一切类型流体排泄，对纵坡有限的半挖半填土堤槽身更为有利。

3）三角形槽适用于频繁发生、规模较小的黏性泥石流和水石流排泄。

4）带刺肋单侧护堤适用于宽浅沟槽的凹岸，或叉流发育、两岸有陡坎的河床防护。

5）复式断面适用于间歇发生、规模相差悬殊的山洪泥石流排泄，其宽度可调范围较大。

9.3.6.2 常用排导槽体型

1. 软基消能排导槽

（1）软基消能排导槽原理。对于泥石流密度大、流速大，具有很大的冲刷力、有磨蚀作用的泥石流，其动能较之水流的动能高出数倍。软基消能泥石流排导槽，称为“东川型泥石流排导槽”，通过饱含碎屑物的泥石流与沟床质激烈搅拌，耗掉运动余能，以维持均匀流动；肋槛保持消力塘中碎屑物体积浓度，使冲淤达到平衡，基础不被掏空；通过槛后落差消长，自动调整泥位纵坡和流速，使沿程阻力和局部阻力协调，保持泥石流密度和输移力的恒定。

（2）软基消能排导槽设计要点。

1）排导槽走线应尽可能顺直，通常沿堆积扇最短路径布置，使落差和输移力均达最大，以利于泥石流输送。

2）全长各分段纵坡均应大于泥石流起动临界纵坡：黏性泥石流为50‰，稀性泥石流和水石流为35‰。

3）纵坡应与横断面优化组合。如纵坡较陡，宜选用矩形、U形等宽浅断面或复式断面，利用加糙、减小水力半径来消除运动余能，避免冲刷；如纵坡与临界纵坡接近，则应选用梯形或三角形窄深断面减小阻力，降低运动能耗，以避免淤积。

4）肋槛消能工是导槽的关键部件，可据纵坡大小10～25m范围内选用间距（表9.3-

7)。槛高以1.50～2.50m为宜，按潜没式布置，外露部分占槛高的20%～25%，当按最小坡度回淤时，埋深为33%～50%。

表9.3-7 泥石流排导槽肋槛布置

纵坡	>0.10	0.10～0.05	0.05～0.03
间距/m	10	10～15	15～25
槛高/m	>2.50	2.50～2.00	2.00～1.60

侧墙和潜槛按分离式布置，槛顶溢流面防磨层用钢筋混凝土或料石制作。

2. 满铺底V形槽

(1) V形槽排导原理。当沟道纵坡一定时，将排导槽平面布置、流动纵坡与横断面形状三要素进行最优组合，使流体质量集中、受力集中，形成平面收缩，纵横方向集中的流动最大矢量，沿流动轴向产生集中冲力。在排导任何规模的泥石流时均能保持稳定、高效的输沙能力。

平面收缩与V形槽底部收缩叠加，在流体重心处形成强有力的惯性流动中心，从而一举解决平底槽排泄小流量时，因流深小、阻力大，导致流速低、易淤积的问题，也解决排泄小流量大孤石无法起动的难题。

V形槽集中冲沙机理：①尖底能架立大孤石，形成点接触、线摩擦、易滚动、阻力小，尖底架空部位的空隙被浆体充满，产生润滑作用和浮托力，利于孤石运动；②不同规模的流量均能在横断面中轴线上形成重心很低的惯性流动中心，称为重力束流的集流冲沙中心；③泥石流运动时，流体中的固相物质有沿重力坡和横断面底部斜坡集中的趋势，固相物重心与集流冲沙中心趋向一致，于输沙十分有利。

重力束流坡与槽底纵横坡有如下关系：

$$I_{束}=(I_{纵}^2+I_{横}^2)^{1/2} \tag{9.3-39}$$

式中 $I_{束}$——V形槽重力束流坡，‰；

$I_{纵}$——V形槽槽底纵坡，‰；

$I_{横}$——V形槽槽底横向坡，‰。

据实验工程分析，当$I_{纵}=350‰$时，$I_{横}=0$的平流槽也有较好的排泄效果。但泥石流沟的中下游纵坡都达不到这一数值，因此需对平流布置和槽底形状采取束流措施，以提高排泄泥石流的“束流攻沙”能力。

(2) V形槽设计要点。V形槽适用于山前区纵坡较陡的小流域泥石流排导。

1) 平面布置。从上到下采用渐变收缩的喇叭形，上喇叭口与山口沟槽平顺地连接。沿长度方向作小角度转折时，最小曲线半径应为槽宽的1/10～1/20。出口轴线与主河轴线斜向下游相交，交角宜控制在45°～75°范围内。

山坡泥石流排导槽的延伸段长度常以30m为限，按自由出流排泄，防止散流漫淤。

2) 纵断面。平面宽度不变时，尽可能选用上缓下陡纵坡或单一坡度；若采用上陡下缓纵坡，须按输沙平衡流速，配以渐变收缩的喇叭形平面。

自上而下纵坡不宜突变，相邻两段纵坡差≥50‰时，纵坡转折处须用竖曲线连接。

纵横坡的最佳组合范围：$I_{束}\geqslant 200‰$，$I_{纵}=15‰\sim350‰$，$I_{横}=100‰\sim300‰$，不得

在槽尾出口附近设防冲消能措施，以免产生顶托回淤，阻碍排泄。

3）横断面。槽的宽深比用1∶1～1∶3为宜，设计流速$V_c>V_{max}$（最大石块起动流速），设计水深$H_c>D_m$（最大石块直径），最小槽底宽$B>2D_m$。无论竖直的或倾斜的边墙均与铺底成整体连接。$V_c\leqslant 8m/s$，槽体用一般浆砌石结构；$V_c>8m/s$槽体应采用钢纤维混凝土护面或铸石镶面进行防磨蚀处理，并在槽底中部顺流向布置废旧钢轨抵抗磨蚀。

9.3.7 泥石流渡槽

9.3.7.1 结构型式与布置

1. 平面布置

（1）渡槽由进口段、槽身（急流段）和出口段组成。渡槽沿纵轴向上下游延伸，并与沟道衔接良好。

（2）渡槽较短，沿程阻力小而能量损失有限，其流位落差主要消耗于进出口形状阻力损失；为了提高排泄效率，应当尽量减少形状阻力的能耗，因此进口应采用小锐角（$8°<\alpha\leqslant 15°$）的渐变收缩段，以获得“束流攻沙”效果。

（3）槽身按等宽布置，使流态平稳，出口向外扩张，以利下游消能；槽身宽$B_c>2.5D_m$（最大粒径），且应尽量使B_c与泥石流沟流通段底宽相近。

（4）渡槽长度应“宁长勿短，留有余地”，以确保安全。

2. 纵、横断面

（1）槽底设计纵坡I_b应等于或接近天然沟道流通段平均纵坡，可按下式计算选用。严防泥石流淤积、漫溢而造成灾害。排泄山坡泥石流的渡槽槽底纵坡应大于淤积纵坡。

$$I_b\geqslant\left(\frac{B_c}{B_b}\right)^{1/2}I_c \tag{9.3-40}$$

式中　B_c、B_b、I_c——流通段平均宽度、渡槽槽身宽度和流通段平均纵坡。

（2）沿渡槽全长槽底纵坡可设计成一坡到底，或按上缓下陡的形式过渡，以产生加速流。但进口与槽身两段相邻纵坡差值不宜过大，且都应大于临界纵坡。不同类型泥石流的临界纵坡，按表9.3-8选用。

表9.3-8　泥石流临界纵坡

类型	黏性泥石流	稀性泥石流	水石流
临界纵坡/‰	50～100	30～50	50～80
平均值/‰	80	40	65

（3）选用水力半径较大的横断面，按合理流速计算断面积，并拟定相应的断面尺寸，即可验算设计流速和设计流量。

3. 计算步骤

（1）采用合理流速计算所需的设计过流面积。根据结构类型及造价分析，初选渡槽合理流速建议按以下数值计算：

浆砌石结构　　$V=4\sim6m/s$

钢筋混凝土结构　　$V=5\sim8m/s$

(2) 据以上设计纵坡、横断面形式、尺寸，验算通过设计流量时的泥深和流速，该流速应接近或等于结构抗冲流速，断面总高等于设计泥深加安全超高，并计入临时性淤积厚度。

(3) 验算满槽过流是否满足要求：

$$Q_{max} \geqslant 1.3Q_p \tag{9.3-41}$$

式中　Q_{max}——满槽流量；

Q_p——设计流量。

应同时满足上述两条，否则取其中的大值作为设计采用值。

(4) 验算通过小流量 $Q_{min}=0.3Q_p$ 时，槽的平均流速，判断是否出现严重淤积；若出现严重游积，则应对设计方案进行修改，重新计算，直到各项要求都得到满足为止。

9.3.7.2　结构计算简述

1. 计算图形

(1) 渡槽为沿纵轴成横向对称的空间结构，纵轴为主受力方向，沿竖直平面可化为梁式结构（简支梁、悬臂梁）和拱式结构（单拱或双曲拱）。

(2) 槽身上部根据采用横断面形式不同，可化为钢筋混凝土整体式结构，圬工侧墙与底板分离式结构。

(3) 槽体下部为排架支撑，圬工重力式挡墙和墩台支撑，并设置相应的基础。

(4) 整个渡槽自上而下分层，按不同结构型式进行结构整体计算，并逐一计算组成该结构的各个部分：侧墙、底板、肋箍、腹拱、竖墙、排架、立柱和基础，结构强度和稳定性应满足要求，钢筋混凝土过流部分的抗裂性也应满足要求。

2. 应用特点

(1) 梁式，排架渡槽单跨跨径有限，多选用钢筋混凝土材料作成轻型结构，可采用预制安装构件进行施工，用于规模较小的泥石流排泄；拱式，重力式墩台支撑结构适用于大跨径、高净空的使用条件，其自重和结构承受的总荷载均较大，采用浆砌石现场砌筑，用于排泄规模较大的泥石流。

(2) 结构受力分析与水工输水渡槽基本相同，不同之处在于泥石流流体重量、流体静压力计算应选用设计密度，泥石流动荷计算不仅要考虑密度，还应乘上 1.3 冲击系数。若受冲构件（槽底、侧墙及墩台）沿受冲击方向背后有厚达 1m 以上填土时，可不计算抗冲击强度。

(3) 由于渡槽纵坡较陡（>0.1），沿纵断面中轴结构与受力均不对称，高速运动的泥石流给槽体作用以很大拖曳力，整个结构沿流向承受一个很大的水平分力，对由此产生的纵向稳定性应作专门计算。在基础设计中，通常采用加大出口端结构尺寸，使渡槽保持纵向稳定。

(4) 渡槽过流部分易被高速流动的泥沙磨损，钢筋混凝土和高强砂浆均难以抗御，年均磨蚀深达 5～15cm，因此必须进行专门的防磨蚀处理，对过流面采用钢纤维混凝土、铸石处理，或用废旧钢轨、钢板进行护面处理。

9.3.8　停淤场工程

9.3.8.1　停淤场选址

停淤场址选择是停淤场设计的首要环节。地形条件和土地利用现状是选择停淤场址最

重要的两个因素。

1. 地形条件

天然地形条件是停淤场选址的决定性因素。由于泥石流沟冲淤变化很快，通常是通过野外实地踏勘在沟道下游寻找适宜的场址。泥石流沟下游可能适合布置泥石流停淤场的区域有3类：

（1）泥石流沟下游开阔的宽谷段，可利用谷底较低一侧设置停淤场。

（2）大型泥石流堆积扇上地势低洼的部分，如老泥石流沟槽、堆积垄岗间的洼地等。

（3）泥石流堆积扇两侧地势较低的主河滩地。

2. 土地利用现状

泥石流停淤场要占用大量土地，同时停淤场设计标准较低，在山洪泥石流规模较大时，拦淤堤出现局部溃决的可能性较大，因此，停淤场选址时还应考虑当地的土地利用现状。一般情况下，停淤场址只能设在尚未开发利用的泥石流滩地或大规模泥石流暴发后难以恢复的荒地上，同时场址下游没有重要的建筑物和居民点，避免人为工程不当产生新的灾害。

停淤场址初步选定后，应粗略估算停淤场建成后所具有的停淤量，一般停淤场的停淤量应大于泥石流年设计输沙量的1/2。

9.3.8.2 停淤量计算

停淤总量可用下面公式估算。

对沟道内停淤场的淤积总量：

$$\overline{U}_s = B_c h_s L_s \tag{9.3-42}$$

对于堆积扇停淤场的淤积总量：

$$\overline{U}_s = \frac{\pi\alpha}{360} R_s^2 h_s \tag{9.3-43}$$

式中 $\overline{U}_s$——停淤总量；

B_c——淤积场平均宽度；

h_s——平均淤积厚度；

L_s——沿流动方向的淤积长度；

α——与引流口对应的停淤场圆心角；

R_s——以引流口为圆心的停淤场半径。

停淤场的使用年限与泥石流的规模、暴发次数、停淤场的容积等直接相关。首先应正确估计其年平均停淤量，再按停淤场的总容积除以年平均停淤量即得使用年限。

9.3.8.3 停淤场工程布置

根据不同的地形条件，选择修建侧向停淤场、正向停淤场或凹地停淤场。

1. 侧向停淤工程

当堆积扇和低阶地面较宽、纵坡较缓时，将堆积扇径向垄岗或宽谷一侧的山麓做成侧向围堤，在泥石流前进方向构成半封闭的侧向停淤场。其布置要点是：

（1）入流口选在沟道或堆积扇纵坡变化转折处，并略偏向下游，使上部纵坡大于下部，便于布置入流设施，获得较大落差。

（2）在弯道凹岸靠上游布设侧向溢流堰，在沟底修建浅槛，以实现侧向入流和分流。要求既能满足低水位下洪水顺沟道排泄，又有利于在超高水位时，也能侧向分流，使泥石流的分流与停淤达到自动调节。

（3）停淤场入流口处沟床设横向坡度，使泥石流进入后能迅速散开，避免在堰首发生拥塞、滞流，堵塞入流口。

（4）停淤场具有开敞、渐变的平面形状，消除阻碍流动的急弯和死角。

2. 正向停淤场

当泥石流出沟处前方有公路或其他需保护的建筑物时，在泥石流堆积扇的扇腰处，垂直于流向修建正向停淤场。布置要点如下：

（1）正向停淤场由齿状拦挡坝与正向防护围堤结合而成，拦挡坝的两端有出口；齿状拦挡坝与公路、河流之间建防护围堤，形成高低两级正向停淤场。

（2）拦挡坝两端不封闭，两侧留排泄道（疏齿状溢流口），在堆积扇上形成第一级高阶停淤场，具有正面阻滞停淤、两侧泄流的功能，加快停淤与水土（石）分离。

（3）在齿状拦挡坝下游河岸（公路路基上游）修建围堤；沿堆积扇两侧开挖排洪沟，引导围堤截流的洪水排入河道。

3. 凹地停淤场

在泥石流活跃、沿主河一侧堆积扇有扇间凹地的，修建凹地停淤场。布置要点如下：

（1）在堆积扇上部修导流堤，将泥石流引入扇间凹地停淤。凹地两侧受相邻两个堆积扇挟持约束，形成天然围堤。

（2）根据凹地容积及泥石流的停淤场总量，确定是否需要在下游出口处修建拦挡工程及拦挡工程的规模。

（3）在凹地停淤场出口以下，开挖排洪道，将停淤后的洪水排入下游河道。

9.3.8.4　蒋家沟停淤场简介

蒋家沟位于云南省东北部，系金沙江水系小江右岸的一条支沟。蒋家沟是我国最著名的泥石流沟，每年都暴发泥石流数次到数十次。蒋家沟停淤场位于沟口红山嘴上游宽阔的沟谷中（图 9.3-7），1972 年停淤场破土动工，次年投入使用。工程由 2 道停淤堤，2 座拦挡坝和少量分流建筑物组成。现有停淤场由导流斜堤、停淤堤、拦挡坝三部分组成。导流斜堤位于老蒋家沟口上游的三块石，高约 5m，堤身斜向下游堵断原沟床将泥石流引入停淤区。停淤堤设在红山嘴上游泥石流堆积滩地上，主要停淤堤有 2 道，其间距约为 200m。每道堤高约 5m，长约 600m，上、下游边坡分别为 1：2.0 和 1：1.5。导流斜堤和停淤堤均由泥石流堆积体筑成。拦挡坝结构与重力式拦沙坝相似，坝体为浆砌块石。溢流坝与停淤堤相接并拦断沟谷，形成停淤库容。拦挡坝共 2 座，从下向上分别称为 1 号和 2 号坝。2 号坝现高于河床约 5m。1 号坝高 18m，下部已被淤埋，现仅高出沟床 4m，坝下游设有 3 座潜坝与排

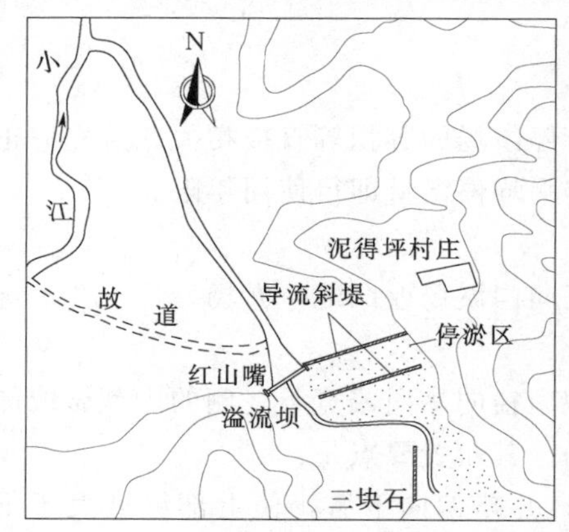

图 9.3-7　蒋家沟泥石流停淤场

导沟进口衔接，将停淤场与导流堤连成一体。

停淤场最早是导流堤受泥石流淤积严重威胁时采用的应急措施，投入使用后效果非常明显，大量固体物质停积在停淤库内。目前停淤库回淤顶点已向上游移动到离红山嘴约2.6km处。1972—1982年沟内共停淤泥沙约800万 m^3（表9.3-9）。按每年蒋家沟输入小江泥沙250万 m^3 计算，10年内约有1/3的泥沙被拦截在沟内。

表9.3-9 停淤场泥沙停淤量（1972—1982年）

沟段	面积/km^2	停淤量/万 m^3	原沟床纵坡/‰	淤积纵坡/‰
拦挡坝—查箐沟口	0.383	506	64	52～60
查箐沟口—泥得坪引水渠首	0.286	286	67	62
泥得坪引水渠道—门前沟与多照沟汇口	0.0325	13	90	88

拦挡坝实际上起三个作用：宣泄停淤后的泥石流体；控制泥石冲刷沟床，防止落淤泥沙被泥石流重新启动；抬高沟床为排导沟创造必需的落差。

在停淤场使用过程中，排导沟的淤积量逐年递减，其清淤量也逐年减少。可见停淤场起到了调节泥石流流量和容重，减轻排导沟压力和延长排导沟使用年限的作用。目前现有停淤场已基本淤满，须增设新停淤场或改造现有停淤场以增加停淤库容。

9.4 泥石流监测预警

泥石流监测预警是在泥石流发生前，作出迅速响应，尽量避免不必要的人员伤亡和财产损失的极为重要的措施。在区域泥石流灾害防治中具不可替代的作用。

9.4.1 泥石流监测

泥石流监测包括主要有降雨监测、泥位或流速监测和地下水位监测。

1. 降雨监测

降雨监测是泥石流监测预报的基础，包括对区域降雨天气过程监测和流域内降雨过程监测。

降雨天气过程的监测是对预报区域大范围内降雨天气过程的监测，为泥石流预报提供较大尺度区域降雨参数，主要由气象部门利用卫星云图和气象雷达实施。通过短期、中期和长期气象预报，进而开展泥石流监测预报。如短期预报时根据每小时雨量图、雨势情报，对泥石流发生的危险前兆，由监测仪器等作出判断。

流域内降雨过程监测是对泥石流流域内降雨过程的监测。根据流域大小，在流域内设立1～3个控制性自记式雨量观测站，定期巡视观测，并对降雨监测数据进行分析处理。根据实时监测的流域雨量与该地区泥石流发生的临界雨量值加以比较，来判断是否会发生泥石流。我国暴雨泥石流区的临界雨量阈值见表9.4-1。

2. 泥位、流速监测

泥位观测站应尽可能设在两岸稳定、顺直的泥石流流通沟床段，观测断面应在2个以

表 9.4-1　　我国暴雨泥石流区的临界雨量阈值

主区	副　区	24h 降雨量/mm	1h 降雨量/mm
Ⅰ$_1$（华南江淮区）	华南南岭武夷山、台湾海南副区	200～300	≥60
	湘赣雪峰山、幕阜山副区	150～300	≥50
	鄂东皖南大别山、武当山副区	100～300	≥50
Ⅰ$_2$（华北东北区）	鲁东泰山、崂山副区	200～300	≥60
	冀北晋东七老图山、太行山副区	100～300	≥50
	辽宁龙岗山和千山副区	200～300	≥50
	黑龙江吉林小兴安岭副区	200～300	≥40
	内蒙古大兴安岭副区	100～300	≥40
Ⅰ$_3$（西南区）	滇东、贵州大娄山副区	100～300	≥50
	川东、陕南大巴山、秦岭副区	100～300	≥40
	滇西南高黎贡山、哀牢山副区	50～200	≥30
	滇北、川西横断山、陇南岷山副区	35～200	≥30
	藏东、川西北念青唐古拉山、砂鲁里山副区	30～100	≥25
	藏中冈底斯山副区	25～50	≥20
Ⅰ$_4$（西北区）	晋中五台山、中条山副区	100～300	≥50
	晋西、陕北吕梁山、火焰山副区	100～300	≥40
	陇东、陕中、宁南六盘山副区	1200～300	≥30
	宁夏贺兰山副区	100～300	≥30
	陇中屈吴山副区	50～200	≥30
	陇西、青海东祁连山西倾山副区	25～200	≥20
	新疆天山山脉副区	25～50	≥20

上，用断面法观测泥位涨落过程，精度要求达到 0.1m。有条件时也可以采用有线或无线传感器或探头进行遥测。流速观测应与泥位观测同时进行，数字记录要和泥位相对应，一般采用水面浮标测速法观测。

3. 地下水位监测

地下水位监测主要观测测流断面处水位和消水流量，估算出径流量、径流强度和径流的日、季、年分配情况。要查明由地表径流和地下径流作为补充水体补给的各泥石流河床段特征，并计算地表径流、地下径流分别加入河床清水总流量的各自相对量，建立观测径流场，用来计算坡地径流。同时，用来观测坡地径流对片蚀的影响、原始侵蚀和浅沟的形成，将暴雨和季节性融雪资料（在高山为冰川和万年雪堆融化资料）与测流断面处及径流场内的水位和流量资料相对比，可得到坡地上和河床内来水量不同时，汇流区各带的降雨量与径流量之间的定量关系式，并可估算出不同流量的渗透损失和蒸发损失。

9.4.2　泥石流预报

1. 根据预报灾害的孕灾体分类

孕灾体是指产生泥石流灾害的地理单元。地理单元可以是一个行政区域，也可以是一

个水系或一条泥石流沟（坡面）。根据孕灾体的不同，将泥石流预报分成区域预报和单沟预报。

（1）区域预报是对一个较大区域内泥石流活动状况和发生情况的预报，帮助政府制定泥石流减灾规划和减灾决策，从宏观上指导减灾。区域预报一般是针对一个行政区域进行预报，包括铁路、公路部门对线路进行的线路预报。

（2）单沟预报是针对某条泥石流沟（坡面）的泥石流活动进行预报，指导该沟（坡面）泥石流减灾，这些沟谷（坡面）内往往有重要的保护对象。

2. 根据预报的时空关系分类

根据泥石流预报的时空关系，可将泥石流预报分成空间预报和时间预报。

（1）空间预报指通过划分泥石流沟、危险度评价和编制危险区划图来确定泥石流危害地区和危害部位。空间预报包括单沟空间预报和区域空间预报。泥石流空间预报对土地利用规划、山区城镇建设规划和工程建设规划等经济建设布局具有重要指导意义。

（2）时间预报是对某一区域或沟谷在某一时段内将要发生泥石流灾害的预报。包括区域时间预报和单沟时间预报。

3. 根据预报的时间段分类

根据发出预报至灾害发生的时间长短，将泥石流预报分为长期预报、中期预报、短期预报和短临预报。

长期预报时间一般为 3 个月以上，中期预报时间一般为 3 天至 3 个月，短期预报的预报时间一般为 6 小时至 3 天，短临预报时间一般为 6 小时以内。

4. 根据预报的性质和用途分类

根据泥石流预报性质和用途可将泥石流预报分成背景预测、预案预报、判定预报和确定预报。

（1）背景预测是根据某区域或拘谷内泥石流发育条件分析，对该区域或沟谷内较长时间段泥石流活动状况的预测，以指导该区域或沟谷内土地利用规划和工程建设规划等经济建设布局。

（2）预案预报是对某区域或沟谷当年、当月、当旬或几天内有无泥石流活动可能的预报，以指导泥石流危险区做好减灾预案。

（3）判定预报是根据降雨过程判定在几小时至几天内某区域或沟谷有无泥石流发生的可能，指导小区域或沟谷内泥石流减灾。

（4）确定预报是根据对降雨监测或实地人工监测等，确定在数小时内将暴发泥石流的临灾预报，预报结果直接通知到危险区的人员，并组织人员撤离和疏散。

5. 根据预报的泥石流要素分类

根据预报的泥石流要素可将泥石流预报分成流速预报和流量预报、规模预报。

（1）流速和流量预报都是对通过某一断面的沟谷泥石流流速和流量进行预报。一般是针对某一重现期泥石流要素进行预报，计算泥石流泛滥范围和划分危险区，为泥石流减灾工程设计服务。

（2）规模预报是对泥石流沟一次泥石流过程冲出物总量和堆积总量的预报，对泥石流减灾工程设计、泥石流堆积区土地利用规划等都有重要意义。

6. 根据预报的灾害结果分类

根据预报的灾害结果可将泥石流预报分成泛滥范围（危险范围）预报和灾害损失预报。

（1）泛滥范围预报是泥石流流域土地利用规划、危险性分区、安全区和避难场所划定和选择的重要依据。

（2）灾害损失预报是对泥石流灾害可能造成损失的预报，是政府减灾和数灾部门制定减灾和救灾预案的重要依据。

7. 根据预报方法分类

泥石流预报方法种类繁多，但归纳起来可以分成定性预报和定量预报两大类。

（1）定性预报是通过对泥石流发生条件的定性评估来评价区域或沟谷泥石流活动状况，一般用于中、长期泥石流预报。定量预报是通过对泥石流发育的环境条件和激发因素进行量化分析，确定泥石流活动状况或发生泥石流的概率，一般用于泥石流短期预报和短临预报，给出泥石流发生与否的判定性预报和确定性预报。

（2）定量预报又可以分为基于降雨统计的统计预报和基于泥石流形成机理的机理预报。

1）统计预报是对发生的泥石流历史事件进行统计分析，确定临界降雨量，作为泥石流预报依据，是目前研究和应用最多的一种预报方法。

2）机理预报是以泥石流形成机理为基础，根据流域内土体力学特征变化过程预报泥石流是否发生。目前，泥石流形成机理研究尚不成熟，机理预报尚处于探索阶段。

根据不同分类依据，可将泥石流预报分成许多类型。不同类型的预报存在相互交叉和包容关系。综合分析后建立了泥石流预报分类树，以反映泥石流预报类型及相互间关系。实际应用时，可根据不同地区、防护对象重要程度等选择一种或多种方法，对泥石流灾害进行预报，为防灾、减灾服务。

第10章 降水蓄渗工程设计

我国是一个水资源贫乏的国家，水资源时空分配极为不均，占国土面积50%以上的干旱半干旱地区水资源尤为贫乏。另外，随着国内城市化进程的加快，生产建设活动直接改变了区域下垫面条件，地表不透水面积增加，使得雨水自然下渗量减少，径流量加大，加重了区域雨水排泄负担，内涝频发。基于此，在生产建设项目建设过程中，宜结合所在区域水资源情况，以及现阶段海绵城市“渗、滞、蓄”的建设要求，根据地域、降雨时空分布不均及水资源短缺等方面的特点，实施能够满足生产建设项目建成区蓄渗需求的降水蓄渗工程措施配套建设。

10.1 降水蓄渗工程基本要求

降水蓄渗工程主要是针对地表雨水径流和区域下垫面雨水入渗进行调控而采取的工程措施。在水资源贫乏地区，采取适宜的措施将雨水滞留并适当加以利用，在降水丰沛以及易发生内涝区域增加雨水入渗措施，以此促进雨水入渗、地下水资源储备。

10.1.1 适用范围

1. 不同降水情况地区的降水蓄渗工程措施

我国降水呈现出南方多、北方少，东部多，西部少，山区多、平原少，且从东南沿海向西北内陆逐渐减少。全国年降水量的分布由东南地区的超过3000mm向西北地区递减至少于50mm；时间分布上极不均衡，夏秋多，冬春少，总体表现为降水量越少的地区，年内集中程度越高。降水蓄渗工程主要结合各地降水量情况设置，降水量越少、年内集中程度越高的地区基本上属于蓄水需求程度比较高的区域，降水量较多区域则对工程入渗措施需求比较高。

在我国京津华北地区、西北地区、辽河流域、辽东半岛、胶东半岛等地，地区水资源总量少，属于资源性缺水地区；而长江、珠江、松花江流域，西南诸河流域以及南方沿海地区（尤以西南诸省较为严重），由于特殊的地理和地质环境等出现天然降水存不住、蓄水设施建设跟不上而留不住水的情况，导致区域水资源供需失衡，属于工程性缺水地区；而在一些现状水资源比较丰沛区域，尤其是地处沿海经济发达地区的部分区域，则由于水资源受到各种污染，存在水质恶化不能使用而产生的水质性缺水状况。

在资源性和工程性缺水地区建设工程，应加强降水蓄存利用工程的设计和建设，利用天然降水或者收集蓄存后作为可用水源，或者采取入渗措施补充地下水等，在减少地表径流控制水土流失的同时，可有效利用雨水为植物生长等提供一定的水源补给；在水质性缺水地区建设工程，应加强场区雨水入渗、水质净化等配套工程的设计和建设。注重场区初期径流污染控制、净化水质，以及限制雨水流失、增加雨水下渗缓解内涝等措施，是缓解工程建设对区域雨水资源所带来负面效应的有效手段。

2. 海绵城市建设中的降水蓄渗工程措施

近年兴起的海绵城市建设主要是针对传统城市建设模式的“逢雨必涝，旱涝急转”的状况，综合采取“渗、滞、蓄、净、用、排”等措施，充分发挥建筑、道路和绿地、水系等生态系统对雨水的吸纳、蓄渗和缓释作用，有效控制雨水径流，实现自然积存、自然蓄渗、自然净化的城市发展方式，其采用的工程措施多为植草沟、透水砖、雨水花园、下沉式绿地等属于降水蓄渗范围的措施。

10.1.2　工程类型及适用条件

1. 工程类型

降水蓄渗工程主要包括蓄水工程和入渗工程两种类型。

蓄水工程多用于水资源短缺地区，所收集雨水主要用于植被灌溉、城市杂用和环境景观用水等。水土保持工程中多针对农业补充灌溉用水和建设区域内植被种植养护用水而设置，如果确需雨水回用且有水质要求时，还需要根据城市建设、环境保护等行业相关规定进行水质净化工程的配套设置。蓄水工程按照应用区域分为雨水集蓄工程、雨水收集回用工程（主要应用于建筑小区及管理场站）。雨水集蓄工程多应用于非城镇建设项目区，以收集蓄存坡面、路面和大范围地面雨水为主。雨水收集回用工程则以收集蓄存场区范围内的屋顶、绿地及硬化铺装地面雨水为主，现阶段海绵城市建设中“滞、蓄”等治理措施均属于此类蓄水工程设施。

入渗工程则主要用于消减区域径流汇聚而产生的雨水内涝，减轻防洪压力。在工程实际中，蓄水利用工程的开发利用较广泛，而入渗工程多根据建设区域的特殊要求而设。入渗工程多结合项目区土壤地质和地下水位状况，采取增加土壤入渗率、扩大入渗面积和蓄水空间等措施来强化雨水入渗。结合现阶段海绵城市中“渗、滞、蓄”的理念，入渗工程设施初步分为兼具景观与雨水净化功能的入渗设施、强化雨水就地入渗设施等两类。其中，前者通常有雨水花园、蓄水湿地、湿塘、生物滞留池、调节塘、植草沟等；强化雨水就地入渗设施主要包括绿地入渗、透水铺装地面入渗、渗透浅沟、渗透洼地、渗透管、入渗井、入渗池等，或为上述入渗方式的组合。

2. 适用条件

（1）蓄水工程适用条件。

1）蓄水工程主要应用于多年平均年降雨量小于 600mm 的北方地区。另外，在云南、贵州、四川、广西、重庆等南方石漠化严重地区，以及海岛和沿海等淡水资源短缺地区，多根据地表水资源利用和植被生长需水需求设置蓄水工程。

2）多年平均年降雨量小于 600mm，且位于城镇区域内的建设项目，可根据项目运行

管理和城镇规划要求设置蓄水工程。

3）蓄水工程亦可作为雨水调蓄设施应用于降雨量较大地区。

（2）入渗工程适用条件。入渗工程适用于土壤渗透系数为$10^{-6}\sim10^{-3}$m/s，且渗透面距地下水位大于1.0m的区域。存在陡坡坍塌和滑坡灾害的危险区域以及自重湿陷性黄土、膨胀土和高含盐土等特殊土壤区域不允许设置入渗工程，且不得对居住环境和自然环境造成危害。

10.2 工 程 设 计

降水蓄渗工程通常包括蓄水工程和入渗工程两部分内容，本节分别按照蓄水工程和入渗工程内容进行介绍，同时辅以部分工程案例略做说明。在实际应用中，可根据项目建设区域的不同要求，将蓄水和入渗工程或单独设置、或配合使用。

10.2.1 设计原则

（1）对于因项目建设和生产运行引起的坡面漫流、河槽汇流增大等问题，应采取降水蓄渗工程进行治理，降水蓄渗形式可根据项目区降水条件、收集雨水区域面积、植被恢复与建设面积以及植被恢复后期养护管理用水需求等方面的因素综合考虑，统筹布置。

（2）鉴于雨水利用的季节性，降水蓄渗工程应充分考虑降雨的时效性，慎重确定工程规模，并选择适宜的处理工艺和结构型式，以保证投资和运行费用的合理性。而且在条件允许时，尤其是蓄水工程应考虑其他可利用水源作为其补充水源。

10.2.2 蓄水工程设计

蓄水工程是指为了存蓄雨水径流而设置的收集蓄存雨水设施，既可以应用于资源性和工程性缺水地区进行雨水收集，用于植被灌溉、城市杂用和环境景观用水等，又可以作为雨水调蓄设施辅助缓解内涝、强化入渗等。由于该类工程应用的季节性较为明显，需根据当地的水资源情况和经济发展水平统筹布设。工程设计应尽量简化处理工艺，减少投资和运行费用。有条件时，可利用其他水源作为补充水源以提高蓄水工程的利用率。

蓄水工程由集流系统、雨水收集输送系统、雨水蓄存设施、以及初期弃流和过滤净化等附属设施组成。本节主要对雨水集蓄工程、雨水收集回用工程规模确定以及设施设计进行详细说明，对雨水初期弃流、过滤净化等附属设施仅进行简要介绍，拟进一步了解具体设计需参考相关行业规范、技术手册等。

10.2.2.1 设计所需基本资料

1. 气象水文资料

工程所在地应有10年以上的气象站或雨量站的实测资料。当实测资料不具备或不充分时，可根据当地水文手册进行查算或采用当地市政暴雨强度公式计算。

2. 地形地质资料

（1）满足工程平面布置及建筑物布置要求的1∶500～1∶1000地形图。

（2）拟建蓄水建筑物区域地勘资料，城镇区域工程还应有其周边现状地下管线和地下构筑物的资料。

3. 其他资料

（1）各类集流面的面积，如屋面、地面、道路及坡面的面积。

（2）需灌溉养护的植被类型、种植面积及相应植被耗水定额等。若有其他用水要求，还应包括其他用水的需水类型、耗水定额及频次调查资料。

（3）项目区周边已建蓄水工程类型，相关蓄水设施形式及设计参数等。

（4）项目建设区建筑材料类型及来源等。

10.2.2.2　蓄水工程规模确定

鉴于雨水利用的季节性，蓄水工程的处理工艺和结构设计应充分考虑雨水利用的时效性，慎重确定工程规模，以保证投资和运行费用的合理性。蓄水工程设计时，首先需对受水对象需水量和区域可集雨量进行水量平衡分析计算，根据计算结果确定经济合理的雨水收集、蓄存设施规模。

1. 受水对象需水量与区域可集雨量水量平衡分析

水量平衡分析是确定降水蓄渗工程设计方案、工艺系统和相关构筑物的一项重要工作，是蓄水工程经济性与合理性的重要保证。水量平衡分析包括受水对象需水量、区域可利用水量和外排雨水量等内容。

（1）受水对象需水量。蓄水工程一般用于项目管理区（主体工程永久占地区、永久办公生活区、道路等）植被种植、养护用水的收集利用，当渣场、料场等特殊区域有植被养护需求时，可根据实际情况和场区特点选择使用，当工程项目中含有移民安置方面的内容时，亦可考虑移民安置区内的水源综合利用要求设置。当蓄水工程作为海绵城市建设中的“滞、蓄”设施时，则可根据项目区所需调蓄水量而设，不需进行受水对象需水量计算。设计时受水对象需水量分两种情况进行。

1）蓄水工程主要服务方向为植被种植、养护等。需水量计算应根据区域种植养护植物的需水特性，采用非充分灌溉的原理，确定补充灌溉的次数及每次补灌量。鉴于我国地域广、植物种类繁多的特点，根据工程所在地域不同，可结合区域气候条件、降雨特点及植物生长要求，参考生产建设项目所在地区植物用水定额以及种植情况确定用水量。

2）蓄水工程作为移民安置区综合利用水源时，移民安置区内的需水对象为居民用水、公共建筑用水、饲养畜禽用水、浇洒道路和绿地用水等，具体用水量可根据各地区用水定额标准、《村镇供水工程技术规范》（SL 310）、《建筑给水排水设计规范》（GB 50015）中相关规定及计算公式确定。

（2）区域可利用水量。区域可利用水量通常包括区域可收集雨水径流量和其他可利用水源。其他可利用水源通常作为蓄水工程的补充水源，视工程所在地区情况而定，以提高蓄水工程利用率。可收集雨水径流量通常根据是否接受项目区直接降雨面以外的客水分两种情况进行计算。

当可集雨量包括项目区直接降雨面以外的客水（如山区道路工程，除道路表面的降雨，还应包括沿线坡面以及冲沟的雨）时，采用水利工程的计算方法，根据排洪标准、流域面积及所收集客水区域的特征参数确定相应的可收集雨量；当仅收集直接受水面积（如建设项目区管理场站场区地坪）上的雨水时，通常采用市政工程的雨量计算方法，根据地

区暴雨洪水标准，按多年平均降雨量、汇水面积及综合径流系数估算区域内可收集集雨量。前者通常应用于道路、坡面以及有特殊要求的渣场和料场等区域雨水收集量计算，其计算方法适用于雨水集蓄工程；而后者则主要应用于主体工程永久占地区、永久办公生活区以及移民安置区内的屋面、绿地、硬化地面等的雨水回用工程的雨水收集量计算。

雨水回用工程的雨水收集量仅为直接受水面积上的降水，集雨量按式（10.2-1）计算。

$$W=10\psi HF \tag{10.2-1}$$

式中 W——雨水设计径流总量，m^3；

H——设计降雨厚度，降雨重现期宜取 1～2 年，也可根据《室外排水设计规范》（GB 50014）或相关地方标准选取，mm；

F——汇水面积，hm^2；

ψ——雨量径流系数，可根据表 10.2-1 选取。

式（10.2-1）中的径流系数为同一时段内流域径流量与降雨量之比，径流系数为小于 1 的无量纲常数。具体计算时，当有多种类集流面时，可按 $\psi=\frac{\sum\psi_i F_i}{\sum F_i}$ 计算，ψ_i 为每部分汇水面的径流系数，可参考表 10.2-1 的经验数据选用；F_i 为各部分汇水面的面积。

表 10.2-1　径流系数

集流面种类	雨量径流系数 ψ
硬屋面、未铺石子的平屋面、沥青屋面	0.8～0.9
铺石子的平屋面	0.6～0.7
绿化屋面	0.3～0.4
混凝土和沥青路面	0.8～0.9
块石等铺砌路面	0.5～0.6
干砌砖、石及碎石路面	0.4
非铺砌的土路面	0.3
绿地和草地	0.15
水面	1
地下建筑覆土绿地（覆土厚度≥500mm）	0.15
地下建筑覆土绿地（覆土厚度<500mm）	0.3～0.4

2. 收集与蓄存构筑物规模确定

蓄水工程设计通常按收集雨水区域内既无雨水外排又无雨水入渗考虑，即按照可集雨量全部接纳的方式确定雨水收集与蓄存设施的规模。当建设区域内的可收集雨水量超过区域内受水对象的需水量时，需考虑增加雨水溢流外排或入渗设施时，可参考相关规范或技术手册设计内容。

根据计算确定的总需水量和可集雨量按式（10.2-2）、式（10.2-3）确定相应雨水收集与蓄存设施的工程规模：

$$W_{td}\geqslant 0.4W_d \tag{10.2-2}$$

$$V=0.94W_d \quad (10.2-3)$$

式中　W_{td}——雨水收集回用系统最高日用水量，m^3；

W_d——日雨水设计径流总量，有初期弃流时雨水总量应扣除设计初期雨水弃流量，m^3；

V——蓄水池有效容积，m^3。

10.2.2.3　雨水收集设施设计

生产建设项目建设过程中，主要对主体工程永久占地区、渣场、料场、道路以及工程永久办公生活区内硬化的空旷地面、路面、坡面、屋面等可集雨面进行雨水收集。雨水收集设施设计时，应根据不同的雨水径流收集面，采取不同的雨水输送措施。雨水收集设施主要包括集流面、集水及输水沟（管）槽等。若雨水蓄集使用对水质要求较高时，则需要在雨水收集设施末端考虑增设初期雨水弃流装置、雨水沉淀和雨水过滤等常规水质处理等附属设施。

1. 雨水收集设施系统计算

雨水收集系统设计计算首先需确定集流面，然后按照区域内汇流面积、降雨强度等进行汇流流量计算，再根据计算汇流流量成果确定各集水以及输水沟（管）槽等的规模。

（1）集流面有效汇水面积。集流面有效汇水面积通常按汇水面水平投影面积计算。当集流面所收集雨水包括直接降雨面以外的客水时，还应计入客水的汇流面积。主体工程永久占地区内硬化的空旷地面、坡面、渣场、料场、道路等的有效汇水面积通常按汇水面水平投影面积计算；屋面汇水面积计算时，对于高出屋面的侧墙，应附加侧墙的汇水面积，计算方法执行现行国家标准《建筑给水排水设计规范》（GB 50015）的规定；若屋面为球形、抛物线形或斜坡较大的集水面，其汇水面积等于集水面水平投影面积附加其竖向投影面积的 1/2。图 10.2-1 为屋面雨水有效集水面积计算示意图。

（2）雨水输送设施。集水、输水沟（管）槽等为雨水输送设施。雨水集蓄工程通常根据雨水收集区域的汇流流量确定雨水收集设施规模。雨水收集回用工程的集流面与蓄水建筑物通常采用集水管连接，集水管设计主要为管径和配套系统的选择，其计算选型根据现行有效《室外排水设计规范》（GB 50014）和《给水排水工程管道结构设计规范》（GB 50332）中的相关规定进行。

2. 雨水收集设施构造要求

（1）屋面雨水收集设施。屋面雨水收集系统主要适用于项目建设区内较为独立的建筑，通过屋面收集的雨水污染程度较轻，可直接回用于浇灌、地面喷洒等杂用。

屋面的典型材料为混凝土、黏土瓦、金属、沥青以及其他木板或石板。作为集流面的屋顶应保持适当的坡度，以避免雨水滞留。由于沥青屋面雨水污染程度较深，设计中尽量避免使用。

屋面雨水收集可采用汇流沟或管道系统。对于城镇项目建设区域的屋面雨水收集通常采用管道系统。收集时，屋面径流经天沟或檐沟汇集进入管道（收集管、水落管、连接管）系统，经初期弃流后由储水设施储存。屋面排水沟应有足够的坡度以利于排水，并需定期维护和清洗，防止发生堵塞；排水沟进入落水管的进出口处可设置滤网或过滤器防止树叶和树屑进入。管材可采用金属管或者塑料管，其中镀锌铁皮管断面多为方形，铸铁管

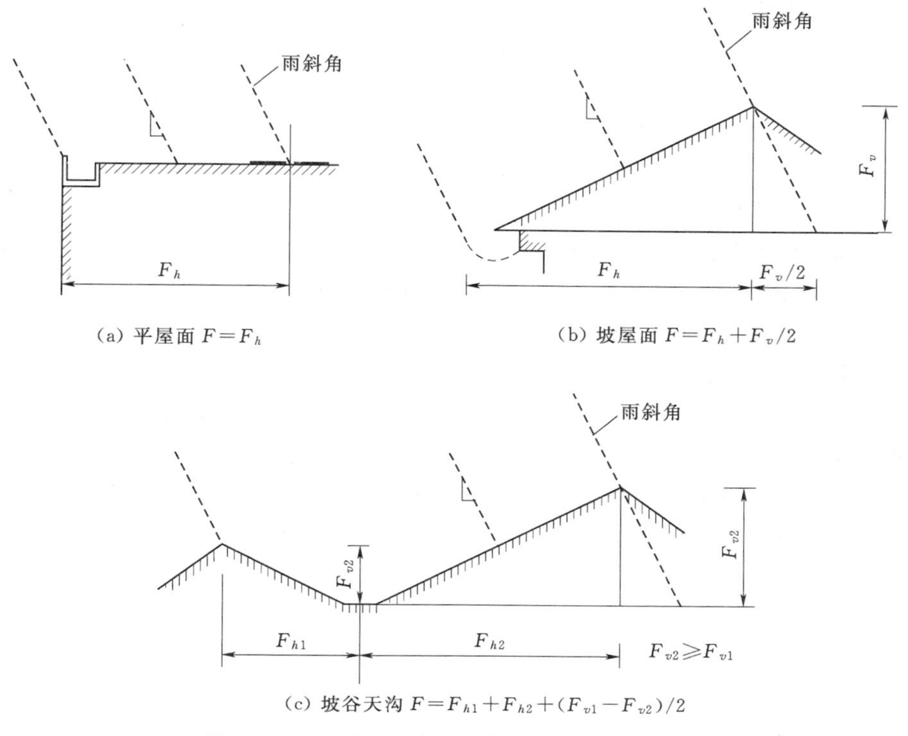

图 10.2-1　屋面雨水有效集水面积计算示意图

或塑料管多为圆形。

(2) 路面雨水收集及输水设施。可作为集流面的路面通常有混凝土路、沥青公路、砾石路面等。修建雨水输送设施时应注意保护道路原有排水系统并需满足公路的相关技术要求。雨水输送设施通常采用雨水管、雨水暗渠和明渠等。雨水管通常埋深较大，相应储水设施深度也较大，工程造价一般比较高；雨水暗渠或明渠埋深较浅，便于清理和衔接外围管系。水土保持工程中多采用雨水暗渠和明渠，考虑生态以及周边区域景观需求，也有利用道路两侧绿地或有植被自然排水浅沟的，后两种形式均与明渠类似；雨水暗渠和明渠的断面尺寸根据路面集流量的大小确定，断面多采用混凝土现浇、预制或浆砌石砌筑的梯形、方形或U形；渠道纵向坡度一般不宜小于1/300，渠道应进行防渗处理。

路面雨水采用雨水口收集时，通常选用具有拦污截污功能的成品雨水口，雨水口的形式和数量按照汇水面积所产生的径流量和雨水口的泄水能力确定，其计算及选型可参照市政相关设计规范进行。当系统设置弃流装置且连接多个雨水斗时，为防止不同流程的初期雨水相互混合导致初期冲刷效应减弱，各雨水斗至弃流装置的管长宜接近。

因路面收集的初期雨水含有较多的杂质，应设置沉淀池及初期弃流设备，有条件的也可将初期雨水排入污水管道至污水处理厂进行处理，以改善被利用的雨水水质。

3. 雨水收集系统附属设施

考虑雨水蓄集使用目的不同，尤其对水质要求较高时，需在雨水收集设施末端设置雨水初期弃流、过滤、沉淀等常规水质处理设施。附属设施主要包括过滤、沉淀和初期弃流

装置。当集流面收集雨水含沙量较大时，输水末端需设沉沙设备，雨水污染程度较大时，还应设计过滤装置。除绿化屋面外，其他形式集流面收集的雨水均应布置初期雨水弃流装置。

（1）雨水内杂物截留。为防止初期雨水中树叶、杂草、砖石块等漂浮物进入过滤、沉淀及弃流等设施内，通常于输水末端设筛网、格栅等拦截。道路集流需设格栅和筛网以去除雨水中较粗的悬浮物质，利用屋面集流只采用筛网过滤即可。

格栅、筛网形式多样，可选用成品，亦可就地取材。制作格栅时以细格栅为宜（栅条间距为 2～5mm），栅条材料多为金属，或可直接用型钢焊接。筛网为平面条形滤网，倾斜或平铺放置，滤网孔径 2～10mm。

（2）初期雨水弃流设施。一般情况下，弃流池根据雨水初期弃流量采用容积法设计，汇水面较大时，由于弃流收集效率不高且池容大需斟酌使用。初期雨水弃流量一般应按照建设用地实测收集雨水的污染物浓度变化曲线和雨水利用要求确定。当地区无相关资料时，可根据《建筑与小区雨水利用工程技术规范》（GB 50400）中的建议值进行初期雨水弃流量计算。其中，屋面弃流厚度取 2～3mm，地面弃流厚取 3～5mm，间隔 3 日以内的降雨不需弃流。初期弃流量按式（10.2-4）计算：

$$W_i = 10\delta F \tag{10.2-4}$$

式中　W_i——雨水净产流量，m^3；

δ——初期雨水弃流厚度，mm；

F——汇水面积，hm^2。

常见的初期弃流方法包括容积法弃流、小管弃流（水流切换法）等。弃流池可参照蓄水池及《建筑与小区雨水利用工程技术规范》（GB 50400）有关规定进行结构设计。弃流池一般为砖砌、混凝土现浇或预制，通常设于室外，可单独设置在集雨末端，亦可与蓄水设施连通设置（图 10.2-2）。降雨结束后，初期弃流可排入雨、污管道或就地排入绿地。

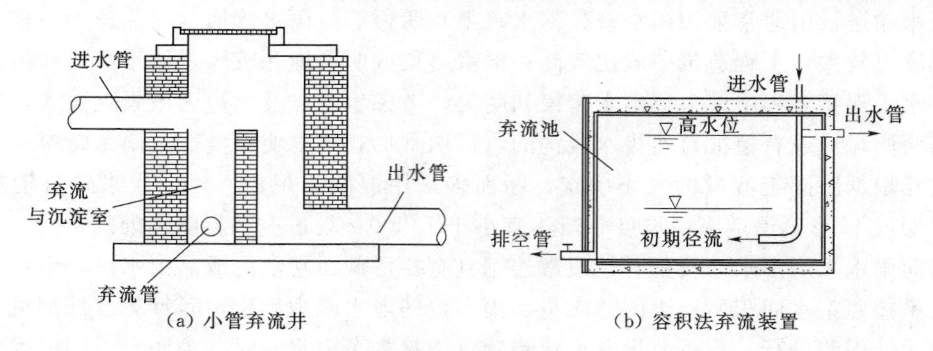

图 10.2-2　初期弃流装置示意图

（3）沉沙设施。当集蓄雨水含沙量较大时，集流输水末端需设置沉沙池。

1）有泥沙资料时，沉沙池利用式（10.2-5）、式（10.2-6）进行估算：

$$L = \sqrt{\frac{2Q}{v_c}} \tag{10.2-5}$$

$$v_c = 0.563 D_c^2 (\gamma - 1) \tag{10.2-6}$$

$$B=L/2$$

$$h=0.6\sim1.0\text{m}$$

式中 Q——上游雨水输送沟槽等的设计雨水流量，m^3/s；

v_c——设计标准粒径的沉降速度，m/s；

D_c——设计标准粒径，mm；

γ——泥沙颗粒密度，g/m^3；

L、B、h——沉沙池长、宽、深。

2）区域缺少泥沙资料时，可参考当地已有工程经验确定沉沙池结构尺寸。

根据多年已建工程经验，沉沙池多为矩形，宽度约为上游雨水输送沟槽等宽度的2倍，池体长度约为池体宽度的2倍，池深通常为1.5～2.0m。

沉沙池与蓄水构筑物间距应大于3m，池前需设拦污栅截漂浮物。

（4）过滤设施。拟收集雨水经初期弃流后，若需进一步去除雨水中剩余的悬浮物、胶体物质及有机物等，则需设置过滤池。实际工程经验中通常采用简易滤池，一般分为单层、多层滤池。单层滤池滤料多采用细砂作为滤层滤料，滤层厚度通常为80～200mm，滤料粒径0.5～1.2mm或1.5～2.0mm。多层滤池滤料则利用不同级别粒径的砂砾料进行分层铺设，通常按照卵石、粗砂、中砂三种材料粒径由大到小自下而上顺序铺设，滤层厚度参考单层滤料厚度，滤料层间设分隔密网（通常采用聚乙烯塑料密网），并定期清理更换滤料防止滤池堵塞。过滤池断面结构见图10.2-3。

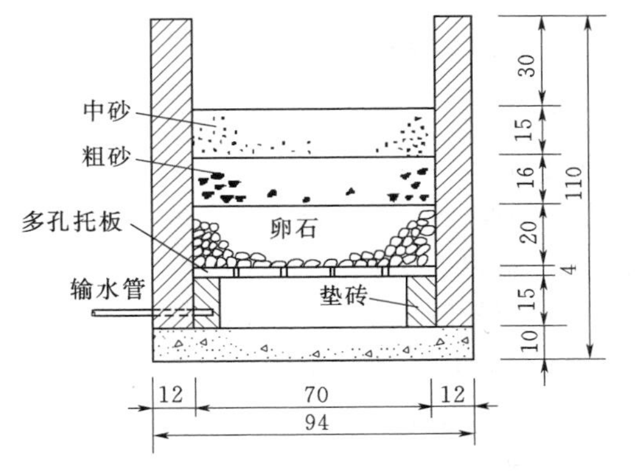

图10.2-3 过滤池断面结构图
（单位：cm）

10.2.2.4 雨水蓄存设施设计

雨水蓄存设施主要是为满足雨水利用要求而设置的雨水蓄存空间，所选择蓄水设施通常根据地形、土质、用途、建筑材料和社会经济等因素确定。比较常用的有水窖、蓄水池、集雨箱等。

1. 水窖

（1）水窖的类型。水窖根据修窖条件可分为井式水窖和窑式水窖。按照修建的结构不同可分为传统式土窖、水泥砂浆薄壁窖、盖碗窖、钢筋混凝土窖等。按采用的防渗材料不同又可分为胶泥窖、水泥砂浆抹面窖、混凝土和钢筋混凝土窖、人工膜防渗窖等。由于各地的土质条件、建筑材料及经济条件不同，可因地制宜选用不同结构的窖形。

井式窖比较常见的为胶泥防渗的传统式土窖，水泥砂浆薄壁窖、盖碗窖、球形窖、混凝土窖等多是在传统井式土窖基础上对窖身形式、防渗材料等方面优化改进而来。

窑式水窖多利用现有地形依崖面开挖而成，容积较大，通常为窄长形。土崖上开挖的形状通常为窑洞状，常见于西北地区。岩石崖面上开挖的通常为隧洞状，多见于西南地区。

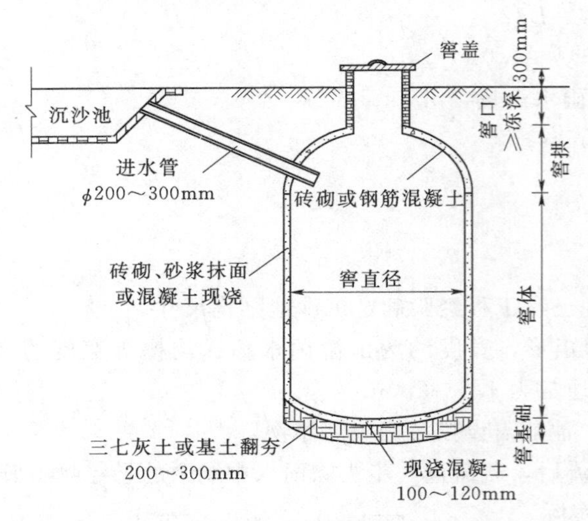

图10.2-4　井式水窖典型断面结构图

(2) 井式水窖。水窖结构包括窖口、窖盖、窖筒、窖拱、窖体、放水设备等。鉴于井式水窖中的水泥砂浆薄壁窖、盖碗窖、球形窖、混凝土窖等多是在传统井式土窖基础上优化改进而来，窖体结构基本相近，此处仅以土质山区比较常见的筒式水泥砂浆薄壁窖为例简略说明水窖的基本结构形式。井式水窖典型断面结构见图10.2-4。

1) 窖体：是水窖的主要蓄水部分，多为圆柱形。窖体深度根据地形、土质、施工难易程度灵活掌握确定，一般窖深以5～6m为宜；窖体直径结合所在区域土质情况不同而定，对于渗透性小的黏土一般为4～4.5m，黄土、黑壤土等最大宽度为3.5～4.0m；窖体常采用砖浆砌或混凝土现浇，水泥砂浆抹面的形式，现浇混凝土窖壁厚一般为100～150mm。

2) 窖拱：上部与窖口相连，深2～3m，球冠（穹隆）形，内径自上而下逐渐放大，下部与窖筒相接。一般采用砂浆砌砖拱或钢筋混凝土定型浇铸而成。砖砌窖拱的砂浆标号应不低于M10，混凝土拱的混凝土标号不宜低于C15，厚度不小于100mm。当土质较好时，也可采用厚30～50mm的黏土和水泥砂浆防渗。

3) 窖口：窖口直径一般为600～800mm，应高出地面300～500mm，以方便管理并防止地表污物及沙土进入窖内。采用砖或石砌筑。

4) 窖盖：一般为钢筋混凝土预制成的圆形顶盖，顶盖厚80～100mm，中心处需设置提环，方便开启。

5) 进水管：进水管多为圆形暗管，管径通常200～300mm，进口宜高出沉沙池底500mm以上，防止沉沙池淤积泥沙进入窖体。

(3) 窑式水窖。土崖上开挖的窑式水窖内壁可采用自然土、混凝土衬砌，也可以用胶泥（黏性好的黄土）做防渗材料处理窖壁。岩石崖面上开挖的窑式水窖内壁可采用浆砌石或混凝土衬砌。以土崖上开挖的窑式水窖为例，窑式水窖窖体通常由水窑、窑顶和窑门三部分组成，其典型断面结构见图10.2-5。

1) 水窑（蓄水部分）：深3～4m，长8～10m，断面为上宽下窄的梯形，上部宽3～4m，两侧坡比1∶0.12左右。

2) 窑顶（不蓄水部分）：长度与水窑一致，半圆拱形断面，直径3～4m，与水窑上部宽度一致（有的窑式水窖在窑顶中部留圆形取水井筒，直径0.6～0.7m，深度随崖坎高度而异，从窑顶上通地面取水口）。

3) 窑门：下部梯形断面，尺寸与水窑部分一致，通常由浆砌料石制成，厚0.6～0.8m，密封不漏水。窑门下部安装出水管，管体距离地面高度宜大于0.5m。上部半圆形

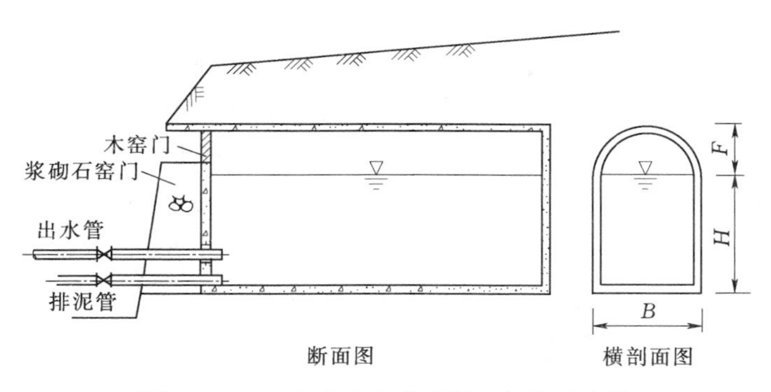

图 10.2-5 窑式水窖典型断面结构示意图

断面，尺寸与窑顶部分一致，由木板或其他材料制成。

（4）水窖的构造要求。土层内的水窖设计宽度不宜大于 4.5m，拱的矢跨比不宜小于 0.33，窖顶以上土体厚度应大于 3m，蓄水深度不宜大于 3m。窖顶壁和底均采用水泥砂浆或黏土防渗、无其他支护的水窖总深度不宜大于 8m，最大直径不宜大于 4.5m，顶拱的矢跨比不小于 0.5；窖顶采用混凝土或砖砌拱、窖底采用混凝土、窖壁采用砂浆防渗的水窖总深度不宜大于 6.5m，最大直径不宜大于 4.5m，顶拱的矢跨比不宜小于 0.3。

（5）水窖防渗及基础。土层内修建的水窖防渗材料可采用水泥砂浆抹面、黏土或现浇混凝土，当土质较好时，通常采用传统的胶泥防渗窖或水泥砂浆防渗窖；土质条件一般时，多采用混凝土防渗窖。

水泥砂浆抹面的砂浆标号不低于 M10，厚度应大于 30mm，亦可以在窖壁上按一定间距布设深度不小于 100mm 的砂浆短柱，与砂浆层形成整体。

黏土防渗时，黏土厚度为 30～50mm，同时在窖壁上按一定间距布设土铆钉，铆钉深度不小于 100mm 且不小于 20 个/m^2。采用混凝土防渗时，混凝土标号不应低于 C15，厚度可为 100mm。

水窖应坐落于质地均匀的土层上，以黏性土壤最好，黄土次之。水窖的地基土进行翻夯处理后，可采用厚 100mm 的现浇混凝土，也可以填筑 200～300mm 三七灰土垫层，垫层上抹 30～40mm 水泥砂浆。

2. 蓄水池

（1）蓄水池的类型。蓄水池按照基础埋置深度分为地上式或地埋式，按有无顶盖分为开敞式和封闭式，按形状特点分为圆形池和矩形池等，因建筑材料不同可分为砖体、浆砌石、混凝土蓄水池等。

开敞式蓄水池可建为地上式或地埋式，常见于区域地形比较开阔，所需水质要求不高的山区，属于季节性蓄水池，不具备防蒸发、保护水质的功能；封闭式蓄水池多为地埋式，适用于区域占地面积受限制或城镇建设项目区，可有效防止蒸发、保护水质。

蓄水池为圆形时，池体结构受力条件较好，在相同蓄水量条件下所用建筑材料较省，投资较少；矩形蓄水池尺寸灵活多变，受地形制约小。但矩形蓄水池的结构受力条件不如圆形池，同等容积耗费材料比圆形水池多。

（2）蓄水池结构设计。蓄水池设计时，其水量、水压、管道及设备的选择计算等应满足国家现行标准《建筑给水排水设计规范》(GB 50015) 的规定。

1) 容积计算。蓄水池容积主要由有效蓄水容积、池体的泥区容积和池体超高组成。有效蓄水容积根据蓄水设施规模确定，池体泥区容积根据所收集雨水的水质和排泥周期来确定，对封闭式存储池，可以参照污水沉淀池设置专用泥斗以节省空间；对敞开式蓄水池，排泥周期相对较长，泥区深度可按200～300mm来考虑。

蓄水池超高可根据表10.2-2取值。封闭式应不小于0.3m，开敞式应不小于0.5m。

表10.2-2　　蓄水池超高值

蓄水容积/m^3	<100	100～200	200～500
超高/cm	30	40	50

2) 荷载计算。不考虑地震荷载，只考虑蓄水池自重、水压力及土压力。计算时荷载组合根据表10.2-3中确定。

表10.2-3　　蓄水池设计荷载组合

蓄水池形式	最不利组合条件	蓄水池自重	水压力	土压力
开敞式	池内满水，池外无土	√	√	
封闭式	池内无水，池外有土	√		√

3) 池体结构及材料。

蓄水池池体结构形式多为矩形或圆形，池底及边墙可采用浆砌石、素混凝土或钢筋混凝土结构，在最冷月平均气温高于5℃的地区也可以采用防水砂浆抹面的砖砌体结构。浆砌石或砌砖结构的表面宜采用水泥砂浆抹面。修建在寒冷地区的水池，地面以上应覆土或采取其他防冻措施，保温防冻层厚度要根据当地气候情况和最大冻土层深度确定，保证池水不发生结冰和冻胀破坏。

采用浆砌石衬砌时，应采用强度不低于M10的水泥砂浆坐浆砌筑，浆砌石底板厚度不宜小于250mm；采用混凝土现浇结构时，素混凝土强度不宜低于C15，厚度不小于10cm；钢筋混凝土结构的混凝土强度不宜低于C20，底板厚度不宜小于80mm。

石料衬砌的蓄水池，衬砌中应专设进水口与溢水口；土质蓄水池的进水口和溢水口应进行石料衬砌。一般口宽400～600mm，深300～400mm，并需用矩形宽顶堰流量公式(10.2-7)校核过水断面。当蓄水池进口不是直接与坡面终端连接时，应布设引水渠，其断面与比降设计，可参照坡面排水沟的要求执行。计算公式为

$$Q=M\sqrt{2gb}h^{3/2} \tag{10.2-7}$$

式中　Q——进水(或溢洪)最大流量，m^3/s；

M——流量系数，采用0.35；

g——重力加速度，$9.81m/s^2$；

b——堰顶宽(口宽)，m；

h——堰顶水深，m。

封闭式蓄水池应尽量采用标准设计，或按Ⅴ级建筑物根据有关规范进行设计。

蓄水池除进、出水口外还应设溢流管，溢流管口高程应等于正常蓄水位。池内需设置

爬梯，池底设排污管。封闭式水池还应设清淤检修孔，开敞式蓄水池应设置护栏，高度不低于 1.1m。

4）地基基础。蓄水池设计时应按区域地质条件推求容许地基承载力，如地基的实际承载力达不到设计要求或地基会产生不均匀沉陷，则必须先采取有效的地基处理措施才可修建蓄水池。蓄水池底板的基础不允许坐落在半岩基半软基或直接置于高差较大或破碎的岩基上，要求有足够的承载力，平整密实，否则须采用碎石（或粗砂）铺平并夯实。

蓄水池坐落于土质基础上时，应对土基进行翻夯处理，深度不小于 40cm。当基础为湿陷性黄土时，需进行预处理，而且池体应优先考虑采用整体式钢筋混凝土或素混凝土结构。地基土为弱湿陷性黄土时，池底应填筑厚 300～500mm 的灰土层，并应进行翻夯处理，翻夯深度不宜小于 500mm；基础为中、强湿陷性黄土时，应加大翻夯深度，并应采取浸水预沉等措施。

（3）蓄水池构造要求。

1）开敞式蓄水池。开敞式蓄水池又分为全埋式和半埋式两种，全埋式蓄水池使用较广泛，半埋式蓄水池主要分布在开挖比较困难的地区，容积一般不小于 30m^3。开敞式蓄水池典型结构见图 10.2－6。

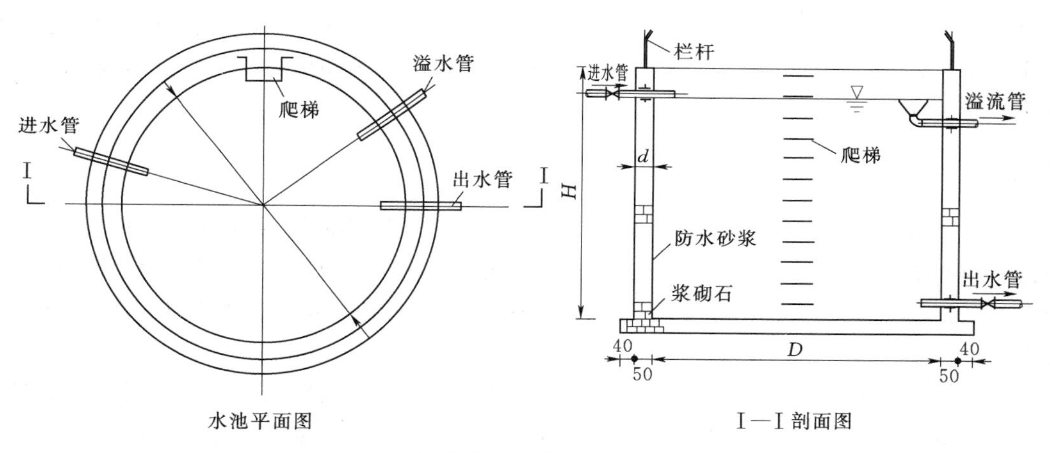

图 10.2－6 开敞式蓄水池典型结构图（单位：cm）

池体形式通常采用矩形或圆形，圆形池因受力条件好应用比较多。矩形池蓄水量小于 60m^3 时，多为近正方形布设，当蓄水池长宽比超过 3 时，池体中间需布设隔墙，隔墙上部留水口，以减少边墙侧压力及有效沉淀泥沙。

池体包括池底和池墙两部分。池底多为混凝土浇筑，混凝土标号不低于 C15。容积＜100m^3 时，护底厚宜为 100～200mm；容积≥100m^3 时，护底厚宜为 200～300mm。池墙通常采用砖、条石，混凝土预制块浆砌，水泥砂浆抹面并进行防渗处理，池墙厚度通过结构计算确定，一般为 200～500mm。

当蓄水池为高位蓄水池时，出水管应高于池底 300mm，以利水体自流使用，同时在池壁正常蓄水位处设溢流管。

全埋式蓄水池池体近地面处应设池沿，池沿宜高出地面至少 300mm，以防止池周泥土及污物进入池内，同时在池沿设置护栏，护栏高度不低于 1100mm，池内设梯步以方便取水。

2）封闭式蓄水池。封闭式蓄水池池体基本设在地面以下，其防冻、防蒸发效果好，但施工难度大，费用较高。池体结构形式可采用方形、矩形或圆形，池体材料多采用浆砌石、素混凝土或钢筋混凝土等。湿陷性黄土地区修建时，应尽量采用整体性好的混凝土或钢筋混凝土结构，不宜采用浆砌石结构。

池体设计尽量采用标准设计的钢筋混凝土结构，参考符合使用条件的蓄水池定型图集进行结构选型，结构设计应满足现行《给水排水工程钢筋混凝土水池结构设计规程》的要求。

蓄水池底宜设集泥坑和吸水坑，池底以不小于 5%的坡度坡向集泥坑，同时于集泥坑上方设检查口，以利清理淤泥。

3. 其他蓄水设施

除水窖、蓄水池外，城镇建设项目区或工程管理场站院所内，以收集蓄存场区范围内的屋顶、绿地及硬化铺装地面雨水为主时，一些蓄水设施定型产品也有应用。蓄水设施定型产品包括玻璃钢、金属或塑料制作的地上式定型储水设备，主要在建设项目永久占地区内的管理场站使用，通常用于收集屋面雨水。该种集雨箱（桶）可根据要求选材制作，亦可选用成品，安装简便，维护管理方便，但需占地，水质不易保障，不具备防冻功能，使用季节性较强。

10.2.3　入渗工程设计

入渗工程是为了解决城镇建设规模日益增加，建筑物逐渐增多，区域硬化地面过多，使得区域雨水无法回到地下而采取的一种增加雨水入渗、消减区域外排径流量和洪峰流量的工程措施。入渗工程的主要作用在于控制初期径流污染，减少雨水流失、增加雨水下渗等。

入渗工程通常包括集流面、雨水收集输送设施和渗透设施构成。入渗工程所涉及的集流面、雨水收集输送设施与蓄水工程设计相同，具体可参照蓄水工程中雨水收集设施的相关内容配置，不再赘述，本节仅对渗透设施设计进行相关说明。

10.2.3.1　设计所需基本资料

1. 气象水文资料

工程所在地应有 10 年以上的气象站或雨量站的实测资料。当实测资料不具备或不充分时，可根据当地水文手册进行查算或采用当地市政暴雨强度公式计算。

2. 地形地质资料

（1）满足工程平面布置及建筑物布置要求的 1：500～1：1000 地形图。

（2）拟建入渗设施区域地勘资料，城镇区域工程还应有其周边现状地下管线和地下构筑物的资料。此外，还应有建筑区域滞水层及地下水分布、土壤类型及渗透系数等方面的资料。

3. 其他资料

（1）各类集流面的面积，如屋面、地面、道路及坡面的面积。

（2）与区域景观、雨水净化功能相结合的入渗设施还应有设施内种植植被类型、种植面积及相应植被耗水定额等资料。

（3）项目区周边已建入渗工程类型，相关入渗设施型式及设计参数等。

（4）项目建设区建筑材料类型及来源等。

10.2.3.2 渗透设施计算

在设计绿地、透水地面、渗透浅沟等雨水直接就地入渗的设施时，可根据区域进水量和渗透能力直接计算出所需渗透面积，而后确定长度、宽度等尺寸。

1. 渗透设计进水量

渗透设施进水量按式（10.2-8）计算：

$$W_c = 1.25\left[60 \times \frac{q_c}{1000} \times (F_y \times \psi_m + F_0)\right] t_c \tag{10.2-8}$$

式中 W_c——降雨历时内，进入渗透设施的设计总降雨径流量，m^3；

q_c——渗透设施产流历时对应的暴雨强度，$L/(s \cdot hm^2)$；

F_y——渗透设施服务的集水面积，hm^2；

F_0——渗透设施的直接受水面积，hm^2，埋地渗透设施为0；

ψ_m——平均径流系数；

t_c——降雨历时，min。

式中 q_c 为暴雨强度的瞬时降雨强度，当暴雨强度为平均降雨强度时，式（10.2-8）中取消1.25的系数。

2. 渗透设施的渗透量

渗透设施的日渗透能力依据日雨水量当日渗透完的原则而定。渗透设施的日渗透能力，不应小于其汇水面上的重现期2年的日雨水设计径流总量，其中入渗池、入渗井的日入渗能力应大于等于汇水面上的日雨水设计径流总量的1/3。下凹式绿地所接受的雨水汇水面积不超过该绿地面积2倍时，可不进行入渗能力计算。

渗透量按式（10.2-9）计算：

$$W_s = \alpha K J A_s t_s \tag{10.2-9}$$

式中 W_s——渗透量，m^3；

α——综合安全系数，一般可取0.5～0.8；

K——土壤渗透系数，m/s；

J——水力坡降，一般可取 $J=1.0$；

A_s——有效渗透面积，m^2；

t_s——渗透时间，s。

（1）土壤渗透系数的确定。以实测资料为准，在无实测资料时，可参照表10.2-4选用。

（2）渗透设施的有效渗透面积的确定。计算渗透设施的有效渗透面积时，水平渗透面按投影面积计算，竖直渗透面按有效水位高度的1/2计算，斜渗透面按有效水位高度的1/2所对应的斜面实际面积计算，位于地下的渗透设施不计顶板的渗透面积。

表10.2-4 土壤渗透系数

地层	地层粒径		渗透系数 $K/(\mathrm{m/s})$
	粒径/mm	所占重量/%	
黏土			$<5.7\times10^{-8}$
粉质黏土			$5.7\times10^{-8}\sim1.16\times10^{-6}$
粉土			$1.16\times10^{-6}\sim5.79\times10^{-6}$
粉砂	>0.075	>50	$5.79\times10^{-6}\sim1.16\times10^{-5}$
细砂	>0.075	>85	$1.16\times10^{-5}\sim5.79\times10^{-5}$
中砂	>0.25	>50	$5.79\times10^{-5}\sim2.31\times10^{-4}$
均质中砂			$4.05\times10^{-4}\sim5.79\times10^{-4}$
粗砂	>0.50	>50	$2.31\times10^{-4}\sim5.79\times10^{-4}$
圆砾	>2.00	>50	$5.79\times10^{-4}\sim1.16\times10^{-3}$
卵石	>20.00	>50	$1.16\times10^{-3}\sim5.79\times10^{-3}$
稍有裂隙的岩石			$2.31\times10^{-4}\sim6.94\times10^{-4}$
裂隙多的岩石			$>6.94\times10^{-4}$

3. 渗透设施有效贮水容积

渗透设施的有效贮水容积按式(10.2-10)计算:

$$V_s\geqslant\frac{W_p}{n_k} \tag{10.2-10}$$

式中 V_s——渗透设施的有效存贮容积,m^3;

n_k——存贮层填料的孔隙率,孔隙率应不小于30%,无填料者取1。

10.2.3.3 入渗设施布置

入渗工程可单独设置,以雨水收集输送设施和渗透设施组合的形式构成,亦可与蓄水工程配套设置,作为蓄水工程超规模外排水量的吸纳设施。

在综合考虑入渗工程适用范围的基础上,渗透设施布置应保证其周围建筑物及构筑物的安全,具体应该避开地下结构物、生活基础设施管线及地下水作为饮用水的区域及陡坡区,且与建筑物基础边缘距离应大于3.0m,避免建在建筑物回填土区域内,距建筑物基础回填区域的距离应不小于3.0m。

地面入渗设施内的植物配置应与入渗系统相协调,绿地内的植物应具备一定的耐水性,通常各种花卉的耐水性较差,灌木和草类具有较强的耐浸泡能力,入渗设施与景观绿化相结合时,应避免在低洼处种植大量花卉。

入渗工程应设置溢流设施。雨季连续降雨、渗透设施渗透能力下降,当发生超过入渗设计标准的降雨时,可通过溢流设施将积水排走。

10.2.3.4 兼具景观与雨水净化功能相结合的入渗设施

该类入渗设施通常有雨水湿地、生物滞留设施、渗透塘、湿塘、调节塘、植被缓冲带等。

1. 雨水湿地

雨水湿地利用物理、水生植物及微生物等作用净化雨水,是一种高效的径流污染控制

设施。雨水湿地分为雨水表流湿地和雨水潜流湿地，无论哪种类型湿地，通常均设计成防渗型以便维持雨水湿地植物所需要的水量，雨水湿地常与湿塘合建并设计一定的调蓄容积。

雨水湿地一般由进水口、前置塘、沼泽区、出水池、溢流出水口、护坡及驳岸、维护通道等构成。进水口和溢流出水口应设置碎石、消能坎等消能设施，防止水流冲刷和侵蚀；前置塘主要对径流雨水进行预处理；沼泽区包括浅沼泽区和深沼泽区，是雨水湿地主要的净化区，其中浅沼泽区水深范围一般为0～0.3m，深沼泽区水深范围一般为0.3～0.5m，根据水深不同种植不同类型的水生植物；雨水湿地的调节容积应在24h内排空；出水池主要起防止沉淀物的再悬浮和降低温度的作用，水深一般为0.8～1.2m，出水池容积约为总容积（不含调节容积）的10%。雨水湿地典型构造示意图见图10.2-7。

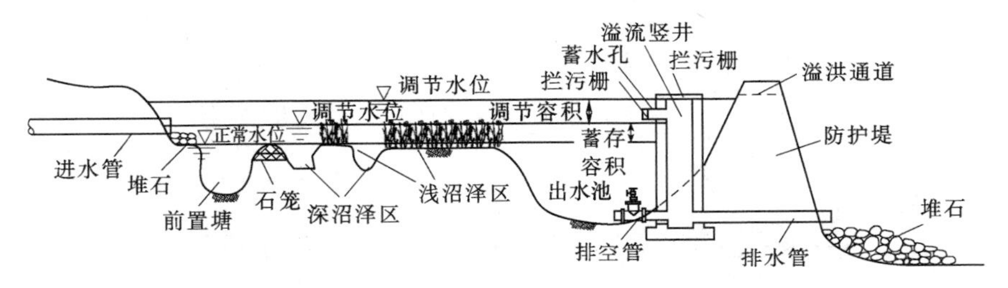

图10.2-7 雨水湿地典型构造示意图

2. 生物滞留设施

生物滞留设施指在地势较低的区域，通过植物、土壤和微生物系统蓄渗、净化径流雨水的设施。生物滞留设施形式多样、适用区域广、易与景观结合，径流控制效果好，建设费用与维护费用较低。

（1）生物滞留设施类型和适用区域。生物滞留设施分为简易型生物滞留设施和复杂型生物滞留设施，简易型生物滞留设施中仅覆植被种植土层和覆盖层，复杂型生物滞留设施除植被种植土层和覆盖层外，还需设置人工填料层和砾石层等。生物滞留设施按应用位置不同可以称为雨水花园、生物滞留带、高位花坛、生态树池等。

生物滞留设施主要适用于建筑与小区内建筑、道路及停车场的周边绿地，以及城市道路绿化带等城市绿地内。对于径流污染严重、设施底部渗透面距离季节性最高地下水位小于1 m及距离建筑物基础小于3 m（水平距离）的区域，可采用底部防渗的复杂型生物滞留设施。简易型生物滞留设施典型构造示意见图10.2-8，复杂型生物滞留设施典型构造示意见图10.2-9。

（2）生物滞留设施布置。生物滞留设施对屋面径流雨水、道路径流雨水等进行蓄渗时，屋面径流雨水通过雨落管接入生物滞留设施，道路径流雨水通过路缘石豁口进入，路缘石豁口尺寸和数量应根据道路纵坡等经计算确定。应用于道路绿化带时，若道路纵坡大于1%，应设置挡水堰或台坎，以减缓流速并增加雨水渗透量；设施靠近路基部分应进行防渗处理，防止对道路路基稳定性造成影响。

生物滞留设施宜分散布置且规模不宜过大，设施面积与汇水面面积之比一般为5%～10%。生物滞留设施内需设置溢流设施，可采用溢流竖管、盖箅溢流井或雨水口等，溢流

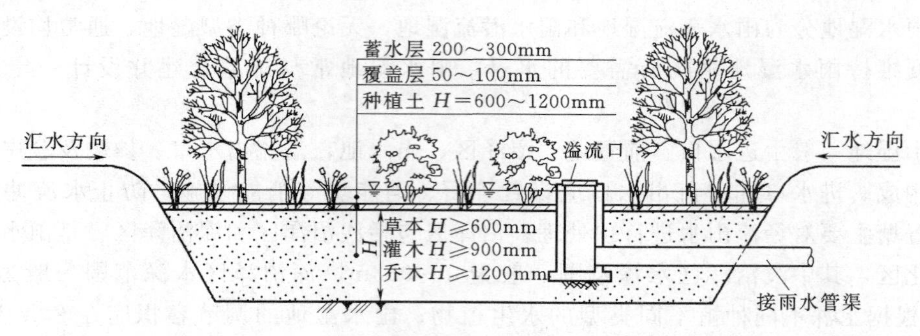

图10.2-8　简易型生物滞留设施典型构造示意图

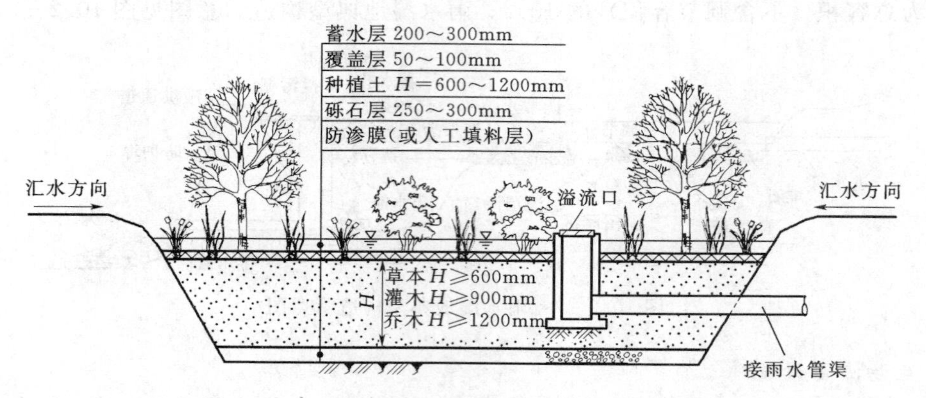

图10.2-9　复杂型生物滞留设施典型构造示意图

设施顶一般应低于汇水面100mm。

复杂型生物滞留设施结构层外侧及底部应设置透水土工布，防止周围原土侵入。如经评估认为下渗会对周围建（构）筑物造成塌陷风险，或者拟将底部出水进行集蓄回用时，可在生物滞留设施底部和周边设置防渗膜。

（3）生物滞留设施结构要求。生物滞留设施一般由蓄水层、覆盖层、植被及种植土层、人工填料层和砾石层等5部分组成。

1）蓄水层。为暴雨提供暂时的储存空间，使部分沉淀物在此层沉淀，进而促使附着在沉淀物上的有机物和金属离子得以去除。蓄水层深度应根据周边地形、当地降雨特性以及植物耐淹性能和土壤渗透性能等因素来确定，一般为200～300mm，并应设100mm的超高。

2）覆盖层。覆盖层对生物滞留设施起着十分重要的作用，可以保持土壤的湿度，避免表层土壤板结而造成渗透性能降低。一般采用树皮等有机材料进行覆盖，可在树皮与土壤接触界面上营造微生物环境，有利于微生物的生长和有机物的降解，同时还有助于减少径流雨水的侵蚀，其最大深度一般为50～80mm。

3）植被及种植土层（换土层）。种植土层一般选用渗透系数较大的砂质土壤，其主要成分中砂含量为60%～85%，有机成分含量为5%～10%，黏土含量不超过5%。种植土层厚度根据植物类型而定，当采用草本植物时一般厚度为250mm左右。生物滞留设施内

的植物应为多年生，并且可短时间耐水涝的植物，如大花萱草、景天等。

4）人工填料层多选用渗透性较强的天然或人工材料，其厚度应根据当地的降雨特性、生物滞留设施的服务面积等确定，多为 0.5～1.2m。当选用砂质土壤时，其主要成分与种植土层一致。当选用炉渣或砾石时，其渗透系数一般不小于 10^{-5} m/s。

5）砾石层起到排水作用。砾石层由直径不超过 50mm 的砾石组成，厚度 250～300mm。可在其底部埋置管径为 100～150mm 的穿孔排水管，砾石应洗净且粒径不小于穿孔管的开孔孔径，经过渗滤的雨水由穿孔管收集进入邻近的河流或其他排放系统。为提高生物滞留设施的调蓄作用，在穿孔管底部可增设一定厚度的砾石调蓄层。

通常填料层和砾石层之间应铺一层土工布，目的是防止土壤等颗粒物进入砾石层，但是这样容易引起土工布的堵塞。也可在人工填料层和砾石层之间铺设一层 150mm 厚的砂层，既能防止土壤颗粒堵塞穿孔管，还能起到通风的作用。

3. 渗透塘

渗透塘是一种用于雨水下渗补充地下水的洼地，具有一定的净化雨水和削减峰值流量的作用。渗透塘典型构造见图 10.2-10。

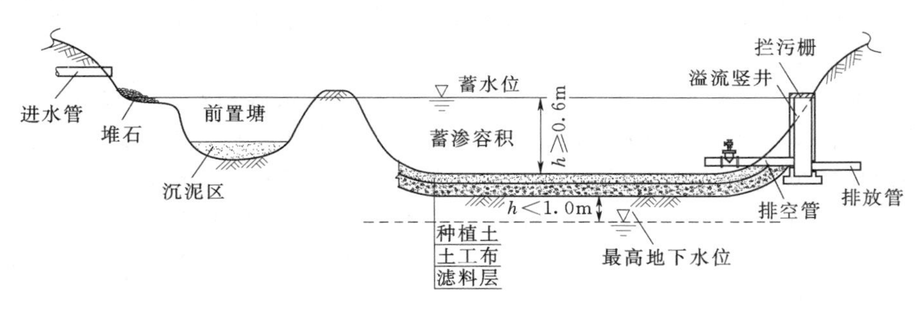

图 10.2-10 渗透塘典型构造图

渗透塘前应设置沉沙池、前置塘等预处理设施，去除大颗粒的污染物并减缓流速；有降雪的城市，应采取弃流、排盐等措施防止融雪剂侵害植物。渗透塘边坡坡度一般不大于 1∶3，塘底至溢流水位一般不小于 0.6m。渗透塘底部一般为 200～300mm 的种植土、透水土工布及 300～500mm 的过滤介质层，过滤介质层主要为砾石、碎石等。渗透塘排空时间不应大于 24h。

渗透塘出水口分单级和多级出水口，应结合渗透塘的控制目标具体选用。出水口主要包括竖管、放空管和排放管。排放管管径应根据设计流量及出水口是自由出流或淹没出流进行计算，竖管管径不宜小于排放管管径。放空管的管径应根据设计流量计算确定，放空管应采取防止淤泥堵塞的措施，放空管上应设平时常闭的阀门。

渗透塘应设溢流设施，并与城市雨水管渠系统和超标雨水径流排放系统衔接，渗透塘外围应设安全防护措施和警示牌。

4. 湿塘

湿塘指具有雨水调蓄和净化功能的景观水体，雨水同时作为其主要的补水水源。湿塘有时可结合绿地、开放空间等场地条件设计为多功能调蓄水体，即平时发挥正常的景观及休闲、娱乐功能，暴雨发生时发挥调蓄功能，实现土地资源的多功能利用。

湿塘一般由进水口、前置塘、主塘、溢流出水口、护坡及驳岸、维护通道等构成。湿塘典型构造见图 10.2-11。

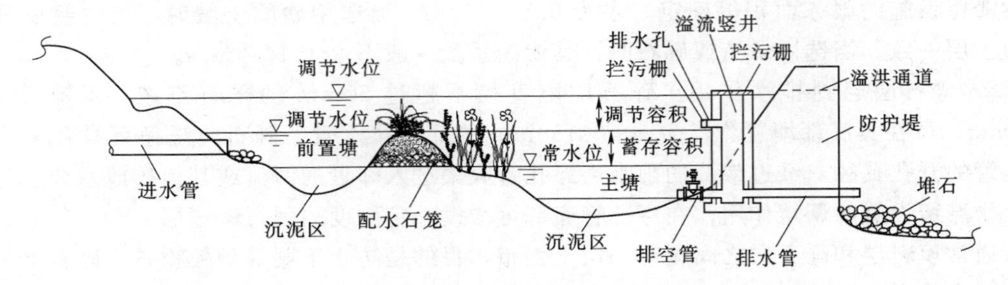

图 10.2-11　湿塘典型构造图

进水口和溢流出水口应设置碎石、消能坎等消能设施，防止水流冲刷和侵蚀；前置塘为湿塘的预处理设施，起到沉淀径流中大颗粒污染物的作用；池底一般为混凝土或块石结构，便于清淤；前置塘应设置清淤通道及防护设施，驳岸形式宜为生态软驳岸，边坡坡度一般为 1∶2～1∶8；前置塘沉泥区容积应根据清淤周期和所汇入径流雨水的 SS 污染物负荷确定。

主塘一般包括常水位以下的永久容积和储存容积，永久容积水深一般为 0.8～2.5m；储存容积一般根据所在区域相关规划提出的“单位面积控制容积”确定；具有峰值流量削减功能的湿塘还包括调节容积，调节容积应在 24～48h 内排空；主塘与前置塘间宜设置水生植物种植区（雨水湿地），主塘驳岸宜为生态软驳岸，边坡坡度不宜大于 1∶6。

溢流出水口包括溢流竖管和溢洪道，排水能力应根据下游雨水管渠或超标雨水径流排放系统的排水能力确定。

湿塘应设置护栏、警示牌等安全防护与警示措施。

5. 调节塘

调节塘也称干塘，以削减峰值流量功能为主，一般由进水口、调节区、出口设施、护坡及堤岸构成，也可通过合理设计使其具有渗透功能，起到一定的补充地下水和净化雨水的作用。调节塘典型构造见图 10.2-12。

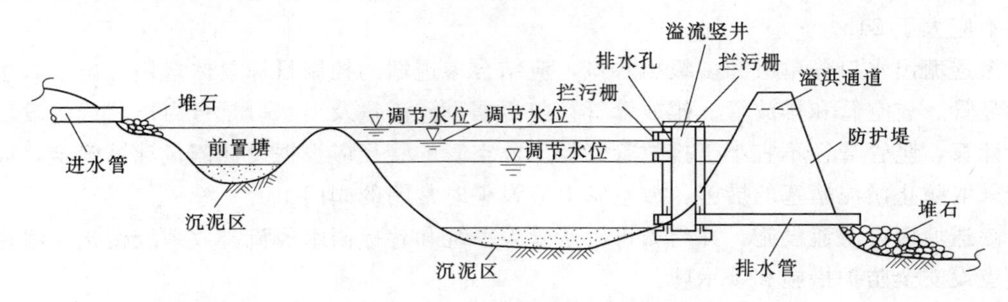

图 10.2-12　调节塘典型构造图

6. 植被缓冲带

植被缓冲带为坡度较缓的植被区，经植被拦截及土壤下渗作用减缓地表径流流速，并

去除径流中的部分污染物，植被缓冲带坡度一般为2%～6%，宽度不宜小于2 m。植被缓冲带通常为以乔灌草相结合的复层绿地结构为主。植被缓冲带典型构造见图10.2-13。

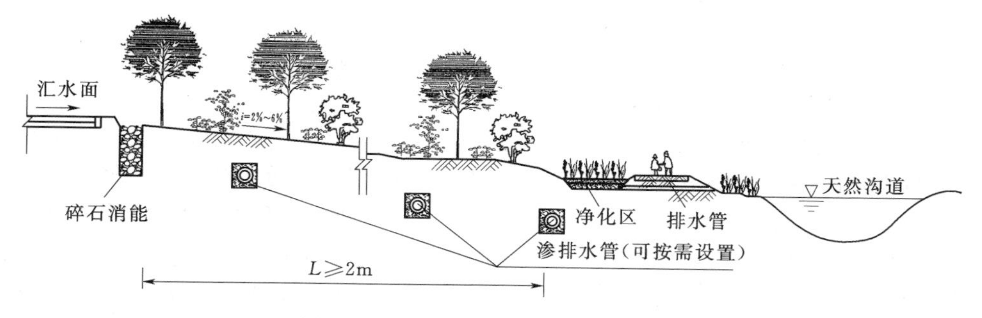

图10.2-13 植被缓冲带典型构造图

10.2.3.5 强化雨水就地入渗设施

强化雨水就地入渗设施主要包括绿地入渗、透水铺装地面入渗、渗透浅沟、渗透洼地、渗透管、入渗池、入渗井等。

1. 绿地入渗

(1) 绿地入渗结构设计。绿地雨水入渗不适用于土壤渗透系数小于10^{-6}m/s或大于10^{-3}m/s的区域，以及地下水位高、距渗透面距离小于1.0m的场所。入渗设计应采用分散、小规模就地处理原则，尽可能就近接纳雨水径流，条件不允许时，可通过管渠输送至绿地。

对于已建成绿地，只考虑削减自身的雨水；对新建下凹式绿地，应尽量将屋面、道路等各种铺装表面的雨水径流汇入绿地中蓄渗，以增大雨水入渗量。

新建绿地应根据地形地貌、植被性能和总体规划要求布置，需建为下凹式，一般与地面竖向高差100～200mm左右。绿地内一般应设置溢流口（如雨水口），使超过设计标准的雨水经雨水口排出。雨水口通常采用平箅式，宜设在道路两边的绿地内，其顶面标高宜低于路面20～50mm。且不与路面连通，设置间距不宜大于40m。

(2) 植被选择。下凹式绿地植物应选用耐淹品种，种植布局应与绿地入渗设施布局相结合。植物建议结合所在地区水热条件选择种植耐淹性植物。

2. 透水铺装地面入渗

透水铺装地面入渗是指将透水良好、孔隙率高的材料用于铺装地面的面层与基层，使雨水通过人工铺筑的多孔性地面，直接渗入土壤的一种渗透设施。通常应用于人行道、非机动车通行的硬质地面、工程管理场所内等不宜采用绿地入渗的场所，透水铺装地面通常不接纳客地雨水入渗，仅接纳自身表面的雨水。

(1) 设计重现期确定。透水铺装地面最低设计标准为2年一遇60 min暴雨不产生径流。

(2) 透水铺装地面结构设计。

1) 路面结构。透水人行道路面结构总厚度应满足透水、储水功能的要求。厚度计算应根据该地区的降雨强度、降雨持续时间、工程所在地的土基平均渗透系数、透水铺装地面结构层平均有效孔隙率进行计算。地面结构厚度计算见式（10.2-11）。

$$H=(0.1\,i-3600\,q)t/(60v) \tag{10.2-11}$$

式中　H——透水铺装地面结构总厚度（不包括垫层的厚度），cm；

q——地区降雨强度，mm/h；

i——土基的平均渗透系数，cm/s；

t——降雨持续时间，min；

v——透水铺装地面结构层平均有效孔隙率，%。

透水铺装地面结构一般由面层、找平层、基层、垫层等部分组成，详见图 10.2-14。

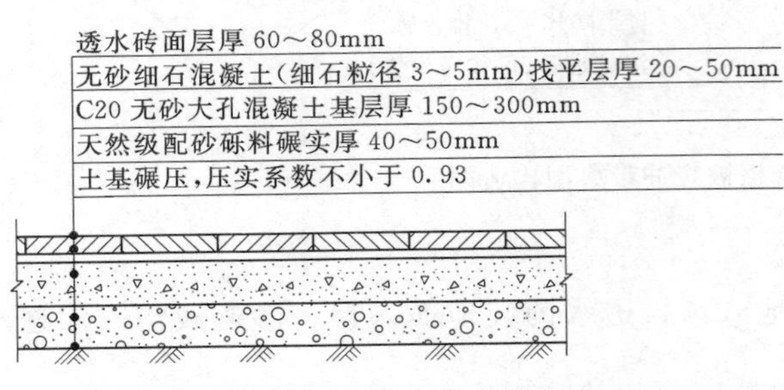

图 10.2-14　透水砖铺装地面结构图

2）路面结构层材料。面层材料可选用透水砖、多孔沥青、透水水泥混凝土等透水性材料，面层厚度宜根据不同材料和使用场地确定，应同时满足相应的承载力、抗冻胀等。透水砖各项性能指标应符合《透水砖》（JC/T 945）规定，其渗透性能应达到 1.0×10^{-2} cm/s；多孔沥青地面表层避免使用细小骨料，沥青比重 5.5%～6%，孔隙率为 12%～16%，多孔混凝土地面构造与多孔沥青地面类似，其表层为无砂混凝土，孔隙率为 12%～16%。

找平层可以采用干砂或透水干硬性水泥中、粗砂等，其渗透系数必须大于面层渗透系数，厚度宜为 20～50mm。

基层应选用具有足够强度、透水性能良好、水稳定性好的材料，推荐采用级配碎石、透水水泥混凝土、透水水泥稳定碎石基层，其中级配碎石基层适用于土质均匀、承载能力较好的土基，透水水泥混凝土、透水水泥稳定碎石基层适用于一般土基。设计时基层厚度不宜小于 150mm。

垫层材料宜采用透水性能较好的中砂或粗砂，其渗透系数必须大于面层渗透系数，厚度宜为 40～50mm。

3. 渗透浅沟

渗透浅沟是底部采用多孔材料铺设或利用表层植被增大入渗效果的一种渗透设施。当项目区土质渗透能力较强时，采用植被覆盖的渗透浅沟，以避免径流中的悬浮固体堵塞土壤颗粒间的空隙，保持原土壤的渗透力；当浅沟土壤渗透系数较差，可以采用人工混合土或下部采用碎石调蓄区，提高渗透性和调蓄能力。

海绵城市建设中较常用的植草沟也属于渗透浅沟的一种。植草沟主要是利用种有植被的地表沟渠，对径流雨水进行收集、输送和排放，同时具有一定的雨水净化作用，可用于衔接其他海绵城市建设中各单项设施以及城市雨水管渠系统和超标雨水径流排放系统。植草沟经常应用于建筑与小区内道路，广场、停车场等不透水面的周边，城市道路及城市绿地等区域，还可作为生物滞留设施、湿塘等低影响开发设施的预处理设施。

(1) 浅沟断面形式、断面尺寸。植被浅沟断面形式多采用三角形、梯形或倒抛物线形，断面形式示意图见图 10.2-15。三角形适用于低流速小流量的情况；梯形植草排水

沟适用于大流量低流速的情况；抛物线形植草排水沟增加了可利用的空间，适用于排放更大的流量。浅沟边坡坡度应尽可能小于1：3，纵向坡度0.3%～5%。纵坡较大时宜设置为阶梯形浅沟或在中途设置消能坎。

浅沟流量可采用明渠均匀流公式计算，根据浅沟最大允许抗冲流速，由拟定的断面尺寸进行试算，直至满足要求则为适宜的浅沟断面结构尺寸。

(2) 浅沟植物选择。当浅沟中进行植被种植时，应选择恢复力较强，比较坚韧，适宜当地生长且需肥少，并能在薄砂和沉积物堆积的环境中生长的植物，宜优先选用具有净化功能、抗水流冲击的植物。传输型植草沟内植被高度宜控制在100～200mm。

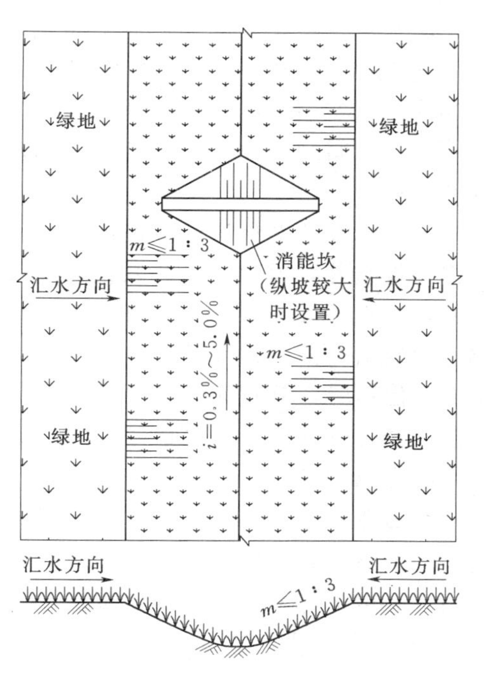

图10.2-15 植草沟示意图

4. 渗透洼地

洼地入渗系统是利用天然或人工洼地蓄水入渗。一般在表面入渗所需要的面积不足，或土壤入渗性太小时采用。

洼地的积水时间应尽可能短，一般最大积水深度不宜超过30cm。积水区的进水应尽量采用明渠，并多点均匀分散进水。入渗洼地种植植物时，植物应在接纳径流之前成型，具备抗旱耐涝的能力，且适应洼地内水位的变化。

洼地结构形式基本与渗透浅沟相似，设计时可参照进行。洼地入渗系统示意图见图10.2-16。

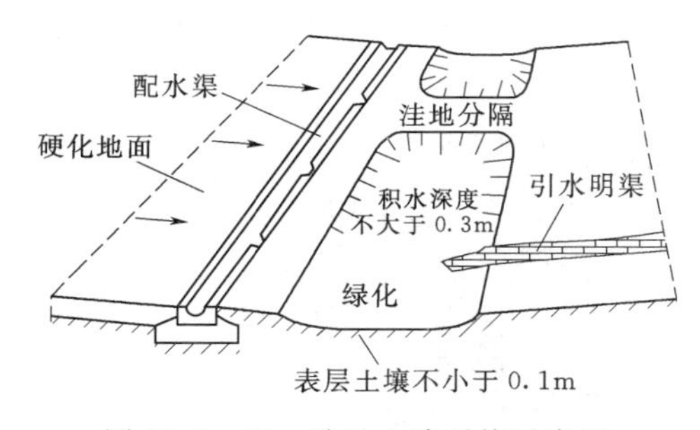

图10.2-16 洼地入渗系统示意图

5. 渗透管

渗透管是在传统雨水排放的基础上，将雨水管改为穿孔管，管材周围回填砾石或其他多孔材料，使雨水通过埋设于地下的多孔管材向四周土壤层渗透的一种设施。渗透管适用于雨水水质较好，表层土渗透性较差而下层有透水性良好的土层区域。渗透管结构示意图见图10.2-17。

渗透管主要由中心渗透管、管周填充材料及外包土工布组成。中心渗透管一般采用PVC穿孔管、钢筋混凝土穿孔管或无砂混凝土管等制成，管径一般不小于150mm，其中塑料管、钢筋混凝土穿孔管的开孔率不小于15%，无砂混凝土管的孔隙率不应小于20%。

管周填充材料可选用砾石或其他多孔材料，厚度宜为10～20cm，填充材料孔隙率应大于管材孔隙率。

填充材料外应采用透水土工布包覆，土工布应选用无纺土工织物，规格可选用 100～300g/m²，渗透性应大于所包覆填充材料的最大渗水要求，同时应满足保土性、透水性和防堵性的要求。

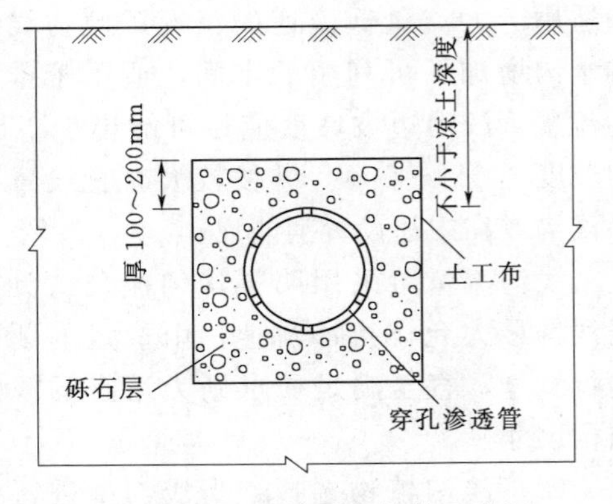

图 10.2－17　渗透管结构示意图

地面雨水进入管沟前应设渗透检查井或集水渗透检查井，同时沿管线敷设方向设渗透检查井，检查井间距不应大于渗透管管径的 150 倍。渗透检查井的出水管标高应高于入水管口标高，但不应高于上游相邻井的出水管口标高。渗透检查井应设 0.3m 深沉沙室。

6. *渗透池*

渗透池亦称入渗池，是利用地面低洼地水塘或地下水池对雨水实施渗透的设施。

当土壤渗透系数大于 1.0×10^{-5} m/s，项目建设区域可利用土地充足且汇水面积较大（≥1hm²）时，通常采用地面渗透池（图 10.2－18），地面用地紧缺时可考虑地下渗透池（图 10.2－19）。

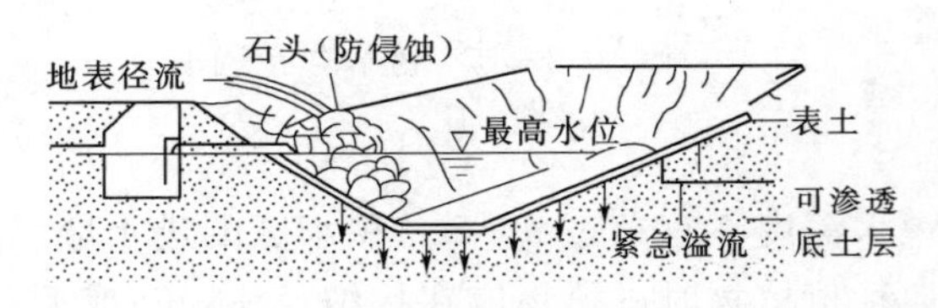

图 10.2－18　地面渗透池结构示意图

地面渗透池有干式和湿式两种。干式渗透池在非雨季通常无水，雨季则满足入渗量要求。湿式渗透池则常年有水，类似水塘，但应保持一定入渗量的要求。渗透池一般与绿化和景观结合设计，在满足功能性要求的同时，美化周围环境。

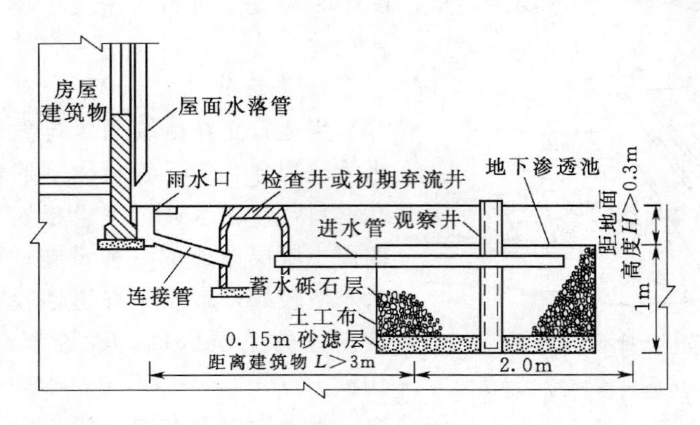

图 10.2－19　地下渗透池结构示意图

地面渗透池大小根据区域降水及汇水面积而定。渗透池断面多为梯形或抛物线形，渗透池边坡坡度不应大于 1∶3，表面宽度和深度比例应大于 6∶1。池岸可以采用块石堆砌、土工织物覆盖或自然植被土壤覆盖等方式。渗透池表面宜种植植物，干式渗透池因季节性限制可考虑种植既耐水又耐旱的植物；而湿式渗透池因常年有水，与湿地相似，宜种植耐

水植物。

地下渗透池可以使用无砂混凝土、砖石、塑料块等材料进行砌筑，其强度应满足相应地面承载力的要求。为防止渗透池堵塞，渗透材料外部应采用土工布等透水材料包裹。渗透材料有砾石、碎石及孔隙贮水模块等。

渗透池需设溢流装置，以使超过设计渗透能力的暴雨顺利排出场外，确保安全。

7. 入渗井

入渗井主要有深井和浅井两类。水土保持工程中常用的入渗井主要为浅井，适用于地面和地下可利用空间小、表层土壤渗透性差而下层有渗透性好的土层区域，同时要求雨水水质较好，不能含过多的悬浮固体。

入渗井一般用混凝土浇筑或预制，其强度应满足地面荷载和侧壁土压力要求。渗井的直径可根据渗透水量和地面的允许占用空间确定，若兼作管道检查井，还应兼顾人员维护管理的要求。井径通常小于1.0m，井深由地质条件决定，井底滤层表面距地下水位的距离不小于1.5m。

入渗井通常有井外设渗滤层和井内设渗滤层两种结构形式，过滤层的滤料可采用0.25～4.0mm的石英砂，其渗透系数应小于1×10^{-3}m/s。图10.2-20（a）所示为井外设渗滤层的入渗井，井由砾石及砂过滤层包裹，井壁周边开孔，雨水经砾石层和砂过滤层过滤后渗入地下，雨水中的杂质大部分被砂滤层截留。图10.2-20（b）所示为井内设渗滤层的入渗井，雨水只能通过井内过滤层后才能渗入地下，雨水中杂质大部分被井内滤层截流。

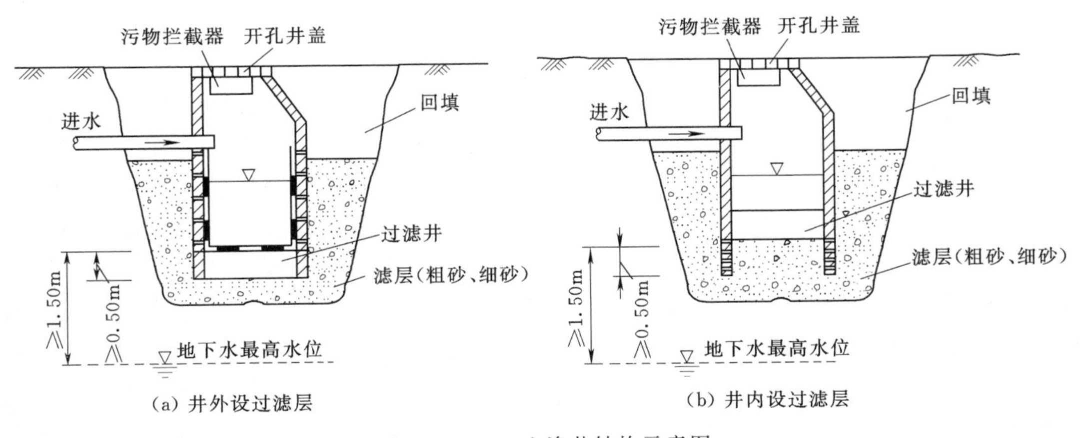

图10.2-20 入渗井结构示意图

10.3 案　　例

10.3.1 北京某创新基地降水蓄渗工程案例

1. 工程概况

北京某创新基地范围内安排有高新技术产业用地、研发用地、服务设施用地和多功能混合用地，并根据不同的用途由道路分割划分为独立的地块。创新基地园区建设时，规划在各单独地块范围内，根据硬化及绿化面积分别修建蓄水池，用以拦蓄雨水，供给绿化、道路浇洒使用；公共区域仅有道路两侧透水铺装的人行步道及河滨带绿地能够在降水时利用少量的下渗雨水；而占地面积很大的公共道路、桥，目前尚未修建有效的雨水综合利用设施；区域降水主要排放于园区的创新河。

为了减轻创新基地黄河街3号桥区附近河道及市政雨水管网排水压力，有效利用雨水资源，结合园区内已铺设雨洪管的汇聚方向，考虑现状河道雨水口分布情况，对创新基地2号桥至3号桥区之间东西向道路雨水进行收集处理，一方面可缓解河道排洪压力，还可以为两岸绿化隔离带的养护补充一定的灌溉水量，在加强地表径流收集调控的同时，合理利用雨水资源，节约城市水资源。图10.3-1为基地雨水综合利用总布置图。

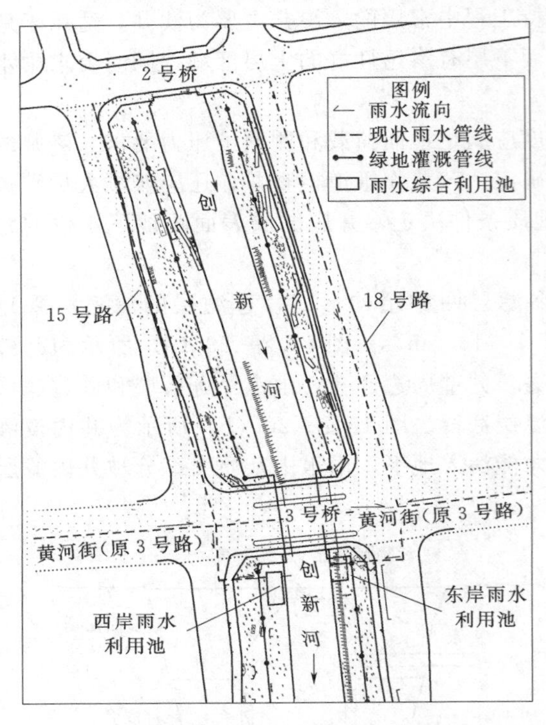

图10.3-1　基地雨水综合利用总布置图

2. 措施布置

由于所收集雨水来源于市政道路，比屋面等收集的雨水污染重，设计对管网收集后的雨水实施弃流、缓冲调节、蓄存使用以及回用净化等步骤，以满足雨水蓄存以及回用水质要求。

雨水综合利用工程在创新河东西两岸分别设置雨水综合利用池1座，东岸雨水综合利用池用于收集蓄存3号桥区东侧18号路以及3号路东段的路面雨水，西岸雨水综合利用池用于收集蓄存3号桥区西侧15号路以及3号路西段的路面雨水；东岸、西岸雨水综合利用池共用一个清水池及设备控制间，集水池、蓄水池各自独立设置。集水池与现状两岸雨水管连接，池内雨水管下方设置初期雨水弃流装置，初期弃流后的雨水进入集水池下部缓冲调解后，经潜污泵提升至蓄水池；储存在蓄水池中的雨水通过设备间内的净化设备进行过滤、净化和消毒后作为灌溉补充水源回用。

工程布置时，西岸雨水综合利用池总长21.0m、宽10.3m，包括集水池、蓄水池（池中含1座清水池）和控制设备间三部分；东岸雨水综合利用池总长14.6m、宽10.3m，包括集水池、蓄水池两部分。同时考虑现状绿化隔离带内没有灌溉设施，为避免将来开挖破坏绿化植被及设施，绿化隔离带内预铺设灌溉管线1320m，完善园区灌溉设施。

3. 措施设计

(1) 雨水综合利用池规模。治理区域汇集雨水主要来自创新河2号桥至3号桥段西侧

15号路路面和东侧18号路路面雨水，以及沙河西区3号路在3号桥东西两端的部分路面雨水。

现状雨水收集区域下垫面类型主要有河滨绿化带、透水砖人行道和沥青道路等，其中透水砖人行道自身表面上的雨水可就地入渗；河滨绿化带设计时，步道及平台均采用透水材料铺设，绿化带外缘靠近市政主干道侧设置雨水渗滤带；场区沥青路面上的降水则主要通过道路两侧的雨水口收集进入雨洪管排入创新河。

该次设计利用路面进行雨水收集，创新河道东西两岸雨水收集区域面积及径流系数见表10.3-1。

表10.3-1　雨水收集区域面积及径流系数表

地表类型	面积/hm^2		径流系数
	河道西侧区域	河道东侧区域	
沥青路面	1.33902	1.35198	0.8

（2）雨水综合利用池容积计算。根据《建筑与小区雨水利用工程技术规范》（GB 50400），雨水储存设施的有效储水容积不宜小于集水面重现期1～2年的日雨水设计径流总量，扣除设计初期径流弃流量。

1）雨水径流总量公式。

$$W=10\psi HF$$

式中　W——雨水设计径流总量，m^3；

H——设计降雨厚度，降雨重现期宜取1～2年，mm；

F——汇水面积，hm^2。

ψ——雨量径流系数，根据表10.2-1选取。

根据《雨水控制与利用工程设计规范》（DB 11/685），北京地区年径流总量控制率为90%时，对应的1年一遇典型频率降雨量为40.8mm。据此计算，河道西侧区域产生地表径流量为437.06m^3，河道东侧区域产生地表径流量为441.29m^3。

2）初期弃流量。

$$W_i=10\delta F$$

式中　W_i——雨水净产流量，m^3；

δ——初期雨水弃流厚度，mm；

F——汇水面积，hm^2。

依据规范，市政路面取7～15mm，考虑该区域道路机动车流量较少，本项目取7mm。计算的初期弃流量河道西侧区域为93.73m^3，河道东侧区域为94.64m^3。

3）雨水可回用量。按照《雨水控制与利用工程设计规范》（DB 11/685），雨水可回用量按雨水径流总量的90%计算，并应扣除初期弃流量。因此，本项目雨水可回用量河道西侧区域为299.62m^3，河道东侧区域为302.52m^3。依据计算结果，本项目设计在创新基地3号桥区南侧，创新河河道东西两岸分别布设蓄水设施，单座蓄水设施有效储水量确定为310m^3。

（3）雨水综合利用池结构设计。雨水综合利用池分东西两岸布置，均采用地下矩形箱

式封闭结构。西岸雨水综合利用池总长21.0m、宽10.3m，分集水池、蓄水池、清水池及设备间4部分；东岸雨水综合利用池总长14.6m、宽10.3m，分集水池和蓄水池2部分。

雨水综合利用池结构设计见图10.3-2，蓄水池顶板覆土厚度1.0m。

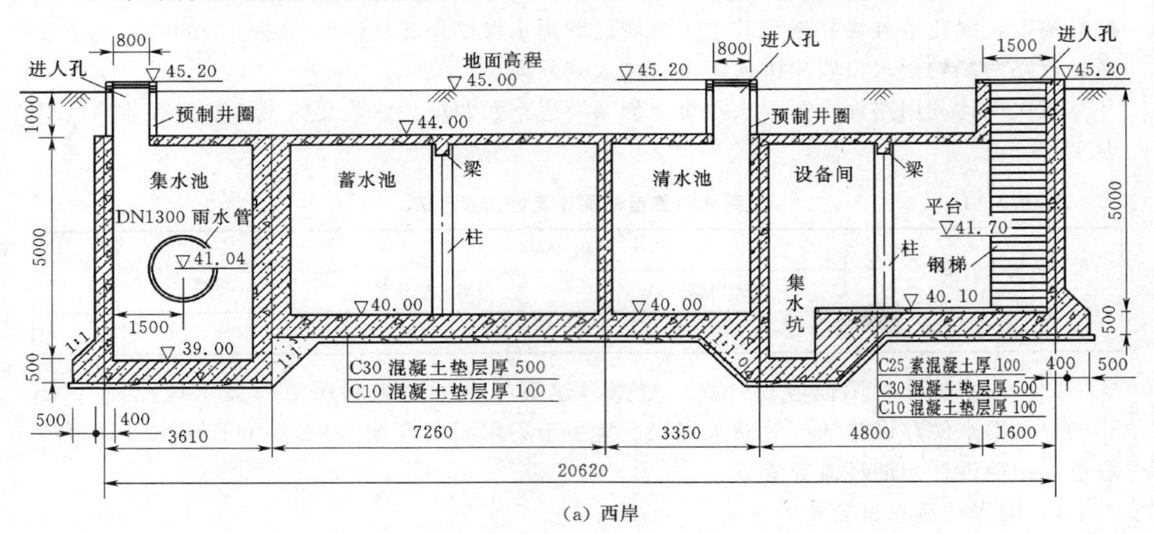

(a) 西岸

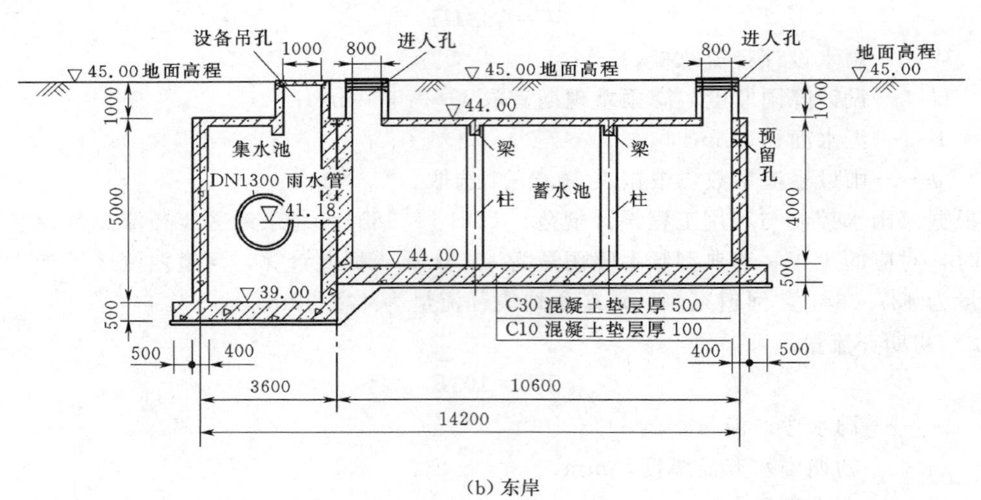

(b) 东岸

图10.3-2 雨水综合利用池布置图（单位：mm；高程单位：m）

10.3.2 新疆、宁夏高速公路示范路段蓄渗工程案例

1. 项目概况

该项目依托新疆乌尔禾至阿勒泰高速公路工程、新疆克拉玛依至塔城高速公路工程以及宁夏省道304线盐池至红井段一级公路工程实施。新疆年平均降水量为150mm左右，但各地降水量相差很大，北疆的降水量高于南疆。宁夏地区多年平均年降水量为183.4～677mm，降水量高于新疆地区。在进行雨水利用设计时，结合新疆及宁夏降雨的不同进

行雨水利用设计。对于降水量较小、不易收集的新疆地区，以设置入渗及排水设施为主，对降水量稍多的宁夏地区，则以设置入渗、排水与蓄水设施相结合的形式对路面雨水进行利用。

2. 工程布置

在新疆乌尔禾至阿勒泰高速公路工程、新疆克拉玛依至塔城高速公路工程以及宁夏省道304线盐池至红井段一级公路工程设计中，对于道路不设置排水沟的路段，采用渗透的理念设置渗透式卵石草沟，强化路面雨水入渗；设置排水沟的路段，对排水沟表面进行防渗和绿化处理，在构成良好雨水通道的同时，起到防止风蚀、降低盐碱以及净化路面径流的作用；对于高速公路互通三角区则采用设置下凹式土壤持水系统——下凹形绿地的方式强化路面径流入渗；对于相对降水量比较丰富的宁夏地区，则采用入渗及蓄水设施相结合的方式对季节性降雨进行入渗或蓄存使用。示范工点方案布设及工程量见表10.3-2。

表10.3-2　　示范工点方案布设及工程量

项目名称	路堤 渗透式卵石草沟/m	互通 下凹式土壤持水系统/m^2	边沟位置 连续箱式水窖
新疆乌阿高速公路	500	8360	
新疆克塔高速公路	1000	4550	
宁夏304省道盐池—红井	200		一套，$32m^3$

3. 措施设计

(1) 渗透式卵石草沟。渗透式卵石草沟主要应用于新疆乌阿高速K331+800～K332+300路基左侧填方段，以及新疆克塔高速公路K131+000～K132+000填方路段左侧。渗透式卵石草沟设计方案包括3种，设计断面见图10.3-3～图10.3-5。

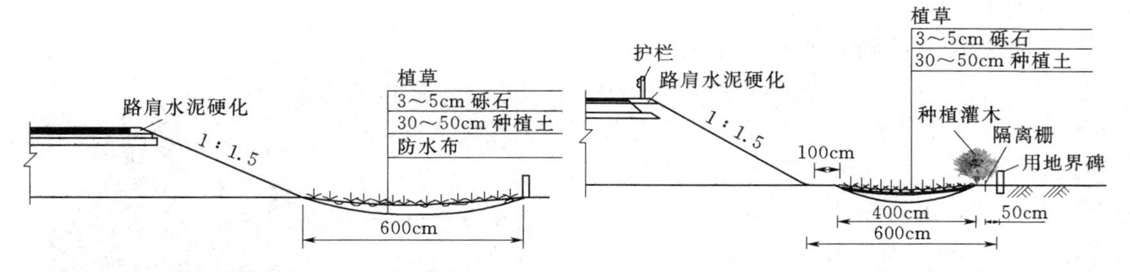

图10.3-3　填方路段渗透式卵石草沟方案（方案1）　图10.3-4　填方路段渗透式边沟方案（方案2）

方案1适用于不设置排水沟的路段。方案2适用于设置梯形排水沟的不同断面路基；设计浅碟形断面形式，断面底部铺设防水布防止雨水下渗，顶部铺设砾石镇压保墒，起到防止风蚀和降低盐碱的作用，同时播种乡土草本植物绿化并净化路面径流。

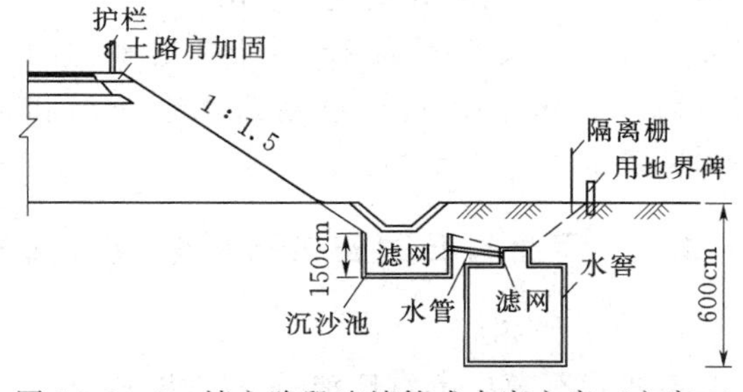

图10.3-5　填方路段连续箱式水窖方案（方案3）

方案3取消原有路段梯形排水沟，设

置一套完整的雨水收集利用系统，包括集水区（单侧路面），输水装置（水渠）、过滤装置、贮水装置（水窖）、配水装置、净化装置等 6 个部分。

（2）互通下凹式土壤持水系统。互通下凹式土壤持水系统主要布置于新疆乌阿高速丰庆湖互通三角区和新疆克塔高速公路库鲁木苏互通 A 匝道、B 匝道和主线夹角的三角区段。利用滞留和净化的理念，将互通广场改造成下凹形绿地，见图 10.3-6。

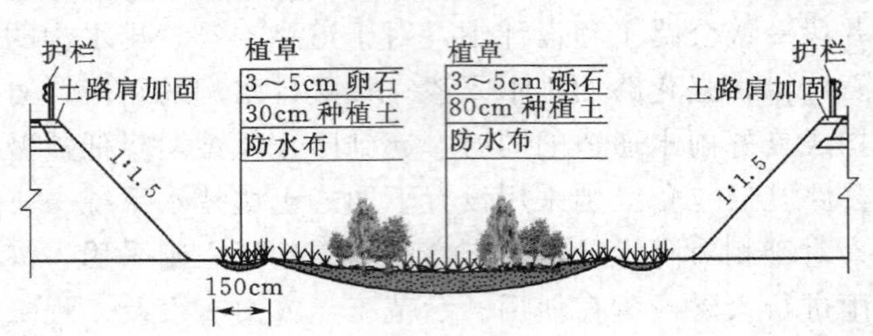

图 10.3-6　互通区下凹式土壤持水系统

1）设计方案。根据互通三角区地形地貌特点，将互通广场改造为下凹绿地。下凹绿地与地面竖向高差为 200mm。绿地内设置溢流口，使超过设计标准的雨水经雨水口排出。雨水口采用平箅式，与高速排水系统相连，其顶面标高低于路面 50mm。

2）植物筛选。项目所在区域土壤盐分含量较高，达到 0.6%，如何保证选植物能够在高盐渍化的土壤上存活，是优先要解决技术的难题；其次是项目所在区域雨水少，蒸发量大，能够抵御干旱也是一个关键性的指标。具体植物选择原则：尽量选用乡土植物，少用经过驯化后适应当地的品种。

该区域可选择植物种类有胡杨、沙枣、白柳、柽柳、白刺、芦苇、盐爪爪、猪毛菜、沙蒿、芨芨草、盐节木、肥叶碱蓬、碱茅、盐穗木、驼绒藜、刺藜、小叶锦鸡儿、沙拐枣等乡土植物。

（3）边沟连续箱式水窖。宁夏省道 304 线盐池至红井段填方路基段 EK0＋190～EK0＋270 采用连续箱式水窖方案，并配套渗透式卵石草沟 200m。具体以宁夏试点示范工程为例，按高速公路单侧 2 车道，每个车道宽 3.75m，沥青路面径流系数为 0.9，道路纵坡取 0.3%，长度 1000m，降雨重现期为 2 年，降雨历时通过相关计算为 12.82min，最大水深取 2m，计算出水窖的容积为 31.5m^3。边沟连续箱式水窖布局和结构见图 10.3-7 和图 10.3-8。

图 10.3-7　边沟连续箱式水窖布局图

10.3.3　河北省石家庄市石环辅道下凹式绿地入渗排水工程案例

1. 工程概况

河北省石家庄市石环辅道下凹式绿地入渗排水工程位于城乡接合部。石环辅道为石环

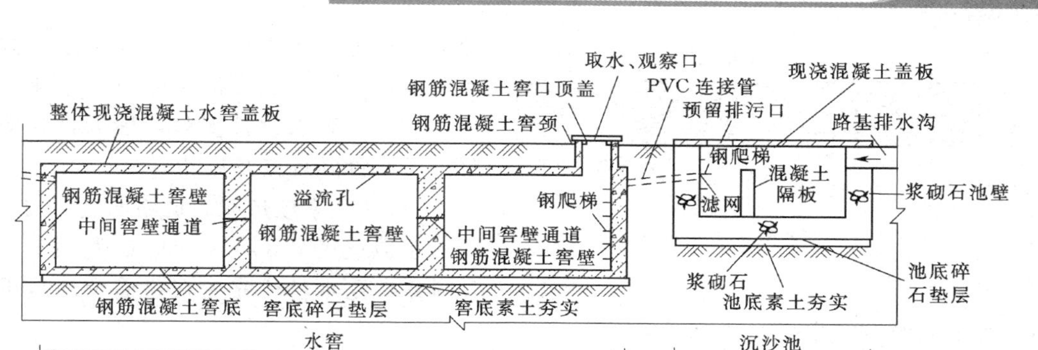

图 10.3-8　边沟连续箱式水窖结构图

公路主线与县乡级道路的联络线，辅道两侧多为乡村和农田，道路沿线及周边尚无健全的排水管网体系，且上下游雨水管道及出路均不能在短期内实现。所以设计时在考虑道路远期排水规划的同时，将道路形式与绿地入渗相结合，缓解雨水排放困难的现状。

2. 总体平面布局

设计时将路面设计与绿地入渗的目标相结合，道路采用单向横坡的形式将人行道及路面雨水汇至一侧道路边缘，通过过水侧缘石将雨水排入绿地内，同时将道路沿线周围绿化带做下凹处理，通过下凹绿地辅助净化排水以减小雨水的径流系数，并将雨水口设置在绿化带内，增加雨水的入渗量，削减洪峰流量。雨水排放入渗流程示意见图 10.3-9。

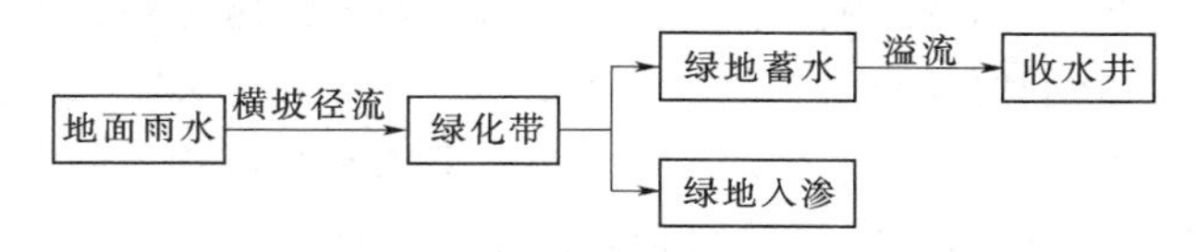

图 10.3-9　雨水排放入渗流程示意图

3. 渗水工程设计

(1) 辅路工程。由于占地范围限制，采用道路沿线单侧设置下凹绿地的形式，辅路结构采用单向横坡，向下凹绿地倾斜；采用混凝土过水侧石，既满足了道路的交通功能，又可将路面雨水快速、顺畅的导流入绿化带。标准路段道路横断面见图 10.3-10。

(2) 绿地工程。工程中将辅路周围的绿地做下凹处理，使绿地高程低于路面高程，同时于绿地内设置雨水口。具体将绿地在纵向上每 30m 作为一个控制单元，每个单元在平面上处理为两侧高而中间下凹的碟形，形成以每 30m 为一单元的碟形微地形，同时将雨水口设于各绿地单元之间；雨水口高程按低于路面高程 30cm 控制，并高于绿地高程。下凹绿地碟形地势见示意图 10.3-11。上述绿地结构形式既满足了汇集路面雨水径流与渗蓄，又达到了高低起伏的园林效果。

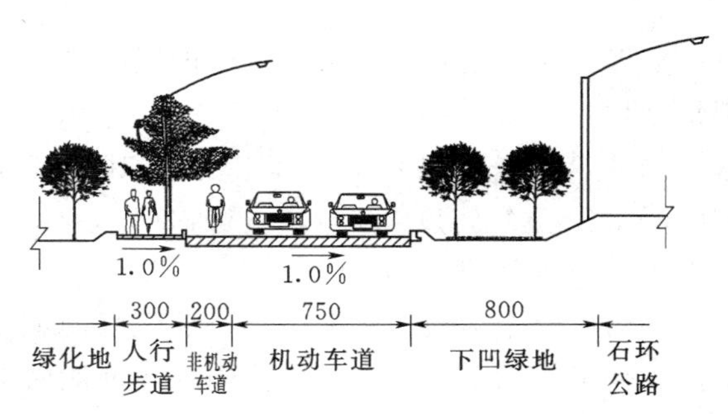

图 10.3-10　下凹绿地与道路布置图（单位：cm）

(3) 排水工程。根据现有路面结构、

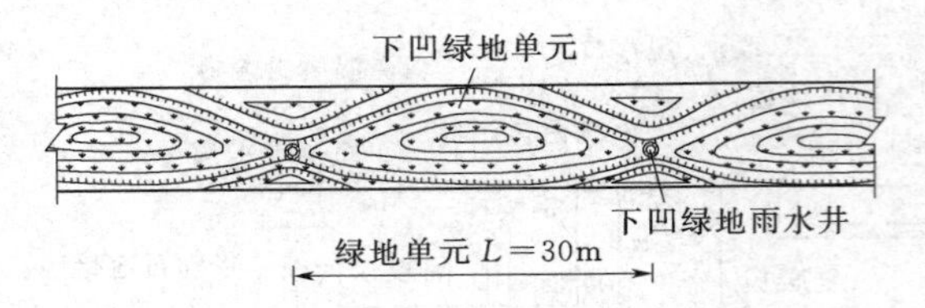

图 10.3－11　下凹绿地碟形地势示意图

路面与绿地的相对位置关系及绿地内雨水蓄渗的影响，选取径流系数及雨水流行时间，并计算雨水设计流量，根据设计流量确定排水设施规格及尺寸。

1）径流系数选取。道路面层结构形式径流系数选用 0.85～0.95；因利用下凹绿地排水，雨水径流先后在路面及绿地里流行，径流系数按加权平均计算，采用 0.60。

2）雨水流行时间确定。地面集水时间由路面雨水流行距离、地形坡度和地面覆盖情况而定，一般采用 5～15min。设计中考虑了雨水自路面沿道路横坡流入下凹绿地，汇入下凹绿地并渗蓄至一定高度后溢流入雨水口，地面集水时间按 20min 计取。

3）设计管道流量。根据确定的设计参数，在重现期 $P=1\text{a}$ 的情况下分别计算，采用下凹绿地排水方式计算的设计流量是不采用该方式排水的 43%，也就相当于绿化带内的雨水管道比道路上布设的雨水管道管径缩小了 2～3 级。

4）排水设施。将下凹绿地中的检查井和雨水口合二为一，检查井盖做成井蓖式。为避免雨水渗蓄高度过高对辅道路基产生影响，设计检查井井蓖高出绿化带地面 10～15cm，既有一定的蓄水功能，又可以防止绿地内杂物的进入。

4. 应注意的问题

(1) 设计时应注意将绿化带内雨水口的位置布置在下凹绿地单元的最低点，且使雨水口高于周围地坪，以达到利用绿地容蓄雨水的目的。

(2) 确定蓄水量大小及雨水口高度时应以绿化带内土壤渗透系数为控制依据，使下凹绿地既可以容蓄入渗必要的蓄水量以缓解辅路降水排放的压力，同时又避免绿地蓄存雨水影响道路路基安全。

(3) 绿化带的纵向设计应满足蓄水和排水的要求，绿化带内种植的草本植物宜选用蒸散量小及雨水利用量大的品种。

(4) 在施工及运行管理中应注意过水侧石的数量和位置；并应定期清理侧石及雨水口，以免堵塞，影响排水效果。

10.3.4　南方城市小区改造项目海绵城市建设工程案例

1. 项目概况

广西南宁市酱料厂及周边片区旧城改造项目位于南宁市南伦街西侧附近（原南宁市酱料厂地块），规划用地为 20119.03m^2，净用地面积为 19662.22m^2。项目区共有 6 栋商住楼，总建筑面积 126015m^2（其中地上 100656.79m^2，地下 25358.21m^2），建筑占地面积 5467.6m^2，建筑密度 25.41%，容积率 3.80，机动车停车位 606 个，绿地率 31.1%。项目总平面布置见图 10.3－12。

项目区整个地块比较平整，场地汇水面积 19662.22m^2。项目区现状未采取降水蓄渗措施，场地绝大部分雨水经屋面雨水斗及地面雨水口汇集，经小区室外雨水管网收集后，直接排入市政雨水管网。

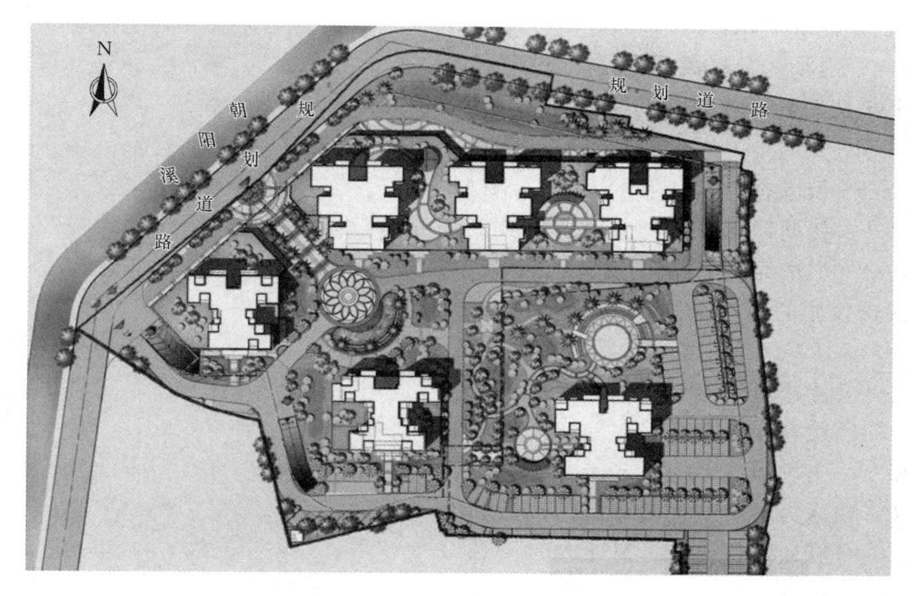

图 10.3-12 总平面布置图

2. 措施布置

该项目在总平规划和排水系统设计中结合了海绵城市的建设理念，合理利用原有场地的高差，通过对不渗透硬质路面与绿地空间和景观水体布局进行优化，保持广场、道路和建筑周边有消纳径流雨水的绿地和景观水体，通过设置下沉式绿地、雨水湿地、植草沟等“海绵体”，对雨水进行自然调节，结合集水井和排水管网作为项目区绿地内的集中调蓄设施，形成完整的降水蓄渗体系，保持原有水体的渗透，达到雨水利用以及径流控制的作用。

3. 措施设计

各栋裙楼屋面均设计有截排水，在建筑单体周围设置雨水花园及树池消纳缓冲屋面径流；绿地周边人行道、车道边布置植草沟引导路面雨水进入调蓄生态设施；小区道路及单体周边绿地设计成下沉式绿地滞渗雨水；绿地下及部分透水铺装下的排水系统采用渗排一体化系统，有效增加雨水入渗率；暴雨时未能及时入渗的部分雨水经室外雨水管网收集，汇入雨水调蓄设施中储存，做绿化及道路浇洒等用。

（1）雨水径流总量控制。根据南宁市径流总量控制率80%对应的设计控制雨量来确定雨水设施规模和方案，分别计算滞留、调蓄和收集回用等措施实现的控制容积，达到设计控制雨量对应的控制规模要求。根据该项目特点，设置雨水蓄水池回收利用设施，同时利用简易生物滞留、下凹式绿地、透水地面下渗、滞留雨水，并考虑使用雨水渗排一体化系统，雨水可以通过自身的孔洞渗入地下，从而提高场地年径流总量控制率。

1）径流总量按下式计算：

$$W=10\psi HF$$

式中 W——雨水设计径流总量，m^3；

H——设计降雨厚度，降雨重现期宜取1～2年，mm；

F——汇水面积，hm^2；

ψ——雨量综合径流系数。

2）雨水初期弃流量按下式计算：

$$W_i = 10\delta F$$

式中　W_i——径流总量，m^3；

δ——初期径流厚度，一般屋面取 2～3mm，小区路面取 3～5mm；

F——汇水面积，hm^2。

3）渗透设施的渗透量按下式计算：

$$W_s = \alpha KJA_s t_s$$

式中　W_s——渗透量，m^3；

α——综合安全系数；

K——土壤渗透系数，m/s；

J——水力坡降，一般取 1；

A_s——有效渗透面积，m^2；

t_s——渗透时间，s。

4）渗透设施进水量按下式计算：

$$W_c = \left[60 \times \frac{q_c}{1000} \times (F_y \times \psi_m + F_0)\right] t_c$$

式中　W_c——渗透设施进水量，m^3；

F_y——渗透设施受纳集水面积，hm^2；

F_0——渗透设施直接受水面积，hm^2，埋地设施取 0；

t_c——渗透设施产流历时，min；

ψ_m——平均径流系数；

q_c——渗透设施产流历时对应的暴雨强度，$L/(s \cdot hm^2)$。

5）对应该项目，雨水径流总量控制计算结果如下。

a. 年径流总量控制率 80％对应的径流总量：

$$W = 10\psi HF = 10 \times 0.4 \times 33.4 \times 1.97 = 263.19(m^3)$$

b. 项目收集雨水主要回用在绿化及道路浇洒和地下车库冲洗，绿化及道路浇洒按 $2L/(m^2 \cdot d)$，车库冲洗按 $2L/(m^2 \cdot 次)$。三日需水量约 $127m^3$。

c. 硬质屋面径流总量：

$$W = 10\psi HF = 10 \times 0.85 \times 8.6 \times 0.34857 = 25.59(m^3)$$

初期弃流量：

$$W_i = 10\delta F = 10 \times 2.5 \times 0.34857 = 8.75(m^3)$$

d. 经计算，渗透系统产流历时内积蓄的雨水量大于日雨水设计总量，故取两者小值为渗透系统积蓄雨水量：

$$W = 10\psi HF = 10 \times 0.403 \times 8.6 \times 1.966222 = 67.77(m^3)$$

e. 雨水可回用量：

$$W = [(25.59 - 8.75) + 67.77] \times 0.9 = 76.15(m^3)$$

（2）设计指标。根据雨水径流总量计算和场地条件综合考虑，该项目设计调蓄容积与雨水回用共用 $100m^3$ 调蓄水池，并设计 $1757m^2$ 下凹绿地及雨水花园（渗透量为 $170m^3$），场地雨水总调蓄容积为 $270m^3$，可达到年径流总量控制率 80% 的要求（径流总量为 $263.19m^3$）。项目相关海绵城市设计特性指标详见表 10.3－3。

表 10.3－3　项目相关海绵城市设计特性指标表

地表类型	面积	径流系数
硬屋面	$3485.7m^2$	0.9
绿化屋面	$1981.9m^2$	0.3
地面绿化	$7794.4m^2$	0.15
水泥铺装	$1874.3m^2$	0.9
透水铺装	$3560.6m^2$	0.2
普通铺装	$1061m^2$	0.55
综合径流系数	0.403	
年径流总量控制率 80%对应的控制容积	$264.7m^3$	
雨水回用及调蓄总量	$100m^3$	
下凹绿地及雨水花园（$1754m^2$）渗透量	$170m^3$	
场地雨水总调蓄容积为 $270m^3$，实现年径流总量控制率 80%的要求。		

（3）场地布置。该项目在总平规划设计中，合理利用原有场地的高差。通过对不渗透硬质路面与绿地空间和景观水体布局进行优化，保持广场、道路和建筑周边有消纳径流雨水的绿地和景观水体。该项目采用的绿色雨水基础设施主要包括：屋顶绿化 $1981.9m^2$，下凹式绿地及雨水花园 $1754m^2$、地面绿化 $7794.4m^2$，透水地面 $3560.6m^2$，均匀设置集水井等集中调蓄设施，并开发地下空间，合理设置雨水回收池，达到控制城市径流和雨水的利用。

（4）道路设计。对道路的断面进行优化设计成一定的坡向，便于径流雨水汇入绿地内；硬质路面大部分采用透水铺装材料，既能满足路用要求，又能使雨水渗入下部土壤；停车场采用植草砖铺装，增加降雨入渗。该项目的硬质铺装地面（不包括建筑占地、绿地、水面）为 $6157m^2$，其中透水铺装面积为 $3560.6m^2$；透水铺装的面积占总硬质路面面积的 57.8%。单幅路 LID 低影响开发典型设计见图 10.3－13。

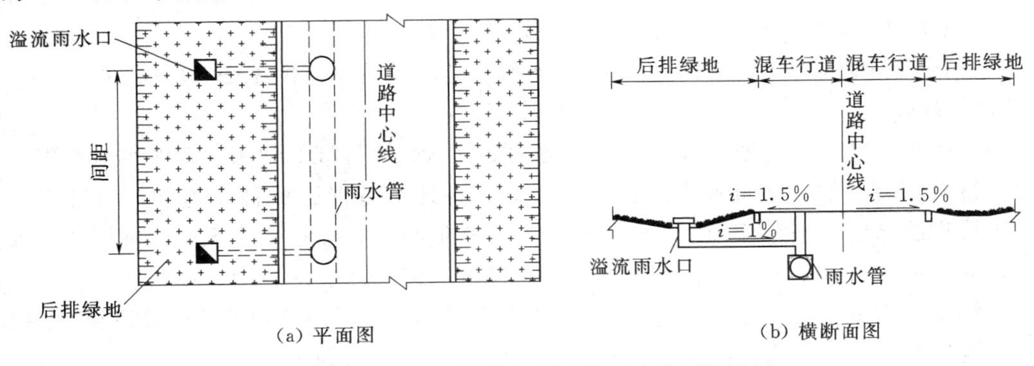

(a) 平面图　　(b) 横断面图

图 10.3－13　单幅路 LID 低影响开发典型设计图

(5) 场地绿化。在满足要求情况下，场地内尽可能进行绿化，同时设计下沉式、植草沟等雨水基础设施，区内的绿化植物考虑种植一些耐盐、耐淹的品种。

1) 平屋面种植绿化。平屋面种植绿化典型设计见图 10.3-14。

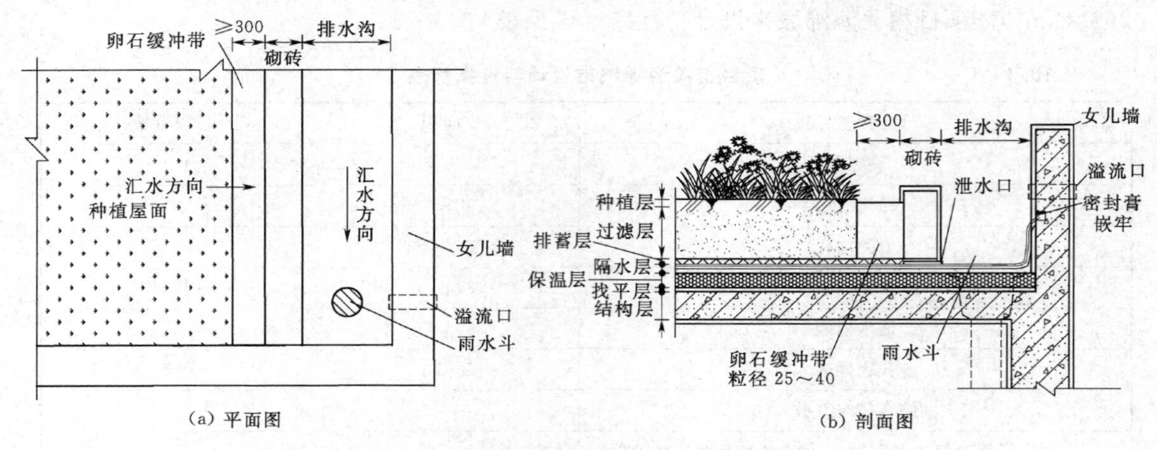

图 10.3-14 平屋面种植典型设计图（单位：mm）

2) 绿化带及树池。绿化带大样图见图 10.3-15，树池大样图见图 10.3-16。

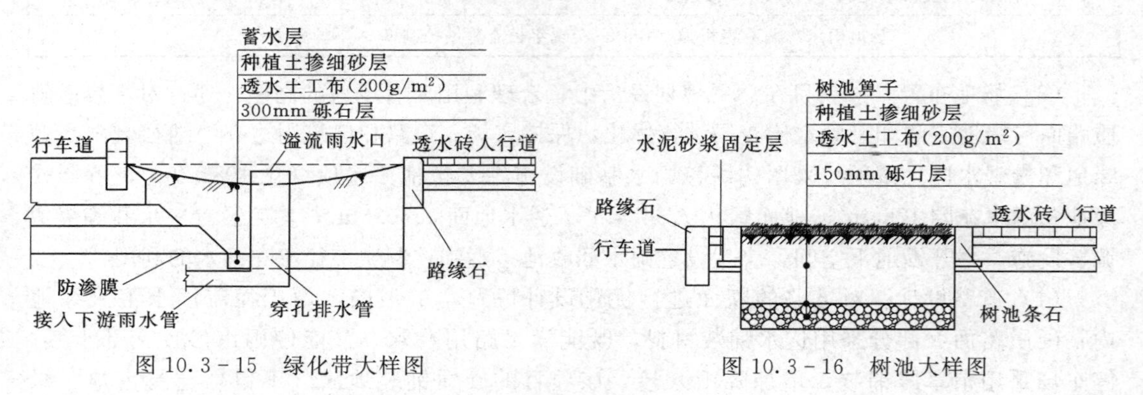

图 10.3-15 绿化带大样图

图 10.3-16 树池大样图

3) 下凹式绿地。下沉式绿地典型设计图见图 10.3-17。

4) 简易生物滞留设施。简易生物滞留设施典型设计图见图 10.3-18。

5) 植草沟。植草沟典型设计断面图见图 10.3-19。

6) 渗透管-排放一体化系统。渗透管-排放一体化系统示意图见图 10.3-20。

4. 实施效果

(1) 降水蓄渗方面。通过设置雨水调蓄设施，达到统筹规划利用水资源，对有限土地资源进行多功能开发；通过设置地面生态设施，在地势较低区域种植植物，通过植物截留、土壤过滤滞留处理径流雨水，达到径流污染控制目的；屋顶绿化可以改善屋顶的保温隔热效果，还可有效节流雨水。在采取了一系列渗、滞、蓄、净、用、排措施后，有效控制雨水快排，大大减少雨水外排总量，减轻市政管网压力，从源头降低了城市内涝的风险。经改造并采取降水蓄渗措施后，年径流总量控制率可达到 80%。

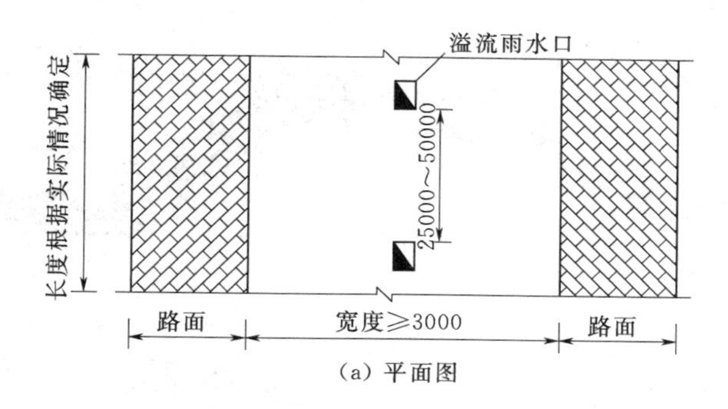

(a) 平面图

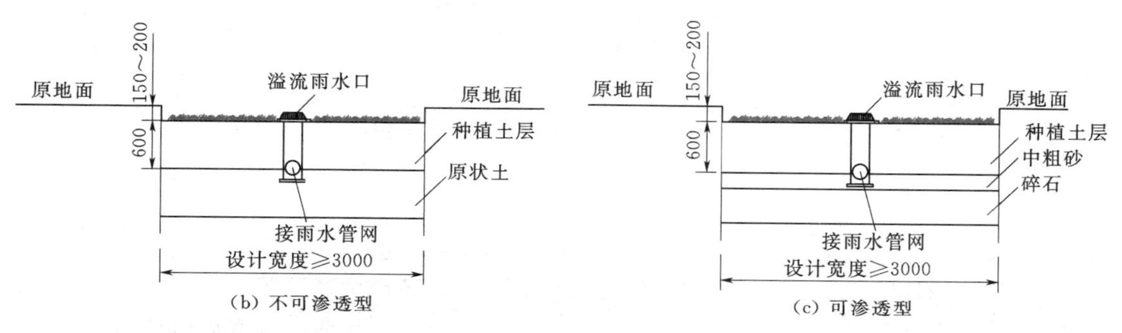

(b) 不可渗透型　　(c) 可渗透型

图 10.3-17　下沉式绿地典型设计图（单位：mm）

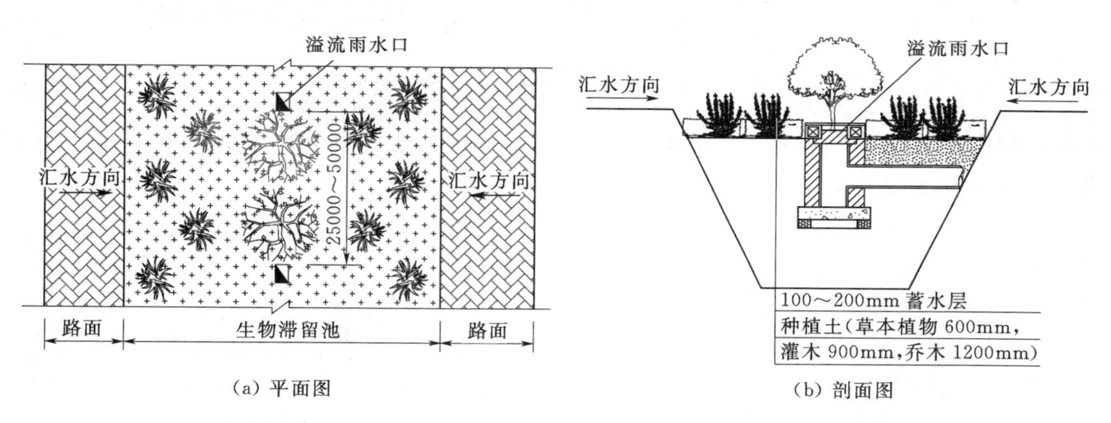

(a) 平面图　　(b) 剖面图

图 10.3-18　简易生物滞留设施典型设计图（单位：mm）

(2) 绿化效果。在雨水花园、建筑周边及绿地合理搭配种植乔木、灌木，可以改善风环境、削弱热岛效应，获得更舒适环境；屋顶绿化的设置使得绿化更立体化空间化，提高绿地空间利用率、增加绿量，使有限的绿地发挥更大的生态效益和景观效益。

5. 施工注意事项

(1) 生物滞留设施、渗透型植草沟、植物池等低影响开发设施中的种植土壤厚度一般不宜小于 0.6m，不宜大于 1.5m。土壤渗透能力一般为 2.5～20cm/h。

(2) 对于靠近道路、建筑物基础或者其他基础设施，或者因为雨水浸泡可能出现地面不均匀沉降的入渗型低影响开发设施，需考虑侧向防渗。

(3) 透水铺装时，透水找平层宜采用细石透水混凝土、干砂、碎石或石屑等，渗透系

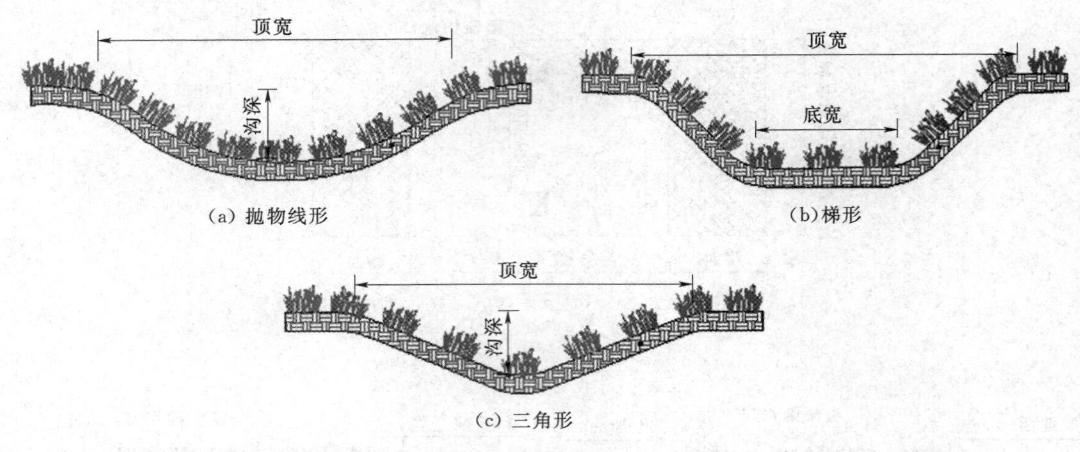

图 10.3-19　植草沟典型设计断面图

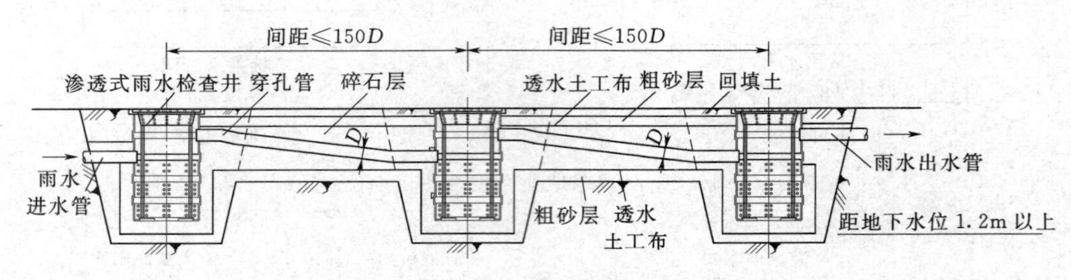

图 10.3-20　渗透管-排放一体化系统示意图

数及有机孔隙率应不小于面层，厚度宜为 20～50mm。透水垫层厚度不宜小于 150mm，孔隙率不应小于 30%。

第 11 章 林草工程设计

20 世纪 80 年代中期以前，受工程建设投资及人们思想认识等的限制和影响，大部分生产建设项目的林草措施尚未成为主体工程的重要组成部分。自 20 世纪 90 年代以来，我国经济迅猛发展，人民生活水平日益提高，对生态环境保护的意识也大大加强。尤其是随着生产建设项目水土保持方案等制度的建立，生产建设项目水土保持工作的技术手段及水平不断提高，林草措施从一开始简单的植树种草发展到现在，在提升工程整体环境效果、打造工程整体形象、提高工程安全运行管理质量等方面发挥越来越重要的作用，一些林草措施新技术、新工艺、新方法也不断涌现，并日臻完善。

总结多年来的实践经验，根据生产建设项目植被恢复与建设区域的立地条件、功能定位和绿化需求等综合情况，制定相应工程级别和设计标准。在工程设计中，按实施植物措施的场地特性，确定不同工程级别和设计标准，分别采取不同的植物措施类型、不同的植物种选择，以及不同的植物配置方案。

11.1 基 本 要 求

11.1.1 设计原则与要求

1. 生态优先，着力恢复和建设林草植被

在工程总体规划与布置时，应在保障主体工程安全的前提下，优先考虑恢复植被。按照工程、生态、景观要求相结合、工程措施与林草措施相结合的原则，根据水土流失防治指标（林草植被恢复率、林草覆盖率）达标要求，通过工程布局与工程设计，利用乔木、灌木、花草尽最大可能覆盖各种裸露土地与边坡，创造条件和创新技术着力将传统硬质防护措施调整为植物防护以及采取植物与工程相结合的综合防护措施，增加林草覆盖面积，恢复与建设良好的生态系统。如道路工程的路堑、隧洞进出口边坡，水利水电工程的坝肩、上坝公路、水电站侧岸高边坡、隧洞进出口边坡、堤坡，以及各类土（块石、砂砾石）料场开挖坡面等各类开挖或填筑形成的高陡边坡，在保证安全稳定的前提下，应优先考虑林草措施或工程与林草相结合的措施，混凝土和砌石边坡等区域，也应创造条件进行复绿。

2. 分区布置林草工程，合理确定级别与设计标准

根据统筹规划原则和主体工程设计要求，合理划分防治分区。通常可分为主体工程区、工程永久办公生活区、弃渣场区、料场区、交通道路区、施工生产生活区、移民安置与专项设施复建区等。应统筹规划，与主体工程设计要求相协调，根据不同分区特点与功能定位合理确定林草工程级别与设计标准，使林草工程的布局满足植被恢复与建设工程级别划分要求，满足工程建设、运行与管理及生产生活服务的功能要求。

根据《水土保持工程设计规范》（GB 51018），植被恢复与建设工程分为三级：1 级植被建设工程应根据景观、游憩、环境保护和生态防护等多种功能的要求，执行工程所在地区的园林绿化工程标准。2 级植被建设工程应根据生态防护和环境保护要求，按生态公益林标准执行；有景观、游憩等功能要求的，结合工程所在地区的园林绿化标准，在生态公益林标准基础上适度提高。3 级植被建设工程应根据生态保护和环境保护要求，按生态公益林绿化标准执行；降水量为 250～400mm 的区域，应以灌草为主；降水量 250mm 以下的区域，应以封育为主并辅以人工抚育。

3. 合理配置，兼顾林草植物生态功能和景观功能

应符合工程在当地区域经济发展中的功能定位和生态景观要求，合理配置乔、灌、林、草、花卉等，在满足林草生态功能的前提下，兼顾工程景观功能要求，着力发挥林草植被的景观功能，并与工程周边自然景观、人文景观等相协调。大型工程应在林草措施布局前开展工程区生态景观总体规划，使林草工程布局与工程运行管理及所涉区域景观要求相适应。如主体工程区位于城镇范围的，林草工程应与该城镇的景观规划相结合；线性工程通过风景名胜区时，林草措施布局应与风景名胜区的景观相适应。统筹考虑主体建（构）筑物的造型、色调、外围景观，包括河湖水体、植物、土壤等，使之在微观尺度和宏观尺度上与周边环境的协调和融合。如通过植物种类的选择、数量的组合、平面与立面的构图、色彩的搭配、季相的变化，并辅以布置园林小品，形成富有内涵的生态景观，突破区域与工程景观特色，提升景观效果。

4. 因地制宜，根据工程建设与运行要求合理选择树草种

根据生产建设项目的水土流失特点及场地生态环境和工程建设条件、工程扰动后的立地条件等，综合调查分析植被恢复与建设场地的主导限制因子，包括温度、湿度、光照、土壤和空气等，划分立地类型，因地制宜地选择适当的措施类型和植物种类，使林草生态习性和布设地点的环境条件基本一致，优先选择乡土树草种，将喜光与耐荫、慢生与速生、高与矮、深根与浅根等不同类型的林草科学合理地配置。施工临时占地，如弃土（石、渣）场、料场等区域的立地条件一般较差，应根据土地整治后的具体条件实施植树或者植草，恢复植被。不具备土地整治条件的困难立地，如石料场边坡、坝肩等高陡边坡，可采用工程绿化技术或植被恢复工法恢复植被。

不同类型的工程运行管理对植物种有不同的要求，措施布局时要注重树种生物学特性，优化植物配置，满足主体工程和行业的相关要求。如供水明渠两侧最好种植常绿树种，落叶应不对水质产生较大影响；公路两侧有弯道的地方不能种植高大乔木以防止遮挡视线；输油输气管线上方不能选择根系发达的乔灌木等。

5. 注重多方案技术经济比较分析，提高投资效益

林草工程布局与设计也应注重技术经济方案比选，在达到设计要求的情况下，选择造价比较低的方案。在满足功能需求等情况下，多选用寿命长、生长速度中等、耐粗放管理、耐修剪的植物，以减少资金投入和管理费用。与当前植被恢复与建设的技术经济条件及工程建设投资水平相适应，在节约成本、方便管理的基础上，以最少的投入获得最大的生态效益和社会效益。

11.1.2 林草工程类型及适用范围与条件

根据生产建设项目工程规划与总体布局、建（构）筑物及其生产运行功能、建设期间扰动占压、开挖堆垫、取料、弃渣（土、石）等形成的各类裸露土地、未扰动但属于工程管理范围内不能达到水土保持功能要求的土地，以及未采取复耕措施的临时占地区和移民集中安置及专项设施复（改）建区等林草工程建设条件，植被恢复与建设工程即林草工程设计可划分为以下三类。

11.1.2.1 常规林草工程

常规林草工程是指，对于生产建设项目防治责任范围内仅需进行水土流失防治与生态恢复场地，且可直接或经覆土和土壤改良进行造林种草的林草工程。主要适用范围包括工程建设形成的弃渣场坡面和平台、取料场后期恢复利用土地、施工迹地、扰动缓坡面，以及属于工程永久占用但未扰动土地（未达到水土保持林草植被覆盖要求，如矿山开挖汇水区、水库、水电站、塘坝等大、中、小不同类型工程流域的入库附近汇流区，交通沿线自然坡面）等。也适应于根据工程建设布局和功能需求可采取常规造林种草的坝、堤、岸、渠、沟等坡面、交通道路等涉水边坡（迎水面防洪水位以上）的撒播草籽、种树，生产建设项目工程管理范围，工程管辖的道路两侧，厂（场）区周边等营造防护林带、防风林带或片林；堤防工程护堤林、防浪林、护岸护滩林等。

常规林草工程设计适用条件与方法参见本书11.2～11.4节中的相关内容。

11.1.2.2 工程绿化

生产建设项目施工扰动后形成的无正常土壤层地段、裸岩地段、过陡坡面、混凝土和砌石边坡等区域，以及部分经土地整治后亟待提高绿化效果的土地，根据景观需求可采用相应的工程绿化技术或植被恢复工法实施林草工程。工程绿化适用范围和设计技术条件见表11.1-1～表11.1-3。

表11.1-1　生产建设项目适宜开展工程绿化技术的主要绿化类型表

类型	技术名称	技术形式	技术特点	适用范围
毯垫类	植生带	含植物种子的纸卷	覆盖表土稳固种子	微坡细土
	植生毯	含植物种子植物纤维铺装毯	林下枯落层仿生产品	25°以下土质坡面
	生态垫	有机纤维织造、胶合毯	抗侵蚀种床	35°以下砾石土
枕袋类	植生袋	含种塑料网袋	植物生长初期的固土护坡	35°以下土石坡
	生态袋	耐候性土工无纺布袋组件	装填后堆叠成柔性支护种床	25°～55°土石坡
	植生模袋	耐候性土工无纺布连体袋组件	铺设灌装成柔性防护种床	25°～35°土石坡

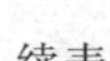
续表

类型	技术名称	技 术 形 式	技 术 特 点	适 用 范 围
喷播类	液压喷播	水力机械喷射播种	种源回归纤维覆盖快速复绿	45°以下土质坡
	覆盖喷播	水力或风力喷射有机纤维覆盖	降低侵蚀保护种子优化表土	
	三维网喷播	三维网覆土与液压喷播结合	表土优化的液压喷播种植	55°以下生土或土石坡
	客土喷播	钢丝网锚固骨架喷覆客土种植	表土重建种植一体化	75°以下岩质坡
	厚层基材喷播	草炭腐叶土有机肥干法喷播	有机材料为主的轻质基材	
	高次团粒喷播	自然土团粒剂改良湿法喷播	团粒剂改善土壤性能抗侵蚀	
	有机纤维喷播	自然土有机纤维改良喷播	有机纤维雀巢骨架增抗侵蚀	
	喷混植生	改性水泥固结土壤喷播	水泥蜂巢骨架增依附和抗侵蚀	85°以下岩质坡

表 11.1-2　生产建设项目工程护坡技术与工程绿化技术组合的综合护坡配置类型

类型	技术名称	技 术 形 式	技术组合配置特点	适 用 范 围
工程护坡类型	经削坡开级的稳定土石坡、坡基硬砌护	采用生态棒、T形板水平格挡或金属网、土工格栅、主动防护网表面固结	喷混植生、有机纤维喷播、厚层基材喷播、客土喷播、三维网喷播	80°以下稳定岩质坡
	喷混凝土护坡	金属网、土工格栅、主动防护网或三维网表面固结	喷混植生、有机纤维喷播、厚层基材喷播、客土喷播、三维网喷播	
	浆砌石护坡	金属网、土工格栅、主动防护网或三维网表面固结	喷混植生、有机纤维喷播、厚层基材喷播、客土喷播、三维网喷播	
支护类型	干砌石骨架	干砌石骨架	生态袋技术、液压喷播、覆盖喷播、三维网喷播、客土植生	55°以下不稳定土石坡
	浆砌石骨架	浆砌石骨架	生态袋技术、液压喷播、覆盖喷播、三维网喷播、客土植生	
	预制构件骨架	预制构件骨架	喷混植生、有机纤维喷播、厚层基材喷播、客土喷播、三维网喷播	75°以下不稳定岩质坡
	现场浇筑骨架	现场浇筑骨架	喷混植生、有机纤维喷播、厚层基材喷播、客土喷播、三维网喷播	
	预制丝笼骨架	预制宾格网等骨架	喷混植生、有机纤维喷播、厚层基材喷播、客土喷播、三维网喷播	
拦挡类型	预制构件拦挡	预制构件拦挡存蓄土水种植	生态袋技术、客土植生技术	65°以上稳定岩质崖坡
	现场浇筑拦挡	现场浇筑拦挡存蓄土水种植		
	锚固支架拦挡	锚固支架拦挡存蓄土水种植		

表 11.1-3　生产建设项目各类土地所适宜的主要防护型式、绿化类型和措施设计类型

防护型式	适 用 范 围			绿化类型/措施设计类型/技术特点
	土地或边坡类型	坡比	坡高	
植树	未扰动或轻扰动平缓土地			植物防护、绿化美化/常规绿化、园林绿化
植树	未扰动或轻扰动土质边坡	<1∶1.0		绿化美化、植物防护、植被恢复/常规绿化、园林绿化

续表

防护型式	适用范围			绿化类型/措施设计类型/技术特点
	土地或边坡类型	坡比	坡高	
植草	未扰动或轻扰动土质边坡	<1：1.25		绿化美化、植物防护、植被恢复/常规绿化、园林绿化
种植灌草	土质、软质岩和全风化硬质岩边坡	<1：1.5		植物防护、植被恢复/常规绿化、工程绿化
植生带 植生毯	土质边坡、土石混合边坡等经处理后的稳定边坡	<1：1.5		绿化美化、植物防护、植被恢复/工程绿化、园林绿化
铺草皮	土质和强风化、全风化岩石边坡	<1：1.0		绿化美化、植物防护、植被恢复/常规绿化、工程绿化、园林绿化
喷混植生	漂石土、块石土、卵石土、碎石土、粗粒土和强风化、弱风化的岩石路堑边坡	<1：1.0		绿化美化、植被恢复/工程绿化、园林绿化
客土植生	漂石土、块石土、卵石土、碎石土、粗粒土和强风化的软质岩及强风化、全风化、土壤较少的硬质岩石路堑边坡，或由弃土（石、渣）填筑的路堤边坡	<1：1.0	不限	绿化美化、植被恢复/常规绿化、工程绿化、园林绿化/种植乔、灌、草
生态植生袋	土质边坡和风化岩石、沙质边坡，特别适宜于不均匀沉降、冻融、膨胀土地区和刚性结构等难以开展边坡绿化的区域	<1：0.35	不限	绿化美化、植被恢复/工程绿化、园林绿化
格状框条、正六角形框格	泥岩、灰岩、砂岩等岩质路堑边坡，以及土质或沙土质道路边坡、堤坡、坝坡等稳定边坡	<1：1.0	<10m	绿化美化、植被恢复/工程绿化、园林绿化/框格内播种草灌、铺植草皮
小平台或沟、穴修整种植	土质边坡、风化岩石或沙质边坡/具备人工开阶、客土栽植条件	<1：0.5	8m 开阶	绿化美化、植被恢复/工程绿化、园林绿化/乔、灌、攀缘植物、下垂灌木
开凿植生槽	稳定的石壁	<1：0.35	10m 开阶	绿化美化、植被恢复/工程绿化/客土栽植灌、攀缘植物、下垂灌木、小乔木
混凝土延伸植生槽	稳定的石壁	<1：0.35	10m 开阶	绿化美化、植被恢复/工程绿化/客土栽植灌、攀缘植物、下垂灌木
钢筋混凝土框架	浅层稳定性差且难以绿化的高陡岩坡和贫瘠土坡	<1：0.5	不限	绿化美化、植被恢复/工程绿化/框架内客土植草
水力喷播植草	一般土质路堤边坡、处理后的土石混合路堤边坡、土质路堑边坡等稳定边坡	1：1.5	<10m	绿化美化、植被恢复/工程绿化/植草或草灌
直接挂网+水力喷播植草	石壁	<1：1.2	<10m	绿化美化、植被恢复/工程绿化/喷播植草或草灌
挂高强度钢网+水力喷播植草	石壁	1：1.2～1：0.35	<10m	绿化美化、植被恢复/工程绿化/喷播植草或草灌

续表

防护型式	适用范围			绿化类型/措施设计类型/技术特点
	土地或边坡类型	坡比	坡高	
厚层基材喷射植被护坡	适用于无植物生长所需的土壤环境，也无法供给植物生长所需的水分和养分的坡面	>1：0.5	<10m	绿化美化、植被恢复/工程绿化/喷播植草或草灌
钢筋混凝土框架＋厚层基材喷射植被护坡	浅层稳定性差且难以绿化的高陡岩坡和贫瘠土坡	>1：0.5	<10m	绿化美化、植被恢复/工程绿化/喷播植草或草灌
预应力锚索框架地梁＋厚层基材喷射植被护坡	稳定性很差的高陡岩石边坡，且无法用锚杆将钢筋混凝土框架地梁固定于坡面的情况	>1：0.5	不限	绿化美化、植被恢复/工程绿化/喷播植草
预应力锚索＋厚层基材喷射植被护坡	浅层稳定性好，但深层易失稳的高陡岩土边坡	>1：0.5	不限	绿化美化、植被恢复/工程绿化/喷播植草

11.1.2.3　园林式绿化

根据生产建设运行管理、区域功能定位等要求，确定的既要符合保持水土、改善生态环境的要求，又要达到美化环境、符合景观建设的要求，即植被恢复与建设工程一级标准要求的林草工程，是将水土保持、生态景观要求结合起来的园林绿化工程。主要适用范围包括生产建设项目管理区、线性工程沿线管理站及周边、重要工程节点［如桥涵、道路联通匝道、道路枢纽、水利枢纽、闸（泵）站］周边或沿线涉及移民村镇景观绿化区域，以及纳入工程管理范围且需要按园林要求设计的区域（如弃渣场、施工迹地等），设计选用条件参见本教材“11.5 园林式林草种植”。

11.1.3　立地条件

11.1.3.1　立地类型划分

立地类型划分，就是植树造林地的立地类型划分，包括立地区、立地亚区、立地小区、立地组、立地小组、立地类型等。其中，立地类型是最基本的划分单元。在生产建设项目的植被恢复与建设工程中，将立地类型作为基本的划分单元。立地类型划分就是把具有相近或相同生产力地块划为一类，按类型选用树草种，设计植树造林种草措施。

植树造林地的立地类型划分，第一步应根据工程所处自然气候区和植被分布带，确定其基本植被类型区。根据《造林技术规程》（GB/T 15776）和《生态公益林建设导则》（GB/T 18337.1），基本植被类型区可以分为东北地区、三北风沙地区、黄河上中游地区、华北中原地区、长江上中游地区、中南华东（南方）地区、东南沿海及热带地区和青藏高原冻融地区等八个类型区，具体涉及地区见表11.1-4。基本植被类型区是根据气候区划和中国植被区划所确定，不同地区有不同的基本植被类型，如东北寒温带落叶针叶林、华北暖温带的落针阔混交林等。

第二步，宜按地面物质组成、覆土状况、特殊地形和条件等主要限制性立地因子确定立地类型。当线型工程跨越若干地域时，应以水热条件和主要地貌，首先划分若干立地类型组，再划分立地类型。

表 11.1-4　　基本植被类型区表

区域	范　围	特　点
东北地区	黑、吉、辽大部及内蒙古东部地区	以黑土、黑钙土、暗棕壤为主，地面坡度缓而长，表土疏松，极易造成水土流失，损坏耕地，降低地力。区内天然林与湿地资源分布集中，因森林过伐，湿地遭到破坏，干旱、洪涝频繁发生，甚至已威胁到工业基地和大中城市安全
三北风沙地区	东北西部、华北北部、西北大部的干旱地区	自然条件恶劣，干旱多风，植被稀少，风沙面积大；天然草场广而集中，但草地“三化”（退化、沙化、盐渍化）严重，生态十分脆弱。农村燃料、饲料、肥料、木料缺乏，生产生存条件差
黄河上中游地区	晋、陕、蒙、甘、宁、青、豫的大部或部分地区	世界上面积最大的黄土覆盖地区，因气候干旱少雨，加上过垦过牧，造成植被稀少，水土流失十分严重
华北中原地区	京、津、冀、鲁、豫、晋的部分地区及苏、皖的淮北地区	山区山高坡陡，土层浅薄，水源涵养能力低，潜在重力侵蚀地段多。黄泛区风沙土较多，极易受风蚀、水蚀危害。东部滨海地带土壤盐碱化、沙化明显
长江上中游地区	川、黔、滇、渝、鄂、湘、赣、青、甘、陕、豫、藏的大部或部分地区	大部分山高坡陡、峡险谷深生态环境复杂多样，水资源充沛、土壤保水保土能力差，人多地少、旱地坡耕地多。因受不合理耕作、过牧和森林大量采伐影响，导致水土流失日趋严重，土壤日趋瘠薄
中南华东（南方）地区	闽、赣、湘、鄂、皖、苏、浙、沪、桂、粤的全部或部分地区	红壤广泛分布于海拔 500m 以下的丘陵岗地，因人口稠密、森林过度砍伐，毁林毁草开垦，植被遭到破坏，水土流失加剧，泥沙下泄淤积江河湖库
东南沿海及热带地区	琼、粤、桂、滇、闽的全部或部分地区	气候炎热、雨水充沛、干湿季节明显，保存有较完整的热带雨林和热带季雨林系统。但因人多地少，毁林开荒严重，水土流失日趋严重。沿海地区处于海陆交替、气候突变地带，极易遭受台风、海啸、洪涝等自然灾害的危害
青藏高原冻融地区	青、藏、新大部或部分地区	绝大部分是海拔 3000m 以上的高寒地带，以冻融侵蚀为主。人口稀少、牧场广阔，东部及东南部有大片林区，自然生态系统保存完整，但天然植被一旦破坏将难以恢复

注　表中未列入台湾省、香港和澳门特别行政区。

立地类型组划分的主导因子是：海拔、降水量、土壤类型等。

立地类型划分的主导因子是：地面组成物质（岩土组成）、覆盖土壤的质地和厚度、坡向、坡度和地下水等。

工程扰动土地限制性立地因子主要考虑以下几个方面：

（1）弃土（石、渣）物理性状：岩石风化强度、粒（块、砾）径大小、透水性和透气性、堆积物的紧实度、水溶物或风化物的 pH。

（2）覆土状况：覆土厚度、覆土土质。

（3）特殊地形：高陡边坡（裸露、遮雨或强冲刷等）、阳侧岩壁聚光区（高温和日灼）、风口（强风和低温）、易积水湿洼地及地下水水位较高等。

（4）沙化、石漠化、盐碱（渍）化和强度污染。

11.1.3.2　立地改良条件及要求

应根据工程扰动或未扰动两种情况，在充分考虑地块的植被恢复方向后，依据立地类

型现状确定相应的立地改良要求。立地改良主要通过整地措施、土壤改良措施和工程绿化特殊工法等技术实现。

1. 整地措施

整地就是在植树造林（种草）之前，清除地块上影响植树造林（种草）效果的残余物质，包括非目的植被、采伐剩余物等，并以翻耕土壤为重要内容的技术措施。

整地措施仅涉及有正常土壤层的无扰动、轻微扰动和扰动后经土地整治覆土的待绿化土地。

植树造林（种草）整地的方式可划分为全面整地和局部整地两种。

2. 土壤改良措施及植树造林对策

（1）以土壤或土壤发生物质（成土母质或土状物质）为主的地块，宜依据其覆盖厚度和植树造林（种草）的基本要求，采取相应土壤改良措施或整地方式；碎石为主的易渗水的地块，覆土前可铺一层厚度30cm左右的黏土并碾压密实作为防渗层；裸岩地块易积水的，覆土前先铺垫30cm的碎石层做底层排水。

（2）地表为风沙土、风化砂岩时，可添加塘泥、木屑等进行改良；以碎石为主的地块，且无覆土条件时，可采用带土球苗、容器苗或客土植树造林，或填注塘泥、岩石风化物等植树造林。

（3）开挖形成的裸岩地块，且无覆土条件时，采取爆破整地、形成植树穴并采用带土球苗、容器苗或客土植树造林，或填注塘泥、岩石风化物等植树造林。

（4）pH过低或过高的土地，可施加黑矾、石膏、石灰等改良土壤。

（5）盐渍化土地，应采取灌水洗盐、排水压盐、客土等方式改良土壤。

（6）优先选择具有根瘤菌或其他固氮菌的绿肥植物。必要时，工程管理范围的绿化区应在田面细平整后增施有机肥、复合肥或其他肥料。

通常，工程扰动土地的水分条件是限制植被恢复的限制因子。在缺乏灌溉补水条件时，应考虑抗旱技术，综合运用保水剂、地膜或植物材料、石砾覆盖、营养袋容器苗和生根粉等。具体灌溉措施可见本书“4.3 灌溉措施设计”章节。

3. 工程绿化相关工法的绿化对策

对于生产建设项目施工扰动后形成的无正常土壤层地段、裸岩地段和过陡坡面，整地和常规土壤改良措施难以奏效，其绿化过程的相应措施应采用工程绿化领域的特殊工法处理。

11.1.4　林草选择与配置

1. 林草种选择

（1）根据基本植被类型、立地类型的划分、基本防护功能与要求和适地适树（草）的原则确定林草措施的基本类型。

（2）根据林草措施的基本类型、土地利用方向，选择适宜的树种或草种。应采用乡土种类为主，辅以引进适宜本土的优良品种。

（3）弃土（石、渣）场、土（块石、砂砾石）料场、采石场和裸露地等工程扰动土地，应根据其限制性立地因子，选择适宜的树（草）种，见表11.1-5。

表 11.1-5　　生产建设项目工程扰动土地主要适宜树（草）种表

区域或植被类型区	耐　旱	耐水湿	耐盐碱	沙化（北方及沿海）/ /石漠化（西南）
东北区	辽东桤木、蒙古栎、黑桦、白榆、山杨；胡枝子、山杏、文冠果、锦鸡儿、枸杞；狗牙根、紫花苜蓿、爬山虎①	兴安落叶松、偃松、红皮云杉、柳、白桦、榆树	青杨、樟子松、榆树、红皮云杉、红瑞木、火炬树、丁香、旱柳；紫穗槐、枸杞；芨芨草、羊草、冰草、沙打旺、紫花苜蓿、碱茅、鹅冠草、野豌豆	樟子松、大叶速生槐、花棒、杨柴、柠条锦鸡儿、小叶锦鸡儿；沙打旺、草木樨、芨芨草
三北风沙地区	侧柏、枸杞、柠条、沙棘、梭梭、柽柳、胡杨、花棒、杨柴、胡枝子、沙柳、沙拐枣、黄柳、樟子松、文冠果、沙蒿；高羊茅、野牛草、紫苜蓿、紫羊茅、黄花菜、无芒雀麦、沙米、爬山虎①	柳树、柽柳、沙棘、胡杨、香椿、臭椿、旱柳、桑	柽柳、旱柳、沙拐枣、银水牛果、胡杨、梭梭、柠条、紫穗槐、枸杞、白刺、沙枣、盐爪爪、四翅滨藜；芨芨草、盐蒿、芦苇、碱茅、苏丹草	樟子松、柠条、沙棘、沙木蓼、花棒、踏郎、梭梭霸王；沙打旺、草木樨、芨芨草
黄河上中游地区	侧柏、柠条、沙棘、旱柳、柽柳、爬山虎①	柳树、柽柳、沙棘、旱柳、刺柏、桑	柽柳、四翅滨藜、柠条、紫穗槐、沙棘、沙枣、盐爪爪	侧柏、刺槐、杨树、沙棘、柠条、柽柳、杞柳；沙打旺、草木樨
华北中原地区	侧柏、油松、刺槐、青杨；伏地肤、沙棘、柠条、枸杞、爬山虎①	柳树、柽柳、沙棘、旱柳、构树、杜梨、垂柳、钻天杨、桑、红皮云杉	柽柳、四翅滨藜、银水牛果；伏地肤、紫穗槐	樟子松、旱柳、荆条、紫穗槐；草木樨
长江上中游地区	侧柏、马尾松、野鸭椿、白皮松、木荷、沙地柏；多变小冠花、金银花①、爬山虎①	柳树、桑、水杉、池杉、落羽杉、冷杉、红豆杉、芒草	欧美杨、乌桕、落羽杉、墨西哥落羽杉、中山杉；双穗雀稗、香根草、芦竹、杂三叶草	欧美杨、马尾松、云南松、干香柏、苦刺花、蔓荆；印尼豇豆
中南华东（南方）地区	侧柏、马尾松、黄荆、油茶、青檀、香花槐、藜蒴、桑树、杨梅；黄栀子、山毛豆、桃金娘；假俭草、百喜草、狗牙根、糖蜜草、铁线莲①、爬山虎①、五叶地锦①、鸡血藤①	桑、水杉、池杉、落羽杉、樟树、木麻黄、水翁、湿地松、榕树、大叶桉；铺地黎、芒草	木麻黄、南洋杉、柽柳、红树、椰子树、棕榈；苇状羊茅、苏丹草	球花石楠、干香柏、旱冬瓜、云南松、木荷、黄连木、清香木、火棘、化香常绿假丁香、苦刺花、降香黄檀；任豆；象草、香根草、五叶地锦①、常春油麻藤①
东南沿海及热带地区	榆绿木、大叶相思、多花木兰、木豆、山楂、澜沧栎；假俭草、百喜草、狗牙根、糖蜜草、爬山虎①、五叶地锦①	青梅、枫杨、水杉、喜树、长叶竹柏、长蕊木兰、长柄双花木	木麻黄、柽柳、椰子树、棕榈、红树类	砂糖椰、紫花泡桐、直干桉、任豆、顶果木、枫香、柚木

① 攀缘植物。

2. 林草种配置

（1）山区、丘陵区的土（块石、砂砾石）料场和弃渣（土）场绿化应结合水土流失防治、水资源保护和周边景观要求，因地制宜配置水土保持林树种（或草种）、水源涵养林树种或风景林树种。

（2）涉水范围需要植物防护的内外边坡，一般采用草皮或种草绿化，选用多年生乡土草种；条件允许地区在背水面也可灌草混交。如水利工程的护堤地绿化树种宜可选择护路护岸林、农田防护林和环境保护林树种。此外，涉水或近水范围的植树造林树种，应采用耐水湿乔灌树种，其余可酌情选择水土保持树种、护岸树种、风景林树种或环境保护树种。

（3）平原取土场、采石场和弃渣（土）场绿化，应结合平原绿化，选择农田防护林树种、护路护岸林树种和环境保护树种。

（4）草原牧区工程，选择防风固沙林树种和草牧场防护林树种。

（5）穿越城郊和城区的工程项目，宜结合或配合城市绿化工程规划，以当地园林绿化树种为主。

具体树种配置可参照表11.1－5和《生态公益林建设技术规程》（GB/T 18337.3—2001）附录A表A1～表C1。涉及：主要水土保持植树造林树种、主要水土保持灌草种、水源涵养林主要适宜树种、防风固沙林主要适宜树种、农田防护林主要适宜树种、草牧场防护林主要适宜树种、护路护岸林主要适宜树种、风景林主要适宜树种和环境保护林主要适宜树种。

（6）工程绿化植物材料应根据其技术特点和当地气候条件酌情确定。

11.2　整　地

生产建设项目所涉及平缓土地林草工程的整地措施，可采用全面整地和局部整地。生产建设项目所涉及一般边坡的林草措施整地工程，主要采用局部整地。造林密度及整地规格可参照《生态公益林建设技术规程》（GB/T 18337.3）开展设计。

1. 全面整地

平坦植树造林地的全面整地应杜绝集中连片，面积过大。

经土地整治及覆土处理的工程扰动平缓地，宜采取全面整地。一般平缓土地的园林式绿化美化植树造林设计，也宜采用全面整地。

北方草原、草地可实行雨季前全面翻耕，雨季复耕，当年秋季或翌春耙平的休闲整地方法；南方热带草原的平台地，可实行秋末冬初翻耕，翌春植树造林的提前整地方法；滩涂、盐碱地可在栽植绿肥植物改良土壤或利用灌溉淋洗盐碱的基础上深翻整地。

一般边坡确需采用全面整地时，要充分考虑坡度、土壤的结构和母岩等限定条件。花岗岩、砂岩等母质上发育的质地疏松或植被稀疏的地方，一般应限定在坡度8°以下；土壤质地比较黏重和植被覆盖较好的地方，一般坡度也不宜超过15°。坡面过长时，以及在山顶、山腰、山脚等部位应适当保留原有植被，保留植被一般应沿等高线呈带状分布。另外，在坡度比较大而又需要实行全面整地的地方，全面整地必须与修筑水平阶相结合。

2. 局部整地

局部整地包括带状整地和块状整地。

（1）带状整地：带状整地可采用机械化整地。一般平缓土地进行带状整地时，带的方向一般为南北向，在风害严重的地区，带的走向应与主风方向垂直。有一定坡度时，宜沿

等高走向。

(2) 块状整地：包括穴状整地、鱼鳞坑整地等

3. 整地规格

整地深度、整地宽度、整地长度、间隔距离和土埂等设计可参照水土保持设计手册造林整地部分的内容。造林整地规格可参照《生态公益林建设技术规程》(GB/T 18337.3) 和《水土保持综合治理技术规范 荒地治理技术》(GB 16453.2) 执行。

干旱、半干旱与半湿润地区无灌溉条件的绿化工程，其整地规格宜通过林木需水量确定整地设计蓄水容积，并进行相应整地断面计算。

干旱、半干旱与半湿润地区一般边坡的林草措施的整地深度等规格，应以满足相应树种根系生长要求。具有抗旱拦蓄要求的坡面整地工程，其设计断面尺寸，应根据林木需水量和相关坡面水文计算。

具体计算方法可参照《水土保持工程设计规范》(GB 51018)。

生产建设项目植被恢复与建设工程的整地季节，应结合工程进度安排和土地整治进度。除了北方土壤冻结的冬季外，一般地区一年四季都能进行整地。

11.3 植 苗 造 林

1. 苗木的种类、年龄、规格和质量的要求

生产建设项目植树造林所用的苗木种类主要有：播种苗、营养繁殖苗和两者的移植苗，以及容器苗等。园林式绿化常采用容器苗，甚至是带土坨大苗；一般水土保持林用留床的或经过移植的裸根苗；防护林和风景林多用移植的裸根苗；针叶树苗木和困难的立地条件下植树造林常采用容器苗。

一般营造水土保持林常用0.5～3年生的苗木，防护林常用2～3年生的苗木，风景林常用3年生以上的苗木。按照树种确定苗龄，主要是考虑树种的生长习性，速生的树种（如杨树、泡桐等）常用年龄较小的苗木，而慢生的树种（如云杉、冷杉、白皮松等）用年龄较大的苗木。

2. 苗木保护和处理

生产建设项目植树造林采用大苗造林时，为了保持苗木的水分平衡，在栽植前需对苗木采取适当的处理措施。地上部分的处理措施主要有：截干、去梢、剪除枝叶、喷洒蒸腾抑制剂等制剂；根系的处理措施主要有：浸水、修根、蘸泥浆、蘸吸水剂、蘸激素或其他制剂、接种菌根菌等。

3. 栽植技术

(1) 植树造林密度。植树造林密度应根据当地的立地条件、树种特性等确定。造林初始密度可参照《生态公益林建设技术规程》(GB/T 18337.3) 或《造林技术规程》(GB/T 15776) 执行。

(2) 混交林配置。当两个以上树种行列状或行带状混交造林时，不同树种种植点的配置不一定一致，这时单位面积造林总密度计算宜采用一个恰好能安排不同树种的造林单元。这一造林单元的最小带长等于不同树种株距的最小公倍数，这时的造林单元面积为

$$A=L\times[b_1(n_1-1)+b_2(n_2-1)+\cdots+dM] \tag{11.3-1}$$

式中　A——造林单元面积，m^2；

L——最小带长，取两个以上树种株距的最小公倍数；

b_1，b_2，…——分别为甲树种、乙树种……的行距，m；

n_1，n_2，…——分别为甲树种、乙树种……的行数；

d——带间距，m；

M——混交带的数量（甲乙两树种混交 M 为 2）。

造林单元株数为

$$n=L/a_1+L/a_2+\cdots \tag{11.3-2}$$

式中　a_1，a_2，…——分别为甲树种、乙树种……的行距，m。

造林密度为

$$N=\frac{\text{造林单元株数 } n}{\text{造林单元面积 } A}\times 10000(\text{株}/\text{hm}^2)$$

具体计算详见本节案例部分。

初步设计确定某一造林面积的苗木株数时，还应考虑具体造林树种的常规成活率和造林施工过程的正常损耗，单位面积用苗量为

$$S=\frac{N\times(1+D)}{C} \tag{11.3-3}$$

式中　N——单位面积计划植苗数，即造林密度；

D——修正系数（以小数表示，经验值；造林施工过程的正常损耗，含断根、折干和主干断顶芽等意外损耗）；

C——造林区造林苗木的常规成活率，经验值，%。

这些多出计划用苗量 N 的苗木，在造林结束后应选择一合适区域集中栽植，待造林地出现死苗后定期更换，以保证后期该片造林地林木生长整齐美观。

4. 植苗植树造林季节和时间

适宜的栽植植树造林时机，从理论上讲应该是苗木的地上部分生理活动较弱（落叶阔叶树种处在落叶期），而根系的生理活动较强和根系愈合能力较强的时段。

生产建设项目植被恢复与建设工程的造林时间，应结合工程进度、土地整治进度和整地时间合理安排，也可以随整随造后加强抚育。

11.4　种　　草

1. 播种建植

广义上种草的材料包括种子或果实、枝条、根系、块茎、块根及植株（苗或秧）等。普通种草和草坪建植均以播种（种子或果实）为主。播种是种草中重要环节之一，主要技术要点有：

(1) 种子处理。大部分种子有后成熟过程，即种胚休眠，播种前必须进行种子处理，以打破休眠，促进发芽。

（2）播种量。根据种子质量、大小、利用情况、土壤肥力、播种方法、气候条件及种子用价以及单位面积上拥有额定苗数而定。

播种量是由种子大小（千粒重）、发芽率及单位面积上拥有的额定苗数决定的，即单位面积播种量为

$$S=\frac{N\times W\times D}{R\times E\times C\times 1000} \tag{11.4-1}$$

式中 S——播种量，g/m^2；

N——每平方米面积计划有苗数；

W——种子千粒重，g；

R——种子纯度，%；

E——种子发芽率，%；

D——修正系数（以小数表示，经验值）；

C——播区成苗率，经验值，%。

（3）播种方法。条播、撒播、穴播或育苗移栽均可，播种深度 2～4cm，播后覆土镇压可提高种草成活率。

2. 草皮及草坪建植

草皮及草坪建植，其草种选择通常包含主要草种和保护草种。保护草种一般是发芽迅速的草种，其作用是为生长缓慢和柔弱的主要草种提供遮阴和抵制杂草，如黑麦草、小糠草。在酸性土壤上应以剪股颖或紫羊茅为主要草种，以小糠草或多年生黑麦草为保护草种。在碱性及中性土壤上则宜以草地早熟禾为主要草种，以小糠草或多年生黑麦草为保护草种。混播一般用于匍匐茎或根茎不发达的草种。

草坪草混播比例应视环境条件和用途而定。我国北方以早熟禾和紫羊茅类为主要草种的，以黑麦草作为保护草种，如采用早熟禾（40%）+紫羊茅（40%）+多年生黑麦草（20%）的组合。在南方地区宜用红三叶、白三叶、苕子、狗牙根、地毯草或结缕草为主要草种，以多年生黑麦草、高牛尾草等为保护草种。

（1）播种建坪。播种建坪是直接在坪床上播撒种子，利用草坪草有性繁殖的一种建植技术，也是草坪建植中传统的、使用技术较易掌握的一种方法。播种建坪主要分为种子单播技术和种子混播技术。

种子单播技术是选择与建坪环境相适应的一种草种建植。单播草坪草常常可以获得一致性很好的草坪。种子混播技术是用多种草坪草品种混合播种形成草坪，可以使草坪更具有抗病性、观赏性、持久性。混播建坪根据草种的特性和人们的需要，按照一定的比例用2～10 种草种混合组合，形成不同于单一品种的草坪景观效果。混播技术中的品种搭配合理、组合得当，最终形成极具观赏价值的草坪是这种技术的关键。

大部分冷季型草能用种子建植法建坪。暖季型草坪草中，假俭草、地毯草、野牛草和狗牙根均可用种子建植法来建植。

选择或确定播种期的依据是草坪草的生态习性和当地气候条件。只要有适宜草种发芽生长的温度即可播种，暖季型草坪草适宜发芽温度范围在 20～30℃，冷季型草坪草适宜发芽温度范围在 15～30℃，选择春、秋季无风的日子最为适宜。

播种量是决定合理密度的基础。播种量过大或过小都会影响草坪建植的质量。播种量大小因品种、混合组成和土壤状况以及工程的性质而异。混合播种的播种量计算方法：当两种草混播时，选择较高的播种量，再根据混播的比例计算出每种草的用量。播种量可参考表 11.4－1 和表 11.4－2。

表 11.4－1　　常 见 草 播 种 量

名称	播种量/(kg/hm^2)	名称	播种量/(kg/hm^2)	名称	播种量/(kg/hm^2)
紫花苜蓿	11.5～15	春箭舌豌豆	75～112.5	山野豌豆	45～60
沙打旺	3.75～7.5	无芒麦草	22.5～30	白三叶	7.5～11.25
白花草木樨	11.25～18.75	扁穗冰草	15～22.5	籽粒苋	0.75～1.5
黄花草木樨	11.25～18.75	沙生冰草	15～22.5	黄芪	11.25
红豆草	45～60	苇状羊毛	15～22.5	披碱草	52.5～60
多变小冠花	7.5～15	老芒麦	22.5～30	串叶松香草	4.5～7.5
鹰嘴紫云英	7.5～15	鸭脚草	11.25～15	鲁梅克斯	0.75－1.5
百脉根	7.5～12	俄罗斯新麦草	7.5～15	猫尾草	3.75
红三叶	11.25～12	苏丹草	22.5～30	羊草	37.5～60

表 11.4－2　　常见草坪草生产特性

草　种　名		每克种子粒数/(粒/g)	种子发芽适宜温度/℃	播种子用量/(g/m^2)	营养体繁殖面积比/(m^2/m^2)
冷季型草	小糠草	11088	20～30	4～6 (8)	7～10
	匍匐翦股颖	17532	15～30	3～5 (7)	7～10
	细弱翦股颖	19380	15～30	3～5 (7)	5～7
	欧翦股颖	26378	20～30	3～5 (7)	5～7
	草地早熟禾	4838	15～30	6～8 (10)	7～10
	林地早熟禾	5524		6～8 (10)	7～10
	加拿大早熟禾	5644	15～30	6～8 (10)	8～12
	普通早熟禾	1213	20～30	6～8 (10)	7～10
	早熟禾		20～30		
	球茎早熟禾		10		
	紫羊茅	1213	15～20	14～17 (40)	5～7
	匍匐紫羊茅	1213	20～25	14～17 (40)	6～8
	羊茅	1178	15～25	14～17 (40)	4～6
	苇状羊茅	504	20～30	25～35 (40)	8～10
	高羊茅	504	20～30	25～35 (40)	8～10
	多年生黑麦草	504	20～30	25～35 (40)	8～10
	1 年生黑麦草	504	20～30	25～35 (40)	8～10
	鸭茅		20～30		
	猫茅	2520	20～30	6～8 (10)	6～8
	冰草	720	15～30	15～17 (25)	8～10

续表

草种名		每克种子粒数/(粒/g)	种子发芽适宜温度/℃	播种子用量/(g/m²)	营养体繁殖面积比/(m²/m²)
暖季型草	野牛草	111	20～35	20～25 (30)	10～20
	狗牙根	3970	20～35	5～7 (9)	10～20
	结缕草	3402	20～35	8～12 (20)	8～15
	沟叶结缕草		20～35		
	假俭草	889	20～35	16～18 (25)	10～20
	地毯草	2496	20～35	6～10 (12)	10～20
	两耳草		30～35		
	双穗草		30～35	6～10 (12)	7～10
	格拉马草	1995	20～30		
	垂穗草		15～20		

注 1. 播种子用量括号内是指为特殊草坪目的加大了的单草播种量。若用于种子生产时，播种量应适当减少。
2. 野牛草是指头状花絮量。

(2) 铺草皮建植。草坪铺设法就是由集约生产的优良健壮草皮，按照一定大小的规格，用平板铲铲起，运至目的铺设场地，在准备好的草坪床上，重新铺设建植草坪的方法，是我国最常用的建植草坪的方法。该方法在一年中任何时间内都能铺设建坪，且成坪速度快，但生产成本高。

一般选择交通方便、土壤肥沃、灌溉条件好的苗圃地作为普通草皮的生产基地。铺草皮护坡常应用在边坡高度不高且坡度较缓的各种土质坡面，及严重风化的岩层和成岩作用差的软岩层边坡。

(3) 植株分栽建植。植株分栽建植技术是利用已经形成的草坪进行扩大繁殖的一种方法。它是无性繁殖中最简单、见效较快的方法。其主要技术特点是，根据草种繁殖生长特征，确定株距和行距以及栽植深度。植株分栽建植草坪技术简单，容易掌握，但很费工，所以在小面积建坪中应用较多。

(4) 插枝建植。插枝建植是直接利用草坪草的匍匐茎和根茎进行栽植，栽植后幼芽和根在节间产生，使新植株铺展覆盖地面。插枝法主要用于有匍匐茎的草种。

11.5 园林式林草种植

园林式林草种植主要适用于主体工程管理范围所涉及的有园林景观要求的土地，特别是植被恢复与建设工程级别界定为1级的区域，包括：生产建设项目主体工程周边可绿化区域及工程永久办公生活区；生产建设项目线性工程沿线的管理场站周边环境；生产建设项目线性工程的交叉建筑物、构筑物，如桥涵、道路连通匝道、道路枢纽、水利枢纽、闸（泵）站等周边或沿线；为展示工程建设风貌，面向公众的相关工程重要节点；属于生产建设项目工程移民集中迁建的区域，以及与周边景观协调需采取园林式绿化等区域。对于有生态绿色廊道建设要求的工程，永久占地范围内的园林式绿化应与生态绿色廊道建设规划相协调。

园林式林草种植应依据主体工程设计，将生态和园林景观要求结合起来，使工程建设达到既保持水土，改善生态环境，又美化环境，符合景观建设的要求。

11.5.1　工程对园林式绿化布置的要求

1. 点型工程

(1) 点型工程主体工程区和生产管理区园林式绿化布置要符合行业设计的要求。如水利工程土坝下游为防止植物死亡后根系造成坝坡松动和便于检查渗漏情况，坡面不能选用乔灌木和株型高大的花草；核电厂出于对空气质量和防火要求，绿化必须采用耐火性常绿树种，并且不得使用散布花絮和油脂含量高的树种；有防火、隔尘要求的厂矿企业应结合防火林带或卫生林带布设开展相应园林绿化布局。

(2) 水利工程的绿化布置要与水景观结合。水库枢纽工程一般建成后为水利风景区，则主体工程区的园林式绿化要依据水库枢纽整体布局、突出主体工程特点、满足游览观光的要求，植物品种选择应突出观赏特征和季相的特点，坝后开阔地带可选择高大乔木和花灌木建设坝后公园，泄洪洞进出口等高陡边坡宜选用攀缘植物覆盖。

(3) 园林式绿化设计要结合工程特色并突出工程的特点。如烈士陵园、会堂等场馆种植雪松、侧柏等常绿乔木突出庄严肃穆特点；高速公路服务区要种植高大乔木形成绿荫。

(4) 水利枢纽、闸站工程规划布置应充分结合周边景观及后期运行管理要求，并为园林绿化创造条件。

(5) 工业区和生活区立地条件和环境较差，土壤瘠薄，辐射热高，尘埃和有害气体危害大，人为损伤频繁，宜选择耐瘠薄土壤、耐修剪、抗污染、吸尘、防噪作用大，并具有美化环境的树种。

2. 线型工程

(1) 渠道、堤防、输水等线型工程穿越城镇、重要景区、城镇的绿化布置，要满足相关区域总体规划的要求。如绿地系统规划、生态廊道的规划要求，以不降低所穿区域绿化设计标准为前提。

(2) 线型工程的园林式绿化布置也要符合行业设计的要求。如高速公路上为避免司机视觉疲劳，对安全驾驶视野范围内的植被高度，要突出节奏、有层次。绿化带从高速公路向两侧采用近花草、中灌木、远乔木的布局，也可以采用两种或多种树木交叉种植的方式。在植被选择上应考虑到既净化空气、减小噪声，又美化环境的绿色观赏植物；高速公路中央分隔带植物的高度一般控制在 1.5m，过高则影响驾驶人员观察对面车辆情况，过矮也难以遮掩灯光，失去防晕眩效果；高等级公路两侧行道树应选择品种丰富，高大整齐、抗污染、吸尘、降噪的乔木，中间用花灌木营造繁花似锦的气氛；高压线下不种树或只种植灌木，保证线下左右两侧 10m 及线下 3.5m 范围内的净空距离。

根据洪水期堤防巡查需要，河道堤防背水坡不应采用乔木等深根性植物；当无防浪要求时，不宜在迎水侧种植妨碍行洪的高秆阻水植物。饮用水输水明渠两侧的绿化树种，应尽量选择常绿、少落花落叶、不结果树种，避免枯落物进入水体影响水质。

(3) 道路绿化树种应选择形态美观、树冠高大、枝叶繁茂、耐修剪，适应性和抗污染能力强，病虫害少，没有或较少产生污染环境的种毛、飞絮或散发异味的树种。

（4）公路绿化树种要求：抗污染（尾气）、耐修剪、抗病虫害，与周边环境较为协调且形态美观。树种选择应注重常绿与落叶、阔叶与针叶、速生与慢生、乔木与灌木、绿化与美化相结合，特别是长里程公路，每隔适当距离可变换主栽树种，增加生物多样性和绿化景观。

3. 生活区、厂区道路绿化设计要求

（1）工业区和生活区道路绿化具有组织交通、联系分隔生产系统或生活小区，防尘隔噪、净化空气、降低辐射、缓和日温的作用。

（2）工业区和生活区绿化，应与交通运输、架空管线、地下管道及电缆等设施统一布置，综合协调植物生长与生产运行及居民生活之间的关系，避免相互干扰。

11.5.2 园林植物配置设计

11.5.2.1 园林树木配置

园林植物配置设计应根据不同条件，分别采取孤植、对植、列植、丛植、群植、带植和绿篱等多种形式。

1. 孤植

（1）单株树木孤植，要求发挥树木的个体美，作为园林构图中的主景；也可将数株同一树种密集种植为一个单元，起到相同的效果。

（2）孤植位置。孤植树木的四周应留出最适宜的观赏视距，一般配置在大草坪及空地的中央地带，地势开阔的水边、高地、庭园中、山石旁，或用于道路与小河的弯曲转折处。

（3）孤植树种。孤植树木宜选用树体高大、姿态优美、轮廓富于变化、花果繁茂、色彩艳丽的树种，如油松、雪松、云杉、银杏、香樟、七叶树、国槐等。

（4）孤植的要点。

1）孤植并不意味着孤立，要与周围景物取得均衡和呼应，与整个园林构图相统一，与周围景物互为配景。

2）孤植的树木四周要空旷，不仅保证树冠有足够的生长空间，而且要保证一定的观赏视距以及观赏点，一般适宜的观赏视距为树木高度的4倍左右。

3）在开阔水边或可以眺望远景的山顶、山坡上孤植时，应考虑以水或天空为背景，树的体量应较大，色彩要与背景有差异，以此突出孤植树的姿态、体形和色彩。

4）孤植的树木在园林风景构图中作配景应用时（如做山石、建筑的配景），此类孤植树的姿态、色彩要与所陪衬的主景既有对比又能协调。

5）为尽快达到孤植树的景观效果，最好选胸径15～20cm以上的大树，能利用原有古树名木更好。只有小树可用时，要选用速生快长树。同时设计出两套孤植树种植方案，如近期选毛白杨、垂柳、楝树为孤植树时，可同时安排白皮松、油松、桧柏等为远期孤植树栽入适合位置。

常见的孤植配置方式示意图见图11.5-1。

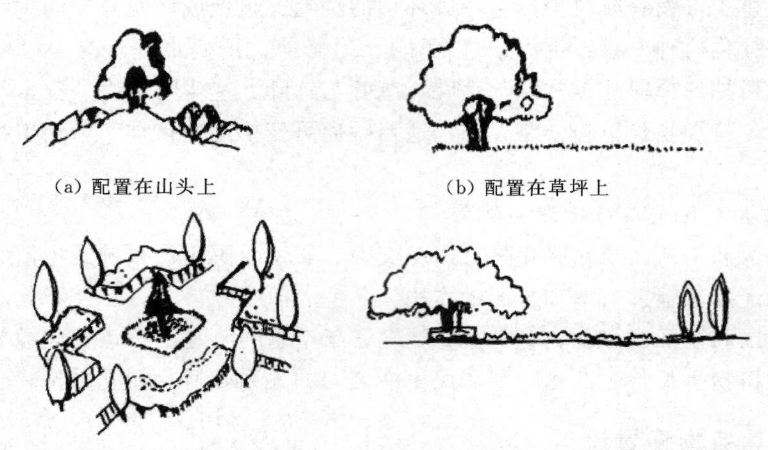

(a) 配置在山头上　(b) 配置在草坪上

(c) 配置在园路交叉中心　(d) 利用原有大树布置休息场

图 11.5-1　常见孤植配置方式示意图

2. 对植

(1) 采用同一树种的树木，垂直于主景的几何中轴线作对称（对应）栽植。

(2) 对植位置。常用于大门入口处或桥头等地。

(3) 对植的灵活处理。自然式园林布局，可采用非对称种植，即允许树木大小姿态有所差异，与中轴线距离不等，但须左右均衡。如左侧为一株大树，则右侧可为两株小树。

常见对植配置方式示意图见图 11.5-2。

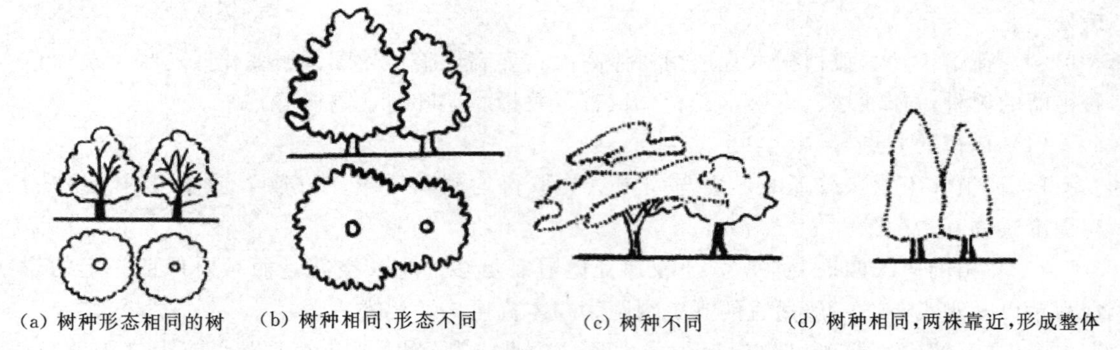

(a) 树种形态相同的树　(b) 树种相同、形态不同　(c) 树种不同　(d) 树种相同，两株靠近，形成整体

图 11.5-2　常见对植配置方式示意图

3. 列植

(1) 将乔灌木按一定的株行距成列种植，形成整齐的景观效果。

(2) 列植位置。多应用于道路两侧、规则式园林绿地中以及自然式绿地的局部。

(3) 列植宜选用树冠形状比较整齐的树种，如圆形、卵圆形、倒卵形、塔形等。行道树种的选择条件首先需对道路上的不良立地条件有较高的抗性，在此基础上要求具有树木冠大、荫浓、发芽早、落叶迟而且落叶延续期短，花果不污染街道环境，干性强、耐修剪、干皮不怕强光曝晒，不易发生根蘖、病虫害少、寿命较长、根系较深等特点。

孤植、对植、列植常用树（草）种见表 11.5－1。

表 11.5－1　孤植、对植、列植常用树（草）种表

类型	常用树（草）种
大乔木	雪松、白皮松、罗汉松、油松、黑松、香樟、侧柏、棕榈、大叶女贞、广玉兰、银杏、悬铃木、龙爪槐、楸树、鹅掌楸、枫杨、栾树、黄山栾、白蜡、重阳木、三角枫、五角枫、元宝枫、水杉、乌桕、七叶树、馒头柳、垂柳、旱柳、青桐、巨紫荆、合欢、柿树、核桃、千头椿
小乔木及大灌木	枇杷、石楠、白玉兰、紫玉兰、二乔玉兰、山茱萸、山楂、木瓜、日本晚樱、垂丝海棠、西府海棠、山樱花、紫薇、紫叶李、桂花、红枫、鸡爪槭、黄栌、梅花、榆叶梅、碧桃
小灌木及观赏草类	腊梅、八仙花、火棘、枸骨、红叶石楠、小叶女贞、大叶黄杨、海桐、木香、紫藤、凌霄、细叶芒、斑叶芒、蒲苇、荻、拂子茅

4. 丛植

（1）将两株至十几株乔木加上若干灌木栽植在一起，以表现群体美，同时表现树丛中的植物个体美。

（2）丛植树种。以庇荫为主时，树种全由乔木组成，树下配置自然山石、座椅等供人休憩；以观赏为主时，用乔木和灌木混交，中心配置具独特价值的观赏树。

几种常见的丛植配置方式示意图见图 11.5－3。

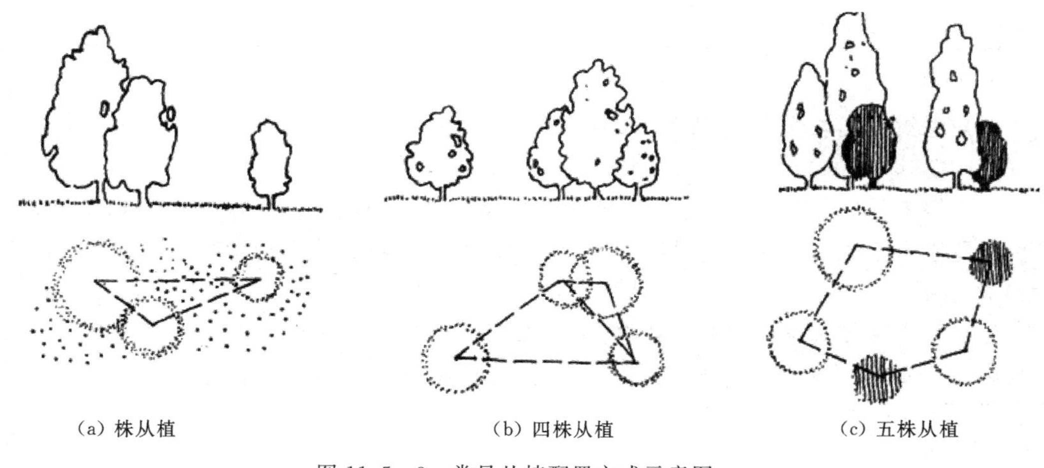

图 11.5－3　常见丛植配置方式示意图

5. 群植

（1）将二三十株或更多的乔、灌木栽植于一处，组成一种封闭式群，以突出群体美。林冠部分与林缘部分的树木，应分别表现为树冠美与林缘美。群植的配置应具长期的稳定性。

（2）群植位置。主要布置在有足够视距的开阔地段，或在道路交叉口上，也可作为隐蔽、背景林种植。

6. 带植

（1）设计成带状树群，要求林冠线有高低起伏，林缘线有曲折变化。

（2）带植位置。布设于园林中不同区域的分界处，划分园林空间，也可作为河流与园

路林道两侧的配景。

(3) 带植树种。用乔木、亚乔木、大小灌木以及多年生花卉组成纯林或混交林。

丛植、群植、带植常用树（草）种见表 11.5-2。

表 11.5-2　　丛植、群植、带植常用树（草）种表

类型	常用树（草）种
观花	稠李、巨紫荆、合欢、石楠、白玉兰、紫玉兰、二乔玉兰、山茱萸、山楂、木瓜、日本晚樱、垂丝海棠、西府海棠、山樱花、紫薇、紫叶李、桂花、黄栌、梅花、榆叶梅、丁香、花石榴、碧桃、郁李、木槿、贴梗海棠、棣棠、黄刺玫、珍珠梅、腊梅、八仙花、金银木、红花檵木、大花醉鱼草、连翘、迎春、火棘、小叶女贞、凤尾兰、夹竹桃丰花月季、金钟花、藤本月季、黄素馨、蔷薇、胡枝子、锦鸡儿、金银花、牡丹、芍药、美人蕉、大花萱草、金娃娃萱草、鸢尾、玉簪、白三叶、红花酢浆草、葱兰、麦冬、二月兰、波斯菊
观叶	雪松、白皮松、油松、黑松、香樟、侧柏、棕榈、龙柏、大叶女贞、银杏、悬铃木、国槐、刺槐、楸树、鹅掌楸、枫杨、栾树、黄山栾、白蜡、重阳木、三角枫、五角枫、元宝枫、水杉、乌桕、丝棉木、七叶树、旱柳、垂柳、馒头柳、青桐、金丝柳、千头椿、巨紫荆、合欢、柿树、火炬树、枇杷、蚊母、石楠、山楂、木瓜、紫叶李、桂花、红枫、鸡爪槭、黄栌、珊瑚树、红瑞木、木槿、棣棠、珍珠梅、枸骨、红叶石楠、大叶黄杨、小叶女贞、海桐、凤尾兰、八角金盘、夹竹桃、金叶女贞、金森女贞、龙柏、铺地柏、阔叶十大功劳、南天竹、紫叶小檗、扶芳藤、五叶地锦、常春藤、白三叶、葱兰、麦冬、狼尾草、细叶针茅、拂子茅、斑叶芒、细叶芒、蒲苇、淡竹、刚竹、早园竹
观果	柿树、火炬树、大樱桃、山楂、木瓜、石榴、金银木、火棘
闻香	白玉兰、紫玉兰、二乔玉兰、桂花、梅花、丁香、腊梅、小叶女贞、金银花

7. 绿篱

(1) 绿篱种类根据绿篱高度有下列四类：绿墙，高 1.6m 以上；高绿篱，高 1.2～1.6m；中绿篱，高 0.5～1.2m；低绿篱，高 0.5 m 以下。

(2) 绿篱的树种。有下列五类：常绿篱由常绿灌木组成；落叶篱由带叶灌木组成；花篱由开花灌木组成；果篱由赏果灌木组成；蔓篱是将种植的蔓生植物缠绕在制好的钢架或竹架上形成。

(3) 建造绿篱应选用萌蘖力和再生力强、分枝多、耐修剪、叶片小而稠密、易繁殖、生长较慢的树种。绿篱植物选择的总要求是：该种树木应有较强的萌芽更新能力和较强的耐荫力，以生长较缓慢、叶片较小的树种为宜。

(4) 绿篱的栽植要点。

1) 栽植时间一般在春天，在植株幼芽萌动之前。

2) 栽植密度取决于苗木的高度和将来枝条伸展的幅度。如果苗木的高度为 0.6m，则栽植的株距约为 0.3m。

3) 栽植时，根据苗木现有枝条的情况，仔细考虑其栽植的位置，以及伸展过长的枝条或与邻近植株交叉的枝条。

4) 栽植时挖沟，应清除杂草、石块、垃圾、其他植物的根等。若土壤贫瘠，应以肥土置换，同时注意土壤的排水。

5) 为防止苗木倒伏，可采用简单的篱笆或竹竿支撑，回填土壤后应立即浇透水。

6) 较难移植的植物，应使用容器苗。

篱植、片植常用树种见表 11.5-3。

表 11.5-3　　篱植、片植常用树种表

类型	树　　种
观花	红花檵木、火棘、小叶女贞、海桐、夹竹桃、南天竹、丰花月季、珍珠梅、八仙花、大花醉鱼草、连翘、迎春、金钟花、紫穗槐、藤本月季、黄素馨、蔷薇、扶芳藤、金银花、棣棠、珍珠梅
观叶	枸骨、红叶石楠、大叶黄杨、小叶女贞、海桐、凤尾兰、八角金盘、夹竹桃、金叶女贞、金森女贞、龙柏、铺地柏、阔叶十大功劳、南天竹、紫叶小檗、扶芳藤、五叶地锦、常春藤、红瑞木、阔叶箬竹
观果	金银木、火棘、枸骨、阔叶十大功劳、南天竹、紫叶小檗
闻香	小叶女贞、金银花
强修剪篱	红花檵木、火棘、小叶女贞、红叶石楠、大叶黄杨、金叶女贞、金森女贞、龙柏、海桐
弱修剪篱	阔叶十大功劳、凤尾兰、夹竹桃、南天竹、红瑞木、枸骨
固定坡比堤坡设计	金叶女贞、红叶石楠、紫叶小檗、大叶黄杨、金森女贞、海桐、龙柏、火棘、小叶女贞

11.5.2.2　园林花卉配置

(1) 在广场中心、道路交叉处、建筑物入口处及其四周，可设花坛或花台。

1) 花坛的类型：依据不同的标准、用途和特性，花坛有不同的分类方法。按其形态可分为立体造型花坛和平面花坛两类；按观赏季节可分为春花坛，夏花坛，秋花花坛；按栽植材料可分为一二年生草花坛、球根花坛、宿根花卉花坛、水生花坛、专类花坛等；按表现形式可分为：花丛花坛、绣花式花坛、模纹花坛等；按花坛的布局方式可分为独立花坛、连续花坛和组群花坛。

2) 对植物的要求：花丛式花坛宜选择株形整齐、具有多花性、开花齐整而花期长而一致、花色鲜明艳丽、能耐干燥、抗病虫害和矮生性的品种；模纹花坛是要通过不同花卉色彩的对比，发挥平面图案美，所以栽植的花卉要求生长缓慢，枝叶纤细而茂盛，株丛紧密，植株矮小，萌蘖性强，耐修剪，耐移植，缓苗快。

(2) 在墙基、斜坡、台阶两旁、建筑物和道路两侧，可设置花境。

1) 花境的类型：分为单面观赏花境，双面观赏花境，对应式花境三类。

单面观赏花境多临近道路设置，并常以建筑、矮墙、树丛、绿篱等为背景，前面为低矮的边缘植物，整体上前低后高，仅供一面观赏。

双面观赏花境多设置在道路、广场和草地的中央，植物种植总体上以中间高两侧低为原则，可供两面观赏。

对应式花境在园路轴线的两侧、广场、草坪或建筑周围，呈左右两列式相对应的两个花境。在设计上作为一组景观来统一进行设计，常采用拟对称的手法表现韵律和变化之美。

2) 对植物的要求：多以耐寒的宿根花卉为主，也可以观花、观叶或观果且体量较小的灌木为主，为丰富观赏效果，常补充一些时令性的一二年生花卉。

(3) 对一些需装饰的地物或墙壁可用凌霄、金银花、扶芳藤等观赏性攀缘植物覆盖，建成花墙。

1) 花墙的营造形式：主要包括沿墙角四周、骨架+花盆、模块化花墙、铺贴式花墙、

拉丝式花墙。

2）沿墙角四周：沿墙角四周种植攀爬类植物。它优点是造价低廉，但美中不足的是冬季落叶，降低了观赏性，且图案单一，造景受限制，铺绿用时长，很难四季常绿，多数无花，更换困难。

3）骨架＋花盆：通常先紧贴墙面或离开墙面 5～10cm 搭建平行于墙面的骨架，辅以滴灌或喷灌系统，再将事先绿化好的花盆嵌入骨架空格中。其优点是对地面或山崖植物均可以选用，自动浇灌，更换植物方便；不足是需在墙外加骨架，增大体量可能影响景观；因为骨架须固定在墙体上，在固定点处容易产生漏水隐患，骨架锈蚀等影响系统整体使用寿命。

4）模块化花墙：其建造工艺与骨架＋花盆防水类同，但改善之处是花盆变成了方块形、菱形等几何模块，这些模块组合更加灵活方便，模块中的植物和植物图案通常须在苗圃中按客户要求预先定制好，经过数月的栽培养护后，再运往现场进行安装。其优点是对地面或山崖植物均可以选用，自动浇灌，运输方便，现场安装时间短；不足之处与骨架＋花盆类似。

5）铺贴式花墙：其无须在墙面加设骨架，将平面浇灌系统、墙体种植袋复合在一层 1.5mm 厚高强度防水膜上，形成一个墙面种植平面系统，在现场直接将该系统固定在墙面上，并且固定点采用特殊的防水紧固件处理，防水膜除了承担整个墙面系统的重量外还同时对被覆盖的墙面起到防水的作用，植物可以在苗圃预制，也可以现场种植。其优点是对地面或山崖植物均可以选用，集自动浇灌，防水、超薄（小于 10cm）、长寿命、易施工于一身；缺点是价格相对较高。

6）拉丝式花墙：将专用的植物攀爬丝固定在要绿化的墙面上，攀爬植物在攀爬丝上生长。其景观效果好，遮阴隔热效果好，施工简便，造价低，后期养护费用低。

7）对植物的要求：宜选用抗逆性强、生长迅速、花色艳丽、花期较长的攀缘植物，如络石、紫藤、凌霄、金银花、藤本月季、扶芳藤、牵牛花等。

11.5.2.3　草坪的配置

草坪是园林造景的主要题材之一，铺植优质草坪，形成平坦的绿色景观，对重要建筑物节点美化装饰具有极大的作用较大面积的草坪布设应与周围园林环境有机结合，形成旷达疏朗的园林环境。同时，还能利用地形起伏变化，创造出不同的竖向空间境域，给人以不同的艺术感受。要注重与建筑物、山、地被植物、树木等其他材料的协调关系，草坪配置其他植物不仅能够增添和影响整个草坪的空间变化，而且能给草坪增加景色内容，形成不同的景观。

草坪的地面坡度应小于土壤的自然稳定角（一般为 30°），如超过则应采取护坡工程。运动场草坪排水坡度在 0.01 左右，游憩草坪排水坡度一般为 0.02～0.05，最大不超过 0.15。

11.6　边坡工程绿化

边坡工程绿化（生态护坡技术）是在工程建设实践过程中根据水土保持、生态保护和景观的需要，研发并不断完善的新型绿化工法。现有技术规程、规范不能完全满足其设计与施工的要求。因此，在选择应用边坡工程绿化生态护坡技术进行设计时，应遵循以下准则：

（1）待绿化边坡通过主体工程设计、治理达到稳定状态，边坡工程绿化只是对坡体表面或浅层进行防护性绿化。

（2）边坡工程绿化生态护坡措施所应用的材料，以及这些材料应用过程和形成的结构本身是安全和稳定的，应使边坡工程绿化措施对坡体施加的荷载不会对边坡稳定产生不利影响。

（3）边坡工程绿化生态护坡设计必需的结构和稳定计算方法应由技术、产品供应商在技术应用手册或产品手册中提供，边坡工程绿化技术产品应满足安全稳定前提下的质量检验和评定规则要求。

边坡工程绿化生态护坡设计就是通过对绿化对象的勘察与分析，确定合适的工程措施和绿化方法，实现安全、稳定及其他环境要求绿化的目的。在实际应用中，由于项目条件的复杂性，设计人员一般应根据具体情况进行自然条件和工程条件论证分析，采用一种或组合技术。

11.6.1 喷播种草护坡设计

客土喷播是利用液压流体原理将草（灌、乔木）种、肥料、黏合剂、土壤改良剂、保水剂、纤维物等与水按一定比例混合成喷浆，通过液压喷播机加压后喷射到边坡坡面，形成较稳定的护坡绿化结构。具有播种均匀、效率高、造价低、对环境无污染、有一定附着力等特点，是边坡绿化基本技术。通常依据边坡基面条件不同分为直喷和挂网喷播。

11.6.1.1 适用条件

1. 通用条件

各地区均可应用。在干旱、半干旱地区应保证养护用水的供给；边坡无涌水、自身稳定、坡面径流流速小于0.6m/s的各种土、石质边坡及土石混合坡。

2. 直喷

边坡坡度小于45°，坡面高度小于4m的土质边坡。

3. 三维土工网

边坡坡度小于60°，坡面高度小于8m的土质或坡面平整的石质边坡。

4. 金属网

边坡坡度小于75°，坡面高度大于8m，坡面平整度差坡面风化严重的石质边坡。

5. 技术应用的约束条件

（1）年平均降水量大于600mm、连续干旱时间小于50d的地区，但在非高寒地区、养护条件好的地区可不受降水限制。

（2）坡度不超过1∶0.3的硬质岩石边坡及混凝土、浆砌石面。

（3）各类软质岩石边坡、土石混合边坡及贫瘠土质边坡。

11.6.1.2 技术设计

1. 技术要点与技术指标

(1) 锚钉与网设计。锚钉与网的选型应根据不同边坡类型选取，对于深层不稳定边坡，锚钉应根据边坡加固选取。

网按从上到下顺序铺设并张紧，上坡顶反压长度不小于500mm，网片的搭接长度为横向100mm。网与坡面间距保持2/3喷射厚度，否则用垫块垫起来。

锚钉一般采用梅花形布置，间距1000mm×1000mm，边坡周边锚钉应加密一倍左右。坡顶或坡面较破碎及风化程度较严重部位，锚钉应加粗、加大、加长。锚钉一般外露长度为喷射厚度的80%～90%，在离坡面50～70mm处与网绑扎。

(2) 基材混合物配比。基材配比一般为种植土：绿化基质：纤维配比（体积比）为1：0.2：0.2。

(3) 种子配比。可参考本教材生态混凝土护坡技术。

(4) 喷射厚度。考虑边坡类型、坡度和降水量等影响因素，具体可参考表11.6-1。

表11.6-1 常用约束条件下的基材混合物喷射厚度建议值

边坡类型	年平均降水量/mm	坡比	喷射厚度/mm
硬质岩石边坡	600～900	1：0.3	10
		1：0.5	10
	900～1200	1：0.3	9
		1：0.5	9
	1200以上	1：0.3	8
		1：0.5	8
软质岩石边坡	600～900	1：0.75	8
	900～1200	1：0.75	7
	1200以上	1：0.75	6
土石混合边坡	600～900	1：0.75	6
		1：1.0	6
	900～1200	1：0.75	5
		1：1.0	5
	1200以上	1：0.75	4
		1：1.0	4
贫瘠土质边坡	600～900	缓于1：1.0	4
	900～1200	缓于1：1.0	3

2. 材料选取

(1) 锚钉。对于深层稳定边坡，锚钉主要作用为将网固定在坡面上，长度一般为30～60cm；对于深层不稳定边坡，其作用为固定网和加固不稳定边坡，应根据边坡稳定分析结果选型。规格为ϕ12～25mm，长度300～1000mm。

(2) 网。依据边坡类型选择普通铁丝网、镀锌铁丝网或土工网。

(3) 基材混合物。由种植土、绿化基质、纤维和植物种子等组成。

种植土一般选择工程所在地原有的地表耕植土，经晒干、粉碎、过 8mm 筛即可，含水量不超过 20%。基材由有机质、肥料、保水剂、稳定剂、团粒剂、消毒剂、酸度调节剂等按照一定比例混合而成，一般由现场试验确定配合比，也可采用有关单位的专利产品。纤维就地取材，秸秆、树枝等粉碎成 10～15mm 长即可。种子一般选择 4～6 种冷、暖型混合植物。

11.6.1.3 施工要求

1. 清坡

(1) 边坡基本平整，坡比≤1∶0.75，坡顶与自然边坡圆滑过渡。

(2) 坡顶采取防冲蚀措施。顺向坡坡顶应修建截排水沟，排水沟距边坡＞1m。反向坡坡顶如无汇水空间，可修防水垄。

(3) 对于回填边坡，其填方土应压（夯）实，超填应削坡。

(4) 沟槽及冲沟处理办法。在沟槽及冲沟底部做台状处理，用降解袋装土压实后，自下至上，依边坡坡率逐袋叠放，用锚杆加以固定。喷播前割破包装袋表面，以利植物生根。

(5) 按照设计做好引排水设施。

2. 挂网

(1) 按设计标准严格使用质量合格的金属网或土工网。坚硬岩质崖坡，一般使用金属网网丝直径 2.5～3mm，网眼≤50mm×50mm。网长和幅宽根据边坡高度和宽度选定。土质和土石陡急险坡，可使用金属网网丝直径 2mm。

(2) 边坡顶部安全包裹范围通常不得少于 60cm，根据坡体的稳定性和安全性可适当加宽包裹坡头距离。

(3) 金属网铺设上下边缘整齐一致，纵向连接时，连接上下金属网的金属丝，必须环环缠绕串联，不得遗漏一环。

(4) 金属网横向连接时，两网重叠宽度≥8cm。覆在上面金属网边缘需要全部打结，不得遗漏。金属网连接处应平整，边缘无突起的网丝。

3. 固网

(1) 土质边坡和土石边坡固网锚杆规格：主锚杆采用长 300mm，直径 ϕ10mm 钢筋；辅锚杆采用长 200mm，直径 ϕ10mm 钢筋。如遇沙质土边坡，主锚杆长度为 400～600mm。锚杆密度为（3 主锚杆＋15 辅锚杆）/10m^2。

(2) 坚硬岩质边坡固网锚杆规格：一般要求：主锚杆采用长 300～400mm，直径 ϕ12～16mm 钢筋；辅锚杆采用长 250mm，直径 ϕ12mm 钢筋。锚杆密度为（2 主锚杆＋13 辅锚杆）/10m^2。

(3) 锚杆前端呈切割斜面，弯头处呈“「”或“∩”形，弯头长度≥30mm。使用“「”形锚杆固定金属网时，锚杆沿网孔最上缘垂直钉入边坡，弯头朝坡头方向钉入边坡。使用“∩”形锚杆固定金属网时，锚杆开口向下沿网孔最上缘垂直钉入边坡。

(4) 当同时固定两幅金属网时，应将两幅金属网的金属丝同时固定在锚杆的弯头内。在两幅金属网搭接处，锚网需将两幅网的铁丝同时压住。在坡头包裹处固定金属网，锚杆以 70°～80°角斜向钉入地面。

（5）钉入坡体的锚杆要牢固且稳定。当边坡形态起伏时，可在边坡起伏拐点处增设锚杆，以保证网体与坡体平行。边坡锚固后的金属网要松紧适度，一般在锚杆固定的中间拉起 5～20cm 距离者为适度。岩质边坡固定金属网，可借助电锤打眼，然后放入锚杆。

（6）沙土质边坡固定金属网，由于其松散不易固定，可用木桩钉入坡体加以固定，木桩长短根据边坡情况而定。

4. 喷播

（1）根据边坡起伏特征试验确定均匀喷播技术方法。

（2）空压机带负荷作业压力保持在 6.5～7.3MPa。

（3）喷射管喷播作业角度为 75°～90°。单管喷射时，最大喷射距离不得超过 250m；双管喷播时，其中 1 支喷射管的最大喷射距离不得超过 140m。

（4）喷薄厚度。

1）单层喷播：土质边坡和土石边坡喷播厚度为 5～8cm，坚硬岩质边坡喷播厚度为 8～15cm。

2）双层喷播：下层，客土底层喷播厚度为 5～8cm；上层，基材喷播厚度为 5～8cm。

11.6.1.4　管护要求

1. 挂遮阳网和无纺布

（1）每条喷播后立即挂网遮阳。阴坡面挂单层遮阳网，阳坡面先铺无纺布再挂遮阳网。

（2）无纺布、遮阳网完全牢固覆盖边坡，喷播面不可有裸露。

2. 初期浇水养护

（1）喷播基材初凝后第一次浇水建议在 12h 内完成，最长不宜超过 24h。

（2）浇水原则：边坡上部浇水量大于边坡下部，上部浇水时间应适当加长。在无自然降水补给时，在喷播后到禾本科植物发全苗前一定确保边坡水分供给，以保证喷播面湿润，避免形成板结影响出苗。

3. 摘网

摘网时间可根据阴、阳坡施工季不同而不同。建议：禾草类长至 3～5cm，豆科类长至 2～4cm（生真叶前），过早不利保墒，过晚会发生网灼伤苗现象。

4. 补救

如喷播面出现出苗不好情况，及时分析原因，尽早采取补救措施。

11.6.1.5　同类技术介绍

为克服客土喷播在抗冲刷性、耐候性等方面的不足，科技工作者在此技术基础上研发了厚层基材喷播绿化、有机纤维喷播绿化、高次团粒喷播绿化等技术。

1. 厚层基材喷播绿化

因基材质量轻，同等条件下可以在陡坡上形成更厚的植生层而得名。采用立式双罐干法喷射机、配料输送机等成套设备及其施工工艺规程。以草炭土、腐叶土、植物纤维为主材，与有机堆肥配制成植生基材，加入黏合剂等其他调理添加剂，依靠压缩气流输送喷覆在坡面上，借助锚固在坡面上的钢丝网包络骨架形成稳定的植生基质层。特点是纤维状材

料在钢丝网上交织形成雀巢骨架结构，依靠黏合剂将粒状、卵状、片状有机材料稳固在坡面上，基材整体质量轻，固结厚度大。

（1）技术特点。在基地（或现场）以草炭土、腐叶土、有机物碎屑与有机堆肥按比例混合，有机质材料比重大于60%；施工时可现场取无砾石土混配，砂砾含量应小于10%。

锚杆直径随坡度增加而增加，锚杆长度随坡质硬度降低（或风化程度）而增加，较破碎的石质坡应增加锚杆密度，稳定性差的坡面应增加锚固措施。

（2）典型设计。厚层基材喷播典型剖面图和平面设计图见图11.6-1。

2. 有机纤维喷播绿化

因有机纤维骨架稳固客土而得名。成套技术包括：植物胶、木纤维、软管泵泥浆喷播机械及其施工工艺规程。在实际应用中得到发展，生成混合（复合）纤维喷播技术以及连续纤维喷播技术。其原理是现场取自然土配制种植客土泥浆，加入木纤维、黏合剂与保水剂增稠，喷附到坡面上。随后木纤维、保水剂吸湿与黏合剂的增稠效果持续增加，借助锚固在坡面上的钢丝网包络骨架，土壤颗粒靠胶黏剂依附在木纤维交织成的雀巢骨架上形成稳定的植生客土层。特点是较大长细比的有机纤维在钢丝网上交织形成雀巢骨架结构，依靠黏合剂将土壤颗粒充满纤维之间稳固在坡面上。

（1）技术特点。客土喷播有机纤维以1～2cm长的粗纤维为主，应具有一定的长细比和柔韧性，长纤维、中长纤维、短纤维、卵状纤维、粉状纤维的纤维筛分值合理比例近似为5：2：1：1：1。

有机纤维以强度高、韧性好、降解慢的木质纤维为佳，持水能力以干重量的6～10倍以上为宜。

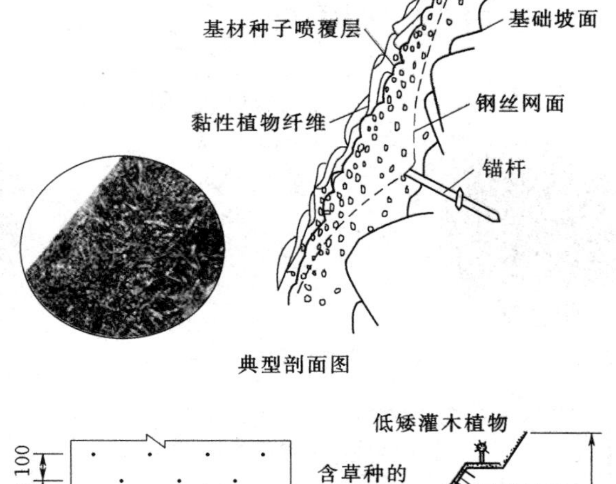

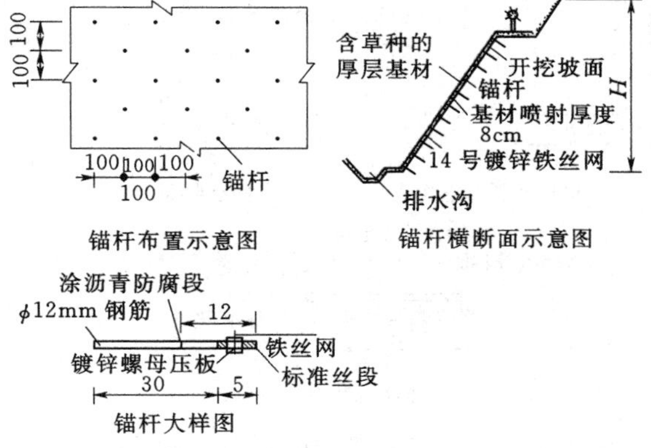

图11.6-1 厚层基材喷播典型剖面图和平面设计图（单位：cm）

（2）典型设计。有机纤维喷播典型剖面图和平面设计图见图11.6-2。

3. 高次团粒喷播绿化

因高次团粒剂的特殊功效而得名。成套技术包括：团粒剂、双罐双轮离心泵喷播机、混合流喷枪及其施工工艺规程。其原理是现场取自然土，添加有机质材料及微量元素配制种植客土泥浆，在喷射枪口与团粒剂浆液充分混合发生化学反应，喷覆过程中产生絮桥吸附凝聚形成絮凝体析出水分，落到坡面时形成高次团粒絮凝泥块并逐渐交联长大，借助锚固在坡面上的钢丝网包络骨架形成稳定的植生客土层。特点是以自然土为主体的絮凝结构客土层，土壤稳固及抗侵蚀能力源于不同特性团粒剂絮桥交联作用，有机质材料的交织强度贡献较小。

（1）技术特点。现场取无砾石自然土，砂砾含量应小于 10%；有机材料添加物以稻糠、木屑、粗纸浆、有机堆肥为主；团粒剂絮凝速度应在 5～8s 间；湿法施工，双罐体复合喷枪泥浆喷播机，喷播厚度为 3～10cm，种子在表层 2cm 内加入。

（2）典型设计。高次团粒典型剖面图和平面设计图见图 11.6-3。

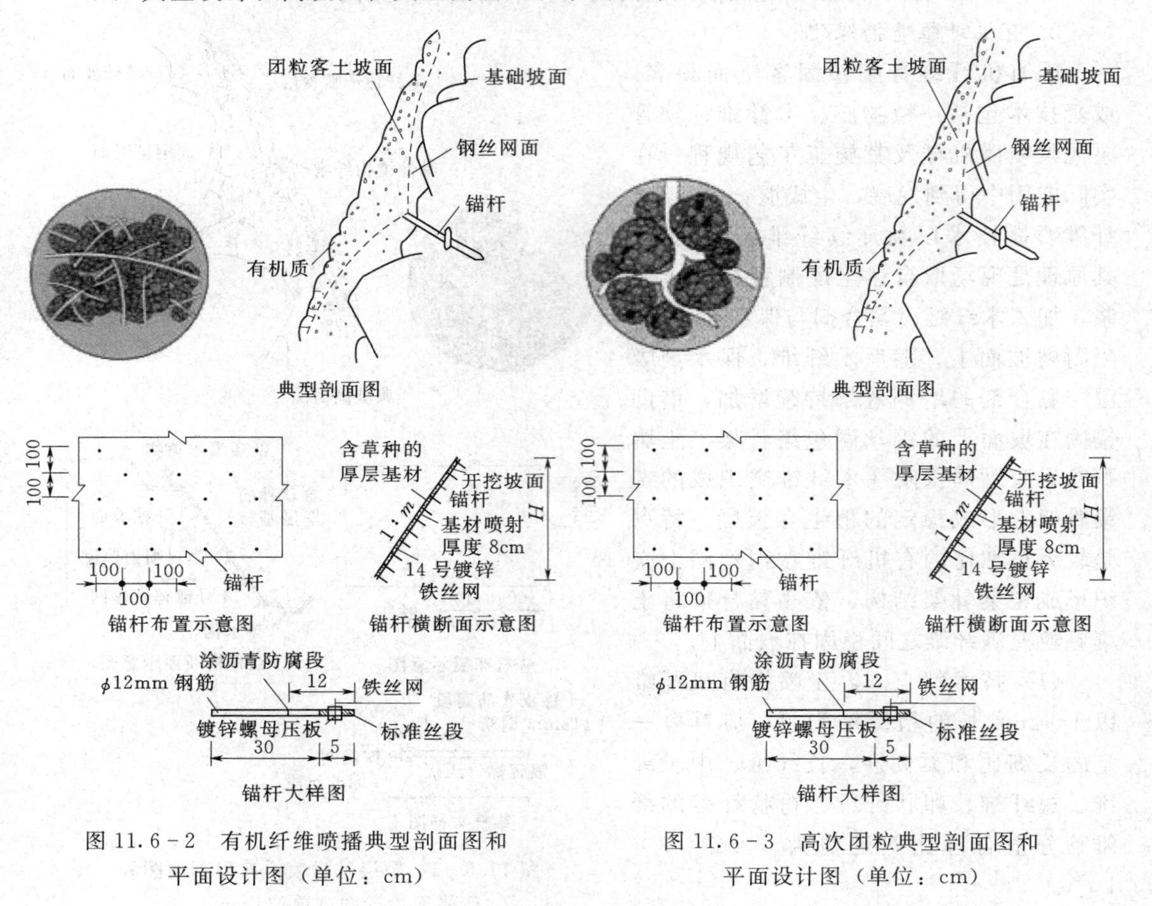

图 11.6-2　有机纤维喷播典型剖面图和平面设计图（单位：cm）

图 11.6-3　高次团粒典型剖面图和平面设计图（单位：cm）

11.6.2　植被混凝土生态护坡设计

植被混凝土生态护坡技术是指采用特定的混凝土配方、种子配方和喷锚技术，对岩石及工程边坡进行防护的一种新型生态性工程绿化技术。它运用喷混机械将土壤、水泥、有机质、性能改善材料（添加剂）、植物种子等按比例组成的混合干料加水拌和后喷射到坡面上，形成一定厚度的具有连续空隙的硬化体，在坡面上营造一个既能让植物生长发育又不被冲蚀的相对永久的多孔稳定结构，为植被恢复提供可持续自我调节的生境条件。采用植被混凝土技术可以对一定范围内的高陡硬质边坡及受水流冲刷较为严重的坡体生境进行保护性重建及植被恢复。

11.6.2.1 适用条件

植被混凝土生态护坡技术主要适用于各类无潜在地质灾害隐患，坡度为45°～80°的各种硬质、高陡边坡，以及受水流冲刷较为严重坡体的浅层防护与植被恢复重建。其中硬质边坡包括各种风化程度不一的岩石边坡、混凝土边坡、浆砌石与干砌石边坡等；各种高陡边坡除硬质边坡外，还包括高陡土切坡、堆积体边坡等；受水流冲刷较为严重的坡体主要指降雨侵蚀严重的坡地以及湖泊、河流和水库的消落带等。因此，植被混凝土生态护坡技术可应用于因开挖、堆砌形成坡体的植被修复、采取工程护坡措施之后坡体的植被重建、矿山与采石场的生态恢复、裸露山体和堆积体的快速复绿及湖泊、河流、沟渠及水库消落带的植被建植等。

11.6.2.2 技术设计

1. 技术要点

(1) 植被混凝土与锚杆挂网构成加筋植被基材型混凝土，在太阳暴晒及温度变化情况基材稳定性好，不产生龟裂，与重建植被组合有效地防御暴雨与径流冲刷，在达到边坡生态复绿的同时具备显著的边坡浅层防护作用。

(2) 植被混凝土技术的核心组分是混凝土绿化添加剂，它能有效调节基材 pH，降低水化热，增加基材孔隙率，改变基材变形特性，建立土壤微生物繁殖环境，调节基材的活化速率，使植被混凝土具备保水、保肥及水、肥缓释功能。

(3) 植被混凝土技术表征由符合自然特点及生态、景观要求的植物形态反映。重建的植被群落与周边自然环境构成连续的生物廊道，且不对生态环境造成侵害与变异。

2. 技术指标

(1) 植被混凝土配合比。通过对边坡坡体性质、坡度、高度及应用材料（水泥、砂壤土、水、腐殖质等）分析确定。

(2) 植被混凝土无限侧抗压强度。7d 为 0.15～0.3MPa，28d 为 0.4～0.45MPa。

(3) 植被混凝土容重要求为 14～15kN/m^3，孔隙率为 30%～45%。

(4) 植被混凝土肥力综合指数≤3.5。

(5) 植物生长指标。多年生先锋植物发芽率≥90%、覆盖率≥95%，植物持续本土化。

3. 材料选取

(1) 铁丝网。一般可选择 14 号镀锌（对于完整岩体边坡、混凝土边坡应采用包塑）活络铁丝网，网孔 5cm×5cm。

(2) 锚钉（杆）。采用 ϕ12～20mm 螺纹钢，其具体型号及长度可根据边坡地形、地貌及地质条件确定。

(3) 砂壤土。就近选用工程所在地原有地表土经干燥粉碎过筛而成，要求土壤中沙粒含量≤5%，最大粒径<8mm，含水量≤20%。

(4) 水泥。采用 42.5 普通硅酸盐水泥。

(5) 有机质。一般采用酒糟、醋渣或新鲜有机质（稻壳、秸秆、树枝）的粉碎物，其中新鲜有机质的粉碎物在基材配置前应进行发酵处理。

（6）植被混凝土绿化添加剂。由保水剂、速效肥、缓释肥、微生物、水泥特性改良物质等配比组成。

（7）混合植绿种子。应综合考虑地质、地形、植被环境、气候等自然条件，以及水土保持与景观等工程要求，选择搭配冷、暖季型多年生耐受性强的混合种子（对于完整岩体边坡、混凝土边坡应选用匍匐根系发达的种子），并可以适当配置本地可喷植草种。

4. 典型设计图

植被混凝土生态护坡典型设计图见图 11.6－4 和图 11.6－5。

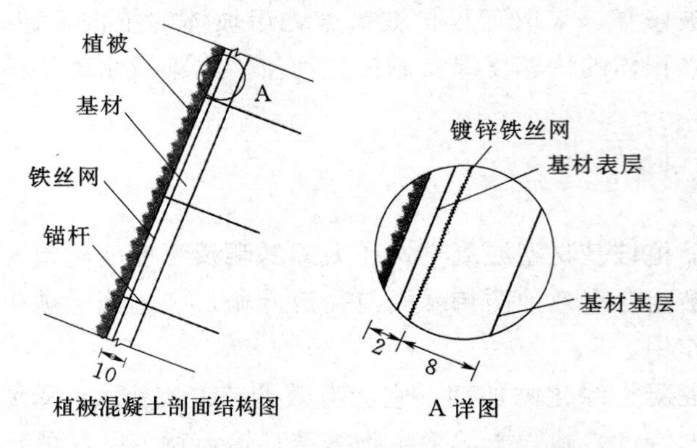

图 11.6－4　植被混凝土生态护坡典型设计图（单位：cm）

11.6.2.3　施工要求

1. 清理坡面

将坡面有碍施工的障碍物清理干净并适当修整，包括：

（1）植被结合部清理。清理坡面开口线以上原始边坡的接触面，清理宽度 1.0～1.5m，铲除原始边坡上植物枝干，无须对地下根茎进行挖除，此部分作为工程与原坡面的过渡。

（2）坡面修整。清除坡表面的杂草、落叶枯枝、浮土浮石以及明显不稳定或凸出部分，对于明显凹进的地段，采用土石进行填补牢固。

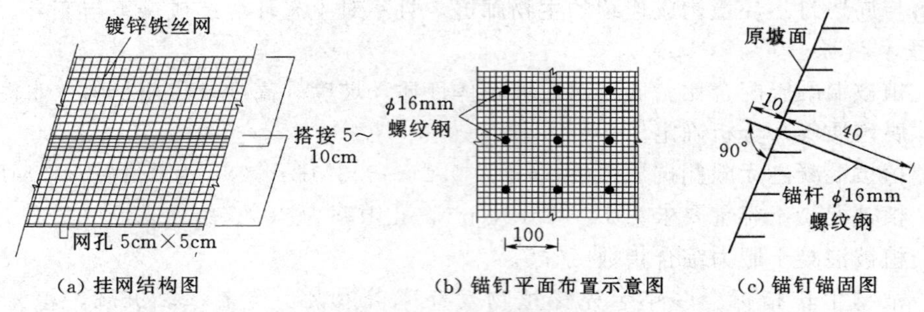

图 11.6－5　植被混凝土生态护坡锚固及挂网典型设计图（单位：cm）

（3）结合边坡排水设计，做好与排水沟结合部位的处理。

2. 挂网

网片从植被结合部的顶部由上至下铺设，加筋网铺设要张紧。网片上下需进行≥10cm 的搭接，网片左右≥5cm 的搭接。所有网片之间及与锚钉接触处应使用 18 号镀锌铁丝绑扎牢固。网片与坡面保持 6～7cm 的距离，可在网片与坡面之间使用垫块支撑。

3. 锚固

（1）锚杆直径。一般锚杆直径≥12mm，坡顶锚杆直径≥18mm，坡面高度超过 30m 时，锚杆直径≥16mm。

（2）锚杆长度。根据坡体性质及结构确定，硬质岩石边坡为 30～45cm，软质岩石边坡为 45～60cm，土石混合边坡、瘠薄土质边坡为 50～80cm。

（3）锚杆间距。根据边坡坡度确定，边坡坡度小于 60°，锚杆间距 100cm×100cm，边坡坡度 60°～80°，锚杆间距 75cm×75cm。

固定锚杆时，锚杆外露 9～10cm。对坡体顶部以及部分岩石风化严重处，视情况对锚杆进行加长处理。采用钻孔植入和直接击入方式固定锚杆，锚杆与坡面上夹角在 75°～85°，锚杆锚固必须稳定牢靠。

4. 植被混凝土喷植施工

喷植按基层和表层分次沿坡面从上到下进行，总喷植厚度约 10cm，基层约 8～9cm，表层约 1～2cm（含混合植绿种子），其施工要领包括：

（1）植被混凝土采用机械现场搅拌均匀，坍落度以喷射时不堵管、喷射到坡面结合紧密但不流淌为准。

（2）植被混凝土拌和料输送高度在 60m 以下采用 $12m^3$ 空压机，输送高度在 60～100m 时可采用 17 m^3 空压机，超过 100m 时应采用分级加压泵送。

11.6.2.4 管护要求

1. 强制性养护

养护时间为喷植结束后两个月内。喷植结束后，视情况进行覆盖保墒（覆盖材料：可采用无纺布、遮阳网及其他材料进行覆盖保墒），采用人工洒水或建立喷灌系统洒水养护。在此期间应注意植物种子出芽均匀度和出芽率，对局部出芽不齐和没有出芽的坡面进行补植，及时更换或补种没有成活的苗木。对可能出现的病虫害要进行病理分析，有针对性地采取治理措施。

2. 常规性养护

养护时间为强制性养护结束后一年内。在此期间，监测植物生长过程中的抗逆性能，并在极端气候（强暴雨、长时间干旱、高温、低温等）情况下根据植物生存态势采取对应措施（补植、修剪、支护、间伐、补水、补肥等）以保证植物成活，及时发现并处理病虫害隐患。为了更好地适应环境，在补种或栽植时尽量采集本地植物，另外还需注意防止人为、动物破坏植物。

11.6.2.5 同类技术介绍

植被混凝土护坡绿化技术在坡度≤50°、坡体稳定、无潜在地质灾害隐患的裸露边坡上进行改进，形成了防冲刷基材护坡绿化技术，亦称 PEB 生态护坡技术。该技术将整个边坡分基材层、加筋层和防冲刷层分别施工，并最终达到保持边坡稳定、防止水土流失及生态修复的目的。

1. 技术要点

基材层可以使用现场无砂砾自然土加有机质、复合肥混合制备。加筋层由加筋网配合垂直边坡的锚固构件组成，将整个生态护坡层连成整体，以提高稳定性。防冲刷层采用植被混凝土基材配比模式，实现边坡的生态复绿并具备防冲刷能力。

加筋网可以使用土工网。边坡质地较软时，可采用楔形木桩钉锚固。防冲刷层材料可直接使用植被混凝土基材，或与生物膜、纤维植生带、其他黏结材料混合土壤形成胶结体。

2. 典型设计图

防冲刷基材护坡绿化技术设计图见图 11.6-6。

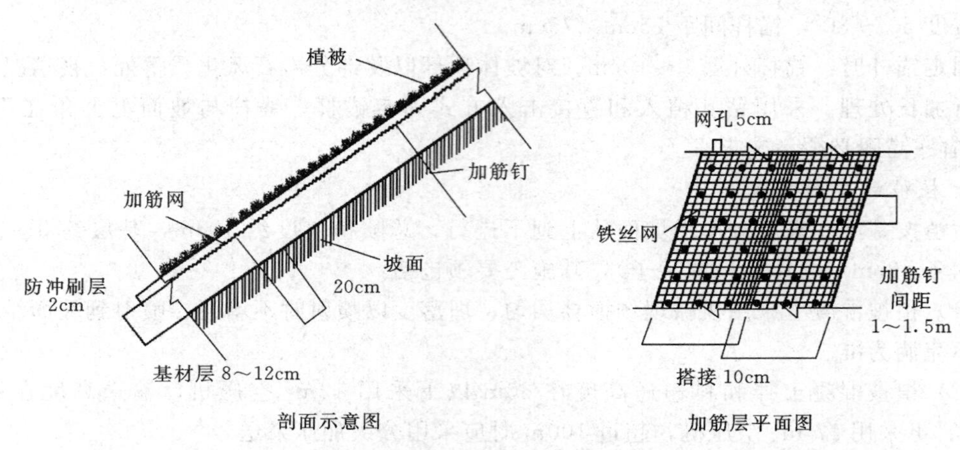

图 11.6-6　防冲刷基材护坡绿化技术设计图

11.6.3　植生毯绿化设计

植生毯坡面植被恢复绿化技术是利用工业化生产的防护毯结合灌草种子进行坡面防护和植被恢复的技术方式。坡面覆盖植生毯能固定坡面表层土壤，增加地面糙率，减缓径流速度，分散坡面径流，减轻雨水对坡面表层土壤的溅蚀冲刷。该技术简单易行，保墒效果好，后期植被恢复效果也好，水土流失防治效果明显。

11.6.3.1　适用条件

工程应用中植生毯坡面植被恢复技术既能单独使用，也能与其他技术措施结合使用，是其他坡面植被恢复措施良好的覆盖材料。

(1) 适用于土质、土石质挖填边坡。

(2) 适用的边坡坡比为 1∶4～1∶1.5；坡长大于 20m 时需进行分级处理。

(3) 适用于养护管理困难的区域。

11.6.3.2　技术设计

1. 材料与结构

植生毯是利用稻草、麦秸、椰丝等为原料，在载体层添加灌草种子、保水剂、营养土等生产而成。根据使用需要可以采用两种结构型式：一种结构分上网、植物纤维层、种子层、木浆纸层、下网五层；另一种结构分上网、植物纤维层、下网三层。具体结构见图 11.6-7。

2. 技术要点

(1) 与主体工程的截排水系统协同布设。

(2) 植生毯规格可根据坡面尺寸、形状及使用目的选定，规格一般选用长 10～50m，宽 1～2.4m，厚 0.6～5cm。

(3) 对于施工地点相对集中、立地条件相仿，且能够提前设计、定量加工的项目，可

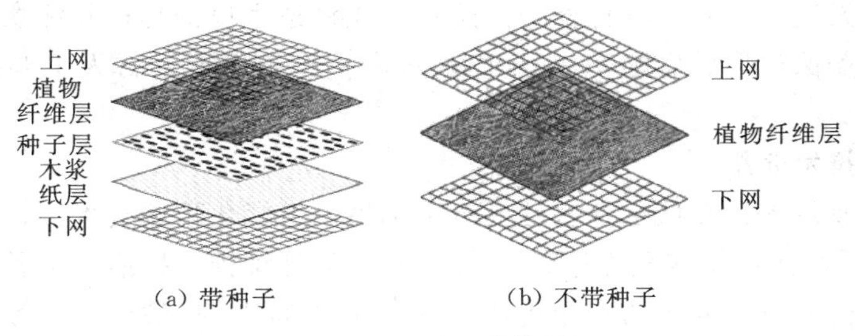

图 11.6-7 植生毯结构图

以直接采用五层结构的植生毯；对于施工地点分散且立地条件差异大、运输保存条件不好的项目，可以直接播种后再覆盖三层结构的植生毯。

（4）植生毯种子层中的或植生毯下撒播的植物种一般选用乔灌草植物种混合配方，植物种子的选配根据工程所在项目区气候、土壤及周边植物等情况确定，优先选择抗旱、耐瘠薄的植物种。

（5）与种子层（含种子表土）结合利用。

3. 典型设计图

植生毯坡面植被恢复绿化典型设计图见图 11.6-8。

11.6.3.3 施工要求

（1）植生毯铺设前进行坡面整理、土壤改良、坡面排水等相关工作。

（2）植生毯应随用随运至现场，尤其要做好含种子的五层结构植生毯的现场保存工作。

（3）植生毯铺设时应与坡面充分接触并用 U 形铁钉或木桩固定。毯之间要重叠搭接，搭接宽度不小于 5cm。根据坡长确定植生毯的铺设方式。坡长小于 10m 的坡面，自左向右或自右向左铺设；坡长大于 10m 的坡面，自上而下铺设，铺设时从距坡顶外 10cm 处开始，坡脚处预留 5cm，做好埋压。

（4）固定木桩应选用直径 2～5cm、长 40～70cm。固定时木桩外露 10cm 左右。U 形铁钉或木桩在坡面梅花形布置，间距 1.5m×1.5m；坡顶、坡脚、两毯搭接处布置一排，间距 1m。

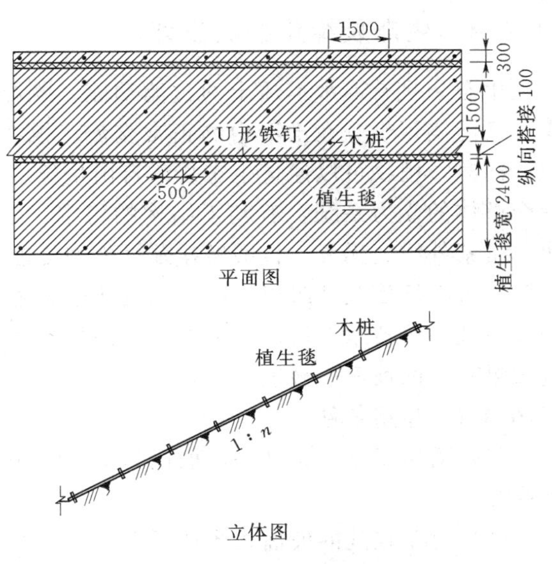

图 11.6-8 植生毯坡面植被恢复绿化典型设计图（单位：mm）

11.6.3.4 管护要求

（1）施工后立即喷水灌溉，保持坡面表层 2～3cm 土壤湿润直至种子发芽。出苗期浇水量不宜太大，避免水资源浪费。

（2）遇大风天气，需及时进行检查，防止大风将植生毯刮起；并注意防范明火。

（3）植被覆盖保护形成后的2～3年内，对灌草植被组成进行人工调控，以利于目标群落的形成。

11.6.3.5　同类技术介绍

为了提高作业效率，在植生毯基础上产生了植生带绿化护坡技术。该技术是把纤度为3～50丹尼尔的纤维无纺织成孔隙率达70%～90%的纤维棉，把灌、草种子和其生长所需养分固定在纤维棉内形成的多功能绿化植生带，并将其用于边坡生态护坡的技术。该技术具有运输方便、操作简单、播种均匀、抗冲力强、水土流失治理效果好等特点，且可以在植生带中添加保水剂、肥料、土壤改良剂等，将土壤改良与植被建植一次完成。该技术有以下特点：

（1）植生带由针刺法和喷胶法生产，所需的原材料包括无纺布、高孔隙率纤维棉、种子、有机肥料及强化尼龙方格编织网等。

（2）纤维棉的单位重量为50g/m^2，厚度为5～20mm、幅宽102cm，每卷50～200m。

（3）强化尼龙方格网，宽度为102～105cm。

（4）灌草植物种按适地适生选用根系发达、管理相对粗放的植物种合理混配。

（5）绿化辅料选用有机质、保水剂、溶岩剂和肥料等按一定比例选配。

11.6.4　生态袋绿化护坡设计

生态袋具有退水不透土的过滤功能，既能防止填充物（土壤与营养成分混合物）流失，又能实现水分在土壤中的正常交流，植物生长必需的水分得到了有效保持和及时补充。同时，植物可以通过生态袋体自由生长。三维排水联结扣使单个的生态袋体联结成为一个整体的受力系统，有利于结构的稳定。生态袋及其组件具备在土壤中不降解、抗老化、抗紫外线、无毒、抗酸碱盐及微生物侵蚀的特点。

通过在坡面或坡脚以不同方式码放生态袋，起到拦挡防护、防止土壤侵蚀作用，同时恢复植被。该技术对坡面质地无限制性要求，尤其适宜于坡度较大的坡面，是一种见效快且效果稳定的坡面植被恢复方式。

11.6.4.1　适用条件

（1）适用于立地条件差，坡比为1∶0.75～1∶2的石质坡面，也常用于坡脚拦挡和植被恢复。

（2）对于较陡的坡面，当坡长大于10m时，应进行分级处理。

（3）适用于需要快速绿化以防止水土流失的坡面。

在实际应用中，生态袋可直接码放进行护脚、护坡；也常结合加筋格栅、钢筋笼等加筋措施，应用到更大范围上。从目前广泛应用的各类工程来看，效果稳定，防护作用明显。但要合理选择施工季节，合理搭配灌草种，注意乡土植物的使用，以利于目标群落的形成。

11.6.4.2　技术设计

1. 技术特点

可在0～90°之间建造一定高度任何坡角的边坡；与土木工程有良好的匹配性和组合

性，使结构稳定和生态植被同步实现；对外界冲击力有吸能缓冲作用，从而保证边坡稳定；不产生温度应力，无须设置温度缝；植被的发达根系与坡体结合成一个同质整体，使其形成自然的、有生命力的永久生态工程；不对边坡结构产生反渗水压力；因地制宜选择适生物种；施工简便。

2. 材料选取

（1）生态袋是由石油聚丙烯或聚酯纤维为原料制成的双面熨烫针刺无纺布加工而成的袋子，具有抗紫外线、耐腐蚀、不易降解、易于植物生长等优点。

（2）生态袋附件包括工程扣、联结扣、扎口线或者扎口带，常结合格栅、铁丝网使用。

（3）生态袋中主要填充种植土，并按一定比例加入草种、肥料、保水剂等材料，搅拌混合均匀。也可采用表面预先植入种子的生态袋。

（4）植物配置采取灌草结合方式，优先选用乡土物种。

3. 典型设计图

生态袋护坡典型设计图见图 11.6-9。

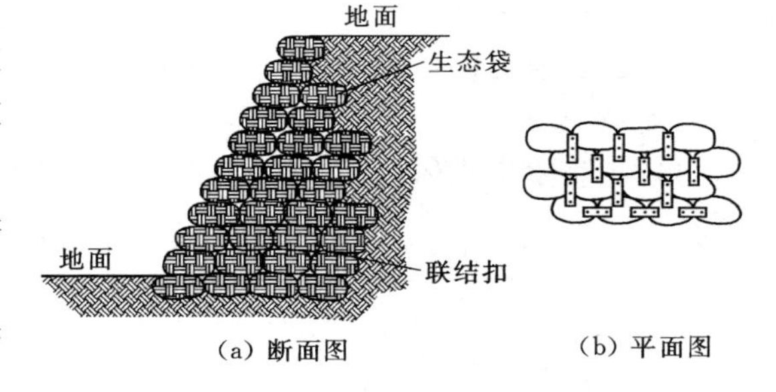

图 11.6-9 生态袋护坡典型设计

11.6.4.3 施工要求

（1）分析立地条件，根据坡体的稳定程度、坡度、坡长来确定码放方式和码放高度。

（2）对坡脚基础层进行适度清理，保证基础层码放的平稳。

（3）根据施工现场土壤状况，在生态袋内混入适量弃渣，实现综合利用。

（4）码放中要做到错茬码放，且坡度越大，上下层生态袋叠压部分越大。

（5）生态袋之间及生态袋与坡面之间采用种植土填实，防止变形、滑塌。

（6）施工中注意对生态袋的保管，尤其注意防潮保护，以保证种子的活性。

11.6.4.4 管护要求

（1）施工后立即喷水，保持坡面湿润直至种子发芽。

（2）种子基本发芽后，对未出苗部分，采用打孔、点播的方式及时补播。

（3）植被完全覆盖前，应根据植物生长情况和水分条件，合理补充水分，并适当施肥。

（4）植被覆盖形成后的 2～3 年内，注意对灌草植被的人工调控，以利于目标群落的形成。

11.6.4.5 同类技术介绍

与生态袋护坡绿化技术类似有植生模袋护坡绿化技术。

植生模袋技术是利用棉等天然纤维及人工化纤带状交互编织成具有规则分布相互连通袋囊的模型垫，通过锚钉单独铺设或结合框格铺设在裸露边坡，将具有流动性的植生基质机械灌注并充满全部袋囊，进行边坡防护及植被恢复。具有涵养水源、防风化、防冲刷及

稳固植物根系的效果。

1. 技术特点

（1）植生模袋袋体材料保水保湿、透气性好，其疏松的空隙有利于植物的萌发，人造纤维坚固耐用、柔韧有弹性，见图 11.6－10。

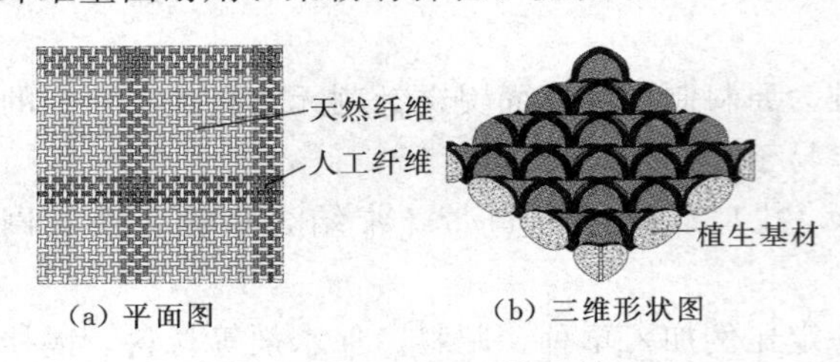

图 11.6－10　植生模袋结构

（2）双层袋体人工纤维线纵向与横向相互交织形成植生区，包裹植生基材。

（3）植生基材由沙质土、保水剂、肥料等物质构成，能够固定植物并为其提供生长所需的水分和养分。植生基材通透性佳、质地松软，可促进植物根系发展。

（4）植生模袋技术为连续式框体结构，能提供足够植生基盘的支撑力，覆盖在边坡上，防止雨水渗蚀以及地表水淘刷而引起水土流失。

（5）植生模袋材料柔韧，袋内注入植生基材后，在凹凸不平地形或者不规则边坡、复杂斜坡也可得到良好的均厚施工。

（6）施工速度快，可在短时间内完成施工，且不受气候影响。

2. 技术指标

（1）植生模袋袋体技术指标，参见表 11.6－2。

表 11.6－2　植生袋袋体的物理特性

项　目		方　法	指标数据
断裂强力/N	经向	见 GB/T 3923.1—2013	≥1800
	纬向		≥1300
断裂伸长率/%	经向		≤40
	纬向		≤30

（2）植生基质的标准配比，详见表 11.6－3。

表 11.6－3　植生基质的标准配比　单位：kg/m^3

项目	沙质土	腐殖土	保水剂	化学肥料	有机肥料
用量	1700	100	0.1	2	25

3. 典型设计图

植生模袋袋体可按地形定制，由人工纤维和天然纤维交织而成，有固定点和植生区，灌注后平均厚度 10cm，最大厚度 12cm。植生模袋形状图见图 11.6－11。

（1）坡度≤45°，斜率≤1∶1 时，使用植生模袋整治，并用钢筋桩稳固，见图 11.6－12。

（2）对于 45°≤坡度≤51.2°，斜率为 1∶1～1∶0.8 时，可与框格梁加固措施配合使用，见图 11.6－13。先在坡面制成框架并用锚杆将框架固定在坡面上，形成连续网格。利用框架的作用，维持植生模袋的稳定。

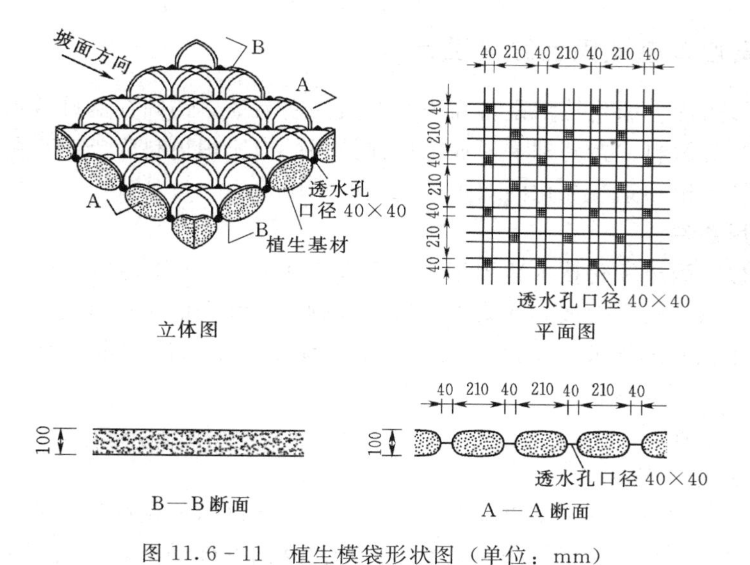

图 11.6-11　植生模袋形状图（单位：mm）

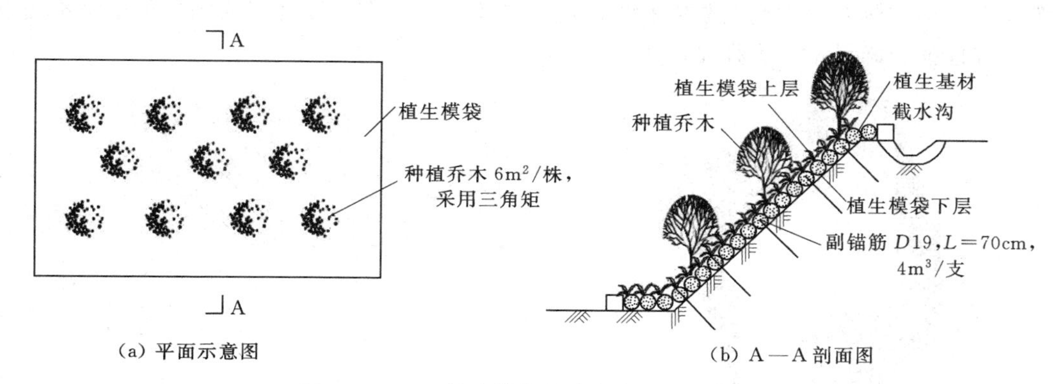

图 11.6-12　植生模袋整治方案示意图（一）

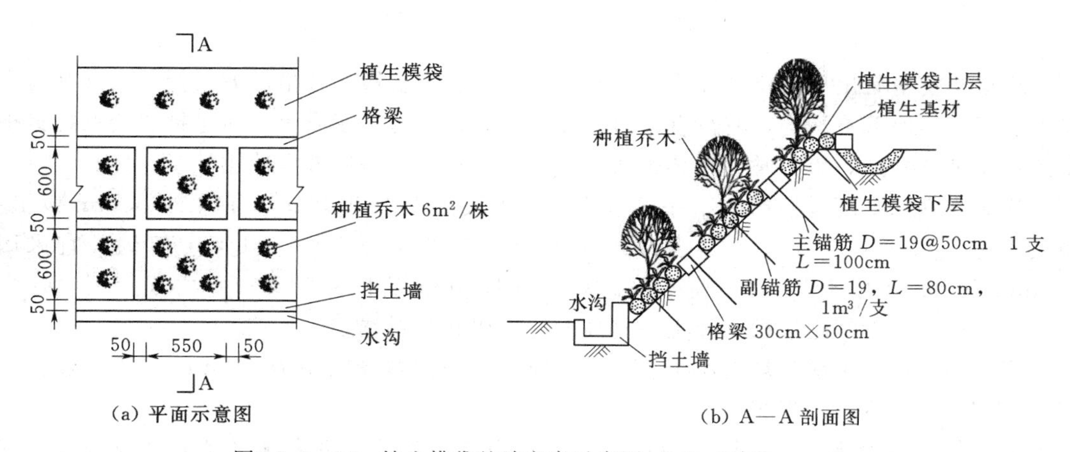

图 11.6-13　植生模袋整治方案示意图（二）（单位：cm）

11.6.5　蜂巢格室覆盖固土绿化设计

蜂巢格室覆盖固土绿化技术是将高强度蜂巢格室展铺、锚固在基础或坡面上，并向其中回填土、集料等填料，在基础上形成柔性保护层。当所用填料为土时，可在格室内种植植物，达到保持水土和景观绿化的双重效果。

11.6.5.1　适用条件

蜂巢格室覆盖固土绿化技术适用于坡度不大于 1∶1 的土质边坡、岩质边坡、土石混合边坡的防护，以及硬质护坡如混凝土护坡、浆砌石护坡等的生态修复，广泛应用于道路边坡防护和绿化、河湖护坡、河湖硬质驳岸生态修复、排水沟或水渠修建、矿山边坡防护、生态停车场绿化等领域。

11.6.5.2　技术设计

1. 蜂巢格室设计与加工

蜂巢格室是一种新型高强度土工合成材料，呈三维网状格室结构，膜片打孔。该结构伸缩自如，运输时折叠，施工时张拉成网形成蜂窝状的立体网格，填入泥土、碎石、混凝土等物料，构成具有强大侧向限制和大刚度的结构体。由有孔膜片组成的蜂巢格室护坡透水、透气性强。蜂巢格室大样见图 11.6－14。

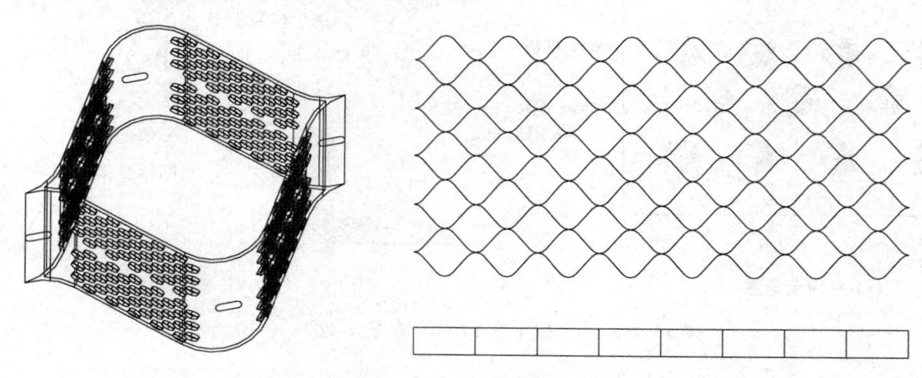

图 11.6－14　蜂巢格室大样图

蜂巢格室应有出厂合格证和质量检测报告，并进行复检，合格后方可使用。外观检查有没有疵点、厚薄不均匀，有没有裂口、孔洞、裂缝或退化变质等，对每批进货的蜂巢格室进行物理学性能、水力学性能和耐久性能试验，抽检合格后方可使用。

蜂巢格室的高度应根据坡比和填料选定。当坡比小于 1∶6 时，宜采用 50mm 以上；当坡比为 1∶6～1∶3 时，宜采用 75mm 以上；当坡比为 1∶3～1∶1.75 时，宜采用 100mm 以上；当坡比大于 1∶1.75 时，宜采用 150mm 以上。

蜂巢格室焊缝间距应根据蜂巢格室高度、坡比和填料选定。

当采用土作为填料，坡比小于 1∶1.75 时，宜采用焊缝间距为 712mm 以下；坡比大于 1∶1.75 时，宜采用焊缝间距为 445mm 以下。

采用集料作为填料时，焊缝间距可根据蜂巢格室高度及集料最大粒径按表 11.6－4 选择。

表 11.6-4　　集料填充格室焊缝间距表　　单位：mm

<table>
<tr><td>蜂巢格室高度</td><td>50</td><td>75</td><td>100</td><td>120</td><td>150</td><td>200</td><td>可选择的焊缝间距</td></tr>
<tr><td rowspan="6">集料最大粒径</td><td rowspan="2">25</td><td rowspan="2">37.5</td><td rowspan="2">50</td><td rowspan="2">65</td><td colspan="2">65</td><td>330</td></tr>
<tr><td colspan="2">75</td><td>356</td></tr>
<tr><td rowspan="4">50</td><td rowspan="4">75</td><td rowspan="4">100</td><td>100</td><td colspan="2">100</td><td>445</td></tr>
<tr><td>115</td><td colspan="2">115</td><td>600</td></tr>
<tr><td rowspan="2">120</td><td colspan="2">125</td><td>660</td></tr>
<tr><td colspan="2">150</td><td>712</td></tr>
</table>

2. 锚杆设计

锚杆可采用热轧带肋钢筋与限位帽组合成专用锚杆，外形结构见图 11.6-15。也可将热轧带肋钢筋一端弯折成J形。锚杆直径和长度遵循下列规定：专用锚杆有效锚固长度应大于等于0.5m或3倍格室高度中的大值，强冻胀土边坡按取值的1.5倍计，锚杆直径12～14mm；热轧带肋钢筋J形钩有效锚固长度应大于等于0.5m或3倍格室高度中的大值，强冻胀土边坡按取值的1.5倍计，锚杆直径10～18mm。

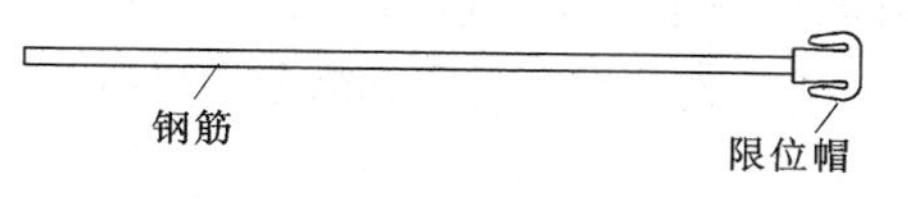

图 11.6-15　专用锚杆结构示意图

锚杆布设密度：当坡比小于1∶1.5时，锚杆布设密度1.0～1.2个/m^2，强冻胀土边坡按1.5倍取；当坡比为1∶1.5～1∶1.0时，锚杆布设密度1.2～1.5个/m^2，强冻胀土边坡按1.8倍取；当坡比为1∶1.0～1∶0.5时，锚杆布设密度1.5～1.8个/m^2，强冻胀土边坡按2.0倍取。

当护坡稳定需要采取锚杆措施时，应按照式（11.6-1）、式（11.6-3）进行计算。

（1）锚固的判断。是否需要采取锚固措施用式（11.6-1）判断：如果F是负值，则蜂巢格室和土壤之间的摩擦力足以维持整个系统稳定，如果F是正值，则需要采取措施。

$$F=k(Hl\gamma+lp)\times(\sin\beta-\cos\beta\tan\varphi) \quad (11.6-1)$$

式中　F——单位宽度净滑动力，kN/m；

k——安全系数，取1.5～2.0；

H——格室高度，m；

γ——格室填料容重，kN/m^3；

l——坡长，m；

p——附加静荷载，kN/m^2；

β——坡度，(°)；

φ——填料的内摩擦角，(°)。

（2）坡顶压固计算。坡顶压固宽度按式（10.6-2）计算：

$$L=\frac{F}{\gamma_1(D+H)\tan\varphi_1} \quad (11.6-2)$$

式中　L——埋压长度，m；

γ_1——压顶填料容重，kN/m^3；

D——埋压厚度，m；

φ_1——填料和基础土内摩擦角的低值，(°)。

（3）锚杆计算。每延米锚杆数量按式（11.6-3）计算：

$$N_A=\frac{F}{P_p} \tag{11.6-3}$$

式中　N_A——单位宽度锚杆的数量，根/m；

P_p——锚杆抗拔力，应小于格室的焊接强度，kN。

（4）锚杆选用。热轧带肋钢筋的性能应符合《钢筋混凝土用钢　第 2 部分：热轧带肋钢筋》(GB/T 1499.2) 的要求。

（5）连接固定构件。连接固定构件主要有限位帽和连接键。

1）限位帽：材质为高分子材料，外形尺寸见图 11.6-16，用于加筋带锚固系统中的荷载传导节点上绑扎加筋带形成荷载传导机制或与锚杆组合成专用锚杆。

2）连接键：材质为高分子材料，外形尺寸见图 11.6-17，用于蜂巢格室膜片的快速连接。

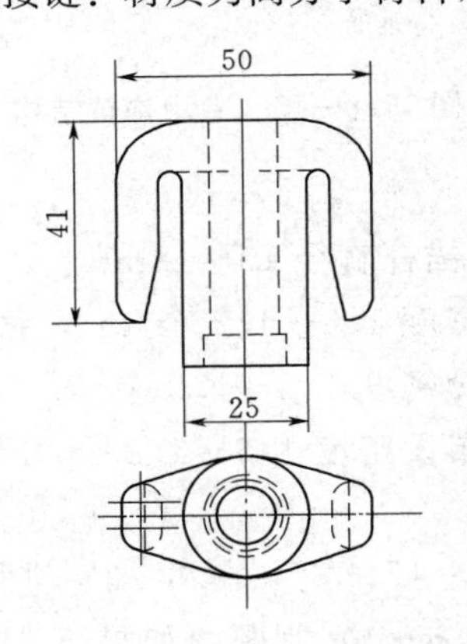

图 11.6-16　限位帽大样图

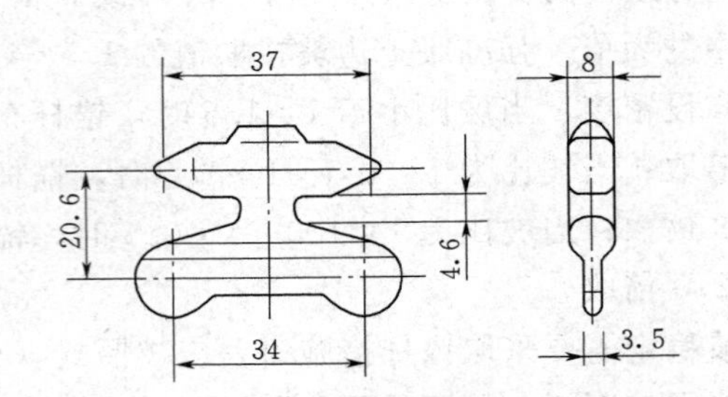

图 11.6-17　连接键大样图

3. 加筋带设计

在不宜使用锚杆锚固的情况下可使用加筋带，宜采用 1～2 根/m，加筋带应为整根，不可有接头。加筋带应在坡顶用锚杆锚固。

根据需要可选用高强度聚酯纤维工业长丝单丝编织带、芳纶纤维工业长丝编织带或聚丙烯三股纽绳，具体见图 11.6-18 和图 11.6-19。

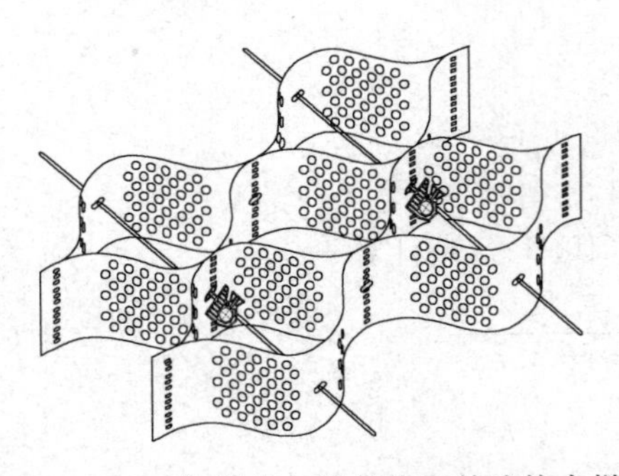

图 11.6-18　加筋带与蜂巢格室的连接大样图

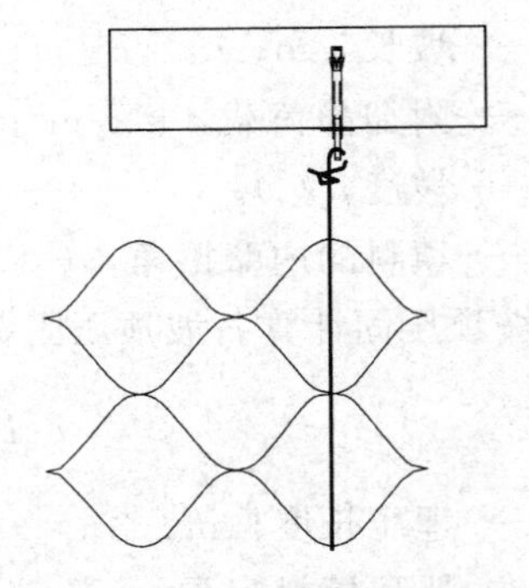

图 11.6-19　加筋带端部锚固大样图

当护坡稳定需要采取加筋带措施时，每延米加筋带数量按式（11.6-4）计算：

$$N_R=\frac{F}{T_t} \tag{11.6-4}$$

式中 N_R——宽度每延米加筋带的数量，根/m；

T_t——最小断裂力，kN。

4. 填料设计

（1）土。设计流速≤2m/s时可采用土填充。采用土填充时，上部应覆盖3～5cm厚的腐殖土。膨胀土、分散土等特殊土质不应用做填充材料。

（2）集料。粒组划分按照《土的工程分类标准》（GB/T 50145）中表3.0.2执行。当设计流速≤1m/s时，宜按流速在细砾到中砾组选用；当1m/s＜设计流速≤2m/s时，宜按流速在中砾到粗砾组选用；当2m/s＜设计流速≤3m/s时，宜按流速在卵石（碎石）组中选用。

（3）组合填充。根据工况，不同部位可采用不同填料的组合填充形式。

5. 垫层设计

采用天然建筑材料时，被保护土、垫层、填料间应满足反滤要求，反滤设计按《碾压式土石坝设计规范》（SL 274—2001）附录B执行。采用土工织物时，应满足《土工合成材料应用技术规范》（GB 50290—1998）中4.2、4.3或《水利水电工程土工合成材料应用技术规范》（SL/T 225—1998）中4.2、4.3的规定。采用土工膜时，应满足《土工合成材料应用技术规范》（GB 50290—1998）中5.2、5.3或《水利水电工程土工合成材料应用技术规范》（SL/T 225—1998）中5.2、5.3的规定。

6. 封顶及坡脚防护设计

若护坡稳定满足要求，封顶可采用常规封顶形式，封顶宽度不小于一个格室长度。

当护坡稳定不满足要求时，可以用坡顶压固或坡顶锚固与坡面锚杆或加筋带措施相结合，加长压顶或坡顶锚固，计算参照式（11.6-2）和式（11.6-4）进行。

坡脚可采用平铺、埋压、叠砌等形式，不论采用何种形式均需满足水流冲刷要求，冲刷深度按《河道整治设计规范》（GB 50707—2011）中附录B.2的方法计算。

7. 典型设计图

具体设计图详见图11.6-20。

11.6.5.3 施工要求

（1）特殊土质的边坡如膨胀土、分散土等，应结合工程处理方案，合理选用。冬季无输水要求的渠道应做好排水。

（2）基面应清理干净，无树根、杂草，无尖石等杂物。表面处理平整，密实。

（3）铺设土工垫层，按《堤防工程施工规范》（SL 260—2014）中8.8和《水利水电工程土工合成材料应用技术规范》（SL/T 225—1998）中4.5、4.6执行。

（4）格室连接。格室拼接应在格室宽部方向进行，有飞边搭接、膜片切断搭接两种基本方法。飞边搭接使用连接键进行格室连接。对设有加筋带的格室应预穿加筋带。蜂巢格室飞边搭接示意见图11.6-21，蜂巢格室膜片切断搭接示意见图11.6-22。

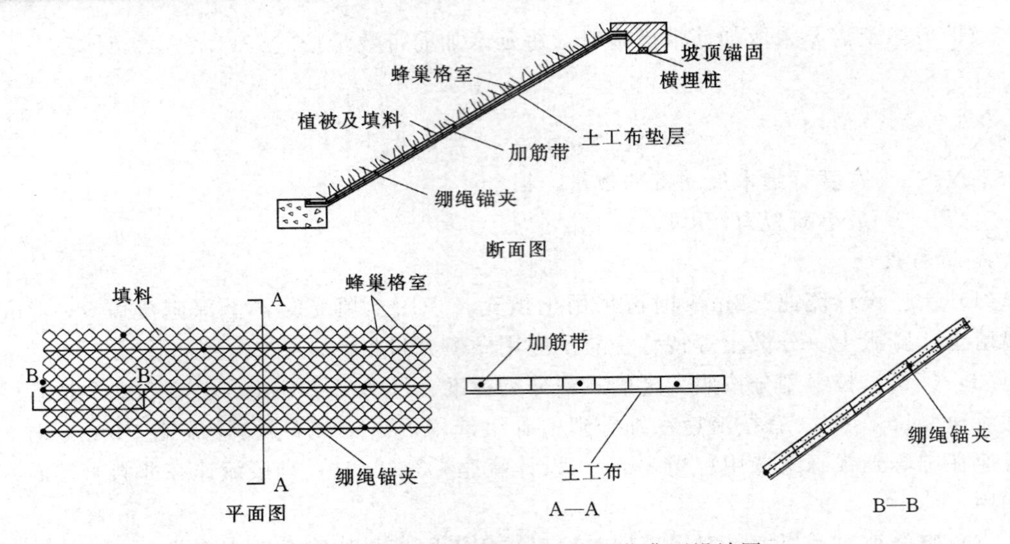

图 11.6-20　蜂巢格室覆盖固土绿化典型设计图

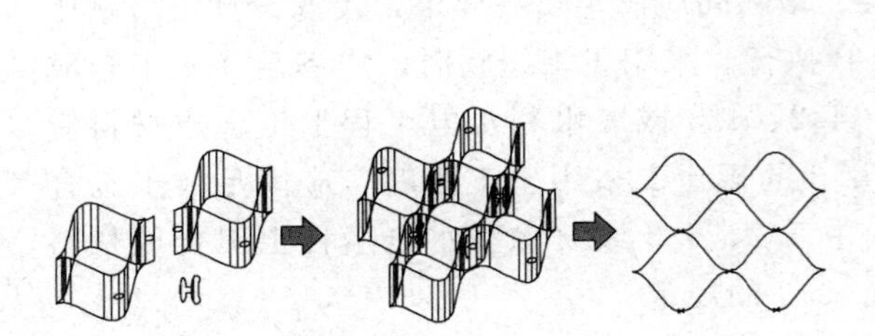

图 11.6-21　蜂巢格室飞边搭接示意图

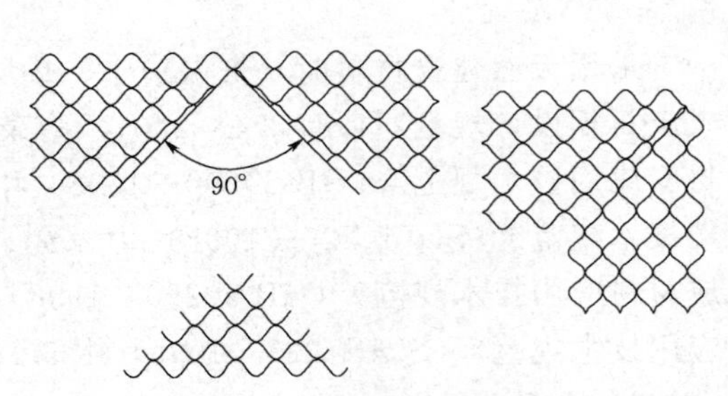

图 11.6-22　蜂巢格室膜片切断搭接示意图

（5）铺设蜂巢格室。

1）先通过画线或者使用放样工具确定格室展开的位置。蜂巢格室的铺筑坡度（纵横向）应与坡面走向平行，格室展开方向应与坡面走向垂直。

2）应按由坡顶到坡脚的施工顺序，预先确定好单片格室的铺设中心线位置，将格室块顺坡向下拉展到指定长度。

3）展铺时，先将蜂巢格室展开、拉直平顺，紧贴垫层铺平，铺设时应避免张拉受力、折叠、打皱等情况发生，保证荷载施加后处于良好受力状态。发现有损坏，应立即修补或更换。

若坡面轴线为曲线，在圆角处，可通过改变长度或宽度方向格室的展开程度及切割、裁剪实现弧形、锥形等特殊形状的展铺。

由于坡面的坡度或朝向的变化，使坡面发生转折，坡面上展铺的格室需进行垂直弯曲以适应坡面转折，并应由锚杆进行定形，使之紧贴于坡面。坡面转折处的最小垂直弯曲半径应符合表 11.6-5 的要求。

4）在坡面端头需要折角处理时，应留足余料。铺设完成后，及时用锚杆固定，防止被风吹起，防止下滑。尽量缩短蜂巢格室暴露时间，铺设后 12h 内覆盖腐殖土。雨雪天气禁止铺筑。

表 11.6-5　　格室高度与最小垂直弯曲半径　　单位：mm

格室高度	长向最小垂直弯曲半径	宽向最小垂直弯曲半径
50	300	400
75	400	600
100	600	1000
120	720	1200
150	900	1500
200	1200	2000

（6）填料回填。蜂巢格室铺设及锚固施工完成后，应及时填筑填料，以避免其受到阳光过长时间的直接暴晒。

土及集料填充作业应遵循以下原则：

1）按照从坡顶到坡脚的施工顺序，填料铺填要均匀。

2）填料投放高度应小于 0.5m。

3）当采用土作为填料时，超填高度不应小于 50mm。

11.6.5.4 管护要求

优先选择多年生、根系发达的乡土植物。应优选多种植物互补搭配，形成高低覆盖互补，深根与浅根互补，防虫与防病互补。

植物选择应符合工程目标和养护条件，应符合《生产建设项目水土保持技术标准》（GB 50433—2018）中 5.8 及其他相关标准规范的要求，也可参考本章 11.1 节表 11.1-17 及表 11.1-18。

草本植物覆盖率 95%以上（允许偏差－3%），撒播密度不小于 80kg/hm²。播种前应对草籽进行现场发芽试验，以确定合适的草籽和播种量。

11.6.5.5 同类技术介绍

草皮加筋绿化护坡又称为三维植被网草皮护坡。是在铺草皮护坡存在易受强降雨或常年坡面径流形成冲沟、引起边坡浅层失稳和滑塌等缺陷的基础上发展起来的一种生态护坡技术。其表面有波浪起伏的网包，对覆盖于网上的客土、草皮有良好的固定作用，可减少雨水的冲蚀。同时，由于网包层的存在，缓冲了雨滴的冲击能量，减弱了雨滴的溅蚀，网包层的起伏不平，使风、水流等在网表面产生无数小涡流，减缓了风蚀及水流引起的冲蚀。

三维植被网的基础层和网包层网格间的经纬线交错排布黏结，对回填客土起着加筋作用，且随着植草根系的生长发达，三维植被网、客土及植草根系相互缠绕，形成网络覆盖层，进一步增加边坡表层的抗冲蚀能力。三维植被网垫具有良好的保温作用，在夏季可使植物根部的微观环境温度比外部环境温度低 3～5℃，在冬季则高 3～5℃，因此三维植被网在一定程度上解决了逆季施工的难题，促进植被均匀生长。

1. 技术特点

三维植被网护坡技术在我国各地区均可应用，但在干旱、半干旱地区应保证养护用水的持续供给。适用的边坡类型有各类土质边坡、强风化岩质边坡、路堤、路堑等深层稳定边坡以及经处理后的土石混合路堤边坡。常用用坡比为 1∶1.0～1∶1.5，一般不超过 1∶1.25，坡率超过 1∶1.0 时慎用，一般每级坡高不超过 10m。施工应在春季和秋季进行，尽量避免在暴雨季节施工。

2. 典型设计图

草皮加筋绿化护坡典型设计图见图 11.6－23。

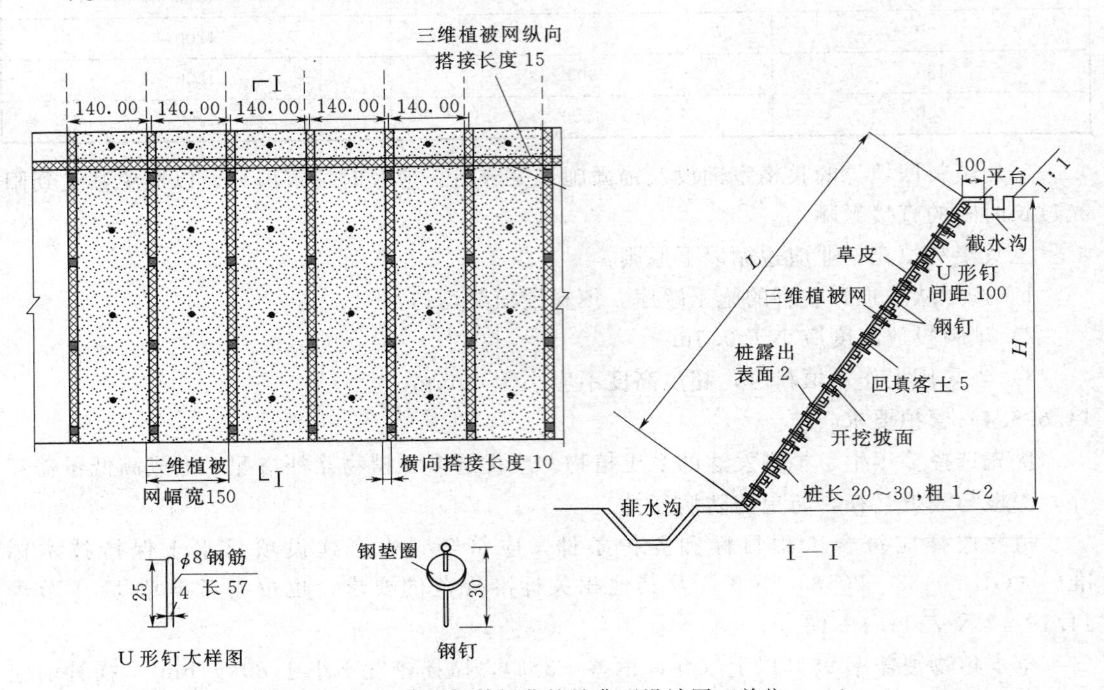

图 11.6－23　草皮加筋绿化护坡典型设计图（单位：cm）

11.7　案　　例

11.7.1　林草措施案例

1. 设计条件

某水电工程施工生产生活区位于西北黄土高寒区。施工前场地以旱生型草本为主，有沙棘、中间锦鸡儿、短叶锦鸡儿等其他灌木分布或混生，呈零星灌丛状分布，盖度较低。草本植物主要有禾本科、蒿类、骆驼蓬、披针叶黄花等。黄土母质栗钙土，轻度土壤侵蚀。年降雨量在 360mm 左右，年平均气温 3.9～5.2℃，无霜期 102～120d。地势平缓。

2. 设计内容

(1) 立地条件分析。黄土山前平缓台地和坡地，高寒、春季干旱。平缓台地为主要施工生产区，植被扰动严重；坡地堆放电力输送器材，轻微扰动。

(2) 整地。台地全面整地后块状深度整地，便于苗木防寒保温和减小土壤蒸发耗水；植树穴周边“回”字形集水整地，便于雨季降水集水于植树穴，抗旱植树造林。

坡面局部整地，连片坡面采用竹节式水平阶集水整地，其余不完整坡面采用鱼鳞坑整地。

(3) 林草措施设计。台面：行带混交。植树造林树种：祁连圆柏、紫花苜蓿、云杉。株行距：2m×3m。生根粉蘸根，施用菌根制剂和保水剂（用量：植树穴体积1‰）。春季随起苗随植树造林。坡面种植紫花苜蓿，呈60cm宽带状播种。

水平阶坡面：祁连圆柏、云杉。株行距：2m×4m。生根粉蘸根，施用菌根制剂和保水剂（用量：植树穴体积1‰）。春季随起苗随植树造林。

鱼鳞坑整地坡面：沙棘。株行距：2m×2m。生根粉蘸根，施用保水剂（用量：植树穴体积1‰）。春季随起苗随植树造林。

植树造林设计表见表11.7-1～表11.7-3，相关典型设计图见图11.7-1～图11.7-3。

表11.7-1　　回字形集水整地植树造林设计表

项目	时间	方式	规格与要求
整地	秋季	“回”字形块状集水整地	块状整地，1m×1m，深0.6～0.8m。 集水坡面拍光，集水面外围修筑宽20cm，高15～20cm土埂并拍实，形成“回”字形微型集水区
栽植林草复合	春季	植苗 播种	行带混交。植树造林树种：祁连圆柏、紫花苜蓿、云杉。株行距：2m×3m。生根粉蘸根，施用菌根制剂和保水剂（用量：植树穴体积1‰）。春季随起苗随植树造林。坡面种植紫花苜蓿，呈60cm宽带状播种
抚育	春、夏		植树造林后连续抚育3年

表11.7-2　　竹节式水平阶集水整地植树造林设计表

项目	时间	方式	规格与要求
整地	秋季	竹节式水平阶	尽量不破坏周边原始植被，地埂拍实，熟土回填
栽植	春季	植苗	植树造林树种：祁连圆柏、云杉。株行距：2m×4m。生根粉蘸根，施用菌根制剂和保水剂（用量：植树穴体积1‰）。春季随起苗随植树造林
抚育	春、夏		植树造林后连续抚育3年

表11.7-3　　鱼鳞坑整地植树造林设计表

项目	时间	方式	规格与要求
整地	秋季	鱼鳞坑	尽量不破坏周边原始植被，地埂拍实，熟土回填
栽植	春季	植苗	植树造林树种：沙棘。株行距：2m×2m。生根粉蘸根，施用保水剂（用量：植树穴体积1‰）。春季随起苗随植树造林
抚育	春、夏		植树造林后连续抚育3年

11.7.2　生态护坡案例——植被混凝土+防护网+板槽+植生笼

1. 项目概况

该砂石料场位于福建省厦门市集美区，荒置多年，坡面为中风化灰岩，坡面陡峭，缺乏植被生长的土壤条件，山体裸露且坡面裂隙发育，部分处于稳定状态，局部有滑坡现象和失稳隐患。面层在自然气候的长期作用下，存在风蚀和崩塌的可能，业主方曾先后两次

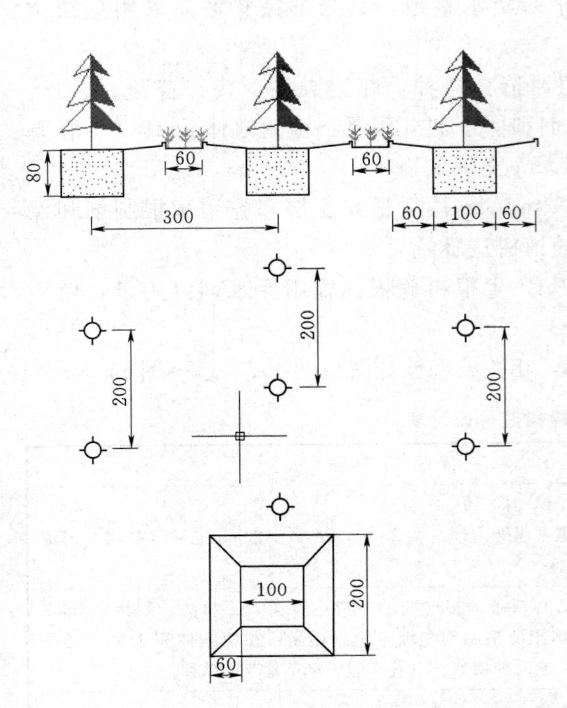

图 11.7-1 “回”字形集水整地典型植树造林设计图（单位：cm）

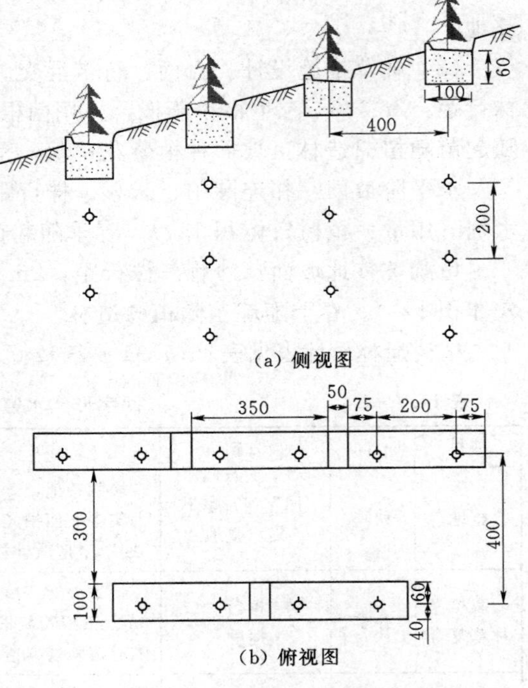

图 11.7-2 竹节式水平阶集水整地植树造林设计图（单位：cm）

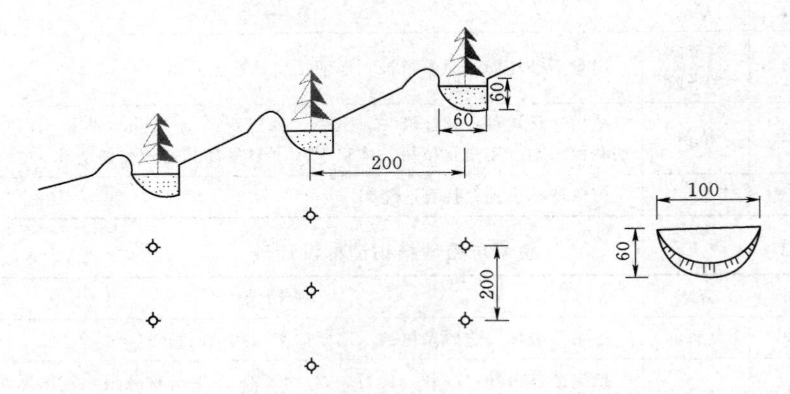

图 11.7-3 鱼鳞坑整地典型植树造林设计图（单位：cm）

对坡面进行整治，都因采石场环境条件恶劣，达不到预期的效果。据勘测，项目边坡坡度大都为 1：0.5～1：0.2，局部处于倒悬状态，部分坡体高度达 90m，属高陡边坡，平均高度为 50～60m，坡脚长度约为 1000m，需要治理面积约为 7.45 万 m^2。

项目所在地区属南亚热带季风海洋气候，年平均气温 21℃，最高月平均气温 28.5℃，最低月平均气温 12.5℃，极端最低气温 2℃，极端最高气温 38.5℃；气候湿润，相对湿度为 77%，年均降水量 1143.5mm，5—8 月雨量多，平均降雨日为 122d；主导风为东北风，夏季为东南风，风力为 3～4 级，每年平均受 5～6 次台风的影响，多集中在 6—9 月。

项目所在地地貌主要由丘陵、台地、平原组成，海拔高度10～200m，呈波状起伏，主要由花岗岩风化层组成。地质结构稳定，历史上未发生过破坏性的地震。项目区主要植被类型有常绿阔叶林、常绿针叶林、混交林、经济林和灌丛草被等五类。

2. 设计理念

（1）以生态为本，尊重自然、保护自然、恢复自然。

（2）形成稳定的边坡，坡体稳定是生态修复的基本前提。

（3）设计方案具有可操作性和可持续性，不过分强调全面完整的覆绿，以与周边环境的自然和谐统一为原则。

（4）植物造景应该同时兼顾科学性和合理性。

3. 措施设计

根据岩面陡峭程度，岩石结构特征、山形复杂状况等因素，拟将坡面初步划分为坡脚弃渣坡面、一般稳定坡面、缓坡坡面、高陡坡面、松动危险坡面、直坡及倒坡坡面六种类型。针对不同的类型，提出不同的治理办法。

（1）坡脚弃渣坡面治理。对于已经形成稳定群落的坡脚，考虑到该部分已与周围环境相容，可不进行处理，尽量保留原有植被，避免对原有植被的砍伐和破坏。对于山体下部无植被覆盖的裸露坡面，如坡脚洒落石块较小且已成堆的采取直接喷播植被混凝土的措施，如坡脚洒落的石块较大而且分布较散乱的则采取种植木本植物的措施。

在坡脚弃渣石块整平（微倾5°～15°，以避免积水）后，坡脚人工种植木麻黄、相思树，地面种植蟛蜞菊等生长迅速且耐阴性较强的植物，对于需要修筑挡土墙的坡脚，可利用坡脚现有石料修筑梯级干砌石挡土墙。

（2）一般稳定坡面、缓坡坡面治理。一般稳定坡面、缓坡坡面的治理以植被混凝土绿化技术为整治基础。其中对于一般坡面和排险加固后的松动危险坡面，进行植被混凝土挂网喷植绿化，对于特别凸出的山石，建议不覆盖植被，使其自然外露，在清除危岩和浮石后，用沥青油或石灰处理岩面，以显山形的自然形态，使整体效果与自然环境更加协调。

（3）松动危险坡面治理。由于山体上部存在裂隙，并且时有碎石滑落，为了彻底排除山体滑坡、坍塌，对山体中松动危险坡面进行排险处理，以彻底消除地质灾害隐患。在排险措施中，由于爆破会造成大量落石，且易形成新的松动点，不利于坡面的稳定。故对于该坡面建议采用SNS主动柔性防护网并结合人工凿除为主，清理后的碎石因地制宜使用，部分可用于修砌挡土墙、种植板槽、截水沟，或堆积后平整覆土绿化，不能利用的碎石及崩落岩块需清运出施工场地（图11.7-4、图11.7-5）。

对于排险后的坡面，根据其坡面特点选用相应的绿化技术。如排险后的坡面较平整，则在柔性防护网的基础上喷播植被混凝土以进一步稳定坡面。

（4）高陡坡面治理。主要指坡高较大、坡度极陡、分布于60m以上的上层坡面。因考虑山体承载能力和气候因素，该类型坡面的绿

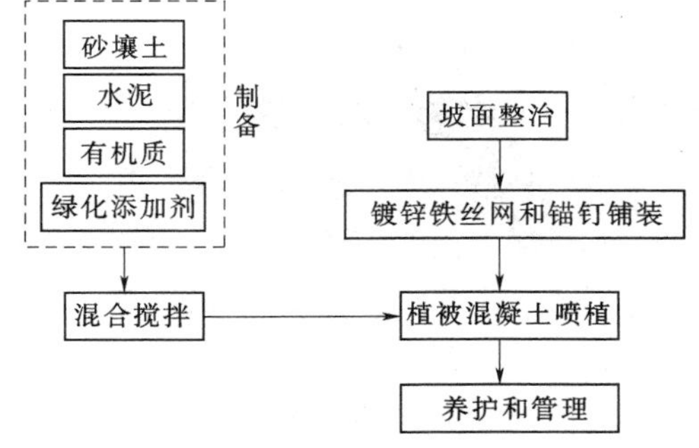

图11.7-4　植被混凝土绿化技术施工过程

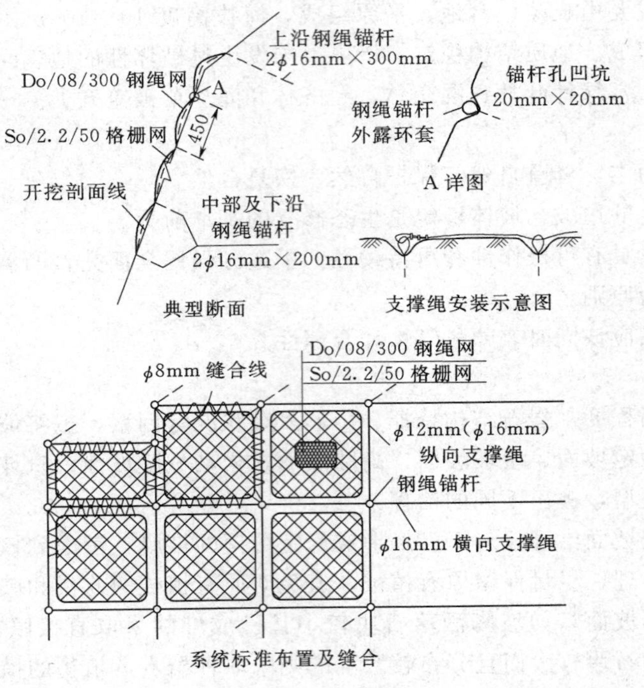

图 11.7-5 SNS 主动柔性防护网施工标准（单位：mm）

化措施主要以挂设绿色罩面网，结合种植板槽种植藤蔓植物为主。在连续稳定的坡面布设钢筋锚固，就地以石块和水泥浇筑混凝土种植板槽，回填种植土、施加基肥，种植紫色大本三角梅、迎春、爬山虎、油麻藤、牵牛花、炮仗花等攀缘藤蔓植物，使其附顺山岩之势或向上攀爬，或向下覆盖。

对坡顶容易形成雨水径流的部分地区，设计引流排水方案，截收山顶直接下泄的水量，顺山势分流或引至喷（滴）灌系统蓄水池，一方面避免较大的水量直接冲灌坡面，另一方面也可实现自然蓄水灌溉，节约管护成本（图 11.7-6、图 11.7-7）。

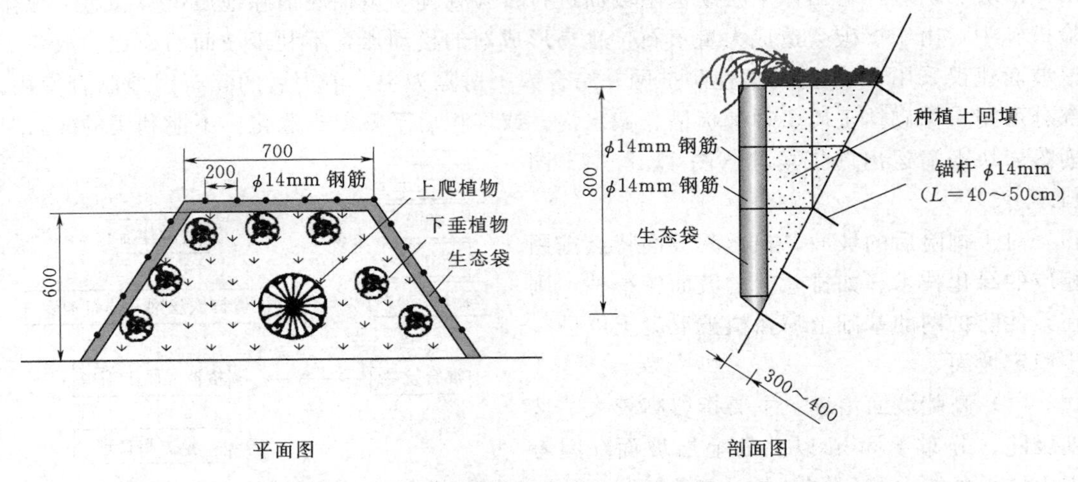

图 11.7-6 植生笼绿化技术施工图（单位：mm）

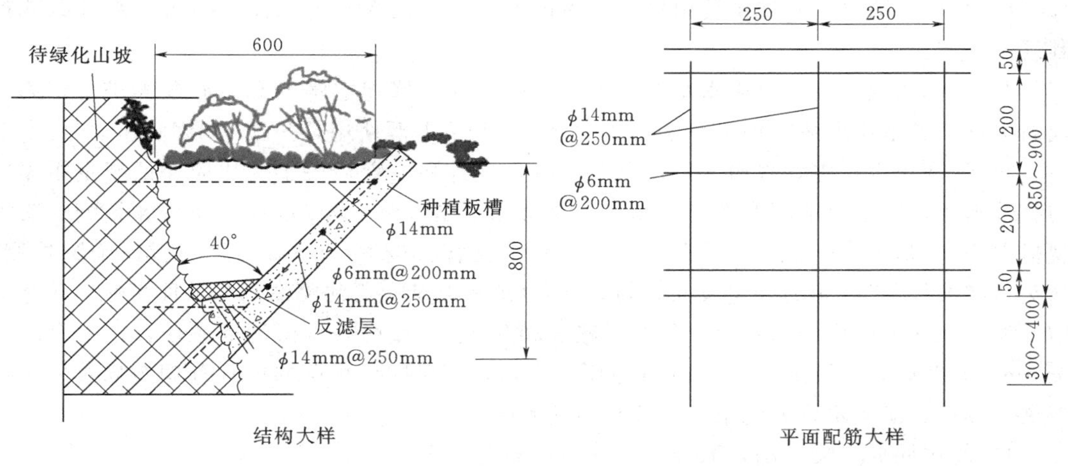

图 11.7-7 种植板槽绿化技术施工大样图（单位：mm）

（5）直坡及倒坡坡面。因此类坡体受力复杂，治理极为困难，对于结构稳定坡面，应力求保持原有状态，避免进行二次破坏，治理方法以罩面网＋植生穴/笼种植藤蔓植物为主。对于结构不稳定的坡面，以安全防护为主，建议首先采用 SNS 柔性防护网＋系统锚杆进行表面防护。SNS 柔性防护网采用钢丝绳网＋钢丝格栅双层防护网。同时在较为平缓的坡面架设植生穴/笼，种植爬山虎、山毛豆、牵牛花、炮仗花等植物。同时也根据山形，营造小平台，在其上点缀小型木本植物。突出对山体的立体装扮效果，提高物种和景观的多样性（图 11.7-8）。

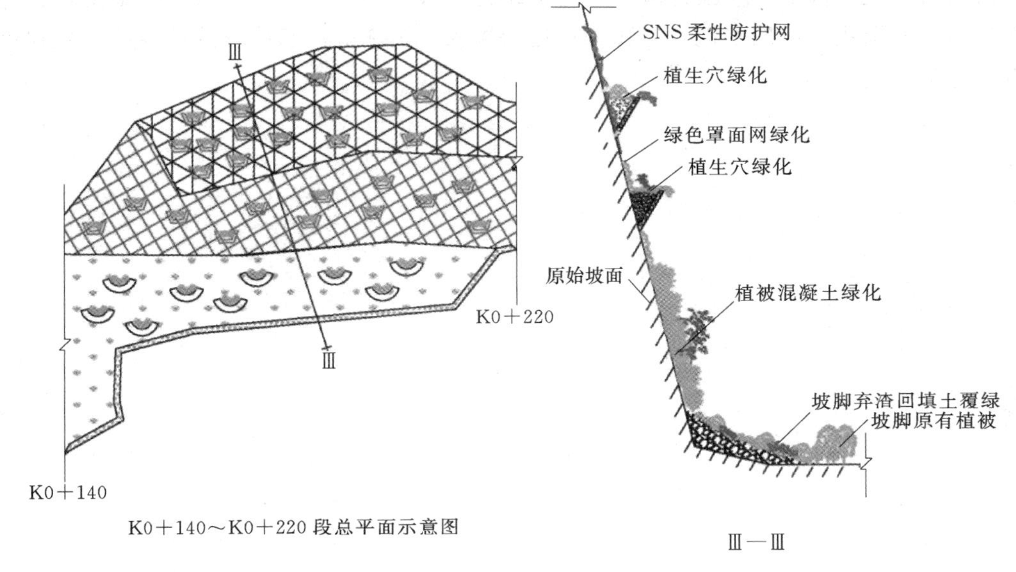

图 11.7-8 综合坡面治理示意图

（6）管养设计。项目区晴天占全年 51%，造成久旱不雨的可能性较大，因此为植被生长提供水源，建立有保障的灌溉系统尤为重要。喷（滴）灌系统设计安装如下：

1）组成：喷（滴）灌系统由水源、主供水管道、供水支管、摇臂喷头、水龙头和控制组件组成。

2）水源：因现场无自来水水源，需从外部引水，修建蓄水池和离心泵养护房。离心式高扬程、高水压水泵，动力系统由当地接入 380V 电源使用，扬程大于 150m。

3）管网布设：主管采用 R50，由左向右分组排列，管径大小变化应保证规定距离内的有效水压，以免影响喷灌效果；植被混凝土坡面按 8m×8m 布置自动喷灌系统；支管规格 R25（R20），采用摇臂喷头喷灌，喷头在支管上按 8m×8m 间距布置，全圆控制，喷头与坡面呈 90°，距离高出坡面 30cm，部分地形复杂、无法喷灌到的坡面区域，可适当增设喷头，或者布设滴灌系统；种植板槽、植生穴/笼坡面布设微滴灌系统，水管在坡面按 5m×3m 布置，规格为 R25，滴孔间距为 30cm。根据绿化点的位置合理布局管网，按需供水养护，避免水资源的浪费，实现节能减排。

4）使用周期：喷（滴）灌系统设计使用周期为两年以上。

4. 实施效果评述

未治理坡面存在危岩崩塌等安全隐患，紧邻其下的地区受到严重威胁，前期基本荒置，一直未体现该地段土地价值。通过治理，消除危岩滑坡，一方面确保人民生命财产安全；另一方面使得该片地块可以重新规划，大大提升土地利用价值。项目实施以来，周边环境得到持续改善，治理后的坡面逐步形成层层叠叠的绿化屏障，大大美化城市景观，提升当地整体形象，进一步吸引游客，增加旅游收入。该废弃采石场生态修复治理试点，取得了采石场矿山地质环境治理经验，树立示范工程，实现了经济效益和社会效益兼顾并行。

根据后续观测调查，受损边坡的生态系统得到极大程度修复，边坡持续稳定，前期先锋物种的快速绿化，后期本地乡土物种的逐渐进入，破坏的生态系统从逐步从修复到亚稳定再到稳定过渡。

第12章 临时防护措施设计

12.1 临时防护措施设计基本要求

12.1.1 设计原则及要求

临时防护措施主要针对生产建设项目施工中临时堆料、堆土（石、渣，含表土）、临时施工迹地等，为防止降雨、大风等外营力在其临时堆存、裸露期间冲刷、吹蚀，而采取相应的临时性拦挡、排水、覆盖及临时植物防护等措施。

1. 设计原则

（1）永临结合原则。为避免重复设置，减少消耗，在进行临时防护措施设计时，应充分考虑施工后期可能要修建的永久性措施，尽可能将临时防护措施与永久防护措施相结合。

（2）实用有效原则。应结合水土流失防治类型和部位，采取针对性的防护措施，并能有效防止施工期间的水土流失。

（3）经济合理原则。临时防护措施通常只在施工期间使用，且使用年限相对不长，力求能够就地取材，做到经济节约。

（4）便于施工原则。在满足相应防护功能的条件下，措施设计应力求结构简单，易于实施。

2. 设计要求

（1）围绕主体工程土建部分的施工进行设计。

（2）重点把握土石方转流各环节水土流失的特点，因害设防进行设计。

（3）按主体工程的施工工艺和施工季节有针对性地设计。

12.1.2 适用范围

临时防护措施是为防止工程在建设过程中造成的水土流失而采取的暂时性措施，主要适用于工程的筹建期和基建施工期，防护的对象主要是临时堆土（石、渣，含表土）场、各类施工场地的扰动面、占压区等区域，通常布设在工程的裸露地、施工场地、施工道路及其他周边影响范围。

12.1.3　措施类型及适用条件

12.1.3.1　临时拦挡措施

临时拦挡措施指在施工边坡下侧、临时堆料、临时堆土（石、渣）及剥离表土临时堆放场等周边，为防止施工期间边坡、松散堆体对周围造成水土流失危害，采取挡护材料将堆置松散体限制在一定的区域内，防止外流并在施工完毕后拆除的措施。

临时拦挡措施根据使用材料不同有填土草袋（编织袋）、土埂、干砌石挡墙、钢（竹栅）围栏等。具体适用范围如下：

填土草袋（编织袋）适用于生产建设项目施工期间临时堆土（石、渣、料）、施工边坡坡脚的临时拦挡防护，多用于土方的临时拦挡。

土埂适用于生产建设项目施工期管沟和沉淀池等开挖的土体、流塑状体等的临时拦挡防护，施工简易方便，具有拦水、挡土作用。

干砌石挡墙适用于生产建设项目施工期施工边坡、临时堆土（石、渣、料）的临时拦挡防护，多用于石方的临时拦挡。

钢（竹栅）围栏适用于生产建设项目施工期施工边坡、临时堆土（石、渣、料）的临时拦挡防护，多用于城区附近的产业园区类项目及线型工程，具有节约占地、施工方便、可重复利用和减少项目建设对周边景观影响等优点。

12.1.3.2　临时排水措施

临时排水措施指在施工过程中，为减轻施工期间降雨及地表径流对临时堆土（石、渣、料）、施工道路、施工场地及周边区域的影响，通过汇集地表径流并导引至安全地点排放以控制水土流失的措施。

临时排水措施根据排水沟材质的不同，可分为土质排水沟、砌石（砖）排水沟、种草排水沟等形式。各类型排水沟适用范围如下：

（1）土质排水沟。具有施工简便、造价低的优点，但其抗冲、抗渗、耐久性差，易崩塌，运行中应及时维护，适用于使用期短、设计流速较小的排水沟。

（2）砌石（砖）排水沟。施工相对复杂，造价高，但其抗冲、抗渗、耐久性好，不易崩塌，适用于石料（砖）来源丰富、排水沟设计流速偏大且建设工期较长的生产建设项目。

（3）种草排水沟。施工相对复杂，造价较高，其抗冲、抗渗、耐久性较好，不易崩塌，适用于施工期长且对景观要求较高的生产建设项目。

12.1.3.3　临时覆盖措施

临时覆盖措施指采用覆盖材料防止水土流失，减少粉尘、风沙、土壤水分蒸发，增加土壤养分和植物防晒的防护措施。覆盖材料包括土工布、塑料布、防尘网、砂砾石、秸秆、青草、草袋、草帘等。

根据覆盖材料不同，临时覆盖措施可分为草袋覆盖、砾石覆盖、棕垫覆盖、块石覆盖、苫布覆盖、防尘网覆盖、塑料布覆盖等。临时覆盖措施适用于风蚀严重地区或周边有明确保护要求的生产建设项目的扰动裸露地、堆土、弃渣、砂砾料等的临时防护；也用于暴雨集中地区建设项目控制和减少雨水溅蚀冲刷临时堆土（料）和施工边坡；还可以用在

生态脆弱、植被恢复困难的高山草原区、高原草甸区建设工程隔离施工扰动对地表草场和草皮的破坏。

12.1.3.4 临时植物措施

施工过程中，对堆存时间较长的土方可采取临时撒播绿肥草籽的方式，既防治水土流失，美化区域环境，又可有效保存土壤中的有机养分，以达到后期利用的目的。对于施工期扰动后裸露时间较长的区域，可通过植树、种草等方式进行临时绿化，通过增加地表植被盖度控制水土流失，涵养土壤地力，并改善环境。临时种草和临时绿化统称为临时植物措施。

对裸露时间超过一个生长季节的区域，应采取临时植物措施。临时植物措施分为临时种草和临时绿化两类。其中，临时种草适用于施工过程中临时堆存的表土，也可用于临时弃渣堆存场；临时绿化主要适用于工期较长的施工生产生活区。

12.2 措 施 设 计

临时防护措施在设计要求上标准可适当降低，但必须保证安全运行。设计时需对项目的生产特点、工艺流程、地形地貌、生产布局等情况进行详细调查，准确计算工程量，使工程措施既满足防护需要，又不盲目建设而造成浪费。

12.2.1 临时拦挡措施设计

12.2.1.1 填土草袋（编织袋）

1. 材料选择

就近取用工程防护的土（石、渣、料）或工程自身开挖的土石料，施工后期拆除草袋（编织袋）。

2. 断面设计

填土草袋（编织袋）布设于堆场周围、施工边坡的下侧，其断面形式和堆高在满足自身稳定的基础上，根据堆体形态及地面坡度确定。一般采用梯形断面，高度宜控制在 2m 以下。填土草袋（编织袋）临时拦挡典型设计见图 12.2-1。

12.2.1.2 土埂

1. 材料选择

一般就地取材，利用防护对象自身开挖的土体。

2. 断面设计

考虑土体的稳定性并满足拦挡要求，土埂一般采用梯形断面，埂高宜控制在 1m 以下，一般采用 40～50cm，顶宽 30～40m。土埂临时拦挡典型设计见图 12.2-2。

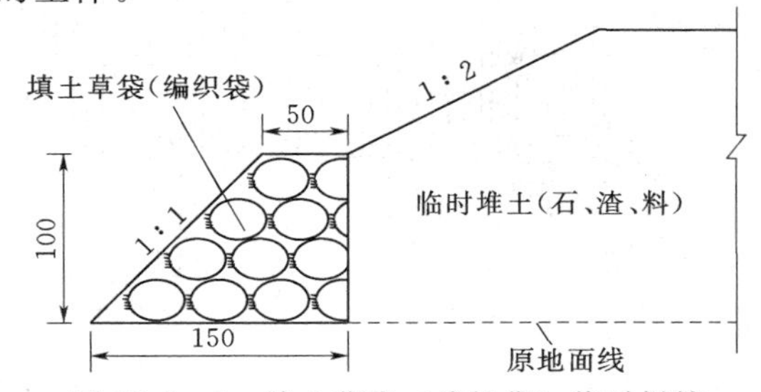

图 12.2-1 填土草袋（编织袋）临时拦挡典型设计（单位：cm）

12.2.1.3 干砌石挡墙

1. 材料选择

宜采用防护石料或工程本身开挖石料

进行修筑。

2. 断面设计

干砌石挡墙宜采用梯形断面，其坡比和墙高在满足自身稳定的基础上，根据防护堆体形态及地面坡度确定。干砌石挡墙（含基础）临时拦挡典型设计见图 12.2-3。

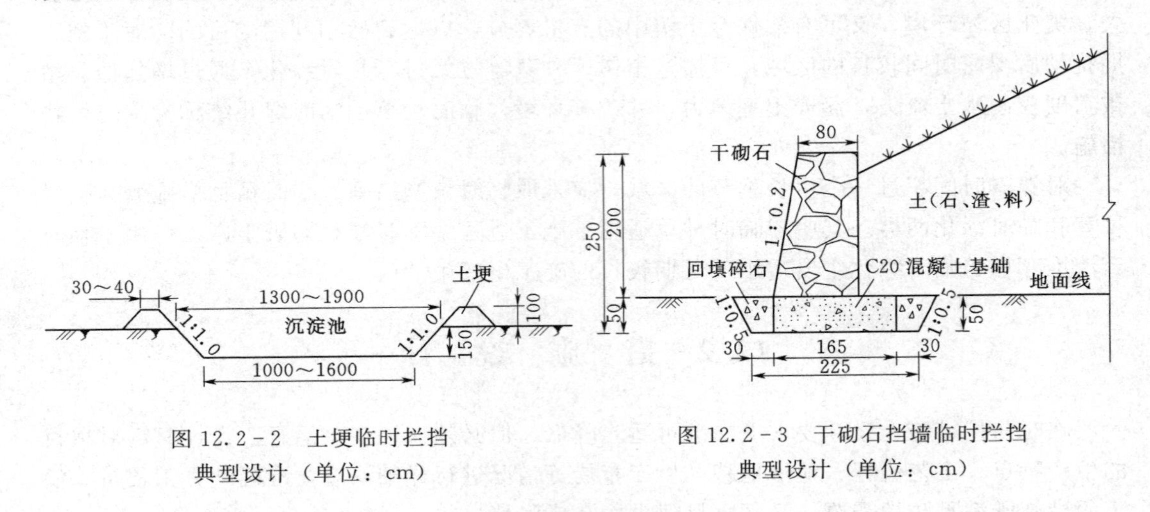

图 12.2-2　土埂临时拦挡典型设计（单位：cm）

图 12.2-3　干砌石挡墙临时拦挡典型设计（单位：cm）

12.2.1.4　钢（竹栅）围栏

1. 材料选择

根据拦挡和施工要求，可选择彩钢板、竹栅等形式。

2. 布置形式

在平原地区，围栏沿堆场周边布设。为保证其拦挡效果，在堆体的坡脚预留约 1m 距离，围栏高控制在 1.5～2m 范围内；在山地区，围栏布设于施工边坡下侧，高度根据堆体的坡度及高度确定。围栏底部基础根据堆场周边地质条件及环境要求，选择混凝土底座、砖砌底座或脚手架钢管作为支撑。竹栅围栏临时拦挡典型设计见图 12.2-4。

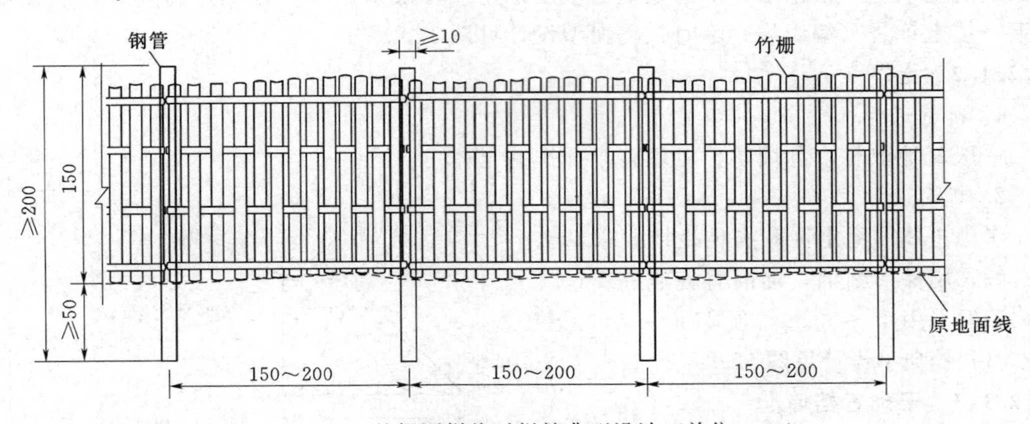

图 12.2-4　竹栅围栏临时拦挡典型设计（单位：cm）

12.2.2 临时排水措施设计

12.2.2.1 土质排水沟

1. 土质排水沟布置及设计要求

(1) 排水沟应布置在低洼地带，并尽量利用天然河沟。

(2) 排水沟出口采用自排方式，并与周边天然沟道或洼地顺接。

(3) 根据《灌溉与排水工程设计规范》(GB 50288) 中相关规定，排水沟设计水位应低于地面（或堤顶）不少于0.2m。

(4) 排水沟设计应满足占地少、工程量小、施工和管理方便等要求；与道路等交会处，应设置涵管或盖板以利施工机具通行。

(5) 平缓地形条件下设置的排水沟，其断面尺寸可根据当地经验确定；必要时，在排水沟末端设置沉沙池。

(6) 排水沟沟道比降应根据沿线地形、地质条件、上下级沟道水位衔接条件、不冲不淤要求以及承泄区的水位变化等情况确定，并应与沟道沿线地面坡度接近。

2. 断面设计

(1) 断面形式确定。土质排水沟多采用梯形断面，其边坡系数应根据开挖深度、沟槽土质及地下水情况等条件经稳定性分析后确定。土质排水沟最小边坡坡度按表12.2-1取值。

表12.2-1 土质排水沟最小边坡坡度

土　质	排水沟开挖深度	
	<1.5m	1.5～3.0m
黏土、重壤土	1:1.0	1:1.25～1:1.5
中壤土	1:1.5	1:2.0～1:2.5
轻壤土、砂壤土	1:2.0	1:2.5～1:3.0
砂土	1:2.5	1:3.0～1:4.0

(2) 流量估算。排水沟的设计流量按式(12.2-1)计算：

$$Q_{设}=16.67\varphi qF \tag{12.2-1}$$

式中 $Q_{设}$——设计径流量，m^3/s；

φ——径流系数，按表12.2-2确定，若汇水面积内有两种或两种以上不同地表种类时，应按不同地表种类面积加权求得平均径流系数；

q——设计重现期某一降水历时内的平均降水强度，mm/min，设计重现期一般采用1～3年；

F——汇水面积，km^2。

(3) 断面确定。拟定排水沟纵坡，依据流量、水力坡降（用沟底坡度近似代替），通过查表或计算求得所需断面大小。

1) 查表法。常用断面可参考表12.2-3查得。

表 12.2-2　　径流系数参考值

地表种类	径流系数 φ	地表种类	径流系数 φ
沥青混凝土路面	0.95	起伏的山地	0.60～0.80
水泥混凝土路面	0.90	细粒土坡面	0.40～0.65
粒料路面	0.40～0.60	平原草地	0.40～0.65
粗粒土坡面和路肩	0.10～0.30	一般耕地	0.40～0.60
陡峻的山地	0.75～0.90	落叶林地	0.35～0.60
硬质岩石坡面	0.70～0.85	针叶林地	0.25～0.50
软质岩石坡面	0.50～0.75	粗砂土坡面	0.10～0.30
水稻田、水塘	0.70～0.80	卵石、块石坡地	0.08～0.15

表 12.2-3　　梯形断面土质排水沟流量表　　单位：m^3/s

边坡比		1∶1				1∶1.5				1∶2			
底宽/m	水深/m	沟底坡度/%											
		0.1	0.5	1	2	0.1	0.5	1	2	0.1	0.5	1	2
0.40	0.20	0.048	0.107	0.150	0.210	0.056	0.125	0.175	0.245	0.064	0.141	0.198	0.277
0.60	0.30	0.140	0.313	0.443		0.161	0.357	0.502		0.187	0.418	0.587	
0.80	0.40	0.291	0.649	0.917		0.358	0.790	1.114		0.403	0.896	1.261	
0.90	0.50	0.555	1.223			0.651	1.433			0.730	1.630		
1.10	0.60	0.891	1.988			1.046	2.331			1.181	2.635		
1.30	0.70	1.352	3.014			1.578				1.784			

注　1. 粗线左方处于不冲流速以内，粗线右方超出不冲流速。
2. 本表引自《水土保持手册》（中国台湾中华水土保持学会，2005）。

2）计算法。

a. 平均流速计算。排水沟平均流速可按式（12.2-2）计算：

$$v=\frac{1}{n}R^{\frac{2}{3}}i^{\frac{1}{2}} \tag{12.2-2}$$

式中　v——沟道的平均流速，m/s；

R——沟道的水力半径，m；

i——水力坡降，用沟底比降近似代替；

n——沟床糙率，应根据沟槽材料、地质条件、施工质量、管理维修情况等确定，也可根据《灌溉与排水工程设计规范》（GB 50288），通过沟内流量大小确定排水沟糙率，见表 12.2-4。

表 12.2-4　　不同流速的土质排水沟糙率

流量/(m^3/s)	糙率 n	流量/(m^3/s)	糙率 n
<1	0.0250	>20	0.0200
1～20	0.0225		

b. 平均流速校核。平均流速 v 为不冲不淤流速，保证正常运行期间不发生冲刷、淤积和边坡坍塌等情况，排水沟最小流速不应小于可能发生淤积的流速 0.3m/s。根据 GB 50288，黏性土质排水沟、非黏性土质排水沟的允许不冲流速见表 12.2－5 和表 12.2－6。

表 12.2－5　黏性土质排水沟允许不冲流速　单位：m/s

土质	允许不冲流速	土质	允许不冲流速
轻壤土	0.60～0.80	重壤土	0.70～0.95
中壤土	0.65～0.85	黏土	0.75～1.00

注　表中所列允许不冲流速为水力半径 $R=1.0$m 时的情况；当 $R\neq1.0$m 时，表中所列数值应乘以 R^a。指数 a 值可按下列情况采用：①疏松的壤土、黏土，$a=1/3$～$1/4$；②中等密实的和密实的壤土、黏土，$a=1/4$～$1/5$。

表 12.2－6　非黏性土质排水沟允许不冲流速　单位：m/s

土质	粒径/mm	水深/m			
		0.4	1	2	≥3.0
淤泥	0.005～0.050	0.12～0.17	0.15～0.21	0.17～0.24	0.19～0.26
细砂	0.050～0.250	0.17～0.27	0.21～0.32	0.24～0.37	0.26～0.40
中砂	0.250～1.000	0.27～0.47	0.32～0.57	0.37～0.65	0.40～0.70
粗砂	1.000 ～2.500	0.47～0.53	0.57～0.65	0.65～0.75	0.70～0.80
细砾石	2.500～5.000	0.53～0.65	0.65～0.80	0.75～0.90	0.80～0.95
中砾石	5.000～10.000	0.65～0.80	0.80～1.00	0.90～1.10	0.95～1.20
大砾石	10.000～15.000	0.80～0.95	1.00～1.20	1.10～1.30	1.20～1.40
小卵石	15.000～25.000	0.95～1.20	1.20～1.40	1.30～1.60	1.40～1.80
中卵石	25.000～40.000	1.20～1.50	1.40～1.80	1.60～2.10	1.80～2.20
大卵石	40.000～75.000	1.50～2.00	1.80～2.40	2.10～2.80	2.20～3.00
小漂石	75.000～100.000	2.00～2.30	2.40～2.80	2.80～3.20	3.00～3.40
中漂石	100.000～150.000	2.30～2.80	2.80～3.40	3.20～3.90	3.40～4.20
大漂石	150.000～200.000	2.80～3.20	3.40～3.90	3.90～4.50	4.20～4.90

注　表中所列允许不冲流速为水力半径 $R=1.0$m 时的情况；当 $R\neq1.0$m 时，表中所列数值应乘以 R^a。指数 a 值可采用 1/3～1/5。

c. 流量校核。排水沟可通过流量 $Q_{校}$ 按式（12.2－3）计算：

$$Q_{校}=Av \tag{12.2-3}$$

式中　$Q_{校}$——校核流量，m^3/s；

A——断面面积，m^2；

v——平均流速，m/s。

经计算：若排水沟可通过的校核流量 $Q_{校}$ 与设计流量 $Q_{设}$ 相等或稍大，则为适宜的设计；若校核流量 $Q_{校}$ 小于设计流量 $Q_{设}$，则排水沟断面过小，应改用较大断面重新计算，至排水沟足以通过 $Q_{设}$；如排水沟 $Q_{校}$ 过大，则为不经济的断面设计，应减小断面后重新计算，至适当为止。

12.2.2.2　砌石（砖）排水沟设计

1. 砌石（砖）排水沟布置及设计要求

（1）排水沟应布置在低洼地带，并尽量利用天然河沟。

（2）排水沟出口采用自排方式，并与周边天然沟道或洼地顺接。

（3）按照《灌溉与排水工程设计规范》（GB 50288）规定，排水沟设计水位应低于地面（或堤顶）不少于 0.20m。

（4）排水沟设计应满足占地少、工程量小、施工和管理方便等要求；与道路等交会处，应设置涵管或盖板以方便施工机具通行。

（5）平缓地形条件下设置的排水沟，其断面尺寸可根据当地经验确定；必要时，需在排水沟末端设置沉沙池。

（6）排水沟沟道比降应根据沿线地形、地质条件、上下级沟道水位衔接条件、不冲不淤要求以及承泄区的水位变化等情况确定，并应与沟道沿线地面坡度接近。

（7）上、下级排水沟应按分段流量设计断面；排水沟分段处水面应平顺衔接。因地形坡度较陡及流速较大等原因，沿排水沟长度方向每隔适当长度至最下游，视需要设置跌水等消能设施。

2. 断面设计

（1）沟面材料及断面形状确定。沟面衬砌材料及断面形状根据现场状况、作业需要及流量等因素确定。沟面护砌材料包括砖、石等，砌石排水沟可采用梯形、抛物线形或矩形断面；砖砌排水沟一般采用矩形断面。砌石（砖）排水沟示意见图 12.2－5。

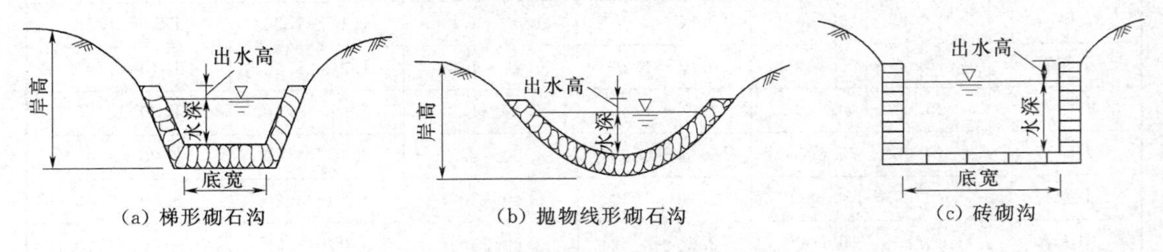

图 12.2－5　砌石（砖）排水沟示意

砌石沟材料应符合以下要求：使用的块石应大小均匀、质坚耐用、表面清洁无污染且无风化剥落、裂纹等结构缺陷；宜选用具有一定长度、宽度及厚度不小于 15cm 的片状石料。

（2）径流量估算。排水沟的设计径流量按式（12.2－1）计算。

（3）断面确定。拟定排水沟纵坡、依据径流量大小、水力坡降（用沟底比降近似代替），通过查表或计算求得所需断面大小。

1）查表法。常用断面由表 12.2－7～表 12.2－9 查得。

2）计算法。计算方法及公式同土质排水沟设计相关内容。由于材质不同，糙率和不冲流速等参数会有所变化。糙率 n 参考《灌溉与排水工程设计规范》（GB 50288），按表 12.2－10 取值。

允许不冲流速可根据实际情况，按表 12.2－11 取值。

表 12.2-7　　梯形断面干砌块石沟流量（边坡坡比 1∶0.3）　　单位：m³/s

底宽/m	水深/m	沟底坡度/%															
		0.1	0.5	1	5	10	15	20	25	30	35	40	45	50	55	60	65
0.30	0.15	0.100	0.022	0.030	0.067	0.097	0.119	0.137	0.152	0.167	0.179	0.192	0.204	0.216	0.225	0.234	0.325
0.50	0.25	0.038	0.084	0.118	0.259	0.377	0.459	0.530	0.589	0.648	0.669	0.742	0.789	0.836	0.872	0.907	0.246
0.70	0.35	0.091	0.202	0.285	0.627	0.912	1.112	1.233	1.425	1.568	1.682	1.769	1.910	2.024	2.109	2.195	0.954
0.90	0.45	0.181	0.401	0.565	1.242	1.807	2.203	2.542	2.824	3.106	3.332	3.558	3.784	4.010	4.180	4.349	2.309
1.10	0.55	0.308	0.684	0.960	2.121	3.085	3.760	4.338	4.820	5.302	5.688	6.073	6.459	6.845	7.133	7.423	7.808
1.30	0.65	0.481	1.068	1.505	3.311	4.815	5.869	6.771	7.523	8.276	8.877	9.473	10.082	10.683	11.134	11.586	12.188
1.50	0.75	0.710	1.570	2.200	4.850	7.050	8.590	9.910	11.030	12.130	13.010	13.890	14.770	15.640	16.300	16.960	17.840

注　本表引自《水土保持手册》（中国台湾中华水土保持学会，2005）。

表 12.2-8　　梯形断面干砌块石沟流量表（边坡坡比 1∶0.5）　　单位：m³/s

底宽/m	水深/m	沟底坡度/%															
		0.1	0.5	1	5	10	15	20	25	30	35	40	45	50	55	60	65
0.30	0.15	0.011	0.024	0.034	0.074	0.107	0.131	0.151	0.168	0.185	0.198	0.211	0.225	0.238	0.248	0.258	0.325
0.50	0.25	0.043	0.094	0.132	0.290	0.422	0.514	0.539	0.659	0.725	0.778	0.831	0.883	0.936	0.976	1.016	1.260
0.70	0.35	0.103	0.230	0.323	0.712	1.035	1.261	1.456	1.617	1.780	1.908	2.038	2.167	2.297	2.394	2.491	2.939
0.90	0.45	0.202	0.449	0.633	1.393	2.026	2.469	2.849	3.165	3.482	3.735	3.988	4.241	4.494	4.684	4.874	6.939
1.10	0.55	0.346	0.767	1.081	2.378	3.460	4.216	4.865	5.405	5.946	6.378	6.811	7.243	7.676	8.000	8.324	10.169
1.30	0.65	0.540	1.198	0.686	3.710	5.396	6.577	7.590	8.432	9.276	9.950	10.623	11.299	11.974	12.479	12.989	14.829
1.50	0.75	0.790	1.760	2.480	5.440	7.900	9.530	11.120	12.360	13.580	14.580	15.560	16.550	17.530	18.280	19.020	23.560

注　本表引自《水土保持手册》（中国台湾中华水土保持学会，2005）。

表 12.2-9　　矩形砌砖沟流量表　　单位：m³/s

底宽/m	水深/m	沟底坡度/%															
		0.1	0.5	1	5	10	15	20	25	30	35	40	45	50	55	60	65
0.25	0.13	0.011	0.025	0.035	0.076	0.111	0.136	0.156	0.174	0.191	0.205	0.219	0.233	0.247	0.257	0.268	0.282
0.40	0.20	0.039	0.087	0.123	0.270	0.393	0.479	0.553	0.614	0.675	0.725	0.774	0.823	0.872	0.909	0.946	0.995
0.50	0.25	0.071	0.158	0.223	0.463	0.714	0.870	1.004	1.116	1.227	1.317	1.406	1.495	1.584	1.651	1.718	1.807
0.65	0.33	0.144	0.318	0.448	0.984	1.432	1.745	2.014	2.237	2.461	2.640	2.819	2.998	3.177	3.311	3.445	3.624
0.85	0.43	0.292	0.652	0.918	2.019	2.575	3.578	3.728	4.584	5.047	5.414	5.581	5.747	6.515	6.790	7.066	7.433
1.00	0.50	0.455	1.007	1.418	3.118	4.035	5.527	5.823	7.082	7.795	8.362	8.929	9.496	10.603	10.488	10.913	11.480
1.20	0.60	0.734	1.635	2.308	5.059	6.649	8.902	9.564	11.509	12.667	13.588	14.509	15.430	16.352	17.042	17.734	18.655
1.35	0.68	1.008	2.236	3.148	6.926	10.075	12.279	14.167	15.741	17.315	18.574	19.834	21.093	22.352	23.297	24.242	25.501

注　本表引自《水土保持手册》（中国台湾中华水土保持学会，2005）。

表 12.2-10　砌石（砖）排水沟糙率

衬砌类别	糙率 n	衬砌类别	糙率 n
浆砌料石、石板	0.015～0.023	干砌块石	0.025～0.033
浆砌块石	0.020～0.025	浆砌砖	0.012～0.017

表 12.2-11　砌石排水沟允许不冲流速

防渗衬砌结构类别			允许不冲流速/(m/s)
砌石	干砌卵石（挂淤）		2.5～4.0
	浆砌块石	单层	2.5～4.0
		双层	3.5～5.0
	浆砌料石		4.0～6.0
	浆砌石板		2.5
	砌砖		3.0

12.2.2.3　植草排水沟

1. 植草排水沟布置及设计要求

(1) 复式草沟设计中，一般沟底石材或植草砖宽度取 0.6～1.0m，混凝土厚度取 0.1～0.2m，块石厚度不小于 0.15m，糙率 n 以植草部分和构造物部分所占长度比例折算。

(2) 排水沟应布置在低洼地带，并尽量利用天然河沟。

(3) 排水沟出口宜采用自排方式，与周边天然沟道或洼地顺接。

(4) 每隔适当长度，应视需要设置跌水消能设施。

2. 断面设计

(1) 断面形式确定。断面形式根据现场状况、作业需要及流量等条件确定。草沟断面宜采用宽浅的抛物线梯形断面，一般沟宽大于 2m 时，超高 0.1～0.2m，种草排水沟断面示意见图 12.2-6。

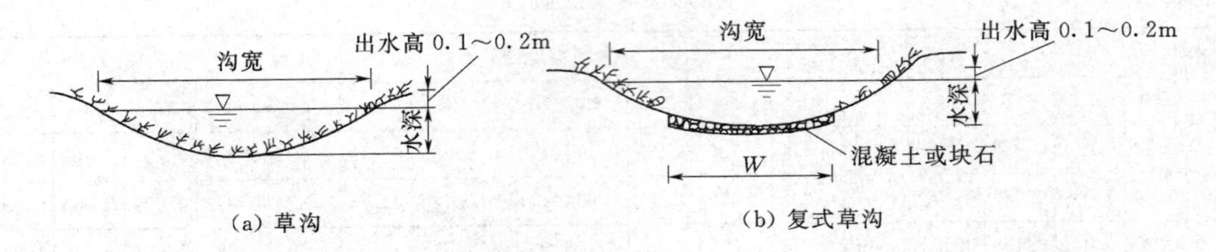

图 12.2-6　种草排水沟断面示意

(2) 径流量估算。排水沟的设计径流量按式（12.2-1）计算。

(3) 断面确定。拟定排水沟纵坡，依据径流量大小、水力坡降（用沟底比降近似代替），通过查表和计算求得所需断面大小。

1) 查表法。常用断面可由表 12.2-12 查得。

表 12.2-12　　抛物线形断面种草排水沟流量　　单位：m^3/s

沟宽/m	水深/m	沟底坡度/%															
		0.1	0.5	1	2	3	4	5	6	7	8	9	10	12.5	15	17.5	20
1.0	0.10	0.0051	0.0136	0.0161	0.0227	0.0278	0.0321	0.0359	0.0394	0.0485	0.0455	0.0482	0.0508	0.0568	0.0623	0.0672	0.0719
1.2	0.14	0.0088	0.0198	0.0280	0.0396	0.0485	0.0559	0.0625	0.0685	0.0741	0.0792	0.0840	0.0855	0.0990	0.1084	0.1171	0.1252
1.4	0.18	0.0187	0.0419	0.0593	0.0838	0.1027	0.1186	0.1325	0.1452	0.1568	0.1677	0.1778	0.1874	0.2096	0.2296	0.2518	0.2651
1.6	0.22	0.0298	0.0677	0.0942	0.1333	0.1633	0.1885	0.2108	0.2309	0.2494	0.2666	0.2828	0.2976	0.3333	0.3651	0.3943	0.4216
1.8	0.26	0.0442	0.0987	0.1396	0.1975	0.2419	0.2793	0.3122	0.3402	0.3694	0.3949	0.4189	0.4416	0.4937	0.5408	0.5841	0.6245
2.0	0.30	0.0621	0.1389	0.1964	0.2777	0.3402	0.3928	0.4392	0.4811	0.5196	0.5555	0.5892	0.6211	0.6944	0.7606	0.8216	0.8783
2.2	0.34	0.0840	0.1878	0.2655	0.3755	0.4599	0.5311	0.5938	0.6504	0.7205	0.7510	0.7966	0.8397	0.9388	1.0284	1.1108	1.1875
2.4	0.38	0.1100	0.2460	0.3479	0.4920	0.6206	0.6958	0.7779	0.8522	0.9204	0.9840	1.0434	1.1001	1.2300	1.3474	1.4554	1.5558
2.6	0.42	0.1406	0.3144	0.4447	0.6288	0.7702	0.8894	0.9943	1.0892	1.1764	1.2578	1.3340	1.4061	1.5721	1.7221	1.8601	1.9887
2.8	0.46	0.1760	0.3935	0.5564	0.7869	0.9638	0.1128	1.2442	1.3630	1.4722	1.5738	1.6693	1.7596	1.9673	2.1550	2.3277	2.4884
3.0	0.50	0.2164	0.4838	0.6842	0.9676	1.1850	1.3683	1.5298	1.6758	1.8101	1.9351	2.0525	2.1635	2.4189	2.6497	2.8621	3.0597

注　横粗线左方均在不冲流速以内，横粗线右方超出不冲流速；$n=0.067$。

2）计算法。

a. 平均流速计算。排水沟平均流速按式（12.2-2）计算。式中的糙率 n 参照表 12.2-13 确定。

表 12.2-13　　种草排水沟糙率 n 取值表

沟内物质	n	平均值	沟内物质	n	平均值
稀疏草地	0.035～0.045	0.04	全面密植草地	0.040～0.060	0.05

常用草类参考糙率 n：百喜草 0.067、假俭草 0.055、类地毯草 0.05。

对于抛物线断面，其水力半径按式（12.2-4）计算：

$$R=\frac{bd^2}{1.5b^2+4d^2} \tag{12.2-4}$$

式中　b——沟宽，m；

d——水深，m。

b. 平均流速校核。排水沟的最小流速应不小于可能发生淤积的流速 0.3m/s；允许不冲流速视草种及生长情况取 1.5～2.5m/s，当水流含沙量较大时，可适当加大。

c. 流量校核。流量校核同土质排水沟流量校核。对于抛物线型种草排水沟，可通过式（12.2-5）计算流量 $Q_{校}$：

$$Q_{校}=Av=\frac{2}{3}dbv \tag{12.2-5}$$

（4）沟面材料。沟面防护以植草为主，当为复式植草沟时，沟底应采用硬式防护材料进行护砌。

1）草种。匍匐性草类，如百喜草、假俭草、类地毯草等。

2）复式沟沟底铺设材料。沟底的铺设材料以当地出产的天然石材为主，须质地坚硬，无明显风化、裂缝、页岩夹层及其他结构缺点。若当地材料不足时，可用其他硬式材料（如植草砖）代替。一般而言，主要石材的粒径应不小于 7.5cm；填缝所使用的石子粒径应为 0.5～3cm。

3）肥料。原则上应使用有机肥。

12.2.3　临时覆盖措施设计

（1）对临时堆放的渣土，视水土流失情况采用土工布、塑料布、防尘网等覆盖，避免水土流失。

（2）风沙区部分场地可采用草、树枝或砾石等临时覆盖。

（3）对生态脆弱、植被恢复困难的高山草原区、高原草甸区的工程施工场地或施工道路，可采用草垫、棕垫等覆盖隔离，以减少施工扰动对地表草场和草皮的破坏。

12.2.4　临时植物措施设计

1. 临时种草工程设计要点

（1）草籽采用撒播方式，播种前将表土耙松、平整，并清除有害物质等。

（2）植物种类的选取，以适地适草为原则，主要选择具有绿肥作用的豆科草本植物，如红三叶、苜蓿、草木樨等。

2. 临时绿化工程设计要点

由于临时绿化区域在施工结束后将会重新进行整治，临时绿化树草种一般选择常见、价格低的品种；对于施工区环境有特殊要求的，也可适当结合景观要求选择树草种，但需要注意经济合理性。

12.3　案　　例

12.3.1　临时拦挡措施案例

1. 工程概况

某露天井工煤矿项目位于内蒙古准格尔旗西部准格尔召镇境内，由原煤矿与勘探区及其外围无矿权争议的边角地段进行整合，规模为 60 万 t/a。为将生产能力提高为 120 万 t/a，需对煤矿进行改扩建。改扩建工程仍利用 60 万 t/a 井工煤矿已建成的主副井工业场地和风井场地，并在原主副井工业场地内新增地面设施，主副井工业场地占地面积 4.54hm^2。

2. 露天矿剥离表土临时防护措施设计

（1）临时挡水土埂。为了保证排土过程安全，沿北 1 号排土场西侧沟道分水岭修建临时挡水土埂，防止周边汇水进入排土场。挡水土埂顶宽 1.0m，高 1.0m，两侧边坡 1∶1.5，底宽 4.0m。土埂土方来自采掘场弃土。建设期排土场周边挡水土埂技术指标见表 12.3-1。

表 12.3-1　　排土场周边挡水土埂技术指标

排土场	时期	围埂长/m	底宽/m	上宽/m	高度/m	两侧边坡
北1号排土场	建设期	700	4.0	1.0	1.0	1∶1.5

（2）草袋临时拦挡。外排土场建设期剥离表土14.0万m^3，存放在外排土场空地，用于之后排土场边坡及平台绿化覆土。由于剥离表土结构松散，易受到风蚀及水蚀侵害，在其周边外坡脚采用草袋垒砌挡土墙作临时拦挡。临时堆土场占地面积为3.50hm^2，设计土料堆放长度为200m、宽度为175m，堆放高度为4.0m，设计草袋拦挡高2.0m、顶宽0.5m。其他裸露面采用撒种草籽进行植物防护，草籽为草木樨。临时防护工程量见表12.3-2。

表 12.3-2　　临时防护工程量

挡护区域	剥离表土量/m^3	临时挡护工程量	
		草袋/m^3	草木樨/kg
外排土场临时堆土场	140000	750	52.5

12.3.2 临时排水措施案例

1. 工程简况

河南省某河道拦河闸工程基坑开挖的土方，需临时堆存以便后期用于回填基坑，施工期约2年。开挖土方临时暂存在河道右岸，紧靠堤防背水侧堆放，堆放区为耕地，占地面积2.28hm^2，堆放土方9.6万m^3，堆高4.2m，堆放边坡1∶3。根据《水利水电工程水土保持技术规范》（SL 575—2012）等规定，临时堆土区等级为5级。回填土临时堆存区原地表土壤多是中、重粉质壤土，局部为轻粉质壤土，厚度3～6m；工程区地处淮河冲积平原，为平原河谷地貌形态，区内地势西北高东南低，地面高程约32.00～33.00m，地面平均坡度约为1/7000。为排除临时堆土区地表径流，设计在堆土区占地边界周边设临时排水沟，排水沟出口控制高程为32.00m。施工结束后，对临时占地区进行复耕。

工程区地处南北气候过渡带，属暖温带季风气候区，多年平均气温15℃。降雨受季风影响，年内、年际变化很大，多年平均年降水量为885mm，但降雨时空分布不均匀，年际年内变化较大，6—9月降水量占年降水量的56%，最小年降水量为560.4mm，最大年降水量为1488.2mm。

2. 临时排水沟设计标准

根据《水利水电工程水土保持技术规范》（SL 575—2012）等的规定，确定堆土区临时排水沟设计洪水标准为5年一遇。

3. 临时排水沟设计流量估算

临时排水沟设计排水流量采用小流域面积设计流量计算。通过查《河南省山丘区中小河流暴雨洪水图集》中的河南省年最大10 min点雨量均值图，可知工程所在区的均值为17.5mm，经计算5年一遇10 min降雨强度为1.97mm/min。淮河流域一般降雨历时选择60min，5年一遇60min降雨历时转换系数C_t查《水利水电工程水土保持技术规范》（SL

575—2012）为 0.45，$C_p=1.0$，设计降雨强度 q 为

$$q=C_pC_tq_{5,10}=1.0\times0.45\times1.97=0.886(\mathrm{mm/min})$$

临时堆土区为一般耕地，通过查表，取径流系数 $\varphi=0.50$，堆土区周边汇水面积 $F=0.0228\mathrm{km}^2$。

根据式（12.2-1）计算排水沟设计流量 $Q_设$ 为

$$Q_设=16.67\varphi qF=16.67\times0.5\times0.886\times0.0228=0.17(\mathrm{m}^3/\mathrm{s})$$

4. 排水沟断面设计

因项目区地形基本为平地，土壤为中、重粉质壤土，结合当地排水经验，初步选定排水沟设计断面为梯形，拟定的三个方案断面尺寸底宽均为 0.4m，水深分别为 0.3m、0.4m、0.5m，边坡比均为 1∶1.5，土质排水沟糙率取 0.025，水力坡降取 0.001，按明渠均匀流流量公式进行过流能力验算。临时排水沟各方案设计参数见表 12.3-3，过流能力验算成果见表 12.3-4。

表 12.3-3　临时排水沟各方案设计参数

方案	设计流量/(m³/s)	排水沟断面设计			水力坡降	糙率
		沟底宽/m	水深/m	边坡比		
1	0.17	0.4	0.3	1∶1.5	0.001	0.025
2	0.17	0.4	0.4	1∶1.5	0.001	0.025
3	0.17	0.4	0.5	1∶1.5	0.001	0.025

表 12.3-4　各方案过流能力验算

方案	底宽 B/m	水深 H/m	过流面积 A/m²	湿周 X/m	水力半径 R/m	谢才系数 C	流量 Q/(m³/s)	流速/(m/s)	不冲流速/(m/s)
1	0.40	0.30	0.255	1.48	0.17	29.83	0.10	0.39	0.45
2	0.40	0.40	0.40	1.84	0.22	31.01	0.18	0.46	0.48
3	0.40	0.50	0.575	2.20	0.26	31.98	0.30	0.52	0.50

查《灌溉与排水工程设计规范》（GB 50288—2018）附录 C 可知，中壤土渠不冲流速为 0.65～0.85m/s，取 0.7m/s，采用 $v=0.7R^{\frac{1}{4}}$ 计算不冲流速，计算结果见表 12.3-4。

排水沟最小流速不小于可能发生淤积的流速 0.3m/s，同时排水沟的流速不大于不冲流速。经验算，方案 1 的排水能力为 0.10m³/s，小于设计排水能力 0.17m³/s，流速满足不冲不淤要求；方案 2 排水沟的过流能力为 0.18m³/s，略大于设计排水流量 0.17m³/s，满足设计排水要求，同时设计流速为 0.46m/s，大于不淤流速 0.3m/s，小于不冲流速 0.48m/s，满足不冲不淤要求；方案 3 的排水能力为 0.30m³/s，大于设计排水能力 0.17m³/s 较多，流速 0.52m/s 大于不冲流速 0.50m/s，不满足不冲要求。经过分析，选定方案 2 作为设计方案。各方案参数对比分析结果见表 12.3-5。

由于选定的方案 2 排水沟过流能力大于设计排水流量，又因施工期仅 2 年时间，故排水沟深度不设超高，水深即为沟道深度。土质临时排水沟设计断面示意见图 12.3-1，实施效果见图 12.3-2。

表 12.3-5　　各方案过流能力和不冲不淤流速对比分析

方案	过流能力/(m^3/s)	是否满足设计流量要求	是否满足不淤流速要求	是否满足不冲流速要求	综合分析结果
1	0.10	不满足	满足	满足	不满足
2	0.18	满足	满足	满足	满足
3	0.30	满足，但不经济	满足	不满足	不满足

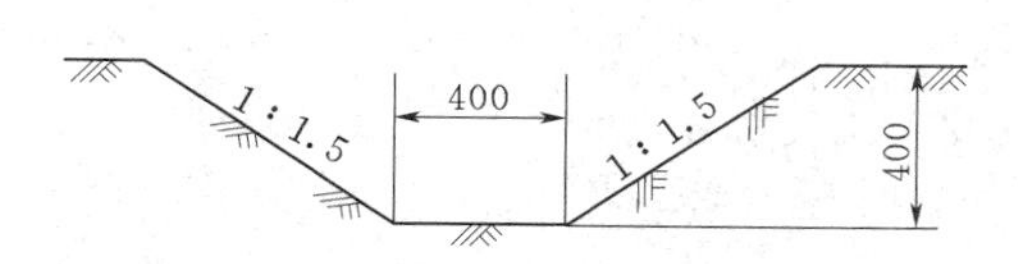

图 12.3-1　土质临时排水沟设计断面示意图（单位：mm）

图 12.3-2　土质排水沟工程实例

临时排水沟开挖工程量是排水沟长度与断面面积的乘积，排水沟长度取堆土区周长为428m，根据设计阶段乘扩大系数后得开挖工程量 $180m^3$。

12.3.3　临时覆盖措施案例

1. 工程及工程区概况

大唐托克逊风电场二期工程位于新疆吐鲁番市托克逊县城以北约 25km 处。工程建设内容主要包括安装 33 台风力发电机组及配套箱式变压器、集电线路、场内检修道路等。工程为Ⅱ等大（2）型，机组塔架地基基础建筑物设计级别为 2 级，建筑物结构安全等级为二级。

项目区属山前冲积、洪积平原，地貌单一，地形较平坦，地势西北高东南低，坡度约为 1.88%，海拔约 390～510m。项目区气候类型属于极端干旱的温带大陆性干旱气候，其主要特征是：光热充足，热量丰富，极端干燥，高温多风，降雨稀少，蒸发强烈，无霜期长，风大风多，夏季炎热，冬季严寒，日较差大；项目区多年平均气温 13.8℃，极端最高气温为 48℃，极端最低气温为 -9.3℃，多年平均年降水量为 8.8mm，多年平均年蒸发量为 3744mm，多年平均风速 2.43m/s，年平均大风日数 108d。项目区土壤主要为棕漠土，地表为砾石覆盖，地表寸草不生，无植被覆盖。项目区为中度风蚀区，土壤侵蚀模数背景值为 $3000t/(km^2 \cdot a)$，土壤容许流失量为 $2000t/(km^2 \cdot a)$。

2. 临时覆盖措施设计

（1）设计理念。风电场位于荒漠戈壁区，场址区基本无植被覆盖，当地降水稀少，水源缺乏，风力强劲，砾石资源丰富，水土保持措施考虑充分利用当地的砾石资源。

（2）措施设计。

1）在风电机组区对永久建筑物以外的施工扰动区域，在施工完毕后实施砾石压盖措施。压盖的砾石主要来源于风机基础、箱式变压器基础原有地表所覆盖的砾石层，覆盖厚度约 20cm。

2）在吊装场地区施工扰动区域施工结束后进行土地平整和砾石压盖措施。吊装场地施工区域砾石压盖利用风机基础、箱式变压器基础开挖剥离的砾石，压盖厚度约 20cm。

3）集电线路区电缆沟施工对地表破坏比较严重，在大风下易引起扬尘，产生水土流失。施工结束后，对施工扰动区域采取土地平整和砾石压盖措施，压盖厚度 20cm 左右。

临时覆盖措施实施效果见图 12.3-3、图 12.3-4。

图 12.3-3　砾石覆盖工程实例

图 12.3-4　密目网苫盖工程实例

12.3.4　临时植物措施实例

1. 工程简况

黄河龙口水利枢纽位于黄河中游北干流托克托至龙口段尾部、山西省和内蒙古自治区的交界地带，是历次黄河流域规划和河段规划确定的黄河北干流梯级开发工程之一。

2. 临时绿化设计情况

由于工程弃渣场土壤瘠薄、堆渣时间较长，为了保障后续植被恢复和景观再造，工程设计中考虑进行临时绿化、防护渣场顶面并改良土壤。设计结合当地乡土植物调查及立地条件，选择沙棘、柠条、紫花苜蓿等临时绿化物种，所选植物均具有较强的适应能力和固氮能力，且根系发达，有较快的生长速度，容易栽植，成活率高。

（1）植物种类选择。在弃渣场顶部客土临时种植沙棘、柠条、紫花苜蓿。

1）柠条：落叶灌木，喜光耐寒、耐高温。在冬季－32℃和夏季55℃地温都能生长，并且耐干燥瘠薄，在黄土丘陵沟壑、半固定沙地生长良好。

2）紫花苜蓿：多年生豆科牧草，具有耐寒、耐旱、耐盐碱、耐瘠薄等特点。近几年，在西北、内蒙古等地开展了治沙和水土保持试验，成效显著。

（2）整地方式。弃渣场顶部：沙棘、柠条行间混交，块状整地；弃渣场边坡：撒播紫花苜蓿（1.5m×1.5m）。

（3）造林方法。春、夏、秋三季均可栽植，植苗造林，随起苗、随造林；为防止冬季风害和冻害，适当深栽和埋实，覆土防寒。

（4）幼林抚育。造林初期要做好松土除草工作，改善土壤蓄水保墒作用。一般需进行约3年。

3. 实施效果

（1）弃渣场初期采取临时绿化措施，种植豆科绿肥作物，对改善土壤理化性质和改良培肥有显著效果，同时可增加地面覆盖，减轻风蚀，保护水分。

（2）通过种植绿肥作物，加强生物积累过程，培育肥力，为牲畜提供饲料。

（3）后期经全面整治，结合周边景观绿化效果进行植被再造。

第13章 防风固沙工程设计

13.1 防风固沙工程设计基本要求

13.1.1 设计原则及要求

根据沙害性质、防治对象与防风固沙的力学作用原理，防风固沙工程的基本设计原则及要求如下。

1. 工程设计要到位

防风固沙工程目标要全面，针对不同的防护目标，采用不同的规格和结构，以获取最大的防护效益。

2. 预防为主，防治结合

在工程建设过程中，应尽量减少扰动面积，控制人为因素引起的植被破坏，在尽量减少工程建设扰动所产生沙害的基础上，采取适宜有度的方式进行防风固沙工程配套设计。

3. 综合治理，配套设计

不同的防风固沙措施各有其使用条件和范围，不同地域的环境条件复杂多样，单一措施往往防风固沙效果有一定的局限性，设计时尽量采取固、阻、输导等防风固沙治理措施相结合，充分发挥各种措施的能效。

13.1.2 适用范围

防风固沙工程主要是对修建在沙地、沙漠、戈壁等风沙区遭受风沙危害的河道工程、水闸工程、水库枢纽、水电工程、风力发电、光伏发电、输水工程、机场、公路、铁路、输变电工程等生产建设项目和工业园区、工矿企业、居民点等工程，以及因工程建设产生的料场、弃渣场、施工生产生活场地、施工道路等容易引起土地沙化、荒漠化的工程扰动区域，采取的以防风固沙为目的的防风固沙措施体系。

13.1.3 措施类型及适用条件

13.1.3.1 防风固沙工程分类

防风固沙工程按照治理方式可分为工程固沙、化学固沙和植物固沙。工程固沙通过采取机械沙障、网围栏等措施抑制风沙流的形成，达到防风固沙的目的，工程固沙应用范围

较广，在固沙工程中有着的极其重要的地位和作用；化学固沙措施是在流动的沙丘上喷洒化学胶结物质，使沙体表面形成一层具有一定强度的防护壳，达到固定流沙的目的，化学治沙主要用于工程固沙和植物固沙难以奏效的极端困难风沙区，但由于成本高，一般多用于风沙危害易造成重大经济损失的重要工程区，如机场、交通线（公路、铁路等），也可用于机械沙障就地取材困难的偏远地区；植物固沙措施则通过人工栽植乔木、灌木、草本，封禁治理等手段，提高植被覆盖率，达到防风固沙的目的。植物固沙措施多应用于降水条件相对较好的风沙地区，往往先期开展机械沙障固沙后再进行造林种草。

防风固沙措施按照作用和性质又可分为固、阻、输（导）等类型。生产建设项目中主要应用的是固沙和阻沙类治理措施，通常以固为主，固阻结合。以固为主的措施主要是在流动沙体表面设置隔离断层形成保护面，缓解或避免风沙流动及风沙危害，主要措施包含以覆盖沙体表面为主要功能的工程固沙措施和化学固沙措施等；以阻为主的措施则是通过在沙面上设置各种形式的障碍物进行阻滞消能，减缓风沙危害，包含工程固沙措施中的沙障、栅栏等。营建阻沙林带以及工程固沙与植物固沙措施的结合则体现了固阻结合的治理类型。

13.1.3.2 防风固沙工程体系

在沙地、沙漠、戈壁等风沙区开展生产建设项目时，建设生产活动会扰动地面、损坏植被、引发或加剧土地沙化，应布置防风固沙工程。根据我国风沙区分布特点，分为干旱风蚀荒漠化区域、半干旱风蚀沙化区域、半温润平原风沙区、湿润气候带防风固沙区和高寒干旱荒漠、高寒半干旱风蚀沙化区等。生产建设项目防风固沙工程通常根据项目所在区域不同而采取不同的防风固沙工程体系。

1. 干旱风蚀荒漠化区的防风固沙工程体系

干旱风蚀荒漠化区域年降水量小于200mm，植被以旱生和超旱生的荒漠植被为主。按地貌可分为戈壁、沙漠、绿洲。戈壁地貌主要分布于新疆、青海、甘肃、内蒙古西部地区，地势平坦。沙漠地貌主要由塔克拉玛干沙漠、古尔班通古特沙漠、库姆达格沙漠、柴达木沙漠、巴丹吉林沙漠、腾格里沙漠、乌兰布和沙漠、库布齐沙漠组成。戈壁与沙漠间分布着绿洲，风蚀与风积并存。

干旱风蚀荒漠化区防风固沙体系应以工程措施为主，林草措施为辅。宜采取砾质土（砾石）覆盖、化学固沙、沙障固沙、营造防风固沙林带等水土保持措施。具体应结合区域地貌特点及开发建设项目特点布设适宜的防风固沙体系。

（1）对于涉及绿洲的生产建设项目，应在与沙漠交接处，对现有荒漠植被进行封禁保护；工程外围一定范围采取沙障固沙、化学固沙等措施，可配置灌草措施，形成系统的防风固沙体系。

（2）对于涉及戈壁区的生产建设项目，对工程裸地裸坡、施工开挖迹地、料场采掘迹地等，应采取砾（石）质土覆盖措施；对于弃土（渣）场应采取混凝土（浆砌石）网格框架覆砾（石）质土压盖措施，砾（石）质土厚度4～8cm。

（3）对于公路、铁路、机场、输水工程等的防风固沙带，外围宜设立高立沙障阻沙带，其内侧宜配置沙障或化学固化带及林草带，内侧设置输导带。

（4）金属矿、非金属矿、煤矿、煤化工、水泥、居民点的防风固沙带，外围宜建立天

然林草封育带，其内侧宜配置沙障和人工林草带。

(5) 对于风电、输变电等项目的防风固沙，宜采取砾石覆盖或沙障固沙。

(6) 营造防风固沙林带应建设与之相配套的水利灌溉设施，宜配套建设网围栏。

(7) 严格控制扰动范围，树立“最小的扰动就是最好的保护”的工程设计理念。

2. 半干旱风蚀沙化地区的防风固沙工程体系

半干旱风蚀沙化区域年降水量为 200～500mm，属典型草原植被类型。主要分布在浑善达克沙地、科尔沁沙地、毛乌素沙地、呼伦贝尔东北西部沙地。因地表植被覆盖率的不同，而呈现固定沙地、半固定沙地和流动沙地三种形态。

半干旱风蚀沙化区在采取必要的措施保护好现有植被的基础上，采取以林草措施为主，工程措施为辅的防护措施体系。外围宜建立天然林草封育带，其内侧宜配置沙障或化学固化带和人工林草带。

(1) 处于流动沙地的公路、铁路、机场、水利、金属矿、非金属矿、煤矿工程的防风固沙带，外围宜建设天然林草封育带，内侧设置沙障、人工灌草和乔灌林带。

(2) 处于固定及半固定沙地的生产建设项目等扰动较重的防风固沙带，应视地表植被覆盖物而配置沙障，种植乔灌草；宜采用窄林带、宽草带，灌草结合。

3. 半湿润平原风沙区的防风固沙工程体系

半温润平原风沙区年降水量为 500～800mm。该区域主要分布在豫东、豫北、鲁西南、冀中黄泛平原，苏北黄河故道，以及永定河、海河古河道。区域降水、积温条件适于植物生长。

半温润平原风沙区防风固沙措施主要以固、阻结合为主，通过营造防风固沙林带或增加区域植被覆盖度等实现固沙、阻沙，一般不设置沙障。林分构成上可采取混交林、林草、林苗、林菜、林药、林菌等多种立体栽培模式，防止单一的结构引发病虫危害。

(1) 对水利、公路、铁路、机场、金属矿、非金属矿、煤矿工程、移民安置点营造防风固沙林带，林分构成上通常采用用材树种与经济树种相间的设计。

(2) 对料场、弃渣场、施工生产生活区、施工道路宜采用土地整治，植树种草。

4. 湿润气候带的防风固沙工程体系

湿润气候区年降水量不小于 800mm。该区域主要分布在闽江、晋江、九龙江入海口及海南文昌等沿海，以及鄱阳湖北湖湖滨，赣江下游两岸新建、流湖一带。

湿润气候带的防风固沙体系以营造河湖、滨海及海岸防风固沙林带为主。对生产建设项目的防风固沙林带，通常采用外围营造草本植物带，其内侧宜配置灌木带及配置乔木带或乔灌混交带。林分构成上可采用速生树种与经济树种相间的设计。若土壤为盐土，宜采用客土植树的方法，营造海岸防风固沙林带。

5. 高寒干旱荒漠、高寒半干旱风蚀沙化区的防风固沙带

高寒干旱荒漠、高寒半干旱风蚀沙化区主要位于北方风沙区即新甘蒙高原盆地区的部分区域以及青藏高原高寒地带，区域海拔较高，而且由于高寒与干旱的共同作用，生态环境极为脆弱，植被一旦破坏极难恢复。

高寒干旱荒漠、高寒半干旱风蚀沙化区防风固沙体系在全面保护区域天然林和天然草原的基础上，外围宜建立天然林草封育带，其内侧宜配置沙障（化学固沙）和人工林草

带。根据自然条件选择林草措施或工程措施。

（1）电力、水利、水电、金属矿、非金属矿、煤矿、煤化工、居民点等防风固沙带，外围应建立封禁带，内侧应设置天然植被封育带、沙障和人工灌草固沙带。

（2）高寒干旱荒漠化区域的公路、铁路、机场等防风固沙带，外侧宜配置多排高立式沙障，内侧宜设置沙障、人工灌草带和输导带。

（3）在高寒半干旱风蚀沙化区的公路、铁路、机场等防风固沙带，外侧宜建设封沙育草带，内侧宜布设沙障、人工灌草带和输导带。

13.2 工 程 设 计

13.2.1 工程固沙措施

工程固沙主要是指沙障固沙和阻沙拦沙工程。阻沙拦沙工程通常是采用阻沙栅栏和防沙带等进行风沙阻挡和控制风沙移动，其中的阻沙栅栏属于机械沙障固沙的一个分类，而阻沙带通常由林带和林网组成，可归类为植物固沙范畴。本节重点对沙障进行介绍。

沙障是用作物秸秆、活性沙生植物的枝茎、黏土、卵石、砾质土、纤维网、沥青乳剂或高分子聚合物等在沙面上设置各种形式的障碍物或铺压遮蔽物，平铺或直立于风蚀沙丘地面，以增加地面糙度，削弱近地层风速，固定地面沙粒，减缓和制止沙丘流动，从而起固沙、阻沙、积沙的作用。

13.2.1.1 沙障分类

机械沙障按照所用材料、布置方法、配置形式以及沙障的高低、结构、性能等有不同分类。

（1）根据沙障的配置形式，可分为带状沙障、方格状（或网状）沙障。

1）带状沙障在地面呈带状分布，排列方向大致与主风向垂直。

2）方格状（或网状）沙障由2个不同方向的带状沙障交织而成，在地面呈方格状（或网状）分布形状。主要用于风向不稳定，还有较强侧向风的地方采用。

（2）根据沙障所用材料不同，可分为柴草沙障、黏土沙障、合成材料沙障、沙生植物沙障、苇秆沙障、卵石沙障、砾质土沙障、纤维网沙障、砌石沙障、化学沙障等。

柴草沙障由沙生灌木或作物秸秆组成，是铺设沙障的主要材料；黏土沙障用黏土堆成土埂作为沙障。

（3）根据沙障对流沙的作用和高出地面的高度，可分为平铺式和直立式。其中，直立式又分为高立式、低立式和平铺式沙障。

1）高立式沙障：沙障材料长70～100cm，高出沙面50cm以上，埋入地下20～30cm。

2）低立式沙障：沙障材料长40～70cm，高出沙面20～50cm，埋入地下20～30cm。

3）平铺式沙障：是用柴、草、秸秆、卵石、黏土等材料覆盖于沙体表面，防止或减少风蚀的发生。铺设厚度根据使用材料的不同而不同，柴、草、秸秆等材料表面需设置压条进行固定。

13.2.1.2　适用范围

适用于在年降水量为 100～500mm 的沙地、沙漠、戈壁区固定流沙。

13.2.1.3　沙障工程设计

1. 前期资料

（1）内外业工作。内业工作搜集地形图、遥感影像、土地利用现状图等资料。

1）地形图：1∶1000～1∶10000。

2）卫片数据：大型工程宜采用 TM 影像或 SPOT 影像，采用每年 8 月的影像。

3）地理信息软件：大型工程宜应用 ArcGIS 等软件解译。

（2）野外调查工作。

1）地表覆盖物调查：戈壁、沙地（流动沙地、半固定沙地、固定沙地）、沙丘（流动沙丘、半固定沙丘、固定沙丘）、甸子地、地表结皮（膜）、林地（灌木林、乔木林）、草地。

2）植被调查：主要调查植被类型，超旱生植被，旱生植被，沙生植被。

3）沙丘及风蚀强度调查：沙丘前进速度，沙丘形状，土壤风蚀强度。

4）防风固治现状调查：治理措施，包括工程措施、林草措施、化学措施等；沙化人为因素的影响，治理情况收集。

（3）气象资料。应调查起沙风速、起沙风速历时及在各月的分布、主风向、次风向，年沙尘暴日数，绘制风向玫瑰图。

（4）社会经济资料。包括该区域的人口、牲畜、支柱产业、土地利用、交通等。

2. 沙障设计

（1）沙障布局。

1）沙障设置方向应与主风向垂直。

2）沙障的配置可采用行列式配置、方格式配置或菱形式配置。在风向稳定，以单向起沙风为主的地区及新月形沙丘迎风坡 1/2 处采用行列式沙障；在主风向不稳定区域，采用格状沙障；护坡沙障采用菱形。

3）沙障间距。

a. 高立式沙障间距为沙障高度的 10～15 倍，低立式沙障间距为 2～4m。

b. 沙丘迎风坡面设置的沙障，应使下一列沙障的顶端比上一列沙障的基部高出 5～8cm。

c. 在沙丘坡度较大的地方，沙障间距按式（13.2-1）计算：

$$d = hc\tan\theta \tag{13.2-1}$$

式中　d——沙障间距，m；

h——沙障高度，m；

θ——沙丘坡度，(°)。

4）沙障固沙带宽度。根据《水土保持工程设计规范》（GB 51018），防风固沙带宽度应根据防风固沙工程级别、所处风向方位，按照表规定选定。

（2）高、低立式沙障。

1）黏土沙障是低立式沙障的一种，一般布设在沙丘迎风面自下向上约 2/3 的位置。

用黏碱土堆成土埂，高0.15～0.20m，底宽0.6～0.8m，埂顶呈弧形，土埂间距2～4m。

2）栅栏沙障是高立式沙障的一种。按材料可分为枝条（芦苇）栅栏、维尼龙网栅栏、高立式石条板，高度宜取1.2～2.0m，间距宜取高度的7～12倍，带的宽度宜取20～50m。

（3）平铺式沙障。

1）柴草沙障是将柴草横卧平铺在地面，并在其上压枝条，用沙土或用小木桩固定，沙障厚度3～5cm。

2）卵石、砾质土沙障是将卵石、砾质土等平铺在地面，铺设厚度宜为4～8cm。

（4）网状沙障。网格边长为沙障出露高度的6～8倍，根据风沙危害的程度选择1m×1m、1m×2m、2m×2m等不同规格，详见图13.2-1。麦草、稻草、芦苇等常用方格沙障以1m×1m为主。

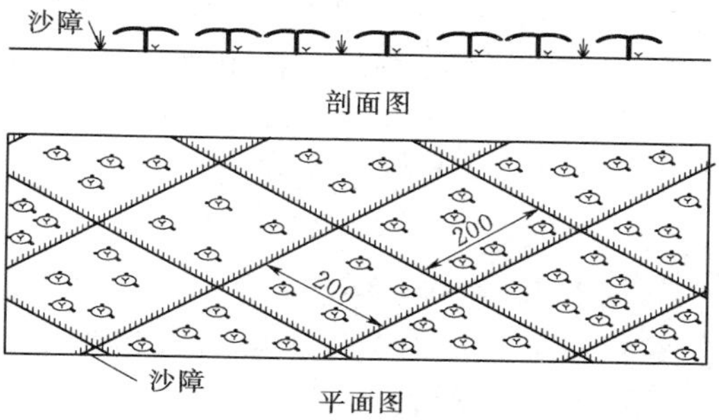

沙障

剖面图

200

200

沙障

平面图

图13.2-1　网状沙障设计图（单位：cm）

13.2.2　林草固沙措施

植物固沙措施通常需要生产建设项目所在风沙区的沙面干沙层以下有稳定的湿沙层，能够保证耐旱的草本和灌木成活生长。通常在年降水量100mm以上地区，可以考虑进行植物固沙。但是还需注意所在地区降水的年变率，如遇特别干旱的年份，由于水分不足，会使栽植的植物生长不良或大量死亡。设计时应充分考虑这些不利因素。植物固沙措施的主要方法有封沙育草保护天然植被和固沙种草、植树造林固沙等。

1. 防风固沙林设计

（1）树种选择原则。以选择适合当地生长，有利于发展农、牧业生产的乡土树种为主。乔木树种应具有耐瘠薄、干旱、风蚀、沙割、沙埋，生长快，根系发达，分枝多，冠幅大，繁殖容易，抗病虫害等优点。灌木选择防风固沙效果好，抗旱性能强，不怕沙埋，枝条繁茂，萌蘖力强的树种。

（2）干旱风蚀荒漠化区防风固沙林。

1）林带结构：紧密结构、通风结构、疏透结构，详见图13.2-2。

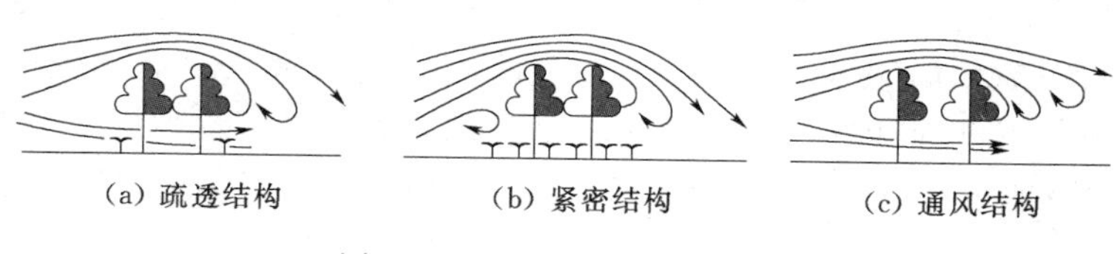

图13.2-2　林带结构示意图

2）林带宽度：建设防风固沙基干林带，带宽20～50m，可采取多带式。

3）林带间距：防风固沙基干林带，带间距50～100m。

4）林带混交类型：乔灌混交、乔木混交、灌木混交、综合性混交。

5）树种选择。乔木：小叶杨、新疆杨、胡杨、白榆、樟子松等；灌木：沙拐枣、头状沙拐枣、乔木状沙拐枣、花棒、羊柴、白刺、柽柳、梭梭等。

6）株行距：乔木(1～2)m×(2～3)m；灌木(1～2)m×(1～2)m。

(3）半干旱风蚀沙化地区防风固沙林。林带结构、林带宽度、林带间距、林带混交类型、株行距等同干旱风蚀荒漠化区防风固沙林。

树种选择。乔木：新疆杨、山杏、文冠果、刺槐、刺榆、樟子松等；灌木：柠条、沙柳、黄柳、胡枝子、花棒、羊柴、白刺、柽柳、沙地柏等。

(4）半湿润平原风沙区防风固沙林。林带结构、林带宽度、林带间距、林带混交类型株行距等同干旱风蚀荒漠化区防风固沙林。

树种选择：油松、侧柏、旱柳、国槐、枣、杏、桑、黑松、臭椿、刺槐、紫穗槐等。

(5）湿润气候带沙地、沙山及沿海风沙区防风固沙林。林带结构、林带混交类型株行距等同干旱风蚀荒漠化区防风固沙林。

树种选择：木麻黄、相思树、黄瑾、路兜、内侧湿地松、火炬树、加勒比松、新银合欢、大叶相思等。

2. 防风固沙种草设计

在林带与沙障已基本控制风蚀和流沙移动的沙地上，应进行大面积成片人工种草合理利用沙地资源，草种选择如下。

(1）干旱沙漠、戈壁荒漠化区：沙米、骆驼刺、籽蒿、芨芨草、草木樨、沙竹、草麻黄、白沙蒿、沙打旺、披肩草、无芒雀麦。

(2）半干旱风蚀沙地：查巴嘎蒿、沙打旺、草木樨、紫花苜蓿、沙竹、冰草、油蒿、披肩草、冰草、羊草、针茅、老芒雀麦等。

13.2.3　化学固沙措施

化学固沙措施是在不具备植物生长条件和机械沙障材料就地取材困难的区域，通过在流动沙地上喷洒化学胶结物质，起到覆盖地表、改变地表粗糙度、改变近地表风速、控制地表蚀积过程，保障安全的作用，同时促进和保护植被恢复进程。即通过在流动沙地上喷洒化学胶结物质，使其在沙地表面形成一层有一定强度的防护壳，避免气流对沙表的直接冲击，以达到固定流沙的目的。这种措施见效快，便于机械化作业，但与植物固沙和机械沙障固沙相比成本高，多用于严重风沙危害地区生产建设项目的防护，如铁路、公路、机场、国防设施、油田等。在具备植物生长条件的风沙区，化学固沙也可作为植物固沙的辅助措施及过渡措施。选用化学胶结物时应考虑沙地的透水透气性，尽可能与植物固沙措施结合布置。

目前，国内外用做固沙的胶结材料主要是石油化学工业的副产品。常见的化学胶结物有油叶岩矿液、合成树脂、合成橡胶等，也可使用一些天然有机物，如褐煤、泥炭、城市垃圾废物、树脂等。此外，高分子吸水剂可以吸附土壤和空气中的水分，供植物吸收，也有助于固沙。我国一般常用沥青乳液，它在常温下具有流动性，便于使用，价格也较低。

13.2.3.1　分类

1. 按原料的来源分类

(1）天然化学固沙材料：系天然物质和已有化工产品，无须加工即可直接治沙，如泥

炭、黏土、水泥、高炉矿渣、原油、渣油、沥青、纸浆废液等。

（2）人工配制化学治沙材料：需进行一般化学处理或乳化而成，如硅酸盐乳液、乳化石油产品等。

（3）合成化学固沙材料：是利用现代合成化工技术将某种或几种材料单体聚合或缩合而成，如聚丙烯酰胺、尿甲醛树脂、聚醋酸乙烯乳液、甲基丙烯酸酯、丙烯酸酯、聚乙烯醇、水解聚丙烯腈、聚酯树脂、聚氨酯树脂、合成橡胶乳液等。

2. 按原料性质分类

（1）无机胶凝治沙材料：又可分为水硬性胶凝材料（如水泥、高炉矿渣）和气硬性胶凝材料（如泥炭、黏土、水玻璃、纸浆废液等）。

（2）有机胶凝治沙材料：属于石油产品类的有原油、重油、渣油、沥青及其乳液等；属于高分子聚合物类的，如聚丙烯酰胺、尿甲醛树脂、聚醋酸乙烯乳液、甲基丙烯酸酯、丙烯酸酯、聚乙烯醇、聚酯树脂、聚氨酯树脂和橡胶乳液等。

3. 按成分分类，分为下述七类

（1）硅酸盐类：如硅酸钠、硅酸钠乳液、硅酸钾、硅酸钾乳液。

（2）硅铝酸盐类：如黏土、泥炭、水泥、高炉矿渣。

（3）木质素类：如纸浆废液。

（4）石油馏分类：如原油、重油、渣油、沥青等及其乳液。

（5）树脂类：如尿甲醛树脂、酚醛树脂、丙烯酸钙树脂、聚酯树脂、聚氨酯树脂、聚醋酸乙烯乳液、聚丙烯酰胺、聚乙烯醇、甲基丙烯酸酯、丙烯酸酯。

（6）橡胶乳类：如氯丁胶乳、丁苯胶乳、丁腈胶乳、油一胶乳。

（7）植物油类：如棉籽油料、各种植物油渣。

4. 按原料胶结后形成保护层性质分类

（1）刚性结构：如水泥、泥炭、黏土、水玻璃、纸浆废液、聚乙烯醇、聚丙烯酰胺、尿甲醛树脂、聚醋酸乙烯乳液、聚酯树脂、聚氨酯树脂等。

（2）塑性结构：如石油产品及其乳液。

（3）弹性结构：如橡胶乳液、丙烯酸钙。

5. 按原料与水作用性能分类

（1）亲水性：如聚乙烯醇、聚丙烯酰胺、水解聚丙烯腈、聚醋酸乙烯乳液、油-水型乳液等。

（2）疏水性：如石油产品、聚氨酯树脂、聚酯树脂等。

13.2.3.2　常见化学固沙措施

沥青乳液是当前各国应用最广泛的化学固沙材料。沥青乳液可单独用于固沙，也可与植物和机械沙障结合固沙。与植物结合时，不影响发芽生长，可以较持久地固定沙地表面。但由于我国沥青原料来源受限，原料成本高，在需要大面积固沙的地区不宜使用。该种固沙材料特点如下：

（1）用途广泛。不仅作表层覆盖，还可作沙地隔水层、系防渗漏层、沙地改良剂和沙地增温剂等。

（2）作业简便。在常温下不凝固，可直接用机械施工。

(3) 没有毒害，对植物生长无影响。

(4) 节约用量。与沥青比较，一般可节省用量 50%～70%；

(5) 价格较低，比一般化学治沙材料低 1～2 倍。但是沥青乳液在使用中，因沥青中的物质和树脂易被大气中氧、光、热、水分和微生物等破坏，导致沥青性能变坏，如软化点升高、针入度下降、延伸度减少，使固结层逐渐变脆、发硬、失塑性、发生老化，以致最后开裂被风掏蚀，具体使用时通常加入改性剂如胶乳、高强度树脂、硅藻土等，以提高它的抗性。

固沙喷洒时，沥青乳液用量各地不一，每平方米几克到每平方米几百克都有，主要取决于当地的水文条件和风速，如果水文条件好，风较小，用量可小，否则应大。喷洒时，喷头不要距地表过低或过高，一般 1m 左右为宜，否则会影响喷洒质量。不宜迎风和顺风喷洒，迎风喷洒不易控制，顺风喷洒易使背风坡出现小蜂窝，造成质量不良，以侧向略迎风喷洒为好。喷洒方式可采用全面喷洒和带状喷洒。如果喷洒沥青与植物固沙同时进行，应在栽上植株后立即喷洒，在降水或喷水后喷洒沥青效果更好。

13.3 案　　例

13.3.1 机械沙障固沙案例

新建铁路兰州至乌鲁木齐第二双线（新疆段）烟墩风区某段，位于天山东脉北山山前剥蚀平原区，地形平坦开阔，地势略有起伏。该处属于戈壁大风区，沿线主导风向 NE、ENE，线路通过小草丘地，为固定-半固定沙丘，呈轻度沙漠化。起风时有风沙流活动，地表为细砂、细圆砾土及泥岩风化层，在风力作用下，部分砂粒容易被风蚀搬运，因此本段路基设计了防风固沙措施。

此段地层为第四系上更新统-全新统洪积细砂、细圆砾土，第三系古新统一始新统泥岩、砂岩、砾岩，未见地表水及地下水。地震动峰值加速度 0.05g（相当于地震基本烈度Ⅵ度），土壤最大冻结深度 127cm。

(1) 线路右侧为主导风向侧，在该侧离线路堤坡脚（或路堑堑顶）外约 100m 处，设置不同透风率的高立式 PE 网沙障（透风率为 30%、40%、50%）和不同高度的插板式混凝土挡沙墙（高 1.5m、2m、2.5m），在地形变化时适当调节修改各设施与路堤坡脚（或路堑堑顶）的距离，详见图 13.3－1。

(2) 线路右侧，路堤坡脚（或路堑堑顶）外，离路基约 50m 处，设置一道透风率为 40%的折线形沙障，同时在背风侧离路基约 50m 处设置一道透风率为 40%的折线形沙障；在遇地形变化时适当调整各设施与路堤坡脚或路堑堑顶的距离，详见图 13.3－2。

(3) 路堤两侧坡脚（或路堑两侧堑顶）外 10m 范围内平铺卵砾石土固沙，厚度 0.2m，并兼做维修便道。卵砾石土粒径大于 20mm 颗粒的质量超过总质量的 50%，以浑圆或圆棱状为主。

(4) 在迎风侧内侧高立式沙障与路基坡脚之间，设置了 1.0m×1.0m 的固沙剂固结格状沙障和 1.0m×1.0m 的石方格沙障，沙障高出地表约为 20cm，详见图 13.3－3。

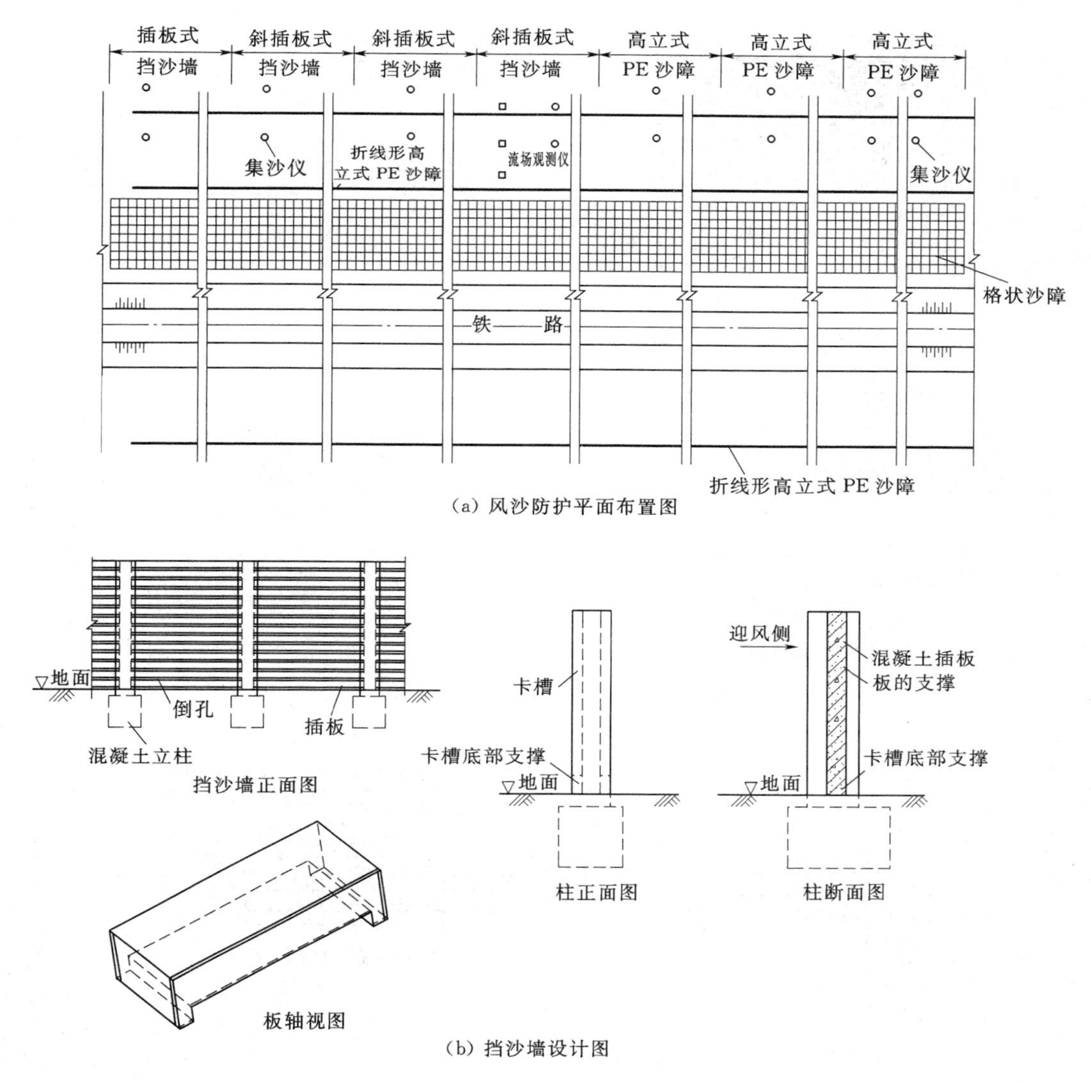

(a) 风沙防护平面布置图

(b) 挡沙墙设计图

图 13.3-1 风沙防护平面布置及措施断面设计图

13.3.2 化学固沙案例

某项目区位于三江源区青海玛多县的星星海、长江源区的曲麻莱县两处防沙治沙示范区，采取化学固沙结合植物固沙技术进行防沙治沙。这一地区的荒漠化土地总体是沿河滩、湖滩、古河床、洪积扇及山麓呈环状分布，由于草地严重退化和土地沙漠化的形成，该地区植被覆盖度极低，在次生裸地和流动沙丘外围的沙化草地上，植被盖度一般在5%～10%，物种结构简单，主要是旱生或超旱生的沙生植被。该区生态异常脆弱，处于生态环境恶化的逆行演替中。

1. 技术要点

(1) 耙磨：人工钉耙耙磨，尽量保护原生植被。

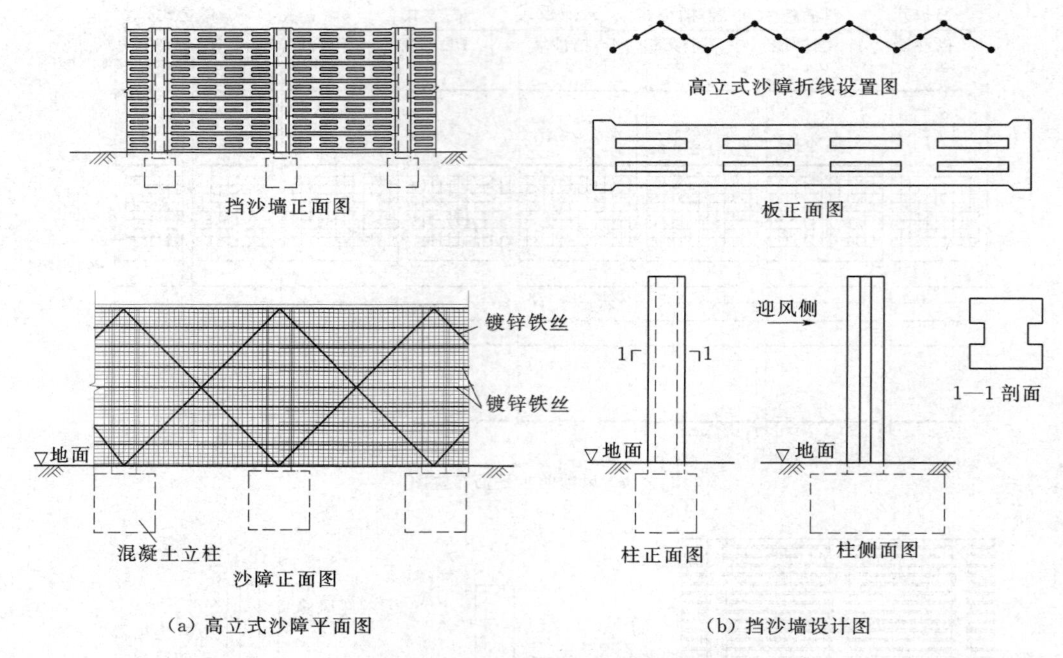

(a) 高立式沙障平面图　　(b) 挡沙墙设计图

图 13.3-2　高立式沙障及挡沙墙设计图

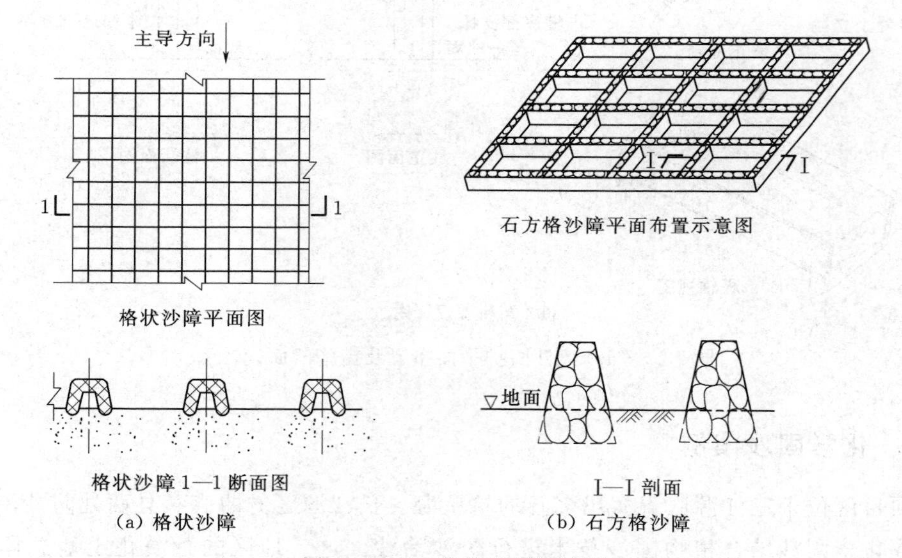

(a) 格状沙障　　(b) 石方格沙障

图 13.3-3　格状沙障设计图

(2) 镇压：使草种更紧密结合土壤并保墒。

(3) 喷涂：通过机械设备将水、药混合后喷洒至沙丘上。喷涂的关键在于水和药的准确比例，因此要控制水和药的流量（如：每分钟喷洒 95～97L 的水，则药量必须控制在 3～5L/min）。水药流量的控制在于喷水泵、喷药泵的压力控制。同时不能让水向药泵回流。混合器的长度要适当，喷嘴直径要保证一定的雾化效果。

2. 技术指标

(1) W-OH固沙剂溶液浓度为3%～5%。

(2) 通过添加少量的W-US紫外线降解可控剂可对固沙层的降解周期在0.6～30年范围内进行有效的控制，当加入0.05%的抗紫外线可控剂后基本上再不产生降解。

(3) 喷涂机械设备雾化指标需达到3000以上。

3. 材料选取

(1) 亲水性聚氨基甲酸酯（W-OH），制造商为東邦化学工业株式会社。

(2) W-US紫外线降解可控剂。

(3) 喷涂机械设备（构件包括：电源、药箱、水箱、泵、减速机、混合器、喷头）。

4. 典型设计

化学固沙结合生态固沙装置设计图见图13.3-4。

5. 实施效果

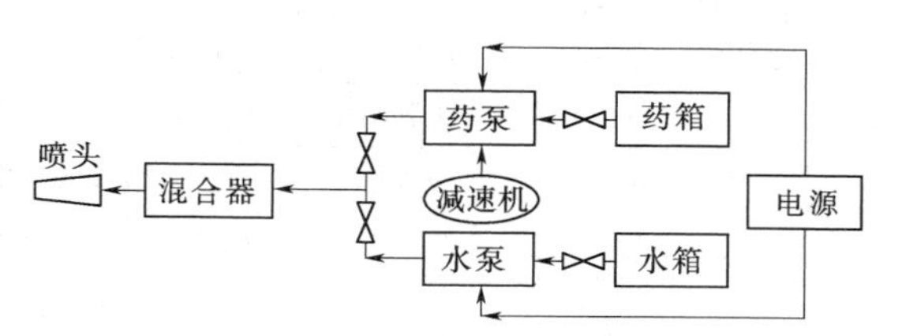

图13.3-4 化学固沙结合生态固沙装置设计图

通过沙地种草植生、沙方格化学固沙、沙地化学植生固沙等技术措施，示范区沙化状况得到了有效的控制。治理前后植被状况完全不同。据统计，玛多星星海沙方格沙障植被覆盖度从0增加到13.52%，网围栏保护人工补植恢复植被959.5亩，植被覆盖度达到35.22%，比对照地增加26.51%。

附录 各类生产建设项目水土流失防治措施体系

附表 1 公路工程水土流失防治措施体系

序号	防治分区	措施分类	主要措施内容
1	主体工程区（含路基工程区、桥涵工程区、隧道工程区和附属工程区等）	工程措施	各类型护坡、截排水沟、消力池、土地整治措施
		植物措施	生态护坡、边坡植草和灌木，空地及管理范围占地园林绿化
		临时措施	临时排水、沉沙、苫盖、拦挡等
2	取土场区	工程措施	削坡开级、表土剥离及回填、截排水措施、土地整治
		植物措施	取土平面栽植乔灌木和撒播草籽，边坡植种草或灌木
		临时措施	截排水沟、沉沙池、表土临时拦挡、苫盖等
3	弃渣场区	工程措施	挡渣墙、拦渣坝、截排水沟、表土剥离及回填、边坡整治、土地整治等
		植物措施	顶部栽植乔灌木、边坡植草、撒播草籽等
		临时措施	表土临时拦挡、排水及苫盖等
4	施工营地区	工程措施	表土剥离及回填、土地整治
		植物措施	栽植乔灌木和撒播草籽
		临时措施	临时排水、拦挡及临时苫盖
5	施工道路区	工程措施	表土保护和利用、土地整治
		植物措施	栽植乔灌木和撒播草籽
		临时措施	临时排水、临时拦挡

附表 2 铁路工程水土流失防治措施体系

序号	防治分区	措施分类	主要措施内容
1	路基工程区	工程措施	混凝土骨架护坡、空心砖护坡、路基截排水沟、排水顺接工程、表土剥离和回覆、场地平整
		植物措施	边坡绿化、路基两侧绿化美化
		临时措施	边坡苫盖密目网、挡水埂、横向排水沟、装土编织袋挡墙、撒播草籽、临时排水沟、临时沉沙池
2	站场工程区	工程措施	站场边坡防护、站场截排水沟、表土剥离和回覆、场地平整
		植物措施	站场边坡绿化、站区园林绿化
		临时措施	施工裸露面苫盖密目网、临时堆土拦挡、撒播草籽、临时排水沟、临时沉沙池
3	桥梁工程区	工程措施	表土剥离和回覆、场地平整、排水及顺接工程
		植物措施	桥下绿化
		临时措施	沉淀池、泥浆池、临时排水沟、临时堆土拦挡、撒播草籽、临时排水沟、临时沉沙池

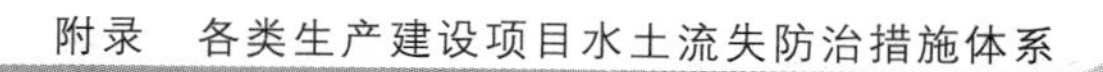

续表

序号	防治分区	措施分类	主要措施内容
4	隧道工程区	工程措施	隧道洞口护坡、截排水沟、排水顺接工程
		植物措施	隧道洞口绿化美化
		临时措施	洞口仰坡临时拦挡、临时堆土场拦挡、临时排水沟、临时沉沙池
5	取土场区	工程措施	截排水沟、削坡开级、表土剥离及回填、土地整治
		植物措施	栽植乔灌木、撒播草籽
		临时措施	临时堆土拦挡、苫盖、临时排水沟、临时沉沙池
6	弃土（渣）场区	工程措施	挡渣墙、拦渣坝、截排水沟、表土剥离及回填、边坡整治、土地整治、复耕
		植物措施	顶部栽植乔灌木、边坡植草、撒播草籽
		临时措施	表土临时拦挡、苫盖、临时排水沟、临时沉沙池
7	施工生产生活区	工程措施	表土剥离及回覆、场地平整、硬化地面清除、恢复耕地
		植物措施	栽植乔灌木、撒播草籽
		临时措施	临时堆土拦挡、苫盖、临时排水沟、临时沉沙池、撒播草籽、洒水抑尘
8	施工便道区	工程措施	表土剥离及回覆、恢复耕地
		植物措施	边坡绿化、撒播草籽
		临时措施	临时排水沟、临时沉沙池、洒水抑尘

附表 3　　城市轨道交通工程水土保持措施体系

序号	防治分区		措施分类	主要措施内容
	一级分区	二级分区		
1	线路工程区	地下线路工程区（明挖暗埋段）	工程措施	U形槽顶两侧截排水沟、沉沙池
			植物措施	U形槽顶两侧绿化
			临时措施	排水沟、沉沙池、泥浆沉淀池、集水井、苫盖、拦挡、围护等
		地面线路工程区	工程措施	各类型护坡、排水沟、沉沙池、表土剥离及回填、土地整治
			植物措施	路基边坡植草和灌木、边坡外侧栽植乔灌木绿化
			临时措施	排水沟、沉沙池、苫盖、拦挡、围护等
		高架线路工程区	工程措施	排水沟、沉沙池、表土剥离及回填、土地整治
			植物措施	桥下植草和灌木绿化
			临时措施	排水沟、沉沙池、泥浆沉淀池、苫盖、拦挡、围护等
2	车站工程区	地下车站工程区（明挖暗埋段）	工程措施	排水沟
			植物措施	车站出入口、风亭、冷却塔用地范围绿化
			临时措施	排水沟、沉沙池、集水井、苫盖、拦挡、围护等
		地面车站工程区	工程措施	各类型护坡、排水沟、沉沙池、表土剥离及回填、土地整治
			植物措施	路基边坡植草和灌木、车站范围绿化
			临时措施	排水沟、沉沙池、苫盖、拦挡、围护等
		高架车站工程区	工程措施	排水沟、沉沙池、表土剥离及回填、土地整治
			植物措施	桥下植草和灌木绿化
			临时措施	排水沟、沉沙池、泥浆沉淀池、苫盖、拦挡、围护等

续表

<table>
<tr><th rowspan="2">序号</th><th colspan="2">防治分区</th><th rowspan="2">措施分类</th><th rowspan="2">主要措施内容</th></tr>
<tr><th>一级分区</th><th>二级分区</th></tr>
<tr><td rowspan="3">3</td><td rowspan="3">附属工程区</td><td rowspan="3">车辆基地（车辆段）、停车场、主变电所、控制中心</td><td>工程措施</td><td>各类型护坡、截排水沟、消力池、沉沙池、表土剥离及回填、土地整治</td></tr>
<tr><td>植物措施</td><td>路基边坡植草和灌木、场地绿化</td></tr>
<tr><td>临时措施</td><td>排水沟、沉沙池、苫盖、拦挡、围护等</td></tr>
<tr><td rowspan="6">4</td><td rowspan="6">取弃土（渣）场区</td><td rowspan="3">取土场区</td><td>工程措施</td><td>削坡开级、护坡、截排水沟、消力池、沉沙池、表土剥离及回填、土地整治、复耕</td></tr>
<tr><td>植物措施</td><td>取土平台栽植乔灌木和撒播草籽，边坡种植草或灌木</td></tr>
<tr><td>临时措施</td><td>表土临时苫盖、拦挡、排水等</td></tr>
<tr><td rowspan="3">弃土（渣）场区</td><td>工程措施</td><td>挡渣墙、拦渣坝、护坡、截排水沟、消力池、沉沙池、表土剥离及回填、土地整治、复耕</td></tr>
<tr><td>植物措施</td><td>顶部栽植乔灌木、边坡植草、撒播草籽等</td></tr>
<tr><td>临时措施</td><td>表土临时苫盖、拦挡、排水等</td></tr>
<tr><td rowspan="6">5</td><td rowspan="6">施工临建区</td><td rowspan="3">施工生产生活区</td><td>工程措施</td><td>表土剥离及回填、土地整治、复耕</td></tr>
<tr><td>植物措施</td><td>栽植乔灌木、撒播草籽</td></tr>
<tr><td>临时措施</td><td>临时排水、沉沙、拦挡、苫盖</td></tr>
<tr><td rowspan="3">施工道路区</td><td>工程措施</td><td>土地整治、复耕</td></tr>
<tr><td>植物措施</td><td>栽植乔灌木、撒播草籽</td></tr>
<tr><td>临时措施</td><td>临时排水、沉沙、拦挡、苫盖</td></tr>
</table>

附表4　　涉水交通（码头、桥隧）及海堤防工程水土流失防治措施体系

<table>
<tr><th>序号</th><th>防治分区</th><th>措施分类</th><th>主要措施内容</th></tr>
<tr><td rowspan="3">1</td><td rowspan="3">码头及港池工程</td><td>工程措施</td><td>岸线表土剥离、边坡覆土</td></tr>
<tr><td>植物措施</td><td>岸线边坡绿化、堤防防护林移栽</td></tr>
<tr><td>临时措施</td><td>泥浆沉淀池（宜钢板结构）、边坡苫盖、陆域吹填围堰、隔堤边坡苫盖</td></tr>
<tr><td rowspan="3">2</td><td rowspan="3">陆域站场工程</td><td>工程措施</td><td>表土剥离及回填、土地整治、截排水设施、边坡防护，沿海地区抗盐碱工程措施（暗管排盐、石屑隔离、检查井、客土覆盖等）</td></tr>
<tr><td>植物措施</td><td>站场绿化</td></tr>
<tr><td>临时措施</td><td>临时排水沉沙设施、预压土方和临时堆土遮盖防护、表土临时拦挡苫盖</td></tr>
<tr><td rowspan="3">3</td><td rowspan="3">对外交通工程</td><td>工程措施</td><td>表土剥离及回填、边坡截排水设施</td></tr>
<tr><td>植物措施</td><td>边坡绿化</td></tr>
<tr><td>临时措施</td><td>沿线临时排水沉沙设施、表土临时拦挡苫盖、大临工程附近泥浆沉淀池布设</td></tr>
<tr><td rowspan="3">4</td><td rowspan="3">场外临时设施区</td><td>工程措施</td><td>表土剥离及回填、土地整治</td></tr>
<tr><td>植物措施</td><td>栽植乔灌木、撒播草籽</td></tr>
<tr><td>临时措施</td><td>临时排水沉沙设施、堆土及砂石料拦挡苫盖</td></tr>
</table>

续表

序号	防治分区	措施分类	主要措施内容
5	取料场	工程措施	各类型护坡、挡墙、排水、覆土、土地整治
		植物措施	栽植乔灌木、撒播草籽
		临时措施	临时排水、表土临时拦挡、苫盖
6	排泥场	工程措施	土地整治
		植物措施	乔灌草绿化、围堰边坡和顶面临时绿化
		临时措施	围堰拦挡、排水沉沙设施
7	弃渣场	工程措施	挡渣墙、截排水沟、表土剥离及回填、边坡整治、土地整治
		植物措施	栽植乔灌木、撒播草籽
		临时措施	临时排水、拦挡、苫盖

附表 5 **机场工程水土流失防治措施体系**

序号	防治分区	措施分类	主要措施内容
1	飞行区	工程措施	土地整治①，截（排）水措施，场外边坡防护②，防风固沙措施③
		植物措施	植被建设（土面区绿化、植物护坡①、防风固沙林草植被③）
		临时措施	临时堆土场拦挡、苫盖和周边排水，施工生产生活区周边排水
2	航站区	工程措施	土地整治，排水措施
		植物措施	景观绿化
		临时措施	扰动区临时排水、沉沙和苫盖
3	航油库区	工程措施	土地整治，截（排）水措施
		植物措施	植被恢复（场区绿化、植物护坡①、周边防风固沙林草植被③）
		临时措施	临时堆土场拦挡、苫盖和周边排水，施工道路区、施工生产生活区临时排水
4	净空处理区②	工程措施	土地整治，边坡防护及坡面排水
		植物措施	植物护坡
		临时措施	临时堆土场拦挡、苫盖和周边排水
5	交通道路区	工程措施	土地整治，工程护坡②，截（排）水措施
		植物措施	植被恢复（绿化、植物护坡①、周边防风固沙林草植被③）
		临时措施	临时堆土场拦挡、苫盖和周边排水，施工生产生活区周边排水
6	综合管理区	工程措施	土地整治，截（排）水措施
		植物措施	植被恢复（景观绿化、周边防风固沙林草植被③）
		临时措施	临时堆土场拦挡、苫盖和周边排水，施工生产生活区临时排水
7	配套设施区	工程措施	土地整治，固定流沙措施③
		植物措施	植被恢复（防风固沙林草植被③）
		临时措施	临时堆土场拦挡、苫盖和周边排水，施工道路区、施工生产生活区临时排水
8	取料场区	工程措施	土地整治，拦挡、截（排）水、沉沙措施，固定流沙措施③
		植物措施	植被恢复（绿化、植物护坡①、防风固沙林草植被③），复耕
		临时措施	表土临时拦挡、排水、苫盖

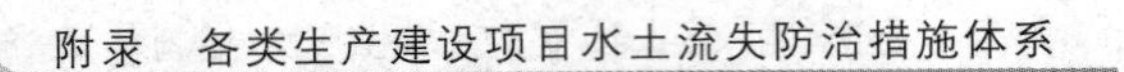

续表

序号	防治分区	措施分类	主要措施内容
9	弃渣场区	工程措施	土地整治，拦挡、截（排）水、沉沙措施，固定流沙措施③
		植物措施	植被恢复（绿化、植物护坡①、防风固沙林草植被③），复耕
		临时措施	临时堆土场拦挡、苫盖和周边排水

① 包括表土剥离（收集）等措施。

② 山区、丘陵区居多。

③ 风沙区居多。

附表 6　　火电工程水土流失防治措施体系

序号	防治分区	措施分类	主要措施内容
1	电厂场区	工程措施	表土剥离、回覆、护坡、排水、土地整治
		植物措施	厂区绿化
		临时措施	临时排水沉沙、临时堆土拦挡、苫盖
2	施工生产生活区	工程措施	表土剥离、土地整治
		植物措施	施工迹地植被恢复
		临时措施	临时排水沉沙、拦挡、苫盖
3	厂外道路区	工程措施	边坡防护
		植物措施	栽植行道树及边坡绿化
		临时措施	临时拦挡
4	厂外管线区	工程措施	表土剥离、边坡防护、排水
		植物措施	栽植灌木、撒播草籽及边坡绿化
		临时措施	临时排水沉沙、临时拦挡、苫盖
5	贮灰场区	工程措施	截排水措施、土地整治、表土资源保护及利用
		植物措施	运灰道路行道树、管理站绿化、灰场周边防护林
		临时措施	临时拦挡、排水

附表 7　　核电工程水土流失防治措施体系

序号	防治分区	措施分类	主要措施内容
1	厂区	工程措施	表土剥离、边坡防护、厂区排水、土地整治
		植物措施	厂区景观绿化
		临时措施	临时排水沉沙、临时堆土拦挡、排水、苫盖
2	永久办公生活区	工程措施	表土剥离、边坡防护
		植物措施	植物绿化美化
		临时措施	临时排水沉沙、拦挡、苫盖
3	施工生产生活区	工程措施	表土剥离、边坡防护、土地整治
		植物措施	栽植乔灌木植被恢复
		临时措施	临时排水沉沙、拦挡、苫盖

续表

序号	防治分区	措施分类	主要措施内容
4	交通道路区	工程措施	边坡防护、顶部截水、路面排水
		植物措施	栽植行道树、路堤路堑边坡绿化
		临时措施	临时拦挡、苫盖
5	海工工程区	工程措施	排水
6	施工力能工程区	工程措施	边坡防护
		植物措施	管理范围绿化
		临时措施	临时拦挡、排水
7	弃渣场	工程措施	表土剥离、挡渣墙、排水、护坡、土地整治、覆土
		植物措施	栽植乔灌木、撒播草籽植被恢复
		临时措施	临时拦挡、排水

附表 8　　**风电工程水土流失防治措施体系**

序号	防治分区	措施类型	分区防治措施
1	风机组防治区	工程措施	剥离表土、截排水工程、场地平整、覆土
		植物措施	植草绿化、栽植攀缘植物
		临时工程	临时拦挡、苫盖、临时绿化
2	升压站防治区	工程措施	剥离表土、排水工程、场地整治、覆土
		植物措施	乔灌草绿化、抚育管理
		临时工程	临时拦挡、苫盖
3	道路防治区	工程措施	表土剥离及利用、截排水工程
		植物措施	植树植草绿化、栽植攀缘植物
		临时工程	临时拦挡、苫盖、临时绿化
4	集电线路防治区	工程措施	表土剥离及利用
		植物措施	植草绿化
		临时工程	临时拦挡、土工布苫盖
5	施工生产生活防治区	工程措施	表土剥离及利用、截排水工程、场地整治
		植物措施	植被恢复
		临时工程	临时拦挡、土工布苫盖、临时绿化
6	弃渣场防治区	工程措施	表土剥离及利用、挡渣墙、截排水、沉沙池、场地整治
		植物措施	植被恢复及建设
		临时工程	临时拦挡、土工布苫盖、临时绿化

附表 9　　**光伏发电工程水土流失防治措施体系**

序号	防治分区	措施类型	分区防治措施
1	站场防治区	工程措施	剥离表土、截排水工程、场地平整、覆土
		植物措施	植草绿化
		临时工程	临时拦挡、苫盖

续表

序号	防治分区	措施类型	分区防治措施
2	道路防治区	工程措施	剥离表土、截排水工程、覆土、土地整治
		植物措施	植树植草绿化、栽植攀缘植物
		临时工程	临时拦挡、苫盖、临时绿化
3	集电线路防治区	工程措施	剥离表土、覆土
		植物措施	植草绿化
		临时工程	临时拦挡、苫盖
4	施工生产生活防治区	工程措施	剥离表土、截排水工程、场地整治、覆土
		植物措施	植被恢复
		临时工程	临时拦挡、苫盖、临时绿化

附表 10　　输变电工程水土流失防治措施体系

序号	防治分区	措施分类	主要措施内容
1	变电站区	工程措施	表土资源保护及利用、边坡防护、拦挡、排水
		植物措施	站区绿化
		临时措施	临时拦挡、苫盖
2	站外电源设施区	工程措施	边坡防护、拦挡、排水
		植物措施	种草恢复植被
		临时措施	临时拦挡、苫盖
3	站外供排水管线区	工程措施	表土资源保护及利用、边坡防护、拦挡、排水、土地整治
		植物措施	种草恢复植被
		临时措施	临时拦挡、苫盖
4	塔基区	工程措施	表土资源保护及利用、边坡防护、拦挡、排水
		植物措施	栽植灌木、撒播草籽植被恢复
		临时措施	临时拦挡、苫盖
5	牵张场区	工程措施	土地整治
		植物措施	栽植乔灌木、撒播草籽
		临时措施	临时拦挡、排水
6	施工生产生活区	工程措施	表土资源保护及利用、边坡防护、排水
		植物措施	栽植乔灌木、撒播草籽
		临时措施	临时堆土拦挡、苫盖
7	道路区	工程措施	表土资源保护及利用、边坡防护、土地整治
		植物措施	栽植行道树、边坡绿化、种植灌草恢复植被
		临时措施	临时拦挡

附表 11

水利水电工程水土流失防治措施体系

序号	防治分区		措施分类	主要措施内容	不同类型特殊措施布局	
1	主体工程区	水库（水电站）枢纽区	工程措施	表土收集与回覆、土地整治	山区、丘陵区	（1）水库大坝两侧开挖边坡植物护坡、生态护坡；顶部及两侧布设截排水沟措施；（2）永久上坝道路边坡采取挡墙、生态护坡及植被恢复措施；（3）施工期大坝开挖边坡上游、永久及施工道路两侧布设临时排水措施
			植物措施	（1）土石坝背水坡、溢洪道上边坡、泄洪洞开挖面、引水渠边坡等在满足工程安全的前提下可根据不同情况采取挂网喷草、植物混凝土、分台覆土绿化、草皮护坡等措施；（2）电站厂房、管理处（所）上坝道路两侧及边坡等采取植物绿化美化措施；（3）坝区管理范围根据现状植被状况和立地条件采取绿化、美化及植物护坡等防护措施		
					平原区	主、副坝背水坡草皮护坡、管理范围内栽植防护林带
			临时措施	临时堆土及堆料临时拦挡、覆盖及排水措施	风沙区	坝区栽植防风固沙林带，管理区可布设灌溉设施
		闸（站）工程区	工程措施	表土收集与回覆、土地整治	山区、丘陵区	闸（站）周边开挖边坡防护、排水措施
			植物措施	（1）对管理区域内采取植物绿化、美化措施；（2）引渠（连接段）管理范围内植物防护及绿化措施	平原区	周边布设排水措施和防护林带
			临时措施	临时堆土及堆料临时拦挡、覆盖及排水措施	风沙区	周边布设防风固沙林带
		河道、堤防工程区	工程措施	表土收集与回覆、土地整治	山区、丘陵区	降雨量较大区域可在背水坡及坡脚布设排水措施
			植物措施	（1）堤防管理征地范围内布设堤防防护林措施；（2）堤顶道路两侧可栽植灌木、路肩撒播草籽措施；（3）堤防迎水坡设计水位以上及背水坡可采取铺设草皮、撒播草籽或栽植灌木等措施；（4）穿堤建筑物开挖面、翼墙等可铺设草皮、撒播草籽或栽植乔灌木措施	平原区	
					风沙区	背水坡及管理范围内布设沙障等
			临时措施	临时堆土及堆料临时拦挡、覆盖及排水措施		
		输水（灌溉）渠道工程区	工程措施	表土回覆、土地整治	山区、丘陵区	全挖方或半挖半填方渠道外侧上下边坡布设撒播草籽、栽植灌木措施；渡槽等建筑物开挖边坡防护及绿化措施
			植物措施	（1）渠道背水坡管理范围布设渠道防护林、防风林措施；（2）渠道迎水坡设计水位以上及背水坡应考虑铺设草皮、撒播草籽、栽植灌木措施	平原区	
					风沙区	（1）周边宜布设沙障等防沙固沙措施；（2）适当增加移动式灌溉设施

续表

<table>
<tr><th>序号</th><th colspan="2">防治分区</th><th>措施分类</th><th>主要措施内容</th><th colspan="2">不同类型特殊措施布局</th></tr>
<tr><td rowspan="6">1</td><td rowspan="6">主体工程区</td><td rowspan="3">供水管线（箱涵）工程区</td><td>工程措施</td><td>表土回覆、土地整治</td><td>山区、丘陵区</td><td></td></tr>
<tr><td>植物措施</td><td>（1）管线及箱涵顶部宜采取土地整治、撒播草籽、栽植灌木措施；
（2）穿越河流、公路、铁路等区域植物绿化措施</td><td>平原区</td><td></td></tr>
<tr><td>临时措施</td><td>临时堆土及堆料临时拦挡、覆盖及排水措施</td><td>风沙区</td><td>施工期临时压盖措施</td></tr>
<tr><td rowspan="3">引（输）水隧洞区</td><td>工程措施</td><td>洞口顶部及两侧布设排水设施、土地整治</td><td rowspan="3" colspan="2"></td></tr>
<tr><td>植物措施</td><td>（1）洞口开挖面采取栽植攀缘植物、挂网喷草等措施；
（2）调压井顶部开挖区护坡、植被恢复措施</td></tr>
<tr><td>临时措施</td><td>临时拦挡、覆盖及排水措施</td></tr>
<tr><td rowspan="3">2</td><td rowspan="3" colspan="2">永久办公生活区</td><td>工程措施</td><td>雨水集蓄利用措施、截排水措施、表土资源保护及利用</td><td>山区、丘陵区</td><td>办公生活区外侧边坡绿化措施</td></tr>
<tr><td>植物措施</td><td>进行草坪建植、景观乔灌花卉绿化等植物绿化美化措施</td><td>平原区</td><td>周边布设防护林带</td></tr>
<tr><td>临时措施</td><td>临时拦挡、覆盖及排水措施</td><td>风沙区</td><td>办公生活区内配套灌溉设施</td></tr>
<tr><td rowspan="4">3</td><td rowspan="4" colspan="2">弃渣场区</td><td>工程措施</td><td>拦挡、护坡、排水、表土资源保护及利用、土地整治</td><td rowspan="2">山区、丘陵区</td><td rowspan="2">（1）挡渣墙、拦渣坝、拦渣堤等拦挡措施；
（2）采取渣场上游及两侧截排水及渣场底部排水措施</td></tr>
<tr><td>植物措施</td><td>栽植乔灌木、撒播草籽</td></tr>
<tr><td rowspan="2">临时措施</td><td rowspan="2">临时拦挡、排水及苫盖</td><td>平原区</td><td>（1）堆渣坡脚拦挡、排水措施；
（2）降雨量较大区域坡面布设排水设施</td></tr>
<tr><td>风沙区</td><td>顶部压盖措施</td></tr>
<tr><td rowspan="5">4</td><td rowspan="5" colspan="2">料场区</td><td>工程措施</td><td>排水、拦挡、回填、土地整治、表土资源保护及利用</td><td rowspan="3">山区、丘陵区</td><td rowspan="3">（1）石料场的后期恢复可采取边坡喷浆固坡、锚杆支护、喷锚加筋支护或挂网喷草、栽植攀缘植物等护坡措施；
（2）对开采结束后形成的底面或缓坡地、开挖平台，可采取覆土、栽植灌木等措施；
（3）采石场以上坡面汇水面积较大的，应设置截排水措施</td></tr>
<tr><td>植物措施</td><td>栽植乔灌木、撒播草籽植被恢复</td></tr>
<tr><td rowspan="3">临时措施</td><td rowspan="3">临时排水、拦挡</td></tr>
<tr><td>平原区</td><td></td></tr>
<tr><td>风沙区</td><td>采取回填后压盖等措施</td></tr>
</table>

续表

序号	防治分区	措施分类	主要措施内容	不同类型特殊措施布局	
5	交通道路区	工程措施	边坡防护、表土资源保护及利用、土地整治	山区、丘陵区	道路两侧采取边坡防护、截排水及植被恢复等措施
		植物措施	栽植乔灌木、撒播草籽	平原区	降雨量较大区域采取临时排水等措施
		临时措施	临时排水、苫盖、下边坡的临时防护	风沙区	施工道路两侧可采取砾石压盖、沙障等防护措施
6	施工生产生活区	工程措施	排水、土地整治、表土资源保护及利用	山区、丘陵区	上游集雨面积较大区域周边布设截排水措施
		植物措施	栽植乔灌木、撒播草籽恢复植被	平原区	
		临时措施	临时排水、拦挡	风沙区	堆料场的临时苫盖措施
7	水库淹没、移民安置与专项设施复改建区	工程措施	库岸防护、边坡防护、表土资源保护及利用、截排水措施等	山区、丘陵区	
		植物措施	道路及公共绿地绿化、其他植被恢复措施	平原区	安置点周边布设防护林带
		临时措施	临时拦挡、排水及苫盖	风沙区	安置点周边布设沙障、防风林等措施

附表 12　　　　矿山工程水土保持措施体系

序号	防治分区	措施分类	主要措施内容	备注
1	采矿场防治区	工程措施	削坡开级、截水沟、排水沟、沉沙池、削力池、陡坎、土地整治、复土、封禁	表土资源稀缺地区需进行表土剥离
		植物措施	种植乔灌草、终期采场复垦造林	
		临时措施	土袋挡护、临时排水沟、沉沙池	
2	工业场地（含选矿厂与地面生产系统、办公生活区、坑口）	工程措施	排水沟、截水沟、挡土墙、防洪墙、边坡护砌、土地整治覆土、集雨蓄水池	表土资源稀缺地区需进行表土剥离
		植物措施	空地绿化、道路植物防护	
		临时措施	临时排水沟、沉沙池、土袋防护、苫盖、表土临时挡护、施工道路临时硬化	
3	弃渣场（内外排土场、废石场、尾矿库与赤泥库、临时转运场地）	工程措施	挡渣墙（坝）、边坡护砌、削坡开级、截水沟、排水沟、沉沙池、消力池、陡坎、土地整治、风沙区设置沙障、围埂	表土资源稀缺地区需进行表土剥离
		植物措施	周边种植乔灌木防护带、排土场边坡及平台植物防护、终期渣面复垦或造林	
		临时措施	苫盖、表土撒播草籽防护、临时拦挡、临时排水沟、沉沙池	

续表

序号	防治分区	措施分类	主要措施内容	备注
4	供排管线（供排水管线、尾矿输送管线）	工程措施	土地整治、风沙区设置沙障	表土资源稀缺地区需进行表土剥离
		植物措施	覆土、造林、植草、复耕	
		临时措施	临时堆土苫盖、挡护	
5	地面运输系统防治区（运输道路、皮带廊道）	工程措施	挡渣墙、护坡、截水沟、排水沟、沉沙池、消力池、陡坎	表土资源稀缺地区需进行表土剥离
		植物措施	道路两侧防护林、行道树、植草	
		临时措施	临时排水沟、沉沙池、苫盖、挡护	
6	供电及通信线路防治区	工程措施	土地整治、风沙区设置沙障	表土资源稀缺地区需进行表土剥离
		植物措施	造林、植草、土地复耕	
		临时措施	时堆土苫盖、挡护	

附表 13　　**冶金工程水土保持措施体系**

序号	防治分区	措施分类	主要措施内容	备注
1	冶炼厂区防治区	工程措施	排水沟、沉沙池、截水沟、挡土墙、防洪墙、边坡护砌、削力池、陡坎、土地整治、复土、集雨蓄水池	表土资源稀缺地区需进行表土剥离
		植物措施	地绿化、道路植物防护	
		临时措施	临时排水沟、沉沙池、土袋防护、苫盖、表土临时挡护、施工道路临时硬化	
2	施工生产生活防治区	工程措施	排水沟、沉沙池、截水沟、挡土墙、防洪墙、边坡护砌、削力池、陡坎、土地整治、复土、集雨蓄水池	表土资源稀缺地区需进行表土剥离
		植物措施	空地绿化、道路植物防护	
		临时措施	临时排水沟、沉沙池、土袋防护、苫盖、表土临时挡护、施工道路临时硬化	
3	弃渣场（炉渣堆场、浸出渣场、赤泥堆场、临时转运场地）	工程措施	挡渣墙（坝）、边坡护砌、截水沟、排水沟、沉沙池、消力池、陡坎、土地整治、风沙区设置沙障、围埂和平台网格围埂	表土资源稀缺地区需进行表土剥离
		植物措施	周边种植乔灌木防护带、排土场边坡及平台植物防护、终期渣面复垦或造林	
		临时措施	苫盖、表土撒播草籽防护、临时拦挡、临时排水沟、沉沙池	
4	供排管线防治区	工程措施	土地整治、风沙区设置沙障	表土资源稀缺地区需进行表土剥离
		植物措施	覆土、造林、植草、复耕	
		临时措施	临时堆土苫盖、挡护	
5	进场道路防治区	工程措施	挡土墙、护坡、截水沟、排水沟、沉沙池、消力池、陡坎、覆土	表土资源稀缺地区需进行表土剥离
		植物措施	道路两侧防护林、行道树、植草	
		临时措施	临时排水沟、沉沙池、苫盖、挡护	

续表

序号	防治分区	措施分类	主要措施内容	备注
6	供电及通信线路防治区	工程措施	土地整治、风沙区设置沙障	表土资源稀缺地区需进行表土剥离
		植物措施	造林、植草、土地复耕	
		临时措施	临时堆土苫盖、挡护	

附表 14　　**煤矿工程水土流失防治措施体系**

序号	防治分区	措施分类	主要措施内容
1	矸石场防治区	工程措施	表土资源保护及利用、挡渣墙、截水沟、排水沟、沉沙池、消力池、陡坎、土地整治、覆土、围埂和平台网格围埂、削坡开级、沙障
		植物措施	周边种植乔灌木防护带、平台与边坡灌草防护、终期渣面复垦或造林
		临时措施	临时排水、密目网苫盖、挡水围埂
2	采掘场防治区	工程措施	表土资源保护及利用、削坡开级、截水沟、排水沟、防洪堤、沉沙池、消力池、陡坎、土地整治、覆土
		植物措施	乔灌草恢复植被
		临时措施	土袋挡护、平台挡水围埂、临时排水沟、沉沙池
3	工业场地（含风井场、洗选厂与煤地面生产系统）防治区	工程措施	表土资源保护及利用、开挖填筑边坡挡护、截排水沟、消能措施、场地硬化、土地整治
		植物措施	空地绿化、道路植物防护、场地周边防护林
		临时措施	临时排水、沉沙池、临时堆土挡护、苫盖
4	地面运输系统防治区	工程措施	表土资源保护及利用、挡土墙、护坡、排水沟、截水沟、沉沙池、消力池、陡坎、覆土
		植物措施	道路两侧防护林、种草
		临时措施	苫盖、临时排水沟、沉沙池、临时挡护
5	供排水及供热管线防治区	工程措施	表土资源保护及利用、土地整治、风沙区设置沙障
		植物措施	造林、种草或恢复耕地
		临时措施	临时堆土拦护
6	供电与通信线路防治区	工程措施	土地整治、风沙区设置沙障
		植物措施	造林、种草或恢复耕地
		临时措施	临时堆土拦护

附表 15　　**煤化工工程水土流失防治措施体系**

序号	防治分区	措施分类	主要措施内容
1	厂区防治区	工程措施	表土资源保护及利用、排水沟、截水沟、挡土墙、防洪墙、边坡护砌、沉沙池、消力池、陡坎、土地整治、覆土、集雨蓄水池
		植物措施	空地绿化、道路植物防护
		临时措施	临时排水沟、沉沙池、土袋防护、密目网苫盖、表土临时挡护、施工道路临时硬化

续表

序号	防治分区	措施分类	主要措施内容
2	施工、生产生活防治区	工程措施	表土资源保护及利用、排水沟、截水沟、挡土墙、防洪墙、边坡护砌、沉沙池、消力池、陡坎、土地整治、覆土、集雨蓄水池
		植物措施	乔灌草
		临时措施	临时排水沟、沉沙池、土袋防护、密目网苫盖、表土临时挡护、施工道路临时硬化
3	进厂道路（专用铁路）防治区	工程措施	表土资源保护及利用、挡土墙、护坡、排水沟、截水沟、沉沙池、消力池、陡坎、覆土
		植物措施	道路两侧防护林、种草
		临时措施	苫盖、临时排水沟、沉沙池、临时挡护
4	供排水及输汽（液体）管道区	工程措施	表土资源保护、土地整治、风沙区设置沙障
		植物措施	造林、种草或恢复耕地
		临时措施	临时堆土拦护及施工排水措施
5	废渣场防治区	工程措施	表土资源保护及利用、拦渣坝、拦渣围堤周边截排水、终期渣面土地整治
		植物措施	周边种植乔灌木防护带、平台与边坡灌草防护；渣场周边设防护林、终期渣面复垦或造林
		临时措施	施工排水及堆土拦护措施
6	供电及通信线路区	工程措施	土地整治、风沙区设置沙障
		植物措施	造林、种草或恢复耕地
		临时措施	临时堆土拦护

附表 16　　**水泥工业工程水土流失防治措施体系**

序号	防治分区		措施分类	主要措施内容
1	厂区	生产厂区	工程措施	表土资源保护及利用、截（排）水措施、边坡防护、土地整治
			植物措施	厂区绿化、周边防护林
			临时措施	施工道路临时硬化、厂区临时排水，临时堆土排水、苫盖、拦挡
		管线区	工程措施	土地整治
			植物措施	植被恢复措施
			临时措施	临时堆土排水、苫盖、拦挡
2	道路及皮带走廊区	运输道路区	工程措施	表土资源保护及利用、截（排）水措施、边防防护、土地整治
			植物措施	两侧防护林
			临时措施	临时堆土排水、苫盖、拦挡
		铁路专用线区	工程措施	表土资源保护及利用、截（排）水措施、边坡防护、土地整治
			植物措施	两侧防护林
			临时措施	临时堆土排水、苫盖、拦挡
		皮带走廊区	工程措施	截（排）水措施、土地整治
			植物措施	植被恢复措施
			临时措施	临时堆土排水、苫盖、拦挡

续表

序号	防治分区		措施分类	主要措施内容
3	石灰石矿山采区	开采区	工程措施	表土资源保护及利用、边坡防护、截（排）水措施、土地整治
			植物措施	植被恢复措施
			临时措施	施工道路临时硬化、临时排水，临时堆土排水、苫盖、拦挡
		废石堆场区	工程措施	表土资源保护及利用、挡渣墙（拦渣坝）、截（排）水措施、边坡防护、土地整治
			植物措施	植被恢复措施
			临时措施	临时堆土排水、苫盖、拦挡
		工业场地	工程措施	表土资源保护及利用、挡墙、边坡防护、截（排）水措施、土地整治
			植物措施	植被恢复措施
			临时措施	施工道路临时硬化、临时排水，临时堆土排水、苫盖、拦挡

附表 17　　**管线工程水土流失防治措施体系**

序号	防治分区	措施分类	主要措施内容
1	管道作业带区	工程措施	表土资源保护、恢复沟渠、恢复田埂、围堰拆除、洞脸防护、挡墙、防洪工程、护岸、护坡、排水沟、土地整治、砾石覆盖、沙障、坡改梯
		植物措施	种草、植树
		临时措施	盐结皮保护、管道临时排水沟、临时覆盖、临时拦挡、临时种草
2	山体隧道区	工程措施	土地整治、挡墙、护坡、排水沟
		植物措施	种草、植树
		临时措施	中转堆场拦挡防护等，临时排水、临时沉沙
3	跨（穿）越工程区	工程措施	防洪导流护面、护坡、护岸、拦挡、砾石覆盖、恢复排水设施
		植物措施	种草、植树
		临时措施	临时拦挡、排水、沉沙、泥浆池
4	站场阀室区	工程措施	表土资源保护及利用、排水沟、护坡
		植物措施	种草、植树
		临时措施	临时排水、临时沉沙池
5	取土区	工程措施	表土资源保护及利用、土地整治
		植物措施	种草、植树
		临时措施	临时拦挡、苫盖、排水、沉沙池
6	弃渣场区	工程措施	表土资源保护及利用、排水沟、挡墙、土地整治
		植物措施	种草、植树
		临时措施	临时拦挡、苫盖
7	施工道路区	工程措施	表土资源保护及利用、挡墙、护坡、排水沟、砾石覆盖
		植物措施	种草
		临时措施	临时拦挡、苫盖、排水

附表 18 城建工程水土流失防治措施体系

序号	工程类型	防治分区	措施分类	主要措施内容
1	民用建筑工程	居住区建设区	工程措施	表土资源保护及利用、防洪排水、边坡防护、地面硬化
			植物措施	空地绿化
			临时措施	施工道路临时硬化、临时排水、临时堆土场苫盖、临时堆土场周边排水、临时土堆挡护
		公共设施建设区	工程措施	防洪排水、边坡防护、地面硬化
			植物措施	空地绿化
			临时措施	施工道路临时硬化、临时排水、临时堆土场苫盖、临时堆土场周边排水、临时土堆挡护
2	工业建设项目	建筑物建设区或厂区	工程措施	表土资源保护及利用、防洪排水、挡墙、地面硬化
			植物措施	林草措施
			临时措施	施工道路临时硬化、临时排水、临时堆土场苫盖、临时堆土场周边排水、临时土堆挡护
3	交通工程	道路交通工程区	工程措施	表土资源保护及利用、防洪排水、路基防护
			植物措施	两侧防护林
			临时措施	剥离表土纤维布整体苫盖
		轨道交通工程区	工程措施	防洪排水、路基防护
			植物措施	
			临时措施	剥离表土苫盖
4	绿地系统工程	绿地工程区	工程措施	土地整治、节水灌溉
			植物措施	林草措施
			临时措施	表土剥离堆存防护
5	市政基础设施建设	给水工程区	工程措施	
			植物措施	林草措施
			临时措施	临时堆土场苫盖、临时土堆挡护
		排水工程区	工程措施	
			植物措施	林草措施
			临时措施	临时堆土场苫盖、临时土堆挡护
		环境卫生工程区	工程措施	
			植物措施	林草措施
			临时措施	临时堆土场苫盖、临时土堆挡护
		能源工程区	工程措施	防洪排水、地面硬化、挡墙
			植物措施	林草措施
			临时措施	施工道路临时硬化、临时排水、临时堆土场苫盖、临时堆土场周边排水、临时土堆挡护
		管线工程综合	工程措施	表土保护、土地整治
			植物措施	林草措施
			临时措施	临时堆土场苫盖、临时土堆挡护

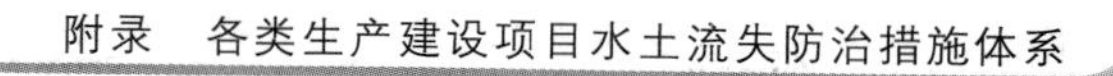

续表

序号	工程类型	防治分区	措施分类	主要措施内容
6	特殊工程	工程建设区	工程措施	河道护岸、护坡、隐蔽工程挖方清运
			植物措施	生态护坡、绿化
			临时措施	临时苫盖、拦挡

附表 19　　林纸一体化工程水土流失防治措施体系

序号	防治分区		措施分类	主要措施内容
1	厂区	厂区	工程措施	表土资源保护、防洪排水、边坡防护、厂区硬化
			植物措施	绿化灌溉、道路防护林、空地绿化、周边防护林
			临时措施	施工道路临时硬化、厂区临时排水、临时堆土场纤维布苫盖、临时土堆挡护、临时堆土场周边排水
		道路区	工程措施	表土资源保护及利用、截排水沟、砌石挡墙、路基防护
			植物措施	砌石框格草皮护坡、两侧防护林、边坡范围绿化
			临时措施	剥离表土苫盖、拦挡
		弃渣场区	工程措施	表土资源保护及利用、截水工程、挡墙、排水
			植物措施	周边绿化、植被恢复
			临时措施	临时拦挡工程
		管线区	工程措施	表土保护、土地整治
			植物措施	林草措施
			临时措施	临时堆土场苫盖、挡护
		综合处理池	工程措施	表土保护、土地整治
			植物措施	植被恢复、库岸管理范围内绿化
			临时措施	临时拦挡工程
2	林区	造林区	工程措施	表土资源保护、反坡水平阶整地、谷坊、防洪排水
			植物措施	
			临时措施	临时排水、临时挡护工程
		林区道路	工程措施	边坡防护、防洪排水
			植物措施	林草措施
			临时措施	临时拦挡工程
		附属设施	工程措施	防洪排水、地面硬化、挡墙
			植物措施	林草措施
			临时措施	施工道路临时硬化、临时排水沟、临时挡护
		木材临时堆放场	工程措施	边坡防护、防洪排水
			植物措施	林草措施
			临时措施	临时道路硬化、临时排水沟、临时拦挡工程

附表 20　　农林开发工程水土流失防治措施体系

序号	防治分区	措施分类	主 要 措 施 内 容
1	果树种植区	工程措施	梯田（含挡水埂、坎下沟）、带状整地、穴状整地
		植物措施	梯壁植草、梯面植树、种草
		临时措施	表土临时拦挡、覆盖措施
2	生产运输及作业道路区	工程措施	表土资源保护及利用、路基边坡工程护坡、排水沟
		植物措施	路基边坡植物护坡
		临时措施	临时拦挡、苫盖
3	配套水利排灌区	工程措施	蓄水池、截水沟、排水沟
		植物措施	种植林草植被
		临时措施	排水沟、沉沙池
4	生态保护区	工程措施	
		植物措施	林草植被补植等管护措施
		临时措施	

附表 21　　移民工程水土流失防治措施体系

序号	防治分区	措施分类	主 要 措 施 内 容
1	农村移民安置区	工程措施	表土资源保护、边坡防护、排水
		植物措施	公共绿化
		临时措施	临时排水、拦挡
2	集镇、城镇迁建区	工程措施	表土资源保护及利用、排水、边坡防护
		植物措施	植物绿化美化
		临时措施	临时遮盖、围挡防护
3	工业企业迁建区	工程措施	表土资源保护及利用、护坡、排水
		植物措施	管理区域周边植物绿化
		临时措施	临时拦挡、排水
4	专业项目复改建区	工程措施	表土资源保护及利用、排水、拦挡、护坡、土地整治
		植物措施	植被恢复及绿化
		临时措施	临时排水、拦挡
5	防护工程区	工程措施	边坡防护
		植物措施	管理范围绿化
		临时措施	临时排水
6	料场区	工程措施	表土资源保护及利用、土地整治
		植物措施	边坡植物防护
		临时措施	临时排水、拦挡

续表

序号	防治分区	措施分类	主要措施内容
7	弃渣场区	工程措施	表土资源保护及利用、弃渣拦挡、边坡防护
		植物措施	边坡及顶部植被恢复
		临时措施	临时排水、拦挡
8	施工道路及施工生产生活区	工程措施	表土资源保护及利用、排水、拦挡
		植物措施	植被恢复
		临时措施	临时排水、拦挡

参 考 文 献

[1] 中国水土保持学会水土保持规划设计专业委员会，水利部水利水电规划设计总院. 水土保持设计手册：生产建设项目卷 [M]. 北京：中国水利水电出版社，2018.

[2] 水利部水利水电规划设计总院，黄河勘测规划设计有限公司. 水土保持工程设计规范：GB 51018—2014 [S]. 北京：中国计划出版社，2014.

[3] 水利部水土保持监测中心. 生产建设项目水土保持技术标准：GB 50433—2018 [S]. 北京：中国计划出版社，2018.

[4] 水利部水利水电规划设计总院. 水利水电工程水土保持技术规范：SL 575—2012 [S]. 北京：中国水利水电出版社，2012.

[5] 中国有色工程有限公司，长沙有色冶金设计研究院有限公司. 有色金属矿山排土场设计规范：GB 50421—2018 [S]. 北京：中国计划出版社，2018.

[6] 中冶北方工程技术有限公司. 冶金矿山排土场设计规范：GB 51119—2015 [S]. 北京：中国计划出版社，2016.

[7] 中国煤炭建设协会勘察设计委员会，中煤科工集团沈阳设计研究院有限公司. 煤炭工业露天矿设计规范：GB 50197—2015 [S]. 北京：中国计划出版社，2015.

[8] 中国电建集团中南勘测设计研究院有限公司. 风电场工程水土保持方案编制技术规程：NB/T 31086—2016 [S]. 北京：中国电力出版社，2016.

[9] 水电水利规划设计总院，中国水电顾问集团华东勘测设计研究院. 水电建设项目水土保持方案技术规范：DL/T 5419—2009 [S]. 北京：中国电力出版社，2009.

[10] 中国电建集团华东勘测设计研究院有限公司. 水电工程渣场设计规范：NB/T 35111—2018 [S]. 北京：中国水利水电出版社，2018.

[11] 水利部水利水电规划设计总院. 堤防工程设计规范：GB 50286—2013 [S]. 北京：中国计划出版社，2013.

[12] 长江勘测规划设计研究院. 水工混凝土结构设计规范：SL 191—2008 [S]. 北京：中国建筑工业出版社，2016.

[13] 黄河水利委员会勘测规划设计研究院. 碾压式土石坝设计规范：SL 274—2001 [S]. 北京：中国水利水电出版社，2002.

[14] 贵州省水利厅. 砌石坝设计规范：SL 25—2006 [S]. 北京：中国水利水电出版社，2006.

[15] 江苏省水利勘测设计研究院有限公司. 水工挡土墙设计规范：SL 379—2007 [S]. 北京：中国水利水电出版社，2007.

[16] 水利部水利水电规划设计总院，长江勘测规划设计研究有限责任公司. 水土保持工程调查与勘测标准：GB/T 51297—2018 [S]. 北京：中国计划出版社，2019.

[17] 中国水土保持学会水土保持规划设计专业委员会，水利部水利水电规划设计总院. 水土保持设计手册：专业基础卷 [M]. 北京：中国水利水电出版社，2018.

[18] 水利部水利水电规划设计总院，水工设计手册（第二版）：第 3 卷征地移民、环境保护与水土保持 [M]. 北京：中国水利水电出版社，2011.

[19] 中国水土保持学会水土保持规划设计专业委员会，水利部水利水电规划设计总院. 生产建设项目水土保持设计指南 [M]. 北京：中国水利水电出版社，2011.

[20] 长江勘测规划设计研究有限责任公司. 滇中引水工程初步设计报告 [R]，2016.

[21] 建设综合勘察研究设计院．岩土工程勘察规范：GB 50021—2001［S］．北京：中国建筑工业出版社，2009.

[22] 水利部水利水电规划设计总院，长江水利委员会长江勘测规划设计研究院．水利水电工程地质勘察规范：GB 50487—2008［S］．北京：中国计划出版社，2009.

[23] 国土资源部土地整治中心．耕作层土壤剥离利用技术规范：TD/T 1048—2016［S］．北京：地质出版社，2016.

[24] 全国勘察设计注册工程师水利水电工程专业管理委员会，中国水利水电勘测设计协会．水利水电工程专业案例（2015版）：水土保持篇［M］．郑州：黄河水利出版社，2015.

[25] 中交路桥技术有限公司．公路排水设计规范：JTG/T D33—2012［S］．北京：人民交通出版社，2013.

[26] 管枫年，洪仁济．灌区水工建筑物丛书：涵洞（第二版）［M］．北京：水利电力出版社，1989.

[27] 内蒙古自治区水利厅．雨水集蓄利用工程技术规范：SL 267—2001［S］．北京：中国水利水电出版社，2001.

[28] 中国建筑设计院有限公司，江苏扬安集团有限公司．建筑与小区雨水利用工程技术规范：GB 50400—2006［S］．北京：中国建筑工业出版社，2008.

[29] 顾斌杰，张敦强，等．雨水集蓄利用技术与实践［M］．北京：中国水利水电出版社，2001.

[30] 车伍，李俊奇．城市雨水利用技术与管理［M］．北京：中国建筑工业出版社，2006.

[31] 北京市路政局．北京市透水人行道设计施工技术指南［R］，2007.

[32] 陕西省水利学校．小型水利工程手册：蓄水工程［M］．北京：农业出版社，1978.

[33] 伍光和，王乃昂，胡双熙，等．自然地理学［M］．北京：高等教育出版社，2007.

[34] 中国水利水电第四工程局有限公司，中国水利水电第七工程局有限公司．水电水利工程边坡设计规范：DL/T 5255—2010［S］．北京：中国电力出版社，2011.